# 进网作业电工
# 通用培训教材

## （第二版）

孙方汉　编著

中国电力出版社
CHINA ELECTRIC POWER PRESS

## 内 容 提 要

本书依据《进网作业电工培训考核大纲》和《电力行业职业技能鉴定规范》对运行、维修电工的基本要求编写而成。全书共十二章，内容包括电工基础知识、电力系统与电力供应、电力变压器、高低压开关设备、无功补偿和高次谐波、电力线路、过电压防护与绝缘预防性试验、继电保护与二次回路、电工测量技术、用电设备、安全用电知识和典型事故案例。

本书可作为进网作业电工的培训教材，亦可供进网作业电工为提高专业技术水平自学参考。

### 图书在版编目(CIP)数据

进网作业电工通用培训教材/孙方汉编著. —2版. —北京：中国电力出版社，2013.8（2016.1重印）
ISBN 978-7-5123-4604-8

Ⅰ.①进…　Ⅱ.①孙…　Ⅲ.①电工技术-技术培训-教材
Ⅳ.①TM

中国版本图书馆 CIP 数据核字(2013)第 134921 号

中国电力出版社出版、发行
（北京市东城区北京站西街19号　100005　http://www.cepp.sgcc.com.cn）
北京丰源印刷厂印刷
各地新华书店经售

＊

2003 年 2 月第一版
2013 年 8 月第二版　　2016 年 1 月北京第八次印刷
787 毫米×1092 毫米　16 开本　23 印张　613 千字
印数 22501—24500 册　　定价 **49.00** 元

# 前 言

本书自 2003 年出版以来，已经十年有余，承蒙广大读者眷顾，得以先后印刷六次，不胜感谢。

古人云，"良工不以拙示人"。在技术培训教育中，教材是基础。因此，编写教材时，责任重大，不可掉以轻心。

此次修订主要参考了使用本书的广大师生结合教学实践、心得体会提出的修改建议。另外，考虑到近几年我国主要电气设备技术标准很多已修订改版。例如，随着 GB 50150—2006《电气装置安装工程电气设备交接试验标准》替代 GB 50150—1991，各主要电气设备的交流耐压试验数据不少都已修改。又如，随着 GB/T 6451—2008《油浸式电力变压器技术参数和要求》替代 GB/T 6451—1999，对节能变压器的损耗水平要求更为严格，S8 型变压器随之退出市场。这些情况都需要在教材中及时反映出来。因此决定将本书修订后再版。

此次再版，书中涉及主要电气设备的技术要求和具体数据都与我国现行新规程一一作了核对修订，并对书中原有若干内容作了补充调整，使教材内容更贴近实际。每章之后，将原有的复习思考题改为"考试复习参考题"，其形式和内容尽量符合进网作业电工考试要求，便于考生练习。

希望本书既适于用作进网作业电工培训考试时的参考教材，又可用作从事进网作业电工工作人员的自学教材。

限于编者水平，书中如有疏漏之处，敬请不吝指正，以利下次再版时修正，不胜感谢之至！

# 目 录

# 电 工 基 础 知 识

## 第一节　直流电路中的基本物理量

### 一、电动势

最简单的电路由电源、负荷、控制器件和连接导线四部分组成，如图 1-1 所示。图中 $E$ 是电源，K 是控制开关，L 是一个指示灯。当合上开关 K 后，指示灯就发光，说明电路中有电流流过。这是因为电源 $E$ 内部有一种推动电荷移动的电源力。电源力在电源内部将正负电荷分别向正负两极移动，使正极聚集正电荷，负极聚集负电荷。因此，在电源正负两极之间出现电场，产生电场力。电场力在外电路中（即电源以外的电路）把正电荷从正极移向负极，形成电流。

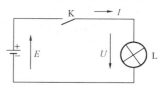

图 1-1　电路的组成

电源力在电源内部将单位正电荷从负极移到正极所做的功，叫做电源的电动势，简称电势，用符号 $E$ 表示，单位是伏特，简称伏，用符号 V 表示，即

$$E = \frac{W}{Q} \tag{1-1}$$

式中　$W$——电源力所做的功，J（焦耳）；

　　　$Q$——电荷量，C（库仑）；

　　　$E$——电动势，V（伏特）。

电动势的正方向规定为由低电位指向高电位，即由负极指向正极。

### 二、电位和电压

#### （一）电位

电场力把单位正电荷从 A 点移至参考点所做的功，称为 A 点的电位。这里规定参考点的电位为零，参考点也称零电位点。电位的单位也是伏特，简称伏，用 V 表示。电位用符号 $\varphi$ 表示。上述 A 点的电位用 $\varphi_A$ 表示。

#### （二）电压

某两点的电位之差称为这两点之间的电压。电压用 $U$ 表示，单位也是伏特，用 V 表示。

例如在电路中，已知 a、b 两点的电位分别是 $\varphi_a$、$\varphi_b$，则 a、b 两点间的电压为

$$U_{ab} = \varphi_a - \varphi_b \tag{1-2}$$

不难证明，a、b 两点之间的电压在数值上也等于电场力将单位正电荷从 a 点移至 b 点所做的功，即

$$U_{ab} = \frac{W_{ab}}{Q} \tag{1-3}$$

式中　$W_{ab}$——电场力将电荷 $Q$ 从 a 点移至 b 点所做的功，J（焦耳）；

　　　$Q$——电荷量，C（库仑）；

$U_{ab}$——a 点对 b 点的电压，V（伏特）。

需要注意的是：在电路中，当选定的参考点不同时，各点的电位也会随之改变。但任意两点之间的电压（电位差）却保持不变。

在分析电路中各点电位时，常常选择大地作为参考点，亦即以大地作为零电位点。凡电位低于零电位的点，其电位为负。

电压的正方向是从高电位点指向低电位点的，正好与电动势的正方向相反（见图 1-1）。

电压的单位可用千伏（kV）、伏（V）、毫伏（mV）表示，即

$$1kV=10^3\,V$$
$$1V=10^3\,mV$$

## 三、电流

电荷在电路中有规则的移动称为电流。在金属导体中，电流是自由电子在电场力的作用下从电源的负极移向正极。在某些气体或液体中，电流是由正负离子在电场力作用下定向移动形成的。习惯上把正电荷移动的方向规定为电流的正方向。

电流的大小用电流强度来表示，电流强度即指每秒通过导体横截面的电荷量，用符号 $I$ 表示，单位为安培，简称安，用 A 表示，其大小为

$$I=\frac{Q}{t} \tag{1-4}$$

式中　$I$——电流强度，A（安培）；

　　　$Q$——电荷量，C（库仑）；

　　　$t$——通过导体横截面的电荷量为 $Q$ 时所用的时间，s（秒）。

电流较大的单位是千安（kA），较小的单位是毫安（mA）、微安（$\mu$A），其换算关系为

$$1kA=10^3\,A$$
$$1A=10^3\,mA$$
$$1mA=10^3\,\mu A$$
$$1\mu A=10^{-6}\,A$$

## 四、电阻和电导

### （一）电阻

电流在电路中流动时所受到的阻力称为电阻，用 $R$ 表示，单位为欧姆，符号为 $\Omega$。

导体的电阻与导体的材料性质及导体的尺寸有关，用公式表示为

$$R=\rho\frac{l}{S} \tag{1-5}$$

式中　$R$——电阻，$\Omega$；

　　　$l$——导体长度，m（米）；

　　　$S$——导体截面积，$mm^2$（平方毫米）；

　　　$\rho$——导体的电阻率，$\Omega\cdot mm^2/m$（欧·平方毫米/米）。

电阻率 $\rho$ 是指导体长度为 1m，截面积为 $1mm^2$，在 20℃时的电阻值。但应注意，在国际单位制中，电阻率的单位为 $\Omega\cdot m$。这时，导体长度单位取 m，导体截面积单位取 $m^2$，电阻的单位仍为 $\Omega$。

电阻的常用单位还有千欧（k$\Omega$）、兆欧（M$\Omega$）、微欧（$\mu\Omega$），其换算关系为

$$1k\Omega=10^3\,\Omega$$
$$1M\Omega=10^6\,\Omega=10^3\,k\Omega$$
$$1\mu\Omega=10^{-6}\,\Omega$$

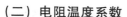

### （二）电阻温度系数

金属材料的电阻随温度的升高而增加。这是因为温度升高时，金属中的原子和分子热运动加剧，增加了自由电子定向移动过程中与原子和分子的碰撞机会，对自由电子的定向移动增加了阻力。电阻随温度的这种变化一般用温度系数 $\alpha$ 来表示

$$R_2 = R_1 \left[ 1 + \alpha \left( t_2 - t_1 \right) \right] \tag{1-6}$$

式中　$R_1$——温度为 $t_1$ 时的电阻值，$\Omega$；

　　　$R_2$——温度为 $t_2$ 时的电阻值，$\Omega$；

　　　$\alpha$——电阻温度系数，单位 1/℃。

化学纯金属的电阻温度系数在 0.004/℃ 左右。例如铜为 0.004 1/℃，铝为 0.004 2/℃，铁为 0.006 2/℃。合金的电阻温度系数一般要比纯金属小得多，例如康铜（铜、镍合金）约为 0.000 005/℃，锰铜（铜、锰合金）约为 0.000 006/℃。随着合金中成分比例的不同，电阻温度系数也不尽相同。

值得注意的是合金的电阻率要比纯金属高得多。例如在 20℃ 时，导电材料铜的电阻率为 $\rho = 0.017\ 5\Omega \cdot mm^2/m$，铝的电阻率约为 $\rho = 0.029\Omega \cdot mm^2/m$，银的电阻率约为 $\rho = 0.016\ 5\Omega \cdot mm^2/m$。而康铜的电阻率为 $\rho = 0.4 \sim 0.5\Omega \cdot mm^2/m$，锰铜的电阻率约为 $\rho = 0.42\Omega \cdot mm^2/m$。由于康铜、锰铜具有较高的电阻率，而电阻温度系数又极小，因此，常用它们来制造标准电阻，或制作测量仪器的分流器及附加电阻。

### （三）电导

电阻的倒数叫电导。电导能直接反映导体的导电能力，电导越大，导电能力越强。电导的单位是西门子（符号 S），电导用 $G$ 表示

$$G = \frac{1}{R}$$

在并联电路计算时，有时采用电导要比电阻更为方便。

# 第二节　直流电路基本定律

## 一、一段电路欧姆定律

电路中电流的大小与电路两端的电压大小有关，同时又与电路的电阻大小有关。反映电流、电压、电阻三者之间数量关系的规律称为欧姆定律，即

$$I = \frac{U}{R}$$

在一段电路中，电流的大小与这段电路两端的电压大小成正比，与这段电路电阻的大小成反比。这就是一段电路欧姆定律。

## 二、全电路欧姆定律

如图 1-2 所示，包括电源 $E$、负荷 $R$ 的电路称为全电路。电源本身有内电阻 $r$，在图中画成与电动势 $E$ 串联。我们把负荷电阻 $R$ 及其连接导线称为外电路，而把电源电动势 $E$ 及其内部电阻 $r$ 称为电源内电路。把包括内电路和外电路在内的总的电路称为全电路。对于全电路，电流 $I$ 与电源电动势 $E$、内电阻 $r$ 及外电阻 $R$ 有如下关系

$$I = \frac{E}{R+r}$$

即在含有电源的全电路中，电流的大小与电源电动势成正比，与电路总电阻成反比。总电阻

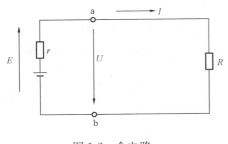

图 1-2　全电路

中包括外电路电阻和电源内部电阻之和。这就是全电路欧姆定律。

在图 1-2 中我们还注意到电动势 $E$ 的方向从下往上，而外电路电压的方向从 a 点指向 b 点。两者方向正好相反。

**【例 1-1】** 设图 1-2 中电动势 $E=20\text{V}$，$r=1\Omega$，$R=9\Omega$。试求：电流 $I$ 和 a、b 两点间的电压 $U$。

**解：** 由全电路欧姆定律及一段电路欧姆定律可知

$$I=\frac{E}{R+r}=\frac{20}{9+1}=\frac{20}{10}=2\text{（A）}$$

$$U=IR=2\times9=18\text{（V）}$$

**答：** 电路中电流为 2A，a、b 两点间电压为 18V。

由〔例 1-1〕可见，外电路的端电压 $U$ 小于电源电动势 $E$，其差值与内电阻的大小有关，同时也与外电路的电阻大小有关，即与 $r$ 和 $R$ 的比例有关，这个差值也称为电源内阻压降。在〔例 1-1〕中电源压降为 2V。

### 三、基尔霍夫定律（KCL 和 KVL 定律）

欧姆定律只适用于计算简单电路。如要计算多电源带分支的复杂电路，常常需要运用基尔霍夫定律。基尔霍夫定律分为第一定律和第二定律两种。

#### （一）基尔霍夫第一定律

基尔霍夫第一定律，也称作电流定律，用 KCL 表示。其内容为：在电路的任一节点上，任一时刻流进节点的电流之和等于同一时刻流出节点的电流之和。如规定流入节点的电流为正值，流出节点的电流为负值，则流进流出节点各电流的代数和为零。如用公式表示，则有

$$\sum I=0$$

#### （二）基尔霍夫第二定律

基尔霍夫第二定律也称作电压定律，用 KVL 表示。其内容为：沿着任一闭合电路回路，按任一方向绕行一周，各电源电动势的代数和等于各电阻电压降的代数和。即

$$\sum E=\sum U \tag{1-7}$$

或

$$\sum E=\sum IR \tag{1-8}$$

这一定律体现了能量守恒规律，即单位正电荷沿着回路流动一周时，各电动势的电源力对电荷做功使其获得的能量代数和（即电位升的代数和）与电场力对电荷做功使其失去的能量代数和（即电位降的代数和）相等。应用式（1-8）时应注意以下两点。

（1）绕行方向可任意选定（顺时针或逆时针）。

（2）绕行方向选定后，与绕行方向一致的电动势取正号，反之取负号。当电流流经电阻时，如电流方向与绕行方向一致，电阻上的电压取正号，反之取负号。

如果把电动势 $E$ 视作负的电压降，即 $E=-U$，则基尔霍夫第二定律也可写成

$$\sum U=0 \tag{1-9}$$

**【例 1-2】** 设图 1-3 中，$E_1=20\text{V}$，$E_2=10\text{V}$，$R_1=5\Omega$，$R_2=10\Omega$，$R_3=20\Omega$。试求：三个支路中的电流 $I_1$、$I_2$、$I_3$。

**解**：根据 KCL 和 KVL 列出方程式

$$\begin{cases} I_1+I_2-I_3=0 & (1\text{-}10) \\ E_1=I_1R_1+I_3R_3 & (1\text{-}11) \\ -E_2=-I_3R_3-I_2R_2 & (1\text{-}12) \end{cases}$$

式（1-11）＋式（1-12），并代入数字得

$$20-10=5I_1-10I_2,$$

$$I_1=\frac{10+10I_2}{5}=2+2I_2 \qquad (1\text{-}13)$$

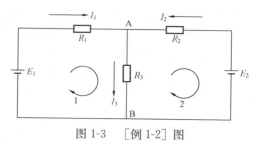

图 1-3 ［例 1-2］图

将式（1-13）代入式（1-10），得

$$2+2I_2+I_2-I_3=0$$
$$3I_2-I_3=-2$$
$$I_3=3I_2+2 \qquad (1\text{-}14)$$

将式（1-14）代入式（1-12），并代入数字，得

$$-10=-(3I_2+2)\times20-I_2\times10$$
$$-10=-60I_2-40-10I_2$$
$$I_2=-\frac{3}{7} \text{（A）}$$

将 $I_2$ 值代入式（1-14）得

$$I_3=3\times\left(-\frac{3}{7}\right)+2=\frac{5}{7} \text{（A）}$$

将 $I_2$、$I_3$ 值代入式（1-10），得

$$I_1+\left(-\frac{3}{7}\right)-\frac{5}{7}=0$$

$$I_1=\frac{8}{7}=1\frac{1}{7} \text{（A）}$$

**答**：$I_1=1\frac{1}{7}$A，$I_2=\frac{3}{7}$A，$I_3=\frac{5}{7}$A，$I_1$、$I_3$ 电流方向与图 1-3 中电流 $I_1$、$I_3$ 箭头所标方向相同，$I_2$ 的电流方向与图 1-3 中箭头所标方向相反。

# 第三节  直流复杂电路的计算

## 一、电路的简化

有时需要计算的电路看上去很复杂，计算起来麻烦，但如果将电路简化后就方便了。

### （一）电阻的串联

若有几个电阻串联，可以用一个等值电阻代替，等值电阻阻值应等于这几个串联的电阻阻值之和。如果有 $n$ 个电阻串联，则总电阻为

$$R=R_1+R_2+R_3+\cdots+R_n$$

### （二）电阻的并联

所谓电阻的并联，是指这些电阻的头接在一起，尾接在一起。并联电阻接在电路内，各个电阻上承受的电压相同。设 $R_1$、$R_2$、$R_3$ 三个电阻并联，所加电压为 $U$，则可算出各电阻中流过的电流分别为 $I_1$、$I_2$、$I_3$

$$I_1=\frac{U}{R_1}、I_2=\frac{U}{R_2}、I_3=\frac{U}{R_3}$$

因此，总电流为三个电流之和，即

$$I = I_1 + I_2 + I_3$$
$$= \frac{U}{R_1} + \frac{U}{R_2} + \frac{U}{R_3}$$
$$= U\left(\frac{1}{R_1} + \frac{1}{R_2} + \frac{1}{R_3}\right)$$
$$= \frac{U}{R}$$

由此可见，电阻并联时，等值总电阻 $R$ 的倒数等于各并联电阻倒数之和。设有 $n$ 个电阻并联，则

$$\frac{1}{R} = \frac{1}{R_1} + \frac{1}{R_2} + \frac{1}{R_3} + \cdots + \frac{1}{R_n} \tag{1-15}$$

如果只有两个电阻 $R_1$、$R_2$ 并联，则并联后总电阻 $R$ 的倒数等于 $R_1$、$R_2$ 两电阻的倒数之和，即

$$\frac{1}{R} = \frac{1}{R_1} + \frac{1}{R_2} = \frac{R_1 + R_2}{R_1 R_2}$$

因此

$$R = \frac{R_1 R_2}{R_1 + R_2}$$

### （三）电阻的串并联

如果在一个电路中，既有电阻串联，又有电阻并联，即为电阻串并联，或者称作电阻的混联。在分析计算时，先计算出单纯串联或并联部分电路的等效电阻，再进一步根据串并联关系逐步化简，算出总的等效电阻，然后根据欧姆定律算出总电流，再依次应用欧姆定律算出各支路电流。

### （四）电源的串并联

将一个电源的负极与另一个电源的正极依次相连，称为电源的串联。电源串联可以获得较高的电源电压。串联电源的总电源电动势等于各电动势之和，其总内阻等于各串联电源内阻之和。

如果有几个电动势相等的电源将正极联在一起，负极也联在一起，则称为电源并联。如果这些并联电源的内阻也相同，则总电源的电动势等于其中一个电源的电动势，总内阻等于几个并联电源内阻并联后的等值电阻。

如果有几个电动势不相等或内阻不相等的电源并联，则不能简单化简。这时，可运用前面介绍的基尔霍夫定律和后面将要介绍的直流复杂电路计算方法进行计算。

## 二、支路电流法

不能用串并联方法进行简化求其等效电阻的电路，称为复杂电路。下面介绍求解复杂电路一个常用的方法——支路电流法。

所谓支路电流法就是以各支路的电流为未知数，应用基尔霍夫定律列出方程式，联立求解计算出各支路电流的方法。其步骤如下：

（1）选定各支路电流的参考方向。

（2）若电路有 $n$ 个节点，则可根据 KCL 列出 $(n-1)$ 个节点电流方程。

（3）若电路有 $m$ 条支路，则待求的电流个数也有 $m$ 个，根据 KVL 可列出 $(m-n+1)$ 个电压方程，从而组成了 $m$ 元一次方程组。

（4）解联立方程组，求出各支路电流。如求得的电流为正值，表示所设定的电流方向与实际

方向相同；如求得电流为负值，则所设电流方向与实际电流方向相反。

前面介绍的［例 1-2］实际上就是支路电流法解复杂电路的一个例子。在图 1-3 中有三条支路，两个节点，即 $m=3$，$n=2$，因此，根据 KCL 可列出 $2-1=1$ 个节点电流方程，即式（1-10）；根据 KVL，列出 $m-n+1=3-2+1=2$ 个电压方程，即式（1-11）和式（1-12），对这三个方程式联立可计算出三个未知数 $I_1$、$I_2$、$I_3$。由于 $I_2$ 为负值，因此，其实际电流方向与图 1-3 中的 $I_2$ 箭头方向相反。而 $I_1$、$I_3$ 为正值，因此实际电流方向与图中 $I_1$、$I_3$ 箭头方向相同。

### 三、节点电压法

当电路的支路很多，而节点只有两个时，如果用支路电流法求解，需要列出和支路数目相同数量的方程，联立求解很繁琐，而如用节点电压法求解，就比较方便。

所谓节点电压法，就是在具有两个节点的复杂电路中，首先求出节点电压，然后应用欧姆定律求出各支路电流的方法。下面举例说明。

**【例 1-3】** 试用节点电压法解图 1-3 所示电路中各支路的电流。

**解**：为说明清楚，这里先推导求节点电压的公式。

对于图 1-3，根据基尔霍夫电压定律，不难列出 $I_1$、$I_2$ 两支路的电流电压关系式。

对 $I_1$ 支路
$$U_{AB}=E_1-I_1R_1$$
或
$$I_1=\frac{E_1-U_{AB}}{R_1}$$
对 $I_2$ 支路
$$U_{AB}=E_2-I_2R_2$$
或
$$I_2=\frac{E_2-U_{AB}}{R_2}$$
对 $R_3$ 支路
$$U_{AB}=I_3R_3$$
或
$$I_3=\frac{U_{AB}}{R_3}$$

对于节点 A，根据 KCL 可列出电流方程式
$$I_1+I_2-I_3=0$$
将上面的 $I_1$、$I_2$、$I_3$ 的公式代入电流方程式，有
$$\frac{E_1-U_{AB}}{R_1}+\frac{E_2-U_{AB}}{R_2}+\frac{-U_{AB}}{R_3}=0$$
$$\frac{E_1}{R_1}-\frac{U_{AB}}{R_1}+\frac{E_2}{R_2}-\frac{U_{AB}}{R_2}-\frac{U_{AB}}{R_3}=0$$

在上式中，用电导 $G$ 代替电阻 $R$，已知 $G=\frac{1}{R}$，则
$$E_1G_1-U_{AB}G_1+E_2G_2-U_{AB}G_2-U_{AB}G_3=0$$
整理后得
$$U_{AB}=\frac{E_1G_1+E_2G_2}{G_1+G_2+G_3}$$

即对于两节点的多支路电路，其节点电压等于各支路电动势与该支路电导乘积的代数和，除以各支路电导的总和。其一般表达式为
$$U_{AB}=\frac{\sum E_nG_n}{\sum G_m} \tag{1-16}$$

式（1-16）中 $n$ 表示有源支路数，$m$ 表示总的支路数。并规定式中 $E$ 的正方向指向节点 A 时取正号，反之取负号。

现将图 1-3 中电动势和电阻的数值（见［例 1-2］中所给数值）代入式（1-16），算出节点电

压为

$$U_{AB} = \frac{20 \times \frac{1}{5} + 10 \times \frac{1}{10}}{\frac{1}{5} + \frac{1}{10} + \frac{1}{20}} = \frac{4+1}{\frac{7}{20}} = 5 \times \frac{20}{7}$$

$$= \frac{100}{7} \ (V)$$

则有

$$I_1 = \frac{E_1 - U_{AB}}{R_1} = \frac{20 - \frac{100}{7}}{5} = \frac{8}{7} \ (A)$$

$$I_2 = \frac{E_2 - U_{AB}}{R_2} = \frac{10 - \frac{100}{7}}{10} = \frac{-\frac{30}{7}}{10} = -\frac{3}{7} \ (A)$$

$$I_3 = \frac{U_{AB}}{R_3} = \frac{\frac{100}{7}}{20} = \frac{5}{7} \ (A)$$

显然，以上计算结果与应用支路电流法所得结果无异，但是更为简捷明了。

### 四、叠加原理

叠加原理适用于线性电路。线性电路是指电路中的参数不随电压和电流的变化而变化的电路。电路的伏安特性为一条通过坐标原点的直线。

在线性电路中，任一支路的电流（或电压）等于各独立电源单独作用时分别在该支路中所产生的电流（或电压）的代数和。线性电路的这一特性称为叠加原理。

运用叠加原理计算电路时，应注意以下三点：

（1）某一独立电源单独作用时，其余电源的作用为零，即电压源短路，电动势为零，保留内阻；电流源开路，电流为零。

（2）叠加原理只适用于计算线性电路的电流（或电压），不适用于功率的计算。这是因为功率与电流（或电压）平方成正比关系，不是线性关系。

（3）运用叠加原理计算电路时，应先假定各支路电流及各分量电流的正方向，当各分量电流叠加时，若分量电流正方向与支路电流正方向相同，则取为正，反之为负。

**【例 1-4】**　试用叠加原理求解图 1-3 所示电路中各支路的电流。图中各电动势和电阻的数值与［例 1-2］相同。

**解：**将图 1-3 所示电路分解为 $E_1$、$E_2$ 单独作用时的两个电路，如图 1-4（a）、（b）所示。

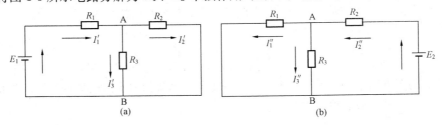

图 1-4　用叠加法解图 1-3 所示电路

（a）$E_1$ 单独作用时的电路图；（b）$E_2$ 单独作用时的电路图

在图 1-4（a）中，电动势 $E_1$ 独立作用，这时 $E_2$ 短路，电阻 $R_2$ 保留。这时电路中各支路电流分别为 $I_1'$、$I_2'$、$I_3'$，右上角加一撇表示。根据欧姆定律先将 $R_2$ 和 $R_3$ 并联，算出等值电阻，

用 $R_{2//3}$ 表示，通过此等值电阻的电流用 $I'_{2//3}$ 表示。则

$$I'_1 = I'_{2//3} = \frac{E_1}{R_1 + R_{2//3}} = \frac{20}{5 + \frac{20 \times 10}{20 + 10}} = \frac{20}{5 + \frac{20}{3}}$$

$$= \frac{20}{\frac{35}{3}} = \frac{60}{35} \quad (A)$$

图 1-4（a）中的支路电流 $I'_2$ 和 $I'_3$ 分别为

$$I'_2 = I'_{2//3} \times \frac{R_3}{R_2 + R_3} = \frac{60}{35} \times \frac{20}{10 + 20} = \frac{60}{35} \times \frac{20}{30} = \frac{40}{35} \quad (A)$$

$$I'_3 = I'_{2//3} - I'_2 = \frac{60}{35} - \frac{40}{35} = \frac{20}{35} \quad (A)$$

在图 1-4（b）中，$E_2$ 独立作用，这时 $E_1$ 短路，保留 $R_1$，电路中各支路电流分别为 $I''_1$、$I''_2$、$I''_3$。同样，先将 $R_1$ 与 $R_3$ 并联，算出等值电阻，用 $R_{1//3}$ 表示，通过此等值电阻的电流用 $I''_{1//3}$ 表示。则

$$I''_2 = I''_{1//3} = \frac{E_2}{R_2 + R_{1//3}} = \frac{10}{10 + \frac{5 \times 20}{5 + 20}} = \frac{10}{10 + \frac{100}{25}} = \frac{10}{14} = \frac{5}{7} \quad (A)$$

图 1-4（b）中的支路电流 $I''_1$ 和 $I''_3$ 分别为

$$I''_1 = I''_{1//3} \times \frac{R_3}{R_1 + R_3} = \frac{5}{7} \times \frac{20}{5 + 20} = \frac{5}{7} \times \frac{4}{5} = \frac{4}{7} \quad (A)$$

$$I''_3 = I''_{1//3} - I''_1 = \frac{5}{7} - \frac{4}{7} = \frac{1}{7} \quad (A)$$

则图 1-3 中 $I_1 = I'_1 - I''_1 = \frac{60}{35} - \frac{4}{7} = \frac{60}{35} - \frac{20}{35} = \frac{40}{35} = 1\frac{1}{7}$ （A），$I_2 = -I'_2 + I''_2 = -\frac{40}{35} + \frac{5}{7} = -\frac{15}{35} = -\frac{3}{7}$ （A），$I_3 = I'_3 + I''_3 = \frac{20}{35} + \frac{1}{7} = \frac{25}{35} = \frac{5}{7}$ （A）。

上述 $I_2$ 的负号表示 $I_2$ 的实际电流与图 1-3 中所示方向相反。由以上计算结果可以证明，无论是支路电流法、节点电压法，还是叠加原理，其计算结果都是相同的。

# 第四节　电功、电功率、电流的热效应

## 一、电功

电功，也就是电流所作的功，或者说是电场力移动电荷所作的功。日常我们称之为电能。电功的单位为焦耳（J）。电功的大小与电路中的电流、电路两端的电压以及通电时间长短成正比，用公式表示为

$$A = UIt = I^2Rt \tag{1-17}$$

式中　$A$——电功，J；

　　　$U$——电压，V；

　　　$I$——电流，A；

　　　$t$——时间，s；

　　　$R$——电阻，Ω。

电功，即电能的单位是焦耳（J），另一常用单位是千瓦·时，符号为 kW·h

$$1kW \cdot h = 3.6MJ \tag{1-18}$$

## 二、电功率

电流在单位时间内所作的功叫做电功率，用字母 $P$ 表示，单位为瓦特，简称瓦，符号 W

$$P=\frac{A}{t}=UI=I^2R=\frac{U^2}{R} \quad (\text{W}) \tag{1-19}$$

式中　$A$——电功，J；

　　　$t$——作功的时间，s；

　　　$U$——电压，V；

　　　$I$——电流，A；

　　　$R$——电阻，Ω；

　　　$P$——电功率，W。

电功率较大的单位是千瓦（kW）、兆瓦（MW），其换算关系为

$$1\text{kW}=10^3\text{W}$$
$$1\text{MW}=10^3\text{kW}=10^6\text{W}$$

功率的另外一个单位是马力（hp）。我国在 1991 年起实施的《中华人民共和国计量法》中规定：功率（符号为 $P$）的许用单位是瓦［特］，符号为 W，1W＝1J/s。功率的非许用单位有马力、英（制）马力和电工马力，其之间的关系为

1 马力＝735.499W

1 英马力＝745.7W

1 电工马力＝746W

所谓许用单位是指允许在书刊上使用的单位。非许用单位一般不使用，但在特定设备上按习惯仍然使用。例如我国辽宁号航母 4 台蒸汽轮机的功率就是 200 000hp。又如某工厂的大型气体压缩机，其配套用的进口电动机铭牌功率为 5000hp。

## 三、电流的热效应

电流通过电阻时，电阻的温度会逐渐升高，这是因为电阻吸收电能转换成了热能。这种现象称为电流的热效应。

实验证明，电流通过导体时所产生的热量与电流的平方、导体的电阻值，以及通电时间成正比，即

$$Q=I^2Rt \tag{1-20}$$

式中　$Q$——电流在电阻上产生的热量，J；

　　　$I$——通过导体的电流，A；

　　　$R$——导体的电阻，Ω；

　　　$t$——电流通过导体的时间，s。

这个关系式即为焦耳—楞次定律。

如果热量用单位卡（cal）来表示，考虑到 1J＝0.24（cal），则焦耳—楞次定律可用下式表示

$$Q=0.24I^2Rt \tag{1-21}$$

式中　$Q$——热量，cal（此单位为惯用的非法定单位）。

# 第五节　电磁和电磁感应

## 一、电流产生的磁场

### （一）磁的一般性质

具有吸引铁屑或铁块等特性的物体，俗称磁铁，或者说有磁性的物体，简称磁体。磁体有如

下性质。

（1）吸铁性。能吸引铁、钢、镍、钴、铬等物质。但不能吸引铜、铝、铅等物质。

（2）磁体具有南北两个磁极，即N极（北极）和S极（南极）。两个磁极端部磁性最强，越接近中部磁性越弱。

（3）N、S两个极必定同时存在。一根条形磁铁无论分割成多少小段，每段都会具有南、北两个磁极，没有单独存在的单个磁极。

（4）磁极间有相互作用力，同性磁极相斥，异性磁极相吸。

（5）铁磁材料放在磁体附近，无论是否被磁体吸住，都能被磁化。被磁化的物体在移开磁体后，在一段时间内能保留一些磁性，吸引其他铁磁材料，这种现象称为具有剩磁。

**（二）磁场和磁力线**

带电体周围存在电场，磁体周围则存在磁场。

磁体周围有磁力作用的空间称为磁场。磁场和电场相似，也是一种看不见的物质，但是有能量存在。磁极间的相互作用力就是通过磁场来实现的。磁场有大小和方向。如同电场的强弱和方向可以用电力线描绘一样，磁场的强弱和方向也可以用磁力线来描绘。

磁力线由磁体的N极出发，经外部空间进入磁体的S极。在磁体内部磁力线由S极回到N极。因此，磁力线是闭合的曲线。

用磁力线的疏密表示磁场的强弱，磁力线越密磁场越强。磁力线上任一点的切线方向表示该处磁场的方向。各处强弱相同、方向一致的磁场称为均匀磁场。

**（三）电流产生磁场的方向——右手螺旋定则**

实验证明，通有电流的导线周围总是存在磁场。科学家又进一步证明，磁场的存在总是表示有电流的存在。例如，永久磁铁的磁场就是由分子电流所产生的。这种分子电流是由电子围绕某一轨道运动及其自转形成的。

电流产生磁场可以用右手螺旋定则来表达。

（1）通有电流的直导线其周围的磁场可以用同心圆环的磁力线来表示。电流越大，磁力线圆环越密，磁场越强。磁场的方向可用右手螺旋定则来描述：用右手握直导线，大拇指伸直，指向电流的方向，则其余四指弯曲所指方向即为磁场的方向，如图1-5所示。

直导线通过电流时产生磁场的方向也可以用图1-6的平面图来表示。图1-6中⊕表示电流的方向对准纸内，⊙表示电流的方向从纸内指向读者。导线周围的磁力线呈圆环状，其方向如箭头所示。如电流方向改变，则磁场方向也改变。

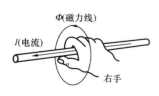

图1-5 通电直导线周围的磁场方向（右手螺旋定则之一）

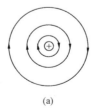 

图1-6 单根通电导线周围的磁场
(a) 通电导线电流方向为垂直指向纸面；
(b) 通电导线电流方向为由纸面垂直向外

（2）对于通有电流的线圈产生磁场的方向也可用右手螺旋定则来描述。这时将右手握住线圈，大拇指伸直。右手的其余四指弯曲表示环形线圈的电流方向，大拇指所指即为线圈内部轴向

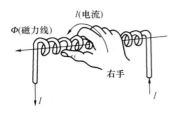

图 1-7 通有电流的线圈磁场方向的判断（右手螺旋定则之二）

的磁场方向，也就是线圈内部沿轴向的磁力线方向，如图 1-7 所示。

通有电流的线圈的磁场强弱，与线圈匝数和线圈内电流的大小有关。电流大磁场强；线圈匝数越多，磁场也越强。

### （四）磁感应强度 $B$

将直导线置于均匀磁场中，且将其与磁力线垂直放置，当直导线通以电流时，此导线会受到磁场力的作用。这个磁场力（用 $F$ 表示）的大小与导体处于均匀磁场中的长度 $L$、通过电流 $I$ 的大小，以及磁场内磁力线的多少有关。磁场中磁力线的多少用磁感应强度 $B$ 表示，即

$$F = ILB \tag{1-22}$$

因此，磁感应强度 $B$ 与 $F$、$I$、$L$ 有如下关系

$$B = \frac{F}{IL} \tag{1-23}$$

式中　$F$——磁场力，N（牛顿）；

　　　$I$——电流，A（安培）；

　　　$L$——导体长度，m（米）。

磁感应强度表示在介质内某一点的磁场强弱，它是一个具有方向性的物理量。磁场内某一点的磁感应强度的方向为通过该点的磁力线的切线方向。

由公式 (1-23) 可知，磁感应强度的单位是 N/A·m。由于 $N = \frac{J}{m}$，$V = \frac{J}{C}$，$A = \frac{C}{s}$，则不难导出磁感应强度的单位可以用伏特·秒/米$^2$ 来表示，即 $B$ 的单位是 V·s/m$^2$。

在国际单位制中，磁感应强度 $B$ 的单位 V·s/m$^2$ 称为特斯拉（T）。磁感应强度 $B$ 的另外一个较小的单位为高斯，1 高斯 $= 10^{-4}$ 特斯拉。高斯这个单位现在已不常用。

### （五）磁导系数 $\mu$ 和磁场强度 $H$

通电导线的周围存在磁场，磁场中磁感应强度的大小不仅与导线中通过的电流大小有关，而且还与导线的形状（例如由导线绕成的线圈匝数）有关，与导线周围的介质的导磁性能也有关。介质的导磁性能用磁导系数 $\mu$ 表示；而电流大小、导线形状对磁场强弱的影响程度用磁场强度 $H$ 表示。因此，可以列出公式

$$B = \mu H \tag{1-24}$$

式中　$B$——磁感应强度，T（特斯拉）；

　　　$\mu$——磁导系数，$\dfrac{\Omega \cdot s}{m}\left(\dfrac{欧 \cdot 秒}{米}\right)$；

　　　$H$——磁场强度，$\dfrac{A}{m}$（安/米）。

1. 磁场强度 $H$

磁场强度 $H$ 的大小只与通电电流的大小和线圈的匝数，以及磁路的长度有关，而与物质的导磁性能无关。即

$$H = \frac{NI}{L} \tag{1-25}$$

式中　$H$——磁场强度，$\dfrac{A}{m}$（安/米）；

　　　$N$——线圈匝数；

$L$——磁路长度，m（米）。

2. 磁导系数 $\mu$

在公式（1-24）中，$\mu$ 表示物质的磁导系数，它所反映的是通电线圈内部及其周围的物质磁化后对磁场加强的影响程度。

3. 相对磁导系数 $\mu_r$

为了表示物质磁导性能的强弱，习惯上将其与真空磁导系数 $\mu_0$ 比较。为此，引入相对磁导系数 $\mu_r$，即

$$\mu_r = \frac{\mu}{\mu_0} \tag{1-26}$$

式中　$\mu_0$——真空磁导系数；

　　　$\mu$——某物质的磁导系数；

　　　$\mu_r$——某物质的相对磁导系数。

由式（1-26）可见，相对磁导系数 $\mu_r$ 是表示某物质在其他条件相同的情况下，其磁导系数 $\mu$ 是真空磁导系数 $\mu_0$ 的多少倍。实验测得真空磁导系数 $\mu_0 = 4\pi \times 10^{-7}$（欧·秒/米）。

$\mu_r$ 略大于 1 的物质称为顺磁性物质，如空气、氧、铝、锡等；$\mu_r$ 略小于 1 的物质称为反磁性物质，如氢、铜等，$\mu_r$ 远大于 1 的物质称为铁磁性物质，如铁、钢、镍、钴等，其 $\mu_r$ 高达几千。

**（六）磁通 $\Phi$**

磁通是表示穿过某一截面 $S$ 的磁力线的总数，用 $\Phi$ 表示。磁通的单位为 V·s，称作韦伯，简称韦，用 Wb 表示

$$\Phi = BS \tag{1-27}$$

式（1-27）表示在磁感应强度为 $B$ 的均匀磁场中，穿过与磁场方向垂直、截面积为 $S$ 的平面的磁通 $\Phi$，其数值等于 $B$ 和 $S$ 的乘积。式中，$B$ 的单位为（V·s/m²），$S$ 的单位为 m²。

式（1-27）也可写成 $B = \dfrac{\Phi}{S}$，即磁感应强度 $B$ 表示的是单位面积穿过的磁通量。因此，磁感应强度习惯上也称作磁通密度。

**二、电磁力——电动机左手定则**

前面已经提及，磁场对载流导线会产生作用力，这个作用力叫电磁力，其大小见式（1-22）。这个公式所表示的是电流方向和磁感应强度方向相互垂直时的数值关系。如果磁感应强度方向与电流方向存在夹角 $\alpha$，则电磁力 $F$ 的公式为

$$F = BIL\sin\alpha \tag{1-28}$$

电磁力 $F$ 的方向与磁感应强度 $B$ 的方向和电流 $I$ 的方向有关，三者的关系可用左手定则来描述：平伸左手，让大拇指和其余四指垂直，磁力线垂直穿入掌心，四指指向电流方向，则大拇指的指向就是电磁力的方向，如图 1-8 所示。

磁场对通电导体的作用力是各种电动机工作原理的依据，因此，左手定则习惯上又叫作电动机左手定则。

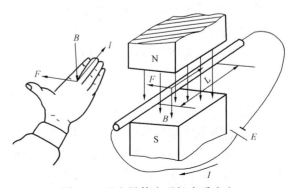

图 1-8　通电导体在磁场中受力方向的判断（电动机左手定则）

【例 1-5】　试用电动机左手定则解释两

根平行载流导体间的相互作用力的方向。

**解：** 两根载流导体因为都有电流流过，因此都产生磁场，而且每根载流导体都处在另一根载流导体所产生的磁场中，因此，两根导体同时受到电磁力的作用。电磁力的方向与导体中电流流动的方向有关，如图1-9所示。图1-9（a）为两根载流导体，电流的方向相同时，导线A处于导线B电流 $I_2$ 所产生的磁场中。用右手螺旋定则可以确定此磁力线的方向在导线A所处位置为从纸面向外穿出。再用电动机左手定则可以判断出导线A所受的电磁力 $F_A$ 的方向是向下的。同样，可判断出导线B在导线A所产生的磁场中所受的电磁力 $F_B$ 的方向是向上的。由此可见，两根平行载流导体，如果其电流方向相同，则电磁作用力为互相吸引。同理，不难确定两根平行载流导体电流方向相反时，其电磁力的方向为互相排斥，如图1-9（b）所示。

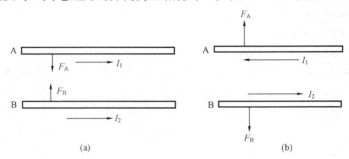

图 1-9 平行载流导体的电磁力方向

（a）两根平行载流导体电流方向相同；（b）两根平行载流导体电流方向相反

### 三、电磁感应

上面介绍了电流产生磁场和电流在磁场中所受的作用力。下面介绍变化的磁场在导体中产生电动势和电流的现象，这种现象称为电磁感应。由电磁感应产生的电动势叫做感应电动势。

**（一）直导体中的感应电动势——发电机右手定则**

当一根直线导体在均匀磁场中作切割磁力线运动时，导体中会产生感应电动势 $e$，其大小用下列公式表示

$$e = BLv\sin\alpha \tag{1-29}$$

式中　$B$——均匀磁场的磁感应强度，T；

　　　$L$——导体在磁场中的有效长度，m；

　　　$v$——导体和磁场的相对运动速度，m/s；

　　　$\alpha$——导体运动方向与磁力线的夹角，°。

感应电动势的方向可用右手定则确定：平伸右手，大拇指和其他四指互相垂直，让磁力线垂直穿入掌心，让大拇指的指向和导线运动方向一致，则其余四指所指的方向就是感应电动势的方向。

导线切割磁力线产生感应电动势的原理是各种发电机工作原理的依据，因此，上述右手定则也称作发电机右手定则。

**（二）线圈中的感应电动势——法拉第电磁感应定律和楞次定律**

上面介绍了导体运动切割磁力线产生感应电动势。实际上如果导体不动，而磁场运动，由磁力线去切割导体，同样可在导体中产生感应电动势。也就是说不论何种原因，只要导体和磁力线之间有相对切割运动，都将在导体中产生感应电动势。

如果不是直线导体，而是一个线圈，则当穿过线圈的磁力线发生变化时，在线圈中就会产生

感应电动势。线圈感应电动势的大小与线圈的匝数 $N$ 及穿过线圈磁通的变化率成正比。这个定律叫作法拉第电磁感应定律，可用公式表示为

$$|e| = \left| N \frac{\Delta \Phi}{\Delta t} \right| \qquad (1-30)$$

式中　　$\Delta \Phi$——在时间间隔 $\Delta t$ 内磁通 $\Phi$ 的变化量；

　　　　$\Delta t$——时间间隔；

　　　　$N$——线圈匝数；

　　　　$e$——感应电动势。

式（1-30）采用绝对值表示，这是因为法拉第电磁感应定律只说明了感应电动势数值的大小，而感应电动势的方向则须用楞次定律来判断。楞次定律的内容为：感应电动势的方向总是企图产生感应电流来对抗线圈中的磁通变化。这个定律说明当穿过线圈的原磁通增加时，感应电流所产生的磁通阻止其增加，也就是说方向和原磁通相反；当穿过线圈的原磁通减少时，感应电流所产生的磁通方向与原磁通方向相同，以阻止原磁通减少。因此，在式(1-30)感应电动势公式中应加负号，即

$$e = -N \times \frac{\Delta \Phi}{\Delta t} \qquad (1-31)$$

这就是电磁感应定律的完整表达式。线圈内的感应电动势其大小与磁通变化率 $\Delta \Phi / \Delta t$ 以及线圈匝数的乘积成正比；感应电动势的方向与磁通变化的趋势相反。

如将 $N$ 与 $\Phi$ 的乘积用磁链 $\psi$ 来表示，则式（1-31）可改写为

$$e = -\frac{\mathrm{d}\psi}{\mathrm{d}t} \qquad (1-32)$$

即感应电动势的大小与线圈磁链（或者称作全磁通）的变化率成正比，方向与磁链变化趋势相反。

**【例 1-6】**　试判断图 1-10 中，开关 K 闭合瞬间线圈 1 和线圈 2 感应电动势的方向。

**解：** 当开关 K 闭合瞬间，电流由零逐渐增大，按照右手螺旋定则，产生的磁通 $\Phi$ 方向为由下而上。由于这个磁通是由零逐渐增加的，按照楞次定律，感应电动势产生的磁通方向与磁通 $\Phi$ 的方向相反，图 1-10 中 $\Phi_r$ 用虚线表示。再按右手螺旋定则，为了产生反磁通 $\Phi_r$，线圈 1、2 中的感应电动势 $e_1$ 和 $e_2$ 的方向如图中箭头所示。

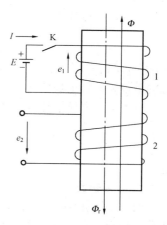

图 1-10　［例 1-6］图

## 四、自感与互感

### （一）自感现象

由于线圈自身电流的变化，引起线圈自身磁链的变化，在线圈自身中感应电动势，这种现象称为自感现象。在图 1-10 中，当开关合上瞬间，线圈 1 产生的感应电动势 $e_1$ 即是自感电动势。当开关 K 合上后，由于电流 $I$ 渐趋稳定，到磁通 $\Phi$ 不再变化时，这个感应电动势也就趋于零。

### （二）自感系数——电感

由式（1-32）可知，自感电动势的大小与磁链 $\psi$ 的变化率有关，$\psi$ 变化率大，自感电动势也大。而这个磁链是由线圈中通过电流产生的。线圈匝数多，即使通过同样大小的电流，线圈中的磁链也多。我们把线圈中通过单位电流所产生的自感磁链称为自感系数，简称电感，用 $L$ 表示

$$L=\frac{\psi}{i}=\frac{N\Phi}{i} \tag{1-33}$$

因为磁感应强度 $B$ 的单位是 $V\cdot s/m^2$ ［见前面式（1-23）］，而 $\Phi=BS$，所以 $\Phi$ 的单位为 $V\cdot s$（伏·秒）。由于 $\psi=N\Phi$，其中 $N$ 为线圈匝数，所以 $\psi$ 的单位也是 $V\cdot s$。则电感 $L$ 的单位为 $\frac{V\cdot s}{A}=\Omega\cdot s$（欧·秒），取名亨利，用符号 H 表示。电感量单位除了亨利外，常用的还有毫亨（mH）和微亨（$\mu$H），换算公式如下

$$1H=10^3\,mH$$
$$1mH=10^3\,\mu H$$

### （三）互感和磁耦合

两个相邻的线圈，如果其中一个线圈中通过的电流发生变化，则由其产生的磁通也发生变化，这个变化的磁通穿过另一个线圈而使另一个线圈感应电动势，这种现象称为互感现象。例如图 1-10 中，当线圈 1 的开关 S 合上时，会在线圈 2 中感应电动势 $e_2$，这个 $e_2$ 就是互感电动势。

能够产生互感电动势的两个线圈叫做磁耦合线圈。设线圈 1 和线圈 2 为两个磁耦合线圈，线圈 1 中通过单位电流时在线圈 2 中产生的磁链数叫做线圈 1 对线圈 2 的互感系数，简称互感，用 $M_{12}$ 来表示

$$M_{12}=\frac{\psi_{12}}{i_1} \tag{1-34}$$

同理，线圈 2 对线圈 1 的互感系数为 $M_{21}$

$$M_{21}=\frac{\psi_{21}}{i_2}$$

实际上，$M_{12}=M_{21}=M$，互感 $M$ 的大小反映了两个线圈相互产生磁链的能力。互感的单位与自感的单位相同，也是亨利（H）。

变压器、电压互感器、电流互感器等就是应用磁耦合线圈原理制成的。

# 第六节　电　　容

## 一、电容器

两块金属导体，中间隔以绝缘介质所组成的整体，就形成一个电容器。被绝缘隔开的金属导体称为极板，它们经过电极接到电路中。按绝缘介质的不同，电容器分为云母、空气、纸质、电解、聚苯乙烯等电容器。按使用情况又可分为固定、可变、半可变电容器。

电容器的基本性能是，当对电容器施加电压时，它的极板上聚集电荷，极板间建立电场，电场中储存能量。

## 二、电容器的电容量

电容器的电容量是电容器容纳电荷能力大小的一个物理量。

实验证明，电容器每一极板上储存的电荷量 $Q$ 与加到极板间的电压 $U$ 成正比，即

$$Q=CU$$

式中的比例常数 $C$ 叫电容量，简称电容，即

$$C=\frac{Q}{U} \tag{1-35}$$

电容 $C$ 代表电容器储存电荷的本领。两个极板面积越大，极板间的距离越近，极板间的绝缘介质常数越大，电容器的电容也越大

16

$$C=\frac{\varepsilon S}{d} \tag{1-36}$$

式中　$S$——电容器的极板面积，$m^2$；

　　　$d$——电容器极板间的距离，m；

　　　$\varepsilon$——电容器极板间介质的介电系数，F/m（法拉/米）；

　　　$C$——电容器电容量，F。

在式（1-35）中，电荷量 $Q$ 的单位为库仑，电压 $U$ 的单位为伏特时，电容量 $C$ 的单位也是法拉。

实际应用时，电容量常用的单位是微法（$\mu F$）和皮法（pF）

$$1\mu F=10^{-6}F$$
$$1pF=10^{-12}F$$

### 三、电容器的充电和放电

#### （一）电容器的充电

把电容器接上直流电源，合上电源开关，电容器就进入充电状态。如果电路中串有电流表，则在开关合上后，表针立即偏转。随后电流表读数逐渐减小，最后降为零，说明充电已结束。在充电过程中，充电电流从最大值逐渐降低到零。如果在电容器上并接一块电压表，则会发现在合上电源开关的瞬间电压为零，以后电压逐渐上升，直到等于电源电压后电压表读数稳定，这时充电也就结束。

在充电前，电容器极板上没有电荷，根据公式（1-35），有 $U_C=\frac{Q}{C}$，因为 $Q=0$，所以电压 $U_C=0$。在合上开关的瞬间，电源向电容器充电，充电电流取决于电源电压 $U$ 和充电回路的电阻 $R$。充电时的最大电流 $I_C=\frac{U}{R}$，随着时间的延长，电流逐渐降为零。在充电结束时，电容器极板上积聚的电荷 $Q=CU$，这时电容器极板上的电压 $U_C$ 与电源电压 $U$ 相等，即 $U_C=U$。

在充电时，回路内应串入适当阻值的电阻 $R$，以限制充电电流不致过大。但是充电电阻如果过大，则充电时间就会过长。

上面的这些叙述可用下面的公式表示。电容器充电电流 $i_C$ 的变化规律用公式表示为

$$i_C=\frac{U}{R}\times e^{-\frac{t}{\tau}} \tag{1-37}$$

电容器极板上的充电电压 $u_C$ 的变化规律

$$u_C=U-Ue^{-\frac{t}{\tau}}=U\left(1-e^{-\frac{t}{\tau}}\right) \tag{1-38}$$

充电时电源开关合上瞬间，$t=0$，则 $i_C=\frac{U}{R}$，为充电电流最大值。这时 $u_C=U（1-1）=0$，即 $t=0$ 时，$u_C=0$。在充电结束时，$t\to\infty$，$i_C\to0$，$U_C\to U$。式中，$\tau=RC$，即电容器电容量和充电回路电阻值的乘积，称为电路时间常数，用秒来计量。时间常数 $\tau$ 表示电容器充电回路的速率特性。

#### （二）电容器的放电

电容器充电后，将电源开关拉开。这时，如果将其通过一个开关与一个电阻 $R$ 并联，在将此开关合上后，电容器就对电阻 $R$ 放电。在放电最初瞬间，电流 $I_C=\frac{U_C}{R}$。随着时间的延长，电容器上电荷 $Q$ 逐渐减少，$U_C$ 降低，$I_C$ 也降低。最后 $t\to\infty$，$U_C\to0$，$I_C\to0$，放电结束。放电过程也可以用公式表示。

放电电流 $$i_C = \frac{U_C}{R} \times e^{-\frac{t}{\tau}}$$ (1-39)

电容器放电时的电压 $$u_C = U_C e^{-\frac{t}{\tau}}$$ (1-40)

在上面的充放电过程，假设 $t \to \infty$ 时充放电结束，实际上充放电时间 $t \geq 3\tau$ 时，充放电电流已降低到最大充放电电流的 5%。电容器上的电压 $U_C$ 在放电时间 $t \geq 3\tau$ 时，也已降低到原有电压 $U_C$ 的 5% 以下，充放电接近结束。

### 四、电容器的电场能量

电容器充电后，极板上积聚的电荷在极间建立电场，电场中储有能量，其电场能量为

$$W_C = \frac{1}{2} CU^2$$ (1-41)

式中　$C$——电容量，F；

　　$U$——电容器上的电压，V；

　　$W_C$——电容器极板间的电场能量，J。

由式（1-41）可见，电容器储存的电场能量与电容器的电容量和电容器上的充电电压平方成正比。

### 五、电容器的串、并联

#### （一）电容器的串联

设有两个电容器串联，其电容量分别为 $C_1$ 和 $C_2$。在端电压的作用下，串联电容器最外面的两个极板上充有等量的异号电荷，各中间极板上因静电感应，也出现等量的异号电荷，如图 1-11 所示。

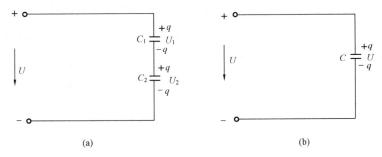

图 1-11　电容器串联示例

(a) 示例一；(b) 示例二

在图 1-11 (a) 中，每个电容器的电压各为

$$U_1 = \frac{q}{C_1}$$

$$U_2 = \frac{q}{C_2}$$

在图 1-11 (b) 中，用等值电容 $C$ 代表两个电容 $C_1$ 与 $C_2$ 之和。对于等值电容 $C$，有

$$C = \frac{q}{U}$$

由于 $U = U_1 + U_2$，因此

$$C = \frac{q}{U} = \frac{q}{U_1 + U_2}$$

则

$$\frac{1}{C}=\frac{U_1+U_2}{q}=\frac{U_1}{q}+\frac{U_2}{q}=\frac{1}{C_1}+\frac{1}{C_2}$$

所以，当若干个电容器串联时，总电容的倒数等于各电容器的电容倒数之和

$$\frac{1}{C}=\frac{1}{C_1}+\frac{1}{C_2}+\frac{1}{C_3}+\cdots$$

如果只有两个电容器串联，则

$$C=\frac{C_1C_2}{C_1+C_2}$$

### （二）电容器的并联

假设 $C_1$、$C_2$ 两个电容器并联，由于各电容器上承受同一电压 $U$，因此所储存的电荷分别为

$$q_1=C_1U$$
$$q_2=C_2U$$

两电容器上的总电量为 $q=q_1+q_2$，则有

$$q=q_1+q_2=C_1U+C_2U=（C_1+C_2）U$$

因此，两电容 $C_1$、$C_2$ 并联时的等值电容 $C=C_1+C_2$。

由此可见，当两个电容器并联时，总电容为这两个电容器电容量之和。同样，不难证明：若有 $n$ 个电容器并联，各电容器的电容量分别为 $C_1$、$C_2$、$C_3$、$\cdots$、$C_n$，则总等值电容 $C$ 的电容量等于各电容器电容量之和，即

$$C=C_1+C_2+C_3+\cdots+C_n$$

# 第七节 单相正弦交流电路

## 一、正弦交流电

电动势、电压、电流的大小和方向都随时间按一定规律作周期性变化的电流称为交流电。一般供电部门供应的交流电都是按正弦曲线规律变化的，故称正弦交流电。

### （一）正弦交流电的产生

正弦交流电是由交流发电机产生的。实际使用的大型交流发电机有定子和转子，定子上装设线圈，转子上安装磁极。磁极的磁性是由直流电产生的。原动机带动转子旋转，即磁极旋转，磁力线切割定子线圈导线，定子线圈感应出交流电动势。发电机在制作时，使定子和转子之间的气隙中磁感应强度按正弦规律分布，因此发电机发出的电动势为正弦交流电动势。

### （二）正弦交流电的三要素

正弦交流电的表达式为

$$e=E_m\sin\alpha \tag{1-42}$$

式中　$e$——电动势的瞬时值，V；

$E_m$——电动势的最大值，V；

$\sin\alpha$——角度为 $\alpha$ 的正弦函数值。

如果发电机的转子在原动机的带动下在时间 $t$ 内以 $\omega$ 的角速度旋转，则转过的角度 $\alpha=\omega t$，因此，正弦交流电动势可以表示为

$$e=E_m\sin\omega t \tag{1-43}$$

由式（1-42）、式（1-43）比较可知，$\alpha=\omega t$。当 $t=0$ 时，$\omega t=0$，则 $\alpha=0$。如果 $t=0$ 时角度不等于零，而是等于 $\varphi$，则式（1-43）应改写为

$$e = E_m \sin (\omega t + \varphi) \qquad (1\text{-}44)$$

式中 $\varphi$——初相。对式（1-43）而言，其初相 $\varphi = 0$。

正弦交流电的最大值、角频率（即角速度）和初相称为正弦交流电的三要素。这三个数据确定后，一个正弦交流电的数值就被确定下来。

**（三）周期和频率**

交流电每交变一次（或一周）所需的时间叫作周期，用符号 $T$ 表示，其单位为秒。

每一秒内交流电交变的周期数叫作频率，用符号 $f$ 表示，其单位为赫兹，简称赫，用符号 Hz 表示，因此

$$T = \frac{1}{f}, \qquad f = \frac{1}{T} \qquad (1\text{-}45)$$

我国交流电频率为 50Hz，即

$$T = \frac{1}{f} = \frac{1}{50} = 0.02 \text{（s）}$$

角速度 $\omega$ 是单位时间内变化的角度，由于交流电变化一个周期是 360°，或 $2\pi$ 弧度，因此

$$\omega = \frac{2\pi}{T} = 2\pi f \qquad (1\text{-}46)$$

其中，$f = 50$Hz，$\omega = 2\pi f = 314$rad/s，rad/s 即弧度/秒。

**（四）相位和相位差**

在式（1-44）中，$(\omega t + \varphi)$ 是随时间 $t$ 变化的正弦交流电的电角度，称为正弦交流电的相位，其单位是弧度或度。当 $t = 0$ 时，$\omega t + \varphi = \varphi$，$\varphi$ 称为初相，即 $t = 0$ 时的相位。

如果有两个同频率的正弦交流电，其初相分别是 $\varphi_1$ 和 $\varphi_2$，则两者之差称为相位差。如相位差用 $\Delta\varphi$ 表示，则 $\Delta\varphi = \varphi_1 - \varphi_2$。相位差说明两个同频率交流电随时间变化"步调"上的先后。

**（五）正弦交流电的有效值和平均值**

交流电的某一瞬时的数值是随时间变化的，因此，不能用作测量的依据。为了解决交流电的测量问题，在工程上采用将交流电流的发热量与直流电流的发热量等效的方法，这就引出了有效值的概念。

1. 有效值

有一交流电流 $i$ 通过某一电阻 $R$，在一个周期时间内产生的热量 $Q_A$，与一个恒定直流电流 $I$ 通过同一电阻，在相同的时间内产生的热量 $Q_0$ 相等，我们把这个直流电流的量值 $I$ 称为交流电流的有效值。简言之，交流电流的有效值就是与其热效应相等的直流电流的量值。

通过计算可以证明，正弦交流电的有效值等于 $\frac{1}{\sqrt{2}}$ 最大值。例如 $I = \frac{I_m}{\sqrt{2}}$、$U = \frac{U_m}{\sqrt{2}}$ 等，式中，$I$、$U$ 分别为电流、电压有效值，而 $I_m$、$U_m$ 则分别为电流、电压最大值。

在实际工作中，有效值用得最多，如果不加说明，则一般所说的电流、电压值都是指有效值。

正弦交流电的有效值是习惯称呼，按照其定义，准确的名称是均方根值。目前，在一些新修订的技术标准中，有不少已用均方根值代替有效值。这是因为根据数学推导可以证明：交流电的有效值可以用该交流电各瞬时值平方在一个周期内积分的平均值，再开平方来表示。例如电压有效值为

$$U = \sqrt{\frac{1}{T} \int_0^T u^2 \, \mathrm{d}t}$$

电流有效值为

$$I = \sqrt{\frac{1}{T} \int_0^T i^2 \, dt}$$

**2. 平均值**

由于正弦交流电在一个周期内的平均值为零，因此，这里所说的平均值是指正弦交流电在半个周期内的平均值。

交流电流在半周期内，与直流电流在与此半周期相同的时间内，通过电路横截面的电荷量相等时，这个等效直流电流值，叫做交流电流在半周期内的平均值。如平均值用 $I_{av}$ 表示，则可以证明

$$I_{av} = \frac{2}{\pi} I_m \qquad\qquad (1-47)$$

因为 $I = \dfrac{I_m}{\sqrt{2}}$，则可以证明

$$I_{av} = 0.9I \qquad\qquad (1-48)$$

电压有效值、平均值和最大值三者之间也有同样的规律

$$U = \frac{U_m}{\sqrt{2}} \text{、} \quad U_{av} = \frac{2}{\pi} \times U_m \text{、} \quad U_{av} = 0.9U$$

电流的平均值有时用来比较交流正弦波的波形是否畸变。我们把交流的有效值和它的平均值的比值，叫作波形因数，用 $K_f$ 表示

$$K_f = \frac{I}{I_{av}} \qquad\qquad (1-49)$$

对于正弦波来说，$K_f = \dfrac{I}{I_{av}} = \dfrac{I}{0.9I} = 1.11$。

如 $K_f$ 偏离 1.11，则表示交流电的波形偏离正弦波形。

## 二、正弦交流电的表示法

为了分析研究交流电的性质，正弦交流电通常采用解析式、波形图、相量图、符号法等方法来表示，其中，用得最多的是相量图。

### （一）解析式

解析式即交流电流、电压、电动势等的瞬时值的表达式。例如

$$i = I_m \sin(\omega t + \varphi_i) \text{ (A)}$$
$$u = U_m \sin(\omega t + \varphi_u) \text{ (V)}$$
$$e = E_m \sin(\omega t + \varphi_e) \text{ (V)}$$

知道了交流电的三要素，就可以写出它的解析式，从而就能计算出交流电任意瞬间的数值。

### （二）波形图

在平面直角坐标图上，用曲线描绘电流、电压、电动势的数量大小随时间的变化情况，称为波形图。如图 1-12（a）所示。图中表示电动势 $e$ 和电流 $i$ 有一个相位差。其中电流 $i$ 的初相为零，而电动势 $e$ 的初相为 $\varphi_u$。

已经知道了交流电的解析式，就不难画出其波形图。反之亦然。

### （三）相量图

相量图也称旋转相量图，就是在平面上用矢量表示电气量的有效值和初相，如图 1-12（b）所示。图中表示两个电气量，即电动势 $\dot{E}_1$ 和 $\dot{E}_2$ 的有效值（按一定长度比例），以及它们各自的初相 $\varphi_1$ 和 $\varphi_2$。

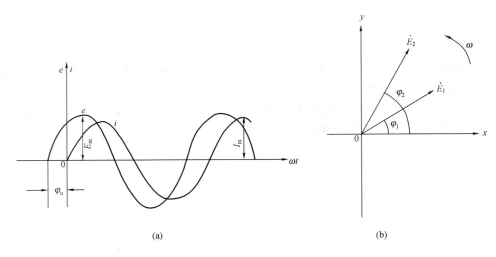

图 1-12　交流电的表示法

(a) 交流电的波形图；(b) 正弦量的相量图表示法

画相量图时需注意以下四点：

（1）在一个相量图中只能画同一频率的正弦交流电气量。不同频率的电气量不能画在一个图上。

（2）在画相量图时，考虑到各电气量都是同一频率的，因此它们之间的相位差不会改变，所以作图时第一个相量的位置确定后，其余相量就必须与第一相量保持既定的相位差，不能随意画。例如图 1-12 中，$\dot{E}_2$ 对 $\dot{E}_1$ 的相位差为 $\varphi_2 - \varphi_1$。

（3）相量图的旋转正方向是逆时针方向。只有这样，当以一定比例用相量的长短表示电气量的最大值时，相量在纵轴上的投影可以表示电气量的瞬时值。

（4）在作图时，角频率 $\omega$ 和旋转方向都不会有变化，因此省略。相量的电气量名称用大写字母，上加一小黑点，标在相量的箭头处。

**（四）符号法**

在交流电路的计算中，常采用符号法来表示电气量，这样可以用一个数表示电气量，而不必写出一个解析式，或者画出波形图和矢量图。

符号法的基础是复数运算，而复数有代数式、三角式和指数式三种表示方法，下面作一简单介绍。

1. 复数代数式表示法

在图 1-12（b）中，电气正弦量 $\dot{E}_1$、$\dot{E}_2$ 用相量的模和辐角来表示。相量的模按一定的长度比例表示电气量的最大值或有效值；相量对横坐标的正方向的夹角表示相量的初相。

如果把相量看成一个复数，用它在坐标轴上的投影写成代数式，同样可表示一个具体的电气量。

对于图 1-13 所示的正弦电气量电动势 $\dot{E}$，可以表示为

$$\dot{E} = E' + jE'' \tag{1-50}$$

即直角坐标系统的横轴（即复数的实轴）上实数分量 $E'$ 和纵轴（即复数的虚轴）上虚数分量 $+jE''$ 的代数组合和以 $E$ 为模、以 $\varphi$ 为辐角的电动势相量 $\dot{E}$ 完全对应。

如果相量位于第二象限，则实数为负、虚数为正；相量在第三象限时，实数和虚数都为负；

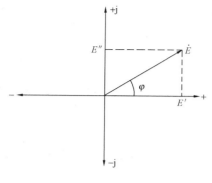

图 1-13 电气量的复数表示

最后相量在第四象限时，实数为正，虚数为负。

采用复数代数式表示法，相量的模可用下式求出（以图 1-13 为例）

$$E = \sqrt{(E')^2 + (E'')^2} \tag{1-51}$$

相量的相位角可用正切公式求出

$$\tan\varphi = \frac{E''}{E'} \tag{1-52}$$

**2. 复数三角式表示法**

对于图 1-13，因为 $E' = E\cos\varphi$，$E'' = E\sin\varphi$，所以

$$\dot{E} = E\cos\varphi + \mathrm{j}E\sin\varphi = E(\cos\varphi + \mathrm{j}\sin\varphi) \tag{1-53}$$

**3. 复数指数形式表示法**

这是最方便的表示方法，对于图 1-13 中的电动势 $\dot{E}$ 可表示为

$$\dot{E} = Ee^{\mathrm{j}\varphi} \tag{1-54}$$

式中　$E$——相量的模；

$e^{\mathrm{j}\varphi}$——旋转因子，表示相量对实轴旋转了 $\varphi$ 角。

对照图 1-13，不难得出下列结论

$$e^{\mathrm{j}90°} = \mathrm{j}$$
$$e^{-\mathrm{j}90°} = -\mathrm{j}$$
$$e^{\mathrm{j}180°} = -1$$
$$e^{\mathrm{j}0°} = 1$$
$$e^{\mathrm{j}360°} = 1$$

以此类推。

有时为了简便，用符号"$\angle$"代替 $e^{\mathrm{j}}$，例如 $E\angle 45° = Ee^{\mathrm{j}45°}$，则图 1-13 中的电动势 $\dot{E}$ 可写成 $\dot{E} = E\angle\varphi$。

### 三、正弦交流电的运算

#### （一）加减运算

**1. 利用相量图作加减运算**

利用相量图作加减运算，可以按平行四边形法进行，即：两个相量相加，将此两相量作为平行四边形的相邻边，将其尾端重叠在一点，两相邻边的夹角即为两相量的相位差，构成平行四边形，从相量尾端结点作出平行四边形的对角线，即得合成相量。例如有两个电流 $\dot{i}_1$、$\dot{i}_2$ 相加，其和为 $\dot{i}$，如图 1-14 所示。

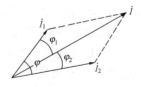

图 1-14 相量相加

图中 $\dot{i}_1$ 与 $\dot{i}_2$ 的相位差为 $\varphi$，两个电流相加，即以 $\dot{i}_1$、$\dot{i}_2$ 为相邻边作平行四边形，其对角线即为电流之和 $\dot{i}$。$\dot{i}$ 的相位角可以用 $\dot{i}_1$ 和 $\dot{i}_2$ 的相位差 $\varphi_1$ 和 $\varphi_2$ 来确定。

相量的减法可以按照一个相量加上另一个负相量来实现。例如 $\dot{i}_1 - \dot{i}_2 = \dot{i}_1 + (-\dot{i}_2)$，其中的"$-\dot{i}_2$"即将 $\dot{i}_2$ 旋转 180°所得的相量。

**2. 利用符号法运算**

利用符号法进行相量加减运算必须用复数的代数形式。两个相量相加，分别将两个相量实数

分量代数相加，虚数分量代数相加，求出合成相量的实数和虚数，再按式（1-51）、式（1-52）算出合成相量的模和相位角。

#### （二）乘除运算

相量的乘除运算用复数指数形式较为简便。

两个复数相乘，得出的积也是一个复数，其模为两乘数的模的乘积，其幅角等于这两乘数的幅角的代数和。

例如，$\dot{A}=Ae^{j30°}$、$\dot{B}=Be^{j60°}$，则 $\dot{A}\times\dot{B}=(A\times B)e^{j90°}$。

两个复数相除，得出的商也是一个复数，其模等于被除数的模除以除数的模所得的商；其幅角等于被除数的幅角减去除数的幅角。

例如，$\dot{A}=Ae^{j30°}$、$\dot{B}=Be^{j60°}$，则 $\dot{A}\div\dot{B}=(A\div B)e^{j(-30°)}=\dfrac{A}{B}e^{-j30°}$。

### 四、纯电阻正弦交流电路

#### （一）电压和电流的关系

由于线性电阻元件在任何瞬间通过的电流与其上的电压符合欧姆定律，因此，电压、电流最大值符合 $I_m=U_m/R$，有效值符合 $I=U/R$ 的关系。电流与电压同相位。

#### （二）功率

电阻上电压与电流瞬时值的乘积叫做瞬时功率。设电阻上的电压为 $u=U_m\sin\omega t$、电流为 $i=I_m\sin\omega t$，则瞬时功率 $p=ui=U_mI_m\sin^2\omega t$，利用三角公式 $\sin^2\omega t=\dfrac{1}{2}(1-\cos2\omega t)$，最后可得 $p=UI-UI\cos2\omega t$。由此可见，瞬时功率由两部分组成：一部分是常数项 $UI$；另一部分是周期性变化的量 $UI\cos2\omega t$。

瞬时功率随时间变化，使用很不方便。在实际应用中常用瞬时功率在一个周期内的平均值，用 $P$ 表示。由于在一个周期内 $UI\cos2\omega t$ 的平均值为零，因此，平均功率等于常数项 $UI$

$$P=UI=I^2R \tag{1-55}$$

在交流电路中，电压和电流的乘积称作视在功率，用 $S$ 表示，单位为 VA，即

$$S=UI$$

因此，在纯电阻交流电路中，视在功率等于平均功率。由于这个功率表示电流在电阻上流过时所发生的能量消耗（例如产生发热），因此也称作有功功率。

### 五、纯电感正弦交流电路

#### （一）电压和电流的关系

当一个变化的电流 $i$ 通过线圈时，在线圈两端就会产生自感电动势 $e_L$，根据式（1-32）及式（1-33），可得

$$e_L=-L\dfrac{di}{dt} \tag{1-56}$$

假设图 1-15 中的电感线圈为纯电感，即电阻可忽略不计，则外施电压完全用来抵消自感电势，因此，$u=-e_L$，即 $u=L\dfrac{di}{dt}$，如果 $i=I_m\sin\omega t$，可以证明 $u=LI_m\omega\sin\left(\omega t+\dfrac{\pi}{2}\right)$。

在上式中，令 $LI_m\omega=U_m$，则

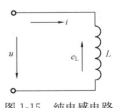

图 1-15　纯电感电路

$$u = U_{\mathrm{m}} \sin\left(\omega t + \frac{\pi}{2}\right) \tag{1-57}$$

由此得出结论：

（1）在纯电感电路中，电压超前电流相位$\frac{\pi}{2}$，即$90°$。

（2）对于纯电感电路，电压和电流的幅值符合以下关系

$$\frac{U_{\mathrm{m}}}{I_{\mathrm{m}}} = \frac{LI_{\mathrm{m}}\omega}{I_{\mathrm{m}}} = \omega L$$

我们把$\omega L$称为感抗，并用$x_{\mathrm{L}}$表示。

因为电压和电流的有效值之比等于幅值之比，所以

$$\frac{U}{I} = x_{\mathrm{L}}, \quad x_{\mathrm{L}} = \omega L \tag{1-58}$$

即和欧姆定律有相同的形式，$I = \dfrac{U}{x_{\mathrm{L}}}$为纯电感交流电路的欧姆定律公式。$x_{\mathrm{L}}$的单位也是欧姆。

### （二）功率

瞬时功率$p = ui$，将$u = U_{\mathrm{m}}\sin\left(\omega t + \dfrac{\pi}{2}\right)$和$i = I_{\mathrm{m}}\sin\omega t$代入，得

$p = ui = U_{\mathrm{m}}\sin\left(\omega t + \dfrac{\pi}{2}\right)I_{\mathrm{m}}\sin\omega t = U_{\mathrm{m}}I_{\mathrm{m}}\cos\omega t\sin\omega t = \dfrac{U_{\mathrm{m}}I_{\mathrm{m}}}{2}\sin2\omega t = UI\sin2\omega t$，即电感电

路的瞬时功率为

$$p = ui = UI\sin2\omega t \tag{1-59}$$

纯电感电路的瞬时功率是以两倍电源频率变化的，在一个周期内，两次达到正的最大值，并且也两次达到负的最大值$UI = I^2 x_{\mathrm{L}}$。在第一和第三个$1/4$周期内，瞬时功率是正的，这时电感电路是能量的吸收者；在第二和第四个$1/4$周期内，瞬时功率是负的，这时电感电路是能量的输出者。这样，在每半个周期内，电感电路从电源吸取的能量等于零。因此，在纯电感电路内，只出现电源和电感电路之间能量的周期性交换，并没有把电能转变成机械能和热能。电路和电源交换能量时瞬时功率的最大值叫做电路的无功功率，用$Q_{\mathrm{L}}$代表

$$Q_{\mathrm{L}} = UI = I^2 x_{\mathrm{L}} \tag{1-60}$$

式中　$U$——电压有效值，V；

　　　$I$——电流有效值，A；

　$x_{\mathrm{L}}$——感抗，$\Omega$；

　$Q_{\mathrm{L}}$——电感性无功容量，即感性无功功率，var（乏）。

由上可知，纯电感电路的视在功率即等于感性无功功率。

### 六、纯电容交流电路

#### （一）电压和电流的关系

如果把电容器接到交流电路中，电容器将在交流电压的作用下，不断地充放电，形成电路中持续的交流电流。根据电流的定义和式（1-4），不难看出在交流电压作用下电容回路的电流瞬时值为$i = \dfrac{\mathrm{d}Q}{\mathrm{d}t}$，又根据式（1-35），有$Q = CU$，则$i = C\dfrac{\mathrm{d}u}{\mathrm{d}t}$。设电压$U$的瞬时值为$u = U_{\mathrm{m}}\sin\omega t$，则可以证明$i = U_{\mathrm{m}}\omega C\sin\left(\omega t + \dfrac{\pi}{2}\right)$，令$U_{\mathrm{m}}\omega C = I_{\mathrm{m}}$，则

$$i = I_{\mathrm{m}}\sin\left(\omega t + \frac{\pi}{2}\right) \tag{1-61}$$

由此得出结论：

（1）在纯电容电路中，电流超前电压相位 $\frac{\pi}{2}$，即 $90°$。

（2）对于纯电容电路，电压和电流的幅值符合以下关系

$$\frac{U_{\mathrm{m}}}{I_{\mathrm{m}}} = \frac{1}{\omega C} \tag{1-62}$$

我们把 $1/\omega C$ 称为容抗，并用 $x_{\mathrm{C}}$ 表示。

因为电压和电流的有效值之比等于幅值之比，所以

$$\frac{U}{I} = x_{\mathrm{C}}, \quad x_{\mathrm{C}} = \frac{1}{\omega C} \tag{1-63}$$

式（1-63）也可以写成 $I = \frac{U}{x_{\mathrm{C}}}$，$x_{\mathrm{C}}$ 的单位也是欧姆。公式 $I = \frac{U}{x_{\mathrm{C}}}$ 即为纯电容交流电路的欧姆定律。

### （二）功率

纯电容正弦交流电路的瞬时功率为

$p = ui$，将 $u = U_{\mathrm{m}}\sin\omega t$ 和 $i = I_{\mathrm{m}}\sin\left(\omega t + \frac{\pi}{2}\right)$ 代入得

$$p = ui = U_{\mathrm{m}}\sin\omega t \cdot I_{\mathrm{m}}\sin\left(\omega t + \frac{\pi}{2}\right)$$
$$= \frac{U_{\mathrm{m}}I_{\mathrm{m}}}{2}\sin 2\omega t = UI\sin 2\omega t$$

即电容电路的瞬时功率为

$$p = ui = UI\sin 2\omega t \tag{1-64}$$

与纯电感电路一样，电容电路在每半个周期内从电源吸取的能量等于零。这个电路和电源交换能量时的最大值 $UI$ 叫作电路的容性无功功率，用 $Q_{\mathrm{C}}$ 表示

$$Q_{\mathrm{C}} = UI = I^2 x_{\mathrm{C}} \tag{1-65}$$

式中　$U$——电压有效值，V；

　　$I$——电流有效值，A；

　　$x_{\mathrm{C}}$——容抗，$\Omega$；

　　$Q_{\mathrm{C}}$——电容性无功功率，var。

## 七、电阻电感串联电路

### （一）电压和电流的关系

如图 1-16 所示，电阻 $R$ 与感抗 $x_{\mathrm{L}}$ 串联，电源电压为 $u$，电路电流为 $i$。电流 $i$ 流经电阻 $R$ 和感抗 $x_{\mathrm{L}}$，在其上分别产生压降 $u_{\mathrm{R}}$ 和 $u_{\mathrm{L}}$。

为了分析电流电压之间的关系，画出相量图，如图 1-17 所示。

图 1-17 中，首先画出电流相量 $\dot{I}$，如图 1-17（a）所示，然后与电流同相位按一定比例画出电阻上的电压 $\dot{U}_{\mathrm{R}}$。接着超前电流 $\dot{I}$ 90°画出电抗上的电压 $\dot{U}_{\mathrm{L}}$ 的相量。从相量起点 0 到 $\dot{U}_{\mathrm{L}}$ 相量箭头处连线即为电源电压相量 $\dot{U}$。

电源电压相量 $\dot{U}$ 与电流相量 $\dot{I}$ 的夹角即为两者之间的相位差。设电流 $i$ 为

$$i = I_{\mathrm{m}}\sin\omega t \text{（A）}$$

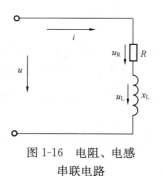

图 1-16　电阻、电感
串联电路

则电源电压 $u$ 为

$$u = U_m \sin (\omega t + \varphi)$$

电阻上的压降 $u_R$ 为

$$u_R = U_{Rm} \sin \omega t$$

电感上的压降 $u_L$ 为

$$u_L = U_{Lm} \sin \left( \omega t + \frac{\pi}{2} \right)$$

由电压 $\dot{U}_R$、$\dot{U}_L$、$\dot{U}$ 组成的直角三角形称为电压三角形。

将电压三角形各边除以电流 $\dot{I}$，分别得到电阻 $R$、感抗 $x_L$ 和总阻抗 $Z$ 组成的三角形，也是一个直角三角形，称为阻抗三角形，如图 1-17（b）所示。

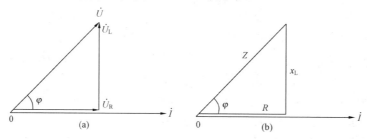

图 1-17　图 1-16 电路的相量图
(a) 电压三角形；(b) 阻抗三角形

从阻抗三角形不难导出下式

$$Z = \sqrt{R^2 + x_L^2} \tag{1-66}$$

式中　$R$——电阻，$\Omega$；

　　　$x_L$——感抗，$\Omega$；

　　　$Z$——阻抗，$\Omega$。

从图 1-17（a）不难得出下列公式

$$U = \sqrt{U_R^2 + U_L^2}$$

## （二）功率

因为功率等于电压乘电流，如果对图 1-17（a）中电压三角形的各边乘以电流 $I$，则得功率三角形，如图 1-18 所示，图中各量分别为

$$S = UI, P = U_R I, Q_L = U_L I$$

从功率三角形还可得出

$$P = S\cos\varphi \tag{1-67}$$

式中　$P$——电阻上的有功功率，W；

　　　$S$——视在功率，VA；

　　　$\cos\varphi$——功率因数。

同时可推出

$$Q_L = S\sin\varphi \tag{1-68}$$

式中　$Q_L$——电感上的无功功率，var；

　　　$S$——视在功率，VA；

　　　$\sin\varphi$——功率因数角 $\varphi$ 的正弦。

且有

$$\tan\varphi = \frac{Q_L}{P} \tag{1-69}$$

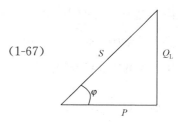

图 1-18　电阻、电感串联电路的功率三角形

式中　$Q_L$——感抗上的无功功率，var；

　　　$P$——电阻上的有功功率，W；

　$\tan\varphi$——功率因数角 $\varphi$ 的正切值。

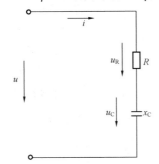

图 1-19　电阻、电容串联电路

通过 $\tan\varphi$，查表可求得功率因数角 $\varphi$。

通过图 1-18，不难看出，视在功率 $S$、有功功率 $P$、无功功率 $Q_L$ 三者之间存在以下关系

$$S=\sqrt{P^2+Q_L^2} \tag{1-70}$$

## 八、电阻电容串联电路

### （一）电压和电流的关系

如图 1-19 所示，电阻 $R$ 与容抗 $x_C$ 串联，电源电压为 $u$，电路电流为 $i$。电流 $i$ 流经电阻 $R$ 和容抗 $x_C$，在其上分别产生压降 $u_R$ 与 $u_C$。同样，可以画出电阻、电容串联电路的相量图，如图 1-20 所示。图中首先画出电流相量 $\dot{I}$ [见图 1-20（a）]，然后与电流同相位，按一定比例画出电阻上的电压 $u_R$。接着落后电流 $90°$ 画出容抗 $x_C$ 上的电压相量 $\dot{U}_C$。从相量图的起点 0 与 $\dot{U}_C$ 的端点连线，得电源电压 $u$ 的相量 $\dot{U}$。

同样，我们把图 1-20（a）称为电阻、电容串联电路的电压三角形。将电压三角形的各边同时除以电流 $I$，得阻抗三角形，如图 1-20（b）所示。从图 1-20 我们同样可推出各量的关系式。

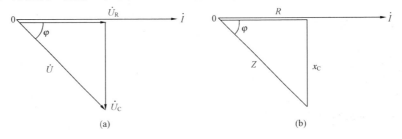

图 1-20　图 1-19 电路的电压三角形（a）和阻抗三角形（b）

设电流　$i=I_m\sin\omega t$

则电压　$u=U_m\sin(\omega t-\varphi)$

电阻上电压　$u_R=U_{Rm}\sin\omega t$

电容上的电压　$u_C=U_{Cm}\sin\left(\omega t-\dfrac{\pi}{2}\right)$

电阻、电容串联电路的阻抗有如下关系

$$Z=\sqrt{R^2+x_C^2} \tag{1-71}$$

电压 $U$、$U_R$、$U_C$ 也有如下关系

$$U=\sqrt{U_R^2+U_C^2} \tag{1-72}$$

### （二）功率

对图 1-20（a）中电压三角形各边同时乘电流 $I$，得功率三角形，如图 1-21 所示，图中各分量分别为

$$S=UI,P=U_RI,Q_C=U_CI$$

同样可得

$$P=S\cos(-\varphi)=S\cos\varphi \tag{1-73}$$

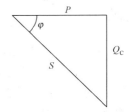

图 1-21　电阻、电容串联电路功率三角形

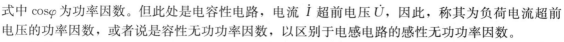

式中 $\cos\varphi$ 为功率因数。但此处是电容性电路，电流 $\dot{I}$ 超前电压 $\dot{U}$，因此，称其为负荷电流超前电压的功率因数，或者说是容性无功功率因数，以区别于电感电路的感性无功功率因数。

并且

$$Q_C = S\sin(-\varphi) = -S\sin\varphi \qquad (1-74)$$

式中 $Q_C$ 为容性无功功率，式中的负号也反映这一特点，与 $Q_L$ 感性无功功率有所区别。

对于功率因数角 $\varphi$ 同样有

$$\tan\varphi = \frac{Q_C}{P} \qquad (1-75)$$

$Q_C$、$P$、$S$ 三者之间也具有如下关系

$$S = \sqrt{P^2 + Q_C^2} \qquad (1-76)$$

## 九、电阻、电感、电容串联电路——电压谐振电路

设有图 1-22 所示电阻、电感、电容串联电路，则可画出图 1-23 所示的电压、电流相量图。图中假设 $x_L > x_C$，因此相位角 $\varphi$ 为正值。如果 $x_C > x_L$，则相量 $\dot{U}_C$ 的长度超过 $\dot{U}_L$，$\varphi$ 角即为负值。从图 1-23 中可以看出电压 $U$ 略小于电感上的电压 $U_L$。

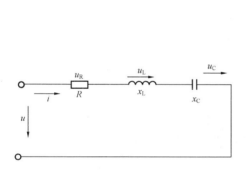

图 1-22　$R$、$L$、$C$ 串联电路

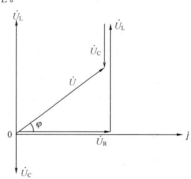

图 1-23　当图 1-22 中的 $x_L > x_C$ 时的电压电流相量图

如果 $R$、$L$、$C$ 电路中的电阻 $R$ 很小，而 $x_C$ 与 $x_L$ 接近相等，则电感 $L$ 和电容 $C$ 上的电压可能比电源电压大许多倍，如图 1-24 所示。

当 $x_L = x_C$ 时，串联电路中的总阻抗为 $R$

$$Z = \sqrt{R^2 + (x_L - x_C)^2} \approx R$$

如果电阻 $R$ 又很小，则电流很大

$$I = \frac{U}{Z} \approx \frac{U}{R}$$

电流流经电感 $L$、电容 $C$ 上的压降也很大

$$U_L = Ix_L, \quad U_C = Ix_C$$

$U_L$、$U_C$ 可能比电源电压高出许多倍，我们称这种现象为串联电路电压谐振，或称作串联谐振。

串联谐振时　$x_L = x_C$，即 $\omega L = \frac{1}{\omega C}$，或 $\omega^2 LC = 1$，则有

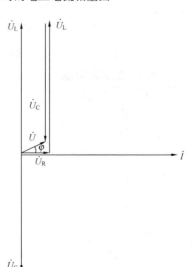

图 1-24　当 $R$ 较小，$x_L$ 略大于 $x_C$ 时，$R$、$L$、$C$ 串联电路的电压三角形

29

$$\omega = \frac{1}{\sqrt{LC}} \tag{1-77}$$

即当电源电动势的角频率符合式（1-77）的关系时电路出现串联谐振。发生串联谐振时，电流大；负荷上的电压特别高，要远远大于电源电压，所以称为电压谐振。

### 十、电阻、电感、电容并联电路——电流谐振电路

#### （一）电阻、电感并联电路

如图 1-25 所示，电阻、电感并联后接入电源电压 $u$。画出图 1-25 的电压、电流相量图，如图 1-26 所示。画并联电路的相量图时，应先画电源电压相量 $\dot{U}$。电阻 $R$ 和电感 $L$ 上的压降，即为电源电压 $\dot{U}$，亦即 $\dot{U}=\dot{U}_R=\dot{U}_L$。再画电阻中的电流 $\dot{I}_R$ 相量，电感 $L$ 中的电流 $\dot{I}_L$ 的相量。总电流 $i=i_R+i_L$，$\dot{I}$ 的相量为 $\dot{I}_R$ 与 $\dot{I}_L$ 之和，如图 1-26 所示。总电流 $\dot{I}$ 与电源电压 $\dot{U}$ 之间的相位角为 $\varphi$。电路视在功率 $S=IU$；有功功率 $P=S\cos\varphi=I_RU=I_R^2R$；无功功率 $Q_L=I_LU_L$。总电流 $I=\sqrt{I_R^2+I_L^2}$，$\tan\varphi=\dfrac{I_L}{I_R}$。

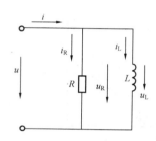

图 1-25　电阻、电感并联电路

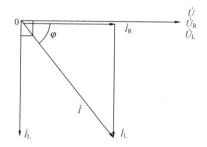

图 1-26　图 1-25 电路的电流、电压相量图

#### （二）电阻、电容并联电路

如将图 1-25 中的 $L$ 换成电容 $C$，则构成 $R$、$C$ 并联电路。这时如要画相量图，则电流 $\dot{I}_C$ 超前电压 $\dot{U}$ 90°，如图 1-27 所示。

对 $R$、$C$ 并联电路，电路总的视在功率 $S=IU$，有功功率 $P=I_RU_R=I_R^2R$，电容性无功功率 $Q_C=I_CU_C=I_C^2x_C$。或者 $P=S\cos\varphi$，$Q_C=S\sin\varphi$。同样也有 $S=\sqrt{P^2+Q_C^2}$。

#### （三）电阻串电感与电容并联电路——功率因数的提高和电流谐振

如图 1-28 所示，电阻与电感串联和电容并联。可以画出如图 1-29 所示的电流电压相量图。

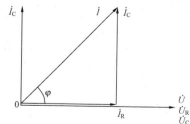

图 1-27　$R$、$C$ 并联电路的
电流、电压相量图

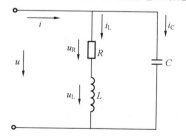

图 1-28　电阻串电感与
电容并联电路

作图时先画电源电压相量 $\dot{U}$。超前 $\dot{U}$ 90°画出电容电流 $\dot{I}_C$，根据 $R$、$x_L$ 的数值大小算出电感回

路电流 $\dot{I}_L$ 与电压 $\dot{U}$ 之间的相位角 $\varphi_L$：$\tan\varphi_L = \dfrac{x_L}{R}$［参见图 1-17（b）］。画出电感回路电流 $\dot{I}_L$ 的相量，与电源电压 $\dot{U}$ 的相位差为 $-\varphi_L$。作 $\dot{I}_L$ 与 $\dot{I}_C$ 的合成电流 $\dot{I}$。$\dot{I}$ 与 $\dot{U}$ 间的相位差即为该电路总电流与电源电压的功率因数角。由于 $\dot{I}$ 落后 $\dot{U}$，所以总电路仍为感性负荷。

如果在图 1-28 中只有 $R$、$L$ 电路，而没有电容电路，则功率因数为 $\cos\varphi_L$，功率因数较低。当并上电容回路后，虽然电感回路的功率因数仍为 $\cos\varphi_L$，但总电路的功率因数为 $\cos\varphi$。因为 $\varphi_L \gg \varphi$，所以，$\cos\varphi \gg \cos\varphi_L$。由此可见，在电感性负荷旁并联电容回路，能使总电路的功率因数大为提高，同时减少了总电路的电流。如果在图 1-28 中，没有并联电容回路，则电源通过的电流为 $I_L$，并上电容回路后，通过电源的电流为 $I$。显然 $I \ll I_L$。

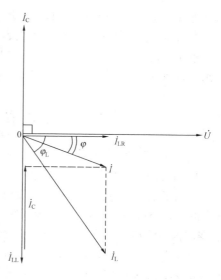

图 1-29 图 1-28 的电流电压相量图

在图 1-29 中，我们看到电感回路电流 $\dot{I}_L$ 可以分解成两个分量，其中一个分量与电源电压 $\dot{U}$ 同相位，称为有功分量，用 $\dot{I}_{LR}$ 表示；另一个分量落后电源电压 $90°$，称为无功分量，用 $\dot{I}_{LL}$ 表示。如果电感回路电流的无功分量 $\dot{I}_{LL}$ 与电容回路的电流 $\dot{I}_C$ 因大小相等、相位相反而抵消，则总电流 $\dot{I}$ 等于电感回路电流的有功分量 $\dot{I}_{LR}$，即与电源电压同相位，相位角 $\varphi=0$，$\cos\varphi=1$。这种现象称为并联谐振。

发生并联谐振时，总电流与端电压同相，呈纯电阻性，$\varphi=0$，$\cos\varphi=1$。电路的总电流最小，因此，总阻抗最大。但并联支路中的电流可能大大超过总电流，所以并联谐振也称为电流谐振。如图 1-29 所示，支路电流 $\dot{I}_L$ 和 $\dot{I}_C$ 都远大于总电流 $\dot{I}$。

在并联支路中，电容支路有电场能量的交换；电感支路中有磁场能量的交换。当发生谐振时，电源不与支路发生电场和磁场能量交换，这种能量交换只发生在两个支路之间，电源只供给电阻上的能量消耗。

### 十一、集肤效应和邻近效应

在交流电路内，交流电流流过导体时，导体中心和导体靠近表面的电流密度是不一样的。在导体中心处，电流密度较小，而靠近导体表面电流密度增大。如果流过的是高频电流，这种现象更为显著，靠近导体中心电流密度几近于零，只有靠近导体表面的部分有电流流过。这种现象叫做"集肤效应"。集肤效应使得通过交流时导体的有效截面减少，通过交流时的电阻要比通过直流时大。

产生这种现象的原因可以这样来解释：圆柱形导体可以想象成由很多导体元组成。这些导体元是直径不同的空心圆管，互相紧密地套成同心层。而且这些导体元的截面是相同的，由于长度相同，因此由电阻公式算出的直流电阻 $R=\rho\dfrac{l}{S}$ 是相同的。

当这些导体元通过交流电流时，环绕着它们的周围有交变磁场产生。很明显，包围外层的导体元的磁通，要比包围里层的导体元的磁通少得多。因此，越靠近里层的导线元其电感量越大，感抗越大。当长度同是 $l$ 的导体元两端加上同样大小的交流电压时，阻抗大的导体元通过的电流小，阻抗小的导体元通过的电流大。因此，在轴心的导体元内通过的电流密度要小于靠近表面的导体元的电流密度。

集肤效应使交流电路内导体的利用率下降，特别是当导线截面较大时这种情况就十分明显。为了提高导体的利用率，在超高压大容量输电线路中常常将导线做成空心的，或者做成几根并用，相互间留有一定空隙。在中压配电线路中，单根导线的截面也有限制，一般最大为 $240mm^2$，其中也考虑了集肤效应的因素。

# 第八节 三相交流电路

## 一、对称三相交流电

### （一）三相正弦交流电的产生

三相正弦交流电是由三相交流发电机产生的。在三相交流发电机中，定子铁芯槽中嵌有相互独立的，在空间彼此相隔120°，形状、匝数、尺寸完全相同的三个绕组。其起端分别标以 A、B、C，末端则分别为 X、Y、Z，即 AX、BY、CZ 组成三相定子绕组。转子铁芯上绕有一个励磁绕组，通以直流电流，建立转子磁场，并适当布置线圈匝数和调整转子和定子之间的空气间隙，使磁感应强度在磁极表面按正弦规律分布。当原动机带动转子旋转时，在定子的三相绕组中感应出电动势，于是就产生三相正弦交流电。

### （二）三相正弦交流电表示法

三相交流发电机发出的三相电动势是平衡对称的，用 A、B、C 表示。其电动势瞬时值解析式可用下式表示

$$\left.\begin{aligned} e_A &= E_m\sin\omega t \\ e_B &= E_m\sin(\omega t-120°) \\ e_C &= E_m\sin(\omega t+120°) \end{aligned}\right\} \tag{1-78}$$

三相电动势的波形图如图 1-30 所示。

三相电动势相量图如图 1-31 所示。由图 1-31 可知，三相电动势有效值大小相等，相位互差 120°。

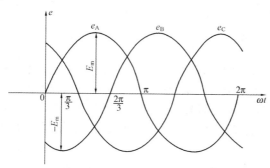

图 1-30 三相电动势波形图

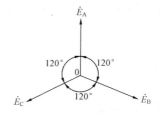

图 1-31 三相平衡对称
电动势相量图

三相电动势的指数形式可表示为

$$\dot{E}_A = E$$

$$\dot{E}_B = Ee^{-j120°}$$

$$\dot{E}_C = Ee^{j120°}$$

即以 $\dot{E}_A$ 为初相等于零度，则 $\dot{E}_B$ 落后 $\dot{E}_A$ 120°，$\dot{E}_C$ 超前 $\dot{E}_A$ 120°。

### （三）相序

通常把三相电动势中各相电动势到达最大值（或零值）的先后顺序叫做相序。例如，从图 1-30 的波形图可知，图中三相电动势的相序为 $\dot{E}_A \rightarrow \dot{E}_B \rightarrow \dot{E}_C$。在图 1-31 中，三相的顺序也是 $\dot{E}_A \rightarrow \dot{E}_B \rightarrow \dot{E}_C$。我们把相量图中逆时针旋转的相序称为正相序，因此，图 1-31 中 A、B、C 相序为正相序。

### 二、三相电源的接法

#### （一）三相电源绕组的星形连接

三相电源绕组的星形连接如图 1-32 所示。三相电源绕组的尾端 X、Y、Z 连接到一点，称为中性点，以字母 O 表示。三相电源绕组的首端分别引出，标以符号 A、B、C。发电机中性点一般很少引出。

设各相电动势的最大值为 $E_m$，有效值为 $E$。各相的输出电压 $\dot{U}_{AO}$、$\dot{U}_{BO}$、$\dot{U}_{CO}$ 的方向与电动势 $\dot{E}_A$、$\dot{E}_B$、$\dot{E}_C$ 相反。我们把上述各相的电压称为相电压，把三相引出线各线之间的电压称为线电压。相电压和线电压的关系如图 1-33 所示。图中 $\dot{U}_A$、$\dot{U}_B$、$\dot{U}_C$ 为三相相电压，互差 120°。线电压 $\dot{U}_{AB}$、$\dot{U}_{BC}$、$\dot{U}_{CA}$ 也互差 120°，线电压的有效值为相电压的 $\sqrt{3}$ 倍。

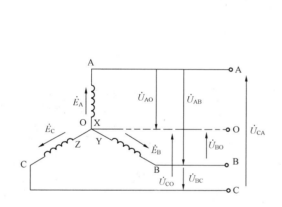

图 1-32 三相电源星形连接

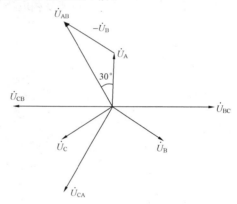

图 1-33 相电压和线电压的关系

在三相电路中任意两相之间的电压称为线电压。例如 A 相和 B 相引出线之间的电压为 $\dot{U}_{AB} = \dot{U}_A - \dot{U}_B = \dot{U}_A + (-\dot{U}_B)$，可以通过平行四边形法求出线电压 $\dot{U}_{AB}$ 的大小。不难证明 $U_{AB} = \sqrt{3}U_A$，$\dot{U}_{AB}$ 的相量超前 $\dot{U}_A$ 30°，如图 1-33 所示。这里需要注意线电压符号的下标不能随意变换。例如 $\dot{U}_{CB} = \dot{U}_C - \dot{U}_B = -(\dot{U}_B - \dot{U}_C) = -\dot{U}_{BC}$，即 $\dot{U}_{CB}$ 与 $\dot{U}_{BC}$ 互差 180°，如图 1-33 所示。

#### （二）三相电源绕组的三角形连接

三相电源绕组的三角形连接如图 1-34 所示。把电源绕组一相的末端与另一相的首端依次相连，即 X 与 B、Y 与 C、Z 与 A 相连，构成一个闭合三角形，并从三个绕组的首端 A、B、C 各引出一根线。这种连接方式称为三角形连接，用字母"d"和"D"表示。

由图 1-34 明显可知，各相绕组的输出电压相电

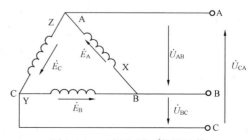

图 1-34 三相电源三角形连接

压等于线电压，即 $\dot{U}_{AX}=\dot{U}_{AB}$、$\dot{U}_{BY}=\dot{U}_{BC}$、$\dot{U}_{CZ}=\dot{U}_{CA}$。或者说 $\dot{U}_A=\dot{U}_{AB}$、$\dot{U}_B=\dot{U}_{BC}$、$\dot{U}_C=\dot{U}_{CA}$。

三相发电机一般都接成星形，很少接成三角形。因为当三相电动势稍有不对称便在三角形回路内形成环流，使绕组发热。为了安全经济运行，三相发电机绕组一般接成星形。但在电力变压器的接线中，三角形接法也较普遍。

### 三、三相负荷的连接

#### （一）三相负荷的星形连接

三相负荷的星形连接如图 1-35 所示。即将负荷三个尾端连接在一起，称为中性点，用"O"或"N"表示。三个首端引出三根线与电源 A、B、C 三相分别连接。电源如有零线，则负荷的中性点根据具体需要也可设置引出线与电源零线相连。

与图 1-32 和图 1-33 相似，图 1-35 也可画出相电压和线电压的相量图。对于三相负荷除了三个相电压 $\dot{U}_A$、$\dot{U}_B$、$\dot{U}_C$ 之外，也有三个线电压 $\dot{U}_{AB}$、$\dot{U}_{BC}$、$\dot{U}_{CA}$。如为三相星形接线，同样也有线电压等于 $\sqrt{3}$ 倍相电压的关系。

#### （二）三相负荷的三角形连接

如图 1-36 所示，三相负荷接成三角形，接到三相电源 A、B、C 上。电源电压三相线电压分别为 $\dot{U}_{AB}$、$\dot{U}_{BC}$、$\dot{U}_{CA}$，各相负荷所受相电压等于电源的线电压。

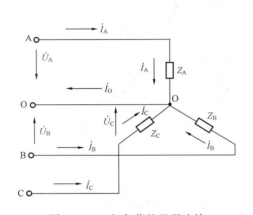

图 1-35 三相负荷的星形连接

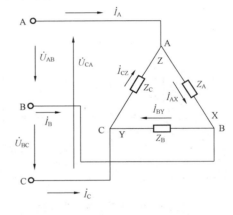

图 1-36 三相负荷连接成三角形

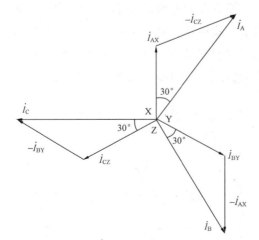

图 1-37 三相对称负荷接成三角形时电流相量图

由于是三角形接线，所以没有中性点。从图中可知 $\dot{I}_A=\dot{I}_{AX}-\dot{I}_{CZ}$，$\dot{I}_B=\dot{I}_{BY}-\dot{I}_{AX}$，$\dot{I}_C=\dot{I}_{CZ}-\dot{I}_{BY}$，为了计算线电流和相电流之间的数值关系，画出图 1-36 的相量图，如图 1-37 所示。

如果三相负荷对称，三相电源电压也对称，则三相负荷电流也对称。图中 $\dot{I}_{AX}$、$\dot{I}_{BY}$、$\dot{I}_{CZ}$ 为三相负荷的三个相电流，而 $\dot{I}_A$、$\dot{I}_B$、$\dot{I}_C$ 则是三相电源线路中的电流，称为三相线电流。由图 1-37 不难看出，线电流等于 $\sqrt{3}$ 倍相电流，如 $I_A=\sqrt{3}I_{AX}$。在图 1-36 所示的连接方法中，线电流 $\dot{I}_A$ 的相位滞后相电流 $\dot{I}_{AX}$ 30°。其余以此类推。

### 四、三相电路的功率

#### （一）三相有功功率

三相电路的有功功率应等于各相有功功率之和，即

$$P = P_A + P_B + P_C = U_A I_A \cos\varphi_A + U_B I_B \cos\varphi_B + U_C I_C \cos\varphi_C$$

式中　$U_A$、$U_B$、$U_C$——各相相电压有效值，V；

　　　$I_A$、$I_B$、$I_C$——各相相电流有效值，A；

　　　$\varphi_A$、$\varphi_B$、$\varphi_C$——各相电流电压相位差；

　　　$P_A$、$P_B$、$P_C$——各相有功功率，W；

　　　　　　$P$——三相总有功功率，W。

如果三相对称，则

$$P = 3U_{相} I_{相} \cos\varphi$$

因为对于三相星形接线，$I_{线} = I_{相}$，$U_{线} = \sqrt{3}U_{相}$，则　$P = \sqrt{3}\sqrt{3}U_{相} I_{相} \cos\varphi = \sqrt{3}U_{线} I_{线} \cos\varphi$。对于三相三角形接线，$I_{线} = \sqrt{3}I_{相}$，$U_{线} = U_{相}$，也有

$$P = \sqrt{3}\sqrt{3}U_{相} I_{相} \cos\varphi = \sqrt{3}U_{线} I_{线} \cos\varphi$$

因此，三相电路无论是星接还是角接，只要是对称回路，恒有

$$P = \sqrt{3}IU\cos\varphi \tag{1-79}$$

式中　$P$——三相电路总功率，W；

　　　$I$——线电流，A；

　　　$U$——线电压，V；

　　　$\varphi$——相电流和相电压之间的相位差。

#### （二）三相无功功率

对于对称电路，三相总无功功率为

$$Q = \sqrt{3}IU\sin\varphi \tag{1-80}$$

式中　$I$——线电流，A；

　　　$U$——线电压，V；

　　　$Q$——三相总无功功率，var；

　　　$\varphi$——相电流与相电压的相位差。

#### （三）视在功率

三相对称电路的视在功率为

$$S = \sqrt{3}IU \tag{1-81}$$

或

$$S = \sqrt{P^2 + Q^2} \tag{1-82}$$

### 五、三相电路线电流之和与线电压之和的特点

#### （一）三相电路线电流之和

对于三相三线制电路，因为没有中性线，如果把负荷看作是一个大的节点，则根据基尔霍夫电流定律有

$$\dot{I}_A + \dot{I}_B + \dot{I}_C = 0 \tag{1-83}$$

即三相电流相量之和等于零。

如果有中性线，设中性线电流相量为 $\dot{I}_0$，则

$$\dot{I}_A + \dot{I}_B + \dot{I}_C + \dot{I}_0 = 0$$

### （二）三相电路线电压之和

线电压之和也有与线电流之和类似的性质。不管三相电路的连接方法怎样，三相导线线电压在任一瞬间的瞬时值可以用导线间的电位差表示

$$u_{AB} = \varphi_A - \varphi_B$$
$$u_{BC} = \varphi_B - \varphi_C$$
$$u_{CA} = \varphi_C - \varphi_A$$

线电压之和为

$$u_{AB} + u_{BC} + u_{CA} = \varphi_A - \varphi_B + \varphi_B - \varphi_C + \varphi_C - \varphi_A = 0$$

也可写成

$$\dot{U}_{AB} + \dot{U}_{BC} + \dot{U}_{CA} = 0$$

即三相电路线电压之和恒等于零。

**【例 1-7】** 用电压表测得三相线电压 $U_{AB} = 379V$、$U_{BC} = 382V$、$U_{CA} = 390V$，试通过作图法求各线电压之间的相位差。

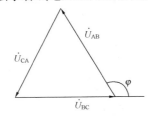

图 1-38 由三个线电
压数值求相位差

**解：** 由于三个线电压之和为零，因此，可以通过三个线电压按一定比例作成封闭三角形，如图 1-38 所示。图中 $\varphi$ 为电压 $\dot{U}_{AB}$ 与 $\dot{U}_{BC}$ 之间的相位差。同样也可以通过作图法求取 $\dot{U}_{BC}$ 与 $\dot{U}_{CA}$ 的相位差，以及 $\dot{U}_{CA}$ 与 $\dot{U}_{AB}$ 之间的相位差。

### 六、三相不对称交流电路

三相发电设备的输出电压一般情况下都是对称的，因此，三相交流电路不对称主要是由负荷不对称引起的。而负荷不对称则可能是由负荷安排不对称或线路故障引起的。

### （一）三相四线制负荷不对称

三相星形连接，并具有中性线的接线方式，称为三相四线制，如图 1-39 所示。

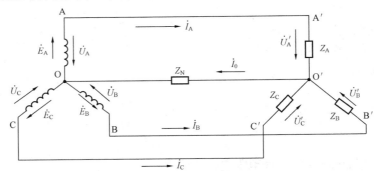

图 1-39 三相四线制接线

如果图 1-39 中 $Z_A = Z_B = Z_C$，即负荷对称，且电源也对称，即 $\dot{E}_A$、$\dot{E}_B$、$\dot{E}_C$ 三相电动势的有效值相等，相位角互差 120°，则电流 $\dot{I}_A$、$\dot{I}_B$、$\dot{I}_C$ 的有效值相等，相位互差 120°。因此，$\dot{I}_A + \dot{I}_B + \dot{I}_C = 0$，则 $\dot{I}_0 = 0$。即中性线 OO′ 中无电流流过，电压 $U_{OO'} = 0$。

如果三相电源对称，但负荷不对称，即 $Z_A \neq Z_B \neq Z_C$，则电流 $\dot{I}_A$、$\dot{I}_B$、$\dot{I}_C$ 的有效值和相位差也不会相等，这时中线电流 $\dot{I}_0 \neq 0$。

如果中性线的阻抗很小，可认为 $Z_N = 0$，则三相负荷上的电压是对称的，由电源电压和负荷阻抗可算出各相电流 $\dot{I}_A$、$\dot{I}_B$、$\dot{I}_C$，三个电流复数相加即得中性线电流 $\dot{I}_0$。

如果三相负荷不对称，中性线的阻抗 $Z_N \neq 0$，则中性线流过电流后，会产生压降，即电源中性点 O 与负荷中性点 O′ 之间有电压存在：$\dot{U}_{00'} = \dot{I}_0 Z_N$，画出相量图如图1-40所示。

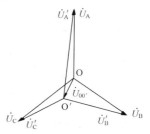

由相量图可知，由于电源中性点和负荷中性点之间存在电压 $\dot{U}_{00'}$，因此，负荷上的三相相电压 $\dot{U}'_A$、$\dot{U}'_B$、$\dot{U}'_C$ 的有效值不相等，相位差也不相等。负荷上的相电压分别为电源电压减去 $\dot{U}_{0'0}$

$$\dot{U}'_A = \dot{U}_A - \dot{U}_{0'0}$$
$$\dot{U}'_B = \dot{U}_B - \dot{U}_{0'0}$$
$$\dot{U}'_C = \dot{U}_C - \dot{U}_{0'0}$$

图1-40 三相负荷不对称时的电压相量图

因此，若要计算负荷电压，应先算出中性线上的压降 $\dot{U}_{0'0}$，这时可以利用前面讲过的结点电压法。

根据式（1-16），对于图1-39，有

$$\dot{U}_{0'0} = \frac{\dot{E}_A \cdot \dfrac{1}{Z_A} + \dot{E}_B \cdot \dfrac{1}{Z_B} + \dot{E}_C \cdot \dfrac{1}{Z_C}}{\dfrac{1}{Z_A} + \dfrac{1}{Z_B} + \dfrac{1}{Z_C} + \dfrac{1}{Z_N}}$$

从而有 $\dot{U}'_A = \dot{U}_A - \dot{U}_{0'0}$、$\dot{U}'_B = \dot{U}_B - \dot{U}_{0'0}$、$\dot{U}'_C = \dot{U}_C - \dot{U}_{0'0}$。再根据交流电路的欧姆定律计算出负荷电流 $\dot{I}_A = \dfrac{\dot{U}'_A}{Z_A}$，$\dot{I}_B = \dfrac{\dot{U}'_B}{Z_B}$，$\dot{I}_C = \dfrac{\dot{U}'_C}{Z_C}$。并可算出中性线电流 $\dot{I}_O = \dfrac{\dot{U}_{0'0}}{Z_N}$。

如果三相负荷对称，但发生一相断线，这时如果有中性线，且中性线的阻抗很小，这时所计算出的中性点电压 $\dot{U}_{00'}$ 也就很小，因此，另外两个非故障相负荷上承受的电压变化不大，不影响正常使用。

### （二）三相三线制负荷不对称

如果三相电路没有中性线，即接成三相三线制电路。这时如果负荷不对称，则电源中性点和负荷中性点之间存在电压 $\dot{U}_{0'0}$。这个电压要比三相四线制大得多，这可从式（1-16）中看出。由于中性点电压的出现，使负荷上承受的电压偏离额定值（见图1-40相量图），使工作状况恶化。

对于三相三线制电路，如果出现一相断线，则断线相的负荷所承受的电压为零。另外两个非故障相承受的电压为线电压的 1/2，这个电压相当于正常相电压的 $\dfrac{\sqrt{3}}{2} = 0.866$ 倍。

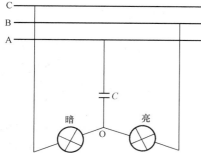

图1-41 具有电容器的相序指示器

### 七、三相电源相序的测量

三相电流或电压通过正的最大值的顺序，叫做相序。在工作中有时需要测定相序。测定相序的方法很多，这里通过三相电路计算介绍一种简单的测量方法。

将两个电灯和一个电容器接成星形负荷，接到待测相序的三相电源上，如图1-41所示。

为了决定相序，先将三相电源中的任意一相定为A相，然后再确定另外两相的相位，则相序也就确定了。为了方便起见，设定连接电容器的一相为 A 相。

电容器的容抗为 $x_C$，其阻抗 $Z=-jx_C$。阻抗 $Z$ 的倒数称为导纳，用 $Y$ 表示，即 $Y=\dfrac{1}{Z}$。

$Y=\dfrac{1}{-jx_C}=j\dfrac{1}{x_C}=jy$，此处 $y=\dfrac{1}{x_C}$。

设两个灯泡的电阻相等，都等于 $R$，且其欧姆数与容抗欧姆数相同，则其电导 $G=Y=\dfrac{1}{Z}=\dfrac{1}{R}=y$。

根据节点电压公式，可写出节点电压

$$\dot{U}_O=\frac{\dot{U}_AY_A+\dot{U}_BY_B+\dot{U}_CY_C}{Y_A+Y_B+Y_C} \tag{1-84}$$

考虑到电源电压是对称的，设 A 相相电压为 $\dot{U}_A=U$，则 B 相电压 $\dot{U}_B=Ue^{-j\frac{2}{3}\pi}$，C 相电压为 $\dot{U}_C=Ue^{+j\frac{2}{3}\pi}$。将电压和导纳的数值代入式（1-84）得

$$\dot{U}_O=\frac{jUy+Uye^{-j\frac{2}{3}\pi}+Uye^{+j\frac{2}{3}\pi}}{2y+jy}=\frac{jU-\frac{1}{2}U-j\frac{\sqrt{3}}{2}U-\frac{1}{2}U+j\frac{\sqrt{3}}{2}U}{2+j}$$
$$=-0.2U+j0.6U$$

现在计算两个灯泡上的电压。接在 B 相上的电灯的电压为

$$\dot{U}_B{}'=\dot{U}_B-\dot{U}_O=Ue^{-j\frac{2}{3}\pi}-(-0.2U+j0.6U)$$
$$=-\frac{1}{2}U-j\frac{\sqrt{3}}{2}U+0.2U-j0.6U$$
$$=-0.3U-j1.47U$$

其有效值为 $U_B'=\sqrt{(0.3U)^2+(1.47U)^2}=1.49U$。

接在 C 相上的电灯的电压

$$\dot{U}_C{}'=\dot{U}_C-\dot{U}_O=Ue^{+j\frac{2}{3}\pi}-(-0.2U+j0.6U)$$
$$=-\frac{1}{2}U+j\frac{\sqrt{3}}{2}U+0.2U-j0.6U$$
$$=-0.3U+j0.266U$$

其有效值为 $U_C'=\sqrt{(0.3U)^2+(0.266U)^2}=0.4U$。

由以上计算可知，当设定接电容器的一相为 A 相时，灯泡亮的那相为 B 相，它所承受的电压为电源相电压的 1.49 倍；而灯泡较暗的那相为 C 相，它所受的电压只有电源相电压的 40%。在做这个试验时，灯泡的允许电压应大于电源相电压的 1.5 倍，以免灯泡烧坏。

## 八、不对称三相负荷的对称分量

在正常情况下，电源侧的三相电动势总是对称的。但是三相负荷却不一定总是对称。有时由于用电负荷的特殊需要，可能出现三相负荷电流严重不对称，引起线路压降的不同，造成负荷端三相端电压不对称。有时由于发生故障，例如两相短路，电流、电压都严重不对称。

任何一组三个不对称的电气相量都可分解为三组对称的三个相量，其中一组对称相量，三个相量大小相等，B 相滞后 A 相 120°，C 相超前 A 相 120°。这组相量称为正序分量。另一组对称相量，三个相量大小相等，B 相超前 A 相 120°，C 相滞后 A 相 120°。这组相量是逆相序，称为负序分量。第三组对称相量，三个相量大小相等，方向相同。这组相量称为零序分量。通常正序分量

用下标"1"表示，负序分量用下标"2"表示，零序分量用下标"0"表示，如图1-42所示。

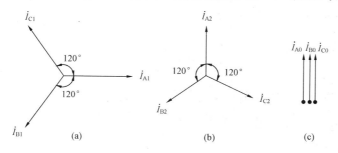

图1-42 不对称电气相量分解为三组对称相量

（a）正序分量；（b）负序分量；（c）零序分量

任何不对称的三相电气相量，都可分解为图1-42所示的三组对称分量。但是这三组相量的大小相互间不一定相等，即$I_{A1}$、$I_{A2}$、$I_{A0}$的大小不一定相等，而且其中某一组可能为零。例如，有的三相不对称相量经分解后可能只有正序和负序分量，而没有零序分量。

下面进行证明。为了简便起见，引入一个运算符号"$a$"，令$a=e^{j\frac{2}{3}\pi}$，则$a^2=e^{j\frac{2}{3}\pi}\times e^{j\frac{2}{3}\pi}=e^{-j\frac{2}{3}\pi}$。同时有$a^3=e^{j2\pi}=1$，即旋转360°又回到原来位置，等于没有旋转。同样有$a^4=a^3a=a=e^{j\frac{2}{3}\pi}$。依此类推。

最后，因为互成120°角的三个对称相量之和为零，所以

$$1+a+a^2=0 \tag{1-85}$$

设有三个不对称的相量$\dot{A}$、$\dot{B}$、$\dot{C}$，并假设已将其分解为正序、负序和零序三组对称分量，则有

$$\dot{A}=\dot{A}_0+\dot{A}_1+\dot{A}_2$$
$$\dot{B}=\dot{B}_0+\dot{B}_1+\dot{B}_2$$
$$\dot{C}=\dot{C}_0+\dot{C}_1+\dot{C}_2$$

这里$\dot{A}_1$、$\dot{B}_1$、$\dot{C}_1$为正序对称分量，因此，有$\dot{B}_1=a^2\dot{A}_1$、$\dot{C}_1=a\dot{A}_1$；而$\dot{A}_2$、$\dot{B}_2$、$\dot{C}_2$为负序对称分量，因此有$\dot{B}_2=a\dot{A}_2$，$\dot{C}_2=a^2\dot{A}_2$；其中$\dot{A}_0$、$\dot{B}_0$、$\dot{C}_0$为零序对称分量，因此，$\dot{A}_0=\dot{B}_0=\dot{C}_0$。故

$$\dot{A}=\dot{A}_0+\dot{A}_1+\dot{A}_2 \tag{1-86}$$
$$\dot{B}=\dot{A}_0+a^2\dot{A}_1+a\dot{A}_2 \tag{1-87}$$
$$\dot{C}=\dot{A}_0+a\dot{A}_1+a^2\dot{A}_2 \tag{1-88}$$

上面三个方程式联立，如果以$\dot{A}_0$、$\dot{A}_1$、$\dot{A}_2$为未知数进行求解，当求得$\dot{A}_0$、$\dot{A}_1$、$\dot{A}_2$后，即证明了这种分解的可能性。

把式（1-86）~式（1-88）三个式子相加，得

$$\dot{A}+\dot{B}+\dot{C}=3\dot{A}_0+\dot{A}_1(1+a^2+a)+\dot{A}_2(1+a+a^2)=3\dot{A}_0$$

由此可知零序分量为

$$\dot{A}_0=\dot{B}_0=\dot{C}_0=\frac{\dot{A}+\dot{B}+\dot{C}}{3} \tag{1-89}$$

为了求出正序分量，将式（1-87）乘以$a$，式（1-88）乘以$a^2$，于是得下列方程组

$$\dot{A}=\dot{A}_0+\dot{A}_1+\dot{A}_2$$
$$a\dot{B}=a\dot{A}_0+\dot{A}_1+a^2\dot{A}_2 \tag{1-90}$$
$$a^2\dot{C}=a^2\dot{A}_0+\dot{A}_1+a\dot{A}_2$$

将式（1-90）中三式相加得

$$\dot{A}+a\dot{B}+a^2\dot{C}=\dot{A}_0（1+a+a^2）+3\dot{A}_1+\dot{A}_2（1+a^2+a）=3\dot{A}_1$$

由此可知正序分量为

$$\dot{A}_1=\frac{\dot{A}+a\dot{B}+a^2\dot{C}}{3} \tag{1-91}$$

$\dot{B}_1$ 和 $\dot{C}_1$ 可由 $\dot{A}_1$ 推算出 $\dot{B}_1=\dot{A}_1 e^{-j\frac{2}{3}\pi}$，$\dot{C}_1=\dot{A}_1 e^{j\frac{2}{3}\pi}$。

为了求出负序分量，将式（1-87）乘以 $a^2$，式（1-88）乘以 $a$，于是得

$$\dot{A}=\dot{A}_0+\dot{A}_1+\dot{A}_2$$

$$a^2\dot{B}=a^2\dot{A}_0+a\dot{A}_1+\dot{A}_2$$

$$a\dot{C}=a\dot{A}_0+a^2\dot{A}_1+\dot{A}_2$$

将以上三式相加得

$$\dot{A}+a^2\dot{B}+a\dot{C}=\dot{A}_0（1+a^2+a）+\dot{A}_1（1+a+a^2）+3\dot{A}_2$$

由此得

$$\dot{A}_2=\frac{\dot{A}+a^2\dot{B}+a\dot{C}}{3} \tag{1-92}$$

$\dot{B}_2$、$\dot{C}_2$ 可由 $\dot{A}_2$ 推算得 $\dot{B}_2=\dot{A}_2 e^{j\frac{2}{3}\pi}$，$\dot{C}_2=\dot{A}_2 e^{-j\frac{2}{3}\pi}$。

由以上的推导可知，任意三个不对称相量 $\dot{A}$、$\dot{B}$、$\dot{C}$ 都可运用式（1-89）、式（1-91）、式（1-92）进行正序、负序和零序三组对称分量的分解。

**【例1-8】** 已知三相线电压如下：

$\dot{U}_{AB}=（-360+j270）$ V；$\dot{U}_{BC}=360$V；$\dot{U}_{CA}=-j270$V。试求此不对称三相电压的对称分量。

**解：** 零序分量为

$$\dot{U}_0=\frac{\dot{U}_{AB}+\dot{U}_{BC}+\dot{U}_{CA}}{3}=\frac{-360+j270+360-j270}{3}=0$$

正序分量

$$\dot{U}_{AB1}=\frac{\dot{U}_{AB}+a\dot{U}_{BC}+a^2\dot{U}_{CA}}{3}$$

考虑到 $a=e^{j\frac{2}{3}\pi}=-0.5+j0.866$，$a^2=e^{-j\frac{2}{3}\pi}=-0.5-j0.866$，则

$$\dot{U}_{AB1}=\frac{-360+j270+（-0.5+j0.866）\times360+（-0.5-j0.866）\times（-j270）}{3}$$

$$=（-257.9+j238.92）（V）$$

$$\dot{U}_{BC1}=（-257.9+j238.92）e^{-j\frac{2}{3}\pi}（V）$$

$$\dot{U}_{CA1}=（-257.9+j238.92）e^{j\frac{2}{3}\pi}（V）$$

负序分量

$$\dot{U}_{AB2}=\frac{\dot{U}_{AB}+a^2\dot{U}_{BC}+a\dot{U}_{CA}}{3}$$

$$=\frac{-360+j270+（-0.5-j0.866）\times360+（-0.5+j0.866）\times（-j270）}{3}$$

$$=（-102+j31.2）（V）$$

$$\dot{U}_{BC2} = (-102+j31.2)\ e^{j\frac{2}{3}\pi}\ (V)$$

$$\dot{U}_{CA2} = (-102+j31.2)\ e^{-j\frac{2}{3}\pi}\ (V)$$

在［例1-8］中，三相不对称线电压的零序分量为零。实际上前面在讨论三相电路线电流之和与线电压之和的特点时，已经得出结论：三相电路三个线电压之和恒等于零，因此，在运用式(1-89)计算线电压的零序分量时，总是等于零。也就是说，不论三相线电压如何不对称，都不会含有零序分量，只含有负序分量。三相线电压越是不对称，所含的负序分量也越大。所以，常常用负序分量占正序分量的百分数来衡量三相线电压的不对称度。

# 第九节　电子技术基础及其应用

## 一、半导体器件基本知识

### （一）半导体材料及其特性

1. 半导体

导电能力介于导体和绝缘体之间的物质，称为半导体，如硅（Si）、锗（Ge）等。大部分半导体材料由于其内部原子排列成有规则的晶体结构，所以用半导体材料做成的二极管、三极管通称为晶体管。

2. 杂质半导体

纯净的半导体称为本征半导体，导电能力较差。如果掺进杂质，则导电能力大大增强。只要有选择地掺进某些其他元素（称为杂质）就能改变半导体的导电能力，这种半导体称为杂质半导体。

3. 半导体的特性

（1）掺以杂质以后导电能力显著增强。

（2）对温度反应灵敏。温度变化对半导体的电阻有显著影响，导电能力随温度升高而明显增强。利用这一热敏性，可制成热敏电阻。

（3）光敏性。某些半导体材料在有光照时导电能力很强，而没有光照时，又近于绝缘体。利用这一光敏特性，可做成光电控制系统。

（4）其他敏感特性。例如湿敏、嗅敏、味敏和压力敏感等。利用这些特性可制成各种不同用途的敏感元件。

### （二）PN 结及其单向导电性

1. 自由电子和空穴

硅、锗一类半导体，其原子的最外层有四个电子。每个原子外层的四个电子与相邻的四个原子的最外层电子互相牵制，称为共价键结构，如图1-43、图1-44所示。在半导体受热或受光照射时，有少数电子可能摆脱共价键结构的束缚而成为自由电子，其原来位置上因缺少电子而形成带正电荷的空位，称为空穴。

在外电场的作用下，半导体中带负电的自由电子向电场正极移动，而带正电的空穴则会被相邻原子的价电子填补，从而在相邻原子处又出现新的空穴。由此可见，半导体在外电场的作用下，同时存在电子导电和空穴导电。而金属导体在外电场作用下仅由自由电子导

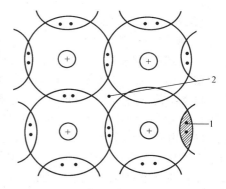

图 1-43　N 型硅半导体
1—共价键；2—多余电子

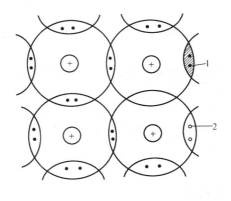

图 1-44 P 型硅半导体
1—共价键；2—空穴

电，这也是半导体和金属导体的区别之一。

2．N 型半导体和 P 型半导体

纯净的半导体由于自由电子和空穴数量有限，因而导电能力很差。如果在其中掺以杂质，则导电能力大大增强。例如在硅晶体中掺以少量的外层有五个电子的五价元素磷（P），晶体中就会出现许多排斥在共价键之外的自由电子，其数目要远多于空穴的数目，此时称这些自由电子为多数载流子，而称空穴为少数载流子。这种半导体的导电能力主要由电子决定，称为电子型半导体，简称 N 型半导体。

如果在硅晶体中掺以少量三价元素硼（B），晶体中的一些共价键会因为缺少电子而形成空穴，同样使导电能力增强。这种半导体自由电子成为少数载流子，而空穴却是多数载流子。这种以空穴作为主要导电载流子的半导体，称为空穴型半导体，简称 P 型半导体。

3．PN 结及其单向导电性

将 P 型半导体和 N 型半导体用特殊工艺结合在一起，由于 P 型半导体中的空穴多，N 型半导体中的电子多，在交界面上，多数载流子就要分别向对方扩散，在交界面的两侧形成带电荷的薄层，称为空间电荷区，也称作 PN 结。

PN 结的空间电荷区，P 区带负电荷，N 区带正电荷，产生了 PN 结的内电场，方向为 N 区的正电荷区指向 P 区的负电荷区，其阻碍了 P 区的空穴进一步向 N 区扩散和 N 区的电子向 P 区继续扩散。

这时如果把 PN 结的 P 区通过一定电阻接至外电源正极，而 N 区接负极，则外电场方向与内电场方向相反，并且外电场远大于内电场，这样，在外电场作用下，两侧的多数载流子克服内电场的阻力，不断越过 PN 结，形成正向电流。这种接法称为 PN 结的正向连接，这时 PN 结像导体一样让正向电流通过。这时所加的电压称为正向电压。

相反，如果将 PN 结的 P 区接外电源负极，而 N 区接正极，则外电场方向与内电场方向一致，因而加强了对多数载流子向对方扩散的阻力。这时只流过很小的反向漏电流。这种接法称为反向连接，所加的电压称为反向电压。

由此可见，PN 结加正向电压时电阻很小，处于导通状态；而加反向电压时，电阻很大，处于截止状态。这就是 PN 结的单向导电性。

### （三）晶体二极管

1．晶体二极管的结构

一个 PN 结加上电极引线和管壳，利用其单向导电性，即构成晶体二极管。晶体二极管的符号如图 1-45 所示。其箭头方向表示正向电流方向。

根据结构不同，二极管可分为点接触型和面接触型两种。点接触型二极管的 PN 结面积很小，不能承受高的反向电压，也不能通过大电流，极间电容小，适用于高频信号的检波、脉冲数字电路里的开关元件和小电流整流电路。面接触型二极管 PN 结的接触面积大，允许通过较大电流，但是极间电容较大，因此，这类管子适用于整流，而不适用于高频电路。

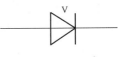

图 1-45　晶体二极管

2．二极管的伏安特性

加在二极管两端的电压和流过二极管的电流之间的关系曲线，称为二极管的伏安特性曲线，它一般通过实验测量获得。图1-46所示为二极管伏安特性示意图。

(1) 正向特性。当二极管两端加正向电压较小时，不足于克服 PN 结的内电场阻力的阻挡作用，这时正向电流很小，二极管呈现的正向电阻较大。对应于曲线上的 OA 段称为死区。对应的正向电压 $U_0$ 称为死区电压（硅管约为 0.5V，锗管约为 0.1V）。当外加电压超过死区电压 $U_0$ 后，随着正向电压的增加，电流增加很快，二极管进入导通状态，这时正向电阻很小。

(2) 反向特性。二极管加反向电压时，反向电流数值很小。二极管呈现很高的反向电阻，称为截止状态。这时二极管通过的电流称为反向漏电流，或反向饱和电流。反向饱和电流基本不随反向电压变化，但随温度的上升而快速增长。在同样的温度下，硅管的反向电流比锗管更小，锗管是微安级，硅管是纳安级（$1nA = 10^{-9}A$）。

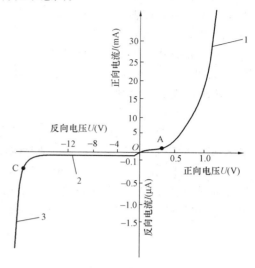

图 1-46　二极管伏安特性曲线
1—正向特性；2—反向特性；3—反向击穿特性

(3) 反向击穿部分。当加在二极管上的反向电压增加到一定大小时，反向电流剧增，称为二极管反向击穿，对应的电压称为反向击穿电压。图1-46中 1 为正向导通区域，其中 OA 为死区；2 为反向截止区域；3 为反向击穿区域。

3. 二极管的主要参数

(1) 最大整流电流。常称额定工作电流。是管子长期运行允许通过的最大正向平均电流。它由 PN 结的面积和散热条件决定。使用时应注意不要大于这个数值，并注意满足散热条件，否则将导致二极管的损坏。

(2) 最大反向工作电压。二极管工作时所允许的最高反向电压值。通常其数值为击穿电压的 1/2。

(3) 反向电流。是管子未击穿时反向电流的数值。反向电流越小管子单向导电性能越好。温度对反向电流影响很大，在使用时要注意。

其他还有工作频率、结电容等参数都可以在半导体手册中查到。

4. 二极管的简易测试

可用万用表来判别二极管的极性。测试时将万用表拨到欧姆挡的 $R \times 100$ 或 $R \times 1k$ 位置上，然后用红黑两表笔先后正接和反接二极管的两个极。两次测量中，数值大的是反向电阻，常为几十千欧到几兆欧；数值小的是正向电阻，常为几百欧到几千欧。两者相差倍数越大越好。如果电阻为零，说明管子已被击穿；如果正反向电阻均为无穷大，则说明管子内部已断路，均不能使用。

万用表的黑表笔与表内电池正极相连，因此测得正向电阻（阻值小）时，黑表笔所接的一端为二极管的正极，与红表笔所接的为二极管的负极。

5. 二极管的型号

二极管的型号一般由四个部分组成。

第一部分是阿拉伯数字 2，表示两个电极，是二极管。

第二部分用汉语拼音字母，表示器件的材料和特性。如 A 表示 N 型锗材料，B 表示 P 型锗

---

材料；C 表示 N 型硅材料，D 表示 P 型硅材料。

第三部分用汉语拼音字母表示器件类型。如 P 表示普通管，Z 表示整流管，W 表示稳压管，U 表示光电管，G 表示高频小功率管，D 表示低频大功率管，X 表示低频小功率管，A 表示高频大功率管，T 表示可控整流管等。

第四部分用数字表示器件设计序号。

例如，2CP1 表示 N 型硅普通二极管。

### （四）晶体三极管

**1. 三极管的结构**

晶体三极管简称三极管或晶体管。它是将两个 PN 结按一定工艺结合在一起的半导体器件，由于两个 PN 结之间的相互影响，使晶体管表现出不同于二极管的特性。

如图 1-47 所示，三极管内部由三层半导体组成，分别称为发射区 1、基区 2 和集电区 3，结合处形成了两个 PN 结，分别称为发射结 4、集电结 5。根据内部结构的不同，三极管又分为 PNP 型和 NPN 型两种。目前国产的三极管，锗管一般为 PNP 型，硅管则多为 NPN 型。

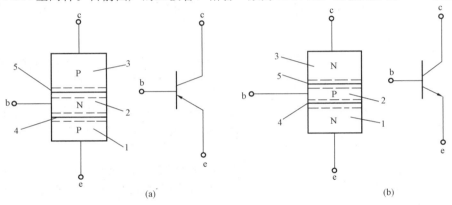

图 1-47　三极管的结构及图形符号

（a）PNP 型三极管；（b）NPN 型三极管

**2. 三极管的电流放大作用**

给三极管输入一个变化的微小电流信号，便能在三极管的输出端获得一个较强的电流信号，这就是三极管的电流放大作用。

如图 1-48 所示，为一 NPN 型三极管，接成共发射极电路。这里信号输入回路（从基极 b 到发射极 e）与信号输出回路（集电极 c 到发射极 e）都是以发射极 e 为共同端，因此称为共发射极电路。在电路中发射结处于正向偏置，即基极电位高于发射极；而集电结处于反向偏置，即基极电位低于集电极电位。这样当基极回路电阻 $R_b$＋$R$ 很大，$I_b \approx 0$ 时，集电结基本没有电流流过，即 $I_c \approx 0$。这就像二极管的 PN 结加反向电压时，反向电流很小，称为反向漏电流一样。当调节基极回路的电阻 $R$，使基极电流增大，这时发射结的发射区一侧 N 型半导体多数载流子自由电子大量往基区移动，这些移动着

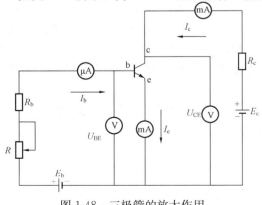

图 1-48　三极管的放大作用

44

的电子在进入基区后，有很大一部分被集电结的高电位从半途吸走，成为集电极电流 $I_c$，只有很少一部分得以被基极吸走，成为基极电流 $I_b$。由此可见，只要基极电流的微小变化 $\Delta I_b$，就会引起集电极电流的很大变化 $\Delta I_c$。$\Delta I_c \gg \Delta I_b$，这就是三极管的电流放大作用。

通过对图 1-48 所示电路进行实际测试，调节基极回路可变电阻 $R$，获得许多不同的基极电流 $I_b$，与此对应测得相应的一组集电极电流 $I_c$ 和发射极电流 $I_e$，可以总结出以下规律：

（1）发射极电流等于基极电流和集电极电流之和。这符合基尔霍夫电流定律

$$I_e = I_b + I_c \tag{1-93}$$

（2）基极电流微小变化 $\Delta I_b$，可以引起集电极电流很大变化 $\Delta I_c$。$\Delta I_c$ 与 $\Delta I_b$ 的比值称为共发射极接法时的电流放大系数，用 $\beta$ 表示

$$\beta = \frac{\Delta I_c}{\Delta I_b} \tag{1-94}$$

为了简便起见，也可近似用 $I_c$ 与 $I_b$ 的比值表示

$$\beta = \frac{I_c}{I_b} \tag{1-95}$$

例如有一组实际测量数字，当 $I_b = 0.01\text{mA}$ 时，$I_c = 0.44\text{mA}$，$I_e = 0.45\text{mA}$；当 $I_b = 0.06\text{mA}$ 时，$I_c = 4.1\text{mA}$，$I_e = 4.16\text{mA}$，则根据式（1-94）得

$$\beta = \frac{3.66}{0.05} = 73.2$$

如根据式（1-95），得电流放大系数为

$$\beta = \frac{4.1}{0.06} = 68.3$$

即可近似地看作电流放大系数在 70 左右。

三极管放大电路除了上述共发射极电路外，还可接成共基极电路和共集电极电路。不同的接法其电流、电压放大功能也不一样，可根据具体需要选择使用。

3. 三极管的主要参数

三极管的主要参数有电流放大系数，极间反向电流等。极间反向电流常用到的有集电极—基极间反向饱和电流 $I_{CBO}$ 和集电极—发射极穿透电流 $I_{CEO}$。$I_{CBO}$ 是指发射极开路时，集电结的反向电流，这实际与二极管的反向电流一样。从图 1-46 可知，这个反向电流在一定温度下基本上是一个常数，而与电压 $U_{CE}$ 的大小无关，所以称为反向饱和电流。$I_{CEO}$ 是指基极开路时，集电极、发射极间加上一定反向电压时的集电极电流。

三极管的另外一些主要参数是几个极限参数，规定了使用时不宜超越的限度，具体如下：

（1）集电极最大允许电流 $I_{CM}$。当集电极电流超过一定限度时，晶体管的性能要发生变化，例如 $\beta$ 要下降。晶体管参数变化不超过允许值时的最大集电极电流叫做集电极最大允许电流。

（2）集射极间反向击穿电压 $BV_{CEO}$。当基极开路时，如果加在集电极和发射极之间的反向偏置电压过高，就会使晶体管击穿损坏。因此，加在集电极和发射极之间的反向偏置电压不要超过集射极间反向击穿电压 $BV_{CEO}$，以免晶体管被击穿。

（3）集电极最大允许耗散功率为 $P_{CM}$。这个参数决定了管子的温升。硅管的最高使用温度约为 150℃，锗管约为 70℃。超过这个数值管子就会烧坏。管子的耗散功率 $P_{CM} = U_{CE} I_C$，使用

时加在管子上的电压 $U_{CE}$ 和通过集电极的电流 $I_C$ 的乘积不得超过 $P_{CM}$。小功率管一般 $P_{CM}$ 小于 1W，超过 1W 的一般称为大功率管。

4. 三极管的型号

三极管的型号组成及意义与二极管相似，一般也有四个部分。

第一部分数字 3，代表三极管。

第二部分汉语拼音字母，代表器件的材料和极性。其中，A 和 B 都代表锗材料，A 代表极性为 PNP，B 代表 NPN。C 和 D 都代表硅材料，C 代表 PNP，D 代表 NPN。

第三、第四两部分的汉语拼音字母和数字所代表的意义与前面提到的二极管所表示的意义是一致的。

例如，型号为 3DG6 的晶体管，所代表的是 NPN 型硅管，是高频小功率管。3AD6 是 PNP 型锗管，是低频大功率管。

5. 三极管的简易测试

测试时将万用表调到欧姆挡的 $R\times100$ 或 $R\times1k$。

（1）确定基极。将万用表的红表棒接到三极管三个极中的任意一个假设的基极，再用黑表棒去分别连接另外两个极，测得两个电阻值。如果这两个电阻值都很大（或者都很小），再将两表棒对调，用黑表棒去连接这个假设的基极，用红表棒去分别连接另外两个极，如果这时测得的两个电阻值都很小（或者都很大），则所假设的基极确为 NPN（或 PNP）管的基极。如果不符合上述规律，则重新假设另外一个极为基极，重复上面的测量，直至找到基极为止。

在上面的测量中，在确定基极的同时，管型也就随之确定了。

（2）确定集电极和发射极。在基极确定之后，另外两个极肯定是集电极和发射极了。用万用表对这两个极进行正接、反接两次电阻测量，如果是 PNP 型晶体管，则测得电阻较小的一次黑表棒所接的为发射极，另外的一极为集电极。如果是 NPN 管，则电阻较小的一侧黑表棒所接的为集电极，另一极为发射极。

（3）电流放大系数 $\beta$ 的估计。在用万用表进行管脚判别测定时，可以很方便地大致估计一下电流放大系数的大小。方法是在判别集电极和发射极时，用手指同时捏住集电极和基极，让这两个极通过人体手指电阻建立基极正向偏置电压，产生一个微小的基极电流 $I_b$，这时万用表测得的电阻值将显著减少，减少得越多，表明电流放大系数 $\beta$ 值越大。

（4）集电极—发射极穿透电流的测量。穿透电流 $I_{CEO}$ 越小，管子的性能越好。例如对于 NPN 型管，用万用表的黑、红表棒分别接三极管的集电极和发射极，测量 c、e 间的电阻，阻值一般在 50kΩ 以上，越大越好。当用手握住管壳，使三极管升温时，c、e 间电阻有所下降。如果阻值迅速减小，或指针摇摆，则说明管子稳定性较差。

6. 三极管的特性曲线

三极管的性能可用输入特性和输出特性来说明。不同的电路其特性曲线也不同，图 1-49 所示为共射极电路的输入特性和输出特性曲线。

（1）输入特性曲线。此特性表示 $U_{ce}$ 固定时，$I_b$ 和 $U_{be}$ 之间的关系，即 $I_b=|f(U_{be})|U_{ce=常数}$。

当 $U_{ce}=0$ 时，输入特性相当于两个二极管并联的正向特性。由于是硅管，死区电压约为 $0.4\sim0.5V$，当 $U_{be}\approx0.4V$(在 20℃)时，$I_b$ 开始增大，按照指数规律随 $U_{be}$ 的增加而上升。

当 $U_{ce}>0$ 时，由于 $I_e$ 的增加，基区电子总量反而减少，因此，在同样的电压 $U_{be}$ 作用下，基极电流下降，曲线右移。但当 $U_{ce}$ 大到一定程度（例如 1V）之后，$I_b$ 将基本不变。所以 $U_{ce}>$ 1V 的输入特性曲线，基本重合在一起。

（2）输出特性曲线。图 1-49（b）为共射电路的输出特性曲线，即不同基极电流时，集电极

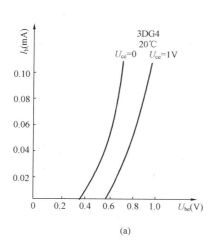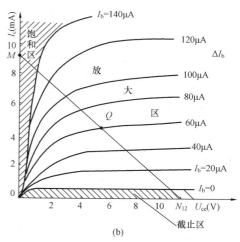

图 1-49　共射电路特性曲线

（a）输入特性；（b）输出特性

电流随 $U_{ce}$ 电压的变化关系。输出特性可分三个部分。

第一部分为截止区。一般习惯把 $I_b \leqslant 0$ 的区域称为截止区。实际上，这时还有集电极—发射极穿透电流 $I_{CEO}$，真正的截止应发生在 $U_{be}=0$（对于硅管），或者 $U_{be}=-0.1V$ 左右（对于NPN锗管）。这时，集电极电流将小于 $I_{cbo}$（集电极、基极间的反向饱和电流）。

第二部分为放大区。当发射结电压处于正向偏置，集电结电压处于反向偏置时，曲线的近似水平部分是放大区。这时输入端 $I_b$ 变化量为 $\Delta I_b$ 时，集电极电流引起变化 $\Delta I_c=\beta\Delta I_b$。例如，当电压 $U_{ce}$ 为6V时，如果基极电流变化 $\Delta I_b=20\mu A$，即 $I_b$ 从20$\mu$A增加到40$\mu$A，这时对应于集电极电流 $I_c$ 从 1.7mA 增加到 3.2mA，即 $\Delta I_c=1.5mA=1500\mu A$，$\beta=\dfrac{\Delta I_c}{\Delta I_b}=\dfrac{1500}{20}=75$。

第三部分为饱和区。这时 $U_{ce}$ 很低，而 $U_{be}$ 处于正向偏置，所以实际上集电结也处于正向偏置，此时改变 $I_b$，对 $I_c$ 的影响较小，即放大区的 $\beta$ 不能适用于饱和区。一般认为，当 $U_{ce}=U_{be}$ 时为临界饱和，$U_{ce}<U_{be}$ 时为过饱和，此时集电极的电位低于基极电位。饱和时的 $U_{ce}$ 用 $U_{ces}$ 来表示。从图 1-49（b）可知，$U_{ces}$ 大致和 $I_c$ 成正比。小功率管的硅管 $U_{ces}$ 一般在 0.4V 以下，大功率硅管如工作在1A以上时，$U_{ces}$ 将大于1V。锗管 $U_{ces}$ 的绝对值要小于硅管。

### 二、基本放大电路

#### （一）单管交流电压放大器

图 1-50 为共发射极交流电压放大电路的例子，其中晶体管为 NPN 型三极管 3DG6，$E_b$ 是基极回路直流电源，正极接在基极一侧，以保证发射结为正偏；$E_c$ 则是集电极电源，正极接在集电极一侧，为保证集电结处于反偏，$E_c$ 要比 $E_b$ 电压高，而且集电极电阻 $R_c$ 和基极电阻 $R_b$ 要适当配置。交流信号从 1～1′ 输入，经过电容 $C_1$，进入基极，影响基极电流的大小，变化量为 $\Delta I_b$，从而影响集电极电流的大小，变化量为 $\Delta I_c$ ［见式（1-94）］。$I_c$ 流经集电极电阻 $R_c$，在其上产生压降。输出端 2～2′ 的电压等于集电极电源电压减去 $R_c$ 上的压降。由于 $I_b$ 的变化，引起 $I_c$ 的变化，从而引起 $R_c$ 上压降的变化，最后使输出端电压随之变化。由于 $I_c$ 的变化比输入端信号引起的 $I_b$ 变化要放大 $\beta$ 倍，因此，输出电压比输入信号放大了 $\beta$ 倍。

图 1-50 中电容器 $C_1$、$C_2$ 都是隔直电容，也称耦合电容。$C_1$ 使输入交变信号能从其输出端进入晶体管基极，而直流电源 $E_b$ 却不能往输入信号的外部电路充电；同样，$C_2$ 使输出电压信号

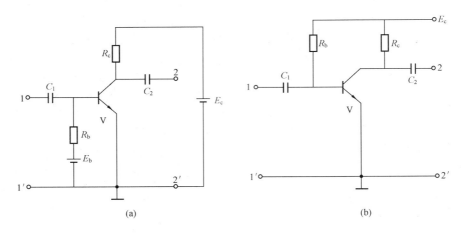

图 1-50　共射极单管电压放大电路

(a) 原理电路图；(b) 实用电源电路图

能从其输出端 2～2′输出，而直流电源 $E_c$ 同样也不能越过 $C_2$ 向输出端的外部回路充电。$C_1$、$C_2$ 的容量大小一般为几 $\mu F$ 至几十 $\mu F$。

在实际晶体管放大电路中，为了简化电源回路，常常采用图 1-50（b）所示的接线图，在此图中将直流电源 $E_b$ 取消，而将 $R_b$ 的一端与 $R_c$ 的一端并联。这时只设置一个总电源 $E_c$。电源 $E_c$ 经 $R_c$ 供给集电极电源，同时经 $R_b$ 供给基极电源。显然这时基极为正电源，因此，发射结为正偏。但集电结是否反偏，主要取决于集电极的电位是否高于基极电位，因此，要求电阻 $R_c$、$R_b$ 必须选择适当的阻值。一般集电极电阻 $R_c$ 为几千欧到几十千欧，而基极电阻则为几十千欧到几百千欧。

图 1-50 中的下部符号"⊥"为零电位点，是输入电压、输出电压、电源 $E$ 负极的共同端点，并与机壳相连。

**（二）静态工作点**

放大器没有信号输入时，电流、电压的数值状态称为静态工作状态。

例如图 1-50（b）中，基极电流可按下式计算

$$I_b = \frac{E_c - U_{be}}{R_b}$$

由于一般情况下 $E_c \gg U_{be}$，因此，上式可近似写为

$$I_b \approx \frac{E_c}{R_b}$$

如忽略穿透电流 $I_{ceo}$，则

$$I_c = \beta I_b$$

集电极电压

$$U_{ce} = E_c - I_c R_c \tag{1-96}$$

当已知 $E_c$、$R_b$、$\beta$、$R_c$ 后，即可算出静态工作时的 $I_b$、$I_c$ 和 $U_{ce}$，在晶体管的输出特性上可以找到确定的一点，这就是静态工作点。

静态工作点 Q 应选择在晶体管输出特性的中部，如果太靠近截止区或饱和区，则会引起输

出信号的失真。

如果已知晶体管的输出特性曲线，实际上只要已知电源电压 $E_c$、集电极电阻 $R_c$、基极电阻 $R_b$，则就可以算出静态工作点 Q 了。

**【例 1-9】** 以图 1-50（b）的电路图为例，设图中电源电动势为 12V，基极电阻 $R_b=200\text{k}\Omega$，集电极电阻 $R_c=1.3\text{k}\Omega$，晶体管的输出特性则如图 1-49（b）所示，试计算该放大器的静态工作点 Q。

**解：** 首先，计算基极静态工作电流 $I_b$

$$I_b \approx \frac{E}{R_b} = \frac{12}{200} = 0.06\ (\text{mA}) = 60\ (\mu\text{A})$$

当 $U_{ce}=0$ 时，根据式（1-96）有

$$I_c = \frac{E}{R_c} = \frac{12}{1.3} = 9.23\ (\text{mA})$$

在图 1-45（b）的纵坐标上找到 $U_{ce}=0$，$I_c=9.23\text{mA}$ 的一点 M。再求出 $I_c=0$，$U_{ce}=E=12\text{V}$ 在横坐标上的一点 N。通过 M、N 两点作直线，与 $I_b=60\mu\text{A}$ 的输出特性曲线相交的一点即为静态工作点 Q。

放大器没有信号输入时的工作状态为静态。在［例 1-9］中，静态工作点 Q 位于晶体管输出特性的中部。当放大器有信号输入时，为动态工作状态。由于动态信号叠加在基极电流 $I_b$ 上，使输出特性上的曲线上、下移动，如果静态工作点设置在较高或较低位置，则动态工作点偏离静态工作点后可能进入饱和区或截止区，造成输出的信号失真。因此，静态工作点 Q 不宜太高或太低，以适中为宜。为了使静态工作点不因温度变化而变化，提高放大电路工作的稳定性，实际放大电路的接线要比图 1-50（b）复杂一些，例如设置射极偏置电路，增加电流负反馈等，以使静态工作点更为稳定。

上面简单介绍了单管交流电压放大器，在实际应用中为了取得理想的放大效果，常常要采用两个或两个以上单管放大器连接组成的多极放大器，其最末一级一般是功率放大器。多级放大器级与级之间常用阻容或变压器连接，称为阻容耦合、变压器耦合。多级放大器的放大倍数则是各级放大倍数的乘积。

### 三、半导体整流电路

#### （一）单相半波整流电路

图 1-51 为单相半波整流电路及其电压、电流波形图。在图中交流电源 $u_1$ 经整流变压器 B 将交流电压降至所需要的数值 $u_2$。由于回路中接入了二极管 V，因此，只有在正半周电流 $I_V$ 才能流通，而负半周电流 $I_V$ 流不通，如图 1-51 中电流 $I_V$ 的曲线所示。电流 $I_V$ 在电阻 R 上的压降 $U_R$ 也只有正半周才有电压。

由于电压平均值为电压有效值的 0.9 倍［见式（1-48）］，而现在只有半个周波有电压，因此电阻上的平均电压为电压有效值的 0.9/2=0.45 倍，即

$$U_R = 0.45U_2 \tag{1-97}$$

在图 1-51 中，二极管 V 在反向截止时承受的电压为整流变压器 B 二次电压 $u_2$ 的最大值，即等于 $\sqrt{2}U_2$。

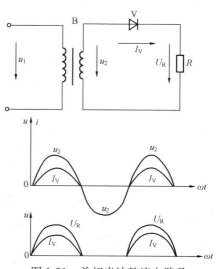

图 1-51 单相半波整流电路及
电流、电压波形图

### （二）单相全波整流电路

单相全波整流电路如图 1-52 所示，图中在变压器二次回路设置两个二极管。

在变压器二次电压 $u_2$ 正半周时，$u'_2$ 经二极管 V1 建立二次电流 $I'_2$，流经电阻 $R$，在电阻 $R$ 上产生压降，其电压为 $0.45U'_2$。在 $u_2$ 负半周时，$u'_2$ 所在回路的电流 $I'_2$ 被截止，这时二次电压 $u''_2$ 经二极管 V2 建立二次电流 $I''_2$，在电阻 $R$ 上也产生电压降，其数值为 $0.45U''_2$。而在正半周时，二极管 V2 是截止的。因此，在负荷 $R$ 上的电压为 $2 \times 0.45U'_2 = 2 \times 0.45U''_2$，即 $U_R$ 为 $0.9U'_2$ 或 $0.9U''_2$。电阻上所受电压为整流变压器二次电压一半的 0.9 倍。

当任一只二极管导通时，另一只处于截止状态的二极管所承受的反向电压为 $u'_2 + u''_2$ 总电压的最大值，即二极管所承受的反向电压为 $U'_2 + U''_2$ 的 $\sqrt{2}$ 倍。

### （三）单相桥式整流电路

单相桥式整流电路接线图如图 1-53 所示。在正半周，二次电压 $u_2$ 从二极管 V1 经电阻 $R$、二极管 V4 成回路，流过电流 $I$；在负半周，二次电压 $u_2$ 从二极管 V2 经电阻 $R$、二极管 V3 成回路，同样流过电流 $I$。这样，流过电阻 $R$ 的电流在一个周期内的正负两个半周期中都有同方向、同大小的电流流过，因此，属于全波整流。

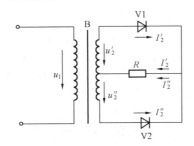
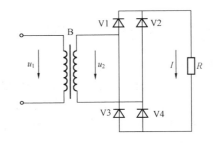

图 1-52　单相全波整流电路图　　　　图 1-53　单相桥式整流电路

单相桥式整流在电阻 $R$ 上的输出电压为 $0.9U_2$，二极管截止时所承受的最大反向电压为 $\sqrt{2}U_2$。

### （四）三相桥式整流电路

三相桥式整流电路的接线图如图1-54所示。三相桥式整流电路由六只整流二极管、一台三相变压器构成。变压器的一次侧一般接成三角形，二次侧接成星形。这一整流电路的特点是每一时刻都有一组两只二极管导通，使电流由处于正半周最高电位的一相出发，经二极管 V1、V2、V3 中的某一只流经电阻 $R$，再经二极管 V4、V5、V6 中的某一只流回变压器，而其他二极管此时都截止。

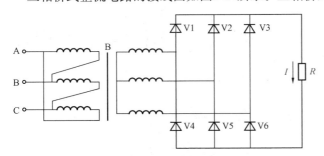

图 1-54　三相桥式整流电路

三相桥式整流可以用在较大功率的整流电路中。与单相整流相比，它能使电源侧三相负荷平衡，而且整流后的输出波形比较平稳，只有较小的起伏，即脉动较小。

现在分析三相桥式整流电路在电阻 $R$ 上的输出电压。设变压器的二次输出相电压为 $U_2$，根据式（1-47），电压平均值为电压最大值乘以 $\dfrac{2}{\pi}$，整流时加在一组二极管上的电压是线电压，因

此，需要乘以 $\sqrt{3}$。在整流时，三相轮流整流，可以证明，三相桥式整流的输出电压计算公式为

$$U_R = \frac{3\sqrt{2}\sqrt{3}}{\pi}U_2 = 2.34U_2 \qquad (1\text{-}98)$$

式中 $U_2$——三相整流变压器二次输出电压的相电压值。

### 四、滤波电路

上面介绍的各种整流电路，其输出电压并不是理想的直流电压，而是脉动电压，含有一定数量的交流成分。有时直流负荷对直流电源波形的平滑性有较高的要求，这时就要采取滤波措施把直流电压中的交流成分滤掉。下面介绍几种滤波电路的工作原理。

#### （一）电容滤波电路

图 1-55 是简单的电容滤波电路，在直流电源和负荷 $R$ 之间并联一个电容器，这样电源电压中的脉动交流成分经电容器分流，使负荷 $R$ 上的电压趋于平稳。

#### （二）电感滤波电路

图 1-56 所示为电感滤波电路，即在直流电源与负荷 $R$ 之间串联一个电感线圈。直流电源中如含有交流脉动成分，则交流电流分量流过电感 $L$ 时产生一个压降，而直流成分在电感 $L$ 上没有压降（如不考虑电感线圈的电阻），因此，负荷 $R$ 上承受一个较为平滑的直流电压。

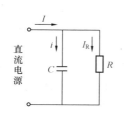

图 1-55 电容滤波电路

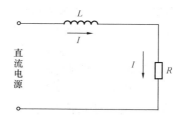

图 1-56 电感滤波电路

#### （三）LC 滤波电路

由电感和电容组合而成的 LC 滤波电路如图 1-57 所示，这种电路是将图 1-55 和图 1-56 两种滤波措施组合到一起，因而输出的直流电压波形更为平滑。

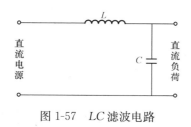

图 1-57 LC 滤波电路

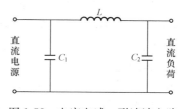

图 1-58 电容电感 π 形滤波电路

#### （四）π 形滤波电路

图 1-58 为电感电容 π 形滤波电路。这个电路实际上就是图 1-55 和图 1-57 两个滤波电路的组合，其滤波效果更好，输出电压波形更加平滑。在图 1-58 中，也有用电阻 $R$ 代替 $L$ 构成滤波电路，这种情况只能在负荷电流不大时使用，可以降低成本，减小体积。如果负荷电流较大，则由于电阻 $R$ 上压降很大，发热损耗也大，因此，不宜使用。

### 五、直流稳压电路

整流直流电源通过滤波后，可得到波形平直的直流电源。但是如果整流变压器的一次电源波

动，或者负荷电流有较大的波动，都会引起直流输出电压的波动。对于一些精密的电子仪器和自动控制装置，直流电压波动会影响工作质量，因此，一般在直流电源上加装稳压装置。

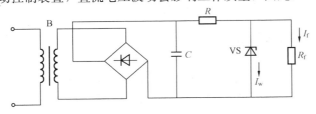

图 1-59　硅稳压管稳压电路

最简单的稳压电路是在电路里并接稳压管，如图 1-59 所示。

图中画出了整流变压器 B 和桥式整流电路，滤波电容 $C$，以及硅稳压二极管 VS，限流电阻 $R$，负荷电阻 $R_f$。

硅稳压二极管 VS 具有特殊的反向特性（见图 1-46）。对于普通二极管，当反向电压达到击穿电压后，将被击穿损坏，而稳压二极管的反向特性超过曲线上的 C 点后反向电流急剧增加，但稳压二极管不损坏，只要反向电流不超过一定范围，稳压二极管可以照常工作。因此，在图 1-59 中，稳压二极管 VS 是反接线，经常处于反向电压的作用下。当桥式整流输出的直流电压增加时，流经稳压管的电流增加，因而使电阻 $R$ 上的压降增加，从而保持电阻 $R_f$ 上的电压基本不变，反之亦然。这样，就达到了稳压的目的。

同样，如果由于负荷电阻 $R_f$ 的变化，引起负荷电流 $I_f$ 的变化，则在电阻 $R$ 上流过的电流变化，从而引起电阻 $R$ 上的压降变化，导致负荷 $R_f$ 上的电压变化。这时由于稳压二极管流过的电流 $I_w$ 随着电压的降低而降低，或者随着电压的增加而增加，从而使电阻 $R$ 中流过的电流不随负荷电流 $I_f$ 的变化而变化，因而稳定了负荷电阻 $R_f$ 上的电压。

对于图 1-59 所示的稳压电路，稳压二极管允许通过的稳压电流一般应为最大负荷电流 $I_f$ 的 $50\% \sim 150\%$，通过电阻 $R$ 的电流则允许达到最大负荷电流的 $1.5 \sim 2$ 倍，桥式整流的输出电压要比负荷电阻 $R_f$ 上的正常电压高出 $2 \sim 3$ 倍，也就是说电阻 $R$ 上的压降比较大。因此，这种稳压电路虽然线路简单，但是仅适用于负荷电流较小，稳压要求不高的场合。

上面介绍的稳压二极管稳压，实质上是利用输出电压的微小变化引起稳压管电流 $I_w$ 很大变化，从而使电阻 $R$ 上的电压降改变来达到稳压的目的。实际上，利用晶体管的集电极和发射极间的电压 $U_{ce}$ 随集电极电流的变化而变化这一特点，并且用基极电流的变化来调节集电极电流 $I_c$ 的变化，而基极电流的变化则由输出电压的变化来自动调节。这样，就可以实现当输出电压变化时，电压 $U_{ce}$ 也变化，并把晶体管的集电极和发射极串联在整流电源输出回路内，这样就用 $U_{ce}$ 的变化来代替图 1-59 中电阻 $R$ 上的压降变化来实现稳压的目的。这种电路称为晶体管串联稳压器，其特性要比图 1-59 所示的硅稳压二极管的稳压效果好得多。

### 六、晶闸管基础知识

晶闸管旧称可控硅，是一种大功率的半导体器件。它不仅具有硅整流二极管的特性，而且其工作过程具有可控制性。因此，晶闸管可实现以小功率信号去控制大功率系统。晶闸管具有控制特性好、反应快、寿命长、体积小、可靠性高、维护方便等优点，因此，在可控整流、无触点开关和交直流逆变等工程中获得广泛应用。

#### （一）晶闸管结构

如图 1-60 所示，晶闸管内由四层半导体交叠而成，形成三个 PN 结。晶闸管有三个引出电极，分别是阳极（A）、阴极（K）和控制极（又称门极，用 G 表示）。为了散热，大功率晶闸管还附

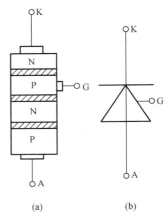

图 1-60　晶闸管
(a) 结构；(b) 符号

有金属制的散热器，甚至有的用水冷。

**（二）晶闸管工作原理**

为了说明晶闸管的工作原理，现以图 1-61 所示的实验加以形象说明。

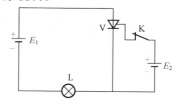

图 1-61 中 V 为晶闸管，$E_1$ 为电源，正极加在晶闸管的阳极，负极经灯泡 L 与晶闸管阴极相连。电源 $E_2$ 的电动势要远小于 $E_1$，其正极接到晶闸管的控制极，负极接到晶闸管的阴极，即晶闸管的阳极和阴极之间加以正向电压，控制极和阴极之间也加一个较小的正向电压。当开关 K 处于分闸状态时灯泡不亮，即晶闸管不导通。这时如果把开关 K 合上，灯泡就亮了。这一

图 1-61　晶闸管工作原理

现象称为晶闸管被控制极触发导通。然后，如果将开关 K 拉开，这时灯泡照样亮，说明晶闸管一经触发后能自动维持导通状态。要想使灯泡熄灭有两个方法，一是减小回路电流，小到一定程度，晶体管不能维持导通，就自行关断。当然如果把电路断开，使晶体管阳极或阴极脱离电源，或者干脆就往阳极和阴极之间加一个反向电压，晶体管也就关断了。二是往控制极上加一个负极电压，即给一个反向电压，则晶体管同样也关断了。

**（三）晶闸管主要参数**

（1）额定正向平均电流。指在规定的环境温度和散热条件下，晶闸管全导通时可连续通过的工频半波电流平均值。

（2）最小维持电流。维持晶闸管继续导通的最小阳极电流。

（3）正向阻断峰值电压。断开控制极后，能保证可控硅不导通而允许重复加在阳极与阴极间的正向峰值电压。

（4）反向峰值电压。断开控制极后，可重复加在阳极与阴极间的反向峰值电压。

此外，控制极的触发电压、触发电流的最小值，以及最大允许值，各晶闸管也都不尽相同。

# 考试复习参考题

**一、单项选择题**（选择最符合题意的备选项填入括号内）

（1）正弦交流电的三要素是最大值、角频率和（ D ）。

A. 有效值；B. 平均值；C. 频率；D. 初相

（2）交流电每交变一周所需的时间叫做（ A ）。

A. 周期；B. 频率；C. 弧度；D. 相位差

（3）两点之间的电压等于这两点的（ B ）之差。

A. 相位；B. 电位；C. 频率；D. 初相

（4）我国电力系统交流电的频率是 50Hz，其周期为（ C ）s。

A. 0.1；B. 0.2；C. 0.02；D. 0.04

（5）纯电感电路施加 50Hz 交流电源，如果电压的初相为 0°，则电流的初相为（ D ）。

A. $-45°$；B. $45°$；C. $60°$；D. $-90°$

（6）纯电容电路中流有 50Hz 正弦交流电流，如果电流的初相为 0°，则电压的初相为（ D ）。

A. $\frac{\pi}{2}$；B. $\pi$；C. $\frac{\pi}{4}$；D. $-\frac{\pi}{2}$

（7）在纯电阻电路中，电流和电压的相位差为（ C ）。

A. $\frac{\pi}{2}$；B. $-\frac{\pi}{2}$；C. 0；D. $\pi$

（8）某电阻、电感串联电路，电阻为4Ω，感抗为3Ω，则电路的总阻抗 $Z$ 为（ A ）Ω。

A. 5；B. 7；C. 1；D. 4

（9）某电阻、电容串联电路，电阻为4Ω，容抗为3Ω，则电路的总阻抗 $Z$ 为（ A ）Ω。

A. 5；B. 7；C. 1；D. 4

（10）某电感、电容、电阻串联电路，电阻为4Ω，感抗为6Ω，容抗为3Ω，则电路的总阻抗 $Z$ 为（ A ）Ω。

A. 5；B. 7；C. 1；D. 4

（11）三相对称正弦交流电，C相落后A相（ B ）。

A. 120°；B. 240°；C. 90°；D. 45°

（12）三相星形接线，线电流（ B ）相电流。

A. 小于；B. 等于；C. 等于√3倍；D. 大于

（13）三相星形接线，线电压（ C ）相电压。

A. 小于；B. 等于；C. 等于√3倍；D. 等于√2倍

（14）三相角形接线，线电流（ C ）相电流。

A. 小于；B. 等于；C. 等于√3倍；D. 等于√2倍

（15）三相角形接线，线电压（ B ）相电压。

A. 小于；B. 等于；C. 等于√3倍；D. 大于

（16）三相三线制电路，三线电流之和等于（ D ）。

A. 3倍线电流；B. 2倍线电流；C. 任何可能数值；D. 零

（17）三相电路三线电压之和等于（ D ）。

A. 3倍线电压；B. 2倍线电压；C. 任何不确定的某一数值；D. 零

（18）三相四线制电路，如果三相负荷不对称，则三相线电流之和等于（ B ）。

A. 零；B. 中性线电流；C. √3线电流；D. √3相电流

（19）二极管加反向电压时，反向漏电流（也称为反向饱和电流）很小，锗管的反向漏电流为微安级，硅管是（ B ）级。

A. 毫安；B. 纳安；C. 微安；D. 皮安

（20）用万用表测试电阻值可判别二极管极性，数值小的是正向电阻，常为（ C ）Ω。

A. 几十；B. 上百；C. 几百到几千；D. 几十千到几兆

**二、多项选择题**（选择两个或两个以上最符合题意的备选项填入括号内）

（1）相对导磁系数 $\mu_r$ 略小于1的物质称为反磁性物质，如（ A、B ）等。

A. 氢；B. 铜；C. 氧；D. 铝

（2）相对导磁系数 $\mu_r$ 远大于1的物质称为铁磁性物质，如（ A、B、C、D ）等。

A. 铁；B. 钢；C. 镍；D. 钴

（3）正弦交流电路中的感抗 $x_L$ 等于（ B、C ）。

A. $\frac{1}{wL}$；B. $wL$；C. $2\pi fL$；D. $\frac{1}{2\pi fL}$

（4）正弦交流电路中的容抗 $x_C$ 等于（ A、D ）。

A. $\frac{1}{wC}$；B. $wC$；C. $2\pi fC$；D. $\frac{1}{2\pi fC}$

（5）单相正弦交流电路的有功功率 $P$ 等于（ A、B、C ）。

A. $S\cos\varphi$；B. $UI\cos\varphi$；C. $U_RI$；D. $UI$

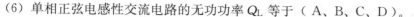

(6) 单相正弦电感性交流电路的无功功率 $Q_L$ 等于（ A、B、C、D ）。

A. $S\sin\varphi$；B. $UI\sin\varphi$；C. $U_L I$；D. $I^2 x_L$

**三、判断题**（正确的画√，错误的画×）

(1) 在直流全电路内，无论是电源内部（内电路）或外部（外电路），电流总是从高电位流向低电位。 （ × ）

(2) $1V=10^3 mV$。 （ √ ）

(3) $1\mu A=10^{-6} A$。 （ √ ）

(4) $1nA=10^{-9} A$。 （ √ ）

(5) 化学纯金属的电阻温度系数在 $0.005/℃$ 左右。 （ × ）

(6) 导电材料铜的电阻率 $\rho=0.017\,5\Omega\cdot mm^2/m$。 （ √ ）

(7) 电导的单位是西门子。 （ √ ）

(8) 基尔霍夫第一定律也称作电压定律。 （ × ）

(9) 基尔霍夫第一定律只适用于直流电路，不适用于交流电路。 （ × ）

(10) 电容性无功功率 $Q_C$ 可看作是负的无功功率。 （ √ ）

(11) 两个电容 $C_1$、$C_2$ 串联，总电容 $C=C_1+C_2$。 （ × ）

(12) 两个电阻 $R_1$、$R_2$ 并联，总电阻 $R=R_1+R_2$。 （ × ）

(13) 正弦交流电路的电流或电压的平均值等于有效值乘以 $0.9$。 （ √ ）

(14) 复数指数形式的电压表达式 $\dot{U}=U e^{j\varphi}$，如用复数三角式表示，则为 $\dot{U}=U\sin\varphi+jU\cos\varphi$。 （ × ）

(15) 对于三相三线制电路，如果三相电源或负荷不对称，则三相电流之和不等于零。 （ × ）

(16) 如果三相线电压大小不对称，则肯定存在零序分量。 （ × ）

(17) 三相线电压越是不对称，所含的负序分量也越大。 （ √ ）

(18) 硅、锗一类半导体，其原子的最外层有四个电子，因此可与相邻的四个原子构成共价键结构。 （ √ ）

(19) 二极管的最大反向工作电压是指二极管工作时所允许的最高反向电压值，通常其数值等于击穿电压。 （ × ）

(20) 晶闸管经触发后能自动维持导通状态，如果要将其关断，则可有三种方法任选其一：①拉开电源开关（或往阳极和阴极之间加一反向电压）；②减小回路电流使晶闸管不能维持导通（使回路电流小于最小维持电流）；③往控制极上加一个负极电压。 （ √ ）

**四、计算题**（选择正确的答案填入括号内）

(1) 如图 1-62 所示，当检流计 G 指零时，可变电阻 $R_3$ 应为多少欧姆（已知 $R_1=R_2=15\Omega$，

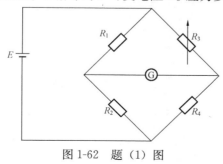

图 1-62 题 (1) 图

$R_4 = 2.5\Omega)$？答案：$R_3 =$（ C ）。

A. $10\Omega$；B. $5\Omega$；C. $2.5\Omega$；D. $1\Omega$

（2）如图 1-63 所示，已知 $R_1 = R_2 = R_3 = R_4 = 30\Omega$，$R_5 = 60\Omega$。求当开关 K 打开和闭合时，a、b 间的等值电阻各为多少？答案：当开关 K 打开和闭合时，a、b 间的等值电阻都是（ C ）$\Omega$。

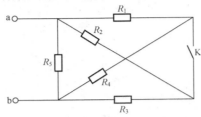

图 1-63 题 (2) 图

A. 60；B. 30；C. 20；D. 10

（3）220V、40W 荧光灯，点亮后测得电流 0.45A，灯管两端电压 103.5V，灯管本身电功率 40W。求灯管的阻抗。答案：灯管的阻抗为（ B ）$\Omega$。

A. 300；B. 230；C. 200

# 第二章 电力系统与电力供应

## 第一节 概　　述

### 一、电力系统基本概念

#### (一) 电力系统和电力网

电力工业发展初期，各发电厂直接向用户供电。随着电力工业的发展，为了提高供电的可靠性和能源综合利用的经济性，开始将各个分散的发电厂通过输电线路和变电站互相联系起来。

(1) 电力系统：由发电、送电（输电线路）、变电（升、降压变电站）、配电（配电变压器和配电网）和用电（用电设备）有机地连接起来的整体，称为电力系统。

(2) 动力系统：电力系统加上发电机的原动机和原动机的力能部分称为动力系统。

不同的发电厂，其原动机和原动机的力能部分都不相同。火力发电厂的原动机是汽轮机，其力能部分是由煤、油或可燃气体燃烧的锅炉。水力发电厂其力能部分是蓄有高水位的水库，原动机是水轮机。核电厂的力能部分是核反应堆，原动机也是汽轮机。除此之外，还有风力发电、太阳能发电（光伏电池）和地热发电等。

国家有关部门 2013 年 1 月的统计资料显示：截至 2012 年 12 月底，全国发电总装机容量 11.4 亿 kW，居世界第一位。其中清洁能源：水电装机容量 2.49 亿 kW，占总装机容量的 21.84%；风力发电装机容量 6300 万 kW，占总装机容量的 5.526%；光伏发电装机容量 700 万 kW，占总装机容量的 0.614%。2012 年全国总发电量 49 591 亿 kW·h。2013 年 1 月 4 日的全国日发电量达 153.13 亿 kW·h。

(3) 电力网：电力系统中的送电（输电线路）、变电（升、降压变电站）和配电三个部分称为电力网。

电力网是电力系统中除了发电和用电以外的，由输电线路和配电线路以及由各种电压等级的升、降压变电站连接而成的网络的总称。

电力网又可分为输电网和配电网。

输电网是以高压（110～220kV）、超高压（220kV 以上）、甚至特高压（1000kV）输电线路将发电厂和变电站，或变电站之间连接起来的远距离输电网络。输电网是用来输送电能的，是电力网的主网架。

配电网是直接将电能配送到用户的网络。由于各类用户所需用电容量和用电电压不同，因此配电网又分为高压配电网（110kV 及以上电压）、中压配电网（3～35kV）和低压配电网（220V、380V）。东北大部分地区的电网电压没有 35kV 和 110kV，而是 66kV。66kV 也属于高压配电网。

#### (二) 电力系统集中供电的优点

(1) 可以提高供电的可靠性。在电力系统中，各发电机组都并网运行，即使个别机组因发生故障而退出运行，其余机组在允许的范围内可保证对重要用户的供电，这样就提高了供电可靠性。

（2）减少系统的备用容量。由于系统中各用户最大负荷一般不会同时出现。因此，可以相对减少系统中的总装机容量。在同样的总发电能力的条件下，连接成电力系统后，可以比各发电厂单独供电时多带负荷。

（3）通过合理分配负荷提高运行的经济性。在同一系统中，可以根据各发电厂发电成本的高低，经济合理地分配各机组的负荷。

（4）有利于提高电能质量。电能的质量用波形、频率和电压来衡量，其数值应按规定保持在一定的允许变动范围内。当各发电厂连成电力系统后，由于电力系统容量足够大，负荷波动时不会引起频率和电压的显著变化，因而提高了电能的质量。

（5）可以充分利用可再生的动力资源。各种能源的发电厂互相配合和调节，可以充分地利用水力发电、风力发电和光伏发电等可再生的动力资源。

### （三）电力生产的特点

电力生产具有同时性、集中性、适用性和先行性四大特点。

（1）同时性。交流电能不便储存。电力生产从发电、输变电、配电到用电是在同一时刻连续完成的。其中任一环节发生问题都会影响其他环节的运行状态。

（2）集中性。电力生产是高度集中统一的。各发电厂、变电站、输配电线路都必须接受电力网调度部门的统一调度，以保证电力生产和电能使用的有序进行。

（3）适用性。电能使用方便，适用广泛。与其他能源相比，电能的传输和使用是全天候的，基本不受时间、空间、地点的影响。无污染，无公害，可以将电能很方便地转变为光能、热能、机械能、动能和化学能，而且效率极高。

（4）先行性。在使用电能之前，必须首先建设好电力线路，安装好供电设施，准备好充裕电源。因此，电力建设在国民经济发展中必须提前进行。

## 二、电力系统的负荷和用电负荷的分级

### （一）电力系统的负荷

电力系统的负荷分为用电负荷、线路损失负荷和供电负荷。

用电负荷是用户在某一时刻对电力系统所需的用电功率。用电功率包括有功功率和无功功率，也就是说用电负荷包括有功负荷和无功负荷（关于无功负荷，在本书第五章有介绍）。

线路损失负荷是指电能从发电厂经过输变电设备和配电网的配电变压器、配电线路配送到用户的全过程中发生的功率损失（或电能损失），简称"线损"。

供电负荷是指用电负荷和同一时刻线路损失负荷之和。

发电厂在发电的过程中，各种生产设备也需要用电，称为"厂用电"。供电负荷与发电厂厂用电负荷之和是发电机供给的总负荷，称为"发电负荷"。

### （二）用电负荷按其对供电可靠性要求分级

用电负荷根据其对供电可靠性的要求及突然中断供电在政治、经济上所造成损失或影响的程度，按照 GB 50052—2009《供配电系统设计规范》的规定，分为下列三级：

（1）一级负荷。符合下列情况之一时，应视为一级负荷：

1）中断供电将造成人身伤亡时；

2）中断供电将在经济上造成重大损失时；

3）中断供电将影响重要用电单位的正常工作。

在一级负荷中，当中断供电将造成人员伤亡或重大设备损坏或发生中毒、爆炸和火灾等情况的负荷，以及特别重要场所的不允许中断供电的负荷，应视为一级负荷中特别重要的负荷。

（2）二级负荷。符合下列情形之一时，应为二级负荷：

1）中断供电将在经济上造成较大损失时。

2）中断供电将影响较重要用电单位的正常工作。

（3）三级负荷：不属于一级和二级负荷者应为三级负荷。

### （三）用电负荷曲线——高峰负荷、低谷负荷和平均负荷

由于发电厂发出的电能不容易储存，发、供、用电在同一时间完成，因此要求用电负荷尽量平稳，避免出现负荷电流忽高忽低的情况。但是，由于用电单位在生产过程中各个时段的用电情况有可能不完全相同。例如有的工厂只在白天生产，白天用电负荷较大，晚上负荷很小，甚至晚上没有负荷。也有的工厂季节性生产，其用电负荷随季节变化，在一年中负荷有较大变化。

为了反映用电负荷的变化情况，可以画出用电负荷随时间变化曲线，例如日负荷曲线、月负荷曲线和年负荷曲线。根据日负荷曲线可以确定高峰负荷、低谷负荷和平均负荷。

（1）高峰负荷：在日负荷曲线中选一天 24h 中负荷最高的一个小时的平均负荷作为高峰负荷。

（2）低谷负荷：低谷负荷是指一天 24h 中负荷最小的一个小时的平均负荷。

（3）平均负荷：为了分析负荷率，常采用日平均负荷。日平均负荷是指一天的用电量除以一天的用电小时数。

峰、谷负荷差越小，用电越趋于合理。

### （四）峰、谷分时电价——高峰时段、低谷时段和平时段

为了充分挖掘电网低谷负荷时的设备潜力，鼓励用户积极做好调峰，尽量在低谷时段多用电，减少高峰时段用电，供电企业对某些用户采取峰、谷分时计费电价。在高峰时段的电费单价要高于平时段电费单价，而低谷时段的电费单价又要低于平时段电费单价。

各地对峰、谷时段的具体规定可能有差异。以东北电网为例：

高峰时段：7：30～11：30（早高峰）；17：00～21：00（晚高峰）。

低谷时段：22：00～次日 5：00。

平时段：不属于高峰时段和低谷时段均为平时段。

# 第二节　电力系统的电压等级

## 一、标称电压和额定电压

电力系统运行电压的给定值和电气设备使用电压的铭牌标定值，习惯上都称为"额定电压"。但是，国家技术标准和电力行业标准对这两种电压的术语解释是不同的。电力系统运行电压的给定值称为"系统标称电压"，字母符号为"$U_n$"；电气设备的铭牌规定使用电压称为"设备额定电压"，字母符号为"$U_r$"。

GB/T 156—2007《标准电压》对"系统标称电压"和"设备额定电压"给出的定义是：

系统标称电压——用以标志或识别系统电压的给定值。

设备的额定电压——通常由制造厂家确定，用以规定元件、器件或设备的额定工作条件的电压。

由上述可知，电力系统指定采用的电压称为"系统标称电压"，也就是平常所说的"系统额定电压"。实际上，在电力系统中，从发电厂发电，经电力系统传输、分配，到用电负荷使用电能，各部位的电压会有某种变化。这里包括通过变压器人为地改变电压，以及由于电流流过电路

时必然要出现的电压降低（也称"电压损耗"）。考虑到这些因素，发电机、变压器、用电设备，以及电力系统中的其他输变电设备，都分别规定了相应的额定电压。

## 二、系统标称电压（系统额定电压）的标准值

GB/T 156—2007《标准电压》规定的交流电力系统标称电压见表 2-1。高压直流输电系统的标称电压有±500kV 和±800kV。

表 2-1　　　　　　　交流三相系统标称电压及相关设备最高电压标准值　　　　　　　kV

| 系统标称电压 | 0.22/0.38 | 0.38/0.66 | 1(1.14) | 3(3.3) | 6 | 10 | 20 | 35 | 66 | 110 | 220 | 330 | 500 | 750 | 1000 |
|---|---|---|---|---|---|---|---|---|---|---|---|---|---|---|---|
| 设备最高电压 | — | — | — | 3.6 | 7.2 | 12 | 24 | 40.5 | 72.5 | 126(123) | 252(245) | 363 | 550 | 800 | 1100 |

注　1. 表中数字有斜杠的是三相四线制交流系统，斜杠上方为相电压，下方为线电压。无斜杠的为三相三线制系统的线电压。

　　2. 圆括号中的数值为用户有要求时使用，或用户内部使用。

　　3. 额定电压 1kV 及以下为低压电气设备，对此 GB/T 156—2007 未规定设备最高电压。

表 2-1 中，GB/T 156—2007 还规定了系统中相关设备的最高电压（低压设备未规定设备最高电压）。对于设备最高电压，GB/T 156—2007 指出："设备的最高电压"就是该设备可以应用的"系统最高电压"的最大值。这个"系统最高电压"是指在正常运行条件下，在系统的任何时间和任何点上出现的电压的最高值。其中不包括由于开关操作或其他非正常状态引起的暂态的电压波动。

系统标称电压的选用受多种因素的影响，例如发电设备的电压、用电设备的电压的影响，特别是与电能传输距离远近等因素有关。

当输送功率一定时，输电电压越高，电流越小，导线等载流部分的截面积也就越小，有色金属的投资越少；但电压越高，对电气设备的绝缘要求也越高，杆塔、变压器、开关等的投资也越大。因此，对应于一定的输送功率和输送距离有一最合理的电压，称为经济电压。表 2-2 所列为根据经验确定的与各系统电压等级相适应的输送功率和输送距离。

表 2-2　　　　　　　与各系统电压等级相适应的输送功率和输送距离

| 额定电压（kV） | 输送功率（kW） | 输送距离（km） | 额定电压（kV） | 输送功率（kW） | 输送距离（km） |
|---|---|---|---|---|---|
| 3 | 100～1000 | 1～3 | 66 | 3150～31 500 | 30～100 |
| 6 | 100～1200 | 4～15 | 110 | 10 000～63 000 | 50～150 |
| 10 | 200～2000 | 6～20 | 220 | 100 000～500 000 | 200～300 |
| 35 | 2000～10 000 | 20～50 | | | |

## 三、发电机额定电压

电力系统中发电厂发电机的额定电压一般为 10.5、13.8、15.75、18、20、22、24、26kV。个别小发电机也有采用 3.15kV 和 6.3kV。发电机额定电压的选用与发电机功率等多种因素

有关。

### 四、电气设备额定电压和最高允许运行电压

#### （一）交流电气设备的额定电压

（1）低压用电设备：5、6、12、15、24、36、42、48、60、100、110、380/220、660/380、1000（1140）V；

（2）高压电气设备：3.0（3.3）、6.0、10.0、20、35、66、110、220、330、500、750、1000kV。

为了保证电气设备在正常运行时有足够的绝缘裕度，在技术标准中还规定了电气设备应能承受的最高电压，见表2-1。

#### （二）直流电气设备的额定电压

直流低于750V设备的额定电压，有1.2、1.5、2.4、3、4、4.5、5、6、7.5、9、12、15、24、30、36、40、48、60、72、80、96、110、125、220、250、440、600V。

#### （三）交流和直流牵引系统标准电压

（1）交流单相牵引系统标称电压：25kV（系统最高电压允许值为27.5kV，系统最低电压允许值为19kV）。

（2）直流牵引系统标称电压：750、1500、3000V。与之对应的系统最高电压允许值为标称电压的1.2倍，系统最低电压允许值为标称电压的2/3。

#### （四）电气设备最高允许运行电压

表2-1中的设备最高电压是指电气设备在制造时其电气绝缘强度应能满足的基本裕度要求。各类电气设备由于电路和磁路特性的差异，其最高允许运行电压各不相同，与表2-1中的设备最高电压也并不相同。

例如，GB/T 11024—2010《交流电力系统用并联电力电容器技术标准》规定：并联电容器最高电压允许在其1.0倍额定电压下长期运行；在1.10倍额定电压下每24h中运行12h；在1.15倍额定电压下每24h中运行30min；在1.2倍额定电压下运行5min；在1.3倍额定电压下运行1min。

又如，DL/T 572—2010《电力变压器运行规程》规定，变压器运行电压一般不应高于其运行分接头额定电压的105%；在特殊情况下，也只允许在不超过110%的额定电压下运行。但这时需要限制变压器的负荷电流，使其负荷电流限制在低于额定电流的某一数值。

对于电压互感器，用额定电压因数来表示其允许的最高工作电压。所谓额定电压因数是指电压互感器允许的最高运行电压与额定电压的比值。电压互感器的额定电压因数数值大小与电压互感器的接线方式有关，见表2-3。由表2-3可知，不论何种接线方式，电压互感器都应保证在额定电压因数不超过1.2时，能连续运行。

表 2-3　　　　　　　　　　　　电压互感器额定电压因数标准值

| 额定电压因数 | 额定时间 | 一次绕组连接方式和系统接地方式 |
|---|---|---|
| 1.2 | 连续 | 任一电网的相间<br>任一电网中的变压器中性点与地之间 |
| 1.2 | 连续 | 中性点直接接地系统中的相与地之间 |
| 1.5 | 30s | |
| 1.2 | 连续 | 带有自动切除对地故障装置的中性点非有效接地系统中的相与地之间 |
| 1.9 | 30s | |

续表

| 额定电压因数 | 额定时间 | 一次绕组连接方式和系统接地方式 |
|---|---|---|
| 1.2 | 连续 | 无自动切除对地故障装置的中性点绝缘系统，或无自动切除对地故障装置的共振接地系统中的相与地之间 |
| 1.9 | 8h | |

### 五、高压、低压电气设备的区分

#### （一）低压电气设备

在技术标准中，通常将交流不超过 1000V 或直流不超过 1500V 的电气设备规定为低压电气设备。

例如 GB 14048.3—2008《低压开关设备和控制设备　第 3 部分：开关、隔离器、隔离开关以及熔断器组合电器》中就规定，该标准适用于额定电压不超过交流 1000V、直流 1500V 的电气设备。

#### （二）高压电气设备

额定电压交流 1000V 以上、直流 1500V 以上的电气设备属于高压电气设备。

由于我国技术标准在交流电压 1～3kV 之间是空白（见表 2-1），因此技术标准中规定的交流高压电气设备其额定电压都在 3kV 及以上。

## 第三节　接地分类和电力系统中性点运行方式

### 一、接地分类

DL/T 621—1997《交流电气装置的接地》将接地分为工作接地、保护接地、雷电保护接地和防静电接地四类。

#### （一）工作接地

在电力系统电气装置中，为运行需要所设的接地称为工作接地。如电力系统中三相中性点直接接地或经其他装置（如消弧线圈、高电阻、低电阻等）接地。因此，"工作接地"也称为"系统接地"。

工作接地可以有不同方式，习惯上将这些不同方式称为"系统运行方式"或"中性点运行方式"。

#### （二）保护接地

电气装置的金属外壳、配电装置的金属构架和架空线路的金属或钢筋混凝土杆塔等，由于导电体绝缘损坏有可能带电，为防止其危及人身和设备的安全而设置的接地称为"保护接地"。

保护接地装置的接地电阻允许值是根据人身间接触电时的接触电压和跨步电压不超过安全值通过计算得来的。

低压用电设备外露导电部分的接地保护有多种不同的接线方式，例如 TT 系统（用电设备外露导电部分采取保护接地）、TN-C 系统（低压三相四线制，用电设备外露导电部分接至 PEN 线，通过 PEN 线至电源接地装置接地）、TN-S 系统（低压三相五线制，PE 保护零线和 N 工作零线分开，用电设备外露导电部分接至 PE 线，通过 PE 线至电源接地装置接地），如本书图 11-2～图 11-5 所示。

根据规程规定：1kV 以下使用同一接地装置的所有电力设备总容量达 100kVA 及以上时，接地电阻不宜大于 4Ω；如总容量在 100kVA 以下时，接地电阻应不大于 10Ω。

### （三）雷电保护接地

为雷电保护装置（避雷针、避雷线和避雷器等）向大地泄放雷电流而设的接地。

雷电保护接地习惯称为"防雷接地"。

### （四）防静电接地

为防止静电对易燃油罐、天然气贮罐和管道等的危险作用而设的接地。

## 二、电力系统中性点运行方式

电力系统的中性点运行方式是指三相系统中星形连接的发电机和变压器的中性点运行方式。我国目前采用的中性点运行方式主要有五种，即中性点不接地、中性点经消弧线圈接地、中性点直接接地、中性点经低电阻接地和中性点经高电阻接地。其中中性点直接接地和经低电阻接地统称为中性点直接接地或中性点有效接地系统；而另外三种情况则统称为中性点非直接接地系统或中性点非有效接地系统、中性点绝缘系统。

### （一）中性点不接地系统

中性点不接地系统也称为中性点绝缘系统，多用在3～10kV电力系统。这种运行方式的优点是当发生单相接地故障时，仍可继续短时间运行，而不致立即中断供电。图2-1所示为中性点不接地系统正常运行的示意图。

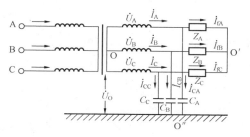

图 2-1　中性点不接地系统正常运行示意图

1. 中性点不接地系统的正常运行

图2-1所示为中性点不接地系统正常运行的示意图，图中 $Z_A$、$Z_B$、$Z_C$ 为三相负荷，$C_A$、$C_B$、$C_C$ 为三相系统各相的对地电容。各相导线之间还有相间电容，为了简化起见，图2-1中没有画出，图2-1中，$i_{fA}$、$i_{fB}$、$i_{fC}$ 为三相负荷电流，$i_{CA}$、$i_{CB}$、$i_{CC}$ 为各相对地电容电流。变压器的二次电流 $i_A$、$i_B$、$i_C$ 分别等于负荷电流和对地电容电流之和。实际上，对地电容电流一般很微小，因此，变压器二次电流可以认为与负荷电流相同。

正常运行时，如变压器输出电压三相对称，且三相负荷 $Z_A$、$Z_B$、$Z_C$ 也完全对称，三相对地电容如果各相之间也相等，则三相电压、电流都对称。这时，变压器的中性点 O、负荷的中性点 O′和大地 O″三者电位相等，即等电位。

如果三相电源不对称，或者三相负荷不对称，或者三相对地电容不相等，则 O、O′和 O″三者之间会出现电位差，这种情况称为中性点位移。

当中性点出现位移时，各相对地电压不相等，即三相的相电压不相等。但是三相的线电压不受中性点位移的影响。

在一般情况下，各相对地电容会有差异，各相负荷也有不同，但是由于相差不太大，因此，三相相电压的差别不会很大。

2. 中性点不接地系统出现单相接地故障

中性点不接地系统中，任一相绝缘受到破坏而接地时，各相之间的线电压不变，可以继续带故障运行；而各相的对地电压及对地电容电流均发生变化，中性点的电位远远偏离大地电位。

（1）故障相完全接地。如图2-2所示，C相金属性接地，C相的对地电压降为零。这时中性点 O 的对地电压升高为相电压。两个非故障相，即 A 相和 B 相的对地电压等于对 C 相的线电压，即比原来升高了$\sqrt{3}$倍。例如，对10kV系统来说，中性点一般不接地。正常时，各相导线的对地

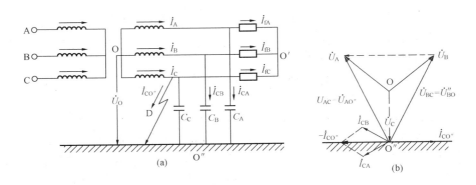

图 2-2 单相金属性接地

(a) 示意图；(b) 相量图

电压为相电压，等于线电压的 $1/\sqrt{3}$，即 $10/\sqrt{3}=5.77\mathrm{kV}$。当发生单相接地时，其他两健全相导线的对地电压就从 $5.77\mathrm{kV}$ 上升 $\sqrt{3}$ 倍，为 $10\mathrm{kV}$。

中性点不接地系统发生单相接地时，其他两健全相的对地电压升高 $\sqrt{3}$ 倍，无疑使这两相发生绝缘事故的几率增多。如果它们中某一相因此而发生对地绝缘击穿事故，则就构成两相接地短路事故。因此，应尽量控制中性点不接地系统中发生单相接地故障时带故障运行的时间。有关规程规定：单相接地后带故障运行的时间至多不超过 2h。

中性点不接地系统发生单相接地时，由于各相对地电压发生变化，因此，各相对地电容电流的大小也发生变化。通过分析，不难得出结论：接地故障点处的对地电容电流，其数值大小是正常时任一相对地电容电流的 3 倍。

(2) 故障相不完全接地。一般发生单相接地故障时，有的是金属性接地故障，有的则是通过过渡电阻接地，即接地故障点处对地有一电阻（这个电阻常常是变化的、不稳定的）。例如接地故障点处存在间隙性电弧，这个电弧的强弱是不稳定的，电弧阻抗也就不稳定。非金属性接地故障称为故障相不完全接地。

发生非金属性接地故障时，故障相对地电压将小于相电压，而大于零；两健全相的对地电压则大于相电压，小于线电压。

3. 中性点不接地系统可能引起的过电压事故

中性点不接地系统中一旦发生单相接地故障，对电网安全运行会造成严重威胁。经验证明，中性点不接地的电力系统有相当一部分的电气设备事故与单相接地故障有关，特别是由单相接地故障引发的过电压事故。下面列举两种发生较多的过电压事故：

(1) 间隙性电弧接地过电压。对于中性点不接地系统的单相接地故障，一般继电保护不动作于跳闸。如果接地故障不是瞬间发生后立即消失，则在故障点处会产生电弧。单相接地电弧可能是稳定燃烧的，也可能是间隙性发作的，称为间隙性接地电弧。无论是稳定燃烧的接地电弧，还是间隙性接地电弧，对电力系统的安全运行都构成严重威胁。

当单相接地产生稳定电弧时，电弧电流必然很大，不仅会烧坏电气设备和电气线路，而且很容易对其他两健全相造成击穿短路，从单相接地故障扩大为两相或三相弧光短路事故，使线路跳闸，中断供电。

在线路较短时，接地电流较小，如果是临时性弧光接地，接地故障常常能够迅速熄弧，恢复正常运行。

有些接地故障电流并不太大，不能形成稳定的电弧，但是电弧又不能自动熄灭，而是形成熄弧与电弧重燃交替进行的不稳定状态，称为间隙性电弧。这种间隙性电弧引起电力网运行状态的瞬间改变，导致电磁能的强烈振荡，并在非故障相以及故障相中产生严重的暂态过程过电压，这就是间隙性弧光过电压，其数值一般认为可达 2.5～3 倍相电压，最大可达 3.5 倍相电压。这种过电压会传输到与接地故障点有直接电气连接的整个电网上，可能在某一绝缘薄弱的部位引起另一相对地击穿，造成两相短路。电网电压越高，电气设备的绝缘裕度越小，间隙电弧引起的过电压危险性就越大。当接地电流大于 5～10A 时，最容易引起间隙性电弧。

（2）单相接地激发分频谐振过电压。电力系统是由许多电气线路和电气设备构成的。这些线路和设备存在电阻、电感和电容，因此具有电场能量和磁场能量的分布。当发生单相接地时，由于各相对地电压的突然变化，引起电场能量和磁场能量分布的突然变化。当接地突然消失时，各相对地电压又一次变化（恢复正常的对地电压即等于相电压），电场能量和磁场能量相互之间又出现突然转移。发生单相接地时的这种能量转换，不同于正常运行时电力系统中有规律的电磁场能量转换。这种由故障引起的非正常能量转换，在其过渡过程中可能会出现谐振过电压。

在中性点不接地的 6～10kV 电力系统中，由单相接地激发的谐振过电压一般可能出现基频、分频或高频谐振过电压，其中分频谐振是见得较多的一种过电压。发生分频谐振过电压时，三相对地电压同时升高，谐振频率多为工频的一半，即 25Hz。分频谐振过电压的过电压倍数并不很高，但是由于其频率低，对感性元件的感抗数值减少一半，因此，容易引起按相对地接线的电压互感器过流烧损。同时，分频谐振过电压的时间也较长，在长时间过电压作用下，容易引起阀型避雷器爆炸。

4. 中性点不接地系统的接地故障处理

综上所述，中性点不接地系统发生单相接地时，三相线电压的数值和相位关系并未改变，除发电机和高压电动机等特殊设备外，一般可以继续带病运行。为了防止单相接地扩大为两相或三相弧光短路，规定单相接地后带故障运行的时间至多不超过 2h。这就要求在发生单相接地后，必须尽快查清故障部位，迅速将故障消除。为此，在中性点不接地电网中，应装设监视单相接地的交流绝缘监察装置。当发生单相接地时，如果没有专用的接地保护指示具体的接地故障线路，则值班员可以在调度值班人员的指令下，采取"点灭"措施通过选线瞬间停、合线路，以便探明具体存在接地故障的线路。

5. 中性点不接地系统单相接地电流允许值

根据 DL/T 620—1997《交流电气装置的过电压保护和绝缘配合》规定，中性点不接地系统单相接地电流不允许超过下列限值。

（1）3～20kV 具有发电机的系统。3～20kV 具有发电机的系统，发电机内部发生单相接地故障不要求瞬时切机时，如单相接地故障电容电流不大于表 2-4 的允许值时，应采用不接地方式。

表 2-4　　　　　　　　　　　　　发电机接地故障电流允许值

| 发电机额定电压<br>（kV） | 发电机额定容量<br>（MW） | 电流允许值<br>（A） | 发电机额定电压<br>（kV） | 发电机额定容量<br>（MW） | 电流允许值<br>（A） |
|---|---|---|---|---|---|
| 6.3 | ≤50 | 4 | 13.8～15.75 | 125～200 | 2 |
| 10.5 | 50～100 | 3 | 18～20 | ≥300 | 1 |

注　对额定电压为 13.8～15.75kV 的氢冷发电机为 2.5A。

（2）3～10kV 不直接连接发电机的系统。

1）由钢筋混凝土或金属杆塔的架空线路构成的系统单相接地故障电容电流不超过10A。

2）由非钢筋混凝土或非金属杆塔的架空线路构成的系统：电压为10kV系统，单相接地故障电容电流不超过20A；电压为3kV和6kV系统，单相接地故障电容电流不超过30A。

3）由电缆线路构成的系统单相接地故障电容电流不超过30A。

（3）35kV和66kV系统。35kV和66kV由钢筋混凝土或金属杆塔的架空线路构成的系统单相接地故障电容电流不超过10A。

当单相接地电流不超过以上规定时，均应采用中性点不接地方式。

**（二）中性点经消弧线圈接地系统**

中性点经消弧线圈接地系统，也称为"中性点谐振接地"系统。

中性点经消弧线圈接地后，当系统发生单相接地故障时，流过消弧线圈的电感电流对接地故障电容电流起到平衡补偿作用，使接地点流过的故障电流降低到最小数值，防止接地电弧重复燃烧引起间歇性电弧接地过电压。而且，经验证明，中性点经消弧线圈接地后，也能防止发生由电压互感器铁芯饱和引起的分频谐振过电压。

所谓消弧线圈，其实就是在变压器中性点与大地之间接入一个电抗线圈。当发生单相接地故障时，除了在接地点流过对地电容电流外，还流过消弧线圈的电感电流，电容电流和电感电流方向相反，从而使接地故障点处的电流减小，电弧自行熄灭，防止发生间歇性电弧接地过电压，如图2-3所示。

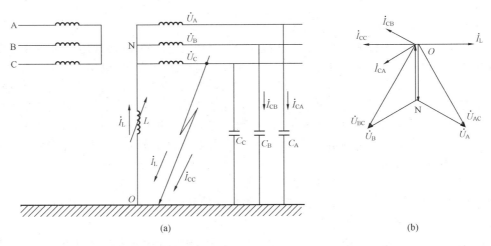

图 2-3　中性点经消弧线圈接地时出现单相接地故障

（a）等值电路图；（b）相量图

L—消弧线圈；N—变压器中性点；O—地电位；$\dot{I}_{CA}$、$\dot{I}_{CB}$—C相接地时，A、B相对地电容电流；

$\dot{I}_{CC}$—C相接地时流过接地点的对地电容电流；$\dot{I}_L$—C相接地时流过接地点和消弧线圈L的电感电流；

$\dot{U}_{AC}$、$\dot{U}_{BC}$—C相接地时，A、C相的对地电压

中性点接上消弧线圈后，和中性点不接地系统一样，发生单相完全接地时接地相的对地电压变为零，其他两相的对地电压升高到原值的$\sqrt{3}$倍。因此，中性点经消弧线圈接地的系统和中性点不接地的系统一样，各相对地绝缘必须按线电压考虑。

为了提高供电可靠性，使单相接地时电弧易于熄灭，当电容电流超过中性点不接地系统单相接地电流允许值（见前文介绍）时，应采用中性点经消弧线圈接地。例如3~20kV具有发电机

的系统，当单相接地电容电流超过表 2-4 的允许值时，应采用消弧线圈接地方式。消弧线圈可装在厂用变压器中性点上，也可装在发电机中性点上。

对于 35、66kV 系统，当单相接地故障电流超过 10A；3～10kV 电缆线路构成的系统，当单相接地故障电流超过 30A；3～10kV 钢筋混凝土或金属杆塔的架空线路构成的系统，当单相接地故障电流超过 10A；非钢筋混凝土或非金属杆塔的架空线路构成的系统，单相接地故障电流，3kV 和 6kV 超过 30A，或 10kV 超过 20A 时，以上各种情况下，当需要在接地故障条件下继续运行，均应采用消弧线圈接地方式。

### （三）中性点直接接地系统

中性点直接接地系统适用于 110kV 及以上的电力系统。其优点是中性点电位与地同电位，相电压平衡且稳定，避免由于中性点电位变化引起内部过电压。而且中性点保持零电位，使变压器的绝缘结构可以采取分级绝缘，大大节省制造成本，减小变压器体积。

此外，由于中性点直接接地后，中性点电位为接地体所固定，不会产生中性点位移。因此，发生单相接地时，其他两相也不会出现对地电压升高。电力网中各设备的对地电压可以按相电压考虑，这就降低了电网造价。

中性点直接接地系统发生单相接地时，流过很大的单相接地短路电流，产生一个很强的磁场，在附近的弱电线路（如通信线路和铁路的信号线路）上感应产生一个很大的电动势，轻则引起噪声、妨碍通信；重则引起通信设备损坏，甚至使铁路信号误动作，造成事故。因此，大接地电流的输电线路要与弱电线路保持足够的距离。

DL/T 620—1997《交流电气装置的过电压保和绝缘配合》有以下规定：

（1）330kV 及 500kV 系统中不允许变压器中性点不接地运行。

（2）110kV 及 220kV 系统中变压器中性点直接或经低阻抗接地，部分变压器中性点也可不接地。

（3）110～500kV 系统应该采用有效接地方式，即系统在各种条件下应该使零序与正序电抗之比（$X_0/X_1$）为正值并且不大于 3，而其零序电阻与正序电抗之比（$R_0/X_1$）为正值并且不大于 1。

根据高电压工程理论分析，三相电力系统中发生单相接地故障时其他两健全相的对地电压升高与系统参数中的零序电抗 $x_0$、正序电抗 $x_1$、零序电阻 $R_0$、正序电阻 $R_1$ 的数值，以及它们之间的比值 $R_0/x_1$ 和 $R_1/x_1$ 等的大小与符号有关。这里的符号是由零序电抗 $x_0$ 是感性还是容性决定的。当 $x_0/x_1$ 为正值且不大于 3，$R_0/x_1$ 为正值且不大于 1 时，发生单相接地故障时，两健全相的对地电压升高（工频电压升高）一般不超过 1.3～1.4 倍相电压的数值。满足这些条件的中性点直接接地运行方式，称为"有效接地方式"。

（4）低压 380V/220V 电源系统中性点直接接地。

众所周知，低压 380V/220V 电源系统中性点也是直接接地的，其目的是使中性点固定为零电位，尽量避免中性点电位升高，使 220V 相电压维持稳定，便于照明用电的安全使用。而且 380V/220V 中性点直接接地后，便于低压用电设备采取保护接地或保护接零等安全措施，有利于防止人身触电。对于 380V/220V 低压电源系统的中性点接地电阻只考虑人身防触电安全措施的需要，不需要考虑是否满足"有效接地条件"。

### （四）中性点经电阻接地

中性点经电阻接地，分为低电阻接地和高电阻接地。DL/T 620—1997 有以下规定：

（1）3～20kV 具有发电机的系统，发电机内部发生单相接地故障要求瞬时切机时，宜采用高电阻接地方式。电阻器一般接在发电机中性点变压器的二次绕组上。

（2）6～35kV 主要由电缆线路构成的送、配电系统，单相接地故障电容电流较大时，可采用低电阻接地方式，但应考虑供电可靠性要求、故障时瞬态电压、瞬态电流对电气设备的影响、对通信的影响和继电保护技术要求以及本地的运行经验等。

（3）6kV 和 10kV 配电系统以及发电厂厂用电系统，单相接地故障电容电流较小时，为防止谐振、间歇性电弧接地过电压等对设备的损害，可采用高电阻接地方式。

# 第四节　变电站的主接线

## 一、概述

变电站的电气主接线（也称一次主接线）是汇集和分配电能的通路，它决定了配电装置设备的数量，并表明以什么方式来连接电源、变压器和馈出线路，以及避雷器、互感器等的安装位置。

在选择一次主接线方式时，应注意变电站在系统中的地位、出线回路数、设备特点，以及负荷性质等条件，并尽量满足供电可靠性、运行操作灵活方便、建设和运行的经济性，并适当考虑发展和扩建的可能性。

## 二、变电站一次主接线的基本形式

### （一）母线（汇流排）

上面已经说到，变电站的作用是汇集电能、改变电压和分配电能。将各路电源输送到变电站的电流汇集起来的金属导体，称为母线，俗称汇流排。位于变压器电源侧的母线称为一次母线。对于降压变电站来说，一次母线常常称作高压侧母线。变压器输出端的母线称为二次母线，对于降压变电站来说，二次母线也就是低压侧母线。这里的"低压"指二次母线的电压要低于一次母线，并不是说二次母线的电压肯定就不高。

由上面介绍可知，变电站的一次主接线主要包括电源进线、一次母线、电力变压器和二次母线、二次配出线，以及接通和断开电气主回路所必需的开关设备，例如断路器、负荷开关和隔离开关等。

此外，与变电站一次主接线相连接的还有防雷用的避雷器、计量和控制、保护等必需的电压、电流互感器，补偿无功用的电容器，有的还接有限流用的电抗器，滤波用的滤波器（例如限止电网高次谐波污染用的高次谐波滤波器）等。

### （二）一次主接线的分类

变电站常用的主接线可分为有母线和无母线两大类。

有母线的主接线包括单母线和双母线。单母线又分为单母线有分段、单母线无分段、单母线分段带旁路等多种形式。双母线接线又分为单断路器双母线、双断路器双母线、3/2 断路器双母线，以及带旁路母线的双母线接线等多种。

没有汇流母线的接线方式主要有单元接线、桥形接线和多角形接线。

下面对单母线接线、双母线接线、旁路母线接线和桥式接线作一简单介绍。

1. 单母线接线

单母线接线是指单一母线接线方式。单母线接线的优点是简单明显、建造费用低、操作方便。缺点是供电可靠性低，不仅母线故障和断路器故障会引起变电站全停，而且母线侧隔离开关检修时也必须将变电站全部停电。因此，单母线接线一般用于无重要负荷，且出线回路不多的单电源小容量变电站。

为了提高单母线接线方式运行的灵活性，有时在母线中间位置设置隔离开关，从而将此单母线分为两段，这种接线方式称为"用隔离开关分段的单母线接线"。这种接线方式的优点是投资增加不多，但运行灵活性有很大提高。当某一段母线或直接与母线相连接的设备需要检修时，可只停该段母线上的所有配出线，然后拉开母线上的分段隔离开关，并采取防止误合此隔离开关的安全措施，以及防止检修人员误碰带电母线的安全措施，即可对停电部分开展检修工作。

图2-4为用断路器分段的单母线接线方式，图中QF为分段用的断路器，其两侧为隔离开关。在正常运行时，母线分段断路器QF可处于合闸位置，也可以处于分闸位置。图中变电站有电源1和电源2两路电源。如果两路电源中正常由一路电源供电，另一路电源备用，则母线分段断路器及其两侧隔离开关应处于合闸位置，这时，由一路电源带母线上的全部负荷，另一路电源断路器处于分闸状态，作为备用。

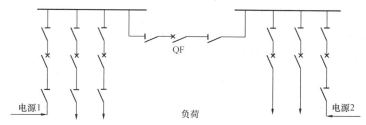

图2-4 用断路器分段的单母线接线

如果两路电源同时供电，则母线分段断路器必须断开，处于分闸位置，以免母线上流过两路电源的穿越性环流。

用断路器分段的单母线接线，其优点是可用于双电源变电站；而且当发生母线故障，或发生配出线断路器故障时，有1/2几率可以利用母线分段断路器的继电保护使其动作跳闸，以保证其中有一段母线仍能正常运行，不致造成变电站全停电。

2. 双母线接线

图2-5所示为具有一台母联断路器的双母线接线，图中，有两条并列排列的母线，分别用"Ⅰ"、"Ⅱ"标示。QF为母线Ⅰ、Ⅱ之间的联络用断路器，简称"母联"。母联断路器两侧各有一组隔离开关，即图2-5中的7QS、8QS。

在双母线接线方式中，每一回进出线与两回母线之间各装有一组隔离开关。例如图2-5中，线路1L分别由3QS和4QS与母线Ⅰ和母线Ⅱ相连接。在正常运行时，这两组隔离开关只有一组处于合闸状态，另一组隔离开关处于分闸状态。例如图2-5中的1XL，如果隔离开关3QS处于合闸状态，4QS处于分闸状态，则线路1XL接到母线Ⅰ上运行，而母线Ⅱ则处于备用状态。

双母线接线的优点是：

（1）两条母线可以一用一备。当工作母线需要检修时，可以利用母联断路器QF把工作母线上的全部负荷倒换到备用母线上，以不中断供电。

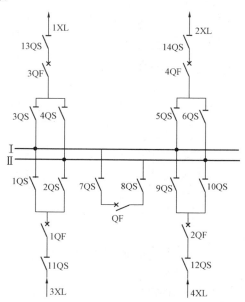

图2-5 双母线单母联断路器接线
QF、1QF~4QF—断路器；
1QS~14QS—隔离开关

以图2-5为例，设母线Ⅰ为工作母线，Ⅱ为备用母线。工作母线Ⅰ需要检修，其操作步骤为：①首先合上7QS、8QS；②合上母联断路器QF

向备用母线Ⅱ充电；③合上备用母线各隔离开关 2QS、4QS、6QS、10QS；④拉开工作母线各隔离开关 1QS、3QS、5QS、9QS；⑤最后断开母联断路器 QF 及其两侧隔离开关 7QS、8QS。

至此，工作母线Ⅰ已退出运行，可进行检修。

（2）检修任一组母线的隔离开关时，只需断开此隔离开关所属的一条电路和与此隔离开关相连的母线，其他电路均可通过另一组母线继续运行，变电站不至于全停电。

（3）工作母线在运行中发生故障时，可通过备用母线迅速恢复对各配出线的供电。

（4）任一进出线的断路器如出现拒动或因故不允许操作时，可利用母线联络断路器来代替该断路器的停送电操作。

由于双母线接线方式具有以上优点，因此，在大型高电压重要变电站中采用较多。

双母线接线方式的缺点主要是增加了母线隔离开关的数量，增加了变电站的占地面积，从而增加了基建投资。而且双母线接线方式的操作也比较繁琐，容易因误操作而引起重大事故。因此，在工厂企业变电站中极少采用。

3. 带旁路母线的接线方式

在上面介绍的单母线和双母线接线方式中，都有一个共同缺点：当需要检修某一线路的断路器时，该线路必须停止供电。例如需要检修图 2-5 中线路 1XL 的断路器 3QF，则线路 1XL 必须停止供电，且断路器的检修有时需要很长时间，如 3～5 天，这样该线路就要长期处于停电状态。这对一般的工厂企业或许还可以，但对于电力系统中的重要变电站长期停止线路供电是不允许的。为了解决这一实际问题，可以采用带旁路母线的接线方式。采用旁路母线后，配出线的断路器检修时，该线路可由旁路断路器供电，因此就不必停电。现以图 2-6 为例加以说明。

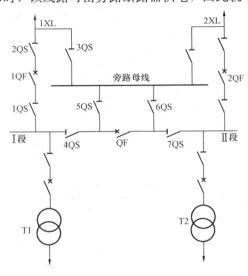

图 2-6 带旁路母线的单母线分段接线

图 2-6 所示为带旁路母线的单母线分段接线方式。采用这种接线方式可以在不中断供电的情况下检修配出线 1XL 和 2XL 的断路器。图 2-6 中 QF 是单母线分段断路器，同时还兼作旁路母线的旁路断路器。当任一出线断路器 1QF 或 2QF 需要检修时，都可以借助旁路断路器，代替需检修的断路器投入运行，使线路供电不受任何影响。

例如，需检修线路 1XL 的断路器 1QF 时，操作步骤为：①接通母线Ⅰ分段的隔离开关 4QS 和旁路母线的隔离开关 6QS、3QS；②合上母线分段断路器（兼作旁路断路器）QF；③断开需检修的线路断路器 1QF 及其两侧隔离开关。

这样，就利用母线分段断路器（兼作旁路断路器）QF 代替线路断路器 1QF，以保证线路 1XL 的正常供电。

有时，在采用旁路母线接线方式时，同时设置专用的旁路断路器，而不是像图 2-6 中那样，由母联断路器兼任旁路断路器。

装设旁路母线，投资大、接线复杂，一般在电力系统供电部门的重要变电站中用得较多，而工厂企业中极少采用。

4. 桥式接线

图 2-7 所示为变电站一次主接线采用桥式接线时的三种方式。桥式接线可用于变电站只有两台主变压器和两路出线时。桥式接线分为内桥[如图 2-7(a)所示]和外桥[如图 2-7(b)所示]。内桥

接线的桥断路器（图 2-7 中的 3QF）在线路断路器（图 2-7 中的 1QF 和 2QF）的内侧；外桥接线桥断路器在外侧。

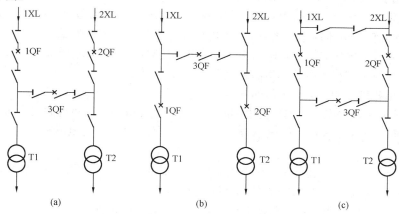

图 2-7 桥式接线

(a) 内桥；(b) 外桥；(c) 附加隔离开关跨桥

内桥接线的特点：线路的投切比较方便，线路故障时，仅故障线路跳闸，不影响其他回路运行，但变压器故障时与该变压器连接的两台断路器都跳闸，从而影响了正常线路的运行。此外，变压器投切比较麻烦，需操作与该变压器连接的两台断路器。但由于变压器元件比较可靠，故障几率较少，一般也不经常切换，因此，采用内桥较多。

外桥接线特点：线路的投切需操作与之相连的两台断路器，并影响变压器正常运行，但变压器投切不影响线路供电。故外桥接线适用于线路较短，检修操作和故障均较少，而变压器又经常切换的情况。当电网有穿越功率输送时也采用外桥接线。

为了在检修线路和桥断路器时不中断供电，可在桥式接线中附加一个正常断开的隔离开关跨桥，如图 2-7(c) 所示。

桥式接线设备少，接线清晰、操作简单、投资少，便于维护，适用于中小容量或负荷较小、回路数不多的电厂或变电站。

# 第五节　电力供应与使用

电力是现代社会文明的重要物质基础。工、农业生产离不开电力供应，人民日常生活也离不开电力供应。电能是一种特殊的商品，看不见、摸不着，电能的计量和安全使用都有其特殊性。发、供电企业既是工业企业，又具有公用事业的性质。

有关法规和技术规程对供电企业的供电质量、用电负荷按重要性分级、电力供应与使用等管理规则都有明确规定。

## 一、供电质量

供电质量包括电能质量和供电可靠性。

电能质量分电压、波形、频率三个方面共五个标准：供电电压允许偏差、电压允许波动和闪变、三相电压允许不平衡度、公用电网谐波、电力系统频率允许偏差。下面分别介绍。

### （一）电能质量标准

1. 供电电压允许偏差

用电电压偏离额定电压时，电气设备的性能受到影响。当电压降低时，白炽灯的发光率急剧下降；异步电动机定子、转子的电流显著增大，温度上升。当电压过高时，白炽灯的寿命将缩短，如电压比额定值高 10％，其寿命将缩减一半。

《供电营业规则》规定，在电力系统正常状况下，供电企业供到用户受电端的供电电压允许偏差（以电压实际值与电压额定值之差 $\Delta U$ 占电压额定值 $U_N$ 的百分数 $\Delta U\%$ 表示）为：

（1）35kV 及以上电压供电的，电压正、负偏差的绝对值之和不超过额定值的 10％；

（2）10kV 及以下三相供电的，为额定值的 ±7％；

（3）220V 单相供电的，为额定值的 +7％，−10％。

在电力系统非正常状态下，用户受电端的电压最大允许偏差不应超过额定值的 ±10％。

用户用电功率因数达不到《供电营业规则》规定要求的，其受电端的电压偏差不受以上限制。

GB/T 12325—2008《电能质量　供电电压偏差》规定，对于 35kV 及以上供电电压，如果上下偏差同号（均为正或负），则按较大的偏差绝对值作为衡量依据。

对电压有特殊要求的用户，供电电压允许偏差由供用电协议确定。

这里介绍的供电电压正常情况下的允许偏差，不适用于瞬变状态和非正常运行状况。

至于用电设备额定工况的电压允许偏差则由各自标准规定。

2. 电压允许波动和闪变

（1）电压允许波动。我国关于电压允许波动和闪变的国标在 1990 年 12 月 1 日和 2000 年 12 月 1 日先后执行的是 GB 12326—1990 和 GB 12326—2000，在 2008 年 6 月 18 日之后，又一次经过修订，新规程的代号是 GB/T 12326—2008。

GB/T 12326—2008《电能质量　电压波动和闪变》将电压波动的考核标准更改为根据电压等级和电压变动频度来设定电压波动限值。即增加了电压变动频度这一考核条件，而且对电压等级，从原来三个档次改为两个档次：35kV 及以下为一档，35kV 以上至 220kV 为另一档，一共两档。220kV 以上参照 220kV 执行。详细规定见本书第五章第三节。

（2）关于闪变。所谓"闪变"是指"灯光照度不稳定造成的视感"，是人眼对灯闪的不舒服的感觉。闪变是由向照明用电供电的电压剧烈而又频繁地波动引起的。有些用电负荷，例如炼钢电弧炉、大型轧钢机、电弧焊机、多台大型绞车，在生产过程中从供电网取用快速变动功率的负荷，这种波动负荷会引起电网供电点的电压波动，同时也引起照明负荷的灯光照度不稳定，即出现闪变。

当供电电压出现波动时，不同的照明灯具闪变程度可能有区别。一般来说，白炽灯的闪变较为严重。

现行国家标准 GB/T 12326—2008 将各级电压下的闪变用短时间闪变值 $P_{st}$ 和长时间闪变值 $P_{lt}$ 来衡量。$P_{st}$ 和 $P_{lt}$ 每次测量周期分别取 10min 和 2h。

GB/T 12326—2008 规定以长时间闪变值 $P_{lt}$ 作为限值：电压小于等于 110kV，$P_{lt}$ 限值为 1；电压大于 110kV，$P_{lt}$ 限值为 0.8。由于电压波动和闪变都是由冲击性用电负荷引起的，因此在冲击性负荷接入系统时，有必要对其引起供电点电源电压的波动和闪变进行评估，以确定其是否超过技术标准所规定的允许值。最准确的方法是在电力系统正常运行且系统容量较小的运行方式时，用仪器对波动负荷变化最大工作周期进行电压波动和闪变实测。对炼钢电弧炉应在熔化期测量；轧机应在最大轧制负荷周期测量；三相负荷不平衡时应在三相测量值中取最严重的一相的值。

3. 三相电压允许不平衡度

在本书第一章电工基础知识关于三相对称分量的介绍中，已经指出：三相线电压越是不对

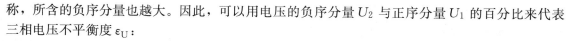

称，所含的负序分量也越大。因此，可以用电压的负序分量 $U_2$ 与正序分量 $U_1$ 的百分比来代表三相电压不平衡度 $\varepsilon_U$：

$$\varepsilon_U = \frac{U_2}{U_1} \times 100(\%) \tag{2-1}$$

式中　$U_1$——三相电压的正序分量，有效值，V；

　　　$U_2$——三相电压的负序分量，有效值，V。

GB/T 15543—2008《电能质量　三相电压不平衡》规定：

（1）电力系统公共连接点负序电压不平衡度允许值为 2%，短时不得超过 4%。所谓短时指时间范围为 3s~1min。

（2）接于公共连接点的每个用户，引起该点负序电压不平衡度允许值一般为 1.3%，短时不超过 2.6%。

4. 公用电网谐波

电力系统正常运行时，电压、电流的波形都是正弦波，频率是工频。但是，由于某些用电设备的阻抗是非线性的（即不是一个常数，而是周期性变化的，例如整流设备等），负荷电流波形偏离正弦波。由于负荷电流波形偏离正弦波，在系统输变电设备上的电压降波形也偏离正弦波，引起系统供电节点上的电压波形畸变，这种情况称为公用电网谐波污染，在本书第五章第三节有详细介绍。

为了防止电力系统电压波形严重畸变影响供电电能质量，要求电网公共连接点电压正弦波畸变率和用户注入电网的谐波电流不得超过 GB/T 14549—1993《电能质量　公用电网谐波》的规定。

用户的用电设备注入电网的谐波电流和引起公共连接点电压正弦波畸变率超过标准时，用户必须采取措施予以消除。否则，供电企业可中止对其供电。

5. 供电频率允许偏差

供电频率的允许偏差根据《供电营业规划》规定：

（1）电网装机容量在 300 万 kW 及以上的，为 ±0.2Hz；

（2）电网装机容量在 300 万 kW 以下的，为 ±0.5Hz。

在电力系统非正常情况下，供电频率允许偏差不应超过 ±1.0Hz。

中华人民共和国国家标准 GB/T 15945—2008《电能质量　电力系统频率偏差》对用于频率偏差指标评定的测量，规定测量误差不应超过 0.01Hz。

**（二）供电可靠性**

1. 年供电可靠率

供电可靠率是指一年内对用户实际供电小时数与全年总小时数比值的百分数，计算式为

$$R_S = \frac{8760N - \Sigma t_i n_i}{8760N} \times 100 \tag{2-2}$$

式中　$R_S$——年平均供电可靠率，%；

　　　$N$——统计用户总数；

　　　$t_i$——年每次停电时间，h；

　　　$n_i$——年每次停电影响用户数。

停电时间包括事故停电、计划检修停电及临时性停电时间。合理安排检修计划，加强配电线路和配电设备的运行维护工作，一旦发生事故时抓紧抢修恢复供电，优化配电网络结构提高供电可靠性，采取多方面措施，可以有效提高供电可靠率。

一般供电可靠率不低于99.96%。

2. 计划检修停电次数的限定

能否保证连续供电的可靠性，除了防止事故停电，对计划检修停电《供电营业规则》也作了限制。对35kV及以上电压供电的用户的停电次数，每年不应超过一次；对10kV供电的用户，每年不应超过三次。

**二、与电工进网作业相关的电力法律和法规**

电力法规体系以《中华人民共和国电力法》为核心，与其配套的有《电力设施保护条例》、《电力供应与使用条例》和《电网调度管理条例》三个行政法规。此外，还制订了一大批行政规章、制度、办法。例如：《供电营业规则》、《用电检查管理办法》、《供用电监督管理办法》、《居民用户家用电器损坏处理办法》、《进网作业电工管理办法》等。这些规章的公布实施，为我国依法治电工作的全面展开提供了全方位的法律保障。

**（一）中华人民共和国电力法**

《中华人民共和国电力法》（以下简称《电力法》）是我国有关电力方面的一个基本大法，于1995年12月28日经第八届全国人民代表大会常务委员会第十七次会议通过，由国家主席发令公布，自1996年4月1日起正式施行。

《电力法》的内容包括总则、电力建设、电力生产与电网管理、电力供应与使用、电价与电费、农村电力建设和农业用电、电力设施保护、监督检查、法律责任和附则，共十章。

《电力法》对电力建设、电力生产与电网管理、电力供应与使用、电价与电费等都作了原则性的规定，按照《电力法》规定的精神，国家有关部门制定相应的条例、规则，便于具体实施。

《电力法》总则第四条规定：电力设施受国家保护。禁止任何单位和个人危害电力设施安全或者非法侵占、使用电能。

《电力法》第二章第二十一条规定：电网运行实行统一调度、分级管理。任何单位和个人不得非法干预电网调度。

《电力法》第四章第二十五条和第二十六条规定：供电企业在批准的供电营业区内向用户供电。对本营业区内的用户有按照国家规定供电的义务，对其营业区内申请用电的单位和个人不得拒绝供电。

申请新装用电、临时用电、增加用电容量、变更用电和终止用电时，应当依照规定的程序办理手续。

《电力法》第四章第三十二条和三十三条规定：用户用电不得危害供电、用电安全和扰乱供电、用电秩序。用户应当按照国家核准的电价和用电计量装置的记录，按时交纳电费；对供电企业查电人员和抄表收费人员依法履行职责，应当提供方便。

《电力法》第四章第三十四条规定：供电企业和用户应当遵守国家有关规定，采取有效措施，做好安全用电、节约用电和计划用电工作。

《电力法》第七章第五十二条规定：任何单位和个人不得危害发电设施、变电设施和电力线路设施及其有关辅助设施。

《电力法》第九章第五十九条、第六十条规定：电力企业或者用户违反供用电合同，给对方造成损失的，应当依法承担赔偿责任。

因电力运行事故给用户或者第三人造成损害的，电力企业应当依法承担赔偿责任。

电力运行事故由下列原因之一造成的，电力企业不承担赔偿责任：

（1）不可抗力。

（2）用户自身的过错。

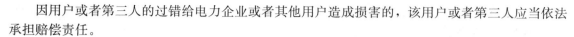

因用户或者第三人的过错给电力企业或者其他用户造成损害的，该用户或者第三人应当依法承担赔偿责任。

《电力法》第七十一条、第七十二条规定：盗窃电能的，由电力管理部门责令停止违法行为，追缴电费并处应交电费五倍以下的罚款；构成犯罪的，依照《刑法》第一百五十一条或者第一百五十二条的规定追究刑事责任。盗窃电力设施或者以其他方法破坏电力设施，危害公共安全的，依照《刑法》第一百零九条或者第一百一十条的规定追究刑事责任。

《刑法》第一百零九条规定：破坏电力设施，……危害公共安全尚未造成严重后果的，处三年以上十年以下有期徒刑。《刑法》第一百一十条规定：破坏电力设备，……造成严重后果的，处十年以上有期徒刑、无期徒刑或者死刑。过失犯前款罪的，处七年以下有期徒刑或者拘役。

### （二）中华人民共和国电力供应与使用条例

《中华人民共和国电力供应与使用条例》由中华人民共和国国务院于 1996 年 4 月 17 日以第 196 号令发布，自 1996 年 9 月 1 日起施行。

《电力供应与使用条例》（以下简称《条例》）规定，国家对电力供应和使用实行安全用电、节约用电、计划用电的管理原则。

《条例》第三十条规定：用户不得有下列危害供电、用电安全，扰乱正常供电、用电秩序的行为：

1）擅自改变用电类别；

2）擅自超过合同约定的容量用电；

3）擅自超过计划分配的用电指标用电；

4）擅自使用已经在供电企业办理暂停使用手续的电力设备，或者擅自启用已经被供电企业查封的电力设备；

5）擅自迁移、变动或操作供电企业的用电计量装置、电力负荷控制装置、供电设施以及约定由供电企业调度的用户用电设备；

6）未经供电企业许可，擅自引入、供出电源或者将自备电源擅自并网。

《条例》第三十一条规定：禁止窃电行为。窃电行为包括：

1）在供电企业的供电设施上，擅自接线用电；

2）绕越供电企业的用电计量装置用电；

3）伪造或者开启法定的或授权的计量检定机构加封的用电计量装置封印用电；

4）故意损坏供电企业用电计量装置；

5）故意使供电企业的用电计量装置计量不准或者失效；

6）采用其他方法窃电。

《条例》第三十九条规定，逾期未交付电费的，供电企业可以从逾期之日起，每日按照电费总额的1‰～3‰加收违约金，具体比例由供用电双方在供用电合同中约定；自逾期之日起计算超过 30 日的，经催交仍未交付电费的，供电企业可以按照国家规定的程序停止供电。

《条例》第四十条规定：违反本条例第三十条规定，违章用电的，供电企业可以根据违章事实和造成的后果追缴电费，并按照国务院电力管理部门的规定加收电费和国家规定的其他费用；情节严重的，可以按照国家规定的程序停止供电。

《条例》第四十一条规定：盗窃电能的，由电力管理部门责令停止违法行为，追缴电费并处应交电费 5 倍以下的罚款；构成犯罪的，依法追究刑事责任。

### （三）供电营业规则

《供电营业规则》是原电力工业部根据《电力法》、《电力供应与使用条例》和国家有关规定，为加强供电营业管理，建立正常的供电营业秩序，保障供用双方的合法权益而制定的，于1996年10月8日发布施行。

《供电营业规则》内容包括总则、供电方式、新装、增容与变更用电、受电设施建设与维护管理、供电质量与安全供用电、用电计量与电费计收、并网电厂、供用电合同与违约责任、窃电制止与处理，以及附则等十章107条。

《供电营业规则》（以下简称《规则》）总则中规定，供电企业和用户双方应当遵守国家有关规定，服从电网统一调度，严格按指标供电和用电。

《规则》第8条规定：用户单相用电设备总容量不足10kW的可采用低压220V供电。但如果有单台设备容量超过1kW的单相电焊机、换流设备时，用户必须采取有效的技术措施以消除对电能质量的影响，否则应改为其他方式供电。

《规则》第9条规定：用户用电设备容量在100kW及以下或需用变压器容量在50kVA及以下者，可采用低压三相四线制供电。《规则》同时又规定，上述容量界限特殊情况也可有变动。

《规则》第12条规定：对基建工地、农田水利、市政建设等非永久性用电，可供给临时电源。临时用电期限除经供电企业准许外，一般不得超过6个月。使用临时用电的用户不得向外转供电，也不得转让给其他用户。

《规则》第15条规定：为保障用电安全，便于管理，用户应将重要负荷与非重要负荷、生产用电与生活区用电分开配电。

《规则》第16条、17条、18条、19条、21条中对用户办理用电作了规定。任何单位或个人需新装用电或增加用电容量、变更用电都必须事先到供电企业提出申请，办理手续。

供电企业的用电营业机构统一归口办理用户的用电申请和报装接电工作。

新建受电工程项目在立项阶段，用户应与供电企业联系，在达成意向性协议后，方可定址，确定项目。否则供电企业有权拒绝受理其用电申请。

供电企业对已受理的用电申请，应尽快迅速确定供电方案，在下列期限内正式书面通知用户：

居民用户最长不超过5天；低压电力用户最长不超过10天；高压单电源用户最长不超过一个月；高压双电源用户最长不超过二个月。若不能如期确定供电方案，供电企业应向用户说明原因。供电方案规定了有效期，逾期者注销。

《规则》第23条对用户主动申请减容作了规定。

减容是指整台或整组变压器的停止或更换小容量变压器用电。供电企业受理用户减容申请后，根据用户申请的日期对设备进行加封。

减少容量的期限应根据用户所提出的申请确定，但最短期限不得少于6个月，最长期限不得超过2年。

用户超过减容期限要求恢复用电时，应按新装或增容手续办理。

减容期满后的用户，以及新装、增容用户，2年内不得申办减容或暂停。如确需继续办理减容或暂停的，减少或暂停部分容量的基本电费应按50％计算收取。

《规则》第24条对用户主动申请暂停作出了规定。

用户在每一日历年内，可申请全部（含不通过受电变压器的高压电动机）或部分用电容量暂时停止用电两次，每次不得少于15天，一年累计暂停时间不得超过6个月（季节性用电或国家另有规定的用户，累计停电时间可以另议）。

按变压器容量计收基本电费的用户，暂停用电必须是整台或整组变压器停止运行。

《规则》第33条规定：用户连续6个月不用电，也不申请办理暂停用电手续者，供电企业须

销户终止其用电。用户再用电时，须按新装用电办理。

《规则》第 66 条规定，如出现以下情况，经批准后可中止供电：

（1）对危害供用电安全，扰乱供用电秩序，拒绝检查者。

（2）拖欠电费经通知催交仍不交者。

（3）受电装置经检验不合格，在指定期间未改善者。

（4）用户注入电网的谐波电流超过标准，以及冲击负荷、非对称负荷等对电能质量产生干扰与妨碍，在规定期限内不采取措施者。

（5）拒不在限期内拆除私增用电容量者。

（6）拒不在限期内交付违约用电引起的费用者。

（7）违反安全用电、计划用电有关规定，拒不改正者。

（8）私自向外转供电力者。

如有不可抗力和紧急避险，或用户确有窃电行为者，则不经批准即可中止供电。

# 考试复习参考题

**一、单项选择题**（选择最符合题意的备选项填入括号内）

（1）电力系统中的输电、变电和（B）三个部分构成电力网。

A. 发电；B. 配电；C. 用电

（2）由（B）、配电和用电组成的整体称为电力系统。

A. 发电、输电；B. 发电、输电、变电；C. 输电、变电

（3）以高压、超高压甚至特高压将发电厂、变电站或变电站之间连接起来的送电网络称为（B）。

A. 配电网；B. 输电网；C. 发电网

（4）直接将电能送到用户的供电网络称为（C）。

A. 发电网；B. 输电网；C. 配电网

（5）电力生产的特点是（A）、适用性、集中性和先行性。

A. 同时性；B. 统一性；C. 普遍性

（6）线损是指从发电厂向用户输送电能过程中不可避免会发生的（C）损失。

A. 电压；B. 电流；C. 功率和能量

（7）突然中断供电将造成人身伤亡的负荷，属于（A）负荷。

A. 一级；B. 二级；C. 三级

（8）突然中断供电将造成经济上较大损失属于（B）负荷。

A. 一级；B. 二级；C. 三级

（9）为了电力系统的合理经济运行，尽量减少峰谷负荷差，在分析用户负荷率时，常用到日平均负荷和高峰负荷。高峰负荷是指（C）中负荷最高的一个小时的平均负荷。

A. 一年；B. 一个月；C. 一天 24h

（10）电能质量分电压、波形和（A）三个方面。

A. 频率；B. 供电可靠性；C. 电压损失

（11）供电质量包括电能质量和（B）。

A. 频率；B. 供电可靠性；C. 电压损失

（12）三相电力系统的中性点接地属于（B）。

A. 保护接地；B. 工作接地；C. 安全接地

（13）10kV 变电站接地网的接地电阻允许值是按（ A ）规定的。

A. 保护接地；B. 工作接地；C. 防雷接地

（14）10kV 三相供电电压允许偏差为额定电压的（ B ）。

A. ±10%；B. ±7%；C. +7%，－10%

（15）电压质量按照电压数值包括电压允许偏差、电压允许波动与闪变和（ A ）三个方面。

A. 三相电压允许不平衡度；B. 频率允许偏差；C. 公网谐波

（16）公用电网谐波是由于供电电路中或用电设备电路中存在（ C ）产生的。

A. 线性元件；B. 电容或电感元件；C. 非线性元件；D. 电阻元件

（17）并联运行的同一电网中，全系统的（ C ）都有相同的值。

A. 电压；B. 波形；C. 频率

（18）供电可靠性包括供电企业在某一统计期间对用户停电的（ B ）。

A. 次数；B. 次数和时间；C. 时间

（19）供电企业对 10kV 用户每年停电次数不应超过（ A ）次。

A. 3；B. 4；C. 5

（20）1kV 以下使用同一接地装置的所有电力设备总容量达 100kVA 及以上时，接地装置接地电阻不宜大于（ C ）Ω。

A. 2；B. 3；C. 4

（21）中性点不接地或经消弧线圈接地系统（也称为中性点非直接接地系统）发生单相接地故障时，两健全相的对地电压从原来的相电压升高到（ A ）倍相电压。

A. $\sqrt{3}$；B. $\sqrt{2}$；C. 2

（22）低压三相电源中性点直接接地，用电设备外露导电部分接至 PEN 线，这种低压接地保护方式称为（ C ）系统。

A. TT；B. TN—S；C. TN—C

**二、多项选择题**（选择两个或两个以上最符合题意的备选项填入括号内）

（1）在技术标准中，通常将交流不超过（ B ）V 或直流不超过（ C ）V 的电气设备规定为低压电气设备。

A. 500；B. 1000；C. 1500；D. 3000

（2）对于输电网，（ B ）称为超高压电网，（ C ）称为特高压电网。

A. 110~200kV；B. 220kV 以上；C. 1000kV

（3）在供电质量技术标准 GB/T 12326 中将（ C ）称为高压电网，（ B ）称为中压电网，（ A ）称为低压电网。

A. $U_N \leqslant 1kV$；B. $1kV < U_N \leqslant 35kV$；C. $35kV < U_N \leqslant 220kV$

（4）中性点绝缘系统发生单相金属性接地时，两健全相对地电压（ B ），接地相对地电压（ D ）。

A. 升高 1 倍；B. 升高 $\sqrt{3}$ 倍；C. 降低 $\sqrt{3}$ 倍；D. 降为零

**三、判断题**（正确的画√，错误的画×）

（1）选择变电站一次主接线方式时，应尽量考虑满足供电可靠性、运行操作灵活方便、建设和运行的经济性以及扩建可能性等要求。　　　　　　　　　　　　　　　（ √ ）

（2）中性点不接地系统发生单相接地后，三相线电压的数值和相位关系发生改变。（ × ）

（3）中性点不接地系统发生单相接地后，一般可带故障运行 3h 以上。　　　（ × ）

（4）中性点非直接接地系统中电气设备的绝缘水平应按线电压（$\sqrt{3}$倍相电压）考虑。（ ✓ ）

（5）中性点直接接地系统中应保证至少有一个中性点直接或经小阻抗与接地装置连接。

（ ✓ ）

（6）在计算供电可靠性的停电时间时应包括事故停电、计划检修停电和临时性停电时间。

（ ✓ ）

（7）所谓"闪变"是指由于电压周期性急剧波动引起灯光照度不稳定而造成视觉不舒服的现象。（ ✓ ）

（8）当电压比额定值高10％时，白炽灯的寿命下降10％。（ ✗ ）

（9）电压过高，电动机绝缘老化加快。（ ✓ ）

（10）供电负荷包括用电负荷与厂用电负荷。（ ✗ ）

（11）平均负荷是指某一确定时间段（日、月或年）内平均小时用电量。分析负荷率常用日平均负荷。（ ✓ ）

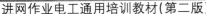

# 电 力 变 压 器

## 第一节　变压器工作原理和结构

在传输和分配电能时离不开变压器。变压器的作用是改变电压大小，使之满足传输和分配电能时对不同电压数值的需要。当远距离输送电能时，如果传输的电功率一定，则电压愈高，电流就愈小。而减少电流既可以减少传输电能时在线路中的电能和电压损耗，又可以减小导线截面，降低线路的建设投资。而且用电负荷由于不同的用途，也会需要不同的电压。因此，变压器成为不可缺少的输配电重要设备。

### 一、变压器工作原理

图 3-1 所示为变压器的工作原理示意图。图中有一个长方形的铁芯框架，上面套有两个线圈，分别以 $N_1$ 和 $N_2$ 表示。变压器的基本工作原理就是利用电磁感应定律。当线圈 $N_1$ 加上工作电源电压 $\dot{U}_1$ 时，线圈中流有电流 $\dot{I}_1$，产生磁通 $\Phi$。由于电源是交流电压，因此，电流 $\dot{I}_1$ 是交流电流，产生的磁通 $\Phi$ 也是与电源电压 $\dot{U}_1$ 同频率的交变磁通。此交变磁通同时穿过线圈 $N_1$ 和 $N_2$，在这两个线圈中同时产生感应电动势 $\dot{E}_1$、$\dot{E}_2$。$\dot{E}_1$ 是自感电动势，$\dot{E}_2$ 是互感电动势。根据法拉第电磁感应定律，感应电动势 $\dot{E}_1$、$\dot{E}_2$ 的大小与磁通变化率及线圈匝数成正比。根据楞次定律，感应电动势的方向则总是企图产生感应电流来对抗线圈中的磁通变化。因此，$\dot{U}_1$、$\dot{I}_1$、$\Phi$、$\dot{E}_1$、$\dot{E}_2$、$\dot{I}_2$、$\dot{U}_2$ 的方向如图 3-1 所示。

图 3-2 是变压器工作原理图的另一种画法。图中根据设定的电源电压 $\dot{U}_1$ 的方向，画出一次线圈电流 $\dot{I}_1$ 的方向，按右手螺旋定则画出磁通 $\Phi$ 的方向。再根据右手螺旋定则画出 $\dot{E}_1$、$\dot{E}_2$ 的正方向，由 $\dot{E}_2$ 的正方向画出 $\dot{I}_2$ 的正方向。根据 $\dot{I}_2$ 的正方向，画出外电路电压 $\dot{U}_2$ 的正方向。

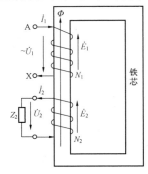

图 3-1　变压器工作原理

（根据楞次定律画出 $\dot{E}_1$、$\dot{E}_2$ 的实际方向）

图 3-2　变压器工作原理图

（按右手螺旋定则设定 $\dot{E}_1$、$\dot{E}_2$ 的正方向）

但是，根据楞次定律：感应电动势 $E$ 的方向总是企图产生感应电流来对抗线圈中的磁通变化，因此在本书第一章公式（1-31）感应电动势公式中有一个负号，感应电动势 $\dot{E}_1$、$\dot{E}_2$ 的实际方向和设定的正方向是相反的。

目前，图 3-1 和图 3-2 两种不同画法都允许采用。

## 二、变压器的电动势方程式

根据法拉第电磁感应定律可以证明，感应电动势 $E$ 的大小为

$$E=4.44fN\Phi_m \tag{3-1}$$

式中　$f$——磁通 $\Phi_m$ 的变化频率，$1/s$；

　　　$N$——线圈的匝数；

　　　$\Phi_m$——变压器铁芯中主磁通幅值，Wb；

　　　$E$——线圈的感应电动势，V。

从第一章电工基础知识可知，$\Phi=BS$，则有

$$E=4.44fNBS \tag{3-2}$$

式中　$B$——磁感应强度，T，$T=\dfrac{V\cdot s}{m^2}$；

　　　$S$——铁芯截面积，$m^2$。

值得注意的是，磁感应强度单位特斯拉 $T=\dfrac{V\cdot s}{m^2}$ 中的 s 为秒的符号，不是代表面积的符号。另外，要注意，特斯拉（T）是磁感应强度的国际法定单位。过去常用的高斯（Gs）不是法定单位。1T 等于 10 000Gs。

由图 3-1 式（3-2）可知，线圈 $N_1$、$N_2$ 的感应电动势 $\dot{E}_1$、$\dot{E}_2$ 的大小与线圈匝数有关。因为两个线圈中穿过的磁通相同，磁通的变化频率相同，则有

$$E_1/E_2=N_1/N_2 \tag{3-3}$$

在变压器空载时，$\dot{I}_2=0$（即 $Z_2=\infty$），$\dot{E}_2=\dot{U}_2$，$-\dot{E}_1\approx\dot{U}_1$，于是有

$$U_1/U_2=E_1/E_2=N_1/N_2 \tag{3-4}$$

因此可以利用线圈 $N_1$ 和 $N_2$ 的不同匝数获得不同的电压比值。我们称这个电压比值为"变压比"，简称变比。电压 $\dot{U}_1$、$\dot{U}_2$ 分别称为一次电压和二次电压。

在变压器空载时，变压器的变比等于一、二次绕组匝数比。当变压器带上负荷时，二次绕组 $N_2$ 中流过电流 $\dot{I}_2$，这时一次绕组 $N_1$ 中的电流 $\dot{I}_1$ 也不再仅仅是励磁电流（一般称作空载电流，用 $\dot{I}_0$ 表示），而是随 $\dot{I}_2$ 的增大按比例增大。$\dot{I}_1$、$\dot{I}_2$ 的增大在绕组 $N_1$ 和 $N_2$ 中产生阻抗压降，于是实际上 $\dot{U}_2$ 要小于 $\dot{E}_2$，而 $\dot{U}_1$ 则要大于 $\dot{E}_1$，也就是说电压比 $U_1/U_2\neq E_1/E_2$，因此 $U_1/U_2\neq N_1/N_2$。由此可见，在变压器一次侧电源电压 $U_1$ 不变的情况下，随着二次负荷电流的增加，二次输出电压 $U_2$ 有所下降，这称为变压器二次侧的负荷压降。一般这个压降不宜太大，以免影响二次侧用电设备的正常使用。

从式（3-1）可知，当变压器一次侧加上电源电压 $\dot{U}_1$，一次绕组中流有电流 $\dot{I}_1=\dot{I}_0$（空载电流），铁芯中产生磁通 $\Phi$，于是一、二次绕组中产生的感应电动势分别为

$$\left.\begin{array}{l}E_1=4.44fN_1\Phi_m\\E_2=4.44fN_2\Phi_m\end{array}\right\} \tag{3-5}$$

变压器的一次绕组 $N_1$ 对于电源电压 $\dot{U}_1$ 而言，它是一个负荷，感应电动势 $\dot{E}_1$ 对于绕组 $N_1$

来说属于自感电动势。感应电动势 $\dot{E}_2$ 对于二次负荷 $Z_2$ 来说，属于电源电动势。由此可见，同一台变压器，其一次绕组对于电源来说是负荷；而其二次绕组对于二次负荷来说则是电源。

一、二次绕组 $N_1$、$N_2$ 分别都有电阻和电抗，也就是有阻抗，设一次绕组的阻抗为 $Z_1$、二次绕组的阻抗为 $Z_2$，用公式表示分别为

$$\left. \begin{aligned} Z_1 &= r_1 + \mathrm{j}x_1 \\ Z_2 &= r_2 + \mathrm{j}x_2 \end{aligned} \right\} \tag{3-6}$$

由图 3-1 不难写出电动势平衡方程式

$$\left. \begin{aligned} \dot{U}_1 &= -\dot{E}_1 + \dot{I}_1 Z_1 = -\dot{E}_1 + \dot{I}_1 r_1 + \mathrm{j}\dot{I}_1 x_1 \\ \dot{U}_2 &= \dot{E}_2 - \dot{I}_2 Z_2 = \dot{E}_2 - \dot{I}_2 r_2 - \mathrm{j}\dot{I}_2 x_2 \end{aligned} \right\} \tag{3-7}$$

这就是变压器的电动势平衡方程式。下面利用变压器的电动势平衡方程式，结合图 3-1 进一步分析变压器的工作原理。

当二次侧具有负荷电流 $\dot{I}_2$ 时，此电流流经变压器二次绕组，产生一个磁通，此磁通的方向根据楞次定律，与一次绕组产生的主磁通方向相反，因此，这个磁通称为主磁通的反磁通。主磁通被反磁道抵消后，铁芯中的总磁通大大减小，铁芯中磁通的减少使感应电动势 $\dot{E}_1$、$\dot{E}_2$ 相应减小。根据式（3-7），如果一次绕组的外施电压 $\dot{U}_1$ 不变，一次绕组的阻抗 $Z_1$ 也是不会变化的，如果 $\dot{E}_1$ 减小，则 $\dot{I}_1$ 必定增大。实际上也是这样，随着 $\dot{I}_2$ 增大，$\dot{I}_1$ 也按比例增大。为了达到磁动势平衡，其数值关系近似为 $I_1 N_1 \approx I_2 N_2$，即 $I_1 \approx I_2 \dfrac{N_2}{N_1}$，如果不考虑一次绕组中电流含有的励磁分量，则 $I_1 = I_2 \dfrac{N_2}{N_1}$。

一次绕组中的电流就是用来产生主磁通，并用来克服二次绕组电流产生的反磁通的。因此，其方向与二次绕组中电流的方向相反，即当二次侧出现电流 $\dot{I}_2$ 时，一次侧就有一个 $-\dot{I}_2 \dfrac{N_2}{N_1}$ 产生。由于变压器的铁芯有足够大的面积，绕组有足够多的匝数，为了产生主磁通，一次绕组中流过的电流不需很大，即变压器的励磁电流（等于空载电流）数值较小。在变压器带上二次负荷后，一、二次电流之比近似等于变压器一、二次绕组匝数比的倒数，即等于变压器电压比的倒数

$$\frac{I_1}{I_2} \approx \frac{N_2}{N_1} \tag{3-8}$$

### 三、变压器相量图

应用相量图可以很清晰地反映变压器工作时磁通、电动势、电压、电流各个物理量相互之间的数值大小和相位之间的关系，从而更清晰地了解变压器的工作原理。下面先来看变压器的空载相量图。

#### （一）变压器空载相量图

变压器空载时的相量图如图 3-3 所示。在作相量图时，先画出铁芯主磁通中的相量。因为变压器一、二次绕组中的感应电动势 $\dot{E}_1$、$\dot{E}_2$ 都与铁芯中的主磁通有直接的关系。变压器一次绕组中的空载电流 $\dot{I}_0$ 的相量如果不计铁芯中的磁滞、涡流有功损耗，则 $\dot{I}_0$ 完全是励磁电流，应与磁通 $\Phi$ 同相。考虑到铁芯中存在有功损耗，有功损耗分量应与 $-\dot{E}_1$ 同方向，因此，空载电流 $\dot{I}_0$ 超前磁通 $\Phi$ 一个很小的角度。感应电动势 $\dot{E}_1$、$\dot{E}_2$ 都是由磁通 $\Phi$ 分别在绕组 $N_1$ 和 $N_2$ 中感应产生

的。设绕组 1 的匝数 $N_1$ 要比绕组 2 的匝数 $N_2$ 大得多，因此，感应电动势 $\dot{E}_1$ 要大于 $\dot{E}_2$。根据法拉第电磁感应定律，不难证明，感应电动势要落后磁通 $\Phi$ 90°，因此 $\dot{E}_1$、$\dot{E}_2$ 落后 $\Phi$ 90°。

由式（3-7）可知，一次电压 $\dot{U}_1$ 等于 $-\dot{E}_1$ 与一次侧电流在一次绕组上的阻抗压降 $\dot{I}_1 Z_1$ 的相量和，在变压器空载时，$\dot{I}_1 = \dot{I}_0$，变压器一次绕组的阻抗是指绕组的电阻 $r_1$ 和漏磁通电抗 $x_1$。电流在电阻上的压降与电流同相位，数值为 $\dot{I}_1 r_1$，电流在电抗上的压降超前电流 90°，因此为 $j\dot{I}_0 x_1$。相量 $\dot{U}_1$ 则是 $-\dot{E}_1$ 和 $\dot{I}_0 r_1$、$j\dot{I}_0 x_1$ 的相量之和。实际上，由于变压器的空载电流很小，变压器绕组的电阻和漏抗也很小，因此，$\dot{I}_0 Z$ 的数值很小，因此 $\dot{U}_1 \approx -\dot{E}_1$，在图 3-3 中，为了看起来清楚，将 $\dot{U}_1$ 画得比 $-\dot{E}_1$ 大出了很多。

### （二）变压器负荷时的相量图

变压器负荷时的相量图如图 3-4 所示，和变压器的空载时相量图一样，首先画出磁通 $\Phi$ 和空载电流 $\dot{I}_0$、感应电动势 $\dot{E}_1$、$\dot{E}_2$ 各相量。设二次负荷电流为 $\dot{I}_2$，为感性负荷，落后电动势 $\dot{E}_2$ 某一角度。根据式（3-7）$\dot{U}_2 + \dot{I}_2 r_2 + j\dot{I}_2 x_2 = \dot{E}_2$，即二次电压 $\dot{U}_2$ 与二次负荷电流在二次绕组上的压降 $\dot{I}_2 Z_2$ 之相量和应等于二次侧电动势 $\dot{E}_2$。因此，不难画出 $\dot{U}_2$、$\dot{I}_2 r_2$、$j\dot{I}_2 x_2$ 各相量。

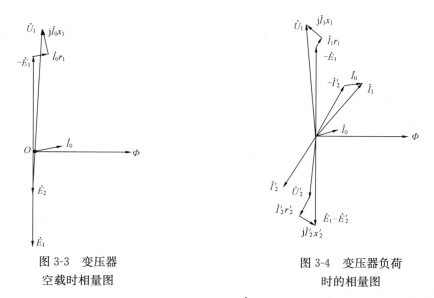

图 3-3 变压器
空载时相量图

图 3-4 变压器负荷
时的相量图

前面已经说到，当变压器二次侧流过负荷电流 $\dot{I}_2$ 时，会产生反磁通，使铁芯中的主磁通削弱；为了维持主磁通不变，变压器一次侧电流 $\dot{I}_1$ 随 $\dot{I}_2$ 的增大而增大。根据式（3-8），电流 $I_1$ 与电流 $I_2$ 的大小关系与绕组匝数比有关。对于普通降压变压器来说，一次绕组匝数 $N_1$ 要比二次绕组匝数 $N_2$ 大几倍，甚至二十多倍。因此，$\dot{I}_1$ 与 $\dot{I}_2$ 的数值大小也会相差几倍，甚至二十多倍。为了作图方便，假定变压器的一、二次绕组匝数相同，则 $\dot{I}_1$、$\dot{I}_2$ 的大小相同，画出的相量图各相量长短也就变得匀称了。

把实际的二次绕组用一个与一次绕组匝数相同的等效绕组来代替，称为将二次侧折算到一次侧。这时二次侧的各电气量，如电动势 $\dot{E}_2$、电压 $\dot{U}_2$、电流 $\dot{I}_2$、阻抗 $Z_2 = r_2 + jx_2$ 也都折算到一次侧。通过折算后，二次侧各电气量在右上角加一小撇，以便区分。由于假定一、二次绕组匝数相同，因此，$\dot{E}'_2 = \dot{E}_1$，$\dot{I}'_2 = \dot{I}_2 \dfrac{N_2}{N_1} \approx -\dot{I}_1$（忽略空载电流$\dot{I}_0$）。

现在，继续分析图3-3所示的变压器负荷时的相量图。

首先，画出变压器的主磁通$\Phi$。产生主磁通的是一次绕组的励磁电流$\dot{I}_0$。按理说励磁电流应与由其产生的主磁通同相位，但是由于存在铁芯损耗（磁滞和涡流），因此，存在一个极小的相位差。将励磁电流$\dot{I}_0$画在超前主磁通$\Phi$某一相位角的位置上，即$\dot{I}_0$中含有少量与电源电压$\dot{U}_1$同相位的有功分量电流。

接着画出由主磁通$\Phi$在一、二次绕组中感应产生的电动势$\dot{E}_1$和$\dot{E}_2$。根据分析，不难得出感应电动势的相位落后感应磁通相位90°。由于画相量图时将变压器二次绕组的各量都按折算到一次侧处理，因此，$\dot{E}_1 = \dot{E}'_2$。然后画出二次侧负荷电流$\dot{I}'_2$，假定是感性负荷，则$\dot{I}'_2$落后$\dot{E}_2$某一角度。二次侧的负荷电流流经二次绕组时，在电阻和漏抗上有一个电压降$\dot{I}'_2 r'_2$和$\dot{I}'_2 x'_2$。这两个电压降存在90°相位差，$\dot{I}'_2 r'_2$与电流$\dot{I}'_2$同相位，$\dot{I}'_2 x'_2$则超前电流$\dot{I}'_2$90°，因此，用$j\dot{I}'_2 x'_2$表示。根据式（3-7），可知变压器的二次侧输出电压$\dot{U}'_2$和电动势$\dot{E}_2$之间存在以下关系

$$\dot{U}'_2 + \dot{I}'_2 r'_2 + j\dot{I}'_2 x'_2 = \dot{E}'_2 \tag{3-9}$$

因此，可以画出$\dot{U}'_2$的相量。当然，也可以按$\dot{E}'_2 - \dot{I}'_2 r'_2 - j\dot{I}'_2 x'_2 = \dot{U}'_2$画出$\dot{U}'_2$的相量，其结果完全一样。

现在，画一次侧的电流、电压相量。根据变压器的工作原理，当二次侧出现负荷电流$\dot{I}'_2$时，一次侧必然要相应出现一个电流，以抵消二次电流的去磁作用（反磁通作用），因此，画出电流$-\dot{I}'_2$，其相位与二次电流$\dot{I}'_2$相差180°。$-\dot{I}'_2$与$\dot{I}_0$相加即为变压器一次电流$\dot{I}_1$。这也说明变压器一次侧的电流$\dot{I}_1$包含两个分量，其中一个分量$\dot{I}_0$是用来产生主磁$\Phi$的，另一个分量是用来平衡变压器二次负荷电流的去磁作用的。通常，励磁电流$\dot{I}_0$数值极小。当变压器带有一定负荷时，电流表显示的可以认为就是变压器的负荷电流。

与二次绕组一样，一次绕组也有电阻$r_1$和漏抗$x_1$。当一次电流$\dot{I}_1$流经一次绕组时，也产生电阻压降和漏抗压降$\dot{I}_1 r_1$和$j\dot{I}_1 x_1$。同样，按照式（3-7）中的$\dot{U}_1 = -\dot{E}_1 + \dot{I}_1 r + j\dot{I}_1 x_1$，可以画出一次电源电压$\dot{U}_1$的相量。在相量图中，一次电流$\dot{I}_1$落后电源电压$\dot{U}_1$一个相位角，这就是变压器一次侧的功率因数角，说明变压器带有感性无功负荷。

### 四、电力变压器的结构

电力变压器由外壳、铁芯、绕组、绝缘物和其他附件组成。

#### （一）外壳

常用的电力变压器有油浸电力变压器和干式电力变压器两种。对于油浸电力变压器，外壳即是油箱，油箱内装有铁芯，铁芯上套有一、二次绕组，油箱内灌满变压器油。油箱内的一、二次绕组出线通过瓷绝缘套管引出油箱外，便于和外部连接。为了防止变压器油箱内的油直接与空气接触而吸收空气中的水分，引起变压器油受潮而降低绝缘性能，变压器油箱内灌满绝缘油。但是，考虑到随着温度的变化，变压器油会受热膨胀；油温降低时，油的体积也会缩小，因此，必须有一个供变压器油体积变化用的储油柜。储油柜位于油箱之上，其下部有油管与油箱连通。温

度升高时，油箱中的油体积膨胀，多出的油进入储油柜；温度降低时，油箱中的油体积收缩，通过储油柜向油箱中补充变压器油。即储油柜起到变压器油箱中绝缘油的呼吸作用。

储油柜中的变压器油不能灌满，以免温度升高时溢出。油面上的空间可供变压器油随温度变化而引起的体积变化用。储油柜的容积大小按周围气温 40℃，变压器带满负荷时油不致溢出考虑设计，其储油量一般按变压器总油量的 5% 选取。

变压器油箱上除了储油柜外，还有油位计，温度计，铭牌和散热器，高、低压引出线套管，以及气体继电器，调压开关等，如图 3-5 所示。

**（二）铁芯**

铁芯构成变压器的磁路，是变压器的必备核心部件。

变压器铁芯由导磁极好的硅钢片（电工钢片）叠制而成。电工钢片分热轧和冷轧两种。变压器用的一般为具有方向性的低损耗冷轧电工钢片，过去常用的厚度为 0.35mm，现在已淘汰。目前常用的是 0.30mm，或 0.23～0.27mm。厚度越小，铁芯涡流越小，电能损耗越小，变压器效率就越高。

变压器的铁芯都是在强磁场下运行的，电工钢片内磁通密度极高，因此，电工钢片表面必须有一层绝缘，使涡流只能在一片铁芯片内流动。目前，取向电工钢片表面均有无机绝缘涂层，因此，可以不必另行涂漆。

图 3-5　变压器外形

图 3-6　小型电力变压器的铁芯和绕组

铁芯结构分芯式铁芯和壳式铁芯，一般变压器都采用芯式铁芯。有的节能型配电变压器采用卷铁芯结构（型号中用字母"R"表示），可以减小空载电流。

**（三）绕组**

变压器绕组就是变压器套在铁芯上的线圈。变压器的绕组和引线等导电回路构成变压器的电路。

变压器在运行时是带电的，因此变压器绕组应满足绝缘强度的要求。绕组中流有电流，会产生电动力和发热，因此，还应满足机械强度和散热等方面的要求。根据变压器的电压等级不同、容量大小不同，以及其他一些不同的条件，其绕组结构和制作工艺也会有不同的类型，大体可归纳为层式绕组和饼式绕组。

变压器层式绕组每层连续绕成，外形似圆筒，因此也称圆筒式绕组。根据具体结构不同，变压器层式绕组分为单层圆筒式、双层或多层圆筒式、分段多层圆筒式，以及金属箔圆筒式等多种类型。

变压器饼式绕组由扁铜绝缘线盘绕若干线匝而成一个饼状线段，若干个饼状线段串联起来构成一整个饼式绕组。根据具体绕制方法的不同，饼式绕组又分为连续式绕组、纠结式绕组、纠结连续式绕组、内屏蔽式（或称插入电容式）绕组和螺旋式绕组。

小型变压器的铁芯和绕组装配后如图 3-6 所示。这是一台小型三相电力变压器，为圆筒式绕组，铁芯由上、下轭铁和三个铁芯柱构成。铁芯由槽钢制成的上、下夹件夹紧。上、下夹件之间垂直设置了数根拉紧螺杆，使铁芯不会变形。每个铁芯柱表面用玻璃丝带绑扎牢固（在绕组里边，图 3-6 中看不到）。双绕组变压器每个铁芯柱上套一、二次绕组，低压绕组在里侧，高压绕组在外侧。

### （四）绝缘

变压器绕组和引线等导电回路必须有良好的绝缘，以防止运行中发生电气击穿事故。变压器的绝缘有主绝缘和从绝缘之分、液体绝缘和固体绝缘之分。由于变压器在运行中有温升，负荷电流越大温升越高，因此要求绝缘材料有足够的耐热性，甚至要求具备难燃性，以防止发生电气火灾。其他还有为了降低在冲击电压作用下绕组出线端的电位梯度，采用内屏蔽式绕组或纠结式绕组和设置静电屏，以防止变压器在冲击电压作用下引起匝、层间绝缘击穿事故。

# 第二节  变压器主要技术参数

## 一、额定容量、额定电压、额定电流和额定频率

### （一）额定容量

额定容量是指在铭牌上所规定的额定工作状态下，变压器输出视在功率的保证值。

额定容量 $S_r$ 与额定电压 $U_r$、额定电流 $I_r$ 有如下关系

单相变压器 $\qquad\qquad\qquad\qquad S_r = U_r I_r$ (3-10)

三相变压器 $\qquad\qquad\qquad\qquad S_r = \sqrt{3} U_r I_r$ (3-11)

对于三相变压器，$U_r$、$I_r$ 分别是线电压和线电流。

我国现行的变压器额定容量等级是按 $\sqrt[10]{10}$ 倍数增加的 R10 优先数系。1967 年以前是按 $\sqrt[8]{10}$ 倍数增加的 R8 容量系列，现已不用。因 $\sqrt[10]{10} \approx 1.25$，因此，变压器的容量系列近似按 1.25 倍递增。例如 100kVA 的上一级容量为 125kVA，再往上则是 160、200、250，315kVA 等。

变压器运行在额定工作条件下，如果其传输的视在功率不超过额定容量，则其各部分温度均不超过允许数值，应能保证在一个检修周期内长期连续运行。

### （二）额定电压

变压器的额定电压是指正常运行时的工作电压。额定电压的确定应参考变压器所连接的输变电线路的电网额定电压，并要考虑是降压变压器还是升压变压器。电网额定电压一般是指线路终端负荷侧的电压。因此，对于降压变压器，其一次侧额定电压可与电网线路额定电压相同。线路始端（电源端）电压由于要考虑线路压降，因此，要比额定电压略高，以免线路末端电压过低，一般 35kV 及以上的要高 10%，35kV 以下的高 5%。降压变压器的二次侧对于后面的负荷来说，是电源侧，因此，其额定电压按照线路始端电压考虑。例如 10kV 的配电变压器属于降压变压器，其高压侧的额定电压取线路额定电压 10kV，而其低压侧额定电压取 400V，比低压线路额定电压 380V 高出 5%。

对于升压变压器，高压侧为线路始端电压，即其额定电压应高于对应的线路额定电压，而其低压侧为线路终端，低压侧的额定电压等于线路额定电压。

变压器在运行中有时会承受超过额定电压的工作电压。为了适应这一情况，国家标准规定了变压器允许超过额定电压运行的限定值。DL/T 572—2010《电力变压器运行规程》规定，变压器运行电压一般不应高于该运行分接额定电压的105%。对于特殊使用条件，允许在不超过110%的额定电压下运行。当变压器超过额定电压105%运行时，应将负荷电流限制在低于额定电流的某一数值。

为了防止由于电力系统电压偏高或偏低影响变压器的正常工作，变压器的高压侧一般都设有调压抽头。无载调压抽头的调压范围，对于10kV及以下的配电变压器，一般为±5%；对于35kV及以上容量较大的变压器，一般为±2×2.5%。有载调压的范围比无载调压大得多，10kV及以下一般为±4×2.5%，35kV级为±3×2.5%，66kV及以上为±8×1.25%。对于电炉变压器调压范围还要大得多。

**（三）额定电流**

变压器的额定电流 $I_r$ 是指由变压器的额定容量 $S_r$ 和额定电压 $U_r$ 按式（3-10）、式（3-11）推导出来的电流。对于三相变压器来说，一般所说的额定电流是指线电流。

变压器的负荷电流一般应不超过额定电流，但在特殊情况下也可在一定时间内超过额定电流运行，这种情况称为变压器应具备的过负荷能力。

关于油浸变压器的过负荷能力，过去执行GB/T 15164—1994《油浸式电力变压器负荷导则》，在2008年之后，执行新标准GB/T 1094.7—2008《电力变压器 第7部分：油浸式电力变压器负载导则》。在GB/T 1094.7—2008中给出了一些数学模型，通过这些数学模型利用计算机判断不同负载在不同冷却介质温度下，变压器绕组最热部分的变化，从而计算出变压器过负荷运行时的相对老化率和寿命损失百分数。GB/T 1094.7—2008介绍的计算方法有较高的准确性，但是，对于缺少变压器生产厂家提供的具体热特性参数，或者缺少运算所需的硬件和软件，在一般情况下这种计算难于实现。

新颁发的DL/T 572—2010《电力变压器运行规程》对变压器的过负荷能力做出了相应规定，但该规程明确规定：在DL/T 572—2010删除了对35kV以下电压等级配电变压器的相关规定。DL/T 572—2010只适用于35～750kV的电力变压器。因此，下面介绍原规程DL/T 572—1995《电力变压器运行规程》中对油浸式配电变压器过载能力的规定，以供参考。

油浸式配电变压器的过载能力分为三种情况：

1. 正常周期性负荷电流

配电变压器负荷标幺值不得超过1.5，上层油温不得超过105℃，热点温度及与绝缘材料接触的金属部件的温度不得超过140℃。

这里所指的正常周期性负荷电流是指变压器允许周期性地超过额定电流运行。具体地说，负荷周期性地时高时低，在某段时间内环境温度较高，或施加了超过额定负荷的电流，但可以由其他时间内环境温度较低，或施加低于额定负荷的电流所补偿。总的原则是变压器的老化率没有超过变压器的设计要求，保证变压器的正常设计使有寿命。具体允许过载电流数值可根据GB/T 1094.7—2008规定的计算方法计算。

2. 长期急救周期性负荷电流

配电变压器长期急救周期性负荷电流标幺值不得大于1.8，顶层油温不得高于115℃，热点温度及与绝缘材料接触的金属部件的温度不得高于150℃。对于中型电力变压器负荷电流标幺值不得大于1.5，顶层油温不得高于115℃，热点温度及与绝缘材料接触的金属部件的温度不得高于140℃。

长期急救周期性负荷会导致变压器绝缘严重老化，为防止由于绝缘过热劣化而造成击穿，应按 GB/T 1094.7—2008 规定的方法计算允许过载电流数值。

3. 短期急救负荷电流

上面介绍的长期急救周期性负荷是由于变电站部分变压器因故长时间退出运行，运行中变压器必须增加分担负荷而出现的长时间过负荷。这里介绍的短期急救负荷，是指因严重电气事故，相当多的一部分变压器或配电装置停止供电，为了防止生产遭到严重破坏，由尚在运行的变压器短期急救过负荷分担更多的负荷。短期急救过负荷应尽量避免，以免使尚在运行的变压器招致破坏。急救过负荷持续时间一般应小于 0.5h，具体允许持续时间应小于变压器的热时间常数，且与负荷增加前的运行温度有关。

短期急救负荷电流标幺值对于配电变压器不应大于 2.0。

表 3-1 所示为配电变压器的 0.5h 短期急救负荷系数标幺值。这里的所谓配电变压器，是指电压在 35kV 及以下，三相额定容量在 2500kVA 及以下，单相额定容量在 833kVA 及以下，具有独立绕组，自然循环冷却的变压器。

**表 3-1**　　　　　　　　　　**配电变压器 0.5h 短期急救负荷系数**

| 变压器类型 | 急救负荷前的负荷系数 $K_1$ | 环境温度（℃） | | | | | | | |
|---|---|---|---|---|---|---|---|---|---|
| | | 40 | 30 | 20 | 10 | 0 | −10 | −20 | −25 |
| 配电变压器（冷却方式 ONAN） | 0.7 | 1.95 | 2.00 | 2.00 | 2.00 | 2.00 | 2.00 | 2.00 | 2.00 |
| | 0.8 | 1.90 | 2.00 | 2.00 | 2.00 | 2.00 | 2.00 | 2.00 | 2.00 |
| | 0.9 | 1.84 | 1.95 | 2.00 | 2.00 | 2.00 | 2.00 | 2.00 | 2.00 |
| | 1.0 | 1.75 | 1.86 | 2.00 | 2.00 | 2.00 | 2.00 | 2.00 | 2.00 |
| | 1.1 | 1.65 | 1.80 | 1.90 | 2.00 | 2.00 | 2.00 | 2.00 | 2.00 |
| | 1.2 | 1.55 | 1.68 | 1.84 | 1.95 | 2.00 | 2.00 | 2.00 | 2.00 |

对于干式变压器的正常周期性过负荷能力与环境温度、变压器绝缘系统温度等级、变压器绕组热时间常数、过负荷前的负荷标幺值（负荷电流为额定电流的倍数）以及过负荷时需要达到的负荷标幺值和过负荷时间的长短有关，并规定最大电流不得大于额定电流的 1.5 倍，即过负荷时的负荷标幺值最大不能大于 1.5，具体数字通过查阅有关负荷曲线获得，也可以由制造厂的技术说明确定过负荷能力。

**（四）额定频率**

由式（3-2）可知，变压器的感应电动势 $E$ 与交流电的频率 $f$ 成正比，如果电动势数值不变，只改变频率，则铁芯中的磁通就变化，空载电流和铁损等也跟着变化。因此，变压器必须在额定频率下运行才能保证各项技术指标的正确性。我国变压器的额定频率为 50Hz。

## 二、空载电流、空载损耗、负荷损耗、额定阻抗电压

**（一）空载电流和空载合闸电流**

当变压器二次侧绕组开路，一次侧绕组施加额定频率和正弦波形的额定电压时，一次侧的线电流称为空载电流，用 $I_0$ 表示，习惯上空载电流一般以额定电流的百分数表示，即 $I_0\% = I_0/I_e \times 100\%$。一般电力变压器的空载电流约为 $0.15\% \sim 3\%$，变压器容量越大、电压越高，空载电流 $I_0\%$ 越小。但是有些特殊型号的变压器，例如低损耗非晶合金配电变压器，虽然容量很小，仅为几百 kVA，但空载电流 $I_0\%$ 也仅为 $0.5\%$ 左右。

GB 1094.1—1996《电力变压器》规定，变压器空载电流 $I_0$ 的实测值与对应型号的性能标准规定值之差不得大于 $+30\%$。

变压器空载合闸时的电流俗称合闸冲击电流或合闸涌流。在变压器合闸时，由于变压器本身是一个电感元件，因此有过渡过程，电流不能突变。于是在合闸电流中可能存在直流分量，使铁

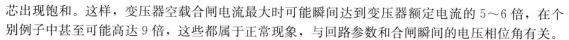

芯出现饱和。这样，变压器空载合闸电流最大时可能瞬间达到变压器额定电流的 5～6 倍，在个别例子中甚至可能高达 9 倍，这些都属于正常现象，与回路参数和合闸瞬间的电压相位角有关。

**（二）空载损耗**

空载损耗是指变压器空载时的有功损耗，具体来说，就是指在额定频率、变压器主分接头承受额定电压时，变压器空载时的损耗，一般用 $P_0$ 表示，单位 kW。

变压器空载时，二次绕组中没有电流，一次绕组中的电流也很小，因此，电流在导线中的热损耗 $I^2R$ 很小，如对其忽略不计，则空载损耗主要是磁通在铁芯中引起的热损耗，即磁滞损耗和涡流损耗。因此，空载损耗也称为变压器的铁芯损耗，即铁损。

变压器的铁损较小，一般只占变压器额定容量的 0.1%～0.3%。GB 1094.1—1996 规定，变压器的空载损耗其偏差值不得超过与其对应型号的技术性能标准的 +15%，且规定同时应满足变压器的总损耗与对应型号性能标准的偏差值不得超过 +10%。

**（三）负荷损耗**

变压器的负荷损耗 $P_d$ 是指在变压器的一侧绕组上施加一个正弦波电压，其频率等于额定频率，变压器的另一侧绕组短路（如果有其他绕组，则其他绕组开路），调整电压，使电流等于绕组的额定电流，这时测得的有功功率损耗即为变压器的负荷损耗，也称作铜损或称作短路损耗。按照规定，测得的负荷损耗还应换算到 75℃时的对应数值。

按照 GB 1094.1—1996 规定，负荷损耗与对应标准的偏差不能超过 +15%，且规定须同时满足变压器的总损耗与对应标准的偏差不能超过 +10%。

变压器运行时，所承受的电压接近额定电压，铁损（空载损耗）接近额定电压下的铁损。但是变压器的负荷电流却是随负荷状况而变化的，不一定等于额定电流。变压器在实际负荷时的铜损与变压器的负荷系数 $K$ 平方成正比。例如，当变压器的负荷电流为额定电流的 1/2 时，其铜损（负载损耗）仅为额定电流时的 $(1/2)^2 = 1/4$。计算证明，当 $P_0 = K^2 P_d$ 时，变压器能源利用效率最好。

**（四）额定阻抗电压**

在做变压器负荷损耗测试时，测得的试验电压（线电压）即为变压器的阻抗电压 $U_z$，也称为短路阻抗或短路电压，用额定电压的百分数表示为 $U_z\%$。阻抗电压也要换算成 75℃时的对应数值。

阻抗电压的允许偏差与阻抗电压大小有关。主分接的阻抗电压值大于等于 10% 时，允许偏差为 ±7.5%；如阻抗电压值小于 10% 时，允许偏差为 ±10%。

阻抗电压小，短路电流大。阻抗电压过小，短路电流过大，当输出端发生短路时，变压器容易遭受过大电动力而损坏。因此国家标准 GB 1094.5—2008 规定，阻抗电压的最小限值见表 3-2。

国家标准 GB/T 6451—2008《油浸式电力变压器技术参数和要求》对各电压等级、各容量等级的三相油浸式电力变压器的阻抗电压都做出了具体规定，归纳起来见表 3-3。表 3-3 的数据与表 3-2 的数据十分接近，但并不一致。常见的 6～10kV S9 配电变压器，500kVA 及以下的阻抗电压规定为 4%，630kVA 及以上的阻抗电压规定为 4.5%。

表 3-2　　　　　　　　**GB 1094.5—2008 规定的双绕组变压器的短路阻抗最小值**

| 额定容量（kVA） | 阻抗电压（%） | 额定容量（kVA） | 阻抗电压（%） |
| --- | --- | --- | --- |
| 25～630 | 4.0 | 25 001～40 000 | 10.0 |
| 631～1250 | 5.0 | 40 001～63 000 | 11.0 |
| 1251～2500 | 6.0 | 63 001～100 000 | 12.5 |
| 2501～6300 | 7.0 | 100 000 以上 | >12.5 |
| 6301～25 000 | 8.0 | | |

89

表 3-3　　　　　　　　　　三相油浸式双绕组电力变压器阻抗电压 $U_z\%$

| 电压等级（kV） | 6～10 | 35 | 66 | 110 | 220 |
|---|---|---|---|---|---|
| 阻抗电压（%） | 4～5.5 | 6.5～8 | 8～9 | 10.5 | 12～14 |

注　阻抗电压标准值有的给出了一个数值范围，这是考虑到变压器容量大小不同，容量小的取较小的阻抗电压，容量大的取较大的阻抗电压，与表 3-2 形成对照。此外，还与电压有关，例如 630kVA 及以上三相油浸式变压器，10/0.4kV 阻抗电压 4.5%，而 10/6.3kV 则为 5.5%。《干式电力变压器技术参数和要求》（GB/T 10228—2008）规定：干式变压器 10/0.4kV 630kVA 及以下为 4%，630～2500kVA 为 6%（630kVA 有两种规格。1600～2500kVA 还有另一种规格，阻抗电压为 8%）。

### 三、变压器的联结组标号

变压器的联结组标号表示变压器各侧绕组的联结方式，及各侧电压之间的相位关系。

#### （一）变压器联结组的时钟序数表示法

电力变压器的联结组根据国家标准 GB 1094.1—1996 规定，高压绕组相量图以 A 相指向 12 点为基准，低压绕组 a 相的相量按感应电压关系确定。低压绕组 a 相相量所指钟表的时间序数即为变压器的联结组标号，通常称为接线组别。

#### （二）单相变压器的联结组标号

双绕组单相变压器高、低压侧各有一相绕组，只有绕组的绕向和引出线头尾的区别，而没有接线方式的更多考虑。如图 3-7 所示，AX 为高压侧绕组，ax 为低压侧绕组。绕组的头尾引出线及其感应电动势所指的方向称为极性。在图 3-7（a）中，高压绕组的极性用"＊"号表示，即感应电动势方向从尾端 X 指向首端 A；低压绕组的感应电动势方向也是从尾端 x 指向首端 a。像这样高、低压绕组的极性对应相同，称为同极性，用符号"－"表示，也称作减极性。如果高、低压绕组极性符号相反，例如高压绕组感应电动势方向从尾端 X 指向首端 A，"＊"号标在首端 A 处；而低压绕组感应电动势方向从首端 a 指向尾端 x，则"＊"号标在尾端 x 处。极性符号高、低压绕组互相不对应，称为反极性，用符号"＋"表示，也称作加极性。出现加极性的原因可能是由于高、低压绕组绕向相反；或者是绕向相同，但是首尾端引出线接反。

在图 3-7（b）中，高压绕组的感应电动势方向 AX 指向时钟 12 点作为基准，由于低压绕组 ax 的感应电动势方向与高压绕组对应相同，因此，ax 的电动势相量也指向时钟 12 点，即时钟序数为 0 点。图 3-7（c）是这台单相变压器对应的相量图和联结组标号"Ⅱ0"。因为单相变压器相电压只有一个，画出的绕组联结图只有一种"Ⅰ"形，故称"Ⅰ"形接线。高、低压双绕组单相交压器的接线组合为"Ⅱ"。

对于单相双绕组变压器（如图 3-7 所示），如果由于极性接反，即成为加极性单相变压器，则联结组标号为Ⅱ6。即单相双绕组变压器只可能出现两种联结组标号Ⅱ0 和Ⅱ6，即 0 点接线或 6 点接线。

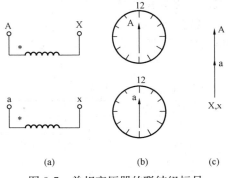

图 3-7　单相变压器的联结组标号

（a）联结图；（b）时钟示意图；（c）相量图及联结组标号

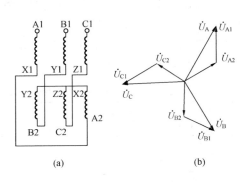

图 3-8　Z 联结接线图和相量图

### （三）三相变压器的联结组标号

1. 三相变压器的联结方式

三相变压器的三个相绕组一般有三种联结方式：星形、三角形或曲折形。星形、三角形接法在前面电工基础中已有叙述。下面对曲折形联结做一简单介绍。所谓曲折形联结，也称 Z 联结，就是把每相绕组分成两半，分别套在两个铁芯柱上，然后倒接串联，也就是说每个铁芯柱上都套有分属于两个不同相的绕组，如图 3-8 所示。图 3-8（a）为三相绕组 Z 联结的接线方式；图3-8（b）为相量图。这种接线方式各相下半截线圈在左边的铁芯柱上，称为左行联结。如果反过来下半截线圈在右边铁芯柱上，则称为右行联结。左行和右行的区别是相量 $\dot{U}_A$、$\dot{U}_B$、$\dot{U}_C$ 都向同一方向旋转 60°，但相互之间的相位差仍然都是 120°，相位顺序也不变。

曲折联结一般只用于小容量变压器的低压绕组，特别适用于中性点要带额定电流的负荷时。因为三相曲折联结可降低零序阻抗，三相负荷不平衡时引起的中性点电压偏移小。因此，Z 联结的接线方式特别适用于作为接地变压器形成人工中性点。此外，采用 Z 型联结可以有助于防止雷击过电压。因为当雷电冲击电流流过三相 Z 接绕组时，每个铁芯柱上的上、下两个绕组匝数相符相等，且下半是反接，因此流过的雷电流对铁芯内产生的磁通而言，大小相等、方向相反，雷电流在每个铁芯柱上的总磁动势几乎等于零，就不会产生对高压绕组的正、逆变换过电压。

2. 三相变压器的联结组标号

正如上面所述，三相变压器的绕组联结，有星形、三角形、曲折形三种方式。对于高压绕组，星形、三角形、曲折形分别用大写字母 Y、D 和 Z 表示，对于低压绕组则用同一字母的小写形式 y、d 和 z 表示。对有中性点引出的星形、曲折形联结方式字母后面加一个 N（或 n），例如，YN、yn 或 ZN、zn 等。对于自耦变压器的自耦低压绕组用 auto 或 a 表示，例如 YNa 或 YNauto。

三相变压器联结组的标号方法与前面介绍的单相变压器相似。即高压绕组以 A 相指向 12 点为基准；低压绕组 a 相的相量按感应电动势的方向确定，其所指的时钟序数即为三相变压器的联结组标

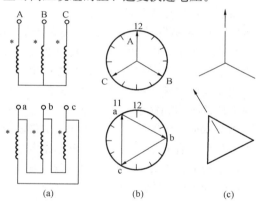

图 3-9 时钟序数表示法，Yd11 联结组
（a）联结图；（b）时钟序数；（c）相量示意图

号。下面以图 3-9 为例进行说明。图 3-9(a)是三相变压器三相绕组的联结图，图中高压绕组 A、B、C 接成星形，而低压绕组 a、b、c 接成三角形。首先画高压绕组三个相电动势的相量，并将 A 相指向时钟的 12 点。然后按照感应电动势关系画出低压绕组三相的感应电动势。因为在同一铁芯柱上的 A、B、C 各相，高、低压绕组是同极性，因此，a、b、c 三相的感应电势与高压的 A、B、C 分别并行，但低压为三角形接线，这个三角形在时钟内，a 相的相量端点正好指在时钟的 11 点，因此，该变压器的联结组标号为 Yd11。图 3-9(c)是它的相量示意图。

确定变压器联结组标号还可以有其他方法，但是用上面的方法比较简单易行。

3. 三相电力变压器常用联结方式的特点

前面已经说到，三相变压器三相绕组常用的联结方法有星形、三角形和曲折形，各有特点。

（1）星形接线。将三相绕组的末端联结在一起形成中性点，三个首端引出，称为星形联结。星形接线的特点是对高压绕组最为经济。星形接线允许降低中点处的绝缘，使变压器高压绕组采取分级绝缘，从而降低成本。另外，星形接线各相绕组的纵绝缘为相电压，比线电压低 $\sqrt{3}$ 倍。星

91

形接线的中性点引出线还可用来直接接地，或经消弧线圈接地，如果不接地也可接避雷器，防止操作过电压和雷电过电压。

（2）三角形接线。将三相绕组的各相绕组的首端与另一相绕组的末端联结在一起，展示图为三角形，各相绕组的首端并引出联结端子，称为三角形接线。如图 3-9（a）所示的低压三相绕组 a、b、c 即为三角形接线。

三角形接线对电压低、电流大的变压器低压绕组而言最经济。因为三角形接线必须做成等绝缘，不能做成分级绝缘，对于低压绕组而言，因为电压较低，这一点不会有什么影响。三角形接线各相绕组中的电流仅为引出线电流的 $1/\sqrt{3}$，即小了 $\sqrt{3}$ 倍，因此，最为经济。三角形接法在绕组里可以流通零序电流和三次谐波电流，产生平抑零序磁通和三次谐波的反磁通，使变压器的感应电动势避免发生畸变。

（3）三相变压器曲折形联结。对于三相曲折形联结前面已有较为详细的叙述，其特点是零序阻抗较小，适合于制造接地变压器。由于能减小中性点位移，因此，适合于制造需要带三相不平衡负荷的中小容量变压器低压绕组。另外，对防止雷电过电压也有一定作用。

4. 三相电力变压器常用联结组及其特点

三相电力变压器常用的联结组为 Yyn0、Dyn11、YNd11、Dd0 等几种接法。下面对这四种联结组的技术特点进行简单分析。

（1）Yyn0 联结组合。这种联结组合方式，低压侧有中性线，低压负荷中的三次谐波电流和三相不平衡负荷中的零序电流可以通过中性线在变压器绕组中流通。如果铁芯为三相三柱，则由零序电流和三次谐波电流在绕组中产生的磁通不能在铁芯中形成闭合回路（因为三相铁芯柱中的三次谐波磁通和零序磁通是同方向的），只能越出铁芯经变压器绝缘介质（变压器油）及箱体铁质金属等再回到铁芯。由于铁芯外的绝缘介质磁阻较大，因此零序磁通和三次谐波磁通较小。但是由其感应产生的零序电动势和三次谐波电动势。叠加在相电压上，使三相电压不对称，引起中性点位移，有的相电压升高，有的相电压降低。为了防止三相相电压严重不对称，影响用户正常用电，行业标准 SD 292—1988《架空配电线路及设备运行规程（试行）》对三相负荷的不平衡程度规定不应大于 15%。其计算方法为

$$不平衡度\% = \frac{最大电流 - 最小电流}{最大电流} \times 100\% \tag{3-12}$$

允许三相变压器中带少量单相负荷，但中性线电流不应超过额定电流的 25%。所以做出这一规定，是为了把中性点位移电压限制在 5% 左右。

如果 Yyn0 联结方式的变压器，其铁芯为三相五柱结构，这时铁芯柱中的零序（或三次谐波）磁通能经过边柱流通，比经过箱体流通时磁阻要小得多，因此，零序（或三次谐波）磁通比三相三柱式变压器大得多，在绕组中感应产生的零序（或三次谐波）电动势也大得多，使中性点电压位移严重，三相电压不平衡度增加。因此，Yyn 联结组的变压器不采用三相五柱结构或三个单相变压器联结方式。

（2）DYn11 联结组合。将 Yyn0 联结的变压器，高压绕组改为三角形联结，于是可以获得 Dyn 型组合，如果三角形采取左行联结，则获得 Dyn11 联结组标号。由于高压侧为三角形接线，当变压器铁芯中出现零序磁通或三次谐波磁通时，在三角形绕组中感应产生零序电动势或三次谐波电动势，由于此感应电动势为三相同相位，在三角形绕组中串联叠加，并产生相应的电流。此零序（三次谐波）循环电流产生一个反磁通，使铁芯中的零序（三次谐波）磁通削弱到最小，因而减小了低压侧星形接线绕组的中性点电压位移。同时也使高压侧绕组中零序（三次谐波）感应电动势减到最小，从而避免了由于低压侧负荷电流波形畸变引起高压侧电源电网中的电压波形受到污染。所以，具有三角形接线的变压器可以防止三次谐波或零序磁通对高压侧电源电压波形的

影响。此外，这种联结方法对防止雷电侵入波的过电压也有良好的作用。因为三相雷电侵入波也是同方向的，这种状况与零序电流相似，三角形绕组中产生的循环电流，对雷电流在变压器三相铁芯中产生的磁通也有抑制作用。

GB/T 13499—2002《电力变压器应用导则》规定：由于 Yyn 变压器零序阻抗高达 60%，中性线电流不宜大于 10% 的额定电流；Dyn 变压器零序阻抗仅为正序短路阻抗的 0.9 倍，中性线可以带额定电流。

但是，Dyn11 联结方式的变压器电源侧如用跌落式熔断器作为过载和短路保护，出现一相熔丝熔断，或者一相熔丝棒脱落，即高压侧单相断线，这时低压侧有两相的相电压其数值为额定电压的 1/2，即从 220V 降低到 110V，这时，电冰箱等家用电器会因无法启动而导致烧损。这时 Dyn11 联结方式的变压器低压侧必须加装可靠的低电压保护。

（3）YNd11 联结组合。YNd11 联结组合的变压器在 35kV 及以上的电力系统中用得较多。高压绕组联结成星形，其中性点有时不引出，或者虽然引出了中性点但是中性点没有接地，这就构成了 Yd11 联结组合。

此种接线组合三次谐波磁通感应产生的电流可以在三角形绕组中循环流通，因此，可以抑制铁芯中三次谐波磁通，从而抑制绕组中的三次谐波感应电动势，使电压波形保持正弦形。二次负荷中的三次谐波电流也不会通过变压器传递到变压器高压侧的电网中。

Yd 联结组合的变压器适用于各种铁芯形状的结构，也适用于由单相变压器联结成的三相变压器组，因为三角形绕组联结，可以防止由于零序磁通过大而引起中性点电位严重位移。

（4）Dd0 联结组合。Dd0 联结组合用得相对较少。这是因为 Dd0 联结方式没有中性点，而且不便于设置调压抽头。对于 Yd 联结组合来说，调压抽头可以设置在高压绕组 Y 接线的绕组中段或末端，以利绝缘的处理。对于三角形接线来说就没有这个条件。此外，三角形接线对绕组调压抽头的接触状态要求更为严格，如果接触不良对变压器的运行更为不利。因此，Dd0 联结组合的变压器有时在对抑制三次谐波有特别要求的场合才出现，平时则很少采用。

### 四、温升和冷却方式

#### （一）变压器温升限值

1. 电力变压器运行环境允许温度

GB 1094.1—1996《电力变压器　第 1 部分：总则》规定，电力变压器的环境温度最高气温不超过 40℃，户内变压器最低气温不低于 −5℃，户外变压器最低气温不低于 −25℃。

2. 油浸式电力变压器运行时温升的限值

GB 1094.2—1996《电力变压器　第 2 部分：温升》对油浸式变压器在连续额定容量稳态下的温升限值规定，见表 3-4。

对于铁芯、油箱中的结构件，以及绕组的外部联结件虽然不规定温升限值，但也不宜超过 80K。

DL/T 572—2010《电力变压器运行规程》对运行中的变压器顶层油温结合现场条件进一步做出了具体规定，见表 3-5。并指出，自然循环冷却变压器的顶层油温一般不宜经常超过 85℃，以免绝缘材料的劣化加剧。

**表 3-4　变压器顶层油温升限值**

| 油不与大气直接接触的变压器 | 60K |
| --- | --- |
| 油与大气直接接触的变压器 | 55K |
| 绕组平均温升限值 | 65K |

**表 3-5　油浸式变压器顶层油温在额定电压下的一般规定值**

| 冷却方式 | 冷却介质最高温度（℃） | 最高顶层油温（℃） |
| --- | --- | --- |
| 自然循环自冷、风冷 | 40 | 95 |
| 强迫油循环风冷 | 40 | 85 |
| 强迫油循环水冷 | 30 | 70 |

3. 干式电力变压器运行时温升的限值

GB 1094.11—2007《电力变压器　第 11 部分：干式变压器》对干式变压器的温升限值做出了规定，见表 3-6，括号内的字母为绝缘材料级别。表 3-7 所列为各种绝缘材料的级别、材料名称及极限工作温度。

**表 3-6**　　　　　　　　　　　**干式变压器绕组温升限值**

| 绝缘系统温度（℃） | 额定电流下的绕组平均温升阻值（K） | 绝缘系统温度（℃） | 额定电流下的绕组平均温升阻值（K） |
|---|---|---|---|
| 105（A） | 60 | 180（H） | 125 |
| 120（E） | 75 | 200 | 135 |
| 130（B） | 80 | 220 | 150 |
| 155（F） | 100 | | |

**表 3-7**　　　　　　　　　　　**绝缘材料的耐热等级**

| 级　别 | 绝 缘 材 料 名 称 | 极限工作温度（℃） |
|---|---|---|
| Y | 木材、棉花、纸、纤维等天然的纺织品，以醋酸纤维和聚酯胺为基础的纺织品，以及易于热分解和熔化点较低的塑料 | 90 |
| A | 工作于矿物油中的和用油或油树脂复合胶浸过的 Y 级材料，漆布、漆包线等 | 105 |
| E | A 级绝缘材料和聚酯薄膜复合、玻璃布、油性树脂漆、聚乙烯醇缩醛高强度漆包线、乙酸乙烯耐热包线 | 120 |
| B | 聚酯薄膜，经树脂粘合涂覆的云母、玻璃纤维、石棉等，聚酯漆，聚酯漆包线 | 130 |
| F | 以有机纤维材料补强和石棉补强的云母片制品，玻璃丝、玻璃漆布、玻璃丝布、石棉、以石棉纤维为基础的承压制品，以无机材料作补强的云母粉制品，化学热稳定性较好的聚酯和醇酸类材料，复合硅有机聚酯漆 | 155 |
| H | 无补强或以无机材料作补强的云母制品，加厚的 F 级材料，复合云母，有机硅云母制品、硅有机漆、硅有机橡胶聚酰亚胺复合玻璃布、复合薄膜、聚酰亚胺漆等 | 180 |
| C | 不采用任何有机黏合剂及浸渍剂的无机物，如石英、石棉、云母、玻璃和电瓷材料等 | 220 |

**（二）变压器冷却方式**

变压器在运行时所产生的空载损耗和负荷损耗都转变为热能，从而使变压器发热。为了防止变压器绝缘因过热而加速劣化，对变压器的温升和顶层最高油温都做了限制。为了保证温升和顶层油温不超过标准规定的数值，必须对变压器采取冷却措施。

变压器的冷却方式改变时，其允许负荷的容量也发生变化。

1. 油浸电力变压器冷却方式

变压器的冷却方式是由冷却介质和循环方式决定的。对于油浸变压器还分为油箱内部冷却方式和油箱外部冷却方式。因此，油浸变压器的冷却方式是由四个字母代号表示的。

（1）第一个字母表示与绕组接触的冷却介质。

O——矿物油或燃点不大于 300℃的绝缘液体；

K——燃点大于 300℃的绝缘液体；

L——燃点不可测出的绝缘液体。

（2）第二个字母表示内部冷却介质的循环方式。

N——流经冷却设备和绕组内部的油流是自然的热对流循环；

F——冷却设备中的油流是强迫循环，流经绕组内部的油流是热对流循环；

D——冷却设备中的油流是强迫循环，（至少）在主要绕组内的油流是强迫导向循环。

（3）第三个字母表示外部冷却介质。

A——空气；

W——水。

（4）第四个字母表示外部冷却介质的循环方式。

N——自然对流；

F——强迫循环（风扇、泵等）。

例如，ONAN 为内部油自然热对流外部空气自然对流冷却方式，即通常所说的油浸自冷式，又如 ONAF 为油浸风冷式，而 OFAF 则为强油风冷式。

2. 干式电力变压器冷却方式

上面介绍的是油渍变压器的冷却方式表示方法。对于干式变压器的冷却方式表示方法分两种情况：

（1）第一种情况，干式变压器无保护外壳。干式变压器无保护外壳，或者虽然有保护外壳，但冷却空气能通过外壳进入内部进行循环流动的干式变压器。这类变压器的冷却方式只用两个字母表示：第一个字母表示空气，用 A 来表示；第二个字母用 N 或 F 表示，N 表示自然循环，F 表示强迫循环。

例如，AN 表示一台自冷干式变压器。冷却空气能在变压器外部和内部循环流通。AF 则表示风冷，干式变压器的线圈下部设有风道，并用冷却风扇吹风，提高散热效果。

（2）第二种情况，干式变压器有保护外壳。干式变压器有保护外壳，冷却空气不能通过外壳进入内部循环。对这种干式变压器用四个字母表示冷却方式。其顺序为：

1）第一个字母表示与线圈相接触的冷却介质的种类，字母 A 表示空气，字母 G 表示其他冷却气体，例如氮气。

2）第二个字母表示与线圈相接触的冷却介质（气体）的循环种类，字母 N 表示自然循环，字母 F 表示强迫循环（例如风扇）。

3）第三个字母表示与外部冷却系统相接触的冷却介质的种类，字母 A 表示空气，字母 G 表示其他冷却气体。

4）第四个字母表示与外部冷却系统相接触的冷却介质的循环种类，字母 N 表示自然循环，字母 F 表示强迫循环。

例如一台有外壳、内部充氮的干式变压器，如果冷却方式为 GNAN，则壳内采用氮气自然冷却，壳外为空气自冷。如果冷却方式为 GNAF，则壳内为氮气自冷，而壳外为风冷。

### 五、变压器的型号表示法

变压器的主要技术参数一般都填写在变压器外壳上的铭板上。铭板上都标有变压器的型号。变压器型号分三段表示。第一段和第二段之间有一横杠，第二段和第三段之间有一斜线。各段所表示的内容和符号如下：

**（一）第一段（按照字母先后顺序排列）**

（1）绕组耦合方式。不是自耦不标，自耦符号为"O"。

（2）相数。单相符号"D"，三相符号"S"。

（3）冷却方式。"J"为油浸自冷，也可不标，"G"为干式空气自冷，"C"为干式浇注绝缘，"F"为油浸风冷，"S"为油浸水冷。

（4）循环方式。自然循环不标，"P"为强迫循环。

（5）绕组数。双绕组不标，"S"为三绕组，"F"为双分裂绕组。

（6）导线材料。铜线不标，"L"为铝线。

（7）调压方式。无励磁调压不标，"Z"为有载调压。

（8）设计序号，用数字表示。配电变压器的型号中，这一设计序号代表铜、铁损水平，简称"损耗水平代号"。例如 S7，其铜、铁损满足 GB 6451.1～5—1986《三相油浸式电力变压器技术参数和要求》的规定，而 S8 则满足 GB/T 6451—1999 的规定。现行技术标准是 2008 年颁发执行的 GB/T 6451—2008《油浸式电力变压器技术参数和要求》，符合这一标准的配电变压器型号的损耗水平代号为 9，即通常所说的 S9 标准。随着 GB 6451.1～5—1986、GB/T 6451—1999 的相继废止执行，S7、S8 变压器随即禁止生产销售。目前 S9 是最起码的损耗水平标准，不少地区电网公司的配电变压器都采用具有更高节能水平的 $S_{11}$，甚至 $SH_{15}$ 节能变压器。

**（二）第二段**

位于横杠后面，表示额定容量，单位 kVA。

**（三）第三段**

位于斜线后面，表示高压绕组电压等级，单位 kV。

例如：$S_9$-1000/10 表示三相油浸自冷，铜线，节能水平代号为 9，额定容量 1000kVA，高压额定电压 10kV。

又如 SFZ—20000/66 表示三相风冷双绕组，铜线，有载调压，额定容量 20 000kVA，高压绕组额定电压等级为 66kV。

此外，节能型配电变压器用"M"代表全密封，"R"代表卷铁芯结构，"H"代表铁芯材料为非晶合金。

# 第三节  变压器的调压装置

## 一、电力变压器调压的目的和方法

**（一）调压的目的**

变压器在运行时其电源侧的受电电压有可能偏离额定值，这时变压器二次侧的负荷所承受的电压有可能偏高或偏低，这对用电设备的正常工作是十分不利的。因此，变压器一般都装有调压装置，以便尽可能将变压器的输出电压调整到接近额定电压的理想数值。

**（二）调压装置的工作原理**

调压装置的工作原理一般都是通过改变变压器一次绕组匝数，从而改变变压器的实际变比，达到改变二次输出电压的目的。设一次侧匝数为 $N_1$，二次侧匝数为 $N_2$，则匝数比 $K=\dfrac{N_1}{N_2}$。变压器的电压比与绕组的匝数比成正比。如果不考虑变压器三相绕组联结方式对实际线电压的影响，假定变压器的电压比也等于绕组的匝数比，则 $\dfrac{U_1}{U_2}=\dfrac{N_1}{N_2}=K$。因此，变压器的二次输出电压

$U_2 = \dfrac{U_1}{K}$。即当变压器一次电压不变时，变压器二次输出电压 $U_2$ 与变压器的变比 $K$ 成反比。变比增大，二次输出电压降低。对于一般变压器来说，变压器的调压开关抽头挡位排列顺序是从一次绕组匝数最多依次向匝数减少方向排列，即变压器变比从大向小排列。因此，当变压器的调压开关从高挡位（例如 I 挡）向低挡位（例如 II 挡）切换时，变比 $K$ 减小，从上面介绍的变比公式不难看出，这时的二次输出电压增高，与此相反，当调压开关从低挡位向高挡位切换时，二次输出电压将降低。或者说，当二次输出电压偏高时，一次分接开关往高挡位调，使二次电压降下来，反之亦然。

通过上面介绍可知，变压器是通过改变一次、二次绕组的匝数比来改变二次输出电压的，而改变一次、二次绕组的匝数比是通过分接开关改变高压侧绕组的线圈抽头来实现的。因为高压绕组套在外面，引出分接头比较方便，而且高压绕组电流比低压绕组小得多，分接开关的触头面积可以较小，接触问题容易解决。

### （三）无载调压（无励磁调压）

电力变压器调压根据调压时需不需要将变压器断开电源，分为无载调压和有载调压两种方式。

所谓无载调压，是因在进行调压之前，必须将变压器一、二次开关都拉开，完全脱离电源，因此也就没有负荷，所以称为无载调压。电力变压器停电后，铁芯中也就没有磁通，因此，这种调压方式也常称为无励磁调压。

1. 无励磁调压的接线方式

无励磁调压常用的绕组抽头方式有四种，即中性点调压、中性点反向联结调压、中部调压、中部并联调压。

中性点调压如图 3-10（a）所示。三相绕组只用一个分接开关，接在三相绕组的中性点。图 3-10 中只画出了其中的一相绕组，中性点调压的优点是分接开关的相间绝缘要求不高，用一个开关即能完成三相的调压任务。这种接线方式的缺点是绕组端部横向漏磁通较大，因此，轴向电磁力较大。所以对于电压较高、电流较大的变压器采用图 3-10(b)、(c)、(d) 所示的接线方式，即分接开关接在绕组中部的线圈抽头上。实际上，分接开关具体的接线位置还与变压器绕组的结构有关。对于电压在 10kV 及以下，容量在 500kVA 以下的小容量变压器，绕组一般为圆筒式结构。为了制作的方便，分接触头只能设在线圈的尾端，因此以采用图 3-10(a) 所示的中性点调压

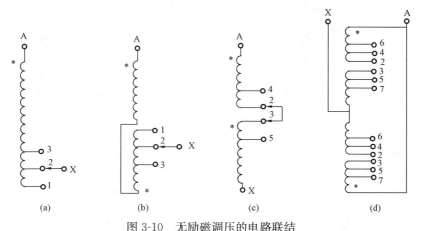

图 3-10　无励磁调压的电路联结

（a）中性点调压；（b）中性点反向联结调压；（c）中部调压；（d）中部并联调压

接线方式为宜。

对于电压在 10kV 及以下，容量在 630kVA 及以上的变压器，由于电流较大，为了散热等要求，高压绕组一般采用连续式结构，这时采用图 3-10(b)接线方式为宜。

图 3-10(b)为三相中性点反向联结的调压方式。每相绕组分上、下两个线圈套在同一铁芯柱的外层。上面的绕组为左绕线圈，下面的绕组为右绕线圈。由于上、下线圈的绕向相反，因此，其感应电动势方向也相反，在反向串联后，两个线圈中的电动势叠加，构成一相的电动势。反向联结中性点调压的接线方式改善了绕组端部的绝缘结构，但是绕组中间中断处的工作电压约等于相电压的一半，因此，必须加大这里的油道。由于这个缘故，35kV 及以上的变压器绕组一般不采用这种接线方式。

当绕组电压较高，电流较大，调压级数较多时，应采用图 3-9(c)、(d)的调压接线方式，在绕组中部抽头调压。根据抽头的多少，可以获得三级调压（±5%）或四级调压（±2×2.5%）。采用这种接线方式时，可以根据具体情况选用一个三相分接开关或三个单相分接开关。

2. 无励磁调压分接开关的结构

变压器无励磁分接开关要求有足够的电气绝缘强度，动静触头接触严密，有足够的导电能力，并且要求动作灵活可靠、操作方便，要有良好的动热稳定性和足够的机械强度和使用寿命。

常用的无励磁调压开关有三相九头分接开关、三相半笼形夹片式分接开关和单相无励磁分接开关等类型。

（1）三相九头分接开关。例如 WSPⅢ型分接开关，如图 3-11 所示，可以直接固定在变压器箱盖上。它由绝缘盘、动触头、定触头、接线柱、操动螺母、定位钉等构成。这种开关有三相共九个定触头均匀分布在绝缘盘上，定触头的接线柱分别与三相绕组中性点的九个抽头（每相三个）相连。动触头的三个接触片互差 120°分布，分别与 A、B、C 三相绕组的中性点抽头接触，形成中性点。这种分接开关在 10kV 及以下的油浸式配电变压器中作为中性点调压无励磁分接开关十分常见。

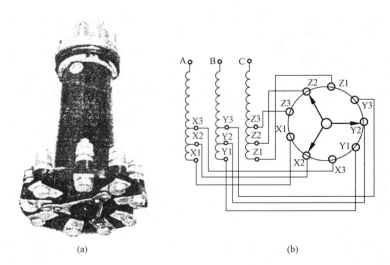

(a)　　　　　　　　　　　　(b)

图 3-11　WSPⅢ型无励磁分接开关

(a) 外形图；(b) 分接开关与变压器接线图

（2）三相半笼形夹片式分接开关。例如 WSLⅡ型，分接开关在变压器内水平放置，动、定触头沿水平方向三相间隔分布，每相触头处于同一垂直面上。分接开关的操作是通过操动螺母、齿轮及绝缘连动轴传动的。在箱盖上转动操作控制盘即可对三相绕组的调压抽头同时切换。此种开关有三个分接和五个分接两种结构，常用于 35～66kV 中小容量无励磁调压的变压器上，作为中部抽头调压分接开关用。

（3）单相中部调压无励磁分接开关常用的有 WD 型和 WDⅡ型。它们的特点是操动机构与分接开关可以分离。三相变压器要用三个分接开关。动、定触头安装在垂直放置的半圆形绝缘筒内。上节油箱扣上时，操动杆的锥形头部自行进入开关升高座内。动静触头在上、下极限位置时有定位装置。当对操动机构上的位置指示有怀疑时，可转动手柄到上或下的极限位置，可判断出正确定位。WD 型分接开关的动触头旧型号为环形触头，与圆形定触柱相接触。新生产的 WD 型分接开关动触头改为楔形触头，增加了接触的可靠性。

3. 无励磁分接开关的型号表示

无励磁分接开关的型号表示依次为：

（1）W 表示无励磁调压。

（2）S 表示三相，或 D 表示单相。

（3）L 表示笼形，P 表示盘形，G 表示鼓形，T 表示条形。

（4）用罗马字大写数字表示调压位置，Ⅰ表示线端调压、Ⅱ表示中部调压、Ⅲ表示中性点调压。

（5）用数字表示额定电流（A）。在斜线后面依次表示电压等级、分接头数和分接位置数等。

**（四）有载调压**

有载调压是采用有载分接开关，能够在不切除负荷的情况下，将变压器的绕组由一个分接头切换到另一个分接头的调压方式。有载调压主要是依靠过渡电路来实现调压时不中断供电的。根据完成过渡过程的不同方式，有载分接开关有两种不同结构：一种称为组合型有载分接开关，另一种称为复合型有载分接开关。

1. 有载分接开关电路的三个部分

为了更清楚地解释复合型有载分接开关和组合型有载分接开关的区别，我们先来说明一下有载分接开关的三个部分：调压电路、选择开关和过渡电路。

（1）调压电路。简单地说，变压器绕组的调压分接抽头称为调压电路。

（2）选择开关。在调压时选择与调压电路某一分接抽头相连通的开关设备称为选择开关。也就是说通过选择开关接通所需要的调压电路抽头，以达到调压的目的。

（3）过渡电路。有载分接开关在带负荷切换分接头时，必然要在某一瞬间同时连接调压电路的两个分接抽头，以保证负荷电流的连续性。这时在这两个分接头之间会出现循环电流，为了限制循环电流，通过过渡电路在两个分接头之间临时串入阻抗。在切换分接头完成后，过渡电路即被断开，阻抗脱离运行。

过渡电路的阻抗如果采用电抗，则称为电抗式有载分接开关；如采用电阻则称为电阻式有载分接开关。电阻式分接开关又分为双电阻式、四电阻式等。目前电抗式用得较少，常用的切换开关为双电阻式过渡电路。

2. 组合型有载分接开关（简称有载分接开关）

组合型有载分接开关是指有独立的选择开关和过渡电路（切换开关），两者分开设置，然后又组装成统一的有载分接开关。这种分接开关称为组合型有载分接开关，或简称有载分接开关，型号表示为 ZY，即组合、有载的意思。如用电阻作为过渡电路，这种有载分接开关称为电阻式有载分接开关。

3. 复合型有载分接开关（简称有载分接选择开关）

复合型有载分接开关没有单独的切换开关，将过渡电路和选择开关合二为一，所以称为复合型有载分接开关，或直称有载分接选择开关。有载分接选择开关一般用双电阻作为过渡电路，如图 3-12 所示。从图中可知，当调压抽头从分接 4～5 串联，调节到分接抽头 6～5 串联时的动作过程。在整个切换分接头的过程中，负荷电流 $I$ 始终没有中断，保持了连续供电。在切换过程中，串接于两个辅助触头的过渡电阻 $R$ 的任务是限制在调压瞬间被短接的线圈中的循环电流。

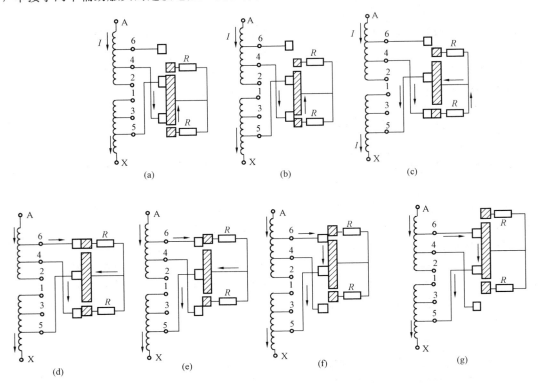

图 3-12　有载分接选择开关动作过程图

## 二、调压开关使用中的注意事项

### （一）无励磁分接开关使用注意事项

无励磁分接开关是在变压器停电的时候由人工来操作调压的，如果操作人员不熟练，调节时分接开关触头没有到位，接触不良，则在变压器合闸送电时，分接开关接触处就会打火放电，使变压器造成事故。这一类事故在工矿企业的变电所里有时偶尔出现。为了防止发生这类事故，在切换分接开关调压挡位时，应由有经验的电气人员进行，在切换调压挡位后，应将分接开关的旋钮锁定，防止串位。然后测定变压器三相绕组的直流电阻（用直流电桥），其数值和过去测定结果应无太大差异，三相电阻的相差不超过 DL/T 596—1996《电力设备预防性试验规程》规定的合格范围。

如果在切换分接开关调压挡位时，发现内部螺钉松动，存在串位现象，则应查清原因，在没有消除缺陷前，不能轻易合闸送电。

### （二）有载调压开关使用注意事项

为了验证有载分接开关的工作性能是否良好，在新装投运前或检修后，应测量各分接位置的变压比和直流电阻，以判断各分接头位置是否正确，动静触头接触是否良好。除此之外，为了验证过渡电路在切换分接头过程中动作是否正确，还应进行分合闸试验和测量切换开关的动作时程。具体要求按制造厂的技术说明执行。

### （三）有载分接开关的自动调节

有载分接开关可以手动调节，也可以自动调节。如采用自动调节则利用自动控制装置。在设定电压允许变动幅度后，自动控制装置即自动操作，当电压偏离设定的电压后，自动控制装置即自动切换调压抽头，使变压器二次输出电压回到需要的数值。但是有时也会发生问题。在沈阳市某大医院曾发生过一次由于自动调压控制装置失灵，造成用电设备过电压大量烧损的停电事故。该院是一个重要医院，上级拨款购置了不少国外进口的先进电子医疗设备。为了保证这些医疗设备工作性能稳定，在该院变电站的变压器上装设了自动有载调压装置，要求变压器的二次输出电压稳定在 380V/220V 的一个不大的变动范围内。这台设备开始时工作很正常。但是有一天中午突然发生故障，有载调压自动控制装置失灵，调压开关连续动作，把变压器分接头一直调到最末位，变压器的二次输出电压达到 500V/290V。电梯、空调、电子医疗设施因过电压烧坏，全院停电。为了调查用电设备有哪些已烧坏不能用，有哪些还能用，就花了很长时间。由此可见，有载调压自动装置一旦失灵后果是十分严重的。而且即使自动控制装置不失灵，有载开关的切换开关触头经常带负荷动作，引起触头烧伤，油箱内油质劣化，也可能引发事故。因此，对变压器有载分接开关要加强检修维护。按照行业标准 DL/T 574—1995《有载分接开关运行维修导则》规定，对国产电阻式油浸分接开关每天平均分接变换次数做了限制，35kV 电压等级为 30 次，60～110kV 电压等级为 20 次，220kV 电压等级为 10 次。对于两台及以上并联运行的有载调压变压器或有载调压单相变压器组，必须具有可靠的失步保护。由于自动控制器不能确保两台同步切换，因此，此类变压器不能投入自动控制器。另外，当有载调压变压器与无励磁调压变压器并列运行时，应将两台变压器的变压比调到相同数值，然后断开有载调压变压器的调压操作电源，并按照变压器并列运行的有关条件进行测试，合格后方可并列投运。

# 第四节 变压器运行与维护

## 一、新变压器的投入运行

新安装的变压器在投入运行前，必须办理用电手续、检查变压器安装质量，然后进行交接试验。合格后，在供电部门有关人员的指导下按一定程序执行投运操作。下面对变压器安装质量、交接试验项目、投运操作注意事项作一简要叙述。

### （一）变压器安装质量要求

变压器安装质量要求应符合制造厂技术说明规定的有关内容，并应符合国家标准 GB 50148—2010《电气装置安装工程 电力变压器、油浸电抗器、互感器施工及验收规范》规定的有关内容。下面对有些问题进行重点介绍。

1. 变压器运到现场后应进行外观检查

外观检查内容包括：

（1）油箱及所有附件应齐全，无锈蚀及机械损伤，密封良好。

（2）油箱箱盖或钟罩法兰及封板的连接螺栓应齐全，紧固应良好，无渗漏；充油或充干燥气体运输的附件，其油箱应密封无渗漏，并装有监视压力表。

（3）套管包装应完好，无渗油，瓷件无损伤。运输方式应符合产品技术要求。

（4）对于充气运输的变压器（充氮气或充干燥空气），油箱内应为正压，其压力为0.01～0.03MPa。

（5）检查并记录设备在运输和装卸中的受冲击情况，装有冲击记录仪的设备应记录冲击值。

2. 变压器到达现场后，应进行内部器身检查

新变压器从制造厂生产出来，运到使用现场后，应进行器身检查。器身检查可以吊罩或吊出器身进行检查，也可以不吊罩，放油后直接进入油箱内进行（对于特大型变压器）。如果满足下列条件之一时，根据 GB 50148—2010 规定，可不进行器身检查：

（1）制造厂规定可不进行器身检查者。

（2）容量为 1000kVA 及以下，运输过程中无异常情况者。

（3）就地生产仅做短途运输的变压器、电抗器，如果事先参加了制造厂的器身总装，质量符合要求，且在运输过程中进行了有效的监督，无紧急刹车、剧烈振动、冲撞或严重颠簸等异常情况者。

变压器器身检查应注意以下事项：

（1）周围空气温度不宜低于 0℃。

（2）器身温度不应低于周围空气温度。当器身温度低于周围空气温度时，应将器身加热，宜使其温度高于周围空气温度 10℃。

（3）根据电力行业标准 DL/T 573—2010《电力变压器检修导则》规定：吊芯或吊罩时，器身暴露在空气中的时间不超过如下规定：空气相对湿度≤65% 为 16h；空气相对湿度≤75% 为 12h。器身暴露时间从变压器放油时起至开始抽真空或注油时为止。

（4）器身检查的主要项目。

1）器身各部位应无移位现象；

2）所有螺栓应紧固，并有防松措施，绝缘螺栓应无损坏，防松绑扎完好；

3）铁芯无变形，铁轭与夹件间的绝缘垫应良好；

4）铁芯只应一点接地，无多点接地。具体应测试的部件有：①铁芯外引接地的变压器，拆开接地线后，铁芯对地绝缘应良好；②打开夹件与铁轭接地片后，铁轭螺杆与铁芯、铁轭与夹件、螺杆与夹件间的绝缘应良好；③对具有线圈压板的变压器，应打开夹件与线圈压板的连线，检查压钉绝缘是否良好；

5）铁芯拉板及铁轭拉带应紧固，绝缘良好；

6）绕组绝缘层应完整，无缺损、变位现象；各绕组排列整齐，间隙均匀，油路无堵塞；绕组的压钉应紧固，防松螺母应锁紧；

7）绕组引出线绝缘包扎牢固，无破损、拧弯现象；引出线绝缘距离合格，固定牢靠；引出线的裸露部分应无毛刺或尖角，其焊接应良好；引出线与套管的联结应牢固，接线正确；

8）无励磁调压开关各分接头与绕组的连接应紧固正确；各分接头应清洁、接触紧密，弹力良好；所有接触到的部分，用 0.05×10mm 塞尺检查应塞不进去；检查分接开关，切换操作应灵活正确；

9）器身检查完毕后，用合格的变压器油冲洗，并清洗油箱，不得有遗留杂物；

10）检查箱壁上的阀门，应开闭灵活、指示正确。

3. 变压器本体安装要求

（1）基础的轨道应水平，轨距与轮距应配合适当；装有气体继电器的变压器，应使其顶盖沿气体继电器气流方向有 1% ～1.5% 的升高坡度（制造厂另有规定者除外）。当与封闭母线连接时，其套管中心线应与封闭母线中心线相符。

（2）装有滚轮的变压器，在设备就位后，应将滚轮用能拆卸的制动装置加以固定。

（3）对密封处理应做到所有法兰连接处应用耐油密封垫圈密封。密封垫应擦拭干净，其搭接

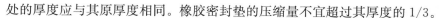

处的厚度应与其原厚度相同。橡胶密封垫的压缩量不宜超过其厚度的 1/3。

（4）冷却装置应用合格的绝缘油经净油机循环冲洗干净，并将残油排尽。冷却装置的密封应良好，冷却装置安装完毕后应立即注满油。

（5）气体继电器安装前应检验合格。气体继电器应水平安装，其顶盖上标志的箭头应指向储油柜。

（6）压力释放装置的安装方向应正确；电接点应动作正确，绝缘应良好。

（7）新变压器器身检查后注油时，宜从下部油阀进油，或按制造厂要求执行。

（8）变压器外壳应可靠接地。

### （二）变压器的交接试验

GB 50150—2006《电气装置安装工程 电气设备交接试验标准》对电力变压器的交接试验做了 16 项规定。其中的局部放电 220kV 及以上变压器必须试验，噪声试验主要针对 500kV 电力变压器规定的。因此常用的试验项目为 14 项，分别为：①测量直流电阻；②检查所有分接头的变压比；③检查变压器的极性和组别；④测量绝缘电阻和吸收比；⑤测量线圈连同套管一起的介质损失角正切值；⑥测量线圈连同套管一起的直流泄漏电流；⑦线圈连同套管一起交流耐压试验；⑧非纯瓷性套管测量绝缘电阻和介质损失正切值；⑨绝缘油试验；⑩有载调压切换装置检查和试验；⑪测量穿心螺栓、轭铁夹件、线圈压环以及铁芯的绝缘电阻（吊芯时进行）；⑫检查相位；⑬在额定电压下冲击合闸试验；⑭变压器绕组变形试验（35kV 及以下变压器，可通过测量短路阻抗来判断绕组结构是否正常。其他变压器则要通过频率响应法测量绕组特征图谱）。

对于中小容量的 6～10kV 电力变压器，交接试验一般仅进行上面的第①、②、③、④、⑦、⑨、⑩、⑪、⑫、⑬ 10 个项目。

根据 GB 50150—2006《电气装置安装工程 电气设备交接试验标准》规定，电力变压器交流耐压试验标准见表 3-8。

表 3-8　　　　　　　　　　电力变压器和电抗器交流耐压试验电压标准　　　　　　　　　　kV

| 系统标称电压 | 设备最高电压 | 交流耐受电压 | |
| --- | --- | --- | --- |
| | | 油浸式电力变压器和电抗器 | 干式电力变压器和电抗器 |
| <1 | ≤1.1 | — | 2.5 |
| 3 | 3.6 | 14 | 8.5 |
| 6 | 7.2 | 20 | 17 |
| 10 | 12 | 28 | 24 |
| 15 | 17.5 | 36 | 32 |
| 20 | 24 | 44 | 43 |
| 35 | 40.5 | 68 | 60 |
| 66 | 72.5 | 112 | — |
| 110 | 126 | 160 | — |
| 220 | 252 | (288) 316 | — |
| 330 | 363 | 368 408 | — |
| 500 | 550 | (504) 544 | — |

注　此表为 GB 50150—2006 中表 7.0.13-1。表中干式变压器交接试验耐压标准是根据 GB 6450《干式电力变压器》规定的出厂试验电压乘以 0.8～0.85 制定的。但是 GB 6450—1986 已被 GB 1094.11—2007《电力变压器　第 11 部分：干式变压器》取代。在 GB 1094.11 中唯独将 10kV 干式变压器的出厂试验电压从 28kV 提升到 35kV，即与油浸式变压器相同。其余电压等级的干式变压器均与 GB 6450 的原标准相同。

### （三）变压器的投运操作

变压器是变电站里最主要的设备，如果变压器发生故障，不仅损失大，而且在短期内难于恢复，因此，对变压器的运行操作应特别谨慎细心，特别是新安装变压器的投运操作更应特别小心认真。

1. 投运前的检查

在新安装的变压器投运之前，对变压器本体以及和变压器连接的所有设备都要进行详细检查。检查内容包括：

（1）储油柜和套管的油位。对于停运中的变压器，储油柜的油位应在与周围气温相对应的油标刻度附近。

（2）变压器接地引下线与主接地网连接可靠。

（3）冷却系统是否已在正常状态。各阀门开闭是否正确。

（4）调压分接开关位置指示器是否正常，是否指示所需要的位置，并在有关记录簿上做好记录。

（5）一、二次侧有无短路接地线。与投运变压器有关的短路接地线都应拆除。

（6）一次侧有中点引出的变压器，应检查与中性点相联结的接线是否正确。如果连接的是保护设备，应检查这些设备的状态是否正常。

（7）检查继电保护装置是否已按规定起用，对整定值有无疑问，如有疑问，要及时查清原因。按照运行分工责任制，变压器的继电保护是否投运应按照电网调度指令或变电站技术负责人的指令执行。值班员如有疑问应及时反映。

（8）对于高压侧没有断路器的变压器，应核实高压熔断器的状态，了解熔件额定电流是否符合要求。普通电力变压器的一次侧熔丝应按变压器额定电流的 1.5～2 倍选用。二次侧熔丝的额定电流可按变压器二次侧额定电流选用。对于单台电动机的专用变压器，考虑启动电流的影响，二次熔丝额定电流可增大 30%。

（9）为防止有载开关在变压器严重过负荷或系统短路时进行切换，在有载分接开关控制回路中宜加装电流闭锁装置，其整定值不超过变压器额定电流的 1.5 倍。

（10）装有气体继电器的油浸式变压器，在新安装时应检查顶盖沿气体继电器方向有 1%～1.5% 的升高坡度。变压器投运时瓦斯保护应接信号（轻瓦斯保护）和跳闸（重瓦斯保护）。有载分接开关的瓦斯保护应接跳闸。

（11）变压器的压力释放阀宜作用于信号。

（12）对于 110kV 及以上中性点有效接地系统中，变压器投运或停运操作时，中性点必须先接地，以防止由于操作过电压对中性点造成击穿。变压器投入后中性点是否断开可按系统需要由电网调度统一决定。

（13）对于新安装或大修后的变压器，投运前要检查变压器的验收试验报告是否符合投运要求。如果变压器刚检修完，则应注意检查施工现场是否已收拾干净，一、二次侧接线是否都已恢复正常。

2. 投运操作

变压器投运应遵守下列各项规定：

（1）强油循环变压器投运时应逐台投入冷却器，并按负荷情况控制投入冷却器的台数；水冷却器应先启动油泵，再开启水系统。

（2）变压器的充电应在有保护装置的电源侧用断路器操作。即先合隔离开关，后合断路器，并对变压器充电。

（3）按照国家标准 GB 50148—2010 的规定，新变压器、电抗器第一次投入时，可全电压冲击合闸。冲击合闸应进行五次。第一次受电后的持续时间不应少于 10min；励磁涌流不应引起保护装置的误动。

更换绕组后的变压器第一次投运，根据 DL/T 572—2010 的规定，全电压冲击合闸 3 次。

（4）变压器电源侧无断路器时，可用三相联动且装有消弧角的隔离开关投切 110kV 及以下且电流不超过 2A 的空载变压器；装在室内的隔离开关在各相之间宜安装耐弧的绝缘隔板。

（5）允许用熔断器投切空载配电变压器和 66kV 及以下的所用变压器。

（6）为了防止由于绝缘油在低温时循环流动受阻，而使变压器局部严重过热，对于自然油冷或风冷的变压器，如果油温低于 −30℃，在投运时不要马上带额定负荷；对于强油风冷的变压器，如果油温低于 −25℃ 时，也不要在投运时立即就带额定负荷。这时应先使变压器空载运行一段时间，或者带一些轻负荷，不要超过 40%～50% 的额定负荷。这样做的目的是防止由于低温时油的流动慢，在油和绕组之间出现很大温差，如果绕组温度过高，会加速绝缘的老化。

但是，事故处理时可不必拘泥于这些要求。

（7）气温较低时，冷却风扇也可以不投运。例如变压器上层油温如不超过 55℃，即使不开风扇，变压器也可在额定负荷下运行。

（8）变压器投运时，其周围不要有人停留。以免变压器投运瞬间发生事故，例如喷油、着火、干式变压器匝间短路产生巨响或出现浓烟，造成对人身伤害。在变压器投运后，从电流表、电压表等监视未见异常，远处听声音也未见异常，这时可以走近变压器细听变压器内部有无异常声音。但也要注意不要停留在正对防爆筒喷口一侧，以免发生意外。根据运行经验，有的新变压器在投运后最初的几个小时内虽然一切都正常，但后来却突然喷油起火。有的新变压器甚至在投运五、六天后，在轻负荷的情况下突然击穿喷油。这种情况虽然极少发生，但也应引起警惕。

（9）变压器投运时，如出现断路器合闸不成功，即合不上闸。发生这种原因，有可能是由于继电保护动作，合闸后又跳闸；也可能是断路器的合闸机构没有到位，合闸后又自动跳开了。当发生这种情况时，不要急于第二次重新合闸，而要等几分钟。如果是由于继电保护动作而跳闸，则要查清引起继电保护动作的原因。要详细检查弄清变压器是否有故障。如果是由于继电保护未能躲过变压器合闸涌流而出现跳闸，则应考虑改变保护定值。如果是由于合闸操作不当，合闸机构没有到位而引起跳闸，则也应有一段间隙时间然后再合闸。以免由于连续冲击引起操作过电压而引发变压器事故。

## 二、变压器的运行监视

### （一）变压器的电流，电压和温度监视

1. 变压器的电流监视

变压器的负荷大小通过电流表来监视。在电流表的刻度盘上对应于额定负荷的地方，应该标上红色危险记号。这样便于对变压器运行状态进行监视，以防止过负荷。在监视负荷数值的同时，还应该检查各相负荷是否平衡。

2. 变压器的电压监视

变压器一、二次电压的高低可通过电压表来监视。前面已经介绍，变压器的外加一次电压一般不应比相应分接头额定电压高出 5% 以上。

3. 变压器温度的监视

变压器的温升限值前面已作介绍。值班人员在运行监视时，除了要注意变压器的温度和温升不要超过前面介绍的规定限值外，还要注意掌握变压器的温升和负荷电流的对应关系，积累经验。当发现变压器的温升和负荷的对应关系出现突然变化时，就应引起注意，对变压器的状态进

行分析检查。例如有一台变压器，通常在 50％负荷时温升为 25℃，80％负荷时温升为 40℃。如果环境条件相同的情况下，同样负荷时，温升突然变大或变小，则要检查测温系统是否出现不正常，或者变压器冷却系统是否有异常。如果不是由于这些原因造成温升异常，则要考虑变压器内部有无引起温升不正常的原因。变压器内部油道堵塞、变压器绕组并连导线的断股都会使变压器温升异常。有的变压器在运行若干年后，铁芯和绕组上沉积厚厚一层油垢，严重影响散热，也使铁损增加，这些也可能使温升增加。如果在正常负荷和冷却条件下，变压器温度不正常并不断上升，应将变压器停运检查。

各种不同设计结构的变压器其温升规律也不尽相同。因此不能简单下结论。例如某变电所新投运一台大容量变压器。按照事先安排，该变压器投运后空载运行 24h，以考核其空载性能。在投运 6h 后，值班员发现变压器温升高达 25℃。根据其已往经验，变压器空载温升应在 10℃上下，显然这台变压器的空载温升异常。为防发生事故，经再三研究后决定将该变压器退出运行。并向生产厂提出质疑。生产厂家对这一现象也解释不了，怀疑变压器是否真有质量问题，于是将变压器返厂检查。总之，费了不少周折也没有弄清原因。后来向不少变压器专家咨询，最后得出结论：变压器空载时的温升数值与变压器结构有关。该变压器是特殊结构的非标准型号，器身呈细长，上层油温因而偏高。而且在空载时，由于温差没有达到一定数值，变压器内油的对流还较缓慢。因此，从上层油温计算出的空载时温升显然偏高，变压器带负荷后随着油流的加速，上层油温升未必就超标，因此，认为变压器可以投运。

### （二）变压器的值班巡视

1. 变压器值班巡视的周期

（1）有人值班的变电站，变压器每天至少巡视检查一次，每周至少进行一次夜间巡视。

（2）在下列情况时应对变压器进行特殊巡视检查，并增加巡视检查次数。

1）新设备或经过检修、改造的变压器在投运 72h 内；

2）有严重缺陷时；

3）气象突变（如大风、大雾、大雪、冰雹、寒潮等）时；

4）雷雨季节特别是雷雨后；

5）高温季节、高峰负荷时；

6）变压器严重过负荷运行时（例如急救负荷运行时）。

2. 变压器日常巡视检查一般应包括以下内容

（1）变压器的油温和油位应正常。

（2）变压器无渗漏油。

（3）套管的油位应正常，套管无渗漏油，无破损裂纹。

（4）变压器音响正常。

（5）各冷却器手感温度应相近，冷却器工作正常。

（6）气体继电器应无气体。

（7）有载分接开关的分接位置及电源指示应正常。

（8）各控制箱和二次端子箱应关严，无受潮。

（9）干式变压器的外部表面应无积污。

（10）变压器高低压套管根部和接线端子处无过热痕迹（例如无烟、无热气、无过热变色等）。

（11）变压器室的门窗应完好，房屋不漏水，室温正常（应不超过 40℃）。

（12）无人值班的变电站应在每次定期检查时记录其电压、电流和顶层油温，并根据自动记录仪记录曾达到的最大电流和最高油温。无人值班的变电站，一般每 10 天巡视一次。

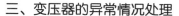

### 三、变压器的异常情况处理

变压器的异常情况及处理办法如下：

（1）变压器温升异常，按照前面已介绍的有关变压器温升的内容处理。

（2）变压器油位因温度上升有可能高出油位极限，经查明不是假油位所致时，应放油，使油位降至与当时油温相对应的高度，以免溢油。

（3）当发现变压器的油面较当时油温所应有的油位显著降低时，应查明原因。如需带电补油时应将重瓦斯改接信号。禁止从变压器下部补油。

（4）变压器低温投运时，如温度过低，变压器油凝滞，应不投冷却器，空载投运，并监视顶层油温，逐步增加负荷，逐渐转入正常运行，直至投入相应数量的冷却器。

（5）铁芯多点接地而接地电流较大时，应分析造成多点接地的原因。如果怀疑是由于金属毛刺搭接造成铁芯多点接地，可以运用电容器直流充电，然后对铁芯接地处放电，将毛刺烧掉的方法，或可消除。如果不吊心无法解决，则可安排吊心修理。在缺陷消除前，应采取措施将电流限制在 100mA 左右，并加强监视。

（6）变压器声音异常。变压器运行时的声音与变压器容量大小、电压高低、负荷大小有关。如果与同类产品比较，声音过大可能与变压器的结构、制造质量和安装是否稳固等有关。有时声音过大与变压器铁芯过励磁有关。如果变压器的声音有阵发性尖音时，则可能与冲击负荷或瞬间高次谐波电流有关。如果变压器内有轻微的间隙性的放电声，则可能是由于油箱内有金属性异物沉落箱底，或有金属毛刺浮游在油中。总之，如果声响不能消除，很不正常，则应将变压器停运检修处理。

（7）新变压器投运后，如果发现高压套管根部法兰处有静电放电声，这是由于铁法兰与油箱之间接触不良，即法兰接地不良所致。解决办法是将变压器停运后，在法兰根部刷些银粉或半导体漆即可消除放电。如果高压套管顶部有轻微放电声，则应考虑套管顶部是否有积存空气，可以通过停电后放气解决。

（8）如果发现变压器套管有严重破损、漏油导致油面逐渐下降，或内部明显放电声音，则应将变压器停运检修处理。

（9）如果变压器油箱漏油，油面逐渐下降，低于油位计的指示限度，则应将变压器停运处理。

（10）如果变压器冒烟着火，或发生其他危及变压器安全的故障，而变压器的有关保护拒动不跳，则值班人员应立即将变压器停运。

（11）当变压器瓦斯保护信号动作时，应立即对变压器进行检查。一般新投运的变压器，或变压器补油后，油中空气积聚继电器内，气体为无色、无臭、不可燃，色谱分析判断为空气，则变压器可继续运行。如果变压器气体继电器里的气体是可燃性气体，而且反复出现，则应考虑变压器内部是否有较严重的缺陷，应综合判断决定变压器是否停运处理。

（12）当变压器气体保护动作跳闸时，在查明故障前，不得将变压器投入运行。在分析原因时，应检查气体继电器里的气体。如果变压器内部发生故障，由于产生电弧，使绝缘油分解出大量气体，这些气体带动绝缘油，形成高速油流，流进储油柜，冲击气体继电器，重瓦斯动作，变压器跳闸。根据气体继电器里气体的容积可以判断故障的程度；而根据气体的成分，则可以判断故障的性质，即可以分辨出是变压器油分解出的气体，还是固体绝缘材料分解出的气体。各种不同的绝缘材料承受高温引起分解时，所产生的气体都有确定的组成成分。例如，当气体混合物中含有大量 $CO$ 和 $CO_2$ 时，可以判断气体是从固体绝缘材料中分解出来的。

通过检查气体的颜色和易燃性，可以对变压器的内部状态做出一定的估计。灰白色气体说明变压器内的故障部位是绝缘纸和绝缘纸板；黄色气体说明故障部位是木质绝缘；暗蓝色或黑色气体则表明是油间隙击穿。

气体易燃，则表明变压器内部已有故障。对气体易燃性的检验应在采集气体后到安全的地方进行，绝对禁止在气体继电器放气阀处点火，以免引起储油柜爆炸。

如果气体继电器里没有气体，而且变压器油的色泽也正常，则应考虑瓦斯保护有可能误动作。为此，应该检查瓦斯保护的二次回路是否存在缺陷。如果查出瓦斯保护二次回路果然存在缺陷，原因清楚后，采取预防措施后即可将变压器恢复投入运行，而不必进行吊心检查。

（13）变压器过电流动作跳闸。变压器过电流保护是带延时的电流保护。如果变压器过电流保护动作断路器跳闸，则有可能存在以下故障情况：

1）变压器二次侧配出线发生短路故障，配出线的继电保护拒动；

2）变压器本身有故障，但差动保护和瓦斯保护因故未动；

3）变压器过流保护定值偏小，出现误动作，或者过流保护装置出现故障，误动作；

4）变压器二次侧母线短路故障，引起变压器过流保护动作；

5）变压器二次侧配出线的断路器或隔离开关发生短路故障，引起变压器过电流保护动作；

（14）变压器差动保护动作跳闸。变压器差动保护动作跳闸，可能有以下原因：

1）变压器本身出现短路故障。如果是油浸变压器，瓦斯保护一般也应同时动作；

2）变压器一、二次引出套管或变压器一、二次引出线的母线桥发生短路故障；

3）差动保护误动作。误动作原因是差动保护二次回路接线不正确，或者电流互感器及其二次回路有故障，或者差动保护定值不正确，而且这种误动作一般都发生在变压器二次侧配出线发生短路故障时。因为差动保护即使接线不正确，或者定值不合理，一般在变压器正常运行时都不会动作。只有当出现大电流穿越通过时差动保护才动作。因此，如果变压器差动保护动作跳闸，在这同一瞬间变压器二次配出线存在短路故障，或者出现特别大的冲击负荷，而变压器瓦斯保护未动，同时变压器没有出现喷油等异常现象，这时要考虑差动保护是否误动作。一旦找到差动保护装置及其二次回路存在明显缺陷时，即可断定变压器没有故障，而是差动保护误动作。

### 四、变压器停运操作

变压器停运时应先停负荷侧，后停电源侧。操作时应先拉开断路器，后拉断路器前后的隔离开关。如果变压器的电源侧或负荷侧没有安装断路器，则应将二次侧各配出线全部拉开，在变压器空载状态下，再利用变压器投运时所使用的负荷开关或熔断器开关等切断电源，使变压器停运。

变压器冬季停运时，如果是水冷变压器，则应将冷却器中的水放尽。

### 五、变压器并列运行

两台或两台以上的电力变压器，其一、二次出线分别接到同一个高、低压母线上，称为并列运行。

#### （一）变压器并列运行的基本条件

（1）联结组标号相同；

（2）电压比相等，差值不得超过±0.5%；

（3）短路阻抗相等，偏差小于10%。

过去有的规程和参考书中，对变压器并列运行的条件，还规定并列运行的变压器容量相同。或者要求并列运行变压器的容量差别不超过1：3，在DL/T 572—2010中对此已没有提及。DL/T 572—2010还指出，电压比不等或短路阻抗不等的变压器，在任何一台都满足变压器环流不超过制造厂规定的条件下，也可以并列运行。短路阻抗不同的变压器，可适当提高短路阻抗高的变压器的二次电压，使并列运行变压器的容量均能充分利用。

为了防止由于变压器一、二次引线相位弄错等原因造成错相并列短路事故，新装或变动过内外连

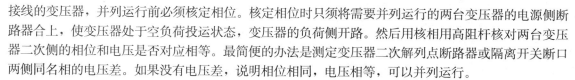

接线的变压器，并列运行前必须核定相位。核定相位时只须将需要并列运行的两台变压器的电源侧断路器合上，使变压器处于空负荷投运状态，变压器的负荷侧开路。然后用核相用高阻杆核对两台变压器二次侧的相位和电压是否对应相等。最简便的办法是测定变压器二次解列点断路器或隔离开关断口两侧同名相的电压差。如果没有电压差，说明相位相同，电压相等，可以并列运行。

### （二）两台变压器联结组不同时不准并列运行

不同联结组的变压器不能并列运行。这是因为当两台联结组不同的变压器并列时在它们二次侧的各个同名端子之间存在相角差，在两台变压器之间会产生很大的循环电流（平衡电流），将变压器一、二次绕组烧坏。

### （三）电压比不相同时的并列运行

对于两台变压器如果电压等级相同，但电压比不相等，如果将两台变压器一次绕组接到同一母线上，它们的二次绕组出线端子上的电压互不相等。这时，如将二次出线并到同一低压母线时，在各变压器的一、二次侧分别构成的两个闭合回路内，都有平衡电流产生，其大小与二次电压的差值 $\Delta U$ 及变压器的短路阻抗 $Z_{d1}$、$Z_{d2}$ 的大小有关。

两台电压等级相同，但变压比有误差的变压器并列运行，即使二次侧都不带负荷，也要流过一个平衡电流。当变压器有负荷时，平衡电流与负荷电流叠加，可能使变压器过负荷。平衡电流在变压器绕组内流动，不仅增加了绕组中的电能损耗，而且降低了变压器的传输容量。因此，变压器并列运行时，彼此之间的二次电压之差应尽量最小，一般希望并列运行的各台变压器的变压比相差不要超过额定值的±0.5%。

### （四）短路电压不相同时的并列运行

对于每一台具体的变压器，短路电压 $U_d\%$ 与变压器的结构、线圈材质，以及制造工艺有关。当变压器已经制成，$U_d\%$ 便是一个不变的数值。几台变压器并列运行时，如其他条件完全相同，相互之间的负荷分配与它们的容量成正比，与短路电压成反比。在一般情况下，如两台变压器 $U_d\%$ 不相等，并列运行时会引起一台变压器负荷不足，而另一台变压器可能过负荷。

不难证明，两台短路电压不相等的变压器并列运行时，阻抗电压小的变压器分担的负荷大，短路电压大的变压器分担的负荷小。这时为了改变负荷分配，使负荷分配尽量均衡，可以采取改变变压比的方法，即通过提高负荷不足变压器的二次电压来实现。但是，由于变压器调压不是连续调节，改变分接头位置时电压变动一个电压调压级。因此，若想通过改变电压来调整负荷分配，应事先做好计算，免得调压后两台变压器的负荷分配更为不均衡。

### （五）变压器容量不同时的并列运行

过去的规程中，曾有两台并列运行的变压器其容量比不宜大于1：3的说法。在新规程中没有提到这一要求。实际上，只要并列运行的变压器各自都没有超负荷，则其容量大小之差就可不必考虑。

## 六、变压器的检修和干燥

### （一）变压器检修周期

按照检修工作的性质，变压器检修分为大修和小修。习惯上油浸变压器凡是需要放油吊芯（或吊开钟罩）进行检修的则称为大修；如果不需要放油，不吊芯（吊开钟罩），只在外部检修或补油、进行油处理的称为小修。

1. 运行中变压器大修周期

运行中的变压器大修周期按 DL/T 573—2010《电力变压器检修导则》规定如下：

（1）变压器大修周期一般应在 10 年以上。变压器在运行中发生故障，或在预防性试验时发现异常，根据需要提前进行吊芯检修。

（2）根据变压器的结构特点和制造情况，以及运行中受到穿越性短路故障电流的冲击情况，以及日常负荷情况和历次电气试验及油化验分析数据等情况，可酌情安排提前大修或延长大修间隔时间。例如全密封变压器一般只在本体严重渗漏油或判定内部有故障时才进行大修。

（3）变压器的有载分接开关达到制造厂规定的操作次数后，或发现存在缺陷时，应对有载分接开关进行大修。

2．变压器小修周期

变压器小修1～3年一次。对安装在特别污秽环境的变压器可增加小修次数。

### （二）变压器检修项目和检修步骤

1．大修项目和步骤

（1）大修前的准备。根据运行记录和缺陷记录收集变压器存在的缺陷，并到现场核对，制订出处理缺陷的对策。对于重大缺陷，需要制订出检修中的特殊项目。确定检修中的操作工艺，制订出具体实施方案。准备好需用的材料工器具和专用设备、起重设备等。并应制订出检修质量目标和组织措施、安全措施。

（2）放油，打开变压器箱盖、吊出器身，检查线圈和铁芯。

（3）测试铁芯各部位绝缘并做记录。

（4）检查铁芯、线圈的紧固件（穿心螺杆、夹件、拉带、绑带等）、压钉、压板及接地片等。

（5）检查绝缘屏蔽和磁屏蔽、分接开关及引线、套管。

（6）检修顶盖、储油柜、防爆管（或压力释放阀）、测试气体继电器轻、重瓦斯动作值。

（7）检修散热器、各部位油阀门、吸湿器和油再生装置等。

（8）检修温控测量装置及仪表、信号回路、保护装置。

（9）滤油或换油。

（10）必要时对器身绝缘进行干燥处理。

（11）装配变压器，注油。根据需要重新油漆油箱外壳。

（12）按试验规程要求进行大修后交接试验。

（13）整理检修记录，编写竣工报告。进行交接验收，编写验收报告。

2．小修项目和步骤

（1）消除巡视中已发现的一切缺陷。

（2）清扫瓷套管和外壳。

（3）拧紧各部位螺母或更换垫圈。

（4）调整油位。清除储油柜集泥器里污垢。

（5）检查呼吸器和压力释放阀是否堵塞，清除污垢。

（6）检查各部位阀门是否正常，有无堵塞，处理渗漏油。

（7）检查变压器接地是否良好，接地装置是否完整，如腐蚀严重则应更换。

（8）检查气体继电器引出线是否良好，绝缘是否合格。

（9）检查测温装置是否完好，测试是否正确。

（10）测试变压器绝缘电阻。对绝缘油进行简化分析和绝缘试验。

变压器小修应和每年的预防性试验结合进行。在小修结束后，进行预防性试验合格后方可恢复投运。

### （三）变压器干燥处理

变压器器身是否需要干燥，对新安装的变压器应根据变压器保存、运输、安装过程中是否受潮，以及试验数据来评定；对运行中和大修后的变压器，应根据预防性试验结果和大修时的受潮情况来评定。

1. 新安装变压器是否需要干燥处理的评定

新安装变压器可以通过以下几个方面来判断是否需要进行干燥处理：

（1）变压器运输过程中油位在油标的规定范围之内。至少在油标中应能看到油位。保证运输过程中绕组和分接开关不会露出油外。

（2）变压器油化验结果，油中应无水分。

（3）变压器油绝缘强度试验符合规程规定值。

（4）变压器绝缘电阻测试值不低于出厂时的70%。如无出厂数据，则不应低于表3-9中的参考数据。

表 3-9 　　　　　　　　油浸电力变压器绕组绝缘电阻的最低允许值 　　　　　　　　MΩ

| 高压绕组电压等级（kV） | 温 度（℃） | | | | | | | | |
|---|---|---|---|---|---|---|---|---|---|
| | 5 | 10 | 20 | 30 | 40 | 50 | 60 | 70 | 80 |
| 3~10 | 675 | 450 | 300 | 200 | 130 | 90 | 60 | 40 | 25 |
| 20~35 | 900 | 600 | 400 | 270 | 180 | 120 | 80 | 50 | 35 |
| 63~330 | 1800 | 1200 | 800 | 540 | 360 | 240 | 160 | 100 | 70 |
| 500 | 4500 | 3000 | 2000 | 1350 | 900 | 600 | 400 | 270 | 180 |

注　本表数据引自 GB 50150—2006《电气装置安装工程　电气设备交接试验标准》条文说明 7.0.9。

（5）变压器绝缘电阻吸收比 $R_{60}/R_{15}$，在10~30℃时，不低于1.3；当 $R_{60}>3000\mathrm{M\Omega}$ 时，吸收比可不作考核要求。

（6）电压等级35kV及以上或容量在8000kVA及以上的变压器应测量介质损耗角正切值 $\tan\delta$（%）。变压器的介质损失角 $\tan\delta$（%）不大于制造厂试验值的130%，或不大于表3-10的参考值。油浸式变压器绕组的 $\tan\delta$ 温度换算系数见表3-11。

表 3-10 　　　　　　　　油浸式变压器绕组 tanδ 允许值 　　　　　　　　　　%

| 高压绕组电压等级（kV） | 温 度（℃） | | | | | | |
|---|---|---|---|---|---|---|---|
| | 10 | 20 | 30 | 40 | 50 | 60 | 70 |
| 66~220 | 0.6 | 0.8 | 1.0 | 1.4 | 1.8 | 2.3 | 3.0 |
| 35 及以下 | 1.2 | 1.5 | 2.0 | 2.5 | 3.3 | 4.3 | 5.6 |

注　1. 同一变压器中压和低压绕组的 tanδ 标准与高压同。

　　2. 测试时温度不宜高于 50℃。

表 3-11 　　　　　　　　油浸式变压器绕组的 tanδ 温度换算系数

| 温度差（℃） | 5 | 10 | 15 | 20 | 25 | 30 | 35 | 40 | 45 | 50 | 55 | 60 |
|---|---|---|---|---|---|---|---|---|---|---|---|---|
| 换算系数 | 1.15 | 1.3 | 1.5 | 1.7 | 1.9 | 2.2 | 2.5 | 2.9 | 3.3 | 3.7 | 4.2 | 4.8 |

注　当由较高温度向较低温度换算时，对 tanδ（%）应除以表中的系数；当由较低温度向较高温度换算时，应乘以系数。

如果变压器不完全满足以上这些条件，但绝缘并非严重受潮，绝缘电阻与表3-9的数值又接近时，可以带油轻度干燥。即在上层油温为70~80℃的情况下对绕组干燥24~48h。这时变压器油的绝缘强度应符合规程要求。

如果变压器的各项绝缘指标均满足以上条件，则可不经干燥，在试验合格后安排投入运行。反之，应考虑对器身做干燥处理。

2. 运行中变压器是否需要干燥处理的评定

运行中变压器如果油中有水分，或油箱出现明显进水，且水量较多；绝缘电阻在同一温度下比上次测得数值降低 40％ 以上，吸收比低于 1.2；介损 $\tan\delta$ 在同一温度下比上次测得值增高 30％ 以上，且超过试验标准允许值。当出现上述这些情况时，应考虑对变压器器身进行干燥处理。

3. 变压器大修时是否需要干燥处理的评定

（1）变压器经过全部或局部更换绕组或绝缘的大修以后，不论测试结果如何，均应进行干燥处理。

（2）经过大修的变压器，如果芯子在湿度≤75％的空气中暴露时间不超过 16h（对于 35kV 及以下的变压器不超过 24h），并经绝缘试验合格，则可不经干燥处理投入运行。反之，则应经过干燥处理。

如果检修期间芯子温度比周围空气温度高出 3～5℃ 以上，则芯子在空气中允许停留时间可增大两倍。

如果周围空气相对湿度高于 75％，则变压器在揭盖以前，上层油温至少应较空气温度高出 10℃。

4. 变压器干燥方法

变压器干燥应根据绝缘的受潮情况和现场具体条件，采用热油循环、热风干燥、涡流干燥、零序电流加热并抽真空等方法。变压器干燥应保持较高的温度和真空度。不带油干燥利用油箱加热时，线圈的最高温度不得超过 95℃，箱壁温度不宜超过 110℃，箱底温度不宜超过 100℃。带油干燥时，上层油温不得超过 85℃。热风干燥时，进风口温度不得超过 100℃。升温速度以 10～15℃/h 为宜。要防止火星进入油箱，进风口设空气滤过器和减速挡风板。

干燥时抽真空可加速干燥过程，提高干燥效果。如果不抽真空，水在 100℃ 时才变成蒸汽蒸发，因此，一定要加热到 100℃ 才能达到干燥的目的。但过高的温度对绕组的绝缘不利。如将油箱内抽真空，使压力降到 50.7kPa，则 80℃ 时水就汽化。如压力降到 40.5kPa，则 75℃ 时汽化。真空度越高，水分汽化越快。但是抽真空时，箱壁受内外压力差的作用可能变形。因此，在抽真空过程中，必须随时注意变压器油箱有无变形，要求油箱局部凹陷的尺寸不得超过油箱壁厚的两倍。一般 35～110kV 电力变压器的油箱能承受 50.7kPa 的压力。如果顶盖上有真空加强铁，则油箱内的压力可降低到 20.3～30.4kPa。66～110kV、20 000kVA 及以上的变压器极限允许真空度为 0.035MPa（残压）。

在干燥过程中，如果变压器绕组的绝缘电阻保持 6h 不变（对 220kV 及以上变压器持续 12h 不变），如属真空干燥，真空管路冷却器在这一时间内也无凝结水析出，则认为干燥已经完成。

在干燥完成后，变压器即可以 10～15℃/h 的速度降温（真空仍保持不变）。对于无油干燥，当器身温度下降至 55℃ 左右时应将预先准备的合格变压器油加温，使与器身温度基本接近（油温可略低，但温差不超过 5～10℃），在真空状态下将油注入油箱内。注油后继续保持抽真空 4h 以上。

在变压器干燥过程中，要做好防止绕组过热烧损和防止火灾等措施。

# 第五节　低损耗变压器

## 一、变压器的技术标准

电力变压器是电力系统中的重要设备。我国对电力变压器的产品质量有严格的技术标准。随

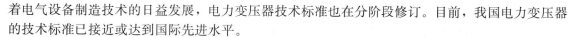

着电气设备制造技术的日益发展，电力变压器技术标准也在分阶段修订。目前，我国电力变压器的技术标准已接近或达到国际先进水平。

电力变压器技术标准分为工艺标准和性能参数指标两个版本。目前，经过修订调整后国家标准《电力变压器》（GB 1094）包括 10 多个分册，是电力变压器生产制造的工艺标准。其中 GB 1094.1—1996 是《总则》，规定变压器的使用条件、名词术语、额定容量和额定电压的选择原则、对铭牌的要求、额定数据的允许偏差、型式试验和出厂试验的项目及原则规定。

GB 1094.2—1996 是《温升》，规定了变压器的温升限值和温升试验方法。

GB 1094.3—2003 是《绝缘水平、绝缘试验和外绝缘空气间隙》，规定了电力变压器应具备的绝缘水平及绝缘试验方法的原则规定。

GB 1094.4—2005 是《电力变压器和电抗器的雷电冲击和操作冲击试验导则》，规定了电力变压器和电抗器的雷电冲击和操作冲击的耐压数值和试验方法。

GB 1094.5—2008 是《承受短路的能力》，规定了电力变压器承受短路能力的具体要求，例如承受短路的耐热能力、承受短路的动稳定能力，以及短路试验方法等。

国家标准《油浸式电力变压器技术参数和要求》（GB/T 6451）是油浸式电力变压器性能参数的国家标准。过去颁发了 GB/T 6451—1995、GB/T 6451—1999，分别对应低损耗变压器 S7 和 S8，均已停止执行。目前，执行的是 GB/T 6451—2008《油浸式电力变压器技术参数和要求》。

干式变压器工艺标准执行 GB 1094.11—2007《电力变压器　第 11 部分：干式变压器》，性能参数标准执行 GB/T 10228—2008《干式电力变压器技术参数和要求》。

## 二、低损耗电力变压器

从 1979 年开始，我国变压器行业确立了中小型变压器新的降损目标，着手设计节能低损耗变压器，1981 年完成联合设计，1982 年制成样机，通过鉴定，确立了 10～35kV 全国统一设计的 SL7 和 SLZ7 低损耗变压器，作为全国推广项目。10kV 级 SL7 变压器的空载损耗比高耗能的按 JB 500—1964 标准制造的 SJL 系列变压器的空载损耗要降低 40% 左右，负荷损耗也降低 10% 以上，称为低损耗变压器，或节能变压器。

降低损耗的主要措施是铁芯材料采用冷轧晶粒取向硅钢片，硅钢片性能好，单位损耗小，并改进铁芯制作工艺，即采用 45°斜接缝，尽量使磁通沿硅钢片轧制方向 45°通过铁芯接缝，从而大大减少空载电流，同时铁芯不冲孔，采用黏带绑扎结构，提高铁芯利用率，而且硅钢片也不做涂漆处理，利用硅钢片本身的绝缘膜绝缘，减小了硅钢片之间的缝隙。在硅钢片剪切时，严格避免毛刺，使铁芯接缝光滑紧密，从而达到降低空载损耗和空载电流的目标。由于提高了铁芯的利用率，减小了铁芯的体积，使线圈缩小，从而也降低了负荷损耗。

随着低损耗变压器制造工艺的不断改进，变压器的性能参数标准也不断刷新。目前执行的是新颁发的 GB/T 6451—2008《油浸式电力变压器技术参数和要求》。这个技术标准的发布，即宣告 6、10kV 配电变压器技术标准从 S7 过渡到 S9 的正式完成，S7、S8 随即禁止生产、禁止销售。

## 三、非晶合金配电变压器

变压器的铁芯材料硅钢片，是在铁中加入 3%～4% 的硅后轧制而成。这种材料的导磁性能远比普通铁为高。最早使用的铁芯材料是热轧硅钢片，0.5mm 厚。20 世纪 30 年代开始生产具有方向性的低损耗冷轧电工钢片，0.35mm 厚，其导磁性能大为提高。变压器目前都采用优质冷轧电工钢片。为了减小涡流损耗，电工钢片不宜厚。目前 0.35mm 厚的冷轧电工钢片已趋淘汰，常用的为 0.30mm，还有 0.23～0.27mm 的极薄的硅钢片。厚度越薄，铁芯损耗越小。

为了进一步降低变压器的空载损耗，于 20 世纪 80 年代研制出非晶合金材料。非晶合金材料是铁硼系列合金，钢片极薄，只有 0.025mm 厚，因此，不能按常规叠片，必须制成 U 形铁芯。非晶合金铁芯材料的饱和磁密较低，不足 1.5T（特斯拉），但损耗很小，其铁损只有普通冷轧硅钢片的 1/4～1/3。铁损降低的主要原因是磁滞回线特别狭，因此，磁滞损耗特别少。

但是，非晶合金铁芯价格较贵，而且由于铁芯必须制成 U 形，适宜于制作小容量单相变压器。如果制作三相变压器，则必须做成三芯五柱结构。由于三芯五柱铁芯变压器的零序磁通磁路磁阻很小，为了限制零序电动势，防止中性点位电压过高，配电变压器必须采用 Dyn 联结组合。而采用 Dyn 联结组合后，当高压侧出现一相断线时，低压侧低电压运行又极易烧坏单相电动机。所有这些都限制了非晶合金三相变压器的广泛使用。

### 四、电力变压器的性能数据

S9、S11 等油浸变压器型号中的数字 9、11 等代表低损耗配电变压器的空载损耗和负载损耗水平。例如 S7 变压器的损耗水平符合国家技术标准 GB 6451.1—1986 的规定，1999 年该国标规定的变压器技术参数已被废止执行，因此 S7 变压器退出市场。按照 GB/T 6451—1999 规定的损耗水平生产的油浸配电变压器，其型号为 S8，该标准于 2008 年废止执行，因此 S8 变压器于当年退出市场，禁止生产销售。目前执行的国标是 GB/T 6451—2008，损耗水平满足该国标要求的油浸配电变压器型号为 S9。此外，油浸配电变压器型号还有 S10、S11、S12、S13 和 SH15 等，损耗水平代号数字越大，损耗越小，节能效果越好。SH15 型号中的"H"代表铁芯为非晶合金的变压器。

表 3-12～表 3-14 列出了 GB/T 6451—2008《油浸式电力变压器技术参数和要求》、GB/T 10228—2008《干式电力变压器技术参数和要求》中 10kV 配电变压器的损耗标准，以及 S7～SH15 配电变压器的损耗数据。其中 S7、S8 已经退出市场，禁止生产销售，其数据仅供参考比较。

**表 3-12　　30～1600kVA 三相双绕组无励磁调压配电变压器（GB/T 6451—2008 标准）**

| 额定容量（kVA） | 电压组合 | | | 联结组标号 | 空载损耗（kW） | 负载损耗（kW） | 空载电流（%） | 短路阻抗（%） |
| --- | --- | --- | --- | --- | --- | --- | --- | --- |
| | 高压（kV） | 高压分接范围（%） | 低压（kV） | | | | | |
| 30 | | | | | 0.13 | 0.63/0.60 | 2.3 | |
| 50 | | | | | 0.17 | 0.91/0.87 | 2.0 | |
| 63 | | | | | 0.20 | 1.09/1.04 | 1.9 | |
| 80 | | | | | 0.25 | 1.31/1.25 | 1.9 | |
| 100 | | | | Dyn11<br>Yzn11<br>Yyn0 | 0.29 | 1.58/1.50 | 1.8 | |
| 125 | 6<br>6.3<br>10<br>10.5<br>11 | ±5 | 0.4 | | 0.34 | 1.89/1.80 | 1.7 | 4.0 |
| 160 | | | | | 0.40 | 2.31/2.20 | 1.6 | |
| 200 | | | | | 0.48 | 2.73/2.60 | 1.5 | |
| 250 | | | | | 0.56 | 3.20/3.05 | 1.4 | |
| 315 | | | | | 0.67 | 3.83/3.65 | 1.4 | |
| 400 | | | | | 0.80 | 4.52/4.30 | 1.3 | |
| 500 | | | | | 0.96 | 5.41/5.15 | 1.2 | |
| 630 | | | | Dyn11<br>Yyn0 | 1.20 | 6.20 | 1.1 | |
| 800 | | | | | 1.40 | 7.50 | 1.0 | |
| 1000 | | | | | 1.70 | 10.30 | 1.0 | 4.5 |
| 1250 | | | | | 1.95 | 12.00 | 0.9 | |
| 1600 | | | | | 2.40 | 14.50 | 0.8 | |

**注**　1. 额定容量 500kVA 及以下的变压器，表中斜线上方的负荷损耗适用于 Dyn11 或 Yzn11 联结组，斜线下方的负荷损耗值适用于 Yyn0 联结组。

2. 根据用户需要，可提供高压分接范围为 ±2×2.5% 的变压器。

3. 根据用户需要，可提供低压为 0.69kV 的变压器。

**表 3-13    干式 6、10kV 无励磁调压配电变压器（GB/T 10228—2008，即 S9 标准）**

| 额定容量 (kVA) | 高压 (kV) | 高压分接范围 (%) | 低压 (kV) | 联结组标号 | A 组 空载损耗 (kW) | 不同的绝缘耐热等级下的负荷损耗 (kW) B (100℃) | F (120℃) | H (145℃) | A 组 空载电流 (%) | B 组 空载损耗 (kW) | 不同的绝缘耐热等级下的负荷损耗 (kW) B (100℃) | F (120℃) | H (145℃) | B 组 空载电流 (%) | 短路阻抗 (%) |
|---|---|---|---|---|---|---|---|---|---|---|---|---|---|---|---|
| 30 | | | | | 0.22 | 0.71 | 0.75 | 0.80 | 2.4 | 0.205 | 0.74 | 0.78 | 0.83 | 2.3 | |
| 50 | | | | | 0.31 | 0.99 | 1.06 | 1.13 | 2.4 | 0.285 | 1.06 | 1.12 | 1.20 | 2.2 | |
| 80 | | | | | 0.42 | 1.37 | 1.46 | 1.56 | 1.8 | 0.380 | 1.46 | 1.55 | 1.66 | 1.7 | |
| 100 | | | | | 0.45 | 1.57 | 1.67 | 1.78 | 1.8 | 0.410 | 1.70 | 1.80 | 1.93 | 1.7 | |
| 125 | | | | | 0.53 | 1.84 | 1.96 | 2.10 | 1.6 | 0.470 | 1.98 | 2.10 | 2.25 | 1.5 | |
| 160 | | | | | 0.61 | 2.12 | 2.25 | 2.41 | 1.6 | 0.550 | 2.25 | 2.45 | 2.62 | 1.5 | |
| 200 | 6 | | | | 0.70 | 2.51 | 2.68 | 2.87 | 1.4 | 0.650 | 2.70 | 2.85 | 3.05 | 1.3 | 4.0 |
| 250 | 6.3 | | | | 0.81 | 2.75 | 2.92 | 3.12 | 1.4 | 0.740 | 3.06 | 3.25 | 3.48 | 1.3 | |
| 315 | 6.6 | ±5 | | Dyn11 | 0.99 | 3.46 | 3.67 | 3.93 | 1.2 | 0.880 | 3.65 | 3.90 | 4.18 | 1.1 | |
| 400 | 10 | ±2 | 0.4 | Yyn0 | 1.10 | 3.97 | 4.22 | 4.52 | 1.2 | 1.000 | 4.34 | 4.60 | 4.90 | 1.1 | |
| 500 | 10.5 | ×2.5 | | | 1.31 | 4.86 | 5.17 | 5.53 | 1.2 | 1.180 | 5.16 | 5.47 | 5.85 | 1.1 | |
| 630 | 11 | | | | 1.51 | 5.85 | 6.22 | 6.66 | 1.0 | 1.350 | 6.15 | 6.50 | 6.95 | 0.9 | |
| 630 | | | | | 1.46 | 5.94 | 6.81 | 6.75 | 1.0 | 1.300 | 6.30 | 6.70 | 7.17 | 0.9 | |
| 800 | | | | | 1.71 | 6.93 | 7.36 | 7.88 | 1.0 | 1.540 | 7.36 | 7.80 | 8.35 | 0.9 | |
| 1000 | | | | | 1.99 | 8.10 | 8.61 | 9.21 | 1.0 | 1.750 | 8.73 | 9.25 | 9.90 | 0.9 | |
| 1250 | | | | | 2.35 | 9.63 | 10.26 | 10.98 | 1.0 | 2.030 | 10.40 | 11.00 | 11.80 | 0.9 | 6.0 |
| 1600 | | | | | 2.76 | 11.70 | 12.40 | 13.27 | 1.0 | 2.700 | 12.70 | 13.50 | 14.40 | 0.9 | |
| 2000 | | | | | 3.40 | 14.40 | 15.30 | 16.37 | 0.8 | 3.000 | 15.30 | 16.20 | 17.40 | 0.7 | |
| 2500 | | | | | 4.00 | 17.10 | 18.18 | 19.46 | 0.8 | 3.500 | 18.40 | 19.50 | 20.80 | 0.7 | |
| 1600 | | | | | 2.76 | 13.00 | 13.70 | 14.66 | 1.0 | 2.700 | 13.70 | 14.50 | 15.50 | 0.9 | |
| 2000 | | | | | 3.40 | 15.90 | 16.90 | 18.00 | 0.8 | 3.000 | 16.70 | 17.70 | 19.00 | 0.7 | 8.0 |
| 2500 | | | | | 4.00 | 18.80 | 20.00 | 21.40 | 0.8 | 3.500 | 19.80 | 21.00 | 22.50 | 0.7 | |

注  1. 表中所列的负荷损耗为括号内参考温度（见 GB 1094.11 的规定）下的温度。

   2. 按 A 组损耗值和 B 组损耗值计算出的变压器运行效率值（$\eta$）与变压器的年平均负荷系数（$\beta$）有关，$\eta$ 与 $\beta$ 的相互关系见 GB/T 10228—2008《干式电力变压器技术参数和要求》附录 A。

**表 3-14    10kV/0.4kV 三相油浸 Yyn0 联结低损耗变压器损耗比较**

| 额定容量 (kVA) | S7 $P_0$ | S7 $P_d$ | S8 $P_0$ | S8 $P_d$ | S9 $P_0$ | S9 $P_d$ | S10 $P_0$ | S10 $P_d$ | S11 $P_0$ | S11 $P_d$ | S12 $P_0$ | S12 $P_d$ | S13 $P_0$ | S13 $P_d$ | SH15 $P_0$ | SH15 $P_d$ |
|---|---|---|---|---|---|---|---|---|---|---|---|---|---|---|---|---|
| 30 | 0.15 | 0.80 | 0.14 | 0.80 | 0.13 | 0.60 | 0.11 | 0.60 | 0.10 | 0.60 | 0.09 | 0.60 | 0.08 | 0.60 | 0.033 | 0.60 |
| 50 | 0.19 | 1.15 | | | 0.17 | 0.87 | 0.15 | 0.87 | 0.13 | 0.87 | 0.12 | 0.87 | 0.10 | 0.87 | 0.043 | 0.87 |

续表

| 型号 损耗(kW) 额定容量(kVA) | S7 | | S8 | | S9 | | S10 | | S11 | | S12 | | S13 | | SH15 | |
|---|---|---|---|---|---|---|---|---|---|---|---|---|---|---|---|---|
| | $P_0$ | $P_d$ | $P_0$ | $P_d$ | $P_0$ | $P_d$ | $P_0$ | $P_d$ | $P_0$ | $P_d$ | $P_0$ | $P_d$ | $P_0$ | $P_d$ | $P_0$ | $P_d$ |
| 63 | 0.22 | 1.40 | 0.22 | 1.40 | 0.20 | 1.04 | 0.18 | 1.04 | 0.15 | 1.04 | 0.13 | 1.04 | 0.11 | 1.04 | | |
| 80 | 0.27 | 1.65 | 0.25 | 1.65 | 0.25 | 1.25 | 0.20 | 1.25 | 0.18 | 1.25 | 0.15 | 1.25 | 0.13 | 1.25 | 0.060 | 1.25 |
| 100 | 0.32 | 2.00 | 0.29 | 2.00 | 0.29 | 1.50 | 0.23 | 1.50 | 0.20 | 1.50 | 0.17 | 1.50 | 0.15 | 1.50 | 0.075 | 1.50 |
| 125 | 0.37 | 2.45 | 0.34 | 2.45 | 0.34 | 1.80 | 0.27 | 1.80 | 0.24 | 1.80 | 0.20 | 1.80 | 0.17 | 1.80 | | |
| 160 | 0.46 | 2.85 | 0.39 | 2.85 | 0.40 | 2.20 | 0.31 | 2.20 | 0.28 | 2.20 | 0.24 | 2.20 | 0.20 | 2.20 | 0.10 | 2.20 |
| 200 | 0.54 | 3.40 | 0.47 | 3.50 | 0.48 | 2.60 | 0.38 | 2.60 | 0.34 | 2.60 | 0.28 | 2.60 | 0.24 | 2.60 | 0.12 | 2.60 |
| 250 | 0.64 | 4.00 | 0.57 | 4.00 | 0.56 | 3.05 | 0.46 | 3.05 | 0.40 | 3.05 | 0.34 | 3.05 | 0.29 | 3.05 | 0.14 | 3.05 |
| 315 | 0.76 | 4.80 | 0.68 | 4.80 | 0.67 | 3.65 | 0.54 | 3.65 | 0.48 | 3.65 | 0.41 | 3.65 | 0.34 | 3.65 | 0.17 | 3.65 |
| 400 | 0.92 | 5.80 | 0.81 | 5.80 | 0.80 | 4.30 | 0.65 | 4.30 | 0.57 | 4.30 | 0.49 | 4.30 | 0.41 | 4.30 | 0.20 | 4.30 |
| 500 | 1.08 | 6.90 | 0.97 | 6.90 | 0.96 | 5.15 | 0.78 | 5.15 | 0.68 | 5.15 | 0.58 | 5.15 | 0.48 | 5.15 | 0.24 | 5.15 |
| 630 | 1.30 | 8.10 | 1.15 | 8.10 | 1.20 | 6.20 | 0.92 | 6.20 | 0.81 | 6.20 | 0.69 | 6.20 | 0.57 | 6.20 | 0.32 | 6.20 |
| 800 | 1.54 | 9.90 | 1.40 | 9.90 | 1.40 | 7.50 | 1.12 | 7.50 | 0.98 | 7.50 | 0.84 | 7.50 | 0.70 | 7.50 | 0.40 | 7.50 |
| 1000 | 1.80 | 11.60 | 1.65 | 11.60 | 1.70 | 10.30 | 1.32 | 10.30 | 1.15 | 10.30 | 0.99 | 10.30 | 0.83 | 10.30 | 0.45 | 10.30 |
| 1250 | 2.20 | 13.80 | 1.95 | 13.80 | 1.95 | 12.00 | 1.56 | 12.00 | 1.36 | 12.00 | 1.17 | 12.00 | 0.97 | 12.00 | | |
| 1600 | 2.65 | 16.50 | 2.35 | 16.50 | 2.40 | 14.50 | 1.88 | 14.50 | 1.64 | 14.50 | 1.41 | 14.50 | 1.17 | 14.50 | 0.63 | 14.50 |

**注** 1. 上表为 Yyn0 联结组变压器的损耗标准。对于 Dyn11 或 Yzn11 联结组的变压器，空载损耗标准与表中数值相同；负荷损耗根据具体容量，某些容量的变压器，负荷损耗要比 Yyn0 联结组变压器高 5% 左右（见表 3-12 斜线上方数据即是一例）。

2. S7、S8 两种型号变压器损耗标准分别对应变压器性能参数国标 GB 6451.1—1986 和 GB/T 6451—1999，由于这两种标准分别于 1999 年和 2008 年废止不再执行，因此 S7、S8 分别于 1999 年和 2008 年退出市场，禁止生产、销售。目前执行的国标是 GB/T 6451—2008，该标准规定的 10kV 配电变压器损耗参数限值即为上表中 S9 的损耗标准。

# 第六节 变 压 器 油

## 一、变压器油的物理性质

油浸变压器用变压器油作绝缘和冷却介质。变压器油从石油中制取。虽然有些合成油也能起到变压器油同样的作用，但是由于价格高，或者其他原因，均未推广使用。

在从石油中制取变压器油时，把原油经过蒸馏、硫酸精制和白土净化等过程，除去油中的石油酸、树脂和硫等有害物质，经脱蜡、干燥，并加入抗氧化剂等化学药剂，即制成变压器油。

纯净的变压器油是无色透明液体，在 20℃ 时的密度为 0.84～0.91，一般不超过 0.9。变压器油的密度越小，油中的杂质和水分越容易沉淀，这对电气设备的安全运行有好处。例如，在低温时，油断路器中的变压器油，如果存在水分，则有可能结成冰。冰的密度为 0.92。如果油的密度大于 0.92，则冰就会在油中浮起，成为放电通道，引起击穿事故。

变压器油的凝点比水低得多。按凝点来划分，国产变压器油分为三个类别，其凝点分别为不高于-10℃、-25℃、-45℃。对于气温不低于-10℃的地区，采用凝点不高于-10℃的变压器油，对于气温低于-10℃的地区，采用凝点不高于-25℃或-45℃的变压器油。

对于油浸电容式套管、户外断路器、互感器用油，规定为气温不低于-5℃的地区，凝点不应高于-10℃；气温不低于-20℃的地区，凝点不应高于-25℃；气温低于-20℃的地区，凝点不应高于-45℃。

变压器油的闪点一般要求不低于140℃，但是DB-45号油（凝点不高于-45℃）的闪点允许不低于135℃。

变压器油的介电系数约为2.1～2.3。由电工基础知道，电容量与介电系数成正比。大容量变压器的主绝缘电容（一、二次绕组之间的电容和一、二次绕组各自的对地电容）都很大，因此，在测量绝缘电阻之后，必须充分接地放电。

变压器油具有很高的电气绝缘强度。纯净的变压器油耐压强度可达60kV/2.5mm以上（平板电极）。但是当变压器油中含有水分时，其电气强度急剧下降。为了保持变压器油良好的绝缘性能，必须做好变压器油的防潮与抗劣化。

### 二、变压器油的防潮与抗劣化

对于油浸变压器，为了保持良好的绝缘性能，必须做好变压器油的防潮与抗劣化（即防止变压器油氧化），为此通常采取两种方法。

#### （一）吸湿器（空气滤过器）

吸湿器可以使油免受空气中水分和杂质的影响。它安装在变压器油枕的呼吸器管路上。吸湿器是一个圆形的玻璃容器，上端通过联管接通到储油柜里边油面上，下端是空气的进出口，通过油封与大气相通，可以起到呼吸作用。在容器内装满硅胶或活性氧化铝等吸湿物。吸湿器的工作原理是这样的：当变压器温度降低时，绝缘油体积收缩，储油柜中油面下降。吸湿器下部油封中的油面发生变化。当油封外部油腔中的油位继续下降到露出油阀中的圆柱形筒的边缘时，外部空气即突破油阀，通过吸潮装置过滤后进入储油柜，空气中的潮气和杂质即吸附在吸湿器里的吸潮剂上。当变压器温度升高时，变压器油体积膨胀，对储油柜中的空气产生压力，其过程与上述相反。一般吸湿器悬挂在储油柜下方。

吸湿器中的吸潮剂为具有强力吸潮功能的球状、棒状或不规则块状的多孔性固体物质。吸潮剂使用日久受潮后，吸附效率降低，必须更换新品，或者进行再生处理。吸潮剂再生采用烘焙方法。例如利用电热炉、干燥炉或热风炉等脱水再生。不同种类的硅胶，其烘焙温度也不同：一般粗孔硅胶400～500℃；细孔硅胶≤250℃；蓝色硅胶≤120℃。由于硅胶传热性能较差，因此烘焙时硅胶堆积厚度以20～50mm为宜。当硅胶烘焙至原来的色泽时，即认为再生完毕。

为了提高吸潮性能，硅胶最好用氯化钙溶液浸渍。用氯化钙溶液浸渍过的硅胶呈白色。但这种硅胶受潮后不易判别。为了指示硅胶的受潮程度，可以采用变色硅胶。变色硅胶必须采用氯化钴溶液浸渍，使其呈现浅蓝色。变色硅胶的吸潮性能不如白色硅胶。因此，变色硅胶的使用量不必太大。可将其装在吸潮器便于观察的地方。当变色硅胶从浅蓝色变为粉红色时，证明吸湿器中的硅胶已受潮，必须更换或干燥处理。

如用活性氧化铝作为吸潮剂，再生处理时，可用电热炉把活性氧化铝加温至450～500℃，直至恢复原来的白色为止。加温时要严格控制温度不要超过500℃。

#### （二）净油器（油的防老化装置）

油浸变压器的净油器是一个充有吸附剂的圆形金属容器。和吸湿器一样，净油器里的吸附剂也是硅胶或活性氧化铝。所不同的是，净油器如同散热器一样，装到电力变压器油箱的侧面，上、下两个流通管路，分别通过油阀门与变压器的上部油箱和下部油箱连通。在变压器运行时，由于上层油比下层油温度高，在温差的作用下，绝缘油从上部油管进入净油器，流经吸附剂，然后从下部油管又流进变压器油箱。在这一流动过程中，油中的水分、杂质和酸、氧化物被吸附剂吸附，从而使绝缘油净化，防止油老化，延长了变压器的运行寿命。为了防止油在流动时把净油器中的吸附剂带入变压器油箱内，在净油器的上、下管道进出口装有细密的过滤网。

上面介绍的净油器是依靠变压器上、下层油温之差引起油循环流动的原理工作的，因此，也称为热虹吸滤过器。还有一种依靠油泵把绝缘油强制循环，流经净油器，以达到净油目的的净油装置，称为强油循环净油器。这种净油器的工作状态与油泵的压力有关，而与变压器上、下层油温的温差无关。对于采用强迫油循环冷却方式的变压器，一般在其冷却系统内，捎带装上强油循环净油器，以达到净化油质的目的。

净油器中吸附剂的用量，可按油的总量来确定。当使用除酸硅胶时约为变压器油总质量的0.75%~1.25%，如使用活性氧化铝时约为油的总质量的0.5%。

为了能及时检查净油器中的吸附剂是否已失效，可将净油器上、下阀门关闭、隔离一昼夜，然后对变压器本体和净油器中的油同时采样做酸值测定，如果两者的酸值接近，则吸附剂已接近失效；如果净油器内油的酸值比变压器本体内油的酸值低得多，则吸附剂尚未失效。

国标 GB/T 6451 规定，变压器容量在 3150kVA 及以上时，必须装设净油器，小于 3150kVA 的变压器无此要求。

### 三、混油注意事项

当变压器里的油位降低时，需要补油。不同牌号的绝缘油或同牌号的新油与运行过的油混合使用应注意油的相容性。

在正常情况下，混油时应注意以下几点：

（1）尽量使用同一牌号的变压器油。我国变压器油共有三个牌号：10 号（凝固点-10℃）、25 号（凝固点-25℃）和 45 号（凝固点-45℃）。混油选用同一牌号可以保证其运行特性基本不变。

（2）被混油双方都应采用同一种抗氧化添加剂，或双方都不含、或一方不含添加剂。如果混油双方采用不同的添加剂，则混合后可能出现化学变化而影响绝缘油的性能。国产变压器油一般皆用 2.6-二叔丁基对甲酚做抗氧化剂。只要未加其他添加剂，油的牌号又相同，即可以按任何比例混合使用。

（3）如果被混的运行中油，酸值、水溶性酸（pH 值）等反映油品老化的指标已表明不合格时，混油要慎重对待。此时，应进行混油特性试验合格后方可混油。因为运行中的油如已严重老化，油中的氧化物可能未沉淀出来，在加入新油后，可能反而会析出沉淀物，产生大量油泥，使绝缘油的性能变坏。由此可见，如运行油质已有一项或数项指标不合格，则应对油进行再生处理，而不允许利用混油手段来提高运行油质量。

（4）对于进口油或来源不明的变压器油混油时，混油前必须先进行混油试验。如混油的质量不低于原运行油的质量，或不低于相对较差的新油的质量，而且又都在合格范围内，这时方可混油。

GB/T 14542—2005《运行变压器油维护管理导则》规定：补加油宜采用与已充油同一油源，同一牌号及同一添加剂类型的油品。补加油的各项特性指标不应低于已充油。如补加油的补加份额小于 5%，通常不会出现问题；但如补加份额大于 5%，在补油前应先做油泥析出试验，确认无油泥析出，酸值、介质损耗因数值不大于设备内油时，方可进行补油。

不同油基的油原则上不宜混合使用。在特殊情况下，如需将不同牌号的新油混合使用，应按混合油实测凝点决定是否适于当地地域的气温要求，并按有关技术标准进行混油试验，并且混合

样品的试验结果应不比最差的单个油样差。

### 四、油中溶解气体的分析与判断（气体色谱分析）

高电压、大容量的油浸变压器和高电压的油浸电磁式互感器，无论在交接试验或预防性试验时，有一个很重要的试验项目，就是"油中溶解气体色谱分析"，特别是当这些电气设备可能存在某种缺陷需要诊断时，气体色谱分析是一个十分重要的测试手段。分析溶解于绝缘油中各种气体的组分和含量，或分析存积在气体继电器内的气体组分和含量，能尽快发现电气设备内部存在的局部过热或局部放电等潜伏性故障。

### 五、变压器油的合格标准

变压器油在灌入充油电气设备之前都必须经过试验，不合格的油不允许使用，只有试验合格的油方可灌入电气设备内。而且，在灌油过程中，要特别注意使用的容器是否清净。不要使用曾盛装过不洁物品或其他化学液体的容器来灌注变压器油，要使用新的、干净的、专用的容器。而且，在灌油前应先用合格的变压器油冲洗干净。表 3-15、表 3-16 所列为 GB 50150—2006《电气装置安装工程　电气设备交接试验标准》规定的"电气设备绝缘油试验分类"和"绝缘油试验项目及标准"。表 3-17 是 DL/T 596—1996《电力设备预防性试验规程》所规定的绝缘油合格标准。

表 3-15　　　　　　　　　　　　　电气设备绝缘油试验分类

| 试验类别 | 适用范围 |
| --- | --- |
| 击穿电压试验 | (1) 6kV 以上电气设备内的绝缘油或新注入上述设备前、后的绝缘油；<br>(2) 对下列情况之一者，可不进行击穿电压试验：<br>1) 35kV 以下互感器，其主绝缘试验已合格的；<br>2) 15kV 以下油断路器，其注入新油的电气强度已在 35kV 及以上的；<br>3) 其他按照 GB 50150—2006《电气装置安装工程　电气设备交接试验标准》规定不需取油样试验的 |
| 简化分析 | 1) 准备注入变压器、电抗器、互感器、套管的新油，应按表 3-16 中的第 2～9 项规定进行简化分析和试验；<br>2) 准备注入油断路器的新油，应按表 3-16 中的第 2、4～7 项规定进行简化分析和试验 |
| 全分析 | 对油的性能有怀疑时，应按表 3-16 中的全部项目进行分析试验 |

表 3-16　　　　　　　变压器油交接试验项目及标准（GB 50150—2006
《电气装置安装工程电气设备交接试验标准》）

| 序号 | 项　目 | 标　准 | 说　明 |
| --- | --- | --- | --- |
| 1 | 外观 | 透明，无沉淀及悬浮物 | 外观目视 |
| 2 | 水分（mg/L） | 500kV：≤10<br>220～330kV：≤15<br>110kV 及以下电压等级：≤20 | 按 GB 7600—1987《运行中变压器油水分含量测定法（库仑法）》或 GB/T 7601—2008《运行中变压器油、汽轮机油水分测定法（气相色谱法）》中的有关要求进行试验 |
| 3 | 界面张力 | 不应小于 35mN/m | (1) 按 GB/T 6541—1986《石油产品油对水界面张力　测定法（圆环法）》或 YS-6-1-84《界面张力　测定法》<br>(2) 测试时温度为 25℃ |

续表

| 序号 | 项 目 | 标 准 | 说 明 |
|---|---|---|---|
| 4 | 酸值 | 不应大于 0.03mg（KOH）/g 油 | 按 GB/T 28552—2012《变压器油、汽轮机油酸值测定法（BTB法）》 |
| 5 | 水溶性酸（pH 值） | 大于 5.4 | 按 GB/T 7598—2008《运行中变压器水溶性酸测定法》 |
| 6 | 闪点 | 不低于（℃）DB-10 140　DB-25 140　DB-45 135 | 按 GB/T 261—2008《闪点的测定　宾斯基—马丁闭口杯法》闭口法 |
| 7 | 击穿电压试验 | （1）使用于 35kV 及以下者：不应低于 35kV（2）使用于 60～220kV 者：不应低于 40kV（3）使用于 330kV 者：不应低于 50kV（4）使用于 500kV 者：不应低于 60kV | （1）按 GB/T 507—2002《绝缘油击穿电压测定法》（2）油样应取自被试设备（3）试验油杯采用平板电极（4）对注入设备的新油均不应低于本标准 |
| 8 | 介质损耗角正切值 $\tan\delta$（%） | 90℃时注入电气设备前不应大于 0.5；注入后不应大于 0.7 | 按 GB/T 5654—2007《液体绝缘材料　相对电容率、介质损耗因数和直流电阻率的测量》 |
| 9 | 体积电阻率（90℃）（Ω·m） | $\geqslant 6\times10^{10}$ | 按 GB/T 5654—2007《液体绝缘材料　相对电容率、介质损耗因数和直流电阻率的测量》或 DL/T 421—2009《电力用油体积电阻率测定法》有关要求试验 |
| 10 | 油中含气量（%）（体积分数） | 330～500kV：$\leqslant 1$ | 按 DL/T 423—2009《绝缘油中含气量测定方法　真空压差法》或 DL/T 450—1991《20kV 配电设备选型技术测定》有关要求试验 |
| 11 | 油泥与沉淀物（%）（质量分数） | $\leqslant 0.02$ | 按 GB/T 511—2010《石油和石油产品及添加剂机械杂质测定法》有关要求试验 |
| 12 | 油中溶解气体组分含量色谱分析 | 按各电气设备作相应规定 | 按 GB/T 17623—1998《绝缘油中溶解气体组分含量的气相色谱测定法》、GB/T 7252—2001《变压器油中溶解气体分析和判断导则》及 DL/T 722—2000《变压器油中溶解气体分析和判断导则》有关要求试验 |

**表 3-17　变压器油预防性试验项目和要求（DL/T 596—1996《电力设备预防性试验规程》）**

| 序号 | 项 目 | 要 求 | | 说 明 |
|---|---|---|---|---|
| | | 投入运行前的油 | 运 行 油 | |
| 1 | 外观 | 透明、无杂质或悬浮物 | | 将油样注入试管中冷却至5℃在光线充足的地方观察 |
| 2 | 水溶性酸 pH 值 | ≥5.4 | ≥4.2 | 按 GB 7598 进行试验 |
| 3 | 酸值 mgKOH/g | ≤0.03 | ≤0.1 | 按 GB/T 264《石油产品酸值测定法》或 GB 7599 进行试验 |
| 4 | 闪点（闭口）℃ | ≥140（10 号、25 号油）≥135（45 号油） | （1）不应比左栏要求低 5℃（2）不应比上次测定值低 5℃ | 按 GB/T 261—2008《闪点的测定　宾斯基—马丁闭口杯法》进行试验 |
| 5 | 水分 mg/L | 66～110kV≤20 220kV≤15 330～500kV≤10 | 66～110kV≤35 220kV≤25 330～500kV≤15 | 运行中设备测量时应注意温度的影响，尽量在顶层油温高于 50℃ 时采样，按 GB 7600—1987《运行中变压器油水含量测定法（库仑法）》或 GB/T 7601—2008《运行中变压器油、汽轮机油水分测定法（气相色谱法）》进行试验 |
| 6 | 击穿电压 kV | 15kV 以下≥30 15～35kV≥35 66～220kV≥40 330kV≥50 500kV≥60 | 15kV 以下≥25 15～35kV≥30 66～220kV≥35 330kV≥45 500kV≥50 | 按 GB/T 507—2002《绝缘油　击穿电压测定法》和 DL/T 429.9—1991《电力系统油质试验方法—绝缘油介电强度测定法》进行试验 |
| 7 | 界面张力（25℃）mN/m | ≥35 | ≥19 | 按 GB/T 6541 进行试验 |
| 8 | tanδ（90℃）% | 330kV 及以下≤1 500kV≤0.7 | 300kV 及以下≤4 500kV≤2 | 按 GB 5654 进行试验 |
| 9 | 体积电阻率（90℃）Ω·m | ≥6×10$^{10}$ | 500kV≥1×10$^{10}$ 330kV 及以下≥3×10$^9$ | 按 DL/T 421 或 GB 5654 进行试验 |
| 10 | 油中含气量（体积分数）% | 330kV 500kV ≤1 | 一般不大于 3 | 按 DL/T 423 或 DL/T 450 进行试验 |
| 11 | 油泥与沉淀物（质量分数）% | — | 一般不大于 0.02 | 按 GB/T 511 试验，若只测定油泥含量，试验最后采用乙醇—苯（1：4）将油泥洗于恒重容器中，称重 |
| 12 | 油中溶解气体色谱分析 | 按各电气设备作相应规定 | | 取样、试验和判断方法分别按 GB/T 7597—2007《电力用油（变压器油、汽轮机油）取样方法》、GB/T 17623—1998《绝缘油中溶解气体组分含量的气相色谱测定法》和 GB 7252 的规定进行 |

注　1. 对全密封式设备如互感器，不易取样或补充油，应根据具体情况决定是否采样。
　　2. 有载调压开关用的变压器油的试验项目、周期和要求按制造厂规定。

# 第七节　气 体 继 电 器

气体继电器是油浸变压器内部故障的一种保护装置。当油浸变压器内部发生故障，例如匝层间短路、相间短路、相对地短路时，伴随有电弧产生，使绝缘油分解产生气体。此外，变压器内部某些部件过热，也会使绝缘材料分解并产生挥发性气体。因气体比油轻，就会上升到变压器的上部储油柜内。如果故障较为严重，大量气体会产生很大的压力，使油迅速向储油柜流动。因此，变压器油箱内气体的产生和油气流向储油柜方向流动都可以作为变压器故障的特征。利用这些特征构成的变压器保护装置称为气体保护。气体保护同差动保护一样，都是变压器的主保护。构成气体保护的继电器称为气体继电器。

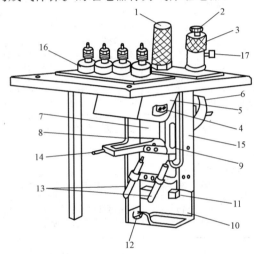

图 3-13　QJ1-80 型复合式气体继电器
内部结构图

1—罩；2—顶针；3—气塞；4—磁铁；5—开口油杯；6—重锤；7—探针；8—开口销；9—弹簧；10—挡板；11—磁铁；12—螺杆；13—干簧触点（重瓦斯用）；14—调节杆；15—干簧触点（轻瓦斯用）；16—套管；17—排气口

图 3-13 所示为 QJ1-80 型复合式气体继电器。这种气体继电器的动作原理是：正常运行时开口油杯浸在油内，由开口油杯 5 的质量（不包括油杯内的油重）和附件的质量所产生的力矩比平衡重锤 6 所产生的力矩小，因而开口油杯处于向上倾斜位置，磁力干簧触点 15 处于断开状态。当变压器内产生轻微故障时，产生的气体聚集在继电器的上部，迫使继电器内油面下降，这时开口油杯 5 所产生的力矩（由开口油杯及其附件在空气中的质量加上开口油杯中的油重所产生的力矩）超过平衡重锤 6 所产生的力矩，于是开口油杯下降，并带动永久磁铁 4 使干簧触点 15 闭合，发出信号，此信号称为轻气体信号。改变平衡重锤的位置，可以调节轻瓦斯信号开始动作时的气体继电器内的气体体积，其范围为 $250\sim300\,cm^3$。当变压器内部发生严重故障时，油气流冲动挡板 10，挡板在油气流的冲动下运动到某一限定位置时永久磁铁 11 使一对干簧触点 13 闭合，接通跳闸回路。此即为重瓦斯保护。如果调整挡板位置，改变弹簧 9 的长度，可在 $0.6\sim1.5\,m/s$ 范围内调整跳闸触点动作的油速，一般出厂时调整在 $1.2\,m/s$。

## 考 试 复 习 参 考 题

**一、单项选择题**（选择最符合题意的备选项填入括号内）

(1) 变压器是用以改变电压大小的（ B ）的电气设备。

A. 旋转；B. 静止

(2) 变压器基本工作原理是电磁感应定律，变压器二次侧感应电动势的计算公式为（ C ）。

A. $E_1=4.44fN_1\varPhi_m$；B. $E_2=4.44fN_2\varPhi$；C. $E_2=4.44fN_2\varPhi_m$

(3) 单相变压器空载时变压比与匝数比有（ A ）的近似关系。

A. $U_1/U_2=N_1/N_2$；B. $U_1/U_2=N_2/N_1$；C. $U_1/U_2=N_1+N_2$

(4) 已知三相变压器额定容量为 1000kVA，额定电压为 10kV，则一次侧额定电流为（ C ）A。

A. 100；B. 60；C. 57.7

(5) 变压器在运行中本身也有能量损耗，主要包括空载损耗和（ B ）。

A. 铁损；B. 负载损耗；C. 涡流损耗

(6) 变压器一次侧电压不变，如果要提高二次侧电压，通常是利用调压开关（ A ）。

A. 减少一次绕组匝数；B. 增加二次绕组匝数；C. 增加一次绕组匝数；D. 减少二项绕组匝数

(7) 三相变压器的变压比，是指变压器空载时一、二次线电压（ C ）之比。

A. 瞬时值；B. 最大值；C. 有效值；D. 平均值

(8) 我国变压器的额定频率一般都是（ A ）Hz。

A. 50；B. 60；C. 40；D. 70

(9) 自从国标 GB/T 6451—2008 油浸变压器性能参数标准实施后，（ A ）节能变压器退出市场，禁止生产销售。

A. S8；B. S9；C. S10；D. S11

(10) 变压器一次侧电压 $U_1$ 和一次绕组感应电动势 $E_1$ 方向相反，由于存在（ A ）$U_1$ 和 $E_1$ 的数值不相等，$U_1 > E_1$。

A. 一次绕组漏磁通和一次绕组电阻；B. 二次绕组漏磁通和二次绕组电阻；C. 一次绕组主磁通和一次绕组电阻

(11) 同一台变压器高压侧的额定电流一定（ C ）低压侧的额定电流。

A. 大于；B. 等于；C. 小于

(12) 同一台变压器高压侧的额定电流乘以额定电压一定（ B ）低压侧的额定电流乘以额定电压。

A. 大于；B. 等于；C. 小于

(13) 如果忽略（ D ），则变压器的一、二次电压分别等于一、二次感应电动势。

A. 绕组的电阻；B. 绕组的主磁通；C. 绕组的漏抗；D. 绕组的电阻和漏抗

(14) 变压器一次侧电流方向（ C ）。

A. 与感应电动势同方向；B. 与一次电压反方向；C. 与一次电压同方向

(15) 变压器二次侧绕组内的电流方向（ A ）。

A. 与感应电动势同方向；B. 与感应电动势反方向；C. 与二次端电压同方向

(16) 变压器负荷电流超过额定电流时称为"过载"。变压器（ C ）过载。

A. 绝对不可以；B. 可以随便；C. 可以有条件

(17) 油浸变压器顶层油温最高不允许超过（ B ）℃。

A. 85；B. 95；C. 105

(18) 油浸变压器顶层油温一般不宜经常超过（ A ）℃。

A. 85；B. 95；C. 105

(19) 油浸变压器的绝缘材料属于 A 级，因此变压器中绝缘材料的最高工作温度不得超过（ C ）℃。

A. 85；B. 95；C. 105

(20) 普通油浸变压器顶层油的温升限值为（ C ）。

A. 40℃；B. 55℃；C. 55K

**二、多项选择题** （选择两个或两个以上最符合题意的备选项填入括号内）

（1）变压器运行电压一般应不高于该运行分接额定电压的 （ B ）%，如高于这个电压，根据具体电压数值，将负荷电流限止在低于额定电流的某一数值，但运行电压最高不得超过额定电压的 （ C ）%。

A. 100；B. 105；C. 110；D. 115

（2）变压器并列运行的基本条件有：（A、B、C），其中 （ A ） 必须绝对严格执行；对于 （B、C），只要确保变压器负荷电流不超过允许值，可以有少许差别。

A. 联结组标号相同；B. 电压比相等；C. 短路阻抗相等；D. 变压器容量相等

（3）节能型配电变压器型号中的字母 （ A ） 代表三相，（ B ） 代表单相，（ D ） 代表全密封，（ C ） 代表卷铁芯。

A. S；B. D；C. R；D. M

（4）（ B ） 联结的配电变压器 （ C ） 比 （ A ） 联结的配电变压器小很多，在同样的单相不平衡负荷时，中性点位移电压小很多。

A. Yyn0；B. Dyn11；C. 零序阻抗

（5）F 绝缘材料制作的干式变压器允许温升限值 （ C ），当变压器室内环境温度为 28℃时，变压器允许温度为 （ D ）。

A. 55K；B. 100℃；C. 100K；D. 128℃

**三、判断题** （正确的画√，错误的画×）

（1）变压器适用于交流，也适用于直流。 （ × ）

（2）变压器的低压侧绕组匝数比高压侧绕组匝数略多。 （ × ）

（3）10kV 配电变压器短路阻抗 $U_z$% 都等于 4.5%。 （ × ）

（4）额定频率为 50Hz 的变压器，用在 60Hz 电网里，其额定容量和额定电压、空载损耗都与用在 50Hz 电网里相同。 （ × ）

（5）变压器空载合闸时会出现合闸涌流，其数值可能瞬间达到变压器额定电流的 5～6 倍，甚至高达 9 倍。 （ √ ）

（6）不论什么变压器，空载合闸时，每次合闸都会出现比额定电流大很多的合闸涌流。 （ × ）

（7）三相 10kV/400V 的配电变压器，如果运行中无励磁调压开关在 Ⅲ 挡（9.5kV/400V），这时二次电压为 415V。为了降低二次电压，应将分接开关在停电状态下切换至 Ⅱ 挡（10kV/400V）。 （ √ ）

（8）无励磁调压开关切换操作必须在脱离电源后进行。完成切换操作后，应将挡位锁定，测试直流电阻合格后方可交付投运。 （ √ ）

（9）有载调压开关切换操作可以带电进行，但是必须在轻负荷时操作。 （ × ）

（10）油浸变压器用变压器油作绝缘和冷却介质。 （ √ ）

（11）变压器的负载损耗也称铜损，空载损耗也称铁损。 （ √ ）

（12）当变压器运行在铜损等于铁损时能源利用效率最好。 （ √ ）

（13）变压器的空载损耗随电压增高而增大；负载损耗随负荷电流增大成平方正比增大。 （ √ ）

（14）干式变压器也应安装气体继电器。 （ × ）

（15）有载调压开关的油箱上也装有气体继电器。 （ √ ）

（16）变压器有载调压开关在切换挡位时，存在中断供电的一瞬间，但时间很短。 （ × ）

（17）新变压器初次合闸投运应进行 5 次冲击合闸试验。　　　　　　　　　　（ ✓ ）

（18）变压器合闸送电前，应先检查变压器二次侧各开关均处于分闸状态，一次侧断路器也在分闸状态，然后按电源侧隔离开关——负荷侧隔离开关——断路器的先后顺序进行合闸操作。

（ ✓ ）

（19）变压器合闸送电后，应立即检查一、二次电压是否正常，电流是否正常，变压器声音及状态是否正常。　　　　　　　　　　　　　　　　　　　　　　　　　　　（ ✓ ）

（20）变压器停运操作应按下列顺序进行：拉开负荷侧各断路器——拉开负荷侧各隔离开关——拉开变压器电源侧断路器——拉开电源侧隔离开关。　　　　　　　　　（ ✓ ）

**四、计算题**

（1）三相 10kV/400V 容量为 800kVA 的变压器一次电流为（ B ）A，二次电流为（ D ）A。

A.54.3；B.46.2；C.800；D.1154.7

（2）某变压器空载损耗 $P_0 = 1.7$kW，负载损耗 $P_d = 10.3$kW。则变压器能源效率最高时的负荷系数 $K$ 为（ C ）。

A.0.912；B.0.6；C.0.406；D.0.303

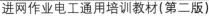

# 高低压开关设备

第四章

## 第一节 短路电流及其计算方法

在叙述高低压开关设备，以及后面第八章中变电站常用继电保护基本知识等内容之前先研究一下短路故障的类型及短路电流计算是很有必要的，因为在讨论高低压配电装置的技术性能时，常常要涉及当电路中发生短路故障时，这些装置运行的可靠性等问题，例如动稳定、热稳定以及断路器的跳、合闸等。

### 一、短路的定义及种类

电力系统相与相之间的短接，或在中性点接地系统中一相或多相接地均构成短路，最常见的短路类型有：三相短路、两相短路、单相接地短路、不同相接地短路以及发电机和变压器绕组的匝间短路。

在中性点直接接地系统中，单相接地短路约占短路故障总数的65%，两相短路约占10%～15%，两相接地短路约占10%～20%，三相短路约占5%。

### 二、短路造成的严重后果

发生短路时，网络的总阻抗突然减小，回路中的电流可能超过正常运行电流很多倍。短路电流使导线和设备过热，绝缘被破坏，持续的时间越长，其危害就越严重。导体流过短路电流时，还会产生强大的机械力，使导体变形或支架损坏。

根据现场运行经验，当发生短路故障时，如果电源开关不立即跳闸，在2～3s时间内，导线迅速过热熔化，绝缘物冒烟起火。图4-1所示为某变电站发生短路事故时，继电保护拒绝动作，变电所高压室全部开关柜迅速化为灰烬的现场照片。

图4-1 变电站短路事故现场

一般电气设备经受短路冲击的容许时间规定为0.5s。例如电力变压器国家标准

GB 1094.5—2008《电力变压器 第 5 部分：承受短路的能力》规定：2500kVA 及以下的三相电力变压器承受外部短路故障电流冲击的持续时间为 0.5s，在这个持续时间内，电力变压器不应变形损坏。这是从动稳定考虑，而从耐热能力考虑，该标准规定：电力变压器在安装地点外部三相短路持续时间不超过 2s 时，应不致过热烧损。

由以上介绍可见，当电气回路发生短路故障时，电源开关应在 0～0.5s 内立即跳闸，否则可能使电气设备损坏；如果电源开关在短路事故发生 2s 后还不断开，则很有可能引起电气火灾事故，图 4-1 照片就是一个例子。

除以上所述之外，短路时还引起网络电压急剧下降，其结果可导致部分或全部用户的供电破坏。例如当网络正常工作电压降低 30%～40% 以上，时间长达 10s 时，电动机可能停止运行或过热受损。

电网发生短路故障时，电流、电压和它们之间的相位均发生变化，严重时还会引起电网瓦解。

为了减轻短路电流的危害，需要限制短路电流的数值。一般方法是增大短路回路的阻抗，例如可在电路中串入电抗器，或者使多台变压器、多条供电线路分开运行。采用继电保护快速切除故障，也能大大减轻短路造成的影响。

### 三、短路电流大小的计算

#### （一）影响短路电流大小的因素

对于某一短路事故来说，其短路电流的大小主要取决于其电源侧电力变压器的容量大小、该变压器的阻抗电压大小，以及短路故障点距离此变压器的电气距离。所谓电气距离是指电力线路的长度。其次，短路电流的大小也与电力系统的容量大小有关。

下面举例说明如何估算 10kV 电力变压器二次侧出口三相短路电流。所谓二次出口短路电流，是指变压器二次侧引出线附近的短路电流，例如二次侧母线短路就是。

**【例 4-1】** 设有一台 630kVA，电压比为 10/0.4kV 的三相电力变压器，接入电力系统，当发生二次出口三相短路时，试估算变压器一、二次侧流过的短路电流。

**解：** 630kVA，10/0.4kV 三相电力变压器的 10kV 侧额定电流为

$$I_{1r} = \frac{630}{\sqrt{3} \times 10} = 36.37 \ (A)$$

0.4kV 侧额定电流为

$$I_{2r} = \frac{630}{\sqrt{3} \times 0.4} = 909.35 (A)$$

根据变压器技术标准，该变压器的阻抗电压 $U_d\% = 4.5\%$，假设该变压器所连接的电网为无限大容量系统，则三相短路电流为额定电流的 $100\%/4.5\% = 100/4.5 = 22.2$ 倍。因此，该变压器二次出口三相短路时，低压侧流过的短路电流为

$$I_{2sh}^{(3)} = 22.2 \times 909.35 = 20\ 187 (A)$$

高压侧流过的短路电流为

$$I_{1sh}^{(3)} = 22.2 \times 36.37 = 814 (A)$$

**答：** 一次流过短路电流 814A，二次流过短路电流 20 187A。

实际上，电力系统的容量不可能是无限大，因此，受系统阻抗影响，实际短路电流要略小于上述计算短路电流。对于大型电力系统，10kV 电力变压器二次出口三相短路电流，实际数值要

比上面的计算值约小 10％左右。

如果短路故障点不在变压器的二次出口，而是在低压配出线上，则短路电流大小与配出线的距离远近有关。距离越远，导线阻抗越大，短路电流也越小。

由于电力变压器二次出口短路时，低压侧短路电流特别大，通常达几万安培（在［例 4-1］中，为 2 万 A），瞬间产生高温，强电弧，容易灼伤附近工作人员，要特别引起警惕。

**（二）短路电流计算方法**

低压系统短路计算时，需要考虑电阻和电抗，通常采用有名值计算；高压系统一般采用标幺值计算。下面介绍计算方法，为简便计，电阻忽略不计。

1. 标幺制

所谓标幺制，就是凡参与短路计算的各电气量（如电抗、电流、电压和功率等）都化为相对值来表示。这个相对值称为标幺值。

所谓某一电气量的标幺值，就是该电气量的实际值（有名值）与某一选定的同单位的基准值（有名值）的比值（相对值）。即

$$标幺值（相对值）= \frac{实际值（有名值）}{基准值（有名值）} \tag{4-1}$$

因为电流、电压、电抗和功率之间存在以下关系

$$I_J = \frac{S_J}{\sqrt{3}U_J} \tag{4-2}$$

$$U_J = \sqrt{3}I_J X_J \tag{4-3}$$

$$X_J = \frac{U_J}{\sqrt{3}I_J} = \frac{U_J^2}{S_J} \tag{4-4}$$

所以四个基准值中只能任意选取其中两个。一般选电压和功率（容量）两个基准值，电流和阻抗的基准值可以从关系式（4-2）、式（4-4）中推算而得。

为了便于识别，标幺值用下标"＊"表示。如果取额定电压、额定容量为基准值，则标幺值的下标增加一个符号"r"，即下标写成"＊r"，称为额定标幺值。如果基准值是任意选取的，则下标用"J"表示。为了计算方便，工程上大多取基准容量 $S_J = 100MVA$，基准电压取短路计算点所在那一级电网的额定电压。

2. 电力系统中各元件的电抗

（1）同步发电机。在三相短路电流计算时，同步发电机必须知道其纵轴次暂态电抗值 $x''_F$。发电机纵轴次暂态电抗的额定标幺值 $x_{*rF}$ 可从产品样本上查得，如资料不全也可采用下列平均值

| 汽轮发电机 | 0.125 |
| 有阻尼绕组的水轮发电机 | 0.20 |
| 无阻尼绕组的水轮发电机 | 0.27 |
| 同步电动机 | 0.20 |

上面所列为以额定电压和额定容量为基准值的电抗标幺值，如要换算到某一给定基准电压和基准容量时，可参照下式

$$X_{*J} = X_{*r} \frac{S_J}{S_r} \times \frac{U_r^2}{U_J^2} \tag{4-5}$$

当已知额定标幺值电抗 $X_{*r}$ 和额定电压 $U_r$、额定容量 $S_r$ 时，可以通过式（4-5）将它换算为给定基准电压 $U_J$ 和给定基准容量 $S_J$ 时的基准标幺电抗 $X_{*J}$。

（2）电力变压器。双绕组变压器电抗的额定标幺值用百分数表示时，等于短路电压的百分

数，即 $X_{*r\cdot B}\times100\%=U_d\%$ 或

$$X_{*r\cdot B}=\frac{U_d\%}{100\%}\qquad(4\text{-}6)$$

**【例 4-2】** 有一台三相变压器，容量为 20000kVA，短路电压为 $U_d\%=7.91\%$，试求变压器的标幺电抗。以 100MVA 为基准容量，基准电压取变压器的额定电压。

**解：** $$X_{*r\cdot B}=\frac{U_d\%}{100\%}\times\frac{100}{20}=0.3955$$

**答：** 标幺电抗为 0.3955。

三绕组变压器和三绕组自耦变压器，各绕组间短路电压的百分数分别用 $U_{dⅠ\text{-}Ⅱ}\%$、$U_{dⅡ\text{-}Ⅲ}\%$ 和 $U_{dⅠ\text{-}Ⅲ}\%$ 表示，下角Ⅰ、Ⅱ、Ⅲ分别表示高压、中压和低压。这些短路电压百分数都是根据变压器的额定容量（即最大侧的容量）算出的。各侧的电抗额定标幺值为

$$X_{Ⅰ*r}=\frac{1}{2}(U_{dⅠ\text{-}Ⅱ}\%+U_{dⅠ\text{-}Ⅱ}\%-U_{dⅡ\text{-}Ⅲ}\%)\div100$$

$$X_{Ⅱ*r}=\frac{1}{2}(U_{dⅠ\text{-}Ⅱ}\%+U_{dⅡ\text{-}Ⅲ}\%-U_{dⅠ\text{-}Ⅲ}\%)\div100$$

$$X_{Ⅲ*r}=\frac{1}{2}(U_{dⅠ\text{-}Ⅲ}\%+U_{dⅡ\text{-}Ⅲ}\%-U_{dⅠ\text{-}Ⅱ}\%)\div100\qquad(4\text{-}7)$$

（3）电抗器。电抗器是用来限制短路电流的。在其技术参数中并不直接给出电抗 $X_k$ 值，而是给出电抗 $X_k$ 的百分值，即

$$X_k\%=\frac{\sqrt{3}I_rX_k}{U_r}\times100\%\qquad(4\text{-}8)$$

（4）架空线和电缆线。对于准确的计算，应以线路电抗的实测值为依据。如果没有实测值，也可以根据公式算出

$$X_L=0.144\lg\frac{D_{PJ}}{r}+0.016\,\Omega/km\qquad(4\text{-}9)$$

式中　$X_L$——三相电力架空线路每相每 km 导线的感抗值，$\Omega/km$；

　　　　$r$——导线的半径，cm；

　　　　$D_{PJ}$——导线间平均几何距离 cm。其值为三相导线中心线之间的距离 $D_1$、$D_2$、$D_3$ 的几何平均距离，即

$$D_{PJ}=\sqrt[3]{D_1D_2D_3}\qquad(4\text{-}10)$$

如不要求精确计算，也可采用经验数据，见表 4-1。

**表 4-1** 线路电抗平均值

| 线路种类 | 电抗（Ω/km） | 线路种类 | 电抗（Ω/km） |
|---|---|---|---|
| 35～220kV 架空线路 | 0.40 | 35～66kV 电缆线路 | 0.12 |
| 3～10kV 架空线路 | 0.35 | 3～10kV 电缆线路 | 0.08 |
| 1kV 以下架空线路 | 0.30 | 1kV 以下电缆线路 | 0.06～0.07 |
| 110kV 电缆线路 | 0.18 | | |

**【例 4-3】** 架空线路长 15km，每电抗 0.4Ω，电压为 66kV，试求以 100MVA 为基准容量的标幺电抗 $X_{*J}$。

**解：** 根据标幺值定义和式（4-5），有

$$X_{*J}=\frac{S_J}{U_J^2}\cdot X_L\cdot L=\frac{100}{66^2}\times0.4\times15=0.1377$$

**答**：标幺电抗为 0.1377。

3. 短路电流计算的程序

（1）搜集计算所需资料。在计算短路电流时，首先应搜集有关资料，例如：电气接线图、电路中各元件的技术数据、电网的正常和异常运行方式。

（2）画出简化的单线图。在简化的单线图中，只需根据确定的运行方式画出与计算短路电流有关的各元件以及它们之间的相互连接，并注明各元件的有关数据。

（3）选择要计算的短路点。为了选择和校验电气设备，必须确定可能通过被选择电气设备的最大短路电流计算点。

（4）画出等值电路图。根据选定的短路点，画出等值电路图。图中各元件用等值电抗表示。在各等值电抗旁写有分式，分子表示电抗的编号，分母留作标明电抗标幺值之用。

（5）计算等值电路图中各标幺电抗值。计算时一般取 100MVA 为基准容量（对于超高压大容量系统有时取 500～1000MVA），基准电压取短路点的额定电压。将计算得的标幺电抗值写在等值电路图上各电抗元件旁边分式的分母上。

（6）化简等值电路。化简等值电路，算出由电源至短路点的总的标幺电抗 $x_{sh\Sigma *}$。

（7）计算三相短路电流。如果忽略电阻，则有

$$I_{sh}^{(3)} = \frac{U_n}{\sqrt{3}X_{sh\Sigma}} \tag{4-11}$$

式中　$I_{sh}^{(3)}$——三相短路电流有效值；

　　　$U_n$——电路计算点的标称电压；

　　　$X_{sh\Sigma}$——从电源至短路点的总电抗。

由于基准电流、基准容量和基准电压三者之间存在如下关系

$$I_J = \frac{S_J}{\sqrt{3}U_J} \tag{4-12}$$

式（4-12）除式（4-11），得

$$\frac{I_{sh}^{(3)}}{I_J} = \frac{U_n}{\sqrt{3}X_{sh\Sigma}} \bigg/ \frac{S_J}{\sqrt{3}U_J}$$

如取基准电压 $U_J$ 等于计算点的标称电压，即 $U_J = U_n$，则上式化简后有

$$\frac{I_{sh}^{(3)}}{I_J} = \frac{U_J^2}{S_J X_{sh\Sigma}} = \frac{1}{\dfrac{X_{sh\Sigma}}{\dfrac{U_J^2}{S_J}}} \tag{4-13}$$

因为 $\dfrac{I_{sh}^{(3)}}{I_J} = I_{sh*}^{(3)}$，$\dfrac{U_J^2}{S_J} = X_J$，所以（4-13）式可以化简为

$$I_{sh*}^{(3)} = \frac{1}{\dfrac{X_{sh\Sigma}}{X_J}} = \frac{1}{X_{sh\Sigma *}} \tag{4-14}$$

即：总电抗标幺值的倒数等于三相短路电流周期分量的标幺值。然后利用下式可以算出短路电流

$$I_{sh}^{(3)} = I_{sh*}^{(3)} I_J \tag{4-15}$$

式中　$I_J$——基准电流；可以由 $S_J$、$U_J$ 算得；

　　　$I_{sh}^{(3)}$——三相短路电流的周期性分量，对于无限大容量系统，$I_{sh}^{(3)} = I''^{(3)} = I_\infty^{(3)}$；

$I_{\text{sh}*}$——三相短路电流周期性分量标幺值。

（8）计算短路电流冲击值 $i_{\text{imp}}$。冲击电流 $i_{\text{imp}} = K_{\text{CJ}}\sqrt{2}I_{\text{sh}}^{(3)}$。冲击系数 $K_{\text{CJ}}$ 与电路中的电感和电阻的比值有关

$$K_{\text{CJ}} = 1 + e^{-\frac{0.01}{\tau_{\text{F}}}} \tag{4-16}$$

式中 $\tau_{\text{F}}$——短路回路的时间常数，$\tau_{\text{F}} = \dfrac{X_{\Sigma}}{314R_{\Sigma}}$，$X_{\Sigma}$、$R_{\Sigma}$ 分别为电路中的总电抗和总电阻，电源频率为 50Hz。

（9）计算短路点的短路容量。三相短路的短路容量 $S_{\text{sh}}^{(3)}$ 为

$$S_{\text{sh}}^{(3)} = \sqrt{3}I''^{(3)}U_{\text{n}} \tag{4-17}$$

式中 $U_{\text{n}}$——短路点计算用的标称电压；

$I''^{(3)}$——三相短路电流次暂态值（即周期分量的起始值），由式（4-15）算得。

根据式（4-17）、式（4-15），并取 $U_{\text{J}} = U_{\text{n}}^{(3)}$，则有

$$S_{\text{sh}*}^{(3)} = \frac{S_{\text{sh}}^{(3)}}{S_{\text{J}}} = \frac{\sqrt{3}I''^{(3)}U_{\text{n}}}{S_{\text{J}}} = \frac{\sqrt{3}I_{\text{sh}*}^{(3)}I_{\text{J}}U_{\text{n}}}{S_{\text{J}}}$$

$$= \frac{\sqrt{3}I_{\text{sh}*}^{(3)} \cdot \dfrac{S_{\text{J}}}{\sqrt{3}U_{\text{n}}} \cdot U_{\text{n}}}{S_{\text{J}}} = I_{\text{sh}*}^{(3)}$$

即

$$S_{\text{sh}*}^{(3)} = I_{\text{sh}*}^{(3)} \tag{4-18}$$

短路容量的标幺值等于短路电流周期分量的标幺值。由式（4-1）就不难算出短路容量的实际值了。

4. 利用标幺值计算短路电流的特点

（1）计算总电抗时，处于不同电压各元件的串联标幺电抗可以直接相加，不用折算。而用有名值计算时，各个不同电压的元件其电抗值不能直接相加。

（2）三相短路电流标幺值等于总电抗标幺值的倒数；三相短路容量的标幺值也等于总电抗标幺值的倒数。

（3）电流、电压、阻抗、功率的各标幺值之间的关系，三相公式和单相公式相同，都符合下列关系式

$$I_* = \frac{U_*}{X_*}; S_* = I_*U_*$$

因为基准电压 $U_{\text{J}}$ 是按标称电压 $U_{\text{n}}$ 选取的，电压标幺值恒等于1，即 $U_* = \dfrac{U_{\text{n}}}{U_{\text{J}}} = \dfrac{U_{\text{n}}}{U_{\text{n}}} = 1$，则 $I_* = \dfrac{U_*}{X_*} = \dfrac{1}{X_*}$，以及 $S_* = I_*U_* = I_*$，这就与式（4-14）式（4-18）相符合。

## 第二节　高压断路器

### 一、电弧基本理论及电气触头

#### （一）电弧的形成

在电路中，断路器切断载流电路时，在触头之间常常会出现电弧，直到电弧熄灭后，电路才真正被切断。触头间的电弧实际上是由于中性质点游离而引起的一种气体放电现象。

从电弧的形成过程来看，游离放电可分为四个阶段。

1. 强电场发射

当触头刚分开时，虽然电压不一定很高，但触头间距离很小，因此会产生很强的电场强度。当电场强度超过 $3\times10^6\,\text{V/m}$ 时，在强电场作用下，金属触头阳极表面的自由电子会被电场力拉出来，成为游离在触头空隙中的自由电子。这种游离方式称为强电场发射，是弧隙自由电子的一个来源。

2. 热电发射

这是弧隙中自由电子的又一来源。在触头分开瞬间，由于触头间的压力迅速减小，接触电阻增大，电流流过时发热加剧，在电极上出现强烈的炽热点。此外，弧隙中正离子被迅速吸向阴极，其能量被电极吸收，也使阴极表面温度升高。当阴极表面达到一定高温时，便发射电子，使弧隙中的电子数目增加。

3. 碰撞游离

从阴极表面发射出来的自由电子，在电场力的作用下向阳极做加速运动。它们在运动向阳极的途中碰撞介质的中性质点（原子或分子），使原中性质点碰撞游离为正离子和自由电子。新产生的电子又和原有的电子一起以极高的速度向阳极运动，当它们和其他中性质点相碰撞时，又再一次发生碰撞游离。碰撞游离连续进行的结果，触头间隙中便充满了电子和正离子。在外加电压作用下，电子运动向阳极、正离子运动向阴极，产生电流，形成电弧。

4. 热游离

热游离是电弧得以维持燃烧的主要原因。在电弧燃烧时，电弧表面温度可达 $3000\sim4000℃$ 以上，弧心温度可达 $10000℃$ 以上。处于高温下的介质分子和原子产生强烈的热运动，不断发生互相碰撞，游离出电子和正离子，称为热游离。实际上，在间隙击穿产生电弧后，由于弧隙电导迅速增大，触头之间电压降减小，而触头的拉开距离却在增大，因此触头间的电场强度大大减小，强电场发射基本停止。随着电场强度减小，电场对电子运动的加速作用减弱，碰撞游离也基本停止。这时，电弧的稳定主要依靠热游离得以维持。

从以上分析可知，在开关触头刚分离的瞬间，阴极在强电场和高温的作用下发射电子。发射的自由电子在触头电压作用下高速运动，产生碰撞游离，导致介质击穿形成电弧。在电弧形成后，主要由于弧柱温度很高，介质产生游离，使电弧得以维持和发展。

**（二）电弧的电压分布**

1. 电弧的伏安特性

图 4-2 为电弧的伏安特性曲线，即 $U=f(I)$。由图 4-2（a）可知，随着电弧电流的增大，电弧电压降低。这是因为电弧电流增大，使热游离加剧，弧隙中自由电子和正离子增加，因此电导增加，电弧电压反而降低。

图 4-2（b）所示为交流电弧的伏安特性曲线。在交流电路中，电流的瞬时值随时间按正弦规律变化，并且从一个半周变化到下一个半周时要过零一次。当电流过零时，处于熄弧状态，弧隙电压 $u=iR=0$。电流过零后的最初瞬间，由弧柱的热惯性维持一个较小的电流。随着电流增大，弧隙电压迅速增高，到达 $A$ 点时，电弧重燃，这时的电压称为燃弧电压。产生电弧后、弧隙电阻随电流的平方成反比急剧下降。所以虽然电流增加，但弧隙电压反而下降。到 $C$ 点时，电流不再增加，达到最大值，开始下降。随着电流的下降，弧隙电阻急剧上升，因此弧隙电压反而略有上升。当电流降回到 $B$ 点时，由于电弧电流很小，弧隙电阻很大，电弧不能维持，自行熄灭，这一点的电压称为熄弧电压。由于弧隙中的热惯性作用，交流电流周期性变化时，熄弧电压要低于燃弧电压。

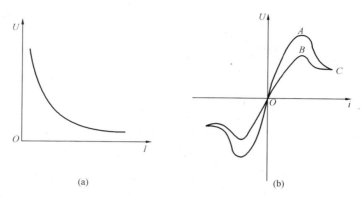

图 4-2　电弧的伏安特性曲线

（a）直流电弧的伏安特性曲线；（b）交流电弧的伏安特性曲线

$U$—弧隙电压；$I$—弧隙电流

### 2. 电弧电压沿弧长的分布

稳定燃烧的直流电弧，它的电压沿弧长的分布如图 4-3 所示。电弧压降由三部分组成：阴极区压降 $U_1$、弧柱电压降 $U_2$ 和阳极区压降 $U_3$，即电弧压降 $U$ 为 $U_1$、$U_2$ 和 $U_3$ 三者之和。

阴极区压降的主要特点是：在阴极附近由于存在正的空间电荷，造成电位急剧改变，所以虽然阴极区的长度很微小，只有 $10^{-4}$ cm 左右，但电位的变化梯度很大。阴极电压的大小只与电极材料和弧隙之间的气体介质有关。当电极材料和弧隙气体介质确定后，阴极电压降与弧长无关，近似等于常数。例如：铜质电极在空气中，当电弧电流为 $1\sim20$A 时，阴极电压降为 $8\sim9$V。对于碳质电极，同样情况时阴极电压降为 $9\sim11$V。如在氧气中碳质电极的阴极压降升高到 20V。

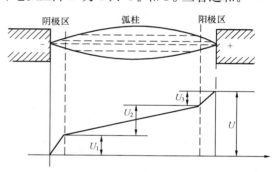

图 4-3　电弧电压沿弧长的分布

弧柱特性与阴极区不同。弧柱上的电压与电流大小、弧隙长短、特别是介质及其状态（介质的导热系数、介质压力、介质流动方式及流动速度等）有关。当电流增大时，弧柱内部的电子浓度急剧增加，电阻迅速减小，使得弧柱电压下降。当弧长增加时，由于电弧电阻增大，弧柱电压上升。至于弧隙介质及其状态对弧柱电压的影响，情况就较为复杂，一般依靠实验来分析。但可以总体地说：当散热和去游离加强时，由于弧柱电阻上升，电压增高。

阳极区和阴极区一样，都只有很小的范围，但阳极电压要小于阴极电压（$U_3 < U_1$）。而且，阳极电压还与电流变化有很大关系。当电流很大时，阳极压降很小，趋于零。

### 3. 短弧特性

长度为几厘米以上的电弧，通常称为长弧。长弧的电弧电压主要取决于弧柱电压，阴极和阳极的电压降可以忽略不计。

对于几毫米长的电弧，称为短弧。在短弧中，电弧电压主要由阴极、阳极电压降组成。这时阴极、阳极区的特性对整个电弧的特性起着决定性的作用。短弧的电弧电压一般为 20V 左右，与电流和外界条件几乎无关。

当施加在电极上的电压小于电弧电压降时，电弧就不能维持，最终导致电弧熄灭。在断开电路时，如触头间的电压小于 10～20V，或电流小于 80～100mA，则电弧就不会形成。利用这一原理，把一条长弧分割成许多互相串联的短弧，可达到加速熄弧的目的。

### （三）电弧熄弧过程和灭弧方法

1. 去游离的主要方式

在弧隙中，在产生电子和正离子的游离过程的同时，还发生着带电质点减少的去游离过程。去游离过程包括中和电荷的复合过程和驱散带电质点的扩散过程两种情况。游离和去游离是两个相反的过程。在稳定燃烧的电弧中，这两个过程处于动平衡状态。如果游离大于去游离，电弧将继续维持；如果去游离大于游离，电弧便越来越小，直至熄灭。

（1）复合去游离。复合去游离是带正电的质点和带负电的质点彼此交换本身多余的电荷，成为中性质点的过程。带电质点运动速度快，出现复合的机会少；运动速度慢，复合机会多。加快复合的方法有以下四种：

1）加快拉长电弧，可使电场强度 $E$ 迅速下降，电场强度越小，离子运动的速度越慢，复合时机会越多。

2）加快电弧冷却，以减小离子的运动速度，使复合的机会增多。

3）加大气体压力，提高气体介质的浓度，使离子间自由行程缩短，复合的几率增加。

4）使电弧接触固体介质表面，促进带电质点复合。

（2）扩散去游离。扩散去游离有三种：

1）浓度扩散。因电弧沿中心一带的带电粒子浓度高，而弧边周围介质中带电粒子浓度低，带电粒子将从浓度高的地方向浓度低的地方扩散，使弧隙中带电粒子减少。

2）温度扩散。由于弧道中温度很高，弧道周围温度很低，弧道中的高温离子将向温度低的周围介质中扩散，使弧道中带电粒子减少。

3）气流吹拂。高速气流吹拂电弧，将弧柱中的带电粒子吹走。

扩散的速率还和电弧的直径有关。直径越小，电弧表面的带电粒子相对于电弧内部的带电粒子数量之比增加，复合和扩散均有增加。因此，扩散去游离的速率与电弧直径成反比。

2. 直流电弧的熄灭过程

在直流电路中，如果外加电压不足以维持电路中各元件的电阻压降和电弧上的电压时，电弧就熄灭。基于这一原理，加速直流电弧熄灭方法有以下三种。

（1）快速拉长电弧，或用气吹来冷却电弧，加快扩散去游离，使电弧电阻增大，从而增大电弧本身的压降，使外加电压不足以维持电弧。

（2）在灭弧过程中，电路中临时串入电阻，增大电路的电压降，使电弧加快熄灭。

（3）分长弧为短弧，使外加电压不足以维持多个短弧的阴极压降，而使电弧熄灭。

在分断直流电路时，由于线路中有电感存在，在触头两端及电感上均会发生过电压。过电压不仅危及电路的绝缘，而且造成电弧重新击穿。过电压的数值与线路电感和电流下降的速度有关。线路电感 $L$ 越大，过电压就越高；灭弧时电流下降速度越快，过电压也越高。为了减少过电压，有时需要限制电流下降的速度。在高压大容量的直流电路中（如大容量发电机的励磁电路），常采用增大串联电阻的方法，既可增大灭弧能力，又可限制电流下降的速度。

3. 交流电弧的熄灭过程

交流电弧中电流每半周要过零一次，此时电弧自然熄灭。以后电弧会不会重燃，要看弧隙是否会重新击穿。弧隙的击穿主要有热击穿和电击穿。

（1）热击穿。当电流过零后很短时间内，弧隙中的温度仍然很高，在弧隙电压作用下，通过残余电导仍有很小电流流过。所以，这时弧隙中存在着散失能量（由散热引起）和输入能量（由残余电流引起）两个过程。如果输入能量大于散失能量，则游离过程大于去游离过程，电弧就会重燃。这种由于热游离而使电弧重燃的现象称为热击穿。反之，如果在电流过零时加强弧隙冷却，使去游离过程大于游离过程，则就不会发生热击穿引起电弧重燃。

（2）电击穿。在电流过零后，如弧隙温度降低到热游离基本停止，则热击穿不会出现。但是弧隙的绝缘能力要恢复到正常绝缘状况仍需要一定时间，即存在一个弧隙介质绝缘强度的恢复过程。在电流过零后，弧隙电压也要经过一个逐渐恢复的过渡过程。如果弧隙恢复电压高于弧隙绝缘耐压强度的恢复数值，弧隙仍被击穿，这种击穿称为电击穿。

由以上分析可知，交流电弧的熄灭，关键在于电流过零后，要加强冷却，使热游离不能维持，防止发生热击穿；另一方面要使弧隙绝缘强度的恢复速度始终大于弧隙电压的恢复速度，使不致发生电击穿。

### 4. 纯电阻交流电路断开时的灭弧过程

对于纯电阻交流电路，电源电压 $u$ 与电弧电流 $i$ 的相位相同。当电流 $i$ 过零时，电弧暂时熄灭。这时，电压 $u$ 也经过零点。在这一瞬间，弧隙的绝缘强度称为弧隙初始绝缘强度。

假设电路中的电阻为 $R$，则电源电压 $u$ 等于电阻上的压降 $U_R$ 与电弧电压 $U_h$ 之和。当电流 $i$ 过零时，电源电压 $u$ 也为零。电源电压过零后，沿正弦曲线上升。如果电弧不重燃，则电流仍为零，电阻上压降 $U_R$ 也为零，则弧隙电压 $U_h$ 与电源电压 $u$ 波形重合，即 $U_h$ 等于 $u$。如果弧隙电压 $U_h$ 达到或大于弧隙绝缘击穿电压强度，则弧隙出现击穿。当电流第二次过零时，弧隙的初始绝缘强度要大于前一次。这是因为开关动、静触头之间的距离越拉越大，而弧隙的初始绝缘强度正好和弧隙长度有关。弧隙越长，绝缘强度越大。如果弧隙恢复电压最大值达不到弧隙绝缘击穿强度的数值，则弧隙不再击穿，电弧最终熄灭。

### 5. 纯电感交流电路断开时的灭弧过程

纯电感交流电路与纯电阻交流电路的区别是：电流和电压有一个 $90°$ 的相位差，当电流过零时，电压具有最大值。而且，电流过零时，电流变化率最大，电感上的感应电动势也最大。在这两个电压叠加下，弧隙恢复电压 $u_{hf}$ 有可能迅速上升，使间隙击穿，电弧重燃。所以断开纯电感交流电路要比断开纯电阻交流电路困难得多。

### 6. 降低恢复电压上升速度和防止出现振荡过电压的措施

为了降低交流电弧恢复电压的上升速度和防止出现振荡过电压，有时在断路器触头间并联电阻。

断路器触头的并联电阻，与断路器主触头 QF1 并联连接，如图 4-4 所示。QF2 为断路器的辅助触头。当断路器在合闸位置时，QF1、QF2 闭合，电阻 $R$ 被短路。当断路器分闸时，主触头 QF1 先打开，由于并联电阻 $R$ 的分流作用，使主触头 QF1 弧隙间的电阻增大。同时，

图 4-4　具有并联电阻的断路器
触头工作原理图

弧隙电压与并联电阻 $R$ 两端的电压相同，如果 $R$ 取低电阻，则 $R$ 两端的电压也就降低，弧隙恢复电压的上升速度也降低，有利于主触头分闸时的灭弧。

但对辅助触头 QF2 来说，希望并联电阻 $R$ 越大越好。因为电阻 $R$ 越大，主触头断开后，辅助触头和并联电阻 $R$ 组成的串联回路中电流越小，灭弧也越容易。并联电阻 $R$ 的数值一般取几欧到几十欧。

在现代超高压断路器中，为了有利于灭弧，常采用多个灭弧装置串联的多断口结构。但是由于各断口上的电压分布不均匀，会影响整个断路器的灭弧能力。为了改善灭弧性能，可以并联均压电容。只要并联电容的容量足够大，各断口上的电压分布就接近相等，可提高断路器的灭弧

能力。

7. 灭弧方法

高压断路器中交流电弧的熄灭方法，主要有以下两种。

（1）吹弧。在各种断路器中，广泛应用气体或油流吹动电弧。其作用一方面可以增强对流、冷却电弧；另一方面，通过吹弧将弧隙中的原有带电粒子吹散，提高介质绝缘强度的恢复速度。图 4-5 为常见的吹弧方式有横吹和纵吹两种。

（2）采用多断口熄弧。断路器设备常制成每相有两个或两个以上的串联断口，如图 4-6 所示。在相等的触头行程下，多断口比单断口拉弧更长，电弧拉长的速度也快，加速了弧隙电阻的增大。同时，由于加在每个断口上的电压降低了，使弧隙的恢复电压降低，因此灭弧性能更好。

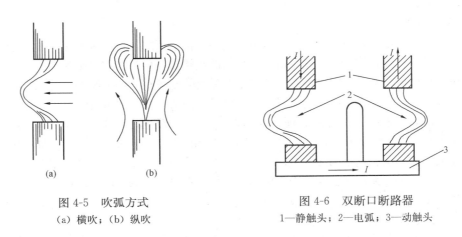

图 4-5　吹弧方式　　　　　　　图 4-6　双断口断路器
（a）横吹；（b）纵吹　　　　1—静触头；2—电弧；3—动触头

此外，还可以利用短弧原理和固体介质的狭缝熄弧，这两种方法主要用在低压断路器中。

**（四）电气触头**

1. 对电气触头的要求

在回路接线和电气设备中，常常需要将两部分导体互相接触连通以实现导电，这些接触导电的地方称为电气触头。

电气触头制造不良，在运行中往往会造成严重事故。为了提高电气装置工作的可靠性，对电气触头提出如下要求：

（1）结构可靠。要求在使用中不易损坏；

（2）要求具有良好的导电性能和接触性能；

（3）通过额定电流时，发热不超过允许温升；

（4）通过短路电流时，具有足够的电动力稳定性和热稳定性。

2. 电气触头的接触电阻

电气触头的质量，主要取决于触头的接触电阻。接触电阻越小，温升就越小。为了降低电气触头的接触电阻，一般采用以下方法：

（1）增加触头接触面上的压力。压力加大，则接触面紧密，接触电阻减小。

（2）采用电阻系数小的材料制造触头。电阻系数越小，接触电阻也越小。

（3）防止触头接触面氧化。用铜、铝、钢等材料制成的触头，其表面在空气中很容易氧化。氧化后形成的氧化物薄膜电阻很大，使触头的接触电阻也增大。为了防止触头接触面出现氧化层，通常将触头接触面镀以金属保护层（如银、锡）；或者在接头处涂漆密封。将触头浸入油内，也可以减轻氧化。为了除去触头表面已形成的氧化层，可以使触头在分合过程中有少许滑动，以磨去氧化层，称为触头的自洁作用。

（4）选择理想的接触方式。触头的接触方式不同，接触电阻也受到影响。触头的接触方式可分为面接触、线接触和点接触三种。面接触要有强大的压力才能使接触良好，它多用于固定连接的触头。点接触由于接触面太小，只能容许通过很小的电流。在开关电器触头中广泛采用线接触。线接触即使压力不大，也能得到较大的压强，使接触电阻降低。

3. 电气触头的电动稳定和热稳定

（1）电气触头的电动稳定。图4-7所示为触头表面电流流动的情况。前面已经说到，无论怎样光滑的接触表面，从微观上看总是凹凸不平的。因此在一个平面上，真正接触的只是几点，因此电流流动如图4-7所示，在触头的接触表面，两侧电流是反方向流动的，根据左手定则产生一个互相排斥的斥力。当有短路电流流过触头时，这个斥力很大。为了保证触头接触良好，不致被分断，要求触头表面产生的电动斥力小于触头所受到的压力。因此，对于各种开关的触头都规定了允许通过的最大短路电流。

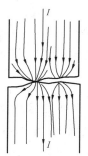

图4-7 触头表面电流流动情况

（2）电气触头的热稳定。触头通过大电流时，由于存在接触电阻，温度急剧升高。在高温作用下，触头表面加速氧化，使接触电阻进一步增大。长期过热，还可能引起金属热疲劳，使触头失去机械强度。特别是当通过巨大的短路电流时，触头可能熔接，不能断开。

为了提高触头的热稳定性，增强触头的抗熔焊性能，目前采用一种含钨80%、含铜20%的铜钨合金块，焊接在高压断路器静触指和导电杆的端部，使断路器的允许分断电流有较大的增长。

4. 电气触头的分类、结构和应用

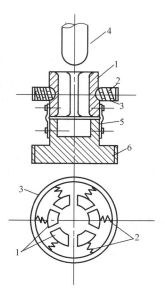

图4-8 插座式触头
1—触头片；2—弹簧；3—环；
4—动触头；5—挠性连接条；
6—触头底座

（1）电气触头的分类。电气触头按其接触方式可分为以下三种类型：

1）固定连接触头。指被接触连接的导体之间不能相对移动的电气触头。如母线接头、电气设备的引线连接等都是。

2）滑动触头。指导体间能够保持互相接触，但又容许一个接触面沿着另一个接触面进行相对移动的接触方式，称为滑动触头。如：母线的伸缩结，电机的电刷等，都是滑动接触。

3）可断触头。若正常工作时，触头间可以闭合，也可以分断，则称为可断触头。各种开关的触头就是可断触头。

（2）可断触头按其结构分类：

1）对接式触头。对接式触头为动触头与静触头平面对接。这种触头在旧式多油开关中较常见。其特点是：结构简单，分断速度快。缺点是：接触面不稳定，随压力的变化而有较大的改变；在分合过程中无自洁作用；动触头与静触头之间刚接触时容易出现弹跳；没有辅助触头，主触头容易烧坏。

2）插座式触头。插座式触头广泛使用在各类少油断路器中，其结构如图4-8所示。它有动静两种触头。动触头为杆状，静触头由多片触指构成，每片触指都通过电流；触头压力靠弹簧2保持。插座式触头的优点是：在分合闸过程中有自洁作用；在合闸状态

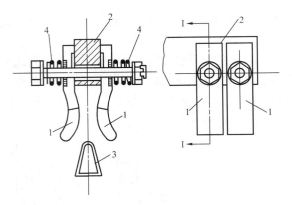

图 4-9　少油断路器的指形触头

1—接触指；2—载流导体；3—楔形触头；4—弹簧

时，动触头触头杆与静触头触头指的内侧接触，而分、合闸时的电弧却出现在动触头和静触头的端部，因此能保持合闸状态时接触电阻的稳定；插座式触头通过短路电流时，各触指间、触指和动触头杆之间电流流动方向相同，因此电动力是吸力，这就增加了动静触头之间的压力，保证接触良好。所以，插座式触头的电动稳定性高。且因触头压力方向和动触头的运动方向互相垂直，所以触头闭合时弹跳小；触指端部还可焊接熔点高的合金，使切断短路电流时金属蒸气减少。

插座式触头的主要缺点是：结构复杂，制造困难，额定电流增大时，会导致机构合闸功率增大（因为需增加触指对动触头的压力，使合闸阻力增大）；插座式触头的分断时间也较长。

3）指形触头。指形触头广泛使用在隔离开关中，在少油断路器中也有应用，其结构如图 4-9 所示。

指形触头的优点是：电动稳定性较高，不受额定电流大小的限制；分合闸过程中，接触面也有自洁作用。

指形触头的缺点是不容易和灭弧室配合使用。因此这种触头多用在隔离开关中。在少油断路器中，指形触头主要用作主触头，而不用作灭弧触头。为了增大触头允许通过的电流，触头的接触指可由多片并联组成。

4）刀形触头。刀形触头广泛应用于高压隔离开关和低压刀开关中。刀形触头就其本身的接触状况可分为平面触头和线触头两种。刀形触头由于其结构简单，分、合位置显而易见，便于运行维护，因而得到广泛使用。

## 二、高压开关设备分类

高压开关设备可分为高压断路器（或称作高压开关）、高压负荷开关、高压隔离开关、接地开关以及快分隔离开关和接地短路隔离开关。

1. 高压断路器（高压开关）

能在高压电路的各种运行状态和事故情况下分、合电路的开关设备称为高压断路器。

2. 负荷开关

在高压电路中，只能用来开断和关合负荷电流的开关设备称为负荷开关。

3. 隔离开关（隔离刀闸）

在高压电路中只能起到隔离电源、构成明显断开点作用的开关设备，称为隔离开关。

隔离开关是高压刀开关的一种，也称隔离刀闸。隔离开关无灭弧装置，因此不能用来切、合负荷电流或故障电流。如误操作用其切、合负荷电流或故障电流，不仅使隔离开关因电弧而烧损，还容易发生三相弧光短路，烧坏设备，甚至操作人员被电弧烧伤。

《电力工业技术管理法规》规定：当回路中未装断路器时，可使用隔离开关进行以下操作：

（1）开、合电压互感器和避雷器；

（2）开、合母线和直接连接在母线上设备的电容电流；

（3）开、合变压器中性点的接地线，但当中性点上有消弧线圈时，只有在系统没有接地故障时才可进行；

（4）与断路器并联的旁路隔离开关，当断路器在合闸位置时，可开、合断路器的旁路电流；

（5）开、合励磁电流不超过 2A 的空载变压器和电容电流不超过 5A 的无负荷线路，但当电压在 20kV 及以上时，应使用屋外垂直分合式的三联隔离开关；

（6）用屋外三联隔离开关开、合电压 10kV 及以下且电流在 15A 以下的负荷；

（7）开、合电压 10kV 及以下电流在 70A 以下的环路均衡电流。

必须注意：绝不允许用隔离开关来切合与电感并联的分支电路。因为隔离开关触头之间的电压差等于电感上的电压降，而这个电压降与电流大小有关，数值很大，可能发生危险。

4．接地开关

接地开关，即用来代替携带式三相短路接地线，可以实现已停电的母线三相短路接地的隔离开关。接地开关及其接地引下线的导线截面应满足流过瞬时短路电流时的热稳定的要求，以避免短路接地部分过快烧断对人身安全构成威胁。

5．快分隔离开关和接地短路隔离开关

快分隔离开关导电部分的结构与隔离开关并无区别。其触头系统不允许带负荷进行操作。这种隔离开关的主要用途是利用停电的一瞬间快速切除电网中的故障设备。这种隔离开关还允许对变压器的励磁电流和空载线路的充电电流进行分合操作。快分隔离开关主要用在高压侧没有断路器的变电站里，快分隔离开关装在主变压器电源侧，同时还装有接地短路隔离开关。当电力变压器内部有故障时，接地短路隔离开关迅速合闸，使故障变压器电源侧形成一个人为的短路电流，上一级继电保护动作，迅速将电源侧线路断开。在电源消失后，故障变压器由快分隔离开关分断，脱离系统之后，在自动重合闸装置的作用下，电源侧线路重又投入运行。

### 三、对高压断路器的基本要求

#### （一）高压断路器的用途、类型和结构

高压断路器是电力系统中发、送、变、配电接通、分断电路和保护电路的主要设备。无论在电气设备空载、负荷或短路故障时，它都应能可靠地工作。按灭弧介质划分，常用的有油断路器、真空断路器和六氟化硫断路器等。

高压断路器的结构主要由操动机构、传动机构、绝缘部分、导电部分和灭弧室等组成。

#### （二）对高压断路器的基本要求

1．分断及闭合电路性能

在电力网运行中，要求高压断路器在各种情况下都能够分断和闭合电路。特别是应能可靠地分断短路故障；另外，当合闸到故障电路时，断路器不应损坏。

按照 GB 1984—2003《高压交流断路器》规定，标志高压断路器分合短路故障能力的数据有：

（1）额定电压 $U_r$，kV；

（2）额定短路开断电流 $I_{sc}$，kA；

（3）对于三相电路，短路断流容量 $S_{sc}$ 的计算公式为

$$S_{sc} = \sqrt{3} U_r I_{sc}(\text{MVA}) \tag{4-19}$$

（4）额定短路关合电流 $i_{MC}$（峰值）。断路器应具有足够的关合短路电流的能力。当闭合有预伏短路故障的电路时，在闭合过程中出现短路电流，产生电动力，因而给闭合造成很大阻力。如此时操作机构闭合能力不足，可能出现触头不能合闸的情况。两触头间形成持续电弧，可能造成触头熔化，断路器损坏或爆炸。额定短路关合电流即额定动稳定电流，其数值约为额定短路开断电流的 2.5 倍。

断路器的额定短路关合电流 $i_{MC}$ 不应小于所在电路的最大短路电流冲击值 $i_{imp}$，即

$$i_{MC} \geq i_{imp} \tag{4-20}$$

式中　　$i_{MC}$——高压断路器的额定短路关合电流（峰值），kA；

　　　　$i_{imp}$——最大短路电流冲击值（峰值），kA。

（5）操作性能应满足有关循环操作顺序的要求：

1）不用自动重合闸的循环操作顺序为：分—180s—合分—180s—合分；

2）采用快速自动重合闸的循环操作顺序为：分—0.3s—合分—180s—合分。

在上述规定的操作循环内，断路器应能可靠地连续合分短路故障。其中180s为强行送电间隙时间。

（6）分合闸同期性（同步性）。GB 1984—2003规定：交流断路器合闸差异不超过1/4周波，分闸不超过1/6周波。

（7）能可靠地分断发展性故障，即在分断小电流过程尚未结束时，突然转变为大的短路电流时，应能顺利分断。

2. 断路器额定电流 $I_r$

断路器额定电流 $I_r$ 应大于或等于长期工作的最大电流。断路器长期通过工作电流时，导电部分温度不得超过允许值。断路器的绝缘耐电性应能耐受最高工作电压、工频试验电压和雷电冲击耐压试验。

3. 满足自然环境中性能的要求

例如应满足海拔高度、环境温度、湿度、风力、密封性能及抗震、防污秽等的要求。

在高海拔地区，大气压力低，设备的耐压水平降低。因此用于高海拔地区的产品在低海拔地区进行耐压试验时，要适当提高试验电压，其试验电压为标准规定值乘以系数 $X(X>1)$

$$X = \frac{1}{1.1 - \dfrac{H}{10\,000}} \tag{4-21}$$

上式适用于安装地点的海拔高度 $H$ 高于1000m，但不超过3500m。

断路器的使用环境温度标准规定为户外最高40℃，最低分为−10、−25℃和−40℃三个等级。户内最高40℃，最低有−5、−15℃和−25℃三个等级。温度过低，会使断路器内部绝缘油、液压油、及润滑油的黏度增加，断路器的合闸、分闸速度降低。温度过低也会使密封材料性能劣化，造成漏气漏油。温度过高，可能造成导电部分过热及密封胶溢出等。特别是户外产品在阳光直射下很容易过热。温度过高，空气绝缘能力也会降低。

4. 快速分断

分断时间是断路器的一个主要参数。快速分断可以提高电力系统的安全性。

## 四、各种高压断路器的性能和应用

### （一）油断路器

油断路器以油作为灭弧介质，按照油量的不同分为多油断路器和少油断路器。由于油断路器性能较差，且不利于消防，因此目前很少使用。

1. 多油断路器

多油断路器目前一般不采用，其缺点是用油量大，电压等级越高，油量越大。不仅使断路器的体积庞大，消耗原材料多，占地面积大，而且在运行中增加了爆炸、火灾的危险性。此外油量太多给检修也带来了很多困难。

多油断路器的结构特点是以变压器油作为灭弧介质和绝缘介质，触头系统及灭弧室安装在接地的油箱中。结构简单，易于加装单匝环形电流互感器（套管 TA）及电容分压装置。

2. 少油断路器

对于 3～66kV 电压等级来说，少油断路器过去十分常见，下面做较为具体的介绍。

（1）结构特点。少油断路器油箱本身带电，对地绝缘主要依靠固体绝缘材料，例如绝缘子或瓷套。绝缘油主要用作灭弧介质，因此油量少，结构简单，制造方便，价格便宜。少油断路器可配用电磁操作结构、液压操作结构或弹簧储能操作结构。早先 10kV 以下的户内少油断路器曾一度采用手动分、合闸操作结构，由于分、合闸速度太慢，现在已淘汰不用。

少油断路器依靠绝缘油灭弧，用油量又少，因此在分、合大电流一定次数后，油质即劣化，必须更换新油。特别是分断短路故障后，一般就要检查油质，勤于换油。因此少油断路器不适宜用于大电流频繁操作的场合。

（2）灭弧装置。少油断路器用绝缘油灭弧。在灭弧过程中，由于电弧产生高温，使油分解，产生气体。在这种混合气体中，包含 70％左右的氢气。随着电弧对油的不断分解，气体压力迅速增高。在高气压作用下，产生冲击气流向周围扩散，吹灭电弧。通过灭弧室的特殊结构，引导气流从横的或纵的方向吹灭电弧，称为横吹灭弧或纵吹灭弧。为了加强灭弧能力，有时横吹、纵吹两种灭弧方式同时使用。通过油气流快速吹弧，达到增强对流，冷却电弧，同时加快了弧隙中带电粒子的扩散，降低带电粒子浓度，从而加快了弧隙中介质绝缘强度的恢复速度。当弧隙中的介质绝缘强度不再小于电极两端的弧隙恢复电压时，电流过零电弧熄灭后就不会出现重燃。

现在以图 4-10 所示 SN10-10 系列户内少油断路器的灭弧系统为例加以说明：

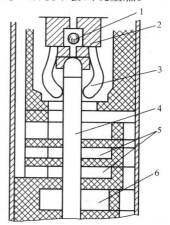

图 4-10 SN10-10 系列少油断路器的灭弧室结构示意图
1—逆止阀；2—静触头触座；3—静触头触指；4—动触头导电杆；5—横吹喷口；6—纵吹油囊

SN10-10 系列少油断路器的灭弧系统由上帽、绝缘套筒、逆止阀和灭弧室组成。当动静触头分离时产生电弧，在高温电弧作用下，变压器油汽化，分解成大量气体，形成气窝，使静触头周围的油压增高；当压力增高到一定程度时，静触头上的逆止阀钢球被压上升，堵住通向上帽的回油孔，使灭弧室内的封闭压力迅速增高。当导电杆继续向下运动，灭弧片上的1、2、3 三道横吹口和下面的纵吹沟相继被打开。灭弧室内储存的高温、高压气体及油蒸气以很高的速度从三个横吹口和一个纵吹囊吹出，产生强烈的纵横吹效应，使电弧被冷却、拉长、熄灭。与此同时，随着导电杆的向下运动，形成向上运动的附加油流，通过灭弧片间的通道和灭弧片与导电杆之间的间隙射向电弧，使电弧冷却熄灭。由此可见，SN10—10 型高压少油断路器利用多级横吹和纵吹，以及机械油流吹灭电弧。油气混合物从灭弧出来后，进入有足够空间体积的上帽内，经过惯性膨胀式油气分离器的作用，油与气体分开，气体从上帽的排气口排出断路器体外。

（3）技术参数。表 4-2 所列为常用的 SN10-10 系列 10kV 户内少油断路器的技术参数。表中额定关合电流与动稳定电流为同一数值，动稳定电流不另标出。SN10-10Ⅰ 和 SN10-10Ⅱ 两种型号额定开、合电流规定的操作循环是：分—0.5s—合分—180s—合分；而 SN10-10Ⅲ 规定的操作循环为：分—180s—合分—180s—合分；如为：分—0.5s—合分—180s—合分，则额定开断电流为 31.5kA。在现场使用时，技术参数应以厂家的出厂说明为准，此处提供的数据仅作为参考。

**表 4-2**　　　　　　　　　　　SN10-10 系列少油断路器技术参数

| 型号 | 电压(kV) | | 额定电流(A) | 额定断流容量(MVA) | | 额定开断电流(kA) | | 最大关合电流(kA) | | 热稳定电流(kA) | | | 固有分闸时间(s) | 合闸时间(s) |
|---|---|---|---|---|---|---|---|---|---|---|---|---|---|---|
| | 额定 | 最大 | | 6kV | 10kV | 6kV | 10kV | 峰值 | 有效值 | 1s | 4s | 5s | | |
| SN10-10Ⅰ | 10 | 11.5 | 630 1000 | | | 20 | 16 | 40 (50) | | | 16 (20) | | 0.06 | 0.2 |
| SN10-10Ⅱ | | | 1000 | | | | 31.5 | 79 | | | 31.5 | | 0.06 | |
| SN10-10Ⅲ | | | 1250 2000 3000 | | | | 43 (31.5) | 130 | | | 43 | | 0.07 0.09 | |
| SN11-10 | 10 | 11.5 | 600 1000 | 350 | | 20 | | 52 | 30 | 30 | 30 | 20 | 0.05 | 0.23 |

　　**注**　SN10-10Ⅰ最大关合电流 10kV 时为 40kA，6kV 时为 50kA。热稳定电流 10kV 时为 16kA，6kV 时为 20kA。

　　表 4-3 为沈阳高压开关厂提供的 63kV 户外少油断路器额定技术数据。由表中可见 SW2-63Ⅰ、SW2-63Ⅲ型少油断路器配用 CY5 型液压机构作为操动机构；而 SW2-63Ⅱ型少油断路器，则配用 CD5-370X 型电磁机构作为操动机构。采用 CY5 型液压机构可使 SW2-63Ⅰ、SW2-63Ⅲ型少油断路器进行手动快速分、合闸，电动快速分、合闸，自动重合闸。此外，在调整断路器时，可借助慢分、慢合阀进行分、合闸的慢动作操作。表 4-4 为 CY5 型操动机构的主要技术参数。

**表 4-3**　　　　　　　　　　　SW2-63 型少油断路器额定数据

| 产品型号 | | SW2-63Ⅰ | SW2-63Ⅱ | SW2-63Ⅲ |
|---|---|---|---|---|
| 所配操动机构 主要技术参数 | | CY5 | CD5-370X （及侧装） CQ-300A | CY5 |
| 额定电压 | (kV) | 63 | | |
| 最高工作电压 | (kV) | 72.5 | | |
| 额定电流 | (A) | 1600 | | |
| 额定短路开断电流 | (kA) | 25 | 20 | 31.5 |
| 额定短路关合电流（峰值） | (kA) | 63 | 50 | 80 |
| 额定热稳定电流（4s） | (kA) | 25 | 20 | 31.5 |
| 固有分闸时间（不大于） | (s) | 0.04 | 0.08 | 0.04 |
| 合闸时间（不大于） | (s) | 0.2 | 0.5 | 0.2 |
| 自动重合闸无电流时间"θ"（不小于） | (s) | 0.3 | 0.7 | 0.3 |
| 自动重合闸"合分"时间（不小于） | (s) | 0.12 | 0.2 | 0.12 |
| 额定操作顺序 | (N) | 分—θ—合分—180s—合分 | | |
| 端子静拉力 | 水平：纵向/横向 (N) | 750/ 750（上端子） 1050（下端子） | | |
| | 垂直：上/下 (N) | 750/750 | | |
| 机械寿命 | (次) | 2000 | | |
| 断路器本体自重 | (kg) | 1140 | | |
| 三相油重 | (kg) | 140 | | |

表 4-4　　　　　　　　　　　　　CY5 型液压操动机构主要技术参数

| 技术参数 | 所配产品型号 | | | SW2-63 I | SW2-63 III |
|---|---|---|---|---|---|
| 压力参数（20℃） | 预充氮气压力 | | MPa | 8.8±0.3 | 12.5±0.3 |
| | 额定操作油压 | | | 17.5±0.5 | 25±0.5 |
| | 最高操作油压 | | | 19 | 27 |
| | 合闸闭锁油压 | | | 14.8 | 21.5 |
| | 分闸闭锁油压 | | | 13.2 | 20 |
| | 安全阀动作压力 | | | 25±1 | 32±1 |
| 分合闸线圈参数 | 额定电压 | 直流 | V | 220/110 | |
| | 额定电流 | | A | 2/4 | |
| | 线圈电阻 | | Ω | 110±10/28±2 | |
| 油泵电机 | 额定电压 | 交流/直流 | V | 380/220 | |
| | 额定功率 | | kW | 1.5/1.1 | |
| 机构加热器 | | 交流 | V/W | 220/1000 | |
| 机构总重 | | | kg | 300 | |
| 机构油重 | | | | 20 | |

**注** 表中各压力值皆随温度的变化而变动，其变化关系对预充压力为±0.04MPa/℃（SW2-63 I）和±0.043MPa/℃（SW2-63 III），对工作压力为±0.06MPa/℃（SW2-63 I）和 0.085MPa/℃（SW2-63 III）。

### （二）真空断路器

继少油断路器之后，近几年来，在 3～35kV 供电系统中，真空断路器得到广泛应用。特别是由于其具有可连续多次操作，无火灾及爆炸危险，灭弧室又不需要检修，运行维护量小等优点，在一些地方其使用量已超过少油断路器。但是由于其触头断口电压不能做得太高，目前只生产 35kV 及以下电压等级的真空断路器。

1. 真空中的电气绝缘强度

真空断路器采用真空灭弧室。在高真空中间隙的击穿电压非常高。理想情况下真空度与绝缘强度的关系如图 4-11 所示。

从图 4-11 中曲线可见，当间隙距离为 1mm 的钨电极，在压力为 $10^{-2}$Pa（即 $1.02×10^{-7}$ 工程大气压）的真空中其击穿电压为近 100kV。当真空度减小，空气压力增加时，击穿电压降低，在 $10^2～10^4$Pa 时，击穿电压仅为几百伏。

关于真空度的计量单位这里做一简单介绍。压力的符号用字母 $P$ 表示。压力也叫压强。法定计量单位帕斯卡，简称帕，符号 Pa，$1Pa=1N/m^2$。压力的非法

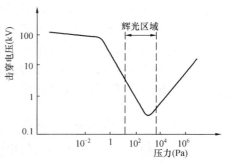

图 4-11　气压与绝缘强度的关系
注：间隙长：1mm，为钨电极。

定计量单位有巴（bar）、千克力/毫米²（kgf/mm²）、工程大气压（at）、标准大气压（atm）、毫米水柱（mmH$_2$O）、毫米汞柱（mmHg）等。其换算关系为 $1Pa=10^{-5}bar=1.02\times10^{-7}kgf/mm^2=1.02\times10^{-5}at=0.987\times10^{-5}atm=0.102mmH_2O=0.007\,5mmHg$。

从图 4-11 可知，真空断路器灭弧室的压力应小于 $10^{-2}$Pa。在运行中如果发现真空管中出现粉红色浅色辉光，则说明灭弧室已漏气，真空度已达不到要求。

2. 真空断路器的结构

真空断路器由真空灭弧室、操动机构、传动机构、底架等组成。真空灭弧室由静触头、动触头、屏蔽罩、外壳、波纹管、保护冒、导电杆、端盖板等组成，如图 4-12 所示。10kV 真空断路器动、静触头之间的断开距离一般为 10～15mm。

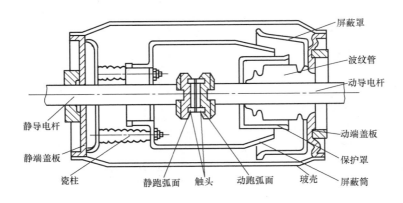

图 4-12　真空灭弧室示意图

真空灭弧室的触头一般采用对接式，易产生触头弹跳现象。为了防止因弹跳激发操作过电压，对触头的材质有特殊要求，并要求在合闸过程中，有足够的初压力和终压力。弹跳时间不应超过 2ms。

真空断路器触头的材质要求具有抗熔焊、耐电弧、含气量低、截流水平低等特点，以便能可靠地切合短路电流。一般选用多元合金制作触头。常用的有铜—钨—铋—锆四元合金、铜—钨—镍—锑四元合金，以及铜—碲—硒、铜—铋—铈、铜—铋—铝等三元合金。

真空灭弧室各元件密封在玻璃壳内，玻璃壳本身也起绝缘作用。为了密封动导电杆采用波纹管，它是一个弹性元件，通过它，真空灭弧室在操动机构的作用下可完成分、合闸操作而又不会破坏真空度。

真空断路器在分闸操作时，由于高真空度的高绝缘强度和在极其稀薄的气体中触头间电弧生成的带电粒子迅速扩散，因而在电弧过零熄灭后不致重燃。电弧燃烧过程中的金属蒸气和带电粒子在强烈的扩散中被屏蔽罩所吸附而冷凝。触头的跑弧面上有三条阿基米德螺旋槽，使电弧电流在流经的路线上在触头间产生一横向磁场，使电弧电流在主触头上沿切线方向快速移动，从而降低了触头的温度，减轻了触头的烧损。

3. 真空断路器的技术参数

表 4-5 为 ZN12-12 型真空断路器的技术参数。图4-13为户内真空断路器外形图。

最早生产的真空断路器真空泡的相间绝缘采用不同的隔离方式。后来真空泡等高压导电部分都覆盖高强度的绝缘保护层，因此不需设置相间绝缘隔板。

图 4-14 是 VD4 型真空断路器及其操动机构盒，表 4-6 是其主要技术数据。

表 4-5　　　　　　　　　　　ZN12-12 型真空断路器主要技术参数

| 序号 | 项目 | | 单位 | 数据 | | |
|---|---|---|---|---|---|---|
| | | | | 31.5kA | 40kA | 50kA |
| 1 | 额定电压（kV） | | kV | 12 | | |
| 2 | 最高工作电压（kV） | | kV | 12 | | |
| 3 | 额定电流（A） | | A | 1250，1600 2000，2500 | 1250，2000 2500，3150 | 1250，2500 3150 |
| 4 | 额定短路开断电流 | | kA | 31.5 | 40 | 50 |
| 5 | 额定短路开合电流（峰值） | | kA | 80 | 100 | 125 |
| 6 | 额定峰值耐受电流 | | kA | 80 | 100 | 125 |
| 7 | 4s 额定短时耐受电流 | | kA | 31.5 | 40 | 50 |
| 8 | 额定绝缘水平 | 工频耐压（额定开断前后） | kV | 42（断口 48） | | |
| | | 冲击耐压（额定开断前后） | | 75（断口 84） | | |
| 9 | 额定操作顺序 | | | 分—0.3s—合分—180s—合分 | | |
| 10 | 机械寿命 | | 次 | 10000 | | |
| 11 | 额定短路开断电流开断次数 | | 次 | 30 | | |
| 12 | 操动机构额定合闸电压（直流） | | V | 110，220 | | |
| 13 | 操动机构额定分闸电压（直流） | | V | 110，220 | | |
| 14 | 触头开距 | | mm | 11±1 | | |
| 15 | 超行程（触头弹簧压缩长度） | | mm | 6±1 | | |
| 16 | 三相分、合闸不同期性 | | ms | ≤2 | | |
| 17 | 触头合闸弹跳时间 | | ms | ≤2 | | |
| 18 | 平均分闸速度 | | m/s | 1.0～1.8 | | |
| 19 | 平均合闸速度 | | m/s | 0.6～1.3 | | |
| 20 | 分闸时间 | 最高操作电压下 | s | ≤0.065 | | |
| | | 最低操作电压下 | | ≤0.08 | | |
| 21 | 合闸时间 | | s | ≤0.05 | | |
| 22 | 各相主回路电阻 | | μΩ | ≤40 | | |
| 23 | 动静触头允许磨损累积厚度 | | mm | 3 | | |

图 4-13　户外真空断路器外形

图 4-14　VD4 型真空断路器及其操动机构盒

**表 4-6**　　　　　　　　　　**VD4 真空断路器主要技术数据**

| 项　目 | | 单位 | | | | 数　据 | | |
|---|---|---|---|---|---|---|---|---|
| 额定电压 | | kV | 12 | | | | | |
| 额定绝缘水平 | 1min 工频耐压 | kV | 42 | | | | | |
| | 额定雷电冲击电压 | kV | 75 | | | | | |
| 额定频率 | | Hz | 50 | | | | | |
| 额定电流 | | A | 630 | 1250 | 1600 | 2000 | 2500① | 3150 |
| 额定对称短路开断电流 | | kA | 16 | 16 | 20 | 20 | 20 | 25 |
| | | | 20 | 20 | 25 | 25 | 25 | 31.5 |
| | | | 25 | 25 | 31.5 | 31.5 | 31.5 | 40 |
| | | | 31.5 | 40 | 40 | 40 | | 50 |
| | | | 40 | 50 | 50 | 50 | | |
| 非对称短路开断电流 | | kA | 17.4 | 17.4 | 21.8 | 21.8 | 21.8 | 27.3 |
| | | | 21.8 | 21.8 | 27.3 | 27.3 | 27.3 | 34.3 |
| | | | 27.3 | 27.3 | 34.3 | 34.3 | 34.3 | 43.6 |
| | | | 34.3 | 43.6 | 43.6 | 43.6 | | 55.8 |
| | | | 43.6 | 55.8 | 55.8 | 55.8 | | |
| 额定短路关合电流 | | kA | 40 | 40 | 50 | 50 | 50 | 63 |
| | | | 50 | 50 | 63 | 63 | 63 | 80 |
| | | | 63 | 63 | 80 | 80 | 80 | 100 |
| | | | 80 | 100② | 100 | 100 | | 125 |
| | | | 100 | 125③ | 125 | 125 | | |
| 3s 额定热稳定电流（31.5kA 及以下为 4s） | | kA | 16 | 16 | 20 | 20 | 20 | 25 |
| | | | 20 | 20 | 25 | 25 | 25 | 31.5 |
| | | | 25 | 25 | 31.5 | 31.5 | 31.5 | 40 |
| | | | 31.5 | 40 | 40 | 40 | | 50 |
| | | | 40 | 50 | 50 | 50 | | |
| 额定动稳定电流 | | kA | 40 | 40 | 50 | 50 | 50 | 63 |
| | | | 50 | 50 | 63 | 63 | 63 | 80 |
| | | | 63 | 63 | 80 | 80 | 80 | 100 |
| | | | 80 | 100② | 100② | 100② | | 125② |
| | | | 100 | 125③ | 125③ | 125③ | | |
| 额定操作顺序 | | | 自动重合闸：分—0.3s—合分—180s—合分<br>非自动重合闸：分—180s—合分—180s—合分 | | | | | |
| 分合闸机构电源额定电压 | | V | AC：110、220　　DC：48、110、220 | | | | | |

①　强迫风冷时，额定电流可达 3150A；

②　特殊要求时，可达 125kA；

③　特殊要求时，可达 135kA。

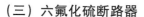

### （三）六氟化硫断路器

目前在 66kV 及以上电压的配电装置中，六氟化硫断路器得到广泛采用。在 10kV 配电网络中，户外柱上中压六氟化硫断路器也多有应用。六氟化硫断路器的特点是体积小、质量轻、开断性能好、运行稳定、安全可靠、寿命长。但是六氟化硫断路器对工艺及密封要求甚严，对材质、气体质量要求很高。下面对其做一简单介绍。

1. 六氟化硫气体的性质

六氟化硫（$SF_6$）气体在普通状态下是不燃、无嗅、无毒、无色的惰性气体。在 0.1MPa 下－63℃时液化，在 1.2MPa 下 0℃时液化。正常情况下相对密度约为空气的 5 倍。绝缘强度受电极的影响很大，在均匀电场中为空气的 2～3 倍，在 3×0.1MPa 时绝缘强度与变压器油相当。通常，$SF_6$ 断路器的工作气压 20℃时为 0.3～0.6MPa，相应液化温度为－45～－26℃。如果在使用中环境温度低于气体液化温度时，则需投入加热装置。

六氟化硫气体的灭弧能力是同压力空气的 100 倍。它具有优异的热特性，在弧心高温区导热率低，而在弧柱边界区的低温区导热率高，形成一种纤细而光亮的弧心结构，易于熄灭。$SF_6$ 气体还具有良好的负电性，即中性分子容易吸附自由电子形成负离子，其运动速度大大低于自由电子，于是增大了与正离子碰撞结合的几率。所有这些，都使六氟化硫断路器具有良好的开合短路电流时的灭弧性能。而且在开断过程中 $SF_6$ 气体的损耗甚微，触头的电磨损也很轻微。

但是对 $SF_6$ 气体必须加强水分监视。当气体中的含水量超过标准时，如温度在 200℃以上，或者在电弧高温的作用下，会产生水解，形成氢氟酸等有毒的腐蚀性气体。水分对电气绝缘也有危害。当然，$SF_6$ 断路器的密封也必须良好，避免出现漏气而影响正常运行。

2. 六氟化硫断路器的技术性能

$SF_6$ 断路器可以做成各种电压等级、各种开断容量，并能较长时间不必检修。如果密封可靠，则长年免维护。即使 $SF_6$ 气体略有泄漏，只要不低于生产厂规定的下限压力，仍可安全运行。

$SF_6$ 断路器灭弧室的灭弧原理常采用旋弧纵吹式与压气式相结合的高效灭弧方式。分闸时，动、静触头的弧触指间产生电弧，随后电弧从弧触指转移到环形电极上，电弧电流通过环形电极流过线圈产生垂直磁场，磁场和电弧电流相互作用，使电弧快速旋转。同时气体受热压力升高，在喷口形成气流将电弧冷却，随着介质绝缘强度的恢复，电弧在电流过零时熄灭。$SF_6$ 断路器灭弧室的特点是动作快、燃弧时间短，电弧在第一个零点就被熄灭，燃弧时间一般不超过 20ms。很少复燃。

在使用 $SF_6$ 断路器时，要注意压力和温度，防止 $SF_6$ 气体液化，以免影响灭弧效果。例如在东北寒冷的冬季，如果 $SF_6$ 气体压力过高，为防止气体液化，需装设电热装置。

3. 六氟化硫断路器的技术参数

表 4-7 为常用六氟化硫断路器的主要技术参数。由表 4-7 可以看出，$SF_6$ 气体的压力各种型号断路器都不尽一致，这由制造厂的技术条件规定。一般来说户内断路器的 $SF_6$ 气体压力高于户外设备，这主要考虑了户外设备环境温度冬季较低，为防止气体液化压力不宜太高。

$SF_6$ 气体的年漏气率规定为不大于 1‰。$SF_6$ 气体 20℃时的含水量：

（1）与灭弧室相通的气室，交接试验值应小于 $150\mu L/L$，运行中试验值不大于 $300\mu L/L$；

（2）其他气室，交接试验值应小于 $250\mu L/L$，运行中试验值不大于 $500\mu L/L$。

4. 六氟化硫全封闭组合电器（GIS）

六氟化硫全封闭组合电器，简称 GIS，即整个变电站除了变压器之外，所有一次设备都被装在封闭的内充 $SF_6$ 气体的金属壳之中，使整个变电站的体积大为缩小。GIS 的出现使电力系统变电设备的结构为之一新。

**表 4-7**　　　　　　　　　　　　**SF₆ 断路器技术数据**

| 型号 | 额定电压（kV） | 最高工作电压（kV） | 额定电流（A） | 额定短路开断电流（kA） | 额定关合电流（峰值）（kA） | 4s 热稳定电流（kA） | 电寿命（开断额定短路电流次数） | 机械寿命（操作次数） | 额定绝缘水平（kV） | | SF₆ 气体工作压力 20℃（MPa） | |
|---|---|---|---|---|---|---|---|---|---|---|---|---|
| | | | | | | | | | 工频耐压 1min | 雷电冲击全波 | 额定 | 最低 |
| LW-10 | 10 | 11.5 | 200 400 630 | 6.3、8 12.5、16 | 16、20 31.5、40 | 6.3、8 12.5、16 | 30、15 | 3000 | 42 | 75 | 0.35 | 0.25 |
| LN2-10 | 10 | 12 | 1250 | 25 | 63 | 25 | 10 | 10 000 | 42 | 75 | 0.55 | 0.5 |
| LN2-35 | 35 | 40.5 | 1250 | 16 | 40 | 16 | 8 | 10 000 | 80 | 185 | 0.65 | 0.59 |
| LW-35 | 35 | 40.5 | 1600 | 25 | 63 | 25 | 10 | 3000 | 80 | 185 | 0.45 | 0.4 |

GIS 的优点是：

（1）大大缩小电气设备的占地面积；

（2）运行安全可靠。由于全部设备封闭在接地的金属外壳内，对人身安全也大有好处；

（3）SF₆ 断路器开断性能好，触头烧伤轻微。一般 20 年无须检修；

（4）安装方便。可以直接落地安装，节省了钢材、水泥等建筑投资。

# 第三节　熔　断　器

熔断器依靠熔体在电流超过限定值时熔化，将电路切断，从而避免由于过电流而使用电设备损坏。熔断器的特点是结构简单、体积小、质量轻、成本低廉、维护方便、动作可靠。缺点是熔断电流和熔断时间分散性大。此外，由于受灭弧功能的局限性，只能用于中低电压和中、小容量的电路中，代替断路器作为过载和短路保护之用。

## 一、熔断器熔体的安秒特性

熔断器都由熔体及触头插座、绝缘底板或绝缘支持物构成。熔体常常又安装在具有灭弧作用的绝缘管中。熔体是熔断器的核心，正常情况下负荷电流经熔体流过，当电流超过熔体所能承受的数值时，熔体发热熔化，断开电路。熔体常做成丝状或片状。制作熔体的材料有铅、铅锡合金、锌、铜、银等。铅锡合金的熔点较低，约 200℃。铅和锌的熔点也不高，分别为 327℃ 和 420℃。铜和银的熔点较高，分别为 1080℃ 和 960℃。

熔断器的特性在很大程度上取决于制造熔体的金属材料。铅锡合金和铅熔点低，在临界温度时对熔断器的各部分温度影响不大，不致将熔断器的支持物烤焦。但是这些金属材料的电阻率很高，需要用较大的截面积来通过负荷电流。因而体积大，熔断时会产生大量金属蒸气，所以只适宜用于低电压、小电流的电路。而高熔点的金属材料，例如铜、银等，电阻率小，导电性能好，在同样负荷电流时，可以取较小的截面积，因而熔断时产生的金属蒸气少，有利于灭弧，在高压熔断器中用得较多。

铜、银等熔体的缺点是熔点高，长期工作时，较高的温度会造成熔断器绝缘支持物因过热而损坏，同时，若要使其快速熔断就必须通过较大的电流，否则会延长熔断时间，而这样对被保护设备不利。因此在一些熔断器中，在铜或银等高熔点材料的熔体上，常常焊以铅或锡的小球，用以降低熔体的熔化温度,这种作用称为冶金效应。有时将片状熔体中间冲以各种直径的圆孔,使其局部截面积变小,称为变截面,当通过短路电流时,在截面窄小处迅速熔断,以缩短熔断时间。

在正常工作状态时,熔断器熔体中流过的电流等于或小于熔体的额定电流,熔体虽然也发热,但其温度达不到熔体熔化温度。当通过熔体的电流超过额定电流时,熔体温度升高到熔化温度。电流越大,温度上升越快,熔体金属熔化蒸发为金属蒸气。随着熔体的熔断,熔断器中电路出现绝缘间隙,但是随即被电源电压击穿,产生电弧。这一过程有如断路器中动静触头分断时产生电弧一样。电弧发生后,如果电压较低,电弧电流较小,随着间隙绝缘强度的恢复,则电弧很快自行熄灭。如果电压较高,电流较大,电弧不能自行熄灭,则熔断器必须具备灭弧措施。一般高压熔断器都有程度不同的灭弧功能;低压熔断器则根据其额定电流大小和使用场合的需要选择适当的灭弧措施。

熔断器熔体的熔断时间随通过电流的大小而变化的关系曲线 $t=f(I)$ 称为熔体的安秒特性。图 4-15 为两个熔体的安秒特性。这两个熔体的额定电流分别为 $I_{eR1}$ 和 $I_{eR2}$。熔体 1 的最小熔化电流(或称作临界电流)为 $I_1$。一般 $I_1$ 大于额定电流 $I_{eR1}$,它们之比 $\dfrac{I_1}{I_{eR1}}=1.3\sim2$,称为熔化系数。同样,熔体 2 的最小熔化电流 $I_2$ 也大于 $I_{eR2}$,为 $I_{eR2}$ 的 $1.3\sim2$ 倍。一般高压熔断器的熔体熔化系数取 1.3。其特性为当通过熔体的电流达到熔体额定电流的 1.3 倍时,1h 内不熔断;当通过电流达到熔体额定电流 2 倍时,1h 内熔断。一般低压熔断器的熔

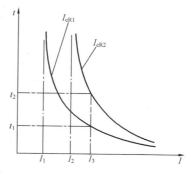

图 4-15 熔体的安秒特性

体熔化系数取 $1.5\sim2$,根据不同用途而有差异。例如保护低压电动机的熔断器,考虑到电动机启动电流比额定电流大好几倍,熔体的熔化系数也适当取高一些。

设有同样大的电流 $I_3$ 流经这两个熔体时,从图 4-15 的曲线可知,其熔断时间分别为 $t_1$ 和 $t_2$。利用这种熔断时间的差异,可以适当安排使电气上互相联系的系统内,各个熔断器的保护特性获得动作的选择性,以保证当某用电设备或线路发生事故时,只有离事故点最近的熔断器熔断,从而把事故影响范围限制到最小。

图 4-16 为 $6\sim35\mathrm{kV}$ 高压跌落式熔断器高压熔丝的安秒特性曲线。在实际使用中,熔体通过电流时的熔断时间与熔体的制造质量,以及环境温度、散热条件等的关系很大,而且也与熔体在熔断器里的安装状况,以及熔体与熔断器引出线的接触处是否紧密都有关系。所以实际的安秒特性与厂家提供的产品技术数据出入很大。根据现场经验,一般可认为当高压跌落式熔断器通过熔体的电流为熔体额定电流的 25 倍以上时,其熔断时间不超过 0.1s,以此作为与继电保护选择性配合时的参考数据。

## 二、高压熔断器的种类和技术特性

### (一)高压熔断器型号的含义

高压熔断器型号的含义如图 4-17 所示。

### (二)RN1 和 RN2 户内式高压熔断器

RN 系列高压熔断器用于高压配电线路、小容量变压器、电力电容器和电压互感器等电气设备的过载和短路保护。它由熔体管、接触导电部分、支持绝缘子和底座等组成,如图 4-18 所示。熔体管为长圆形瓷管或玻璃钢管,内有熔丝和充满石英砂。当过电流使熔丝熔断时,管内产生电弧,由于石英砂对电弧的冷却和去游离作用,使电弧很快熄灭。为使石英砂有效地灭弧,管内的熔丝有时

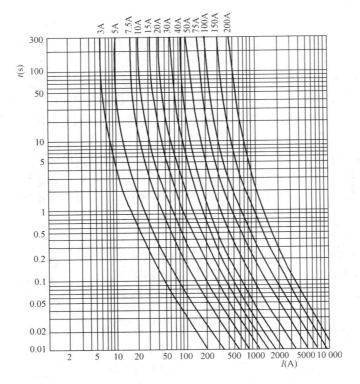

图 4-16　6～35kV 高压跌落式熔断器高压熔丝安秒特性曲线

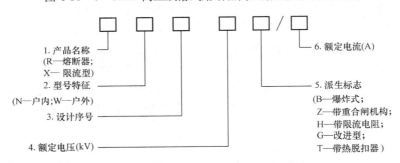

图 4-17　高压熔断器型号的含义

采用多根并联的方式，并使各熔丝之间及对管壁之间保持一定距离，以免烧坏瓷管或短接弧道。RN 式熔断器灭弧能力很强，当通过短路电流时，能在电流未达到最大值之前将电弧熄灭，因此属于限流式熔断器，可以降低对被保护设备动、热稳定的要求。由于在开断电路时，无游离气体排出也无强烈的声光干扰现象，因此适于在户内使用。

高压 RN 型熔断器常用的有 RN1 型和 RN2 型。RN1 型额定电流从 7.5～300A 不等，内装熔体额定电流最小有 2A，可以作为小容量电力变压器、配电线路和电力电容器的过载和短路保护之用。RN2 型熔断器的熔丝是根据机械强度要求选定的，无论是 6～10kV，或 35kV，额定电流都定为 0.5A，只能用作电压互感器的保护之用。当短路电流上升到最大值之前，熔体早已熔断，其三相最大断流容量可达 1000MVA 之多。表 4-8 为 RN1 型户内高压熔断器的技术数据，表 4-9 为 RN2 型户内高压熔断器的技术数据。另有 RN3、RN5 技术性能与 RN1 相近，也是作为线路、变压器和电容器保护用；RN4、RN6 技术性能与 RN2 相近，也是作为电压互感器过载和短路保护之用，这里不再列举。

由表4-8可知，对于RN1型熔断器而言，不论其额定电压为6kV，还是10kV和35kV，也不论其熔断额定电流为多少，其最大三相断流容量均为200MVA。RN1-6、RN1-10这两种熔断器可配熔体的额定电流等级分为2、3、5、7.5、10、15、20、30、40、50、75、100、150、200、300A；RN1-35熔断器可配熔体的额定电流等级分为2、3、5、7.5、10、15、20、30、40A。

高压熔断器的熔体中通过比其额定电流大许多倍的短路电流时，熔体快速熔化，如果熔体长度足够大，则熔体熔化后的绝缘间隙也很大，电弧不易重燃，由此出现电流被突然截断。由于电路中存在电感，会在电路中产生过电压。因此高压熔断器必须限制熔体熔断时可能出现的过电压。因此，在设计熔体时，尽量减小熔体熔断的长度。当熔体熔断形成的绝缘间隙不大时，间隙击穿所需的恢复电压较小，从而防止由于电流被突然截断产生过电压过高。有的熔断器中采用阶梯式熔体，熔体在全长上截面不同，而是分成2~3级。当短路电流流过熔体时，熔体在最小截面处首先熔断，而后击穿，发生电弧，再扩大熔断长度，最终电弧熄灭，电流被截断。这样分级熔断，所出现的过电压值要比等截面

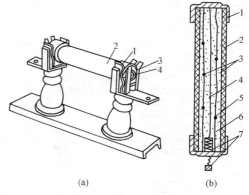

图4-18 RN型户内高压管形熔断器
（a）外形结构图；（b）熔管剖面示意图
1—管帽；2—瓷熔管；3—工作熔体；4—指示熔体；
5—锡球；6—石英砂填料；7—熔断指示器

熔体突然截断时产生的过电压小。在表4-8中所列RN1型户内高压熔断器其分断电流时产生的过电压一般控制在不超过工作电压的2.5倍。表4-9中的RN2型户内高压熔断器也一样。过电压倍数也不超过2.5倍额定电压。为了保证熔断器分断短路电流时过电压倍数不超出这限制值，对于RN型熔断器不要将电压等级高的熔断器替代电压等级低的熔断器使用。例如不要将RN2-10型熔断器用在6kV的电压互感器保护回路上。

表4-8 　　　　　　　　　　　　RN1型户内高压熔断器的技术数据

| 型　号 | 额定电压（kV） | 额定电流（A） | 最大开断电流，有效值（kA） | 最小开断电流（额定电流倍数） | 当开断极限短路电流时最大电流峰值（kA） |
|---|---|---|---|---|---|
| RN1-35 | 35 | 7.5 | 3.5 | 不规定 | 1.5 |
| | | 10 | | 1.3 | 1.6 |
| | | 20 | | | 2.8 |
| | | 30 | | | 3.6 |
| | | 40 | | | 4.2 |
| RN1-10 | 10 | 20 | 12 | 不规定 | 4.5 |
| | | 50 | | 1.3 | 8.6 |
| | | 100 | | | 15.5 |
| | | 150 | | | |
| | | 200 | | | |
| RN1-6 | 6 | 20 | 20 | 不规定 | 5.2 |
| | | 75 | | 1.3 | 14 |
| | | 100 | | | 19 |
| | | 200 | | | 25 |
| | | 300 | | | |

表 4-9                                      RN2 型户内高压熔断器的技术数据

| 形式 | 额定电压（kV） | 额定电流（A） | 最大开断电流（kA） | 三相最大断流容量（MVA） | 过电压倍数（额定电压倍数） | 熔体管电阻（Ω） |
|------|------|------|------|------|------|------|
| RN2-35 | 35 | 0.5 | 17 | 1000 | ≤2.5 | 142±4 |
| RN2-10 | 10 | 0.5 | 50 | 1000 | ≤2.5 | 100±7 |
| RN2-6 | 6 | 0.5 | 85 | 1000 | ≤2.5 | 100±7 |

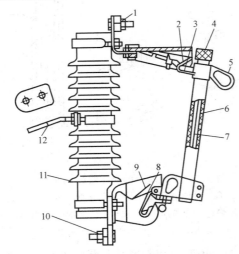

图 4-19　RW-10 型跌落式熔断器结构图
1—上接线端；2—上静触头；3—上动触头；
4—管帽；5—操作环；6—熔管；7—熔件；
8—下动触头；9—下静触头；10—下接线端；
11—绝缘子；12—固定安装板

### （三）RW 户外式高压熔断器

高压户外熔断器，3～10kV 主要是跌落式熔断器如图 4-19 所示，35～66kV 则有跌落式和限流式两类。

（1）3～10kV 户外跌落式熔断器。跌落式熔断器价格便宜、结构简单、安装简便、操作容易、有明显断开点，可兼作隔离开关和过载、短路保护用，因而在 3～10kV 架空配电线路和配电变压器电源侧作为保护得到广泛使用。但是如果使用不当，跌落式熔断器又很容易发生事故，不仅起不到应有的保护作用，其本身反而成为线路事故跳闸的根源。因此正确安装使用跌落式熔断器对提高安全供电有十分重要的意义。

（2）跌落式熔断器的工作原理。跌落式熔断器由瓷或硅橡胶绝缘支柱、接触导电系统和跌落式熔丝管等三部分组成。熔丝管内衬有消弧管。在正常工作时，熔丝管下部导电触头嵌在绝缘支柱的下部导电静触头挂钩内，熔丝管的上部导电触头合到绝缘支柱上部静触头的弹性触头夹内，并依靠熔丝的拉力使熔丝管上的活动关节锁紧，熔丝管不致脱落。当熔丝通过超过其额定电流的故障电流时，熔丝熔断，产生电弧，熔丝管内衬的消弧管在电弧作用下分解出大量气体。与此同时，由于熔丝熔断，熔丝的拉力消失，熔丝管上部的活动关节脱落，熔丝管在自身重力的作用下，便以熔丝管下部触头挂钩为转轴迅速旋转脱落，悬挂在跌落式熔断器的下部静触头挂钩上。在熔丝管掉落时，熔丝管上触头与熔断器绝缘支柱的上部静触头之间产生电弧，这个电弧随着熔管的向下旋转脱落而被拉长，同时熔丝管内消弧管由于电弧高温而产生的大量气体从熔丝管上口喷出将电弧吹灭，故障电流被分断，同时形成一个明显的分断间隙。

（3）跌落式熔断器的技术数据。跌落式熔断器的技术数据各地区各生产厂提供的资料可能不尽一致，但是相差也不大。表 4-10 为 10kV 一些型号户外跌落式熔断器的技术数据，可供参考。表中额定开断容量的上、下限有的提供了一个数据范围，这主要是考虑到全国各厂家的产品技术条件有差异，现场使用应以厂家提供的技术条件为准。

表 4-10                                      10kV 户外跌落式熔断器的技术数据

| 额定电流（A） | 额定开断容量（MVA） | | 型号举例 |
|------|------|------|------|
| | 上　限 | 下　限 | |
| 50 | 50 | 5～10 | RW3-10/50 |
| | 75 | 15 | RW3-10G/50 |

续表

| 额定电流（A） | 额定开断容量（MVA） | | 型号举例 |
| --- | --- | --- | --- |
| | 上　限 | 下　限 | |
| 100 | 75～124 | 10～15 | RW4-10G/100 |
| | 100 | 10～20 | RW7-10/100 |
| 200 | 150 | 20～30 | RW7-10G/200 |
| | 200 | 30～40 | RW9-10/200 |

### （四）选用高压熔断器的注意事项

高压熔断器按使用场合（户内、户外）、电压等级、额定电流、断流容量，以及有关熔断特性（限流特性等）进行选择。并应注意以下事项：

1. 熔管额定电流

熔管额定电流应等于或大于熔体的额定电流。

2. 熔体的额定电流

熔体的额定电流应大于最大负荷电流，其可靠系数一般为 1.1～2.0，视具体情况而定，并考虑同一电气回路中上、下级熔断器动作的选择性。

应该指出，保护电压互感器用的熔断器，不需要特别考虑额定电流，因为电压互感器用的高压熔断器其额定电流总是取最小的。例如 6～35kV 电压互感器高压侧的熔断器熔体额定电流一般都是 0.5A。

3. 校验熔断器的断流容量

对于没有限流功能的熔断器，选择短路电流的冲击电流有效值进行校验，而限流式熔断器用短路电流次暂态电流校验。

4. 选用高压跌落式熔断器时应注意的事项

在中压配电系统中，跌落式熔断器使用较多，如果选择使用不当发生的故障机会也较多。为此应注意以下各项：

（1）根据运行经验，跌落式熔断器的额定电流应留有较大的裕度，一般按实际负荷电流的 2 倍以上选择跌落式熔断器的额定电流。跌落式熔断器熔丝的额定电流也应大于实际负荷电流，取实际负荷电流的 1.3～1.5 倍。根据现场运行经验，当通过跌落式熔断器的负荷电流经常超过 90～100A 时，跌落式熔断器的触头（俗称鸭嘴）容易引起局部过热，出现打火，很容易扩大为相间电弧短路事故。因此，正常负荷电流超过 90～100A 时，一般不采用跌落式熔断器，而改用其他柱上开关。

（2）跌落式熔断器依靠熔丝熔断时电弧的热量，在熔丝管内产生气体往外喷出时吹灭电弧。当短路电流太大时，电弧太强，气体吹不灭电弧，因此规定了开断容量的上限；当短路电流太小时，产生的气体太小，也吹不灭电弧，因此又规定了下限。当故障电流大于上限，或小于下限，则跌落式熔断器不能可靠灭弧，会造成电弧短路，引起跌落式熔断器烧损甚至爆炸，扩大事故。因此使用时要特别注意。选择跌落式熔断器时应检查开断容量上限和额定电流应分别大于安装地点的最大短路容量和负荷电流；同时要验算跌落式熔断器的开断容量下限应小于安装地点的最小短路容量。

（3）在选用跌落式熔断器的熔丝时，要特别注意产品质量。有的熔丝实际熔断电流比标定电流小得多。有的熔丝熔体与软铜绞线的压接不严，甚至可以轻松地转动。有的厂家为了降低成本，熔体两端的软铜绞线截面不够，太细。所有这些都可能使跌落式熔断器在正常运行时熔丝熔断造成停电事故。而且在这种情况下由于不存在短路电流，因此熔丝管产气不足，也可能造成电弧熄灭缓慢而造成相间短路故障。

### （五）跌落式熔断器的安装和运行维护

（1）跌落式熔断器瓷件应良好，熔丝管不应有吸潮膨胀、弯曲变形现象。熔丝管上下触头的中心线与熔丝管轴线应在同一平面内，不得扭歪。

（2）跌落式熔断器应安装牢固、排列整齐，不得左右转动，10kV 跌落式熔断器相间水平距离不应小于 0.5m。为便于操作和熔丝熔断时自跌，使熔丝管轴线有一定倾斜度，瓷座轴线与地面垂线的夹角一般为 20°～30°。分、合闸操作应灵活、可靠，接触紧密。合闸前调整上下触头应有一定的压缩行程。

（3）在运行中，跌落式熔断器熔丝熔断 3～4 次后，应检查熔丝管内径是否增大，如果增大达 2～3mm，则应考虑更换新的熔丝管。在运行中如发现跌落式熔断器分、合闸不灵活，则应立即检修调整。如果无法调整，则应更换新的跌落式熔断器。有的地区对跌落式熔丝管采取 3～5 年更换一次。

## 三、低压熔断器的种类和技术特性

下面对低压熔断器常用类型及其技术特性做一简单介绍。

### （一）低压熔断器的型号表示

低压熔断器的型号第一个字母 R 表示熔断器。第二个字母 M 表示无填料密闭管式；T 表示有填料密闭管式；L 表示螺旋式；S 表示快速式；C 表示瓷插式；Z 表示自复式。

### （二）无填料熔断器

无填料熔断器分插入式和封闭管式两种。

#### 1. 插入式熔断器

常用的有 RCIA 系列瓷插式熔断器，它是常见的一种结构简单的熔断器，俗称"瓷插保险"。RCI 熔断器的额定电压为 380V，额定电流有 5、10、15、30、60A 直至 200A 多种。熔体额定电流有 1、2、3、4、6、10A 直至 200A 多种。其极限分断能力有效值达 300、500、1500、3000A 不等。熔体材质为铜丝或紫铜片，随额定电流不同选材也不同。

插入式熔断器尺寸小、价格低廉、更换方便，一般用在小容量电路内，其结构包括瓷盖、瓷底、触头和熔体四部分。电流较大的熔断器，在灭弧室内垫有石棉编织物，可防止熔体熔断时引起金属颗粒喷溅。

#### 2. 封闭管式熔断器

常用的有 RM1、RM7、RM10 等系列产品。用在交流 380V、直流 440V 的系统内。它由熔断管、熔体及触座等组成。熔断管额定电流从 15～1000A 不等，装在熔断管内熔体的额定电流从 6～1000A 不等。电流较大的熔体有的由两片并联使用。极限分断能力最高可达 10000A～20000A 不等。RM 型熔断器的熔断管可拆卸，结构简单，维护方便，可自行更换熔体。其熔体由铜片冲制成变截面形状，中间加低熔点锡合金，具有显著的冶金效应。熔体的熔断电流一般为额定电流的 1.3～2 倍，超过 1.6～2 倍应能可靠熔断。

### （三）有填料熔断器

有填料熔断器常用的有 RL1 系列螺旋式熔断器、RTO 系列封闭管式熔断器，RSO、RS3 系列封闭管式快速熔断器等。

#### 1. RL1 系列螺旋式熔断器

该型熔断器俗称"螺旋保险器"，适用于交流 380V、直流 440V 及以下，额定电流 200A 以下的电路，RL1系列熔断器由瓷制底座、带螺纹的瓷帽、熔断管和瓷套制成。熔断管内有熔丝，并装满石英砂。熔断管上盖中有一熔断指示器，当熔断器熔体熔断时，指示器跳出，显示熔断器熔断，可从瓷帽顶部的玻璃圆孔中看到。熔断管内的石英砂用于熄灭电弧。当熔体熔断产生电弧时，电弧在石英砂的砂粒中通过，受到强烈冷却而熄灭。因此这种熔断器具有较高的分断能力，极限分断能力可达50kA。由于熔体具有较大的热惯性，过负荷熔断时间较长，因此也常用作电动机的保护装置。

2. RLS系列螺旋式快速熔断器

此类熔断器在过载倍数达到3～6倍额定电流时，熔断时间不大于0.3～0.02s，可用作保护半导体整流元件和晶闸管的设备之用。其结构与RL1相似，快速特性通过熔体采取变截面和"冶金效应"获得。所谓"变截面"是将片状熔体上冲以小圆孔，或冲出条形网状，使熔体截面局部变小，当通过过载电流时易于熔断。

3. RTO系列有填料封闭管式熔断器

此系列熔断器适用于交流380V、直流440V及以下要求分断能力较高的场合，并有一定限流特性。在供电线路、变压器的出线保护中得到广泛采用。

RTO熔断器的结构由熔断管、动作指示器等组成。熔断管内装有熔体和石英砂。石英砂的作用是，当熔体熔断产生电弧时，石英砂能吸收电弧能量，冷却电弧，使电弧快速熄灭，从而提高了分断电路的能力。熔体由紫铜片冲成栅状，中间部分用锡桥连接，具有良好的安秒特性。

RTO熔断器的动作指示器为一机械信号装置，指示器有一与熔体并联的康铜丝。当熔体熔断后，电流流经康铜丝，使康铜丝立即烧断，依靠弹簧释放的弹力弹出一个红色指示器，表示熔体已熔断。RTO熔断器有以下优点：

（1）具有一定的限流作用，能在第一个半周波峰值以前分断电路；

（2）熔断器的绝缘操作手柄可在带电的情况下调换熔体，手柄具有锁扣机构，操作安全方便；

（3）断流能力高，在额定断流范围内，熔体分断短路电流时，无声光现象；

（4）熔断器熔体装有熔断指示信号，便于识别故障线路，有利于事故处理的迅速进行。

4. RS0、RS3系列有填料封闭管式快速熔断器

这两种熔断器主要作为硅整流元件及其成套装置中的过载保护和短路保护的保护装置用，额定电压至750V，额定电流至480A以下。其结构与RTO系列熔断器相似，也由熔断管、红色动作指示器等组成。熔断管内也是装有熔体和石英砂填料。所不同的是RS0、RS3系列熔断器的熔体采用银片冲制而成，为单片或多片变截面熔片，其窄部特别细，极易熔断，保证了熔断器的快速熔断。采用银作为熔体与采用铜相比，银的导电性能好，而熔点较铜低，熔化系数较低，在高温工作下性能较稳定。

RS0、RS3系列熔断器与RTO系列另一个不同之处是接线端头不用接触闸刀和夹座，而是做成汇流排式导电接线板，表面镀有银层，可以直接用螺钉紧固在母线排上，接触可靠。

RS0系列快速熔断器的保护特性如表4-11所示。

表4-11 RS0系列快速熔断器保护特性

| 熔体额定电流倍数 | 熔断时间 |
| --- | --- |
| 1.1 | 4h内不熔断 |
| 4 | 0.05～0.3s |
| 6 | ≤0.02s |

**（四）自复式熔断器**

熔断器熔体熔断后，不需更换，在短路电流由电源侧的自动开关分断后，熔体能自动恢复原

状，可以继续使用的熔断器称为自恢复式熔断器，或简称"自复式熔断器"。

自复式熔断器的结线如图 4-20 所示。

自复式熔断器本身不能分断电路，故常与自动开关串联使用。自复式熔断器内部结构有一装满金属钠的绝缘细管，正常运行时，电流从熔断器的一个导电端子流入，经过金属钠从另一导电端子流出。当发生故障时，故障电流使金属钠急剧发热而汽化，形成高温高压高电阻的等离子状态，限制短路电流增加，与此同时，金属钠汽化产生的高压通过一个活塞压缩熔断器里装有氩气的一个空腔。这时故障电流一部分从自复式熔断器（图 4-20 中的 FU）通过，以符号 $I_Z$ 表示。另一部分从与熔断器并联的电阻 $R$ 流过。这时自动开关动作跳闸，将电路分断，电流消失。故障电流被切除后，金属钠的温度下降，压力也随之下降，于是活塞在氩气压力的作用下回复到原来位置，并压缩汽化的金属钠回复到原来状态，恢复为能导电的金属钠，熔断器可以继续使用。

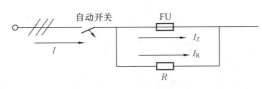

图 4-20 自复式熔断器的线路图

由以上介绍可知，故障电流实际上是由自动开关分断的。自复式熔断器所起的作用是限止了故障电流的数值。这样减轻了自动开关的断流容量，改善了自动开关的灭弧能力，可以在短路容量较大的电路里使用断流能力较小的自动开关。图 4-20 中的并联电阻 $R$ 有两个作用：其一是维持自动开关跳闸线圈所需的动作电流；其二是在熔断器里金属钠汽化时，熔断器可能产生过电压，电阻 $R$ 可以吸收由此产生的能量，保证自动开关的分闸顺利进行。电阻 $R$ 的数值应适当。如果 $R$ 数值过大，则可能影响自动开关的跳闸电流过小，降低了自动开关跳闸的可靠性。如果 $R$ 数值过小，则限流作用就不显著。

### （五）熔断器的限流特性

有些熔断器，在短路发生后，0.01s 内即将电路分断。这个时间电流变化还不足半个周波，也就是说短路电流尚未上升到冲击值之前电弧即已熄灭。这种熔断器具有限流特性。用这种熔断器保护的电气设备，可以不校验短路时的动稳定和热稳定。

以上介绍了常用低压熔断器的技术特性，图 4-21～图 4-25 为各种熔断器的外形和结构示意图。

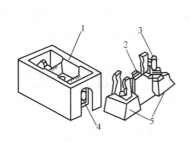

图 4-21 RC1A 型瓷插式熔断器

1—瓷底座；2—熔体；3—动触点；
4—静触点；5—瓷插件

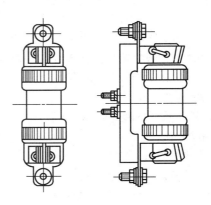

图 4-22 RM7 型无填
料封闭管式熔断器

### （六）低压熔断器的选择

选择熔断器时应注意以下事项：

（1）熔断器的额定电压应符合所在回路的额定线电压；

（2）熔断器熔体的额定电流不得大于熔断器（支持件）的额定电流；

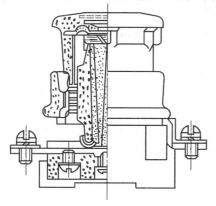

图 4-23　RL1 型有填料
螺旋式熔断器

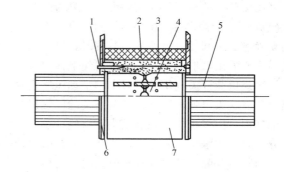

图 4-24　RTO 有填料
封闭管式熔断器结构图

1—熔断指示器；2—指示熔线；3—石英砂填料；

4—熔体；5—触刀；6—盖板；7—管体

（3）熔断器熔体的额定电流 $I_{Rr}$ 应略大于回路的最大负荷电流 $I_{F \cdot max}$，并按电动机启动电流校验。例如：对于单台电动机，熔体的额定电流一般可取电动机启动电流的 0.4～0.5 倍。

如果电源通过熔断器向多台电动机供电，则按下式校验熔断器中熔体的额定电流

$$I_{Rr} \geqslant \frac{I_Q}{K} + I_{\Sigma(n-1)} \tag{4-22}$$

式中　$I_{Rr}$——熔断器熔体的额定电流，A；

$I_Q$——回路中最大一台电机的启动电流；

$K$——安全系数，可取 2～2.5；

$I_{\Sigma(n-1)}$——除了最大的电动机外，其余电动机的额定电流之和。

按短路电流校验熔断器的分断能力。即熔断器的最大开断电流应大于被保护线路三相短路冲击电流有效值。

如果制造厂提供熔断器的极限分断能

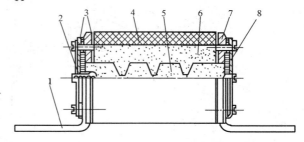

图 4-25　RS0 有填料封闭管式快速熔断器

1—导电接线板；2—指示器；3—绝缘垫；4—管体；

5—熔断；6—填料；7—触刀；8—端盖

力为交流电流周期分量有效值，则可用被保护线路三相短路电流周期分量有效值来校验。即熔断器的极限分断能力（交流电流周期分量有效值）应大于（或等于）被保护线路三相短路电流周期分量有效值。

## 第四节　高压负荷开关和隔离开关

### 一、高压负荷开关

负荷开关由于其灭弧室的灭弧能力不如断路器，不能安全有效地熄灭切断短路电流时动静触头间的电弧，因此只能用来分合电路中的负荷电流，不能分断电路中的短路故障电流。所以，负

荷开关必须和熔断器配合使用，由熔断器作为电路的短路保护之用。

GB 50053—1994《10kV 及以下变电所设计规范》规定："配电所的引出线宜装设断路器。当满足继电保护和操作要求时，可装设带熔断器的负荷开关。""配电所专用电源线的进线开关宜采用断路器或带熔断器的负荷开关。"

高压负荷开关按灭弧介质和形式，分为产气式、压气式、真空和六氟化硫等，其中真空和六氟化硫负荷开关的结构与断路器相同，只是不具备分断短路电流的能力。产气式负荷开关是在闸刀的动静触头之间装有灭弧管，分闸时，电弧在灭弧管内利用高温使固体产气材料产生大量气体沿喷嘴高速喷出，形成强烈的纵吹，使电弧熄灭。

压气式负荷开关利用分闸时主轴带动压气活塞压缩空气，被压缩的空气从灭弧触头的喷嘴高速喷出，以吹灭电弧。压气式负荷开关的压气机构，有的装在固定静触头的绝缘支柱内，有的装在动触杆内。压气机构装在静触头支持绝缘子内的负荷开关，动触头包括主触头和灭弧触头两部分。分闸时，主触头首先分开，与此同时，由主轴带动静触头支持绝缘子内的压气活塞，将空气压缩，当随后灭弧触头与静触头分离时，压缩空气在灭弧触头离开喷嘴的一瞬间喷出，压缩气流将电弧熄灭。

压气机构装在动触杆内的负荷开关，采用空心动触杆作为压气的气缸，内装固定在绝缘支持件上的活塞。当负荷开关分闸时，主触头分离之前，活塞先已运动形成压缩空气，当主触头分离的一瞬间，喷嘴被打开，压缩空气从喷嘴喷出，吹灭电弧。为了减轻电弧对触头的烧损，主断口导电部位采用铜钨合金材料。

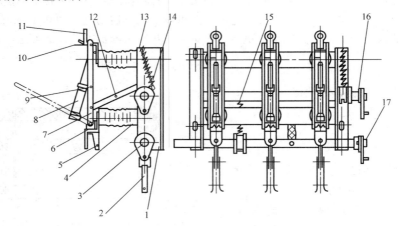

图 4-26　FN5-10D 负荷开关外形图

1—框架；2—接地刀片；3—接地开关转轴；4—支柱绝缘子；5—接地转轴；
6—支座接线板；7—刀片；8—灭弧管；9—拉簧及扭簧销轴；10—导向片；
11—触座接线板；12—拉杆；13—负荷开关转轴；14—负荷开关弹簧储能机构；
15—接地开关弹簧储能机构；16—负荷开关操动机构；17—接地开关操动机构

常用的高压户内式负荷开关有 FN2-10、FN3-10 压气式负荷开关及 FN5-10 产气式负荷开关。负荷开关与熔断器的配合有两种形式：上熔断器负荷开关，即熔断器装在负荷开关电源侧，这种安装方式，熔断器可以保护负荷开关本体；第二种配合形式为下熔断器负荷开关，即熔断器装在负荷开关负荷侧，这种安装方式的优点是更换熔断器比较方便，只需断开负荷开关，负荷侧挂上地线就可以更换。如果安装方式为上熔断器，则更换熔断器时，必须电源侧停电，相对比较麻烦。

户外负荷开关常用的有 FW5 型产气式负荷开关，适用于户外柱上安装，其灭弧元件由固体产气材料制成，负荷开关分闸时，在电弧高温作用下产生大量气体，沿喷嘴喷出，形成强烈纵吹作用，使电弧很快熄灭。

图 4-26 为 FN5-10D 型户内负荷开关外形图。

除了上述产气式和压气式负荷开关外，目前真空负荷开关和六氟化硫负荷开关在 $10 \sim 35kV$ 户内配电装置中已有较多采用。图 4-27 为真空负荷开关与熔断器组合电器的断面图。由于真空负荷开关或六氟化硫负荷开关没有明显断开点，因此必须在电源侧安装隔离开关。如采用手车柜，因具有隔离插头，可不必另装隔离开关。

厦门 ABB 开关有限公司生产的 SFG 型 $SF_6$ 负荷开关封闭式金属柜，具有母线室、开关室、电缆室和操动机构室四个互相分隔的独立隔室。其中操动机构室内设有连锁装置。SFG 负荷开关被密封在内充 $SF_6$ 气体的环氧树脂浇注的壳体内。开关室内可根据要求装设 $SF_6$ 气体密度表或报警装置。这种负荷开关终生密封，30 年免维护。$SF_6$ 气体压力为 $40 \times 10^4 Pa$（相对压力）。负荷开关的机械寿命是 5000 次分闸/合闸和 1000 次分闸/接地。

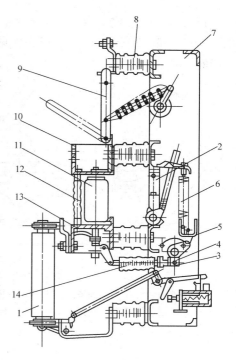

图 4-27  真空负荷开
关—熔断器组合电器断面图

1—熔管；2—接地开关；3—滑套；4—弹簧拉杆；5—分闸缓冲垫；6—分闸弹簧；7—底架；8—绝缘子；9—隔离刀；10—上支架；11—真空灭弧室；12—绝缘柱；13—下支架；14—绝缘拉杆

## 二、高压隔离开关

隔离开关没有灭弧装置，因此不能分合负荷电流和故障电流，其主要作用是在电路中可形成明显断开点，将需要检修的电气设备用隔离开关与带电设备可靠隔离。而且，利用隔离开关可以参与变电站改变运行方式的倒闸操作，例如在双母线运行的变电站中，可以用隔离开关将设备或线路从一组母线切换到另一组母线上。此外，根据原电力工业部颁发的《电力工业技术管理法规》（试行）规定，当回路中未装断路器时，可使用隔离开关进行下列操作：

（1）开、合电压互感器和避雷器；

（2）开、合母线和直接连接在母线上设备的电容电流；

（3）开、合变压器中性点的接地线，但当中性点上接有消弧线圈时，只有在系统没有接地故障时才可进行；

（4）与断路器并联的旁路隔离开关，当断路器在合闸位置时，可开、合断路器的旁路电流；

（5）开、合励磁电流不超过 2A 的空载变压器和电容电流不超过 5A 的无负荷线路，但当电压在 20kV 及以上时，应使用户外垂直分合式的三联隔离开关；

（6）用户外三联隔离开关开、合电压 10kV 及以下且电流在 15A 以下的负荷；

（7）开、合电压 10kV 以下电流在 70A 以下的环路均衡电流。

《法规》同时规定："根据现场试验或系统运行经验，经运行单位的总工程师批准，可超过上述的规定限额。"

隔离开关按安装地点分为户内式和户外式；按极数分为单极和三极；按能否接地分为有接地刀闸和无接地刀闸；按动作方式分为水平旋转式、垂直旋转式和插入式等。

户内隔离开关常见的有 GN2、GN6 等型号的三极隔离开关。图 4-28 为 GN2-10 型隔离开关的结构图。35～110kV 户外隔离开关常见的有 GW5 型隔离开关，图 4-29 为 GW5-110D 型隔离开关的外形图。

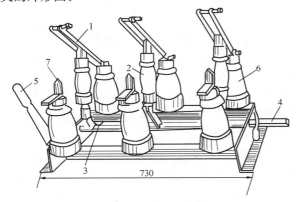

图 4-28　GN2-10 型隔离开关

1—动触头；2—拉杆绝缘子；3—拉杆；4—转动轴；
5—转动杠杆；6—支持绝缘子；7—静触头

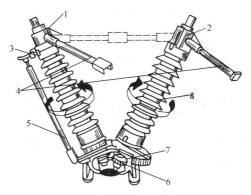

图 4-29　GW5-110D 型隔离开关外形图

1—出线座；2—导电带；3—接地静触头；
4—主闸刀；5—接地闸刀；6—伞齿轮；
7—轴承座；8—绝缘子

GN2-10 型隔离开关的结构由动静触头、支持绝缘子、拉杆绝缘子、转动轴、拉杆和转动杠杆等构成。图 4-28 中动触头 1 由两根平行的矩形铜条，端部用弹簧夹紧而成。合闸时，手动操作，通过操作手柄带动牵引杆，拉动转动杠杆，使转动轴 4 旋转，带动拉杆绝缘子向下运动，动触头被拉杆绝缘子拉向合闸位置，与静触头接触，依靠其端部的弹簧将动触头的矩形铜条与静触头的刀形触片紧紧夹住，保证动静触头的良好接触。

35～110kV 户外配电装置常用 GW5 型隔离开关。图 4-29 所示的隔离开关在型号最后有一 D 字，代表隔离开关上附有接地闸刀（图 4-29 中 5 和 3）。由于户外隔离开关在比较恶劣的条件下工作，因此要求较高的绝缘水平，而且动静触头的分合要具备一定的破冰能力，以便可能在触头结冰的情况下实施操作。GW5 系列隔离开关是由三个单极开关（图 4-29）在现场安装时组合成三极的三相隔离开关。每相隔离开关由底座、两个实心棒形瓷柱和导电部分组成 50°交角的 V 形结构。底座部分有两个轴承座，内装圆锥形滚动轴承，使瓷柱转动极为轻便灵活。两瓷柱通过伞形齿轮啮合，这样在操作任一瓷柱时，另一瓷柱随着同步反向转动，以达到开、合隔离开关的目的。导电刀闸分为两部分固定在两个瓷柱上，隔离开关的出线座采用可活动的结构，以保证在 90°范围内灵活转动，并防止在操作隔离开关时引起母线振动。导电刀闸采用指形触头，分、合闸时触指间产生相对滚动，能起自身净化和破冰作用。GW5 型隔离开关具有体积小、占地面积少、重量轻、使用可靠等优点，因此在 35～110kV 户外装置中得到广泛采用。

# 第五节　高压开关的操动机构

高压开关的操动机构常用的有电磁操动机构、弹簧储能操动机构和液压操动机构。

## 一、电磁操动机构

用直流电磁线圈产生电磁力，吸引铁芯向上冲击，使断路器合闸或分闸，断路器采用这种操动机构，即所谓电磁操动机构。在 6～10kV 断路器上使用的电磁操动机构为 CD10 型操动机构。

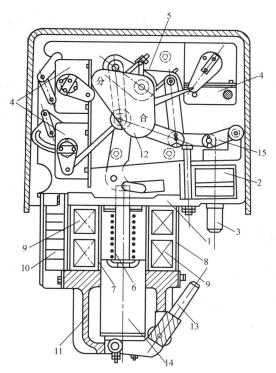

图 4-30　CD10 型电磁操动机构的结构图
1—铸铁支架；2—分闸线圈；3—分闸铁芯；4—辅助开关；5—主转轴；6—顶杆；7—内圆筒；8—外铁筒；9—合闸线圈；10—接线板；11—缓冲法兰；12—分、合闸指示牌；13—手动操作手柄；14—合闸铁芯；15—死点连板

## （一）CD10 型操动机构的结构

CD10 型电磁操动机构的结构如图 4-30 所示，由合闸系统、分闸系统、自由脱扣机构、缓冲法兰和其他辅助元件组成。

### 1. 合闸系统

合闸系统包括电磁合闸线圈、合闸铁芯、合闸顶杆（装在合闸铁芯上）以及传动连杆和传动轴。当合闸线圈通上合闸电流时，合闸铁芯被电磁力吸引，向上冲击，推动传动连杆，使主轴顺时针旋转，断路器合闸。断路器合闸后，由搭钩将自由脱扣机构锁住，使断路器保持在合闸位置。在合闸过程中，将分闸弹簧拉紧，使其处于储能状态，以备分闸时作为分闸动力之用。

### 2. 分闸系统

分闸系统包括分闸电磁线圈、分闸铁芯、分闸顶杆（装在分闸铁芯上）、分闸弹簧、自由脱扣机构等组成。当分闸线圈通入分闸直流电流后，吸引分闸铁芯，带动分闸顶杆，撞击自由脱扣机构的死点联板中的活节（图 4-31 中的 A5），使活节上升，自由脱扣机构动作，合闸搭钩（图 4-31 中的 3）从销轴 A3 上滑脱。这时在分闸弹簧拉力的作用下，断路器主轴逆时针旋转，将断路器分闸，断路器即处于分闸状态。

### 3. 自由脱扣机构

自由脱扣机构由一系列连板（图 4-31 中的 1、2、6、10、11、12）、销轴（图 4-31 中的 A1～A7）和搭钩（图 4-31 中的 3）组成。其中销轴 A5 是一个活节，它与连板 10、11 构成自由脱扣机构的死点脱扣板。

如图 4-31 所示，在合闸时，自由脱扣机构的活节 A5 处于死点位置，因此搭钩 3 能顶住销轴 A3 而不致滑脱。如果在合闸过程中，由于继电保护动作或其他原因，出现分闸信号，分闸电磁铁动作，分闸铁芯上的顶杆冲击自由脱扣机构活节，则自由脱扣连板脱离死点，销轴 A3 立即从搭钩 3 上滑锐，在分闸弹簧拉力的作用下，断路器自动恢复到分闸位置。

### 4. 缓冲法兰

缓冲法兰位于操动机构下部，装在合闸线圈的下方。其内部有橡皮衬垫，在合闸铁芯下落时起缓冲作用。缓冲法兰的下部装有手动合闸手柄，必要时可进行手动合闸。缓冲法兰不仅对合闸线圈起固定位置的作用，而且其铸铁件又是合闸电磁系统磁路的组成部分。

### 5. 其他辅助元件

CD10 型电磁操动机构除了以上主要部件外，还有分、合闸指示牌、接线板和辅助开关等辅助元件，所有这些部件都罩在铁皮外罩内。其中分、合闸指示牌用于指示断路器的分、合闸状态；接线板则是用来连接分、合闸的电源线，以及实现辅助开关触点与外部二次回路的连接；辅助开关（图 4-30 中的 4）包括动合触点（或称作常开触点）和动断触点（或称作常闭触点），分别与断路器的分闸线圈和合闸线圈串联，以便在断路器分、合闸操作结束时及时断开操作电源，防止控制回路中继电器触点烧损。

### （二）CD10 型操动机构分、合操作工作原理

图 4-31 所示为 CD10 型电磁操动机构分、合闸操作时的工作原理图，图中（a）～（d）为合闸过程，（e）为分闸过程。在电动合闸操作时，受合闸线圈电磁力作用，合闸顶杆 5 冲击销轴 A3 向上运动，通过连板和销轴驱使主轴 A1 顺时针旋转，断路器合闸。在电动分闸时，分闸铁芯往上冲击自由脱扣的死点 A5，使活节往上移动，自由脱扣动作，销轴 A3 从搭钩上滑脱，在分闸弹簧拉力作用下断路器跳闸。

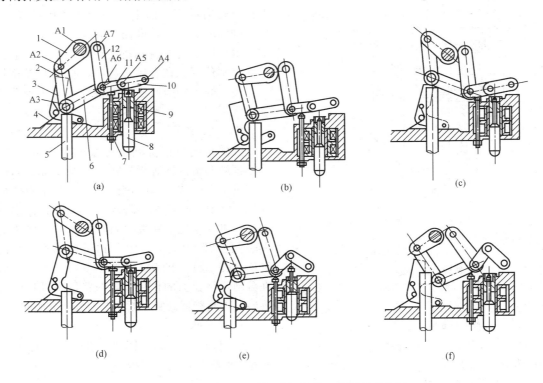

图 4-31　CD10 型电磁操动机构的工作原理示意图

（a）操动机构在分闸位置；（b）在合闸过程中；（c）合闸位置（铁芯未落下）；
（d）合闸位置（铁芯已落下）；（e）在分闸过程中；（f）分闸未结束，又进行合闸
A1～A7—销轴；1、2、6、10、11、12—连板；3—搭钩；
4—弹簧；5—顶杆；7—支持件；8—脱扣铁芯；9—分闸线圈

除了电动分、合闸外，断路器也可以手动分、合闸。手动合闸时，在操作手柄 14 上套上一根钢管，用手向下压操作手柄，使合闸铁芯逐渐向上移动［见图 4-31（b）］，合闸铁芯上的顶杆（图中 5）顶住销轴 A3（外套滚子）向上移动。这时由于自由脱扣板在死点位置，因此销轴 A3 不会脱落。随着 A3 向上移动，带动连板 2 和 1，使主动轴 A1 顺时针旋转，断路器合闸。与此同时，断路器的分闸弹簧被拉伸储能。在合闸结束时，销轴 A3 正好被搭钩（图 4-31 中的 3）顶住，于是整个系统维持在合闸状态（图 4-31，d）。图 4-31 中的支持件 7，其上端顶住连板 11，所以销轴 A3 不会从搭钩上滚落下来。

手动分闸时，用手使分闸铁芯（图 4-31 中之 8）向上冲击脱扣板的活节（图 4-31 中之 A5），使自由脱扣动作，销轴 A3 从搭钩上滑脱，在分闸弹簧的作用下，断路器主轴逆时针旋转，断路器分闸。

### （三）CD10 型操动机构的控制回路工作原理

断路器的控制回路如图 4-32 所示。图中 KM 为合闸接触器，YC 为合闸大线圈，YT 为跳闸线圈，SA 为控制开关，WC 为直流控制母线，WO 为合闸直流电源（大直流）母线，FU 为熔断器，QF1 和 QF2 分别为断路器动断辅助触点和动合辅助触点，KOF 为继电保护出口中间继电器的动合触点。

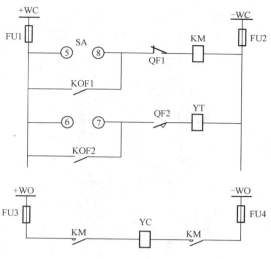

图 4-32　电磁操动断路器控制回路简图

1. 合闸操作

假定断路器处于分闸状态，则断路器的动断辅助触点 QF1 处于闭合位置，动合辅助触点 QF2 处于打开位置。执行断路器合闸操作的变电所值班人员搬动操作把手 SA（即控制开关）至合闸位置，控制开关的合闸触点 5、8 闭合，直流操作电源从控制母线＋WC 经熔断器 FU1、触点 5、触点 8、断路器辅助触点 QF1、断路器合闸接触器 KM 电压线圈、熔断器 FU2 至控制母线负极－WC 成回路，KM 动作，其动合触点闭合，于是合闸直流电源从母线＋WO 经 FU3、KM 动合触点、合闸线圈 YC 至 FU4、母－WO 成回路，在合闸线圈 YC 电磁力的作用下，合闸顶杆往上冲击，使断路器合闸。

除了由值班人员操作控制开关使断路器合闸外，还可以通过自动装置的出口中间继电器 KOF1 触点闭合来执行上述合闸操作。

2. 分闸操作

分闸操作时，操作人员搬动控制开关 SA 的操作把手至分闸位置，触点 6、7 接通。由于断路器处于合闸状态，因此断路器的辅助开关触点 QF2 处于接通位置，于是断路器跳闸线圈 YT 接通直流电源，跳闸线圈的铁芯被电磁力吸引，顶杆往上冲击，断路器跳闸。

如果不用电动分闸，也可采用手动分闸。在手动分闸时，用手顶跳闸线圈的脱扣铁芯（图 4-31 中之 8），使其向上冲击自由脱扣板，断路器分闸。

图 4-32 所示的控制回路是简图，实际控制回路中应包括断路器位置信号灯，即红绿灯，以及防止断路器在合闸过程中出现跳跃的防跳继电器。这里的防止跳跃是指在断路器合闸时，配出线上存在短路故障，继电器动作跳闸，而控制开关仍在合闸位置，又重复合闸的反复合、跳现象。断路器发生跳跃不仅容易损坏断路器，而且容易引发操作过电压，引起其他事故，所以必须加以避免。

### 二、弹簧储能操动机构

利用弹簧储存的能量进行合闸的机构，称为弹簧操动机构。弹簧储能机构的优点是可以不需要大功率的直流蓄电池作为操作电源，可以用交流电源储能；缺点是机械加工比较复杂，对加工工艺及材料性能要求很高。下面以 CT8 型弹簧操动机构为例，进行简单介绍。

### （一）CT8 型操动机构的结构

CT8 型弹簧操动机构的结构如图 4-33 所示。机构采用夹板式结构，储能驱动部分、合闸驱动部分、合闸电储铁等布置在左右侧板之间；两根合闸弹簧布置在左右侧板外边〔见图 4-33（b）〕。右侧板外面还布置着切换电机回路的行程开关、瞬时过电流脱扣器、失压脱扣器和独立电源供电的分闸电磁铁；左侧板外面布置着接线端子。储能电动机和辅助开关布置在机构下部；

分、合闸按钮、储能指示以及断路器、分、合位置指示信号牌都安置在操作机构箱的正面。机构输出轴在机构后部，并与安装底板平行布置。

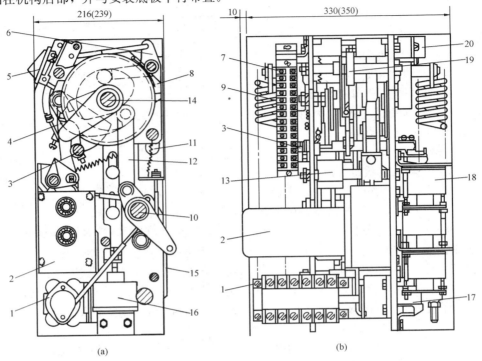

图 4-33　CT8 型弹簧操动机构结构

1—辅助开关；2—储能电动机；3—半轴；4—驱动棘爪；5—按钮；6—定位件；
7—接线端子；8—保持棘爪；9—合闸弹簧；10—输出轴；11—合闸联锁板；
12—合闸四联杆；13—分合指示牌；14—储能轴；15—角钢；16—合闸电磁铁；
17—失压脱扣器；18—瞬时过电流脱扣器及分励脱扣器；19—储能指示；20—行程开关
注：括号内的数值为 CT8 II 型弹簧操动机构的外形尺寸。

## （二）CT8 型操动机构的动作原理

### 1. 电动机储能

弹簧操动机构的合闸功率是依靠电动机将合闸弹簧拉长储能获得的。储能电动机的运行电压可以是直流 110V 或 220V，也可以是交流 110V 或 220V 的单相电机，其额定功率一般为 240W，储能时间一般不超过 10s。储能过程如下：电动机给上电源后，带动偏心轮转动，通过偏心轮表面的滚轮，推动操动块作上下摆动，从而带动驱动棘爪作上下运动，推动棘轮带动储能轴旋转，储能轴带动挂簧拐臂将合闸弹簧拉长。当合闸弹簧拉长到最长位置后，依靠定位件将合闸弹簧维持在储能状态；同时，挂簧拐臂推动行程开关，切断储能电动机电源。电动机储能结束。

### 2. 合闸操作

合闸操作可以采取电动合闸操作或手动按钮操作。电动合闸操作时，在合闸电磁铁电磁力作用下，使定位件抬起，储能维持状态被解除，在合闸弹簧拉力的作用下，拉动合闸四联杆向合闸方向运动，通过输出轴 10 带动断路器合闸。

手动按钮合闸操作时，用手按动合闸按钮，同样可以使定位件抬起，使储能系统解除维持状态，从而在合闸弹簧拉力的作用下使断路器完成合闸操作。

3. 分闸操作

弹簧储能机构的分闸操作也可以通过电动分闸操作或手动按钮操作完成。电动分闸操作在分励脱扣器的作用下，分闸电磁铁顶杆推动脱扣板向上运动，带动半轴 3 向顺时针方向转动，半轴对分闸弹簧的约束解除，在分闸弹簧的作用下断路器迅速分闸。当用手动分闸操作时，用手按动分闸按钮，通过连杆使脱扣板向上运动，同样带动半轴 3 解除对分闸弹簧的约束，在分闸弹簧的作用下断路器完成分闸操作。

### （三）CT8 弹簧操动机构的控制回路图

CT8 弹簧操动机构最简单的控制回路如图 4-34 所示。图中 WC 为控制电源，可为交流；FU 为熔断器；QS 为组合开关；M 为电动机；ST 为行程开关；HW 为储能信号灯；HG、HR 分别为绿色和红色信号灯；R 为附加电阻；SA 为控制开关；YC、YT 分别为断路器的合闸线圈和跳闸线圈；QF1、QF2 分别为断路器辅助开关的动断触点和动合触点。

从图 4-34 不难看出，如果断路器合闸弹簧尚未储能，即弹簧没有拉紧，则弹簧辅助开关动断触点 ST1 在闭合位置，如果合上组合开关，储能电动机 M 即起动储能，使合闸弹簧拉紧，储能结束时，弹簧辅助开关动断触点 ST1 自动断开，动合触点 ST2、ST3 闭合。这时储能电动机 M 停止运转，储能信号灯 HW 亮。如果搬动控制开关 SA 至合闸位置，则触点 5、8 接通，断路器合闸。断路器合闸后，其辅助开关触点 QF1 断开，QF2 合上，红灯 HR 亮，绿灯 HG 灭。与此同时，弹簧辅助开关 ST1 闭合，储能电动机 M 起动，弹簧再次储能，为下次合闸作准备。

### 三、液压操动机构

液压操动机构是利用高压油的压力推动活塞，带动断路器的连杆进行断路器的分、合闸操作。常用的液压油为 10# 航空液压油。液压操动机构的基本工作原理如图 4-35 所示。图中所示工作缸 1 中活塞 4 的位置，表示断路器在合闸位置。这时阀门 7 处于关闭状态，阀门 8 则处于打开状态。工作缸 1 中活塞的两边空间均与高压油箱相通。因为活塞 4 左侧的面积大于右侧，因此左侧受的压力大于右侧，在油压的作用下，活塞压向右侧，带动断路器连杆保持断路器在合闸位置。分闸时，关闭阀门 8，打开阀门 7，于是活塞左边工作缸与低压储油池 3 相通，压力降低；而右边工作缸与高压油箱 2 相通，比左侧压力高，利用压差原理，活塞向左移动，带动活塞连杆使断路器分闸。

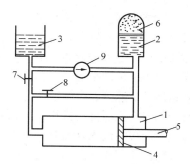

图 4-35　液压操动机构的
基本工作原理

1—工作缸；2—液压油（高压油）；
3—储油池（低压油）；4—活塞；
5—活塞杆（与断路器连杆相连）；
6—贮压筒（压缩氮气）；
7、8—阀门；9—油泵

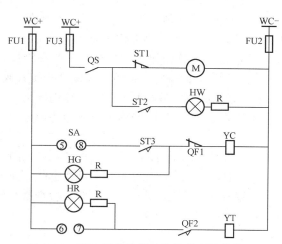

图 4-34　CT8 型弹簧操动机构控制接线简图

沈阳高压开关厂生产的 SW2-63Ⅰ和 SW2-63Ⅲ型少油断路器配用的 CY5 型液压机构技术参数见表 4-12。

**表 4-12**　　　　　　　　　　　　**CY5 型液压操动机构主要技术参数**

| 技术参数 | | 所配产品型号 | | SW2-63Ⅰ | SW2-63Ⅲ |
|---|---|---|---|---|---|
| 压力参数（20℃） | 预充氮气压力 | | MPa | 8.8±0.3 | 12.5±0.3 |
| | 额定操作油压 | | | 17.5±0.5 | 25±0.5 |
| | 最高操作油压 | | | 19 | 27 |
| | 合闸闭锁油压 | | | 14.8 | 21.5 |
| | 分闸闭锁油压 | | | 13.2 | 20 |
| | 安全阀动作压力 | | | 25±1 | 32±1 |
| 分合闸线圈参数 | 额定电压 | 直流 | V | 220/110 | |
| | 额定电压 | | A | 2/4 | |
| | 线圈电阻 | | Ω | 110±10/28±2 | |
| 油泵电机 | 额定电压 | 交流/直流 | V | 380/220 | |
| | 额定功率 | | kW | 1.5/1.1 | |
| 机构加热器 | | 交流 | V/W | 220/1000 | |
| 机构总重 | | | kg | 300 | |
| 机构油重 | | | | 20 | |

**注**　上述各压力值皆随温度的变化而变动，其变化关系对预充压力为±0.04MPa/℃（SW2-63Ⅰ）和±0.043MPa/℃（SW2-63Ⅲ），对工作压力为±0.06MPa/℃（SW2-63Ⅰ）和 0.085MPa/℃（SW2-63Ⅲ）。

液压操动机构的优点是体积小，操作力大，油泵电机交、直流都可以使用，因此对直流控制电源的容量需要减少，而且合闸电磁线圈的合闸功率可减小，从而减少操作时的巨大振动。由于液压操动机构在低于 0℃时需加热保温，因此冬季要做好防冻保暖措施，封堵机构门缝，并在 0℃以下时投入加热器，在 12℃以上时切除。

CY5 型液压操动机构可进行手动快速分、合闸和电动快速分、合闸；在调整断路器时，也可以通过慢分、慢合阀进行分、合闸的慢动作操作。电动快速分、合闸操作是通过向分、合闸线圈通以操作电流进行的；手动快速分、合闸则是用手按动操作机构上方的手动分、合闸机构实现。当用手按动手动分、合闸机构时，工作缸中的活塞受两侧面的压力差作用而产生运动，完成断路器的快速分、合闸。在调整断路器时，往往需要进行断路器的慢合和慢分。若要进行慢合闸，可先将液压操动机构中的截流阀和慢分阀（图 4-35 中没有画出）关闭，缓慢打开慢合阀，高压油即缓慢进入合闸腔（图 4-35 中的工作腔左侧），使断路器缓慢合闸；若要进行慢分闸，应先关闭截流阀和慢合阀（图 4-35 中没有画出），缓慢打开慢分阀，合闸腔内高压油即从慢分阀排出，断路器缓慢分闸。

断路器采用液压操动机构后，就不需要分闸弹簧，但是增加了对产生高压油的储压筒（图 4-35 中 6）的维护。如储压筒上方氮气的预充压力过高或过低，会影响操动机构的动作性能。而温度影响、氮气漏失、高压油渗入氮气内等原因都会导致氮气的预充压力出现不正常。检查氮气预充压力的方法可参阅液压操动机构的技术说明书进行。

# 第六节　低压开关设备

## 一、概述

低压开关设备种类繁多，大致分为低压配电电器和低压控制电器两大类。

低压配电电器起到电路的通断、保护作用，要求在电路发生故障的情况下动作准确、工作可靠，有足够的热稳定性和动稳定性。属于这类电器主要有刀开关、熔断器、低压断路器和其他保护电器等。

低压控制电器起到电路的控制、调节作用，要求体积小、重量轻，操作灵活，动作可靠。属于这类电器的主要有控制继电器、接触器、启动器、控制器、调压器、主令电器等。

实际上有些低压电器介于两者之间，既具有低压配电电器的功能，又具有低压控制电器的作用。例如有些转换开关和有些交流接触器。低压电器有些门类是属于另一些门类的派生。例如电磁启动器是由交流接触器和热继电器组成的直接启动电动机的低压电器，它配备有失压和过载保护，其使用条件和接触器相似。

表 4-13 所示为部分低压电器型号类组代号表。通过表中所列字母符号就不难识别低压开关型号所代表的低压开关类型。例如 HK 代表低压开关中的开启式负荷开关，而 HH 则代表封闭式负荷开关。由于低压电器型号繁多，近几年来生产的不少低压电器型号与此表所列并不一致，表中所列仅供参考。

## 二、刀开关

刀开关是一种结构最简单的开关电器，用在不是频繁操作的低压电路内，在额定电压下能接通和分断不超过本身额定电流的电路，起到分断和隔离电源的作用。

**表 4-13** 部分低压电器型号类组代号表

| 第一字母<br>第二字母 | H<br>刀开关和刀形转换开关 | R<br>熔断器 | C<br>接触器 | Q<br>启动器 | D<br>自动开关 | J<br>控制继电器 | L<br>主令电器 |
|---|---|---|---|---|---|---|---|
| A | | | | 按钮式 | | | 按钮 |
| C | | 插入式 | | 电磁式 | | | |
| D | 刀开关 | | | | | | |
| H | 封闭式负荷开关 | 汇流排式 | | | | | |
| K | 开启式负荷开关 | | 真空 | | | | 主令控制器 |
| L | | 螺旋式 | | | 漏电保护 | 电流 | |
| M | | 封闭管式 | 灭磁 | | 密封灭磁 | | |
| R | 熔断器式刀开关 | | | | | 热 | |
| S | 刀形转换开关 | 快速 | 时间 | 手动 | 快速 | 时间 | 主令开关 |
| T | | 有填料封闭管式 | 通用 | | | 通用 | 足踏开关 |
| W | | | | | 框架式 | 温度 | 万能转换开关 |
| X | | | | 星三角 | 限流 | | 行程开关 |
| Z | 组合开关 | 自复式 | 直流 | 综合 | 塑料外壳 | 中间 | |

167

刀开关属于低压电路中的负荷开关，其结构包括操作手柄、触刀、静触座和绝缘底板，有的带灭弧罩和熔断器。

常用的刀开关有 HK 系列开启式负荷开关和 HH 系列封闭式负荷开关。

开启式负荷开关又称胶盖瓷底刀开关，是最常见的低压开关设备，其优点是价格低廉，有安装熔丝的接线端子。其缺点是没有灭弧装置，安全性较差，一般只能控制较小的电流，例如一般照明负荷等。一般很少用来控制电机，如使用不当很容易造成电气事故。

封闭式负荷开关又称铁壳开关，它由刀开关、瓷插式熔断器或封闭管式熔断器、灭弧罩、操作手柄和铁质外壳等构成。操作手柄和铁壳间有联锁装置，当铁壳打开时不能合闸，合闸时壳盖不能打开，以保证操作人员的安全。此外，操作机构还有储能弹簧，闸刀的闭合与分断速度不受操作者操作速度的影响，有利于迅速切断电弧。因此，铁壳开关的安全性能比胶盖瓷底刀开关高得多，在负荷较大的低压电路里，一般使用铁壳开关，而不使用胶盖瓷底刀开关。

除了上述 HK 系列开启式负荷开关和 HH 系列封闭式负荷开关外，还有 HD 型低压隔离开关和 HR 系列低压熔断器式刀开关。没有灭弧罩的 HD 型隔离开关不可以带负荷操作，只能与低压断路器配合使用。只有当低压断路器切断电路后，才允许操作隔离开关。隔离开关的作用是隔离电路，使电路有明显的断开点，有的带杠杆操作机构并装有简单灭弧装置的隔离刀开关，也只允许分断不大于其额定电流的负荷电流。

HR 系列熔断器式刀开关又称刀熔开关，有两种结构，一种是将刀开关和熔断器组装在一起；另一种是直接用有较高分断能力的 RTO 系列有填料式熔断器作动触刀，制成两断口并带有灭弧室的刀熔开关。其结构有前操作前检修、前操作后检修、侧操作前检修、侧面杠杆操作等多种形式。熔断器式刀开关适用于交、直流低压电路、负荷电流小于 600A 的配电网络中，可作为分、合电路，并具有过负荷和短路保护的作用。

在选用刀开关时，需注意以下事项：

（1）选择胶盖刀开关，普通负载可按额定电流选用。对于电动机负载，胶盖刀开关的额定电流应不小于 3 倍电动机的额定电流。

（2）选择铁壳开关，一般负载也可按电路额定电流选择，对于电动机负载，一般按电机额定电流的 2～2.5 倍选用。例如对于 15kW 的电动机，开关额定电流应选用 60A。

## 三、低压断路器

低压断路器旧称自动空气开关或自动开关，是低压配电系统中重要的保护电器，在低压交、直流配电电路中可作为不频繁接通和断开电路之用，并作为过载和短路保护用。

### （一）低压断路器的结构

低压断路器的结构包括触头系统、灭弧装置、操动机构和各种保护装置。

1. 触头系统

低压断路器的触头系统常用的有对接式触头、桥式触头和插入式触头。其中对接式触头在大小容量中均常使用，它可以配合栅片式灭弧装置，既可拉长电弧，又可利用灭弧栅片将电弧分割成短弧，获得较好的灭弧效果。在容量较大的自动开关中，对接式触头可做成两档或三档并联触头，例如由主触头、副触头和弧触头三档触头并联接通电路。其中主触头负担正常通电任务，需要足够的触头压力和良好的导电接触，保证足够的动稳定和热稳定。触头接触处通常焊有银或银钨、银镍合金镶块。副触头在大容量开关中为保护主触头免受电弧烧伤、增加导电接触面而配置的。弧触头主要作为分断电弧和闭合电路时承担接触电弧之用，通常由耐弧材料，例如采用含石墨的银钨粉末冶金块制成。在开关合闸时，弧触头先闭合，其次是副触头闭合，最后是主触头闭合；分断电路时则相反，主触头先分离，最后是弧触头分离。一般小容量的自动开关，例如

200A以下的开关多用单档触头，三档触头多用于1500A及以下的大容量开关。

桥式触头具有双断口触头系统，为了防止触头接触处温升过高，需要加大接触压力，要求较高的闭合力和较贵的触头材料。

插入式触头只用于不产生电弧的接触处，这种触头的特点是本身具有电动补偿作用，当通过巨大短路电流时，能防止触头弹开。

2. 灭弧装置

自动开关的灭弧系统随开关的结构而异，一般低压自动开关采用较多的是灭弧罩加磁吹线圈结构。利用加大触头开距或加装弧角使电弧被迅速拉长，从而提高弧柱压降，使电源电压不足以维持电弧继续燃烧而熄灭。

3. 操动机构

低压断路器的操动机构由传动机构和脱扣机构组成。操作方式有手柄传动操作、杠杆传动、电动机传动和电磁铁传动、液压传动等。

4. 保护装置

低压断路器的保护装置有过电流脱扣器、欠电压脱扣器、分励脱扣器和电子型脱扣器等。过电流脱扣器有双金属片热脱扣器和电磁式过流脱扣器。双金属片热脱扣器具有反时限特性，当电路发生过载时，双金属片弯曲，将锁扣顶开使低压断路器因脱扣而跳闸。电磁式过流脱扣器的电磁线圈，当通过电流大于一定数值时，可延时或瞬时动作，使低压断路器跳闸切断电路，可作为短路保护之用。

欠电压脱扣器又称失压脱扣器，多为电磁线圈组成，一般安装在低压断路器的右下侧。正常情况下，欠电压电磁线圈都加有电压，使衔铁吸合，同时克服弹簧拉力，开关脱扣机构能保持合闸状态。当电压降低时（通常降低到额定电压的75%以下）衔铁吸力减小，当不能克服弹簧的拉力时，在弹簧拉力的作用下，低压断路器自动脱扣跳闸。一般要求当电压降低到额定电压的40%时，失压装置必须可靠跳闸。

除了欠压脱扣器外，低压断路器都装有分励脱扣器。分励脱扣器装在低压断路器的左下侧，它由操作人员或继电保护发出指令后执行开关跳闸。此外，失压脱扣器电磁线圈是并联在电源电压上，正常通电；而分励脱扣器的电磁线圈由控制电源供电，正常时不通电，当需要低压断路器分闸操作时，才给分励脱扣器一个控制电压，使其瞬间动作跳闸。

电子型脱扣器是用半导体元件制造，可具有过负荷、短路和欠压保护功能。

### （二）常用低压断路器的技术性能

常用低压断路器有框架式和塑料外壳式两种类型。框架式低压断路器原称万能式自动开关，常用型号一般为DW系列，如图4-36所示；塑料外壳式低压断路器原称装置式自动开关，常用型号一般为DZ系列，如图4-37所示。

1. 框架式低压断路器

DW系列框架式低压断路器一般都有一个框架式底座，所有的组件，如触头系统、脱扣器、保护装置均装在此框架上。这种断路器具有过载、短路及欠电压保护。其额定电流一般为200～4000A，常用的有200、400、630、1000、1500、2500、4000A。近几年来，我国低压断路器的生产能力发展很快，还引进国外技术。例如ME开关是引进德国AEG公司技术，AH开关则是引进

图4-36 额定电压690V及以下三相万能式低压断路器

的日本寺崎公司技术。

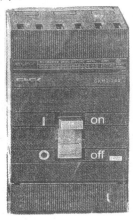

图 4-37　额定电压 690V
及以下三相塑料外壳
式低压断路器

图 4-38　民用 250V
及以下单相微型
低压断路器

2. 塑料外壳式低压断路器

DZ 系列塑料外壳式低压断路器的特点是：触头、灭弧系统、脱扣器及操动机构都安装在一个封闭的塑料外壳内，只有板前引出的接线导板和操作手柄露在壳外。这种低压断路器的体积要比框架式小得多。其绝缘基座和盖都采用绝缘性能良好的热固性塑料压制，触头则使用导电性能好，耐高温又耐磨的陶冶合金—银—石墨或银—镍等合金材料制作，在通过大电流时不会发生熔焊现象。该系列低压断路器的灭弧室多用去离子栅片式。操动机构则为四联杆式，操作时瞬时闭合、瞬时断开，与操作者的速度无关。

DZ 系列低压断路器的保护装置一般装有复式脱扣器，即同时具有电磁脱扣器和热脱扣器。由于内部空间有限，失压脱扣器和分励脱扣器仅装其中一种。

DZ 系列低压断路器额定电流范围要比 DW 系列小得多，常用的 DZ10 型有 100、250、600A 三种。目前 DZ20 型低压断路器额定电流已达 1250A。DZ20 型断路器短路通断能力符号标志中以 Y、J、G 为该型断路器极限分断能力的代号，其后的数字则是该代号断路器的短路分断能力电流（kA）值。符号"Y"代表一般型、"J"代表较高型、"G"代表高通断能力。例如 DZ20 型 200A、380V、Y25/J42/G100 代表额定电流 200A、额定电压 380V。Y25 型代表一般型，短路分断能力为 25kA；J42 代表较高型，短路分断能力为 42kA；G100 代表高通断能力型，短路分断能力为 100kA。

塑料外壳式低压断路器也有引进外国技术制造的，其型号表示也各不相同。例如 TG 型是引进日本寺崎电气公司的产品，而 NC 型则是引进法国梅兰日兰公司技术的产品。

**（三）低压断路器的保护特性**

低压断路器的保护特性一般分为三段，可以用图 4-39 的曲线来说明。

1. 第一段过电流保护（一般为反时限特性）

图中 A 为被保护用电设备承受故障电流的能力，随着电流的增大，允许流过电流的时间随之缩短。低压断路器的过电流保护第一段一般为反时限特性，当通过断路器的电流达到启动电流 $i_1$ 时，保护装置延时启动，其动作时间较长。但当电流超过 $i_1$ 时，电流越大，动作时间越短，但其最短时间也不会少于 $t_3$。曲线 abf 称为过电流保护的反时限特性，由于其最短时间（在图

4-39中为 $t_3$）是有限制的，因此也称为有限反时限特性。这一段过电流保护适用于过负荷保护。

2. 第二段短延时速断保护

过电流保护的第二段是短延时保护，即图4-39中的bcd曲线所示。当电路中的电流达到第二段延时速断保护的启动电流 $i_2$ 时，经过一个很短的延时（例如0.1～0.4s）立即跳闸。这一段保护适用于发生较小短路电流时的动作跳闸。一般这一段保护的动作时间应能调整，如果不能调整则应在订货时向生产厂提出具体动作时间，以便合理配备。

3. 第三段瞬动速断保护

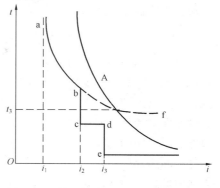

图4-39　低压断路器的三段式保护特性

过电流保护的第三段是瞬时动作保护，当短路电流足够大时（例如达到图4-39中的 $i_3$），这一段保护瞬时动作使断路器立即跳闸，其跳闸时间一般只有0.015～0.06s。

在具体选用低压断路器时，根据用电负荷的特点，可以有三种过电流保护配置方式：

（1）只有瞬时动作的脱扣器。一般这种脱扣器为电磁式，即只有一段保护。

（2）具有过载长限时（即反时限特性）和短路短延时，或者过载长延时和短路瞬时动作脱扣器，即具有两段式保护。

（3）具有过载长延时、短路短延时、特大短路电流瞬时动作的三段式过电流保护。一般在3～10倍以上脱扣器额定电流时，延时0.1～0.4s跳闸；如果达到7～20倍以上额定电流时，则脱扣器瞬时动作跳闸。

**（四）低压断路器的选用**

低压断路器种类繁多，上面只介绍了其中的一小部分。在选用低压断路器时，要根据该断路器在电路中的安装位置及所起的作用，选择技术特性符合要求的断路器。

1. 按照用途选择低压断路器

在低压配电系统中，使用低压断路器的场所，主要有电源总开关、支路始端开关、支路末端开关、保护电动机电源开关、照明回路开关，以及保护半导体整流设备和直流电源设备的开关等。下面对不同用途的低压断路器做一简单介绍。

（1）选择型和非选择型断路器。当用作电源总开关或支路始端开关时，所选用的低压断路器应为选择型，即当短路时，要根据短路电流的大小，进行有选择性跳闸。如果电流特别大，是近距离短路，则应该瞬时动作立即跳闸；如果短路电流不是特别大，短路点距离较远，在临近短路点的最靠近短路点的电源侧还装有低压断路器，则应当让该处断路器先跳闸，如果该处断路器因故未动作，这时此处断路器才经过一个短延时跳闸。如果出现过负荷电流，则要经过较长的延时才动作跳闸。这种断路器称为选择型断路器，其保护方式为具有瞬时、短延时的两段式，或瞬时、短延时、长延时三段式。

当用作支路末端保护时可以采用非选择型，即不需要和后面的断路器进行选择性配合，实际上后面也没有低压断路器。非选择型断路器的保护设置为长延时和瞬时动作两段保护。当出现过载时，经过一段较长时间跳闸；当出现短路电流时瞬时动作立即跳闸。

（2）限流型断路器。有的快速断路器，能在交流短路电流第一个波峰最大值尚未出现时即将电路断开；对于直流电路，则在短路电流尚未到达稳态短路电流时即将电路分断。因此快速断路器具有限流断开的能力。例如DWX15型断路器即是限流型框架式断路器。该断路器具有快速分断和限流作用，特别适用于可能发生特大短路电流的电路中，作为配电线路和电动机保护用。对

于限流型断路器和快速断路器评价其限流能力，常常要用到限流系数 $K$

$$K = \frac{实际分段电流(允通电流)}{预期短路电流(峰值)} < 0.6 \tag{4-23}$$

一般要求限流系数为 0.3～0.6。

（3）剩余电流动作保护断路器。剩余电流动作断路器属于既有剩余电流动作保护器的功能，又具有断路器的功能。它与平常所说的剩余电流动作开关不同。一般剩余电流动作开关具有剩余电流动作保护及手动通断电路的功能，而剩余电流动作保护断路器则除了具有剩余电流动作保护和操作通断电路的功能外，还具有过载保护和短路保护跳闸的功能。例如 DZ15L 系列剩余电流动作保护断路器就是在 DZ15 系列低压断路器的基础上增加了剩余电流动作保护部分，它既可以作为交流低压电路不频繁的分、合闸操作，也具有过载和短路的保护功能，同时还可以做触电、漏电保护之用。

有的剩余电流动作保护断路器，例如 DZ15LD 系列剩余电流动作保护器除了具有剩余电流动作保护、过载及短路保护功能外，还具有缺相、欠压及三相不平衡保护功能，是一种多功能的剩余电流动作保护断路器。

（4）微型断路器。微型断路器也称为导线保护开关，主要用来作为保护电线、电缆和控制照明的低压断路器。它结构紧凑，基本形式是宽度在 20mm 以下的片状单极产品，将两个或两个以上的单极产品组装在一起，可以构成二、三、四极断路器。微型断路器具有热和电磁脱扣，因此具有过载和短路保护功能，广泛应用于高层建筑和民用领域。由于其具有技术性能好、体积小、安装简易、操作方便、经久耐用和价格便宜等特点，日益受到普遍欢迎。C45N 系列等微型断路器早已进入居民家庭，代替过去常用的胶盖式刀开关（见图 4-38）。由于其体积小，操作方便，额定通断短路电流能力可达 3000～6000A 以上，并且具有快速动作、快速灭弧和限流作用，显示了作为小型电源控制开关的技术优越性。

2. 低压断路器的技术参数选择

在选用低压断路器时，应考虑各项技术参数满足使用要求。具体应注意下列各点：

（1）断路器的额定工作电压应≥线路额定电压；

（2）断路器的额定电流应≥线路计算负载电流；

（3）断路器的额定短路通断能力应≥线路中可能出现的最大短路电流；

（4）线路末端单相对地短路电流应≥1.5 倍断路器瞬时脱扣整定电流值；

（5）断路器的欠电压脱扣器额定电压应＝线路额定电压；

（6）断路器的分励脱扣器的额定电压应＝控制电源电压；

（7）断路器电动传动机构的额定电压应＝控制电源电压；

（8）断路器的电流脱扣器动作电流应≥线路计算电流。

作为过负荷保护用的长延时电流脱扣器，其电流整定值应小于导线长期允许载流量，且大于线路计算负荷电流的 1.1 倍。一般约定流过 1.05 倍额定电流时，脱扣器不动作，当流过电流达到 1.25～1.4 倍额定电流时，约 1h（或 2h）后动作跳闸。

作为短延时的过电流保护脱扣器，其动作电流一般整定为 1.2 倍电路中短时间出现的高峰电流。例如电路带有电动机，则短延时电流保护的整定电流，应大于最大一台电动机的启动电流与除了此电动机之外的线路计算负荷电流之和的 1.2 倍。

对于瞬时动作的电流脱扣保护整定值应不小于电动机启动电流的 2 倍。如果线路上还有其他电动机或其他照明负荷，则瞬时动作的电流脱扣器动作电流应不小于其中最大一台电动机启动电流的两倍电流，加上其他用电设备的计算负荷电流二者之和的 1.2 倍。

对于单纯的照明负荷，低压断路器瞬时电流脱扣器的动作电流一般可按计算负荷电流的4～7倍选择。

### 四、交流接触器

交流接触器属于控制类电器。在低压电路中，交流接触器广泛应用于电动控制各种容量电路的接通和分断，可以远距离频繁地操作。交流接触器有主辅触点，分别用于通断主电路和二次控制回路。主辅触点的极对数根据各种用途的需要而有不同的数目。

#### （一）接触器的型号

接触器的型号由□□□□—□/□等几部分构成。第一部分常用字母"C"代表接触器；第二部分常用"J"代表交流，或用"Z"代表直流，如用"P"，则代表中频；第三部分为结构特点；第四部分为设计序号。在横杠后面，斜线之上代表额定电流，斜线以下代表辅助触点类型和对数。例如CJX2—25/32代表交流接触器，具有灭弧功能（消弧用X表示），额定电流25A（380V时），辅助动合触点3对，辅助动断触点2对。有的接触器，主触点数不是3对，则在斜线下表示主触点数。各类交流接触器的型号表示也不尽一致。

#### （二）接触器的结构及工作原理

交流接触器的结构包括电磁吸合系统、灭弧装置、触点系统等构成。

电磁吸合系统由铁芯、线圈、衔铁、分闸弹簧、铁芯短路环等部分构成。当电磁线圈加上电压后，产生电流，形成磁场，吸引活动衔铁闭合，带动主触点闭合，辅助动合触点闭合，辅助动断断开。当电磁线圈断电时，在分闸弹簧反作用力的作用下衔铁恢复原位、主触点分闸，辅助触点也各自恢复原位。

由于交流电的瞬时值大小和方向都是作周期性变化的，因此磁铁的吸引力也以电源频率的2倍作周期性变化，由此产生抖动和噪声，容易造成触点烧损。为了消除触点振动，在铁芯的端面局部镶嵌一个闭合的铜环，称为短路环。当磁通穿过短路环时，在短路环上产生感应电流，此感应电流产生一个反磁通，与主磁叠加，使穿过短路环的合成磁通与没有短路环的磁路中磁通有一个相位差，即这两部分磁通的变化规律有一个时间差，不会同时经过零点，从而保证磁铁的可靠吸合，防止出现振动。

交流接触器也有灭弧装置，以熄灭主触点开断时产生的电弧。对于10A以下的小容量接触器，利用桥式触点的双断口触点电流反向流动所产生的电动斥拉长电弧，使电弧迅速熄灭；电流较大的交流接触器则利用灭弧栅灭弧。有的交流接触器为了增强灭弧效果，采用油浸式、真空式等不同灭弧介质。

#### （三）交流接触器的选用

选用交流接触器应根据所控制的用电负荷类型、操作频繁程度、使用场所环境以及所需要的主触点对数、额定电流、额定电压等具体需要选择合适的交流接触器。

GB 14048.4—2010《低压开关设备和控制设备　第4-1部分：接触器和电动机起动器　机电式接触器和电动机起动器（含电动机保护器）》规定，交流接触器分为8类12种，企业最常用的有四类：

（1）AC-1类交流接触器：控制无感或微感电路，例如控制电阻炉。

（2）AC-2类交流接触器：控制绕线型异步电动机的启动及分断。

（3）AC-3类交流接触器：控制笼型异步电动机的启动、分断。

（4）AC-4类交流接触器：控制笼型异步电动机的启动、反接制动或反向运行、点动。

在选用交流接触器的额定电流大小时，应考虑其工作时间的长短。例如长期工作制，应选交流接触器的额定电流要比长时间最大负荷电流大30%～40%；如为间断长期工作制，则交流接触器的额定电流可比最大负荷电流大 10%～20%；如为反复短时工作制，则视具体情况，也可选容量略小一些的交流接触器，即交流接触器的额定电流略大于最大负荷电流。

# 第七节　成套开关设备和箱式变电站

目前，户内交流成套开关设备（即高低压开关柜）和箱式变电站已得到广泛采用，本节对其基本技术要求做一简介。

成套开关设备，俗称开关柜，是指由断路器（或负荷开关、熔断器）、隔离开关、接地开关、互感器等主要设备，以及控制、测量、保护等二次回路和内部连接件、辅助件、外壳、支持等组成的成套配电装置，其内的空间以空气、绝缘气体或复合绝缘材料作为介质，用作接受和分配电能。

## 一、高压开关柜

### （一）高压开关柜按不同封闭结构的分类

高压开关柜是一种封闭式配电装置，根据其封闭结构的不同特点，高压开关柜分为半封闭式高压开关柜、金属封闭式高压开关柜、金属铠装式高压开关柜、间隔式高压开关柜、箱式高压开关柜和绝缘封闭式高压开关柜。

1. 半封闭式高压开关柜

高压开关柜中离地面 2.5m 以下的各组件安装在接地金属外壳内的高压开关柜，2.5m 及以上的母线或隔离开关无金属外壳封闭。其金属壳内、外的导电体对地及相间距离，符合表 4-14 的规定（见图 4-40）。

图 4-40　GG-1A 型半封闭式
高压开关柜

2. 金属封闭式高压开关柜

除进、出线外，高、低压电器组件及其辅助回路完全安装在接地金属外壳内的高压开关柜。金属封闭式高压开关柜分三种类型：金属铠装式高压开关柜、间隔式高压开关柜、箱式高压开关柜。

3. 金属铠装式高压开关柜

某些组件分别装在用接地的金属隔板隔开的隔室中的金属封闭式高压开关柜，金属隔板应符合表 4-15 所规定的防护等级（或者更高），至少下列组件应在单独的隔室里：

（1）每一组主断路器。

（2）连向主断路器一侧的组件，如馈电线路。

（3）连向主断路器另一侧的部件，如母线，如果有多于一组的母线，各组母线应分设于单独的隔室内。

4. 间隔式高压开关柜

某些组件分设于单独的隔室内（与金属铠装式高压开关柜一样），但具有一个或多个非金属隔板的金属封闭式高压开关柜，隔板的防护等级应达到 IP2X～IP5X（或者更高）的要求。

5. 箱式高压开关柜

除铠装式和间隔式高压开关柜以外的金属封闭式高压开关柜，它具有下列特性：

（1）隔室的数目少于金属铠装式开关柜和间隔式开关柜。

（2）隔板的防护等级低于表 4-15 的规定。

（3）没有单独隔室。

6. 绝缘封闭式高压开关柜

除进、出线外，高压开关设备和控制部分完全由绝缘外壳包住的高压开关柜。

表 4-14 以空气作为绝缘介质柜内外各相导体间与对地间净距 cm

| 序号 | 额定电压（kV） | 3.6 | 7.2 | 12 | 24 | 40.5 |
|---|---|---|---|---|---|---|
| 1 | 导体至接地间净距 | 7.5 | 10 | 12.5 | 20 | 30 |
| 2 | 不同相的导体之间的净距 | 7.5 | 10 | 12.5 | 18 | 30 |
| 3 | 导体至无孔遮栏间净距 | 10.5 | 13 | 15.5 | 21 | 33 |
| 4 | 导体至网状遮栏间净距 | 17.5 | 20 | 22.5 | 28 | 40 |
| 5 | 无遮栏裸导体至地板间净距 | 237.5 | 240 | 242.5 | 248 | 260 |
| 6 | 需要不同时停电检修无遮栏裸导体之间的水平净距 | 187.5 | 190 | 129.5 | 198 | 210 |
| 7 | 出线套管至屋外通道地面间净距 | 400 | 400 | 400 | 400 | 400 |

注 海拔超过 1000m 时 1、2 项值应按每升高 1000m 增大 10% 进行修正；3～6 项值应分别增加 1 或 2 项值的修正值。

表 4-15 防护等级分类规定

| 防护等级 | 能防止物体接近带电部分和触及运动部分 |
|---|---|
| IP2X | 能阻挡手指或直径大于 12mm、长度不超过 80mm 的物体进入 |
| IP3X | 能阻挡直径或厚度大于 2.5mm 的工具、金属丝等物体进入 |
| IP4X | 能阻挡直径大于 1.0mm 的金属丝或厚度大于 1.0mm 的窄条等物体进入 |
| IP5X | 能防止影响设备安全运行的大量尘埃进入，但不能完全防止一般灰尘进入 |

## （二）高压开关柜的型号表示

一般情况下，高压开关柜的型号含义如图 4-41 所示。

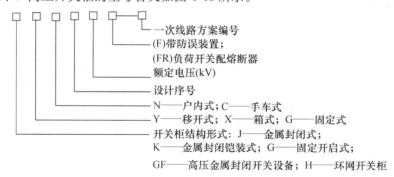

一次线路方案编号
(F)带防误装置；
(FR)负荷开关配熔断器
额定电压(kV)
设计序号
N——户内式；C——手车式
Y——移开式；X——箱式；G——固定式
开关柜结构形式：J——金属封闭式
K——金属封闭铠装式；G——固定开启式
GF——高压金属封闭开关设备；H——环网开关柜

图 4-41 高压开关柜的型号含义

## （三）高压开关柜性能介绍

我国以前使用较多的固定式高压开关柜有 GG-1A、GG-1A（F）等型号，这类开关柜的特点是体积大，安全距离充裕，维修简便；其缺点是占地面积大，敞开式易进小动物，目前新建变电站一般都不使用。后来对 GG 型高压开关柜经过改进，推出了新型号 KGN-10 型金属铠装固定式高压开关柜，为金属封闭铠装型结构，并具备五防闭锁功能，已逐步取代了 GG-1A 型开关柜。

早期的手车柜有 GFC-15（F）型防误手车式开关柜。这类开关柜由封闭式钢板外壳和断路器手车组成。设备壳体用钢板分隔成四个互相隔离的小室，即主母线室、继电器室、手车室及电缆室。

手车柜有较严密的防误闭锁装置，具备"五防"功能，即防止带负荷拉（合）隔离开关；防止误分（合）断路器；防止带电挂地线；防止带地线合隔离开关；防止误入带电间隔。手车柜比GG-1A柜密封好，因此能较好地防止小动物进入。由于手车柜的"五防"性能优于GG-1A柜，因此对防止人身触电有利。

采用手车柜的另一个优点是柜内装有断路器的手车具有互换性。当变电站内某一高压开关柜内的断路器出现故障，需要检修时，为了不影响供电，可以将其他备用柜内同型号的装有断路器的手车拿来顶替使用。

但是手车柜如果机械加工粗糙，则断路器手车的推进拉出比较吃力，有的甚至很费劲。另外由于手车柜内部尺寸紧凑，电气间隔较小，容易出现内部空气间隙击穿放电，或者出现绝缘隔板沿面滑闪放电等事故。例如，GFC-15-02型手车柜由于容易发生事故，国家有关部门明令禁止使用。

20世纪90年代以来，特别是近十几年，我国的电器制造行业迅速崛起，电气设备产品的质量迅速提高。新型号的手车柜质量优良，外观精巧，完全能确保安全运行，而且操作方便，维护简便，受到使用者的欢迎，例如，常见的有 JYN$_2$-10、KYN-10、XGN-10、HXGN-10、GBC-35，以及 GZS1 和 ZS1 等不同型号的高压开关柜等。

图 4-42　KYN-10 型手车柜
（手车处于移开状态）

1. KYN-10 型金属铠装移开式手车柜

KYN-10 型为 10kV 金属铠装移开户内式手车柜，由继电器和仪表室、手车室、母线室和电缆室四个部分组成。各部分用钢板分隔，螺栓连接。图 4-42 是手车柜处于手车移开位置的状态图。

KYN-10 型手车柜具有完善的"五防"功能。在手车面板上装有位置指示旋钮的机械闭锁装置，只有断路器处于分闸位置时手车才能抽出或插入，实现了防止带负荷接通或断开隔离触头的功能。

手车柜共有五种可能出现的位置：在工作位置时，一次、二次回路接通；手车在试验位置时，一次回路断开，二次回路仍然接通，断路器可做分合闸试验；手车在断开位置时，一次回路形成隔离断口或分离，手车与柜体保持机械联系，辅助回路可以不断开；手车在移开位置时，可移开部件处于柜体外面，与外壳脱离机械联系和电气联系；手车柜接地位置是指主回路短路并接地。

断路器与接地开关之间装有机械联锁，只有断路器分闸手车抽出后，接地开关才能合闸；手车在工作位置时，接地开关不能合闸，防止了带电合接地开关。接地开关接地后，手车只能推进到试验位置，防止带接地合隔离触头。

柜后上、下门装有联锁，只有在停电后手车抽出，接地开关接地后，才能打开后下门，再打开后上门。通电前，只有先关上后上门，再关上后下门，接地开关才能分闸，然后手车才能插入工作位置，防止人员误入带电间隔。

仪表板上装有带钥匙的 KK 控制开关（或防误型插座）可防止误分、误合主开关。

KYN-10 型金属铠装移开式开关柜，由柜体和可移开式手车两大部分组合。柜体的外壳及各功能单元的隔板均采用钢板弯制并用螺栓紧固件连接而成。手车的面板为开关柜的门板，当手车在运行位置时，其外壳防护等级为 IP3X，当手车在试验和隔离位置，防护等级为 IP2X。

KYN-10 型手车柜具有摇把式手车推进机构，使手车拉出、推进时用力平稳，插入深度适宜，冲击振动小，因此日益得到广泛的使用。KYN 手车柜有各种不同设计方案，例如广泛使用的 KYN28-10 型手车柜为铠装式金属封闭中置式手车柜（见图 4-43），柜面有上、中、下三个门，断路器手车可由中门抽出。

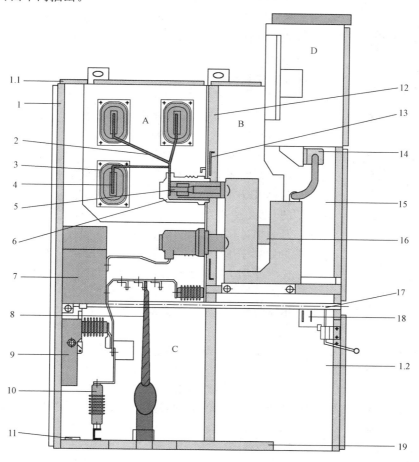

图 4-43 KYN28-10 中置式手车柜

A—母线室；B—断路器手车室；C—电缆室；D—继电器仪表室

1.1—泄压装置；1.2—二次防护板；1—外壳；2—分支小母；3—母线套管；4—主母线；5—静触头；
6—静触头盒；7—电流互感器；8—电缆；9—接地开关；10—避雷器；11—接地母线；
12—装卸式隔板；13—活门；14—二次插头；15—断路器手车；16—加热装置；
17—可抽出式水平隔板；18—接地开关操动机构；19—底板

## 2. JYN2-10 型手车柜

JYN2-10 型手车式开关柜，为金属封闭间隔式、移动手车户内式开关设备。

该开关柜用 2.5mm 厚的钢板弯曲焊接而成，由柜体和手车两部分组成。柜体用钢板或绝缘板分隔成手车室、母线室、电缆室和继电仪表室四个部分。手车底部装有四只滚轮，能沿水平方向移动，还装有接地触头、导向装置、脚踏锁定机构及手车杠杆推进机构的扣攀等构成。手车拉出后，可利用附加转向小轮使手车灵活转向移动。

JYN2-10 型手车柜比 GFC-15（F）型手车柜有很大改进，增加了安全可靠性，而且结构合理，外形美观，但价格也较贵，目前使用较多。这种型号高压开关柜的缺点是手车推进插入柜体内时，可动触头进入静触头内时是碰撞式插入，振动冲击较大，动触头的插入深度凭操作人员的感觉而定，插入深度不易控制，而且在小车推进、拉出时，剧烈振动，对真空断路器等设备可能造成一些不利因素。

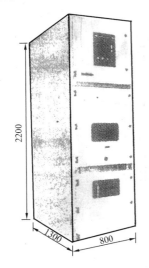

图 4-44 ZS1 型开关
柜外形

3. GZS1 和 ZS1 型户内金属铠装抽出式开关柜（中置式开关柜）

GZS1 型开关柜可抽出的断路器手车在柜体中部，因此又称中置式开关柜，柜体正面分上中下三节，有三个门。上面是低压室，室内可装继电保护、仪表等二次设备；中间是可抽出的断路器手车；下部是电缆室，里边可以安装电缆连接铜排，或电流、电压互感器、避雷器、接地开关等，根据需要而定。

开关柜采用 VS1 或 VD4 型真空断路器；当断路器用于控制 3～10kV 电动机时，若启动电流小于 600A，必须加金属氧化物避雷器，其具体要求由用户与制造厂联系协商；当断路器用于开断电容器组时，电容器组的额定电流不应大于断路器额定电流的 80%。

厦门 ABB 开关有限公司生产的 ZS1 型铠装式金属封闭开关柜与上面介绍的 GZS1 型开关柜结构相近，也是中置式结构。其外形如图 4-44 所示。开关柜可移开部件可配置 VD4 真空断路器手车，HA 六氟化硫（$SF_6$）断路器手车、VC 熔断器—真空接触器手车、电流互感器手车、电压互感器手车、隔离手车等。

开关柜内可装设检测一次回路运行情况的带电显示装置（由用户选择）。该装置由高压传感器和显示器两部分组成。传感器安装在馈线侧，显示器安装在开关柜的低压室面板上。

开关柜外壳防护等级是 IP4X，断路器室门打开时的防护等级为 IP2X。

4. 手车柜一次线路方案编号

图 4-45 是某用电单位 10kV 变电站部分主接线图。该变电站采用 KYN-10G 手车柜。图中手车柜型号后面的数字是一次线路方案编号。不同的编号对应不同的设备布置或不同的母排走向。图中变压器配出柜为 KYN-10G-04 柜，如果不设接地开关则为 03 柜。不同类型的手车柜，一次方案编号也不同。

## 二、低压开关柜

JB/T 5877—2002《低压固定封闭式成套开关设备》规定的低压开关柜主电路的额定电压标准值有 220、380、690、1000V。

低压开关柜的面板由不小于 1.5mm 厚的型材或钢板弯制，采用焊接或由螺钉组装连接而构成。

所有水平母线、垂直母线、分支线和主电路接插件带电部件之间及对接地金属件之间的电气间隙和爬电距离在额定电压为 380V 至 690V 时应不小于 20mm。如果是绝缘母线，这个距离可适当缩小，电气间隙不小于 10mm，爬电距离不小于 12mm；如额定电流在 63A 及以下，这两个距离均降低 2mm，分别要求不小于 8mm 和 10mm。

低压开关柜母线相序排列，垂直排列时从上到下为 A、B、C，最下面为中性线（N）、中性保护线（PE）；水平排列时从左到右为 A、B、C，最右面为 N 和 PE 线；前后排列时从远到近分别为 A、B、C，最近为 N 和 PE 线。

低压开关柜对保护接地有以下要求：

（1）所有作为隔离带电体的金属隔板和金属框架、开关仪器设备的金属外壳以及金属手动操动机构应有效接地。

（2）所有连接在一起使用的低压开关柜应设置一根水平贯穿全长的保护导体，其截面积应符

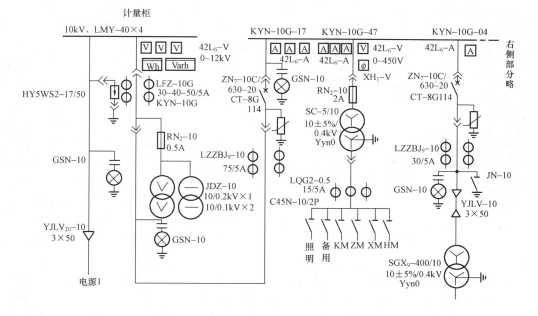

说明：①右侧与左侧相同，为电源2及其计量柜；
　　　②10kV电源为双电源进线，一用一备；
　　　③两侧受电柜必须设电气联锁，只允许一路电源受电；
　　　④受电手车柜与计量柜应有联锁，以防带负荷推拉计量柜；
　　　⑤两受电柜门应装电磁锁，防止带电开门进入带电间隔。

图4-45　10kV变电站手车断路器柜主接线图

合规程规定要求，应能承受单相接地短路时产生的机械应力和热应力。

（3）对于门、盖板、覆板和类似部件，如果上面没有安装电气设备，则一般金属螺钉连接或镀锌、镀锡的金属铰链连接就认为足以保证了接地回路电的连续性；但如果其上装有电压超过42V的电气设备时，应采用保护导体将这些部件和保护电路连接，此保护导体的截面积应不小于从电源到所属电器最大导线的截面积。

低压开关柜的金属零件均应有防腐措施。防腐措施有油漆、镀锌、镀锡及其他方法。

低压开关柜中所使用的绝缘材料都应是自熄性或阻燃性的。

低压开关柜主电路及与主电路直接连接的辅助电路绝缘耐压试验电压值：额定电压不超过300V，试验电压2000V；额定电压超过300V，不超过690V，试验电压2500V；额定电压低于60V，试验电压1000V。出厂试验时，试验电压施加时间为1s（简称点试）。

低压开关柜的型号有GGD型、GCS型、GCK和其他不同型号。GGD型是我国20世纪90年代统一设计的低压固定式开关柜，柜中配置较先进的ME型或DZ20型等不同型号的低压断路器以及旋转操作式刀开关。GCS和GCK型则是低压抽出式开关柜。图4-46即为GCS低压抽出式开关柜外形图。

### 三、箱式变电站和组合式变压器

#### （一）箱式变电站（全称"高压/低压预装箱式变电站"）

高压/低压预装箱式变电站在国际标准中也称"高压/低压预装式变电站"，在我国技术标准中简称"箱式变电站"。DL/T 537—2002《高压/低压预装箱式变电站选用导则》的定义是："预

图 4-46　GCS 低压开关柜外形图

装箱式变电站（简称箱式变电站）是由高压开关设备、电力变压器、低压开关设备、电能计量设备、无功补偿设备、辅助设备和联结件等元件组成的成套设备，这些元件在工厂内被预先组装在一个或几个箱壳内，用来从高压系统向低压系统输送电能。"

我国箱式变电站适用的额定电压是 7.2～40.5kV。箱变内的各设备应满足各自的额定技术条件。DL/T 537—2002 规定的箱变中变压器最大容量为 1600kVA。箱式变电站的优点是结构紧凑、占地面积小；其缺点是外壳对电力变压器散热有影响。为了避免变压器温升过高，对箱式变电站外壳内的变压器要规定允许承载的负荷系数。这个负荷系数数值大小与箱式变电站外壳的级别有关，而且与箱式变电站安装地点一年四季的气温变化有关，不是一个固定不变的数值。

按照箱式变电站外壳的散热性能，根据最大额定容量变压器在外壳内和在外壳外的温升之差，将外壳分为 0、10、20 和 30 四个额定外壳级别，分别对应于 0K、10K、20K 和 30K 的最大温差限值。例如，1000kVA、12kW 总损耗的油浸式变压器装在箱变内，箱变周围年平均温度为 10℃，如果选用外壳级别为 30 的箱变，最大负荷系数允许值为 0.77；如果选用外壳级别为 20 的箱变，最大负荷允许系数为 0.9。由此可见，外壳级别数字越大，散热条件越差，负荷系数允许值越小。

箱式变电站外壳的防护等级应不低于 IP23D，即应防止不小于 $\phi$12.5mm 的异物或人体的手指进入，同时要防淋水受潮，并防止金属线进入内部触碰带电部件。

箱式变电站内应装设一条可与每个元件相连接的接地导体。接地导体上应设有不少于 2 个与接地网相连接的铜质接地端子，其电气接触面积应不小于 160mm²。接地导体应使用铜导体，其面积选择与短路电流大小及持续时间有关，但最小不应小于 30mm²。例如，当额定短路持续时间为 1s 时，其电流密度应不超过 200A/mm²。

箱式变电站外壳材料可以是金属、非金属或两者的组合，不论何种材料，都必须不可燃，而且均应能耐受一定的机械力的作用。如果是非金属材料，则要求防止产生危险的静电荷，并且应是耐老化的阻燃性材料。

外壳的机械强度应保证在起吊、运输和安装时不致变形和损伤。

箱式变电站的箱体的基础应高出地基 300～600mm。箱体内有的带操作走廊，有的不带操作走廊。带操作走廊时，高压开关柜前留不少于 900mm 宽的操作空间，低压开关柜前应留有不少于 600mm 宽的操作空间。

箱式变电站的高压室、低压室和变压器室应设自动开闭的充足的照明设施。所有的门应向外开，开启角度应大于 90°，并设定位装置。门的铰链应采用内铰链，门应有密封措施，并装有把手和暗闩，并配有能防雨、防堵和防锈的暗锁。

为了防止箱式变电站内电气设备运行温度过高，应设置足够的自然通风口，并装设不少于两只的容量相当的通风机，随变压器运行温度的变化而自动投切。

箱式变电站安装地点的倾斜度应不大于 3°；箱体顶盖的倾斜度则不应低于 3°，并装设防雨檐。为防止箱内元件发生凝露，箱体内应设驱潮装置。

单纯以空气为绝缘介质时，各相导体的相间和对地的净距应满足有关规程关于电气安全距离的要求。如采用相间绝缘隔板，其导体与隔板净距 10kV 不得小于 30mm，隔板的沿面爬距不小于 150mm；35kV 净距不得小于 60mm，隔板的沿面爬距不得小于 300mm。

箱式变电站内部的电力变压器、高压开关柜、低压开关柜三个部分的布置方式可分为"目"字形和"品"字形，在型号表示时可用 YBM 型和 YBP 型来区别。图 4-47 就是"品"字形箱变的外形。

### （二）组合式变压器

图 4-48 所示为组合式变压器。组合式变压器的结构比箱式变电站更为简单紧凑，没有断路器等设备，高压侧有特定功能的负荷开关和熔断器。组合式变压器的油箱有共箱式和分箱式之分。共箱式指的是组合式变压器的负荷开关、熔断器与变压器器身共用一个油室，中间没有隔离，绝缘油共用。分箱式指的是负荷开关和熔断器与变压器器身安装在不同的油室或中间有隔离，绝缘油不共用。

图 4-47  YBP 型箱式变电站　　　　图 4-48  组合式变压器

组合式变压器的型号用 ZG 或 ZF 表示，ZG 为共箱式，ZF 为分箱式。例如 ZGSBH10-H-500/10 代表共箱式组合式变压器（ZG）、三相（S）、低压采用铜箔式绕组（B）、铁芯采用非晶合金（H）、性能水平代号为 10、高压接线方案为环网型（H）、额定容量为 500kVA、电压等级为 10kV。

根据 JB/T 10217—2000《组合式变压器》规定，组合式变压器的常规最大额定容量可达 1600kVA。

和高压开关柜变电站或箱式变电站一样，组合式变压器的高压接线方案也有环网型和终端型之分，环网型用字母 H 表示，终端型用字母 Z 表示。一般用电单位使用的都是终端型接线方案，而由供电企业运行维护的则有采用环网型接线方案，以便电网灵活可靠供电。这时环网柜高压母线的截面要根据本配电站负荷电流与环网穿越电流之和选择。对于由双电源供电的用电单位，其高压接线方案也可以是环网型，但必须利用闭锁装置保证解列运行，避免环网运行，以免系统穿越电流引起计量混乱和继电保护定值复杂化，甚至造成电网安全运行的不确定性。

图 4-48 所示的组合式变压器是在十多年前由美国传入我国的，因此有人将其称为"美式箱变"，为了区别，可将图 4-47 所示的箱式变电站称为"欧式箱变"。实际上，我国技术标准已明确将其区分：图 4-47 所示为"高压/低压预装箱式变电站"，其内部结构和主接线方式与普通室内中小型变电站十分相似，只是预先组装在箱式外壳内，因此简称为"箱式变电站"。而图 4-48 的内部结构主要是一台变压器，变压器的高压侧配以负荷开关，可以直接接入电网受电，并串入熔断器起到故障保护作用；低压侧接入开关板，可以往外分配负荷。其结构要比箱式变电站简单得多，只能算作有附加配电设备的变压器，因此在技术标准中将其称作"组合式变压器"。JB/T 10217—2000《组合式变压器》对"组合式变压器"是这样定义的："将变压器器身、开关设备、

熔断器、分接开关及相应辅助设备进行组合的变压器"，即将其定义为"变压器"的一种，而不是"变电站"的一种。

## 考试复习参考题

**一、单项选择题**（选择最符合题意的备选项填入括号内）

（1）电力系统相与相之间的短接，或中性点直接接地系统发生单相或多相接地均构成（ A ）。

A. 短路；B. 开路；C. 断路

（2）当电气回路发生短路事故时，电流突然急剧增大，而电压急剧（ B ）。

A. 升高；B. 降低

（3）能在电路的各种运行状态和事故情况下分、合电路的开关设备是（ C ）。

A. 负荷开关；B. 隔离开关；C. 断路器

（4）负荷开关能用来分、合电路中的（ B ）。

A. 短路电流；B. 负荷电流

（5）隔离开关能用来分、合（ C ）电路。

A. 具有负荷电流的；B. 具有故障电流的；C. 断路器已断开，没有电流的

（6）高压断路器常用的有小油断路器、真空断路器和（ A ）断路器。

A. $SF_6$；B. 三氯化硫；C. ZN

（7）真空断路器的额定电压一般在（ B ）kV 及以下，电压太高不容易制造。

A. 110；B. 40.5；C. 72.5

（8）（ C ）是户内真空断路器的型号。

A. LW-10；B. SN10-10；C. ZN12-12

（9）正常情况下 $SF_6$ 气体的相对密度为空气的（ A ）倍。

A. 5；B. 3；C. 2

（10）当 $SF_6$ 气体中的含水量超过标准时，在电弧高温的作用下，会产生水解，形成（ A ）等有毒的腐蚀性气体。

A. 氢氟酸；B. 硫酸；C. 盐酸

（11）$SF_6$ 断路器的工作气压在 20℃时为（ B ）MPa，具体数据与断路器的额定电压和使用在户内或户外有关。

A. 1～2；B. 0.3～0.6；C. 0.01～0.03

（12）六氟化硫全封闭组合电器，简称（ C ）。

A. GGD；B. JYN；C. GIS

（13）用作熔断器熔体的铅锡合金熔点较低，约为（ A ）℃。

A. 200；B. 300；D. 400

（14）10kV 跌落式熔断器常用型号为（ A ）。

A. RW-10；B. RN1；C. RN2

（15）10kV 电压互感器高压侧常用熔断器保护，其型号为（ C ）。

A. RW-10；B. RN1；C. RN2

（16）10kV 电压互感器高压侧熔断器的额定电流一般为（ B ）A。

A. 1；B. 0.5；C. 2

（17）低压插入式熔断器型号的头两个字母一般为（ A ）。

A. RC；B. RM；C. RL

（18）（ C ）为低压有填料封闭管式快速熔断器。

A. RC；B. RTO；C. RSO

（19）熔断器一般与（ B ）配合在一起使用。

A. 断路器；B. 负荷开关

（20）10kV断路器电磁操动机构的型号为（ A ）。

A. CD10；B. CT8；C. CY5

（21）在（ A ）系统，相与地之间出现连接（单相接地）即构成单相短路。

A. 中性点直接接地；B. 中性点不接地；C. 中性点经消弧线圈接地

（22）在各种短路中，（ A ）属于对称短路。

A. 三相短路；B. 两相短路；C. 单相短路

（23）开关电器的触头，在（ C ）时可能会出现电弧。

A. 合闸；B. 分闸；C. 分、合闸

（24）开关电器在分、合具有电压、电流的电路时，触头间产生的电弧电流主要是（ C ）形成的。

A. 电子导电；B. 原子导电；C. 电子和离子导电

（25）纯（ A ）交流电路，电源电压与电弧电流同相位，有利于灭弧。

A. 电阻性；B. 电感性；C. 电容性

（26）（ B ）交流电路当电流过零时，电压具有最大值，而且这时电流变化率最大，电感上的感应电动势也最大。在这两个电压叠加下，弧隙恢复电压有可能迅速上升，使弧隙击穿，电弧重燃。

A. 纯电阻；B. 纯电感；C. 纯电容

（27）在开关电器中，利用电弧与固体介质接触，使电弧（ A ），从而加速灭弧。

A. 迅速降温；B. 迅速升温；C. 温度稳定不变

（28）断路器的开断时间等于分闸时间与（ B ）之和。

A. 继电器的动作时间；B. 触头间燃弧时间；C. 脱扣动作时间

（29）断路器的灭弧能力决定了断路器的（ B ）。

A. 绝缘水平；B. 开断电流；C. 载流量

（30）断路器额定短路关合电流即额定动稳定电流，该电流表示断路器承受短路电流电动力的能力，其峰值约为断路器额定短路开断电流（有效值）的（ B ）倍。

A. 3；B. 2.5；C. 2.0

二、多项选择题（选择两个或两个以上最符合题意的备选项填入括号）

（1）交流电弧电流瞬时过零时，电弧暂时熄灭。此后，如果（ A ）≥（ B ），则弧隙击穿，电弧重燃。

A. 弧隙恢复电压；B. 弧隙介质击穿强度；C. 热游离

（2）高压手车柜的五防功能是指：防止带负荷拉（合）隔离开关、防止误分（合）断路器、防止带电合接地开关、（ A ）和（ B ）。

A. 防止带接地开关合断路器；B. 防误入带电间隔；C. 防止突然来电

（3）$SF_6$断路器灭弧室的含水量交接试验应小于（ A ）$\mu L/L$；运行中试验不大于（ D ）$\mu L/L$。

A. 150；B. 200；C. 250；D. 300

（4）$SF_6$气体在普通状态下是（ A、B、C、D ）的惰性气体。

A. 不可燃；B. 无毒；C. 无色；D. 无嗅

（5）SF$_6$ 气体在均匀电场中的绝缘强度为空气的（ A ）倍，其灭弧能力是同压力空气的（ C ）倍。

A. 2～3；B. 5～15；C. 100

**三、判断题**（正确的画√，错误的画×）

（1）由于真空断路器触头断口电压不能做得太高，目前只生产 35kV 及以下电压等级的真空断路器。 （√）

（2）SF$_6$ 断路器一般 20 年无须检修。 （√）

（3）断路器操动机构都设有自由脱扣装置，其作用是：在合闸过程中若继电保护动作跳闸，自由脱扣装置可保证断路器立即快速跳闸。 （√）

（4）ZN12-12 是六氟化硫断路器的型号。 （×）

（5）为保证断路器具有必要的合闸速度，操动机构必须具有足够大的合闸操作功率。 （√）

（6）弹簧储能操动机构的缺点是必须要有大容量的直流操作电源。 （×）

（7）液压操动机构的缺点是体积大、操作力小。 （×）

（8）弹簧储能操动机构用单相电动机将分闸弹簧拉长储能，以备分闸之用。 （×）

（9）隔离开关的主要功能包括隔离电源建立明显断开点、倒闸操作和拉合无电流或小电流电路。 （√）

（10）为改变电气设备工作状态而拉、合开关设备的操作习惯称为倒闸操作。 （√）

（11）断路器在合闸状态时可以对与其串联连接的隔离开关进行分、合闸操作。 （×）

（12）隔离开关不可以拉、合电压互感器和避雷器。 （×）

（13）隔离开关可用于开、合励磁电流不超过 5A 的空载变压器 （×）

（14）GN2-10/200 表示 10kV、200A 户内隔离开关。 （√）

（15）GN 型隔离开关闭合时，动触头的两根平行的矩形铜片依靠夹紧弹簧将静触头的刀形触头片紧紧夹住，保证足够的接触压力。 （√）

（16）GW5 系列隔离开关具有质量轻、占地面积少、使用可靠等优点。 （√）

（17）液压操动机构的优点是体积小、操作力大，油泵电机交直流都可以使用。在检修调整时，可以通过慢合阀和慢分阀实现断路器的慢合和慢分。 （√）

（18）负荷开关只能用来分合短路电流。 （×）

（19）高压熔断器型号中 H 代表具有限流电阻，T 代表具有热脱扣器。 （√）

（20）RN 式熔断器灭弧能力很强，当短路电流通过时，能在短路电流冲击值未达到峰值之前将电弧熄灭，因此属于限流式熔断器。 （√）

（21）RN2 熔断器用来保护电压互感器，其熔丝是根据机械强度的要求选定的，额定电流都是 0.5A。 （√）

（22）跌落式高压熔断器熔管的轴线必须处于垂直位置。 （×）

（23）跌落式高压熔断器的熔丝管内衬有红钢纸或桑皮消弧管，当熔丝熔断产生电弧时，熔丝管产生大量气体从熔丝管口喷出将电弧吹灭。 （√）

（24）KYN28-10 型手车柜为铠装式金属封闭中置式手车柜。 （√）

（25）环网柜高压母线的截面要根据本配电站负荷电流与环网穿越电流之和选择。用电单位配电站一般不环网运行。 （√）

（26）箱式变电站的优点之一是占地面积小，而且变压器承载负荷能力和普通变电站完全一样。 （×）

（27）断路器触头断开后，只有当触头之间电弧熄灭而不重燃后电路才真正被切断。（ ✓ ）

（28）GW5 系列户外高压隔离开关的支持瓷柱呈 V 形布置，而 GW4 则为双柱式竖直布置。
（ ✓ ）

（29）FN3-10 是压气式负荷开关，分闸时主轴带动压气活塞压缩空气，空心动触杆作为压气的气缸，被压缩的空气从灭弧触头的喷嘴喷出，吹灭电弧。（ ✓ ）

（30）FN5-10 是压气式负荷开关。（ ✗ ）

（31）RN2-10 型熔断器可以用在 6kV 电压互感器上作为故障保护用。（ ✗ ）

（32）所谓"美式箱变"在我国技术标准中的正式名称是"组合式变压器"。（ ✓ ）

## 四、计算题

（1）三相油浸配电变压器，500kVA，10kV/0.4kV，阻抗电压 4％，二次出口三相短路。求一、二次两侧短路电流各为多少？（系统容量按无限大考虑）

答：一次（ C ）A；二次（ B ）A

A. 22134；B. 18042；C. 721；D. 28

（2）10kV 母线三相短路电流为 31500A，计算三相短路容量。

答：（ A ）MVA

A. 545；B. 632；C. 236

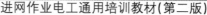

# 无功补偿和高次谐波

## 第一节 无功补偿方法

### 一、交流电的能量转换

由式(1-59)可知,纯电感正弦交流电路的瞬时功率以2倍电源频率变化。在一个周期内,两次达到正的最大值,两次达到负的最大值,如图5-1所示。在第1和第3两个1/4周期内,瞬时功率是正的,这时电感电路是能量的吸收者,电感负载把从电源吸收到的电能转化为磁场能量;在第2和第4两个1/4周期内,瞬时功率是负的,这时电感电路是能量的输出者,电感负载将储存的磁场能量送回电源电路。这样,在电源频率的每半个周期内,纯电感负载从电源吸收的能量实际为零,只是进行了电源能量和磁场能量的往复循环交换。

与此相似,对于纯电容交流电路,其瞬时功率也以2倍电源频率变化。电容负载与交流电源之间也进行能量的往复循环交换。但与电感电路不同,电容负载从电源吸收能量时对电容器充电,即将能量储存在电容器的极板电场中;当电容负载向电源输出能量时,把电容器极板上储存的电场能量送回

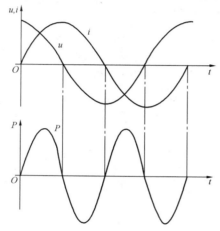

图 5-1 纯电感电路电压 $u$、
电流 $i$、瞬时功率 $P$ 曲线图

电源电路,因此,在电源频率的每半个周期内,纯电容电路从电源吸收的能量也为零,只是进行了电源能量和电容器电场能量的往复循环交换。

### 二、有功和无功

交流电力系统的发电厂需要向电网供给两部分能量,一部分将用于负载做功而被消耗掉,这部分电能将转变为机械能、热能、光能或化学能,称这部分负载为"有功负荷",发电厂供给的是有功功率。另一部分能量是用来与负载中的电感或电容负荷进行磁场能量或电场能量的交换。这部分能量只是在电源与负载之间往复交换,并没有消耗掉,称为"无功负荷",发电厂供给的是无功功率。

无功功率虽然不消耗电能,但它在电网中是必不可少的。因为变压器、电动机等电气设备在工作中必须建立磁场,否则就不能运转。在电力线路传输电能时,导线周围也产生磁场,导线对地还存在电场。因此在电力系统中,电场和磁场是无处不在的。

无功功率的计量单位为乏(var)。

在纯电感电路中,电压超前电流相位 $\frac{\pi}{2}$ (即 $90°$);而在纯电容电路中,电流超前电压相位

$\frac{\pi}{2}$。如果在同一电网中，既有纯电感负载，又有纯电容负载，在这两种性质不同的无功负荷上

施加同一电源电压，则在电感负载中流过的电流落后电源电压 $\frac{\pi}{2}$，而在电容负载中流过的电流

超前电源电压 $\frac{\pi}{2}$。由此可见，在同一电源供电时，电感电流和电容电流互差 $180°$。为了区别感性无功功率 $Q_L$ 和容性无功功率 $Q_C$，根据其电流相位的不同，将电流落后于电源电压 $90°$ 的感性无功功率 $Q_L$ 取正值，而将电流超前电源电压 $90°$ 的容性无功功率 $Q_C$ 取负值。所以，无功功率有正、负的区别。

### 三、无功补偿

#### 1. 电力系统的无功功率负荷

电力系统的无功功率负荷包括用电设备的无功功率负荷、电力线路的无功功率消耗、输变电系统电力变压器的无功功率损耗。无论是用电设备，或者是供电网络，都要消耗大量无功功率，无功电源和有功电源一样都是必不可少的。

用电设备中，除了白炽灯，电热器只消耗有功功率，为数不多的同步电动机可调节所需的无功功率外，大多数用电设备都要消耗感性无功功率，因此，各类用户大多以感性功率因数运行，其值约为 $0.6\sim0.9$。

电力线路消耗感性无功功率的情况与线路电压、线路长度和线路传输功率的大小都有关系。例如，电压较低，电流较大时，消耗感性无功功率较多。当电压较高，传输的功率又较小时，电力线路消耗的感性无功功率较小，有时可能不消耗感性无功功率，有时甚至线路呈容性状态，即消耗容性无功功率，从而向系统补偿感性无功功率。

对于单台变压器来说，满载时无功功率损耗约为额定容量的 $5\%\sim15\%$，这与变压器的技术参数有关。变压器的无功功率损耗可分两部分：励磁支路损耗和绕组漏抗中的损耗。其中，励磁支路的无功损耗是由空载电流决定的，一般约为变压器额定容量的 $0.5\%\sim1\%$，与变压器的负荷大小无关。绕组漏抗中的损耗主要取决于变压器负荷电流大小和变压器的漏抗大小。变压器负荷越大，这部分无功损耗也越大。当变压器满载时，绕组漏抗中的无功损耗占额定容量的比值约等于短路阻抗电压的百分值，即为 $4\%\sim15\%$，视变压器的电压等级和容量大小而异。由于现代的电网都要经过多级升降压，各种电压等级的变压器额定容量之和，要比电网所供给的有功总负荷高出许多倍。据统计，各种变压器的无功功率损耗的总和数值可达电网传输负荷总容量的 $50\%$ 以上。

由此可知，无论是用电设备，或者供电网络，都要消耗大量无功功率。因此，无功电源和有功电源一样都是必不可少的。

#### 2. 无功补偿

从电工学知道，在电阻电感串联电路中，设有功功率为 $P$、无功功率为 $Q_L$，则视在功率 $S=\sqrt{P^2+Q_L^2}$，功率因数 $\cos\varphi=\frac{P}{S}$。

在电路传输电能时，如果传输的有功功率 $P$ 不变，增加无功功率 $Q_L$，则视在功率 $S$ 增加，功率因数 $\cos\varphi$ 下降。如果减少无功功率 $Q_L$，则传输同样多的有功功率 $P$，所需的视在功率 $S$ 也减少，功率因数 $\cos\varphi$ 提高。

在电力系统中，减少无功功率的传输，提高功率因数，可以收到以下效益：

（1）减少线路损失。当电流通过线路时，引起的有功功率损耗为（三相交流电路）

$$\Delta P = 3I^2R \tag{5-1}$$

式中　$R$——线路每相电阻，$\Omega$；

　　　$I$——线路中电流，A；

　　$\Delta P$——三相线路的总损耗，W。

因为 $P=\sqrt{3}IU\cos\varphi$，所以 $I=P/\sqrt{3}U\cos\varphi$。将其代入式（5-1），得

$$\Delta P = \frac{P^2}{U^2} \cdot \frac{R}{\cos^2\varphi} \tag{5-2}$$

由式（5-2）可见，当传输有功功率 $P$ 和电压 $U$、线路电阻一定时，功率因数越高，线路上的有功损耗 $\Delta P$ 越小，或者，将 $S=\sqrt{P^2+Q^2}$、$P=S\cos\varphi$ 代入式（5-2），经化简后有

$$\Delta P = \frac{P^2+Q^2}{U^2}R \tag{5-3}$$

式中　$P$、$Q$——线路中输送的有功功率和无功无率；

　　　$U$——线路额定电压；

　　　$R$——线路一相的电阻；

　　$\Delta P$——三相线路总的有功损耗。

由式（5-3）可知，减少线路中传输的无功功率可以降低线路有功损耗 $\Delta P$。

（2）提高电网的输送能力。提高功率因数，可以减少无功输送量，从而增加电网输送有功功率的能力。例如，某 10kV 三相线路，允许传输电流 500A，如果功率因数为 0.6，则传输有功功率为 $P=\sqrt{3}\times10\times500\times0.6=5196$（kW）。如果功率因数提高到 0.9，则传输功率为 $P'=\sqrt{3}\times10\times500\times0.9=7794$（kW），多传输有功功率 50%。

在输送同样有功功率的情况下，提高功率因数后，可以减少输送电流，从而使变配电设备安装容量减少，这样节约了基建投资。例如，通过安装电容器设备，将功率因数从 0.8 提高到 0.95，则电容器每千瓦容量可节省输配电线路和变压器等设备的安装容量 0.38kVA。

（3）保证发电机出力。一般发电机的额定功率因数为 0.8～0.85，如果低于额定功率因数运行，由于受定子及转子电流的限制，发电机的视在功率和有功功率都要降低。

（4）可以改善电压质量。电压是电能质量的一个重要指标。对于一条输配电线路来说，始端电压 $\dot{U}_1$ 与末端电压 $\dot{U}_2$ 的相量差（几何差）叫做电压降落，始端电压 $U_1$ 与末端电压 $U_2$ 的绝对值之差叫做电压损失。网络中的实际电压与该处额定电压的差值叫做电压偏移。从保证用电设备正常工作的需要，必须限制电压偏移和电压损失不能超过某一允许值。

计算电压损失的方法比较复杂，按照惯例，对于 110kV 及以下的网络电压损耗 $\Delta U$，可近似用下式计算

$$\Delta U = \frac{PR+QX}{U_N} \tag{5-4}$$

式中　$\Delta U$——线路线电压损失，V；

　　　$U_N$——线路标称电压，V；

　　　$P$——线路有功负荷，W；

　　　$Q$——线路无功负荷，var；

　　　$X$——线路电感电抗，$\Omega$；

　　　$R$——线路电阻，$\Omega$。

上式中，无功负荷 $Q$ 是感性负荷。如果为容性负荷，则 $Q$ 为负值，这时如果 $PR < QX$，则计算所得的电压损失 $\Delta U$ 为负值，即线路末端电压高于线路始端电压。

由于高压输配电线路的电感电抗 $X$ 要比电阻 $R$ 大得多，因此线路电压损失在很大程度上取决于线路输送的无功负荷。提高功率因数，减少线路中传输的无功电流，就能大大降低线损，提高电压质量。

3. 对用电负荷提高功率因数的规定

《供电营业规则》规定：100kVA 及以上高压用户功率因数应在 0.90 以上；其他电力用户和趸售、转供，以及大、中型电力排灌站功率因数应在 0.85 以上；农业用电功率因数在 0.80 以上。

4. 进行无功补偿的方法

(1) 同步发电机。发电厂的同步发电机既是有功功率电源，同时也是最基本的无功功率电源。

同步发电机运行在功率因数低于 1 时，向系统输出无功功率。功率因数越低，输出的无功越多，这时发电机所需的励磁电流也越大。由于发电机的励磁电流不允许超过额定值，因此，同步发电机所能提供的无功功率也受到一定限制。而且，当发电机在低于额定功率因数运行时，由于受到定子电流不允许超过额定值的限制，所能提供的有功功率也相应减少。

(2) 调相机。调相机实质上是只能发无功功率，不能发有功功率的发电机。它在过励磁运行时向系统供应感性无功功率。调相机除了能发无功功率，作为无功电源外，也能作为无功负荷，消耗无功功率。当调相机欠励运行时从系统吸取无功功率。调相机的优点是调整无功负荷大小十分方便，只要改变励磁电流大小就可以了。但是调相机属于旋转电机，基建投资大、运行维护复杂、费用大，而且调相机本身也要消耗一部分电能。随着电力电容器制造技术的提高，使用量的增加，目前调相机已很少使用。

(3) 并联电容器。电力电容器投入系统运行时，流过一个超前电压 90° 的容性负荷电流，其作用与发电机或调相机向系统输出无功功率相同。由于电力电容器是静止电器，无旋转设备，因此安装简单，运行维护工作量极少，无噪声，有功功率消耗极少。所以电力电容器是优良的无功功率电源。

电容器补偿无功一般均与用电设备并联使用，因此称作并联电容器。并联电容器的容性负荷电流与用电设备的感性负荷电流互相补偿，使电源侧线路中的感性无功电流减少，从而起到无功补偿的作用。

# 第二节　并联电容器的应用与运行维护

目前，应用电容器作为无功补偿已得到广泛采用。下面对电容器的技术特点及运行维护注意事项作一简单介绍。

## 一、并联电容器补偿无功的特点

并联电容器原称移相电容器，后改称并联电容器。采用并联电容器进行无功补偿的优点是：

(1) 并联电容器本身有功功率损耗很小，约为其无功功率容量的 0.5% 以下。而调相机有功损耗为其输出无功功率的 1.5%～5%。

(2) 并联电容器单位容量的投资低于调相机，而且其单位容量投资几乎与总容量无关。

(3) 并联电容器无旋转部分，不需专人维护管理，无噪声。

(4) 并联电容器安装简单，可以做到自动投切。

(5) 并联电容器可分散安装，可以安装在靠近无功负荷的地方。这样做减少了线路中的无功功率潮流，从而减少了线路损耗，提高了电压质量。

并联电容器的缺点是：

（1）电压特性不好。电容器供应的感性无功功率随电压的下降成平方减少。

（2）电容器切除后有残余电荷，需要进行充分放电，以免造成人身伤害或引起操作事故。

（3）电容器耐受过电压能力差。电容器组中某一台电容器发生故障，不容易及时发现。

（4）对外部短路的稳定性差。一台电容器发生短路故障，容易波及其他电容器。

（5）安装并联电容器后，对电网中的高次谐波潮流产生影响，有时甚至使谐波电流放大。另外，并联电容器合闸时会产生很大的合闸涌流，有时甚至激发谐振过电压。因此，在并联电容器回路上常常要采取控制合闸涌流的保护措施。

## 二、并联电容器的构造

目前我国生产的并联电容器低压多为单台三相，高压中小容量多为单台单相（见图5-2、图5-3）。高低压电容器每相都由若干个元件串并联组成。低压电容器在内部接成三相三角形。

### 1. 电容器单个元件的构造

电容器的内部构造近十几年来有很大改进。过去，电容器内的单个元件都是用铺有铝箔的电容器纸卷绕而成的。制造电容器时，先把铺有铝箔的电容器纸卷成圆状卷束，然后再压成扁平状元件。在电容器元件中依靠铝箔作为极板，传导电流，同时铝箔也能起到散热作用。铝箔的含铝纯度在 99.7% 以上，厚度为 $0.016 \sim 0.006\mathrm{mm}$，有多种不同规格。电容元件极板间介质的厚度一般选取 $30 \sim 80\mu\mathrm{m}$。考虑到可能出现纸质不均匀而造成漏电，要求极板间纸的层数不少于三层。国产电容器纸是用未漂白的木浆制成的，纸质要求平整、光洁、无纤维毛束状聚集物，无机械损伤等缺陷，并要求较高的热稳定性。并联电容器纸的型号有 B 和 BD 两种，BD 为高温低损耗电容器纸。每种纸按密度不同又分为 Ⅰ、Ⅱ 几种型号。例如 B-Ⅰ 型和 B-Ⅱ 型电容器纸，同样为 $12\mu\mathrm{m}$ 厚时，前者密度为 $1\mathrm{g/cm^3}$，而后者为 $1.2\mathrm{g/cm^3}$。工频击穿电压分别不低于 325V 和 380V。

后来，并联电容器生产中广泛采用纸膜复合或全聚丙烯薄膜作为极板间的绝缘介质。聚丙烯薄膜的优点是：吸水性极小，机械强度和介质损失角基本不受潮化的影响；化学稳定性好，除浓酸外对其他物质都不起作用；延展性好，可拉伸到 $10\mu\mathrm{m}$ 左右的厚度；相对密度小，轻于现有的各种薄膜。利用聚丙烯薄膜代替纸绝缘可使介质损失降低，提高电容量 25%。

近年来，国内广泛采用聚丙烯金属膜并联电容器。这种电容器的最大特点是，应用具有自愈性能的聚丙烯金属化薄膜作为电容器的极板和介质，具有高工作场强与低介质损耗等优点。制造的电容器电容量大、体积小、损耗小，安全可靠。这种电容器单个元件由聚丙烯金属化薄膜绕制而成。聚丙烯金属化薄膜是在聚丙烯薄膜表面利用高真空蒸镀技术蒸镀一层极薄的锌或铝金属薄层，使电容器的极板和绝缘介质结合成一体，从而使结构紧密，其厚度仅为 $0.03 \sim 0.04\mu\mathrm{m}$。达到体积小、容量大、质量高等诸多优点。特别是这种电容器当元件某一点击穿时，击穿电流使击穿点周围的金属层蒸发，故障点附近失去金属层而形成绝缘区，介质迅速恢复绝缘性能，故障自行消除，使电容器自动恢复安全运行。这种现象称为自愈。因此，聚丙烯金属膜电容器又称自愈式电容器。

### 2. 电容器的浸渍剂

高压并联电容器内浸渍绝缘油，可以提高绝缘强度，增强散热性能。对电容器的浸渍剂，要求绝缘强度高、介电系数高、不燃烧或不易燃烧、价格便宜。过去常用的浸渍剂为矿物油。这种油是由石油分馏、净化、过滤、干燥、制气精炼而制成的。与变压器油相比，电容器油净化程度高、浸渍力强、介质损耗小。电容器油的电击穿强度大于 $60\mathrm{kV/2.5mm}$，闪点（闭口）大于 135℃。矿物油的缺点是介电系数 ε 较低，约为 $2.1 \sim 2.3$，使电容器的单台容量受到限制。

后来，在 20 世纪六七十年代，国内外曾采用三氯化联苯作为浸渍剂，这种液体介质性能稳定，不易燃烧，介电系数高达 5.2，从而大大提高电容器的单台容量。但是这种液体本身有毒，是很强的致癌物，易引起脑部、皮肤及内脏的疾病，并损害神经、生殖及免疫系统。因此我国从 1975 年已不再使用过氯化联苯作为电容器的浸渍剂。

在这之后，广泛采用十二烷基苯、二芳基乙烷、异丙基联苯、苯甲基硅油和蓖麻油等作为电容器的浸渍剂。硅油的闪点高于矿物油，约为 300℃；介电系数可达 2.5～2.8；电击穿强度不小于 45kV/2.5mm；凝固点在 -50～-65℃ 之间。采用硅油作为浸渍剂，使单台容量提高 50%～150%，而且基本消除了因电容器升温矿物油汽化遇火爆炸的危险。

液体介质十二烷基苯来源广、价格低、毒性小，其分子式为 $C_6H_5C_{12}H_{25}$，属芳香烃。它具有较低的黏度，相对密度较小，15℃时为 $0.87g/cm^3$，凝固点为 -60℃。十二烷基本介质损耗小，可以在较高的电场强度下长期工作，和聚丙烯薄膜相容性良好。但是这种液体的介电系数 $\varepsilon$ 不高，局部放电熄灭电压低，不宜于做成大容量电容器。

液体介质二芳基乙烷由芳香烃石油提炼而成，是无毒介质。介电系数、耐压和闪点都较矿物油高。采用这种浸渍液的电容器，较同容量的矿物油电容器体积小一半，其损耗降低 1/3。其局部放电起始和熄灭电压也高，使电容器运行的可靠性得到提高。

液体介质异丙基联苯，美国西屋公司出品称为韦姆油，它与二芳基乙烷的性能相似，介电强度高、损失角低、热稳定性好，是一种性能优越的液体介质。

植物油中蓖麻油的特点是电气绝缘性能好、介电系数较高，因此也可用作电力电容器的浸渍剂。

高压油浸纸介质电容器的浸渍剂直接浸入介质中间，可以提高电容器的绝缘强度。而低压自愈式电容器由于金属化薄膜基本不吸收水分，允许工作场强较稳定，可以不必像纸质绝缘那样靠浸渍剂来提高工作场强和降低损耗。自愈式电容器选用一定配比的油蜡作为浸渍剂，通过真空浸渍，将浸渍剂灌注壳内，以防止元件边缘的局部放电，并在电容器出现自愈时防止蒸发区扩大，加速电弧的熄灭，防止自愈恶化。这类浸渍剂与液体浸渍剂相比，性能稳定，不燃烧，不会出现漏油问题。

自愈式电容器虽然有许多优点，但是目前使用电压仍较低，一般只制作低压自愈式电容器，高压仍以油浸式电容器为主。

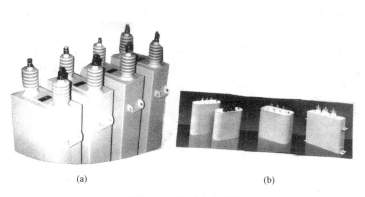

图 5-2 并联电容器
（a）高压单相并联电容器；（b）低压三相并联电容器

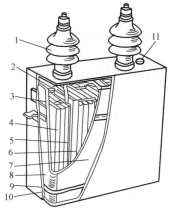

图 5-3 并联电容器的构造
1—出线套管；2—出线压板；3—压板；4—元件；5—出线压板固定板；6—组间绝缘；7—包封件；8—夹板；9—紧箍；10—外壳；11—封口盖

### 3. 电力电容器的放电装置

电力电容器放置放电装置有两个作用：一是当电容器停运时，防止由于残留电荷威胁人身安全；另一个作用是在电容器停运后恢复送电时，防止由于残留电荷引起电容器过电压。即使有了放电装置，一般希望非自动投切的电容器停运后，在3min之内不要重新投运。

对低压电容器放电装置的要求，GB/T 22582—2008《电力电容器低压功率因数补偿装置》规定：放电器件应保证电容器断电后其上的剩余电压降至50V的时间不大于3min，并且，当任一分组电容器再次投入时，其线路端子上的剩余电压应不超过额定电压的10%。当电容器本身装有能满足这一要求的放电器件时，装置可不另设放电器件。

对于采用自动投切方式的低压电容器，应根据投切延时时间设置放电器件的放电时间，以满足上述关于任一分组电容器再次投入时其线路端子上的剩余电压不超过额定电压的10%的规定。一般低压电容器采用自动投切时要求延时在5～90s之间。

对于高压电容器，GB 50227—2008《并联电容器装置设计规范》对放电器的性能规定为：高压电容器组脱开电源后，在5s内将电容器组上的剩余电压降至50V及以下。所以作出如此严格的规定，也是从电容器自动投切的要求考虑。

GB/T 11024.1—2010《标称电压1000V以上交流电力系统用并联电容器》规定：每一电容器单元内部应备有在电容器与电网断开后，在10min内将峰值电压降到75V以下的放电器件。

对于放电装置的性能是否符合要求，可以通过模拟试验来判定。DL/T 653—2009《高压并联电容器用放电线圈使用技术条件》中提出了试验方法：将电容器组以直流充电至$\sqrt{2}$倍额定电压值，然后通过配用的放电装置放电，测量放电开始至5s时的电容器端子电压应在50V以下。

### 三、电力电容器的技术参数和额定工作条件

#### 1. 额定电压

在选择电容器的额定电压时，除了考虑接入电网处的额定电压外，还应计及以下因素，然后确定订货时电容器的额定工作电压。

（1）装设串联电抗器引起电容器端电压的升高。在电力电容器的电气回路中，常常要串入电抗器，其作用是限制合闸涌流或者抑制谐波电流。感抗值的范围根据具体需要占电容器容抗的0.1%～12%不等。

本书第一章中曾分析过，电感、电容串联电路，在电感或电容上的电压可能大于电源电压。

串联电抗器的感抗与并联电容器组的容抗之比，以百分数表示，称为电抗率，用$K$表示。当并联电容器串联电抗器后，引起电压升高，电容器组上实际承受的端电压$U_C$要比母线电压$U_S$高。计算公式如下

$$U_C = \frac{U_S}{\sqrt{3}(1-K)} \tag{5-5}$$

（2）电网实际运行电压常有可能高出标称电压。设运行电压高出5%，则可用下式计算出电容器组应选择的额定电压值

$$U_{cn} = \frac{1.05U_S}{\sqrt{3}(1-K)} \tag{5-6}$$

如果电容器组是由两段或两段以上的电力电容器串联而成的，则应分别计算出每段电容器上承受的电压。

根据上述公式计算出电容器额定电压的计算值，然后，从电容器额定电压的标准系列中选取

靠近计算值的额定电压。例如，10kV 电力电容器 Y 接线的额定电压标准值为 $10.5/\sqrt{3}$、$11/\sqrt{3}$、$11.5/\sqrt{3}$kV 和 $12/\sqrt{3}$kV；6kV 电力电容器 Y 接线的标准值则为 $6.3/\sqrt{3}$、$6.6/\sqrt{3}$、$6.9/\sqrt{3}$kV 和 $7.2/\sqrt{3}$kV。

（3）电容器运行中可能承受的长期工频过电压，应不大于电容器额定电压的 1.1 倍。如果超过 1.1 倍额定电压，将造成严重过负荷，引起电容器过热，这是不允许的。

（4）但是电容器的额定电压也不宜取过大的安全裕度。因为电容器的容量与运行电压的平方成正比

$$Q = \omega C U^2 \tag{5-7}$$

式中　$Q$——电容器的容量；

　　　$C$——电容器的电容量；

　$\omega$、$U$——交流电的角频率和电容器的运行电压。

（5）运行电压低于额定电压，则电容器的出力大大下降。例如，如果将额定电压为 10kV 的电容器用在 6kV 系统内，则电容器的实际容量将降低 $\left[1-\left(\frac{6}{10}\right)^2\right] \times 100\% =$ （$1-0.36$）$\times$ $100\% = 64\%$，造成电容器容量的极大亏损，因此，必须合理选择电容器的额定电压，才能做到安全经济运行。

2．额定频率

电容器的额定频率必须与电网的工作频率相一致。如果这两个频率不一致，由于电容器的容抗与频率成反比，使电容器运行电流与额定电流不一致，电流过小则出力不足，电流过大则电容器承受不了，都是不允许的。

3．额定电流

电容器组允许在其 1.3 倍额定电流下长期运行。因为电容器组允许工频过电压 10%，由工频过电压而产生的过电流也等于额定电流的 10%。考虑到电网中有高次谐波负荷，电容器承受的电压中可能有高次谐波分量，考虑由于高次谐波的存在会造成电容器的过电流，因此电容器组长期运行允许的过电流再增加 20%。电容器运行电流允许达到额定电流的 130%。如考虑电容器电容值可能存在正偏差，GB/T 11024.1—2010《标称电压 1000V 以上交流电力系统用并联电容器第 1 部分：总则》规定：并联电容器最大电流可达 $1.37I_N$。

4．温升

电容器的周围环境温度应按制造厂规定的数值进行控制。一般规定为 $-40 \sim +40$℃（金属化膜电容器为 $-45 \sim +50$℃）。但也有其他多种环境温度规定。高压电容器室的夏季排风温度不宜超过 40℃。电容器的允许温升应参照制造厂的规定，一般不允许超过 $15 \sim 20$℃。电容器芯子的最高温升一般不超过 30℃，如以周围空气温度最高 40℃ 为基准，则电容器的内部最高温度不超过 70℃。并联电容器外壳最高温度一般宜不超过 $50 \sim 55$℃，这与电容器浸渍的绝缘介质有关。例如浸渍矿物油或烷基苯的电容器，外壳最热点的温度不要超过 50℃；浸渍硅油的电容器，外壳最热点的温度不宜超过 55℃。

测量电容器温度可用水银温度计，选择电容器组中散热条件较差的一台，在高度 2/3 处的油箱外壳上装设温度计。

5．电容器三相容量应平衡

GB 50227—2008《并联电容器装置设计规范》规定：并联电容器组三相的任何两相之间的最大与最小电容之比不宜超过 1.02。

#### 四、并联电容器的容量选择

##### （一）并联电容器补偿无功的装设方法

为了进行无功补偿，装设电容器有三种方法：

1. 个别补偿

个别补偿是将电容器直接接到用电设备上。采用这种补偿方法的优点是补偿比较彻底，不但高压线路和变压器上的无功电流减少了，而且低压干线和分支线上的无功电流也同时减少，线路压降和线路损耗同时减少；其缺点是采用个别补偿时，电容器和被补偿设备感应电动机等共用一套控制设备，同时投入或退出运行，所以管理分散，维护不便，而且电容器不能充分发挥效率，利用率不高。

2. 集中补偿

集中补偿是将电容器集中安装在配电室高低压母线上。这种补偿方法可以采取集中管理，便于维护，运行可靠，利用率高；缺点是不能补偿配出线上的无功电流。

3. 分组补偿

分组补偿是将电容器分组安装在各配电室或车间变电站的母线上。这种补偿方法的效果介于个别补偿和集中补偿之间。

##### （二）新安装电容器容量选择

并联电容器的容量选择方法与无功补偿要达到的目的有关。通过无功补偿可以提高功率因数，可以提高电压，也可以实现降低线路有功损耗。根据不同的目的，有不同的计算无功补偿所需电容器容量的方法。通常无功补偿的目的就是提高功率因数。这里按照这一目的介绍并联电容器的容量选择方法。

对于新建变电站，最好根据提供的负荷资料和需要达到的功率因数预期值，计算出需要安装的并联电容器容量。如果缺乏可靠的负荷资料，也可以进行大致估算。对于一般的用电单位，电容器安装容量可按变压器容量的 20%～30%确定。如果用电负荷的自然功率因数较高，电容器的安装容量可以减少，例如按变压器容量的 10%考虑。

##### （三）按提高功率因数确定补偿容量

并联电容器的容量选择，主要取决于电力负荷的大小、补偿前的负荷功率因数、补偿后需要达到的功率因数。选择补偿容量时，常用以下两种方法

1. 公式计算法

$$Q_C = P(\tan\varphi_1 - \tan\varphi_2) \tag{5-8}$$

式中　$Q_C$——所需安装的并联电容器容量，kvar；

$\quad\quad P$——最大负荷月的平均有功功率，kW；

$\quad\tan\varphi_1$——补偿前的功率因数角的正切值；

$\quad\tan\varphi_2$——补偿后的功率因数角的正切值。

正切值的计算公式为

$$\tan\varphi_1 = \frac{\sqrt{1-\cos^2\varphi_1}}{\cos\varphi_1}, \tan\varphi_2 = \frac{\sqrt{1-\cos^2\varphi_2}}{\cos\varphi_2} \tag{5-9}$$

式中　$\cos\varphi_1$——补偿前的功率因数；

$\quad\quad\cos\varphi_2$——补偿后的功率因数。

2. 查表法

为了迅速求出补偿容量，可用查表法。表 5-1 中列出了已知补偿前后的功率因数分别为 $\cos\varphi_1$ 和 $\cos\varphi_2$，每 1kW 有功负荷所需要安装的电容器容量数。

表 5-1 　　　　　　　　　　每 1kW 有功功率所需补偿容量 　　　　　　　kvar

| 补偿前 | 补偿后 $\cos\varphi_2$ | | | | | | | | | | |
|---|---|---|---|---|---|---|---|---|---|---|---|
| $\cos\varphi_1$ | 0.8 | 0.82 | 0.84 | 0.86 | 0.88 | 0.90 | 0.92 | 0.94 | 0.96 | 0.98 | 1.00 |
| 0.44 | 1.288 | 1.342 | 1.393 | 1.445 | 1.499 | 1.553 | 1.612 | 1.675 | 1.749 | 1.836 | 2.039 |
| 0.46 | 1.180 | 1.234 | 1.285 | 1.397 | 1.394 | 1.445 | 1.504 | 1.567 | 1.641 | 1.728 | 1.931 |
| 0.48 | 1.076 | 1.130 | 1.181 | 1.233 | 1.287 | 1.341 | 1.400 | 1.463 | 1.537 | 1.624 | 1.827 |
| 0.50 | 0.981 | 1.035 | 1.086 | 1.138 | 1.192 | 1.246 | 1.305 | 1.368 | 1.442 | 1.529 | 1.732 |
| 0.52 | 0.890 | 0.944 | 0.995 | 1.047 | 1.101 | 1.155 | 1.214 | 1.277 | 1.351 | 1.438 | 1.641 |
| 0.54 | 0.808 | 0.862 | 0.913 | 0.965 | 1.019 | 1.073 | 1.132 | 1.195 | 1.269 | 1.356 | 1.559 |
| 0.56 | 0.728 | 0.782 | 0.833 | 0.885 | 0.939 | 0.993 | 0.052 | 1.115 | 1.189 | 1.276 | 1.479 |
| 0.58 | 0.655 | 0.709 | 0.760 | 0.812 | 0.866 | 0.920 | 0.979 | 1.042 | 1.116 | 1.203 | 1.406 |
| 0.60 | 0.583 | 0.637 | 0.688 | 0.740 | 0.794 | 0.848 | 0.907 | 0.970 | 1.044 | 1.131 | 1.334 |
| 0.62 | 0.515 | 0.569 | 0.620 | 0.672 | 0.726 | 0.780 | 0.839 | 0.902 | 0.976 | 1.063 | 1.266 |
| 0.64 | 0.450 | 0.504 | 0.555 | 0.607 | 0.661 | 0.715 | 0.774 | 0.837 | 0.911 | 0.998 | 1.201 |
| 0.66 | 0.388 | 0.442 | 0.493 | 0.545 | 0.599 | 0.653 | 0.712 | 0.775 | 0.849 | 0.936 | 1.139 |
| 0.68 | 0.327 | 0.381 | 0.432 | 0.484 | 0.538 | 0.592 | 0.651 | 0.714 | 0.788 | 0.875 | 1.078 |
| 0.70 | 0.270 | 0.324 | 0.375 | 0.427 | 0.481 | 0.535 | 0.594 | 0.657 | 0.731 | 0.818 | 1.021 |
| 0.72 | 0.212 | 0.266 | 0.317 | 0.369 | 0.423 | 0.477 | 0.536 | 0.599 | 0.673 | 0.760 | 0.963 |
| 0.74 | 0.157 | 0.211 | 0.262 | 0.314 | 0.368 | 0.422 | 0.481 | 0.544 | 0.618 | 0.705 | 0.906 |
| 0.76 | 0.103 | 0.157 | 0.208 | 0.260 | 0.314 | 0.368 | 0.427 | 0.490 | 0.564 | 0.651 | 0.854 |
| 0.78 | 0.052 | 0.106 | 0.157 | 0.209 | 0.263 | 0.317 | 0.376 | 0.439 | 0.513 | 0.600 | 0.803 |
| 0.80 | — | 0.052 | 0.104 | 0.157 | 0.210 | 0.266 | 0.326 | 0.387 | 0.458 | 0.547 | 0.750 |
| 0.82 | — | — | 0.052 | 0.104 | 0.158 | 0.213 | 0.272 | 0.335 | 0.406 | 0.495 | 0.698 |
| 0.84 | — | — | — | 0.053 | 0.106 | 0.162 | 0.220 | 0.283 | 0.354 | 0.443 | 0.6459 |
| 0.86 | — | — | — | — | 0.0536 | 0.109 | 0.1674 | 0.230 | 0.301 | 0.390 | 0.5934 |
| 0.88 | — | — | — | — | — | 0.055 | 0.114 | 0.177 | 0.248 | 0.3367 | 0.5398 |
| 0.90 | — | — | — | — | — | — | 0.058 | 0.1214 | 0.192 | 0.281 | 0.4844 |

**3. 单台感应电动机无功补偿容量选择方法**

在进行无功补偿时，有时采取对每台感应电动机进行个别补偿，这时不能用上面介绍的方法选择电容器的容量，即不能以负荷作为计算的依据。因为如果按照电动机在负载情况下选择电容器，则在空载时就出现过补偿，即功率因数超前，而且当电动机停机切断电源时，电容器对电动机放电，使仍在旋转着的电动机变为感应发电机，感应电动势可能超出电动机的额定电压好多倍，对电动机和电容器的绝缘都不利。因此，单台电机个别补偿时电容器的容量应按照不超过空载电流进行选择，即

$$Q_C \leqslant 0.9\sqrt{3}U_r I_0 \tag{5-10}$$

式中　　$Q_C$——补偿容量，kvar；

　　　　$U_r$——电动机额定电压，kV；

$I_0$——电动机空载电流，A。

一般情况下电动机的空载电流不易查出，为了方便起见，也可以根据电动机的功率和转速直接从表5-2中查出电机单台补偿时所需的电容器容量。

**表 5-2**                    **单台电动机无功补偿容量表**

| 电动机功率（kW） | 电动机转速（r/min） | | | | | |
|---|---|---|---|---|---|---|
| | 3000 | 1500 | 1000 | 750 | 600 | 500 |
| | 电容器最大容量（kvar） | | | | | |
| 7.5 | 2.5 | 3.0 | 3.5 | 4.5 | 5.0 | 7.0 |
| 10 | 3.5 | 3.0 | 4.5 | 6.5 | 7.5 | 9.0 |
| 14 | 5.0 | 4.0 | 6.0 | 7.5 | 8.5 | 11.5 |
| 17 | 6.0 | 5.0 | 6.5 | 8.5 | 10.0 | 14.5 |
| 22 | 7.0 | 7.0 | 8.5 | 10.0 | 12.5 | 15.5 |
| 30 | 8.5 | 8.5 | 10.0 | 12.5 | 15.0 | 18.5 |
| 40 | 11.0 | 11.0 | 12.5 | 15.0 | 18.0 | 23.0 |
| 45 | 13.0 | 13.0 | 15.0 | 18.0 | 22.0 | 26.0 |
| 55 | 17.0 | 17.0 | 18.0 | 22.0 | 27.5 | 33.0 |
| 75 | 21.5 | 22.0 | 25.0 | 29.0 | 33.0 | 38.0 |
| 100 | 25.0 | 26.0 | 29.0 | 33.0 | 40.0 | 45.0 |
| 115 | 32.5 | 32.5 | 33.0 | 36.0 | 45.0 | 52.5 |
| 145 | 40.0 | 40.0 | 42.5 | 45.0 | 55.0 | 65.0 |

### 五、高压并联电容器组的接线方式比较

高压并联电容器组的主接线方式，主要有三角形接线、单星形接线和双星形接线三种。过去并联电容器组采用三角形接线较多，但运行经验证明，三角形接线的电容器组，当任一相击穿

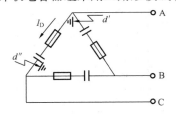

图 5-4　A、C两相在无熔断器侧发生电容器接地短路

时，由电源供给的短路电流较大，实际相当于母线短路。设有一组电容器，三角形接线，10kV，300kvar，单台电容器容量10kvar，熔断器为1.5A。母线短路容量为100MVA。当某一相中的一台电容器发生绝缘击穿，相当于母线短路，短路电流为5770A。这时虽然故障电容器的熔断器迅速熔断，但如此大的电流即使是瞬间流过电容器，也极容易使电容器内浸渍剂受热膨胀，迅速汽化，引起爆炸，而且如果不同相的电容器同时发生对地击穿，有时熔断器也失去保护作用（见图5-4）。

如把电容器改为星形接线，当任一台电容器发生极板击穿短路时（见图5-5），短路电流都不会超过电容器组额定电流的3倍，而且不会出现其他两健全相的电容器对故障相的涌放电流，只有来自同相健全电容器的涌放电流。因此星形接线的电容器组油箱爆炸事故较少发生。

当电容器组采用星形接线时，在中性点非直接地电网中，星形接线电容器组的中性点不应接地。因为如果电容器组中性点接地，则当发生单相电容器击穿时，会造成电力系统接地故障，使接地继电器动作，造成不安全。同样，如果电容器本身没有故障，而电力系统其他地方发生接地故障，则电容器承受的电压发生变化，继电保护动作，使电容器无法正常运行。因此电容器组的中性点不应接地。

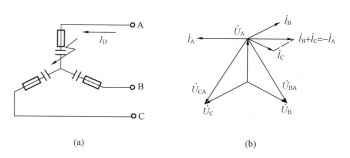

图 5-5  星形接线一相电容器击穿短路

（a）接线图；（b）相量图

在图 5-5 中，对星形接线时电容器击穿短路时的电流进行分析。例如，当 A 相电容器有一台发生击穿时，其相量图如图 5-5（b）所示。B、C 两相电容器所承受的电压从原来的相电压升高为线电压，即升高 $\sqrt{3}$ 倍。这两相电容器流过的电流 $\dot{I}_B$、$\dot{I}_C$ 也比额定电流增大，其数值为额定电流的 $\sqrt{3}$ 倍。由于故障相（A 相）电容器流过的电流为 B、C 两相电容器电流之和，则从图 5-5（b）的相量图不难看出，故障相电流 $\dot{I}_A$ 其数值大小为健全相电容器电流的 $\sqrt{3}$ 倍，亦即等于额定电流的 3 倍。

## 六、并联电容器的运行维护

### （一）电容器的允许技术参数

1. 允许过电压

GB/T 11024.1—2010 规定：并联电容器允许在其 1.0 倍额定电压下长期运行；在 1.10 倍额定电压下每 24h 运行 12h；在 1.15 倍额定电压下每 24h 运行 30min；在 1.2 倍额定电压下运行 5min；在 1.3 倍额定电压下运行 1min。

这里需要注意，在判断电容器是否存在过电压时，不能仅仅根据控制屏上电压表的读数。如果电容器串联有电抗器，则电容器的端电压要比电压表的读数高。电压表读出的数是母线电压，电容器的端电压应根据前面的式（5-5）算出。在式（5-5）中，$U_C$ 是电容器实际承受的端电压，$U_S$ 是电压表读出的母线电压，$K$ 是串联电抗器电抗率。在计算过电压保护的动作电压时，也应根据电容器的额定端电压作为基准电压，推算出母线电压，然后再确定继电保护的动作电压值。因为电压继电器反映的是母线电压，而不是电容器的端电压。

2. 允许过电流

电容器允许在其 1.3 倍额定电流下长期运行。

为了防止电容器因过电流造成电容器损坏，GB 50227—2008《并联电容器装置设计规范》规定：用于单台电容器保护的外熔断器，熔丝的额定电流应按电容器额定电流的 1.37～1.50 倍选择。

3. 允许温升

电容器的环境温度允许值按电容器的不同类别有不同规定，一般不应低于 −40℃，也不应高于 +40℃。电容器的温升和油箱外壳最高温度应遵守厂家规定。一般温升不超过 15～20℃，外壳最高温度不超过 50℃。

### （二）电容器的操作

电容器正常情况下的投入和退出运行，应根据功率因数的高低、无功功率的需求情况，以及电压的高低来安排，但是操作次数不宜太频繁。在变电站投运操作时，应先投运其他负荷，最后合上电容器组开关；在变电站停电操作时，应先拉开电容器组开关，后拉开其他出线开关。

在上述停送电操作时，均应执行操作规程，填写操作票，执行监护制度，并注意在合闸操作

197

时，先合隔离开关，后合断路器；在停电操作时，先拉开断路器，后拉开隔离开关。必须注意防止带负荷拉、合隔离开关。因为电容器组只要合上闸就是满负荷，不存在轻载或空载状态，因此一旦出现带负荷拉、合开关，肯定会出现电弧短路。

**（三）电容器的异常情况处理**

出现下列情况应将电容器停运。

（1）电容器端电压超过其额定电压1.1倍，或超过其规定的短时间允许过电压时。

（2）电容器电流超过1.3倍额定电流时。如电容量存在正偏差，电流不得超过1.37倍额定电流（电容量正偏差不得超过+5%）。

（3）电容器环境温度超过允许值，或电容器外壳最热点温度超过允许温度时。

（4）电容器油箱明显膨胀或有放电声音、过热冒烟等异常情况时。

**（四）其他安全注意事项**

1. 电容器禁止带残余电荷合闸

电容器停电后在残余电荷没有放尽之前不要合闸，以免出现操作过电压。因此停电的电容器若要再次手动合闸，中间的间隔时间不要少于3min，以便将残余电荷经放电装置放尽。

2. 防止残余电荷造成人身触电

电容器停电后，若要进行清扫检修工作，必须在电容器母线上悬挂接地线。特别要注意电容器熔丝有无熔断，如有熔断，必须在电容器接线端子上挂地线放电。某单位电容器组有故障，将电容器拉闸停电，对电容器母线挂地线放电。后检查发现有一台电容器的熔丝熔断，检修人员随即进行更换熔丝，在操作时被该电容器的残余电荷电击受伤。原来在对电容器母线挂地线放电时，该电容器的熔丝已熔断，因此残余电荷未能放尽。

为了防止电容熔丝熔断后不易发现，应选用熔断时信号表示明显的喷逐式熔断器。

在对停电电容器组母线进行挂地线放电时，别忘了也要在Y接线电容器组的中性点处挂地线放电，因为Y接线电容器组的中性点通常是不接地的，必须通过挂地线才能将残余电荷放尽。

# 第三节　公用电网谐波、电压波动和闪变的允许限值

**一、公用电网谐波**

供电系统电网交流电压波形应为正弦波，电路中流过的电流也是正弦波。但是有些用电设备，例如硅整流设备、电镀、电焊、电弧炉、轧钢机，电气机车，以及气体发光灯，其负荷电流都是非正弦波。理论和实践都能证明：任何周期性的非正弦波都可以分解成一个直流分量和若干不同频率的周期性正弦分量之和。在这些不同频率的正弦分量中，有一个正弦分量的频率与电力系统电源频率相同，称为基波；其余各正弦分量的频率都为基波频率的正数倍，统称为高次谐波，并按其频率为基波的倍数分别叫做二次、三次、四次……谐波。三次、五次等倍数为奇数的称为奇次谐波；二次、四次等倍数为偶数的称为偶次谐波。

实际上，在将周期性非正弦电流分解为各个分量时，并不一定会含有所有分量，有时只含有其中某几个分量。究竟含有哪几个分量，与非正弦波的形状有关。例如，与横轴对称的非正弦波不含直流分量和偶次谐波。

由上面分析可知，用电设备的非正弦电流是公用电网的谐波源。由于谐波源向电网注入谐波电流，在电路阻抗上产生谐波电压降，与正弦波电压叠加，就会造成电网电压波形畸变，而影响供电电能质量。

电网电压波形畸变对供用电会造成严重的影响，例如：

### 1. 影响电力电容器正常运行

并联电容器的容抗与频率成反比。高次谐波的频率比基波大好几倍，因此并联电容器受谐波作用时，容抗大大下降，这就使电容器对谐波电压特别敏感。在高次谐波电压作用下电容器出现严重过电流，引起温升过高，有时甚至出现电流放大和并联电流谐振，烧坏设备。

### 2. 影响其他电气设备的正常运行

高次谐波对电机也有影响，会引起旋转电机过热，影响发电机出力，有时还会引起电机、变压器等设备产生杂声。

### 3. 对电子仪器和继电保护的正确工作造成影响

高次谐波对电子仪器和晶体管继电保护的工作特性造成影响，使误差增加，性能变坏，可能造成误判断、误动作。特别是对枢纽变电站的继电保护或铁路信号系统造成影响，一旦出现误动作会造成严重后果。

### 4. 对电力线路和通信线路的影响

高次谐波电流流经输配电线路时，可能引起串联谐振，引起线路过电压。如果输配电线路与通信弱电线路并行，距离较近，则输配电线路中流过高次谐波电流时有可能对通信线路造成干扰，引起信号失真。

## 二、公用电网谐波电流允许值

由于高次谐波对电网有很大危害，GB/T 14549—1993《电能质量 公用电网谐波》，对谐波电压限值、限波电流允许值做出了明确规定。公用电网公共连接点的全部用户向该点注入的谐波电流分量（方均根值）不应超过表 5-3 中规定的允许值。当公共连接点处的最小短路容量不同于表中的基准容量时可按式（5-11）对表中的谐波电流允许值进行修正

$$I_h = \frac{S_{k1}}{S_{k2}} I_{hp} \tag{5-11}$$

式中　$I_h$——短路容量为 $S_{k1}$ 时的第 $h$ 次谐波电流允许值，A；

　　　$S_{k1}$——公共连接点的最小短路容量，MVA；

　　　$S_{k2}$——基准短路容量，MVA；

　　　$I_{hp}$——表 5-3 中的 $h$ 次谐波电流允许值，A。

表 5-3　　　　　　　　　注入公共连接点的谐波电流允许值

| 标称电压（kV） | 基准短路容量（MVA） | 谐波次数及谐波电流允许值（A） | | | | | | | | | | | | | | | | | | | | | | | |
|---|---|---|---|---|---|---|---|---|---|---|---|---|---|---|---|---|---|---|---|---|---|---|---|---|---|
| | | 2 | 3 | 4 | 5 | 6 | 7 | 8 | 9 | 10 | 11 | 12 | 13 | 14 | 15 | 16 | 17 | 18 | 19 | 20 | 21 | 22 | 23 | 24 | 25 |
| 0.38 | 10 | 78 | 62 | 39 | 62 | 26 | 44 | 19 | 21 | 16 | 28 | 13 | 24 | 11 | 12 | 9.7 | 18 | 8.6 | 16 | 7.8 | 8.9 | 7.1 | 14 | 6.5 | 12 |
| 6 | 100 | 43 | 34 | 21 | 34 | 14 | 24 | 11 | 11 | 8.5 | 16 | 7.1 | 13 | 6.1 | 6.8 | 5.3 | 10 | 4.7 | 9.0 | 4.3 | 4.9 | 3.9 | 7.4 | 3.6 | 6.8 |
| 10 | 100 | 26 | 20 | 13 | 20 | 8.5 | 15 | 6.4 | 6.8 | 5.1 | 9.3 | 4.3 | 7.9 | 3.7 | 4.1 | 3.2 | 6.0 | 2.8 | 5.4 | 2.6 | 2.9 | 2.3 | 4.5 | 2.1 | 4.1 |
| 35 | 250 | 15 | 12 | 7.7 | 12 | 5.1 | 8.8 | 3.8 | 4.1 | 3.1 | 5.6 | 2.6 | 4.7 | 2.2 | 2.5 | 1.9 | 3.6 | 1.7 | 3.2 | 1.5 | 1.8 | 1.4 | 2.7 | 1.3 | 2.5 |
| 66 | 500 | 16 | 13 | 8.1 | 13 | 5.4 | 9.3 | 4.1 | 4.3 | 3.3 | 5.9 | 2.7 | 5.0 | 2.3 | 2.6 | 2.0 | 3.8 | 1.8 | 3.4 | 1.6 | 1.9 | 1.5 | 2.8 | 1.4 | 2.6 |
| 110 | 750 | 12 | 9.6 | 6.0 | 9.6 | 4.0 | 6.8 | 3.0 | 3.2 | 2.4 | 4.3 | 2.0 | 3.7 | 1.7 | 1.9 | 1.5 | 2.8 | 1.3 | 2.5 | 1.2 | 1.4 | 1.1 | 2.1 | 1.0 | 1.9 |

注　1. 标称电压为 220kV 的公用电网可参照 110kV 执行，但基准短路容量取 2000MVA。

　　2. 公共连接点是指用户接入公用电网的连接处。

　　3. 同一公共连接点有几个用户时，每个用户向电网注入的谐波电流允许值按此用户在该点的协议容量与公共连接点的供电设备容量之比进行分配，具体计算方法见式（5-12）。

当公共连接点上有两个及以上用户时，每个用户向电网注入的谐波电流允许值可按式（5-12）进行计算各自的分摊值

$$I_{hi} = I_h(S_i/S_t)^{1/a} \qquad (5\text{-}12)$$

式中　$I_h$——由式（5-11）计算得的第 $h$ 次谐波电流允许值，A；

　　　$S_i$——第 $i$ 个用户的用电协议容量，MVA；

　　　$S_t$——公共连接点的供电设备容量，MVA；

　　　$a$——相位叠加系数，按表5-4取值。

**表 5-4**　　　　　　　　　　　相 位 叠 加 系 数

| $h$ | 3 | 5 | 7 | 11 | 13 | 9、｜>13｜、偶次 |
|---|---|---|---|---|---|---|
| $a$ | 1.1 | 1.2 | 1.4 | 1.8 | 1.9 | 2 |

### 三、公用电网谐波电压限值

公用电网谐波电压（相电压）限值见表5-5。

**表 5-5**　　　　　　　　　　公用电网谐波电压限值

| 电网标称电压（kV） | 电压总谐波畸变率（%） | 各次谐波电压含有率（%） | |
|---|---|---|---|
| | | 奇次 | 偶次 |
| 0.38 | 5.0 | 4.0 | 2.0 |
| 6 | 4.0 | 3.2 | 1.6 |
| 10 | | | |
| 35 | 3.0 | 2.4 | 1.2 |
| 66 | | | |
| 110 | 2.0 | 1.6 | 0.8 |

### 四、电压波动和闪变的允许值

具有冲击性的负荷，例如电弧炉或轧钢机会引起电力系统公共接点电压的波动和闪变，引起人眼对灯闪的明显感觉。因此，国家有关技术标准对具有冲击性负荷的用电单位提出了限制性要求。过去执行的技术标准为 GB 12326—2000《电能质量　电压波动和闪变》，2008 年将此标准修订后重新颁发，改名为 GB/T 12326—2008《电能质量　电压波动和闪变》。

1. 电压波动限值

GB/T 12326—2008 规定了电压波动限值用电压变动允许值表示。所谓"电压变动（用字母 $d$ 表示）"是指电压有效值变动的时间函数曲线上相邻两个极值电压之差，以系统标称的百分数表示。

在 GB/T 12326—2008 中将电压变动 $d$（%）与电压变动频度 $r$ 相关联作出电压波动限值规定，如表5-6所列。

**表 5-6**　　　　　　　　　　　　电压波动限值

| 电压变动频度（$r$, h$^{-1}$） | $d$（%） | |
|---|---|---|
| | LV、MV | HV |
| $r \leqslant 1$ | 4 | 3 |

续表

| 电压变动频度 | $d$（%） | |
|---|---|---|
| （$r$，$h^{-1}$） | LV、MV | HV |
| 1＜$r$≤10 | 3* | 2.5* |
| 10＜$r$≤100 | 2 | 1.5 |
| 100＜$r$≤1000 | 1.25 | 1 |

注 1. 很少的变动频度 $r$（每日少于1次），电压变动限值 $d$ 还可以放宽，但不在本标准中规定；

2. 对于随机性不规则的电压波动，依 95% 概率大值衡量，表中标有"＊"的值为其限值。

3. 本标准中系统标称电压 $U_N$ 等级按以下划分：

  低压（LV）   $U_N$≤1kV

  中压（MV）   1kV＜$U_N$≤35kV

  高压（HV）   35kV＜$U_N$≤220kV

对 220kV 以上超高压（EHV）系统的电压波动限值可参照高压（HV）系统执行。

2. 电压闪变限值

GB/T 12326—2008 对电压闪变的限值见表 5-7。$P_{st}$ 为"短时间闪变值"，是指在若干分钟内闪变强弱的统计量值；$P_{lt}$ 为"长时间闪变值"，是由短时间闪变值 $P_{st}$ 推算出，反映长时间（若干小时）闪变强弱的量值。

GB/T 12326—2008 规定：电力系统公共连接点，在系统正常运行的较小方式下，以一周（168h）为测量周期，所有长时间闪变值 $P_{lt}$ 都应满足表 5-7 的要求。

表 5-7          各级电压下的闪变限值

| 系统电压等级 | ≤110kV | ＞110kV |
|---|---|---|
| $P_{lt}$ | 1 | 0.8 |

注  $P_{st}$ 和 $P_{lt}$ 每次测量周期分别取 10min 和 2h。

为了避免电弧炉炼钢等冲击性负荷引起系统电压的波动和闪变，需要对电弧炉的冲击性无功电流进行动态补偿。无功动态补偿能做到随着无功负荷的快速变化，无功补偿电流也迅速、无跳跃的跟踪变化，做到跟踪补偿。

无功动态补偿有旋转机械型的，例如同步调相机；也有静止不转动的，如晶闸管控制电抗器，简称 TCR。静止型无功动态补偿简称静补，符号为 SVC。

以大型电弧炼钢炉的静补装置为例，简单介绍一下其工作原理。在炼钢电弧炉运行时，由兼作滤波用的各组固定电容器组分别对各次谐波进行滤波，并同时补偿无功电流。当电容器容性无功电流大于电弧炉的感性无功电流时，TCR 装置中的自动控制设备使晶闸管导通，在 TCR 回路中流过电感电流，和电容器组补偿的容性电流相补偿。这样，通过自动控制装置，根据炼钢电弧炉电流的变化情况，迅速改变晶闸管的导通角，调节 TCR 的电感电流，使电弧炉的感性无功电流和 TCR 的电感电流之和略大于滤波电容器组的电容电流，使总电流功率因数在 0.98～0.99 之间。由于晶闸管改变导通角十分迅速，响应时间不超过 10ms，因而对防止因电弧炉冲击性无功负荷引起电压闪变能起到重要作用。

201

# 考试复习参考题

**一、单项选择题**（选择最符合题意的备选项填入括号内）

（1）并联电容器是指为（ D ）而投运的电容器。

A. 滤波；B. 稳压；C. 储能；D. 无功补偿

（2）并联电容器的容量单位是（ C ）。

A. 法拉；B. 微法；C. kvar；D. kVA

（3）高压并联电容器的接线方式一般为（ B ）。

A. 三相角接；B. 三相星接中性点不接地；C. 三相星接中性点接地

（4）电容器正常运行时电流不得超过额定电流的（ C ）倍。

A. 1.1；B. 1.2；C. 1.3；D. 1.5

（5）按照现行技术标准规定，在1.1倍额定电压时，电容器允许（ C ）。

A. 长期运行；B. 每天运行8h；C. 每24h运行12h

（6）100kVA及以上高压用户当功率因数低于（ A ）时应投入电容器组。

A. 0.90；B. 0.85；C. 0.80

（7）农业用电高压用户当功率因数低于（ C ）时应投入电容器组。

A. 0.9；B. 0.85；C. 0.80

（8）并联电容器组三相的任何两相之间的最大与最小电容之比不宜超过（ A ）。

A. 1.02；B. 1.05；C. 1.10

（9）电容器温升一般不超过（ B ）℃。

A. 50；B. 15～25；C. 55

**二、多项选择题**（选择两个或两个以上最符合题意的备选项填入括号内）

（1）电容器外壳最热点的温度，浸渍矿物油的电容器不超过（ A ）℃，浸渍硅油的电容器不超过（ B ）℃。

A. 50；B. 55；C. 60

（2）电容器组应装设放电装置，在电容器组从电网断开后，高压电容器应在（ A ）内、低压非自动投切的电容器应在（ C ）内将电容器上的剩余电压通过放电降至（ D ）V及以下。

A. 5s；B. 1min；C. 3min；D. 50

**三、判断题**

（1）变电站全停电操作，应先拉开各负荷回路，最后再拉开电容器组。 （ × ）

（2）高压电容器断电后，若再次合闸，应在其断电3min后。 （ √ ）

（3）高压电容器组采用三相星形接线时，如果有一相电容器击穿短路，短路电流可达该电容器组额定电流的5倍。 （ × ）

（4）用于单台并联电容器保护的外熔断器，熔丝的额定电流应按电容器额定电流的1.37～1.50倍选择。 （ √ ）

（5）液体介质韦姆油，化学名称异丙基联苯，介电强度高，介电系数较矿物油高，是一种优质的并联电容器用浸渍剂。 （ √ ）

（6）400V低压电容器必须用矿物油浸渍。 （ × ）

（7）低压聚丙烯金属膜电容器又称自愈式电容器。 （ √ ）

（8）与横轴对称的非正弦波不含直流分量和奇次谐波。 （ × ）

(9) 电力系统的高次谐波是由线性元件用电负荷引起的。 （ × ）

(10) 无功功率也有正、负之分。 （ ✓ ）

**四、计算题**（选择正确的答案填入括号内）

(1) 三相 400V20kvar 电容器，额定电流是（ B ）A。

A. 46；B. 28.87；C. 16.82

(2) 已知某变电站日用电量：有功 40 000kW·h，无功 30 000kvar·h，则当天平均功率因数为（ A ）。

A. 0.80；B. 0.85；C. 0.90

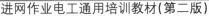

第六章

# 电 力 线 路

## 第一节 架空电力线路

### 一、概论

电力线路是电力系统中的重要组成部分，其作用是输送和分配电能。电力线路按其架设方式可分为架空电力线路和电力电缆线路两大类。架空电力线路的优点是建设方便、投资小，缺点是运行条件受自然环境影响，供电可靠性差，而且在城市里架设架空电力线路会受到各种因素的限制。

架空电力线路的结构主要包括杆塔、横担、绝缘子、导线、金具、基础、接地装置和防雷设施等。下面对杆塔、横担和绝缘子作一简单介绍。

### （一）杆塔

杆塔是架空线路的重要组成部分，它的作用是支撑导线和避雷线，使导线对大地和其他建筑物保持足够的安全距离。

1. 杆塔按材质分类

杆塔按材质可分为木杆、水泥杆和金属杆三种。金属杆有铁塔、钢管杆、型钢杆等。根据电压等级、线路所处位置及荷载情况选择不同的杆塔。例如在城市里，为了减少占地面积，常常采用钢管杆或型钢杆，而对于承载较大的耐张杆、转角杆则常常采用铁塔。

木杆的优点是绝缘性能好、质量小、便于运输和施工。但是木杆的机械强度低、易腐烂、维护工作量大、使用年限短。鉴于我国木材资源不足，目前不推广使用。

水泥杆即钢筋混凝土杆，其优点是经济耐用、寿命长、不易腐蚀、不受气候影响。但是水泥杆比较笨重，运输和施工不便，在山区尤为突出。由于其经济耐用，在架空电力线路中得到广泛采用。水泥杆使用最多的是拔梢杆，即环状锥形杆。低压杆高 8～10m，梢径一般为 150mm；6～10kV 配电杆杆高有 10、11、12、13、15m 等多种，梢径分为 190mm 和 230mm 两种。水泥杆的拔梢一般为 1/75。超过 15m 的水泥杆一般都分段。水泥杆分普通型和预应力型两种。预应力杆在制造过程中将钢筋拉伸，浇灌混凝土后钢筋内仍保留拉应力，使混凝土受压，提高了强度。故预应力杆使用的钢筋截面可略小，杆身壁厚也较薄，可以节省钢材、减轻质量和降低造价。

金属杆的优点是牢固可靠、使用寿命长，但耗用钢材多、投资大，且易腐蚀，因此维护费用比水泥杆高。但由于其坚固可靠，因此在超高压输电线路和城市架空线路中多有采用。

2. 按杆塔在线路中受力情况分类

按杆塔在线路中受力情况，可分为直线杆、耐张杆、转角杆、终端杆、跨越杆和分支杆。由于各种杆型在线路中受力情况不同，因此其结构也有所不同。下面作一简单介绍。

（1）直线杆。直线杆为线路上最多的杆型，用于线路中间，在正常运行时仅承受导、地线自重和风压、覆冰荷重，不承受线路纵向和横向拉力。因此机械强度要求不高，组装结构简单，造价较低。直线杆用字母 $Z$ 表示。

（2）耐张杆。设置耐张杆的目的是为了将线路分段，一旦线路发生断线等故障时，将断线落地的范围控制在某一有限的区段内。两个耐张杆之间的直线杆区段称为耐张段。即发生断线等故障，破坏范围仅限于一个耐张段内，而且设置耐张杆也便于线路的施工和检修。耐张杆是承力杆，除承受正常运行时导地线的重力外，并能承受导线的水平拉力。它应考虑当发生断线时，在两侧导线拉力不平衡时不应出现杆塔倾斜和倒塌。耐张杆字母符号为N。

（3）转角杆。用于线路转角处，除承受导、地线重力外，还要承受线路转角所引起的导、地线水平拉力的合力。因此转角杆应考虑水平拉力的承受能力，有时必须设置与此水平拉力反方向的拉线，以达到杆塔受力平衡。转角杆字母符号为J。

（4）终端杆。用于线路终端。由于终端杆只在一侧有线路拉力，为了达到受力平衡，常常在线路对侧设置拉线，以避免杆塔受力不平衡出现倾斜或引起倒塌。终端杆符号为D。

（5）跨越杆。跨越杆是指跨越公路、铁路、河流，或者跨越其他电力线路、通信线路等的杆塔。跨越杆塔身高、受力大，要求强度高、牢固可靠、安全性好。跨越杆符号为K。

（6）分支杆。分支杆是从干线上引出分支的杆塔。分支杆除受导、地线的荷重外，还承受分支线方向的不平衡拉力，因此应在对侧设置拉线，以求得力的平衡。分支杆符号为F。

**（二）横担**

横担安装在电杆的上部，用以安装绝缘子，以便固定导线。有的横担上还要安装避雷器、跌落式熔断器或隔离开关、断路器、电缆终端头等设备。横担的长短根据具体需要确定。横担的材质有铁质或木质，也有采用陶瓷横担。铁横担用角钢制作，坚固耐用，常用的角钢为∠63×5或∠50×5。木横担现在很少采用，一般为100×100或80×80的方截面木条。陶瓷横担集横担与绝缘子于一体，可以直接固定导线，对杆塔有良好的绝缘效果。

**（三）绝缘子**

架空线路的导线一般都固定在绝缘子上，用得较多的是瓷质绝缘子，通常叫作瓷瓶。除了瓷质绝缘子外，现在也有采用硅橡胶绝缘子或陶瓷横担。常用绝缘子型号代号的含义如下：

P—针式（用于型号的第一个字母）；

XP—悬式（旧型用X表示悬式）；

T—铁横担用；

M—木横担用；

CD—瓷横担；

C—悬式绝缘子的连接方式为槽形；球形连接则不标注。

例如：P-10T、P-10M分别为10kV铁横担用针式绝缘子和木横担用针式绝缘子；XP-7C和XP-4分别代替旧型号X-4.5C和X-3悬式绝缘子。

图6-1为几种绝缘子的外形。

## 二、架空电力线路的主要技术数据

### （一）线路路径

架空电力线路的路径应减少与其他设施交叉，当与其他架空线路交叉时，应避开被跨越线路的杆塔顶部。

架空电力线路与弱电架空线路交叉跨越时，对于国家重要的一级弱电线路，交叉角不小于45°；与地区重要的二级弱电线路的交叉角不小于30°；与一般弱电线路交叉时，交叉角不受限制。

高压架空电力线路不应跨越易燃易爆物的仓库区域。架空电力线路与火灾危险性的生产厂房、易燃易爆储罐的防火水平间距不应小于杆塔高度的1.5倍。

架空电力线路不宜跨越房屋，并应避开洼地、冲刷地带以及原始森林和影响线路安全的其他地区。

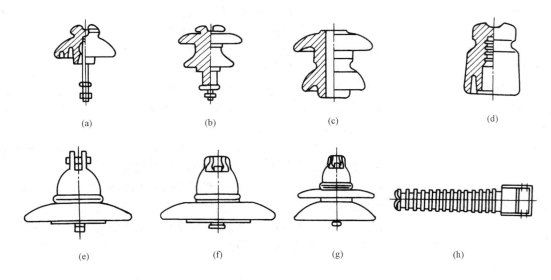

图 6-1　绝缘子外形

（a）高压针式 1；（b）高压针式 2；（c）低压蝶式；（d）低压针式；

（e）槽型悬式；（f）球型悬式；（g）防污型悬式；（h）陶瓷横担

架空电力线路通过林区应有通道。10kV 及以下架空电力线路通道的宽度，不应小于线路两侧向外各延伸 5m。35kV 和 66kV 线路的通道宽度应不小于线路两侧各向外延伸林区主要树种的生长高度。通道附近超过主要树种自然生长高度的个别树木，应砍伐。树木生长不超过 2m，或导线与树木之间的垂直距离符合表 6-4 规定的林地，可不必砍伐通道。架空电力线路通过果林或城市绿化灌木林时，也不宜砍伐通道。

**（二）线路档距、导线线间距离、对杆塔距离和绝缘子数目**

1. 线路档距

10kV 及以下架空电力线路的档距见表 6-1。35kV 及以上架空电力线路的档距与路径和塔型都有关系。例如 35～66kV 的架空电力线路在城区采用钢管塔，其档距仅为 100m 上下；如采用铁塔，档距可达 150m；如在郊外农村地区，档距一般为 200m 左右。

2. 导线线间距离

线间距离与电压等级、线路档距有关。对于 35kV 及以上电压的高压架空电力线路，导线的线间距离还与悬垂绝缘子长度、导线最大弧垂有关。10kV 及以下架空电力线路最小线间距离见表 6-2。

表 6-1　　　10kV 及以下架空电力线路的档距　　　m

| 区域 | 档　　距 | |
| --- | --- | --- |
| | 线路电压 3～10kV | 线路电压 3kV 以下 |
| 市区 | 40～50 | 40～50 |
| 郊区 | 50～100 | 40～60 |

表 6-2　　　　　　　　　10kV 及以下架空线最小线间距离　　　　　　　　　m

| 线路电压 | 线 间 距 离 | | | | | | | | |
| --- | --- | --- | --- | --- | --- | --- | --- | --- | --- |
| | 档　　距（m） | | | | | | | | |
| | 40 及以下 | 50 | 60 | 70 | 80 | 90 | 100 | 110 | 120 |
| 3～10kV | 0.6 | 0.65 | 0.7 | 0.75 | 0.85 | 0.9 | 1.0 | 1.05 | 1.15 |
| 3kV 以下 | 0.3 | 0.4 | 0.45 | 0.5 | — | — | — | — | — |

对于35kV架空电力线路，导线水平排列线间距离一般为2～2.5m；66kV架空电力线路导线水平排列线间距离一般为2.5～3m。使用悬垂绝缘子串的杆塔，其垂直线间距离，35kV线路不小于2m；66kV线路不小于2.25m。

3. 导线对杆塔最小距离和绝缘子数目

海拔高度为1000m以下地区，架空电力线路的悬垂绝缘子串的绝缘子个数和线路电部分对杆塔构件、拉线、脚钉的最小空气间隙见表6-3。表中所列最小空气隙数值，是考虑线路可能承受的大气过电压而不致击穿所必需的间隙距离。

表6-3　　架空电力线路的悬垂绝缘子串的绝缘子个数和线路带电部分对杆塔构件、拉线、脚钉的最小空气间隙

| 额定电压<br>（kV） | 35 | 66 | 110 | 220 | 330 |
|---|---|---|---|---|---|
| XP-7 绝缘子数 | 3 | 5 | 7 | 13 | 19 |
| 最小空气间隙<br>（cm） | 45 | 65 | 100 | 190 | 260 |

**（三）架空电力线路对地面、建筑物及树木的安全距离**

架空电力线路导线与地面、建筑物及树木的安全距离见表6-4。

表6-4　　　　　　导线与地面、建筑物及树木的安全距离　　　　　　　　m

| 线路电压（kV）<br>经过地区 | | 3以下 | 3～10 | 35 | 66 | 110 | 220 |
|---|---|---|---|---|---|---|---|
| 对地面距离 | 人口密集地区 | 6.0 | 6.5 | 7.0 | 7.0 | 7.0 | 7.5 |
| | 人口稀少地区 | 5.0 | 5.5 | 6.0 | 6.0 | 6.5 | 6.5 |
| | 交通困难地区 | 4.0 | 4.5 | 5.0 | 5.0 | 5.0 | 5.5 |
| | 步行可达山坡 | 3.0 | 4.5 | 5.0 | 5.0 | 5.0 | 5.5 |
| 与建筑物垂直距离 | | 2.5 | 3.0 | 4.0 | 5.0 | 5.0 | 6.0 |
| 边导线与建筑物水平距离（在最大风偏下） | | 1.0 | 1.5 | 3.0 | 4.0 | 4.0 | 5.0 |
| 与树木垂直距离 | | 3.0 | 3.0 | 4.0 | 4.0 | 4.0 | 4.5 |
| 边导线与树木水平距离（最大风偏下） | | 3.0 | 3.0 | 3.5 | 3.5 | 3.5 | 4.0 |
| 与街道行道树垂直距离 | | 1.0 | 1.5 | 3.0 | 3.0 | 3.0 | 3.5 |
| 与街道行道树水平距离（最大风偏下） | | 1.0 | 2.0 | 3.5 | 3.5 | 3.5 | 4.0 |

**（四）架空电力线路对公路、铁路、水面的安全距离**

架空电力线路对公路、铁路、水面的垂直安全距离见表6-5。

架空电力线路在跨越铁路、公路和通航河流时，在跨越档不得有接头。跨越档的导线的最小截面，35kV及以上采用钢芯铝绞线不小于35mm²；10kV及以下采用铝绞线或铝合金线不小于35mm²，其他导线不小于16mm²。

表 6-5　　　　　　架空电力线路对公路、铁路、水面的垂直安全距离　　　　　　m

| 经过路面或水面 ＼ 线路电压（kV） | 3以下 | 3～10 | 35 | 66 | 110 | 220 |
|---|---|---|---|---|---|---|
| 公路和道路 | 6.0 | 7.0 | 7.0 | 7.0 | 7.0 | 8.0 |
| 铁路（至轨顶） | 7.5 | 7.5 | 7.5 | 7.5 | 7.5 | 8.5 |
| 铁路（至窄轨轨顶） | 6.0 | 6.0 | 7.5 | 7.5 | 7.5 | 7.5 |
| 铁路（至承力索或接触线） | — | — | 3.0 | 3.0 | 3.0 | 4.0 |
| 通航河流（至常年高水位） | 6.0 | 6.0 | 6.0 | 6.0 | 6.0 | 7.0 |
| 通航河流至最高航行水位的最高船桅顶 | 1.0 | 1.5 | 2.0 | 2.0 | 2.0 | 3.0 |
| 不通航河流（至最高洪水位） | 3.0 | 3.0 | 3.0 | 3.0 | 3.0 | 4.0 |
| 不通航河流（冬季至冰面） | 5.0 | 5.0 | 6.0 | 6.0 | 6.0 | 6.5 |

### （五）架空电力线路相互跨越时最小垂直距离

架空电力线路相互跨越时的最小垂直距离见表 6-6。

表 6-6　　　　　　架空电力线路相互跨越时的最小垂直距离　　　　　　m

| 跨越线路电压（kV） ＼ 被跨越线路电压（kV） | 3以下 | 3～10 | 35～110 | 220 |
|---|---|---|---|---|
| 3以下 | 1.0 | — | — | — |
| 3～10 | 2.0 | 2.0 | — | — |
| 35～110 | 3.0 | 3.0 | 3.0 | — |
| 220 | 4.0 | 4.0 | 4.0 | 4.0 |

### （六）架空电力线路相互平行接近时的最小水平距离

架空电力线路相互平行接近时的最小水平距离见表 6-7。如果在开阔地区，两条架空电力线路相互平行接近时，其水平距离应大于两线路中的最高杆塔高度。表 6-7 为路径受限制地区的最小水平距离。

表 6-7　　　　路径受限制地区两条架空电力线路平行接近时的最小水平距离　　　　m

| 架空电力线路电压（kV） | 3以下 | 3～10 | 35～110 | 220 |
|---|---|---|---|---|
| 3以下 | 2.5 | 2.5 | 5.0 | 7.0 |
| 3～10 | 2.5 | 2.5 | 5.0 | 7.0 |
| 35～110 | 5.0 | 5.0 | 5.0 | 7.0 |
| 220 | 7.0 | 7.0 | 7.0 | 7.0 |

### （七）架空电力线路跨越或接近架空弱电线路的最小安全距离

（1）架空电力线路跨越架空弱电线路的最小垂直距离：电力线路电压为 3kV 以下，1.0m；3～10kV，2.0m；35～110kV，3.0m；220kV，4.0m。

（2）架空电力线路与弱电线路平行或接近时的最小水平距离，在开阔地区应不小于该电力线

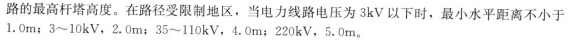

路的最高杆塔高度。在路径受限制地区，当电力线路电压为 3kV 以下时，最小水平距离不小于 1.0m；3～10kV，2.0m；35～110kV，4.0m；220kV，5.0m。

### 三、架空电力线路的绝缘配合、防雷和接地

#### （一）绝缘配合

（1）架空电力线路悬垂绝缘子串的绝缘子个数和线路带电部分对杆塔构件、拉线、脚钉的最小空气间隙见表 6-3。耐张绝缘子串的绝缘子数量应比表 6-3 所列多加一个；全高超过 40m 的有地线的杆塔，高度每增加 10m，应增加一个绝缘子。海拔超过 1000m 时，每增加 1000m，绝缘子个数增加 10%。

通过污秽地区的电力线路，应采用防污绝缘子。

（2）海拔高度为 1000m 以下地区 35～330kV 线路带电部分对杆塔各部分的最小间隙见表 6-3。当海拔高度为 1000m 及以上时，表 6-3 数据仍然适用，不必更改。因为导线对杆塔各部分的最小间隙是按照雷电过电压确定的，只要线路防雷设施完善，这些间隙距离便已有足够安全裕度。

（3）3～10kV 架空电力线路的过引线、引下线，与邻相导线之间的最小间隙不小于 0.3m；3kV 以下架空电力线路这个间隙不小于 0.15m。采用绝缘导线的线路其最小间隙可结合运行经验确定。

3～10kV 架空电力线路的引下线与 3kV 以下线路导线之间的距离，不宜小于 0.2m。

3～10kV 架空电力线路的导线与杆塔构件、拉线之间的最小间隙不小于 0.2m；3kV 以下架空电力线路这个最小间隙不应小于 0.05m。采用绝缘导线的线路，其最小间隙可根据运行经验确定。

#### （二）防雷和接地

架空电力线路的过电压保护，主要是指防雷保护。架空电力线路一般要高出地面八九米或数十米，暴露在旷野或高山之上，容易受到雷击。因此，架空电力线路的防雷措施必须可靠。

为了防止雷击线路造成事故，一般采取以下四项措施：

1. 保护线路不遭受直击雷击

可采用避雷线或避雷针。避雷线架设在杆塔顶端，在线路导线之上，并沿杆塔接地。当大气中出现雷电时，闪电落在避雷线上，从而防止导线遭受雷击。避雷线是架设在杆塔顶端的接地导线，所以也称架空地线。用避雷针也可起到防雷保护作用，但是用在架空线路上十分不便，因此很少采用。

2. 防止线路出现雷电过电压反击

当雷电击中避雷线后，雷电流沿避雷线的接地线流入地中。强大的雷电流流过杆塔接地线和接地装置时，产生很大的压降。这个压降有时要高出线路的额定电压，从杆塔的横担作用在线路的绝缘子上，有时甚至使绝缘子击穿放电，造成横担或杆塔的其他部位对导线放电，这种现象称为雷电反击。

为了防止出现雷电反击事故，必须降低反击电压和加强导线绝缘子的绝缘强度。所谓反击电压也就是雷电流流经接地线和接地装置时的压降。雷电流的大小取决于大气中的雷暴强弱，为了降低压降，惟一的办法就是降低避雷线的接地电阻。

3. 防止因雷击短路而造成跳闸

当线路发生雷击闪络时，是一瞬间的故障，只要线路绝缘子没有形成伤残，雷电消失后，线路仍可照常运行。因此要防止线路绝缘子因雷击闪络而造成短路跳闸。对于中性点非直接接地系统，单相绝缘子闪络不会造成短路。线路导线相间保持足够大的间隙，也不容易出现相间击穿。

### 4. 线路短路跳闸后可通过自动重合闸装置补救

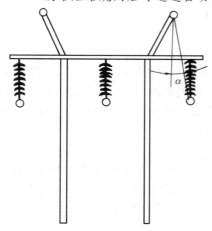

图 6-2 避雷线的保护角

线路因雷击，造成短路跳闸后，还可以通过自动重合闸装置补救，即雷击跳闸后经过 1～3s 后自动合闸，使线路恢复供电。如果线路无永久性故障，重合一般都能成功。

按 DL/T 620—1997《交流电气装置的过电压保护和绝缘配合》的规定，在一般情况下，110～500kV 线路应沿全线装设避雷线；330～500kV 的线路应采用双避雷线；架设在多雷区的 220kV 线路也采用双避雷线。杆塔上避雷线对边导线的保护角 α（见图 6-2），一般不大于 20°～30°。330kV 及 220kV 双避雷线的保护角一般可采用 20°左右；山区单避雷线杆塔一般采用 25°左右的保护角。

66kV 架空电力线路，年平均雷暴日数为 30 天以上的地区，宜沿全线架设避雷线。35kV 线路，进出线段宜架设避雷线。保护角宜采用 20°～30°，一般为 25°。

有避雷线的架空电力线路，每基杆塔不连避雷线的工频接地电阻，在雷雨季干燥时，不宜超过表 6-8 所列数值。

**表 6-8** 有避雷线架空电力线路杆塔工频接地电阻最大允许值

| 土壤电阻率（Ω·m） | 100 及以下 | 100 以上至 500 | 500 以上至 1000 | 1000 以上至 2000 | 2000 以上 |
|---|---|---|---|---|---|
| 接地电阻（Ω） | 10 | 15 | 20 | 25 | 30 |

### 四、架空电力线路允许载流量

架空电力线路的导线，在最大连续负荷时，不得超过导线的允许载流量。架空电力线路导线的允许载流量见表 6-9～表 6-13。

**表 6-9** LJ 铝绞线技术数据

| 标称截面（mm²） | 股数×直径（mm） | 计算面积（mm²） | 计算外径（mm） | 直流电阻（温度20℃时 Ω/km） | 单位质量（kg/km） | 屋外容许电流 +25℃（A） |
|---|---|---|---|---|---|---|
| 16 | 7×1.7 | 15.89 | 5.1 | 1.98 | 44 | 105 |
| 25 | 7×2.12 | 24.70 | 6.4 | 1.28 | 68 | 135 |
| 35 | 7×2.5 | 34.36 | 7.5 | 0.92 | 95 | 170 |
| 50 | 7×3.0 | 49.48 | 9.0 | 0.64 | 136 | 215 |
| 70 | 7×3.55 | 69.30 | 10.7 | 0.46 | 191 | 265 |
| 95 | 7×4.12 | 93.30 | 12.4 | 0.34 | 257 | 325 |
| 120 | 19×2.8 | 116.99 | 14.0 | 0.27 | 322 | 375 |
| 150 | 19×3.15 | 148.00 | 15.8 | 0.21 | 407 | 440 |
| 185 | 19×3.5 | 183.00 | 17.5 | 0.17 | 503 | 500 |
| 240 | 19×4.0 | 239.00 | 20.0 | 0.132 | 656 | 585 |

**表 6-10**           **LGJ 钢芯铝绞线技术数据**

| 标称截面 (mm²) | 股数×直径 (mm) | | 计算面积 (mm²) | | | 计算外径 (mm) | 直流电阻 (温度 20℃ Ω/km) | 单位质量 (kg/km) | 屋外容许电流＋25℃ (A) |
|---|---|---|---|---|---|---|---|---|---|
| | 铝 | 钢 | 铝 | 钢 | 全导线 | | | | |
| 16 | 6×1.8 | 1×1.8 | 15.3 | 2.5 | 17.8 | 5.4 | 2.04 | 62 | 105 |
| 25 | 6×2.2 | 1×2.2 | 22.8 | 3.8 | 26.6 | 6.6 | 1.38 | 92 | 135 |
| 35 | 6×2.8 | 1×2.8 | 36.9 | 6.2 | 43.1 | 8.4 | 0.85 | 150 | 170 |
| 50 | 6×3.2 | 1×3.2 7×1.1 | 48.3 | 8.0 | 56.3 | 9.6 | 0.65 | 196 | 220 |
| 70 | 6×3.8 | 1×3.8 7×1.3 | 68.0 | 11.3 | 79.3 | 11.4 | 0.46 | 275 | 275 |
| 95 | 28×2.08 | 7×1.8 | 95.2 | 17.8 | 113.0 | 13.7 | 0.33 | 404 | 335 |
| 120 | 28×2.29 | 7×2.0 | 115.0 | 22.0 | 137.0 | 15.2 | 0.27 | 492 | 380 |
| 150 | 28×2.59 | 7×2.2 | 148.0 | 26.6 | 174.6 | 17.0 | 0.21 | 617 | 445 |
| 185 | 28×2.87 | 7×2.5 | 181.0 | 34.4 | 215.4 | 19.0 | 0.17 | 771 | 515 |
| 240 | 28×3.29 | 7×2.8 | 238.0 | 43.1 | 281.1 | 21.0 | 0.132 | 997 | 610 |

**表 6-11**           **TJ 铜绞线技术数据**

| 标称截面 (mm²) | 股数×直径 (mm) | 计算面积 (mm²) | 计算外径 (mm) | 直流电阻 (温度 20℃时 Ω/km) | 单位质量 (kg/km) | 屋外容许电流＋25℃ (A) |
|---|---|---|---|---|---|---|
| TJ-16 | 7×1.68 | 15.54 | 5.04 | 1.2 | 140 | 130 |
| 25 | 7×2.11 | 24.47 | 6.33 | 0.74 | 221 | 180 |
| 35 | 7×2.49 | 34.69 | 7.47 | 0.54 | 323 | 220 |
| 50 | 7×2.97 | 48.5 | 8.91 | 0.39 | 439 | 270 |
| 70 | 19×2.14 | 63.34 | 10.7 | 0.26 | 618 | 340 |
| 95 | 19×2.49 | 92.53 | 12.45 | 0.20 | 837 | 415 |
| 120 | 19×2.80 | 117.0 | 14 | 0.158 | 1058 | 485 |
| 150 | 19×3.15 | 148.07 | 15.75 | 0.123 | 1333 | 570 |
| 185 | 37×2.49 | 180.2 | 17.48 | 0.103 | 1627 | 645 |
| 240 | 37×2.84 | 234.4 | 19.88 | 0.078 | 2120 | 770 |

表 6-12                 铝芯橡皮线技术数据

| 标称截面 (mm²) | 导电线芯 | | | 铝质 (kg/km) | 电线外径 (mm) | | 电线质量 (kg/km) | | 允许电流（A）户外，+25℃ |
|---|---|---|---|---|---|---|---|---|---|
| | 铝线根数 | 铝单线直径 (mm) | 线芯直径 (mm) | | 250（V） | 500（V） | 250（V） | 500（V） | |
| 4 | 1 | 2.24 | 2.24 | 10.6 | 5.4 | 5.8 | 24.4 | 33.9 | 32 |
| 6 | 1 | 2.73 | 2.73 | 15.8 | — | 6.3 | — | 42.1 | 40 |
| 10 | 7 | 1.33 | 3.99 | 26.7 | — | 8.3 | — | 78 | 58 |
| 16 | 7 | 1.68 | 5.04 | 42.6 | — | 9.8 | — | 114 | 80 |
| 25 | 7 | 2.11 | 6.33 | 67.1 | — | 11.6 | — | 164 | 105 |
| 35 | 7 | 2.49 | 7.47 | 93.6 | — | 13.0 | — | 203 | 130 |
| 50 | 19 | 1.81 | 9.05 | 134 | — | 15.1 | — | 276 | 165 |
| 70 | 19 | 2.14 | 10.70 | 188 | — | 16.9 | — | 351 | 210 |
| 95 | 19 | 2.49 | 12.45 | 254 | — | 19.3 | — | 459 | 258 |
| 120 | 37 | 2.01 | 14.07 | 323 | — | 22.1 | — | 574 | 310 |
| 150 | | | | | | | | | 360 |
| 185 | | | | | | | | | 420 |
| 240 | | | | | | | | | 510 |
| 300 | | | | | | | | | 600 |

表 6-13                 铜芯橡皮线技术数据

| 标称截面 (mm²) | 导电线芯 | | 铜质量 (kg/km) | 电线外径 (mm) | | 电线质量 (kg/km) | | 允许电流（A）户外，+25℃ |
|---|---|---|---|---|---|---|---|---|
| | 铜线根数 | 单线直径 (mm) | | 250（V） | 500（V） | 250（V） | 500（V） | |
| 4 | 1 | 2.24 | 35.0 | 4.5 | 5.8 | 49 | 58.3 | 43 |
| 6 | 1 | 2.73 | 55.0 | — | 6.3 | — | 78.7 | 56 |
| 10 | 7 | 1.33 | 86.5 | — | 8.3 | — | 140 | 80 |
| 16 | 7 | 1.68 | 137.9 | — | 9.8 | — | 210 | 105 |
| 25 | 7 | 2.11 | 217.9 | — | 11.6 | — | 316 | 140 |
| 35 | 7 | 2.49 | 302.0 | — | 13.0 | — | 417 | 170 |
| 50 | 19 | 1.81 | 435.0 | — | 15.1 | — | 586 | 210 |
| 70 | 19 | 2.14 | 607.5 | — | 16.9 | — | 782 | 270 |
| 95 | 19 | 2.49 | 823.5 | — | 19.3 | — | 1045 | 330 |
| 120 | 37 | 2.01 | 1043.3 | — | 22.1 | — | 1314 | 410 |
| 150 | | | | | | | | 470 |
| 185 | | | | | | | | 550 |
| 240 | | | | | | | | 670 |

### 五、架空配电线路导线最小允许截面

架空配电线路导线最小允许截面见表 6-14。

为避免出现断线，考虑机械强度的要求，架空配电线路的导线截面不应小于表 6-14 的要求。

| 表6-14 | 架空配电线路导线允许最小截面 | | mm² |
|---|---|---|---|
| 导线构造 | 导线材料 | 高压线路 | 低压线路 |
| 单股 | 铜 | 不准使用 | 8（直径3.2mm） |
| | 铝 | 不准使用 | 不准使用 |
| 多股 | 铜 | 16 | 10 |
| | 铝 | 70 | 25（16） |
| | 钢芯铝线 | 35（25） | 25（16） |

注 括号内数字仅用于人烟稀少的非居民区。

### 六、架空电力线路的保护区

根据国务院于1998年1月7日颁发的《电力设施保护条例》规定，架空电力线路的保护区是指以下规定：

（1）架空电力线路的保护区是指保证线路安全运行所规定的区域。其所指为导线边线向外侧水平延伸并垂直于地面所形成的两平行面内的区域。在一般地区各级电压导线的边线延伸的距离规定如下：

1～10kV·······················5m

35～110kV···················10m

154～330kV·················15m

500kV·······················20m

（2）架空电力线路经过工厂、矿山、港口、码头、车站、城镇、集镇、村庄等人口密集的地区，保护区需考虑最大计算风偏，并且导线边线与建筑物之间的水平安全距离，在最大计算风偏情况下，不应小于下列数值：

1kV以下·······················1.0m

1～10kV·······················1.5m

35kV·······················3.0m

66～110kV···················4.0m

154～220kV·················5.0m

330kV·······················6.0m

500kV·······················8.5m

（3）在保护区和架空线通道内严禁破坏、拆毁电力线路的一切设备；严禁攀登杆塔以及向电力线路射击或抛掷任何物体；严禁堆放谷物、草料、易燃物、易爆物以及可能影响供电安全的其他物品；不得修筑畜圈、围墙或围栏；不得利用杆塔或拉线拴牲畜、攀附农作物；不得野炊或烧荒；不得种植危及电力设施安全的树木、竹子或高杆植物；不得在架空电力线路导线两侧各300m的区域内放风筝。

## 第二节 高、低压接户线和低压内线装置

### 一、高、低压架空进户装置和接户线、进户线

#### （一）高、低压架空进户装置

用电单位从电力系统将电源引入室内的专用装置称为进户装置。进户装置包括接户线、接户杆和进户线。

从电力系统架空线路的电杆到用户建筑物外第一支持点之间的一段线路称为接户线。接户线按线路电压分为高压接户线和低压接户线。低压接户线除了架空引接外，也可沿墙敷设。

从用户建筑物外第一支持点到室内第一支持点之间的一段引线叫进户线。

如果接户线档距超过规定，或者接户线跨越特殊地段，中间需要设置电杆，称为接户杆。

### （二）高、低压接户线的技术数据

**1. 接户线的档距和线间距离**

6～10kV 高压接户线的档距不宜大于 30m，线间距离不得小于 0.45m。如接户线采用架空绝缘线，则按 DL/T 601—1996《架空绝缘配电线路设计技术规程》规定，线间距离应不小于 0.4m，采用绝缘支架紧凑型架设不应小于 0.25m。

低压接户线应采用绝缘线。低压接户线的档距不宜大于 25m，超过 25m 宜设接户杆。低压接户杆的档距不应超过 40m。线间距离见表 6-15。

**表 6-15　低压接户线的线间距离**　　　　m

| 架线方式 | | 档　距 | 线间距离 |
|---|---|---|---|
| 自电杆上引下 | | 25 及以下 | 0.15 |
| 沿墙敷设 | 水平排列 | 4 及以下 | 0.10 |
| | 垂直排列 | 6 及以下 | 0.15 |

**2. 接户线对地距离**

6～10kV 接户线室外受电端对地距离不得小于 4.0m。高压接户线一般不宜跨道，如必须跨道时，应设高压接户杆，并按高压空线路设计规范设计。

低压接户线在房檐处引入线对地距离不应小于 2.5m，不宜高于 6m。不足 2.5m 时应立接户杆升高。跨越街道的低压接户线在最大弧垂时对路面距离不应小于下列规定：

(1) 通车街道，6m。

(2) 通车困难的街道、人行道，3.5m。

(3) 胡同（里、弄、巷），3m。

**3. 接户线对建筑物距离**

低压接户线与建筑物有关部分的距离，不应小于下列数值：

(1) 与接户线下方窗户的垂直距离，0.3m。

(2) 与接户线上方阳台或窗户的垂直距离，0.8m。

(3) 与阳台或窗户的水平距离，0.75m。

(4) 与墙壁、构架的距离，0.05m。

**4. 接户线与弱电线路的交叉距离**

低压接户线与弱电线路的交叉距离，不应小于下列数值：

(1) 低压接户线在弱电线路的上方，0.6m。

(2) 低压接户线在弱电线路的下方，0.3m。

如不能满足上述要求，应采取隔离措施。

**5. 接户线的其他规定**

不同金属、不同规格、不同绞向的接户线，严禁在档距内连接。跨越通车街道的接户线，不应有接头。

低压接户线不得从高压引下线间穿过，也不得跨越铁路。

**6. 接户线的导线截面**

6～10kV 高压接户线的最小允许截面，铜绞线一般不得小于 16mm²，钢芯铝绞线不小于 25mm²。DL/T 601—1996《架空绝缘配电线路设计技术规程》规定，绝缘接户线 6～10kV 铜芯线不宜小于 25mm²，铝芯线及铝合金线不宜小于 35mm²。

低压接户线最小允许截面各地规定不尽一致。电力行业标准 DL/T 601—1996《架空绝缘配电线路设计技术规程》规定，低压绝缘接户线导线的最小截面不宜小于下列数值：

（1）铜芯线，$10mm^2$。

（2）铝及铝合金线，$16mm^2$。

接户线的导线截面按照允许载流量进行选择，而不必考虑电压损失和电能损失。表 6-16 和表 6-17 为塑料线的允许载流量。绝缘导线的允许载流量不仅与线芯金属材质有关，而且也与绝缘材料有关，但是变化甚微。绝缘电线的允许载流量与环境温度也有关系。表 6-16 与表 6-17 中所列为空气温度 30℃时的数值。当空气温度不是 30℃时，应将表 6-16 和表 6-17 中的数值乘以校正系数 $k$，其值见表 6-18。表 6-17 所列为 10kV、XLPE 绝缘架空绝缘电线（绝缘厚度为 3.4mm）在空气温度为 30℃时的长期允许载流量。10kV、XLPE 绝缘薄绝缘（绝缘厚度为 2.5mm）架空绝缘电线也可参照执行。

**表 6-16　　　　　　　　　　低压单根架空绝缘电线在空气温度为 30℃**

**时的长期允许载流量　　　　　　　　　　　A**

| 导体标称截面（$mm^2$） | 铜导体 | | 铝导体 | | 铝合金导体 | |
|---|---|---|---|---|---|---|
| | PVC | PE | PVC | PE | PVC | PE |
| 16 | 102 | 104 | 79 | 81 | 73 | 75 |
| 25 | 138 | 142 | 107 | 111 | 99 | 102 |
| 35 | 170 | 175 | 132 | 136 | 122 | 125 |
| 50 | 209 | 216 | 162 | 168 | 149 | 154 |
| 70 | 266 | 275 | 207 | 214 | 191 | 198 |
| 95 | 332 | 344 | 257 | 267 | 238 | 247 |
| 120 | 384 | 400 | 299 | 311 | 276 | 287 |
| 150 | 442 | 459 | 342 | 356 | 320 | 329 |
| 185 | 515 | 536 | 399 | 416 | 369 | 384 |
| 240 | 615 | 641 | 476 | 497 | 440 | 459 |

**表 6-17　　　　　　10kV、XLPE 绝缘架空绝缘电线（绝缘厚度为 3.4mm）**

**在空气温度为 30℃时的长期允许载流量　　　　　　A**

| 导体标称截面（$mm^2$） | 铜导体 | 铝导体 | 铝合金导体 | 导体标称截面（$mm^2$） | 铜导体 | 铝导体 | 铝合金导体 |
|---|---|---|---|---|---|---|---|
| 25 | 174 | 134 | 124 | 120 | 454 | 352 | 326 |
| 35 | 211 | 164 | 153 | 150 | 520 | 403 | 374 |
| 50 | 255 | 198 | 183 | 185 | 600 | 465 | 432 |
| 70 | 320 | 249 | 225 | 240 | 712 | 553 | 513 |
| 95 | 393 | 304 | 282 | 300 | 824 | 639 | 608 |

表 6-16 和表 6-17 中，PVC 为聚氯乙烯绝缘材料的代号，PE 为聚乙烯的代号，XLPE 则代表交联聚乙烯。

集束架空绝缘电线的长期允许载流量为同截面、同材料、同电压的单根架空绝缘电线长期允许载流量的 0.7 倍。

表 6-18　　　　　　　　　　　架空绝缘电线长期允许载流量的温度校正系数

| 实际空气温度（℃） | PE、PVC 绝缘导线温度校正系数 $k$ | XLPE 绝缘导线温度校正系数 $k$ | 实际空气温度（℃） | PE、PVC 绝缘导线温度校正系数 $k$ | XLPE 绝缘导线温度校正系数 $k$ |
|---|---|---|---|---|---|
| −40 | 1.66 | 1.47 | +5 | 1.27 | 1.19 |
| −35 | 1.62 | 1.44 | +10 | 1.22 | 1.15 |
| −30 | 1.58 | 1.41 | +15 | 1.17 | 1.12 |
| −25 | 1.54 | 1.38 | +20 | 1.12 | 1.08 |
| −20 | 1.50 | 1.35 | +25 | 1.06 | 1.04 |
| −15 | 1.46 | 1.32 | +30 | 1.00 | 1.00 |
| −10 | 1.41 | 1.29 | +40 | 0.87 | 0.91 |
| −5 | 1.37 | 1.26 | +45 | 0.79 | 0.86 |
| 0 | 1.32 | 1.22 | +50 | 0.71 | 0.82 |

### （三）低压进户线

低压进户线是指从用户建筑物外第一支持点引到用户建筑物内第一支持点的一段线路。

进户线应采用绝缘电线，其截面的选择与接户线相同。进户线穿墙时，其穿墙部分应采用金属管保护。将同一回路所有电线穿入同一管内。金属管壁厚不小于 2.5mm。保护管应内高外低。在墙外的露出部分金属管不小于 150mm。进户线的户外一端，在进入建筑物前应做防水弯头（或滴水弯头），以防雨水沿电线流入建筑物内。

进户线与弱电线路必须分开进户，以免混线对弱电线路造成影响。进户线户内一端应伸入电能计量表箱内，并要固定牢固。保护管出入口应密封，以免小动物入内。

### 二、低压内线装置

1. 概论

低压内线装置包括计量装置、保护设备、开关电器、控制电器、低压电机、无功补偿和室内配线等。电能计量装置、保护人身安全的接地与接零、低压电动机等在后面有关章节中介绍，无功补偿和开关电器前面已有介绍，这里就不再提及。

低压控制电器包括接触器、继电器、启动器、主令电器、电阻器、变阻器、电磁铁和控制器等。

接触器有交流接触器和直流接触器，主要用于远距离频繁启动或控制电动机，或接通和分断正常工作的电路，对此前面已有提及。

继电器有电流继电器、电压继电器、时间继电器、中间继电器和热继电器等。在低压控制系统中的继电器主要用于电力拖动系统用作控制和保护，它根据一定的信号（例如电流、电压的大小）通过接触器或其他电器来控制主电路。低压控制继电器中用的最多的是中间继电器。其基本结构和工作原理与小型交流接触器基本相同，也是由电磁线圈、动静铁芯和触点系统、反作用弹簧等构成，只是触头系统无主、辅之分，各触头的载流量基本相等，一般都是 5A。因此，如果被控制电流在 5A 以下，中间继电器可作为小的交流接触器用。常用的中间继电器有 JZ7、JZ8 等系列，例如 JZ7-62、JZ7-80 等。其型号含义为：JZ 代表中间继电器，数字 7、8 等代表设计序

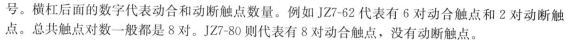

号。横杠后面的数字代表动合和动断触点数量。例如 JZ7-62 代表有 6 对动合触点和 2 对动断触点。总共触点对数一般都是 8 对。JZ7-80 则代表有 8 对动合触点，没有动断触点。

启动器则是用来控制电动机启动、停止或反转用的，并具有过载延时保护的控制电器。

2. 室内低压导线截面选择及允许载流量

室内配线的导线截面选择应符合以下要求：

（1）导体最小截面应满足机械强度的要求。固定敷设的导线最小芯线截面不得小于表 6-19 的规定数值。

表 6-19　　　　　　　　　　　固定敷设的导线最小芯线截面

| 敷设方式 | 最小芯线截面（mm²） | | 敷设方式 | 最小芯线截面（mm²） | |
|---|---|---|---|---|---|
| | 铜芯 | 铝芯 | | 铜芯 | 铝芯 |
| 绝缘导线敷设于绝缘子上：<br>室内 $L \leqslant 2m$ | 1.0 | 2.5 | 绝缘导线穿管敷设 | 1.0 | 2.5 |
| 室外 $L \leqslant 2m$ | 1.5 | 2.5 | 绝缘导线槽板敷设 | 1.0 | 2.5 |
| 室内外 $2m < L \leqslant 6m$ | 2.5 | 4 | 绝缘导线线槽敷设 | 0.75 | 2.5 |
| $6m < L \leqslant 16m$ | 4 | 6 | 塑料绝缘护套导线扎头直敷 | 1.0 | 2.5 |
| $16m < L \leqslant 25m$ | 6 | 10 | | | |

注　$L$ 为绝缘子支持点间距。

（2）导体截面应满足允许载流量的要求，即导体的载流量不应小于计算电流。

导体的允许载流量与敷设方式及其允许温度有关，表 6-20～表 6-24 为东北地区行业标准推荐的数值。导体的允许载流量应根据敷设处的环境温度进行校正，温度校正系数可按下式算出

$$K = \sqrt{\frac{t_1 - t_0}{t_1 - t_2}} \tag{6-1}$$

式中　$K$——温度校正系数；

　　　$t_1$——导体（即线芯）最高允许工作温度，℃；

　　　$t_2$——导体载流量标准中所采用的环境温度，℃；

　　　$t_0$——敷设处的环境温度，℃。

表 6-20　　　　　　塑料绝缘线在空气中敷设长期连续 100% 负荷下的载流量

（电线型号：BLV、BV、BVR、BVS、RFB、RFS）

线芯允许温度：+70℃　　周围环境温度：+25℃

| 标称截面<br>（mm²） | 载流量（A） | | 标称截面<br>（mm²） | 载流量（A） | |
|---|---|---|---|---|---|
| | 铝芯 | 铜芯 | | 铝芯 | 铜芯 |
| 1.0 | 15 | 20 | 25 | 110 | 150 |
| 1.5 | 19 | 25 | 35 | 140 | 180 |
| 2.0 | 22 | 29 | 50 | 175 | 230 |
| 2.5 | 26 | 34 | 70 | 225 | 290 |
| 3.0 | 28 | 36 | 95 | 270 | 350 |
| 4.0 | 34 | 45 | 120 | 330 | 430 |
| 6.0 | 44 | 57 | 150 | 380 | 500 |
| 8.0 | 54 | 70 | 185 | 450 | 580 |
| 10 | 62 | 85 | 240 | 540 | 710 |
| 16 | 85 | 110 | 300 | 630 | 820 |
| 20 | 100 | 130 | 400 | 770 | 1000 |

**表 6-21**　　　**橡皮绝缘线在空气中敷设长期连续 100％负荷下的载流量**

（电线型号：BLXF、BXF、BLX、BX、BBLX、BBX、BXR）

线芯允许温度：＋65℃　周围环境温度：＋25℃

| 标称截面 (mm²) | 载流量（A） | | 标称截面 (mm²) | 载流量（A） | |
|---|---|---|---|---|---|
| | 铝芯 | 铜芯 | | 铝芯 | 铜芯 |
| 1.0 | — | 19 | 35 | 130 | 170 |
| 1.5 | 18 | 24 | 50 | 165 | 210 |
| 2.0 | 21 | 28 | 70 | 210 | 270 |
| 2.5 | 24 | 32 | 95 | 258 | 330 |
| 4.0 | 32 | 43 | 120 | 310 | 410 |
| 6.0 | 40 | 56 | 150 | 360 | 470 |
| 8.0 | 50 | 67 | 185 | 420 | 550 |
| 10 | 58 | 80 | 240 | 510 | 670 |
| 16 | 80 | 105 | 300 | 600 | 770 |
| 20 | 96 | 130 | 400 | 730 | 940 |
| 25 | 105 | 140 | | | |

**表 6-22**　　　**塑料绝缘线穿管敷设长期连续 100％负荷下的载流量**

（电线型号：BLV、BV、BVR）

线芯工作温度：＋70℃　周围环境温度：＋25℃

| 标称截面 (mm²) | 载　流　量　（A） | | | | | | | | | | | |
|---|---|---|---|---|---|---|---|---|---|---|---|---|
| | 钢管穿管 | | | | | | 塑管穿管 | | | | | |
| | 二根 | | 三根 | | 四根 | | 二根 | | 三根 | | 四根 | |
| | 铝芯 | 铜芯 | 铝芯 | 铜芯 | 铝芯 | 铜芯 | 铝芯 | 铜芯 | 铝芯 | 铜芯 | 铝芯 | 铜芯 |
| 1.0 | — | 17 | — | 16 | — | 15 | — | 13 | — | 12 | — | 11 |
| 1.5 | 14 | 20 | 13 | 18 | 12 | 17 | — | 16 | — | 15 | — | 14 |
| 2.0 | 17 | 23 | 16 | 22 | 15 | 20 | — | 20 | — | 18 | — | 16 |
| 2.5 | 22 | 29 | 21 | 28 | 19 | 26 | 18 | 24 | 17 | 22 | 19 | 20 |
| 4.0 | 33 | 43 | 28 | 37 | 26 | 34 | 27 | 35 | 24 | 30 | 20 | 28 |
| 6.0 | 39 | 50 | 35 | 46 | 32 | 42 | 33 | 42 | 29 | 40 | 27 | 35 |
| 8.0 | 49 | 64 | 44 | 55 | 39 | 49 | 40 | 53 | 34 | 47 | 30 | 42 |
| 10 | 58 | 77 | 48 | 63 | 42 | 55 | 48 | 66 | 41 | 54 | 35 | 47 |
| 16 | 69 | 90 | 62 | 82 | 45 | 73 | 60 | 78 | 53 | 70 | 48 | 62 |
| 20 | 85 | 110 | 76 | 100 | 66 | 90 | 74 | 97 | 65 | 34 | 56 | 77 |
| 25 | 93 | 120 | 85 | 110 | 74 | 96 | 82 | 110 | 75 | 98 | 65 | 85 |
| 35 | 110 | 140 | 95 | 125 | 93 | 120 | 98 | 128 | 86 | 110 | 84 | 95 |
| 50 | 140 | 165 | 120 | 160 | 100 | 125 | 128 | 165 | 110 | 145 | 90 | 107 |
| 70 | 175 | 230 | 160 | — | 140 | 183 | 158 | 200 | 144 | 185 | 128 | 163 |
| 95 | 210 | 270 | 200 | 260 | 170 | 220 | 190 | 248 | 176 | 230 | 155 | 200 |
| 120 | 246 | 315 | 215 | 282 | 197 | 258 | 235 | 300 | 200 | 265 | 190 | 250 |
| 150 | 273 | 356 | 256 | 332 | 228 | 294 | 265 | 340 | 240 | 310 | 220 | 280 |

**注**　三相四线制的零线和相线穿在同一管中，零线不计在管内导线中。

**表 6-23** 橡皮绝缘线穿管敷设长期连续 100％负荷下的载流量

（电线型号：BLXF、BXF、BLX、BX、BXR、BBLX、BBX）

线芯允许温度：＋65℃；周围环境温度：＋25℃

| 标称截面（mm²） | 载 流 量（A） | | | | | | | | | | | |
|---|---|---|---|---|---|---|---|---|---|---|---|---|
| | 钢管穿管 | | | | | | 塑管穿管 | | | | | |
| | 二根 | | 三根 | | 四根 | | 二根 | | 三根 | | 四根 | |
| | 铝芯 | 铜芯 | 铝芯 | 铜芯 | 铝芯 | 铜芯 | 铝芯 | 铜芯 | 铝芯 | 铜芯 | 铝芯 | 铜芯 |
| 1.0 | — | 16 | — | 15 | — | 14 | — | 13 | — | 12 | — | 10 |
| 1.5 | 14 | 19 | 13 | 17 | 12 | 16 | — | 15 | — | 14 | — | 13 |
| 2.0 | 16 | 21 | 14 | 18 | 13 | 17 | — | 18 | — | 16 | — | 15 |
| 2.5 | 21 | 28 | 20 | 27 | 18 | 25 | 17 | 22 | 16 | 21 | 15 | 19 |
| 4.0 | 31 | 41 | 27 | 35 | 24 | 32 | 25 | 33 | 22 | 29 | 20 | 27 |
| 6.0 | 37 | 47 | 33 | 44 | 30 | 39 | 31 | 40 | 28 | 37 | 25 | 33 |
| 8.0 | 46 | 60 | 42 | 52 | 36 | 46 | 38 | 50 | 32 | 44 | 28 | 40 |
| 10 | 55 | 73 | 45 | 60 | 39 | 52 | 46 | 62 | 38 | 51 | 33 | 45 |
| 16 | 65 | 86 | 59 | 77 | 43 | 68 | 57 | 74 | 50 | 66 | 45 | 59 |
| 20 | 80 | 105 | 71 | 96 | 62 | 85 | 68 | 90 | 61 | 86 | 53 | 74 |
| 25 | 88 | 115 | 80 | 105 | 70 | 90 | 77 | 100 | 70 | 94 | 61 | 85 |
| 35 | 100 | 135 | 90 | 115 | 87 | 110 | 93 | 120 | 80 | 105 | 79 | 100 |
| 50 | 135 | 175 | 115 | 150 | 95 | 117 | 120 | 157 | 105 | 135 | 85 | 110 |
| 70 | 165 | 220 | 150 | 190 | 130 | 170 | 150 | 195 | 135 | 175 | 120 | 155 |
| 95 | 200 | 260 | 185 | 240 | 160 | 210 | 180 | 230 | 165 | 220 | 145 | 190 |
| 120 | 234 | 305 | 199 | 260 | 186 | 245 | 220 | 290 | 190 | 250 | 180 | 230 |
| 150 | 267 | 342 | 237 | 307 | 215 | 278 | 250 | 320 | 220 | 290 | 200 | 270 |

注 三相四线制的零线穿在同一管中，零线不计在管内导线中。

**表 6-24** 塑料绝缘、橡皮绝缘护套线在空气中敷设长期连续 100％负荷下的载流量

（电线型号：BLVV、BVV、BV₂、RHF、RH）

线芯允许温度：塑料绝缘＋70℃ 周围环境温度＋25℃

橡皮绝缘＋65℃ 周围环境温度＋25℃

A

| 标称截面（mm²） | 塑料绝缘护套线 | | | | 橡皮绝缘护套线 | |
|---|---|---|---|---|---|---|
| | 二芯 | | 三、四芯 | | 铜芯 | |
| | 铝芯 | 铜芯 | 铝芯 | 铜芯 | 二芯 | 三、四芯 |
| 0.2 | — | 4 | — | 2 | 3 | 2 |
| 0.4 | — | 6 | — | 4 | 5 | 4 |
| 0.6 | — | 9 | — | 7 | 9 | 6 |
| 0.8 | — | 13 | — | 11 | 11 | 10 |
| 1.0 | 11 | 16 | 10 | 12 | 13 | 11 |
| 1.5 | 16 | 20 | 11 | 13 | 16 | 12 |
| 2.0 | 18 | 22 | 13 | 15 | 18 | 13 |
| 2.5 | 21 | 25 | 17 | 21 | 21 | 18 |
| 3.0 | 24 | 28 | 19 | 25 | 24 | 21 |

| 标称截面<br>（mm²） | 塑料绝缘护套线 | | | | 橡皮绝缘护套线 | |
|---|---|---|---|---|---|---|
| | 二芯 | | 三、四芯 | | 铜芯 | |
| | 铝芯 | 铜芯 | 铝芯 | 铜芯 | 二芯 | 三、四芯 |
| 4.0 | 28 | 37 | 23 | 28 | 32 | 24 |
| 5.0 | 32 | 42 | 25 | 30 | — | — |
| 6.0 | 35 | 46 | 27 | 35 | — | — |
| 8.0 | 44 | 58 | 34 | 45 | — | — |
| 10 | 55 | 70 | 42 | 54 | — | — |

（3）选择导线截面时，除了根据机械强度和允许载流量外，还需校核用电设备正常工作及启动时端电压是否满足要求，即线路的电压损失不应超过允许值。

（4）导体截面应满足动稳定与热稳定的要求，而动热稳定与保护设备的技术条件有关。当用电设备发生短路事故时，如果保护装置快速跳闸，则导线可避免过热烧损。

绝缘导线型号中有字母 R 为软导线，无 R 的为硬导线；有字母 L 的为铝芯线，无字母 L 的为铜芯线；字母 B 为棉纱编织；X 为橡皮绝缘；V 为聚氯乙烯；Y 为聚乙烯；XF 为氯丁橡皮绝缘。如果型号中出现 VV 或 YV，则前面的字母代表导线绝缘材料，后面的字母代表护套绝缘材料。H 为橡套，HF 为非燃性橡套。

# 第三节　电　力　电　缆

## 一、电力电缆的种类及结构特点

### （一）电力电缆的种类

根据电力电缆的运行电压、使用绝缘材料、线芯数和结构特点可以分为以下几类：

（1）按运行电压可分为高压电缆和低压电缆。

（2）按使用环境可分为直埋、穿管、河底、矿井、船用、空气中、高海拔、潮热区和大高差等。

（3）按线芯可分为单芯、双芯、三芯和四芯等。

（4）按电缆使用的绝缘材料可分为油浸纸绝缘、不滴流纸绝缘、充油型、塑料绝缘（包括聚氯乙烯、交联聚乙烯等）、橡胶绝缘等。

（5）按电缆的结构特征可分为统包型、分相型、钢管型、扁平型、自容型等。

### （二）电力电缆的基本结构

电力电缆一般由线芯、绝缘层和保护层三部分构成。线芯用于导电；绝缘层是将线芯导体与保护层绝缘隔离，防止漏电；保护层用于防止电缆绝缘层受伤、受潮，并防止液体绝缘物（绝缘油）外流。

1. 线芯

电缆线芯有铜芯和铝芯两种。线芯截面形状有圆形、半圆形和扇形三种。三芯和四芯低压电缆多用扇形线芯。根据电缆的不同品种和规格，线芯可以制成单股实体，也可以制成绞合线芯。绞合线芯由圆单线和成型单线绞合而成。

2. 各种绝缘结构的特点

（1）油纸绝缘电缆主要分黏性浸渍纸绝缘和不滴流两种，一般用在 3～35kV 系统中。

1）黏性浸渍纸绝缘电缆：结构简单、制造方便、价格低、易于安装和维护、寿命长；不宜做高落差敷设，绝缘油易流淌。

2）不滴流浸渍纸绝缘电缆：成本较黏性纸绝缘略高，工作寿命更长，可做高落差敷设。

（2）塑料绝缘电缆常见的有聚氯乙烯、聚乙烯和交联聚乙烯等电缆。

1）聚氯乙烯绝缘电缆：安装工艺简单、敷设维护方便，能适应于高落差敷设，具有非燃性；工作温度高低对其机械性能有明显影响。一般用在 6kV 及以下系统中。

2）聚乙烯绝缘电缆：能适用于高落差敷设，工艺性能好、易于加工，但易延燃、受热易变形、易发生应力龟裂。较少使用。

3）交联聚乙烯电缆：交联聚乙烯电缆容许温升较高，故允许载流量较大，耐热性能好，适用于高落差敷设，安装维护简便，抗电晕、游离放电性能较差。交联聚乙烯电缆目前已得到越来越广泛的应用，适用于各种电压。

（3）橡胶绝缘电缆：橡胶绝缘电缆柔软性好，易弯曲，具有弹性，适宜多次拆装的线路，但耐电晕、耐臭氧、耐热、耐油的性能较差，因此只能做低压电缆使用。

3. 保护层结构

为了防止机械损伤、电化学腐蚀和潮气侵入，电力电缆的缆芯和绝缘层有严密的保护层。现以交联聚乙烯绝缘、聚氯乙烯护套电力电缆为例说明电力电缆保护层结构，如图 6-3 所示。

由图 6-3 可知，导体 1 外面覆盖一层半导体屏蔽层，称为内半导体屏蔽层，用于防止导体电场对交联聚乙烯绝缘（图 6-3 中 3）的长期作用造成的电场分解和腐蚀。在交联聚乙烯绝缘 3 之外也覆盖一层半导体屏蔽，称为外半导体屏蔽层（图 6-3 中 4）。在外半导体屏蔽层之外尚有一层铜带屏蔽（图 6-3 中 5），它们的作用都是削弱外电场对交联聚乙烯的作用，以确保绝缘性能良好。铜带屏蔽还可作为电缆保护接地的焊接点之用。在铜带屏蔽之外，三根缆芯之间填有填充物，最外层是三相统包钢包带和聚氯乙烯外护套。

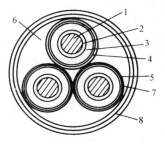

图 6-3 交联聚乙烯绝缘
聚氯乙烯护套电力电缆

1—导体（铜或铝）；2—内半导体屏蔽；3—交联聚乙烯绝缘；4—外半导体屏蔽层；5—铜带屏蔽；6—填充；7—钢包带；8—聚氯乙烯外护套

## 二、电力电缆的型号

我国电缆产品的型号由汉语拼音字母和阿拉伯数字组成。汉语拼音字母表示电缆的类别、导体的材料、绝缘种类、内护套材料等；用阿拉伯数字表示电缆芯数、截面积、工作电压，以及铠装层类别和外被层类型，见表 6-25 和表 6-26。

表 6-25 电缆型号中各字母的含义

| 类 别 | 导 体 | 绝 缘 | 内 护 套 | 特 征 |
|---|---|---|---|---|
| 电力电缆省略不表示 | T 铜线 | Z 纸绝缘 | Q 铅包 | D 不滴流 |
| K 控制电缆 | （一般省略） | X 天然橡皮 | L 铝包 | F 分相金属护套 |
| P 信号电缆 | L 铝线 | (X) D 丁基橡皮 | H 橡套 | P 屏蔽 |
| B 绝缘电线 | | (X) E 乙丙橡皮 | (H)F 非燃性橡套 | |
| R 绝缘软线 | | V 聚氯乙烯 | V 聚氯乙烯护套 | |
| Y 移动或软电缆 | | Y 聚乙烯 | Y 聚乙烯护套 | |
| H 市内电话电缆 | | YJ 交联聚乙烯 | | |

**表 6-26　　　　　　　　外护层代号的含义**

| 第 1 个数字 | | 第 2 个数字 | |
|---|---|---|---|
| 代　号 | 铠装层类型 | 代　号 | 外被层类型 |
| 0 | 无 | 0 | 无 |
| 1 | — | 1 | 纤维绕包 |
| 2 | 双钢带 | 2 | 聚氯乙烯护套 |
| 3 | 细圆钢丝 | 3 | 聚乙烯护套 |
| 4 | 粗圆钢丝 | 4 | — |

　　例如：ZQ21-3×50-10-250 即表示铜芯、纸绝缘、铅包、双钢带铠装、纤维外被层（如油麻），3 芯、50mm²，电压为 10kV，长度为 250m 的电力电缆。

　　又如：YJLV22-3×120-10-300 表示铝芯、交联聚乙烯绝缘、聚氯乙烯内护套、双钢带铠装、聚氯乙烯外护套，3 芯、120mm²，电压为 10kV，长度为 300m 的电力电缆。

### 三、电力电缆的电压值及其选择

　　对于塑料电缆在选用时，需要考虑的额定工作电压参数有 $U_0$、$U$ 和 $U_m$：

　　$U_0$——设计时采用的电缆每一导体与屏蔽或金属护套之间的额定工频电压。

　　$U$——设计时采用的电缆的任何两个导体之间的额定工频电压。

　　$U_m$——设计时采用的电缆的任何两个导体之间的工频最高电压。电缆的各额定电压值如表 6-27 所示。

　　在表 6-27 中，相对地额定工频电压 $U_0$ 分为第 I 类和第 II 类两种。当电缆所在系统中的单相接地故障能很快切除，在任何情况下故障持续时间不超过 1min 时，可选用第 I 类的 $U_0$；当电缆所在系统中的单相接地故障持续时间为 1min～2h，个别情况为 2～8h 时，必须选用第 II 类的 $U_0$。

**表 6-27　　　　　　　　电缆的额定电压值　　　　　　　　　　　　　kV**

| $U$ | $U_m$ | $U_0$ | | $U$ | $U_m$ | $U_0$ | |
|---|---|---|---|---|---|---|---|
| | | 第 I 类 | 第 II 类 | | | 第 I 类 | 第 II 类 |
| 3 | 3.6 | 1.8 | 3 | 66 | 72.5 | 37 | 48 |
| 6 | 7.2 | 3.6 | 6 | 110 | 126 | 64 | — |
| 10 | 12 | 6 | 8.7 | 220 | 252 | 127 | — |
| 15 | 17.5 | 8.7 | 12 | 330 | 363 | 190 | — |
| 20 | 24 | 12 | 18 | 500 | 550 | 290 | — |
| 35 | 42 | 21 | 26 | | | | |

　　在选择电缆时，$U$ 值应按等于或大于电缆所在系统的额定电压选择；$U_m$ 则应等于或大于所在系统的最高工作电压。

### 四、电力电缆的允许载流量

　　电力电缆的允许载流量与缆芯金属、绝缘结构、敷设方式、土壤情况及气候条件有关。表

6-28～表6-31列出了几种常用电力电缆的允许载流量。不滴流油浸纸绝缘电力电缆的允许载流量与黏性油浸纸绝缘电力电缆的允许载流量接近，可作参考。电力电缆的允许载流量与导体种类、截面、绝缘结构及所使用的绝缘材料种类、电缆敷设方式、环境温度、土壤条件等多种因素有关。

　　直埋地敷设电缆载流量与土壤热阻系数有关，不同热阻系数校正系数见表6-32。

**表 6-28　　　　铝芯黏性油浸纸绝缘电力电缆直埋地敷设的载流量**

$(\rho_t = 120℃ \cdot cm/W)$　　　　　　　　　　　　　　　　　A

| 截面积（mm²） | 0.6/1～3/3kV | | | | | 6/6kV | | | | | 8.7/10kV | | | | | 26/35kV | | |
| --- | --- | --- | --- | --- | --- | --- | --- | --- | --- | --- | --- | --- | --- | --- | --- | --- | --- | --- |
| | 3芯 | | | 单芯 $\theta_a=25℃$ | | 3芯 | | | 单芯 $\theta_a=25℃$ | | 3芯 | | | 单芯 $\theta_a=25℃$ | | 3芯 | 单芯 $\theta_a=25℃$ | |
| | 20℃ | 25℃ | 30℃ | 水平排列 | 三角排列 | 20℃ | 25℃ | 30℃ | 水平排列 | 三角排列 | 20℃ | 25℃ | 30℃ | 水平排列 | 三角排列 | 25℃ | 水平排列 | 三角排列 |
| 2.5 | 29 | 28 | 26 | | | | | | | | | | | | | | | |
| 4 | 38 | 37 | 35 | | | | | | | | | | | | | | | |
| 6 | 47 | 46 | 43 | | | | | | | | | | | | | | | |
| 10 | 62 | 60 | 57 | | | 58 | 55 | 51 | | | | | | | | | | |
| 16 | 83 | 80 | 76 | | | 74 | 70 | 65 | | | 69 | 65 | 60 | | | | | |
| 25 | 97 | 93 | 88 | | | 84 | 79 | 73 | | | 79 | 74 | 68 | | | | | |
| 35 | 119 | 110 | 105 | | | 101 | 95 | 88 | | | 95 | 89 | 82 | | | | | |
| 50 | 140 | 135 | 128 | | | 122 | 115 | 107 | | | 112 | 105 | 97 | | | 96 | | |
| 70 | 172 | 165 | 157 | 205 | 185 | 148 | 140 | 130 | 170 | 155 | 139 | 130 | 120 | 160 | 145 | 115 | 140 | 125 |
| 95 | 208 | 200 | 190 | 240 | 220 | 180 | 170 | 158 | 205 | 190 | 171 | 160 | 147 | 195 | 180 | 140 | 160 | 150 |
| 120 | 239 | 230 | 219 | 275 | 250 | 207 | 195 | 181 | 235 | 215 | 193 | 180 | 166 | 220 | 205 | 160 | 185 | 170 |
| 150 | 270 | 260 | 247 | 315 | 285 | 233 | 220 | 205 | 260 | 250 | 219 | 205 | 189 | 250 | 230 | 180 | 205 | 195 |
| 185 | 302 | 290 | 276 | 350 | 320 | 265 | 250 | 233 | 295 | 275 | 251 | 235 | 216 | 275 | 250 | 205 | 235 | 215 |
| 240 | 354 | 340 | 323 | 405 | 370 | 307 | 290 | 270 | 335 | 320 | 289 | 270 | 240 | 315 | 295 | 240 | 265 | 250 |
| 300 | 395 | 380 | 361 | 445 | 415 | 345 | 325 | 302 | 375 | 355 | 326 | 305 | 281 | 355 | 330 | | 300 | 275 |
| 400 | | | | 515 | 485 | | | | 435 | 420 | | | | 410 | 390 | | 345 | 330 |
| 500 | | | | 565 | 540 | | | | 485 | 470 | | | | 455 | 435 | | 380 | 370 |
| 630 | | | | 620 | 610 | | | | 525 | 525 | | | | 490 | 490 | | 420 | 415 |

**表 6-29**　　　　　铜芯黏性油浸纸绝缘电力电缆直埋地敷设的载流量

（$\rho_t=120℃·cm/W$）　　　　　　　　A

| 截面积（mm²） | 0.6/1~3/3kV 3芯 20℃ | 25℃ | 30℃ | 单芯 $v_a=25℃$ 水平排列 | 三角排列 | 6/6kV 3芯 20℃ | 25℃ | 30℃ | 单芯 $v_a=25℃$ 水平排列 | 三角排列 | 8.7/10kV 3芯 20℃ | 25℃ | 30℃ | 单芯 $v_a=25℃$ 水平排列 | 三角排列 | 26/35kV 3芯 25℃ | 单芯 $v_a=25℃$ 水平排列 | 三角排列 |
|---|---|---|---|---|---|---|---|---|---|---|---|---|---|---|---|---|---|---|
| 2.5 | 38 | 37 | 35 | | | | | | | | | | | | | | | |
| 4 | 48 | 47 | 44 | | | | | | | | | | | | | | | |
| 6 | 62 | 60 | 57 | | | | | | | | | | | | | | | |
| 10 | 83 | 80 | 76 | | | 74 | 70 | 65 | | | | | | | | | | |
| 16 | 109 | 105 | 100 | | | 95 | 90 | 84 | | | 90 | 85 | 78 | | | | | |
| 25 | 125 | 120 | 114 | | | 106 | 100 | 93 | | | 102 | 95 | 87 | | | | | |
| 35 | 151 | 145 | 138 | | | 133 | 125 | 116 | | | 123 | 115 | 106 | | | | | |
| 50 | 177 | 170 | 162 | | | 154 | 145 | 135 | | | 144 | 135 | 124 | | | 125 | | |
| 70 | 224 | 215 | 204 | 260 | 235 | 191 | 180 | 167 | 215 | 205 | 182 | 170 | 156 | 205 | 195 | 150 | 170 | 160 |
| 95 | 270 | 260 | 247 | 310 | 285 | 233 | 220 | 205 | 260 | 245 | 219 | 205 | 187 | 245 | 225 | 180 | 205 | 195 |
| 120 | 307 | 295 | 280 | 355 | 325 | 265 | 250 | 233 | 295 | 275 | 251 | 225 | 216 | 275 | 260 | 205 | 235 | 215 |
| 150 | 343 | 330 | 314 | 400 | 365 | 302 | 285 | 265 | 335 | 315 | 284 | 265 | 244 | 320 | 295 | 230 | 265 | 250 |
| 185 | 390 | 375 | 356 | 445 | 400 | 339 | 320 | 298 | 375 | 355 | 321 | 300 | 276 | 355 | 330 | 260 | 300 | 280 |
| 240 | 452 | 435 | 413 | 510 | 475 | 392 | 370 | 344 | 430 | 405 | 375 | 350 | 322 | 400 | 375 | 300 | 340 | 320 |
| 300 | 499 | 480 | 456 | 560 | 530 | 440 | 415 | 386 | 470 | 450 | 412 | 385 | 354 | 435 | 425 | | 375 | 360 |
| 400 | | | | 630 | 610 | | | | 535 | 530 | | | | 500 | 490 | | 425 | 420 |
| 500 | | | | 685 | 675 | | | | 575 | 575 | | | | 540 | 540 | | 455 | 455 |
| 630 | | | | 740 | 745 | | | | 625 | 645 | | | | 585 | 605 | | 495 | 505 |

表 6-30　　　　　　交联聚乙烯绝缘电力电缆在空气中敷设的载流量　　　　　　A

| 导体 | 截面积 (mm²) | 0.6/1kV | | | | 6/6～8.7/10kV | | | | 单芯 $v_a=30℃$ | | 26/35kV |
|---|---|---|---|---|---|---|---|---|---|---|---|---|
| | | 4 芯 | | | | 3 芯 | | | | | | 3 芯 |
| | | 25℃ | 30℃ | 35℃ | 40℃ | 25℃ | 30℃ | 35℃ | 40℃ | 水平排列 | 三角排列 | 30℃ |
| 铝芯 | 4 | 31 | 30 | 28 | 27 | | | | | | | |
| | 6 | 42 | 40 | 38 | 36 | | | | | | | |
| | 10 | 52 | 50 | 47 | 45 | | | | | | | |
| | 16 | 67 | 65 | 62 | 58 | | | | | | | |
| | 25 | 94 | 90 | 85 | 81 | 109 | 105 | 101 | 96 | | | |
| | 35 | 114 | 110 | 104 | 99 | 130 | 125 | 120 | 114 | | | |
| | 50 | 135 | 130 | 123 | 117 | 161 | 155 | 149 | 141 | | | 150 |
| | 70 | 177 | 170 | 161 | 153 | 198 | 190 | 182 | 173 | 245 | 225 | 186 |
| | 95 | 213 | 205 | 195 | 184 | 239 | 230 | 221 | 209 | 300 | 270 | 222 |
| | 120 | 250 | 240 | 228 | 216 | 281 | 270 | 259 | 246 | 335 | 310 | 255 |
| | 150 | 286 | 275 | 261 | 247 | 317 | 305 | 293 | 278 | 380 | 355 | 286 |
| | 185 | 333 | 320 | 304 | 288 | 369 | 355 | 341 | 232 | 420 | 410 | |
| | 240 | 400 | 385 | 366 | 346 | 432 | 415 | 398 | 378 | 495 | 470 | |
| | 300 | | | | | 494 | 475 | 456 | 432 | 555 | 545 | |
| | 400 | | | | | | | | | 655 | 655 | |
| | 500 | | | | | | | | | 725 | 745 | |
| | 630 | | | | | | | | | 805 | 845 | |
| 铜芯 | 4 | 42 | 40 | 38 | 36 | | | | | | | |
| | 6 | 52 | 50 | 47 | 45 | | | | | | | |
| | 10 | 67 | 65 | 62 | 58 | | | | | | | |
| | 16 | 88 | 85 | 81 | 76 | | | | | | | |
| | 25 | 120 | 115 | 109 | 103 | 135 | 130 | 125 | 118 | | | |
| | 35 | 151 | 145 | 138 | 130 | 172 | 165 | 158 | 150 | | | |
| | 50 | 182 | 175 | 166 | 157 | 208 | 200 | 192 | 182 | | | 193 |
| | 70 | 229 | 220 | 209 | 198 | 255 | 245 | 235 | 223 | 305 | 285 | 240 |
| | 95 | 281 | 270 | 256 | 243 | 307 | 295 | 283 | 268 | 365 | 340 | 286 |
| | 120 | 328 | 315 | 299 | 283 | 359 | 345 | 331 | 314 | 415 | 395 | 329 |
| | 150 | 374 | 360 | 342 | 324 | 411 | 395 | 379 | 359 | 460 | 445 | 369 |
| | 185 | 437 | 420 | 399 | 378 | 468 | 450 | 432 | 410 | 515 | 515 | |
| | 240 | 520 | 500 | 475 | 450 | 551 | 530 | 509 | 482 | 590 | 595 | |
| | 300 | | | | | 629 | 605 | 581 | 551 | 660 | 675 | |
| | 400 | | | | | | | | | 755 | 800 | |
| | 500 | | | | | | | | | 835 | 905 | |
| | 630 | | | | | | | | | 920 | 995 | |

225

表 6-31 交联聚乙烯绝缘电力电缆直埋地敷设的载流量

$(\rho_t=120℃·cm/W)$　　A

| 导体 | 截面积(mm²) | 0.6/1kV 4芯 | | | 6/6、8.7/10kV 3芯 | | | 单芯 $v_a=25℃$ | | 26/35kV 三芯 |
|---|---|---|---|---|---|---|---|---|---|---|
| | | 20℃ | 25℃ | 30℃ | 20℃ | 25℃ | 30℃ | 水平排列 | 三角排列 | |
| 铝芯 | 4 | 42 | 40 | 38 | | | | | | |
| | 6 | 47 | 45 | 43 | | | | | | |
| | 10 | 62 | 60 | 58 | | | | | | |
| | 16 | 83 | 80 | 77 | | | | | | |
| | 25 | 104 | 100 | 96 | 109 | 105 | 101 | | | |
| | 35 | 125 | 120 | 115 | 130 | 125 | 120 | | | |
| | 50 | 146 | 140 | 134 | 151 | 145 | 139 | | | 137 |
| | 70 | 182 | 175 | 168 | 187 | 180 | 173 | 215 | 205 | 172 |
| | 95 | 218 | 210 | 202 | 224 | 215 | 206 | 255 | 235 | 206 |
| | 120 | 244 | 235 | 226 | 255 | 245 | 235 | 280 | 265 | 224 |
| | 150 | 276 | 265 | 254 | 286 | 275 | 264 | 320 | 305 | 243 |
| | 185 | 317 | 305 | 293 | 322 | 310 | 298 | 350 | 335 | |
| | 240 | 369 | 355 | 341 | 374 | 360 | 346 | 400 | 390 | |
| | 300 | | | | 416 | 400 | 384 | 440 | 430 | |
| | 400 | | | | | | | 505 | 515 | |
| | 500 | | | | | | | 555 | 575 | |
| | 630 | | | | | | | 610 | 640 | |
| 铜芯 | 4 | 52 | 50 | 48 | | | | | | |
| | 6 | 62 | 60 | 58 | | | | | | |
| | 10 | 83 | 80 | 77 | | | | | | |
| | 16 | 104 | 100 | 96 | | | | | | |
| | 25 | 135 | 130 | 125 | 140 | 135 | 130 | | | |
| | 35 | 161 | 155 | 149 | 166 | 160 | 154 | | | |
| | 50 | 192 | 185 | 178 | 198 | 190 | 182 | | | |
| | 70 | 234 | 225 | 216 | 239 | 230 | 221 | 270 | 260 | 177 |
| | 95 | 281 | 270 | 259 | 286 | 275 | 264 | 320 | 300 | 221 |
| | 120 | 317 | 305 | 293 | 322 | 310 | 298 | 355 | 340 | 267 |
| | 150 | 359 | 345 | 331 | 364 | 350 | 336 | 390 | 385 | 288 |
| | 185 | 406 | 390 | 374 | 411 | 395 | 379 | 430 | 430 | 313 |
| | 240 | 473 | 455 | 437 | 473 | 455 | 437 | 490 | 490 | |
| | 300 | | | | 536 | 515 | 494 | 535 | 550 | |
| | 400 | | | | | | | 595 | 570 | |
| | 500 | | | | | | | 655 | 630 | |
| | 630 | | | | | | | 710 | 765 | |

**表 6-32** 　　　　　　　　　　　　　不同土壤热阻系数时电缆载流量的校正系数

| 土壤热阻系数<br>（c·m/W） | 分类特征（土壤特性和雨量） | 校正系数 |
|---|---|---|
| 0.8 | 土壤很潮湿，经常下雨。如湿度大于9％的沙土；湿度大于10％的沙—泥土等 | 1.05 |
| 1.2 | 土壤潮湿，规律性下雨。如湿度大于7％但小于9％的沙土；湿度为12％～14％的沙—泥土等 | 1.0 |
| 1.5 | 土壤较干燥，雨量不大，如湿度为8％～12％的沙—泥土等 | 0.93 |
| 2.0 | 土壤干燥，少雨。如湿度大于4％但小于7％的沙土；湿度为4％～8％的沙—泥土等 | 0.87 |
| 3.0 | 多石地带，非常干燥。如湿度小于4％的沙土等 | 0.75 |

### 五、电力电缆的敷设方法

电力电缆的敷设方式有地下直埋、穿管敷设、浅槽敷设、电缆沟敷设、电缆隧道敷设、沿墙、柱敷设、电缆夹层敷设、支持式架空敷设、悬挂式架空敷设及水下敷设等多种。其中用得较多的几种敷设方式如图 6-4 所示。

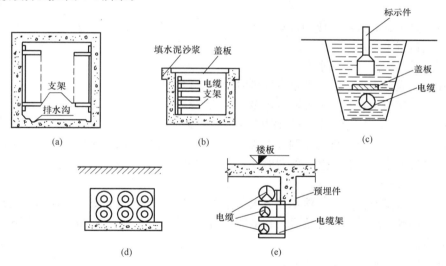

图 6-4 电缆敷设方式
（a）电缆隧道；（b）电缆沟；（c）直埋；（d）电缆排管；（e）吊架

1. 直埋敷设

直埋敷设施工简便、造价低。直埋电缆的散热条件好，但电缆发生故障时检查困难，更换电缆要挖开大量土方，而且电缆可能在地中受酸碱物质或地中电流的腐蚀，对外界机械损伤也不易防止。

选择直埋敷设应注意以下事项：

（1）在化学腐蚀或杂散电流腐蚀的土壤范围，不得采用直埋。

（2）在厂区内地下管网较多地段、待开发将有频繁开挖的地段，或者有高温液体、熔化金属溢出的地段，不宜采用直埋。

（3）在城镇人行道下较易翻修或道路边缘等处，可采用直埋。

227

（4）在厂区内外不易有经常性开挖的地段，宜采用直埋。

（5）同一通路，35kV 及以下电力电缆少于 6 根宜采用直埋。

2. 电缆沟敷设

电缆沟敷设施工的土方工程量较小、造价低、布置灵活。电缆沟中可以设置一侧或两侧支架，电缆布置在支架上，沟上面设盖板。电缆沟的高度根据敷设电缆的多少决定。电缆沟敷设的缺点是：施工检查及更换电缆时，需搬动大量笨重的沟盖板。

选择电缆沟敷设应注意以下事项：

（1）在厂区、建筑物内地下电缆数量较多，又不需采用隧道时，宜采用电缆沟敷设。

（2）城镇人行道开挖不便，且电缆需分期敷设时，宜采用电缆沟敷设。

（3）经常有工业水溢流、可燃粉尘弥漫的厂房内，不宜采用电缆沟敷设。

（4）在载重车辆频繁经过的地段，以及有化学腐蚀液体或高温熔化金属溢流的场所，不得采用电缆沟敷设。

3. 电缆隧道敷设

电缆敷设在隧道中有许多优点：避免外力破坏和机械损伤；维修更换方便；随时可以增设新线路而无需增加新的土方工程量；可不用铠装电缆，降低电缆投资；避免土壤对电缆铅包的化学腐蚀。但开辟隧道投资大，而且隧道敷设的电缆散热条件不如直埋电缆，负荷电流要降低 15%左右。

电缆隧道是由钢筋水泥筑成的地道，内部装有放置电缆的支架。隧道中留有 0.9~1m 宽的通道供维修人员行走之用。

选择隧道敷设应注意以下事项：

（1）在同一通道中地下电缆数量特别多时，宜采用电缆隧道敷设。

（2）在同一通道中，地下电缆数量较多，且位于经常有地面水流溢的场所，或穿越公路、铁路地段，或有 35kV 以上电缆时，宜采用电缆隧道敷设。

（3）由于受地下通道条件的限制，需要将众多电缆（包括通讯电缆）共同配置时，或者电力电缆需与非高温的水、气管路共同配置时，可采用在公用隧道中敷设电缆。

4. 电缆穿管敷设

电缆穿管敷设虽有占地少、能承受较大荷重等优点，但是敷设和更换电缆都很困难，电缆的散热也不良。因此，这种敷设方法只用在电缆与其他建筑物、公路、铁路交叉的地方，一般不采取全线穿管敷设。

电缆穿管敷设一般用于下列场合：

（1）地下电缆与公路、铁路交叉时，应采用穿管敷设。

（2）在有爆炸危险场所明敷的电缆应采用穿管敷设。

（3）地下电缆露出地坪上需加以保护时应穿管敷设。

（4）地下电缆通过房屋、广场的区段，或者通过预期规划作为道路的地段，宜采用穿管敷设。

（5）在地下管网密集的厂区、城市道路狭窄且交通繁忙或挖掘困难的地段宜采用穿管敷设。

5. 其他敷设方法

（1）吊架敷设。在厂区内不适于地下敷设时，可采用支持式架空敷设，或采用悬挂式架空敷设等明敷方式。

（2）竖井敷设。垂直走向的电缆可沿墙、柱敷设，如电缆数量较多，或含有 35kV 以上高压电缆时，应采用竖井敷设。

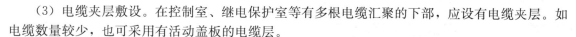

（3）电缆夹层敷设。在控制室、继电保护室等有多根电缆汇聚的下部，应设有电缆夹层。如电缆数量较少，也可采用有活动盖板的电缆层。

### 六、电力电缆敷设深度及平行跨越注意事项

#### （一）地下和水下电缆的敷设深度

1. 在非冻土地区

直埋电缆敷设于非冻土地区时，电缆埋置深度应符合下列规定：

（1）电缆外皮至地下构筑物基础，不得小于0.3m。

（2）电缆外皮至地面深度，不得小于0.7m；当位于车行道或耕地下时，应适当加深，且不宜小于1m。

2. 在冻土地区

直埋电缆敷设于冻土地区时，电缆宜埋入冻土层以下，如无法深埋时，可在土壤排水性好的干燥冻土层或回填土中埋设，或者采取其他防止电缆受到损伤的措施。

3. 电缆穿管敷设

电缆地下穿管敷设时，地中埋管距地面深度不宜小于0.5m；如与铁路交叉，距路基不宜小于1m；距排水沟底不宜小于0.5m。

4. 水下敷设

水下电缆不得悬空于水中，应埋设于水底。在通航水道，为防范外部机械力损伤，电缆应埋置于水底适当深度：深水航道埋深不宜小于2m；浅水区埋深不宜小于0.5m。并加以稳固覆盖保护。

#### （二）电力电缆敷设出现平行、跨越时的注意事项

（1）明敷电力电缆不宜在热力管道上部平行敷设。电缆与管道之间无隔板防护时，相互间距应不小于表6-33的规定。

表6-33　　　　　明敷电力电缆与管道相互间允许距离　　　　　mm

| 电缆与管道之间走向 | | 电力电缆 | 控制和信号电缆 |
|---|---|---|---|
| 热力管道 | 平行 | 1000 | 500 |
| | 交叉 | 500 | 250 |
| 其他管道 | 平行 | 150 | 100 |

（2）在隧道、沟、浅槽、竖井、夹层等封闭式电缆通道中，不得含有可能影响环境温升持续超过5℃的供热管路。对于重要电缆回路，不得与含有易燃气体或易燃液体的管道敷设在同一封闭式电缆通道中。

（3）直埋敷设的电力电缆，严禁位于其他管道的正上方或正下方。

直埋地电缆与电缆或管道、道路、构筑物等相互间容许最小距离见表6-34。

表6-34　　　直埋地电缆与电缆或管道、道路、构筑物相互间容许最小距离　　　m

| 电缆直埋敷设时的配置情况 | | 平　行 | 交　叉 |
|---|---|---|---|
| 控制电缆之间 | | — | 0.5* |
| 电力电缆之间或与控制电缆之间 | 10kV及以下电力电缆 | 0.1 | 0.5* |
| | 10kV以上电力电缆 | 0.25** | 0.5* |
| 不同部门使用的电缆 | | 0.5** | 0.5* |

| 电缆直埋敷设时的配置情况 | | 平 行 | 交 叉 |
|---|---|---|---|
| 电缆与地下管沟 | 热力管沟 | 2\*\*\* | 0.5\* |
| | 油管或易燃气管道 | 1 | 0.5\* |
| | 其他管道 | 0.5 | 0.5\* |
| 电缆与铁路 | 非直流电气化铁路路轨 | 3 | 1.0 |
| | 直流电气化铁路路轨 | 10 | 1.0 |
| 电缆与建筑物基础 | | 0.6\*\*\* | |
| 电缆与公路边 | | 1.0\*\*\* | |
| 电缆与排水沟 | | 1.0\*\*\* | |
| 电缆与树木的主干 | | 0.7 | |
| 电缆与 1kV 以下架空线电杆 | | 1.0\*\*\* | |
| 电缆与 1kV 以上架空线杆塔基础 | | 4.0\*\*\* | |

　\*用隔板分隔或电缆穿管时可为 0.25m。

　\*\*用隔板分隔或电缆穿管时可为 0.1m。

\*\*\*特殊情况可酌减，最多减少不超过一半值。

（4）水下电缆相互间严禁交叉、重叠。相邻电缆应保证足够距离：主航道内，电缆相互间距不宜小于平均水深的 1.2 倍（引至岸边间距可适当缩小）；非通航的流速不超过 1m/s 的小河中，同回路单芯电缆相互间不得小于 0.5m，不同回路电缆间距不得小于 5m。

水下电缆与工业管道之间水平距离不宜小于 50m；如受条件限制时，不得小于 15m。

### 七、电缆附件

电缆附件是指电力电缆的终端头和中间接头。电力电缆如果制造质量良好，在运行中没有严重过电压和过负荷，也没有受到外力破坏或腐蚀性液体的侵蚀，则电力电缆本体很少发生绝缘击穿事故。但是电缆附件却比较容易发生事故。因此电缆附件的制作工艺要求十分严格，要求有足够的绝缘裕度，并且密封良好。图 6-5 是几种常见的电缆终端头外形图。由图 6-5 可知，电缆终端头外形有鼎足形、倒挂形、扇形等。油浸纸绝缘电力电缆终端盒所使用的材料多为铸铁、铝合金和环氧树脂。铸铁或铝合金电缆终端盒内一般灌注高压绝缘沥青或绝缘电缆油。对高压绝缘沥青的绝缘性能要求比较严格，必须使用专门生产该产品厂家的产品，而且必须经耐压试验合格。电缆终端盒内灌以电缆油，能起到补充电缆内绝缘油的作用，防止油浸纸干涸。有的在充油电缆头上加装小储油柜，以保证电缆终端盒不因缺油而击穿，对防止电缆终端头事故起到很大作用。

目前在 6～35kV 电力系统已广泛推广采用交联聚乙烯电力电缆。橡塑电缆的终端盒一般均采取干包，制作方式主要有自粘带绕包型、热缩型和冷缩型等。干包电缆头如用在户外，必须设置 1～2 个雨裙，以增加爬电距离。

目前热缩电缆附件已得到广泛应用，其特点是：

（1）由于材料具有抗污秽、耐气温变化、阻燃、耐油等特性，不仅适用于交联聚乙烯电缆（XLPE）、乙丙橡胶电缆（EPR）和聚氯乙烯电缆（PVC），而且也适用于油浸纸绝缘电缆，在 −50～+90℃ 的温度下均能使用。

（2）由于材料为橡塑材料，故体积小、质量轻，一套终端头仅 1kg 左右。

（3）由于材料具有热收缩性，安装时只需加热。工艺简单、易于掌握、劳动强度低。

（4）热缩附件为干式型，可杜绝电缆头爆炸之类的恶性事故。

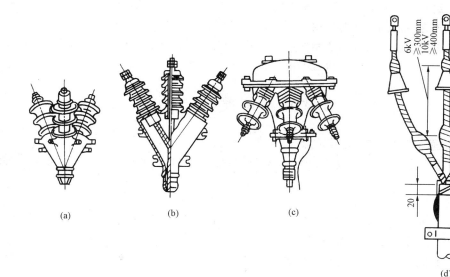

图 6-5　电缆户外终端头

(a) 鼎足式；(b) 扇形；(c) 倒挂式；(d) 交联电缆户外终端头

（5）热缩附件不需任何浇注剂，安装完毕即可供电，最适合于抢修工程。

国内生产的热收缩电缆终端头常见的有 RSWY 和 RSNY 等型号。RSWY 系列型号用于户外终端头，具有耐气温变化和抗污秽的性能，预计使用寿命在 15 年以上；RSNY 系列用于户内，材料具有难燃性，使用寿命在 20 年以上。

安装电缆热缩终端头应在环境温度 0℃以上、相对湿度 70% 以下时进行，要避免绝缘表面结露受潮。如果环境温度较低、湿度较大，则在安装时应先对电缆外层适当加热驱潮，以确保安装质量。

制作电缆热缩头的热缩材料是一种受热收缩的橡塑热缩管，当温度达到 110～120℃时，橡塑热缩管开始收缩，其收缩率约为 50%～70%。这种热缩管最高可承受 140℃高温，性能不受影响，但如果温度过高、受热时间过长，其表面也将损伤，甚至烧焦。

在制作交联聚乙烯电力电缆热缩终端头时，为了保证足够的绝缘强度，一般采取以下措施：

（1）保证足够的绝缘爬距。为此，三相缆芯从分叉处至端部应有足够长度。对于 10kV 电力电缆一般约为 500～700mm（具体数值与户内终端头或户外终端头有关），这样各相缆芯外的绝缘层方可保证足够长度（一般为 400～500mm）。

（2）避免三相分叉处绝缘受伤。为此，从三相分叉处往上各相应保留一小段的铜屏蔽层（约 55mm）。为避免各相分支绝缘护套被扎丝刺破，在三相分叉处应包绕填充胶带，并套上由热缩绝缘材料制成的三指护套，从手指根部向两端加热固定。

（3）尽量使三相分叉处各相从铜屏蔽层至内护套绝缘层之间的电场过渡均匀。为此，在各相铜屏蔽层断口至内护套绝缘层之间应保留一小段（约 20mm 长）半导体层不剥除，并在铜屏蔽层、半导体层和绝缘层三者电位过渡段套上应力管，即应力管将半导体层包住，并向两侧的铜屏蔽层和绝缘层各搭接一部分。此应力管也是热缩绝缘材料，通过加热进行密封固定。

（4）避免铜屏蔽层出现悬浮电位。为此，在三相分叉处应将各相的铜屏蔽层与电缆的外面铠装金属用导线焊接连通，并焊上接地线。焊接时应用电烙铁，不可用喷灯，以免灼伤内护套绝缘层。

（5）户外电缆终端头应套上防雨裙。套上防雨裙的目的是增加表面爬电距离。防雨裙有单孔和三孔之分。三相连在一起的三孔防雨裙套在三叉处，单孔防雨裙套在各相的中上部。

总之，电力电缆的终端头必须精心制作，否则极易发生事故。电缆的中间接头也是事故的多发部位，在制作时也要特别谨慎，这里就不再一一叙述。

# 考试复习参考题

**一、单项选择题**（选择最符合题意的备选项填入括号内）

（1）架空电力线路的结构主要包括杆塔、（C）绝缘子、导线、金具、基础、接地装置和防雷设施。

A. 水泥杆；B. 瓷瓶；C. 横担

（2）架空电力线路中使用的水泥杆，一般为（A）杆。

A. 拔梢杆；B. 圆柱形杆；C. 矩形杆

（3）按杆塔在线路中受力情况分类，可分为直线杆、耐张杆、（B）、终端杆、跨越杆和分支杆。

A. 水泥杆；B. 转角杆；C. 钢管杆

（4）220kV 以上，1000kV 以下的线路称为（C）。

A. 高压输电线路；B. 中压配电线路；C. 超高压输电线路；D. 特高压输电线路

（5）220kV 输电线路称为（A）。

A. 高压输电线路；B. 中压输电线路；C. 超高压输电线路；D. 特高压输电线路

（6）特高压输电线路是指（C）kV 线路。

A. 220；B. 500；C. 1000

（7）在电力线路中，（B）主要承受垂直荷载以及水平荷载（例如风压），一般不承受顺线路方向的张力。

A. 耐张杆塔；B. 直线杆塔；C. 终端杆塔

（8）（C）称为特殊杆塔。

A. 转角杆塔；B. 终端杆塔；C. 跨越杆塔和分支杆塔

（9）直线杆塔用字母符号（C）表示。

A. J；B. N；C. Z；D. F

（10）（B）横担集横担与绝缘子于一体，可以直接固定导线。

A. 木；B. 陶瓷；C. 铁

（11）聚氯乙烯电缆一般用在（A）系统中。

A. 6kV 及以下；B. 6kV 以上；10kV

（12）（A）在电缆型号中表示交联聚乙烯绝缘。

A. YJ；B. V；C. Z

（13）塑料电缆的额定工作电压参数有 $U_0$、$U$ 和（C）。

A. $U_z$；B. $U_k$；C. $U_m$

（14）电缆直埋敷设于非冻土地区时，电缆外皮至地面深度不得小于（A）m。

A. 0.7；B. 0.5；C. 0.2

**二、判断题**（正确的画√，错误的画×）

（1）交联电缆中，线芯绝缘层外的外半导体层和其外的铜带屏蔽，其作用是削弱外电场对交

联聚乙烯的作用。（√）

（2）三相四线380V可以使用三芯电力电缆代替三相四线电力电缆，电缆的铅皮外护套代替零线使用。（×）

（3）YJLV22-3×120-10-300表示铝芯、交联聚乙烯绝缘、聚氯乙烯内护套、双钢带铠装、聚氯乙烯外护套，3芯，120mm²，10kV，300m长电缆。（√）

（4）直埋地敷设电缆的载流量和土壤的热阻系数有很大关系，热阻系数越大，允许载流量越小。（√）

（5）交联聚乙烯电力电缆只适用于6kV及以下。（×）

（6）低压进户线穿墙时，其穿墙部分应采用瓷管保护。（×）

（7）低压进户线与弱电线路必须分开进户。（√）

（8）35kV架空线路悬垂绝缘子串最少5片绝缘子，66kV绝缘子串最少7片绝缘子。（×）

（9）预应力水泥电杆在制造时将钢筋预先拉伸，浇灌混凝土后钢筋内仍保留拉应力，使混凝土受压，提高了强度。（√）

（10）10kV架空线路导线对公路和道路的垂直安全距离是7m。（√）

（11）35kV架空线路导线对公路和道路的垂直安全距离是7m。（√）

（12）考虑机械强度，为避免出现断线，低压架空配电线路多股铜导线允许最小截面不得小于10mm²。（√）

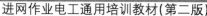

# 过电压防护与绝缘预防性试验

第七章

## 第一节 过 电 压 种 类

由于雷击或电力系统中的操作、事故等原因，使某些电气设备和线路上承受的电压大大超过正常运行电压，使设备或线路的绝缘遭受破坏。电力系统中这种危及绝缘的电压升高称为过电压。

过电压按引起的原因不同分为大气过电压和内部过电压。由雷电引起的过电压叫做外部过电压或大气过电压；电力系统中内部操作或故障引起的过电压叫内部过电压。

### 一、过电压的分类

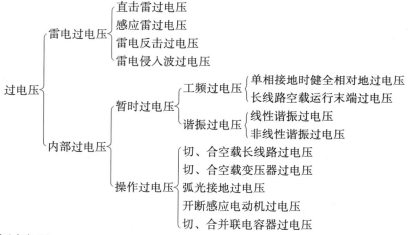

### 二、雷电过电压

#### (一) 雷云形成

夏季闷热，空气中的水蒸气在太阳照射下受热上升，形成上升气流。在高空，空气稀薄气压降低，十分寒冷，潮湿的空气中水蒸气大量凝结，形成小水滴，受重力作用下沉，形成下降气流。上升气流和下降气流形成对流摩擦，小水滴被摩擦分裂成更小的水滴，并产生正、负电荷。摩擦产生的带负电荷的电子与气流中的小水滴结合，在空中形成带负电的雷云；正离子带正电与较大的水滴结合，大多在气流下降时消失。据观测，天空中的雷云绝大多数带负电荷，少量带正电荷。

带有电荷的雷云对地形成一个电场，相当于一个电容器。根据式（1-35）和式（1-36），雷云的对地电压与雷云所带的电荷数量和雷云的对地距离，以及雷云的面积形状有关。当雷云中的电荷量一定时，由于雷云的形状和离地高度飘浮不定，因此对地电压在时刻变化。因此，对雷电的强弱是以雷电流的大小来衡量的。当雷云对地面放电时，放电电流的大小与雷云所带电荷的多少有关。雷电放电电流能达几千安甚至几十、上百千安。

### （二）雷电放电

雷电放电是雷云所引起的放电现象。如果天空中有两块带异号电荷的云，当它们互相吸引接近时，在空中会出现闪电。如果雷云较低，其附近又无带异号电荷的其他雷云，这时，雷云就会对地放电。

根据雷电观测资料，雷云对地放电大多数要重复2～3次。其中第一次放电过程是分级发展的，即先经过"先导放电"，然后出现"主放电"，最后是"余辉放电"。在先导放电时，雷云分级逐渐向地面发展放电通路，当雷云的负电荷与地面的正电荷贯通接触时，沿先导发展路径出现主放电。第一次主放电电流最大，主放电时间很短，只有 $50\sim100\mu s$。主放电之后是余辉放电，电流很小，因此发光微弱，但时间较长。雷云第一次对地放电后，沿第一次放电通路还会出现第二次，甚至第三次主放电，由于放电通路中已出现导电性，因此第二次、第三次主放电不经过先导放电的发展过程，而是直接出现主放电。

### （三）雷电过电压

雷电过电压有四种情况：直接雷击过电压，雷电反击过电压，感应雷过电压，雷电侵入波过电压。

1. 直接雷击过电压

雷云直接对电器设备或电力线路放电，雷电流流过这些设备时，在雷电流流通路径的阻抗（包括接地电阻）上产生冲击电压，引起过电压。这种过电压称为直接雷击过电压。过电压大小与雷电流大小和被击物体冲击电阻大小有关。

2. 雷电反击过电压

雷云对电力架空线路的杆塔顶部或避雷线放电，这时雷电流流经杆塔入地时，在杆塔阻抗和接地装置阻抗上存在电压降。如果雷电流很大，接地阻抗也很大，则电压降也很大，杆塔出现对地高电位。这个高电位可能将导线绝缘子击穿，对导线放电，由此引起的事故称为雷电反击过电压事故。将接地电阻尽可能降低，可以降低雷电反击过电压，从而减少事故发生。

3. 感应雷过电压

在电气设备的附近发生闪电，虽然雷电没有直接击中电气设备，但电气设备的导体上会感应出大量和雷云极性相反的束缚电荷，形成过电压，这就是感应雷过电压。此外，在雷击中地面物体对地放电时，强大的雷电流产生强大的电磁场，在这个电磁场中的导体会产生巨大的感应电动势，形成过电压。这些都是雷电感应过电压。

4. 雷电侵入波

因直接雷击或感应雷击在架空线路导线上形成的迅速流动的雷电波称为雷电进行波。雷电进行波对其前进道路上的电气设备构成威胁，因此也称为雷电侵入波。特别是变电站，必须考虑对雷电侵入波的预防，因此都接有避雷器。雷电进行波在线路上行进时，如遇到处于分闸状态的开关断口，或来到变压器中性点处，则会产生进行波的全反射，反射波与进行波叠加，强度增加一倍，极易引起击穿事故。因此在变电站架空进线开关的线路侧必须装设避雷器。架空线路与高压进户电缆在杆上的连接处也必须装设避雷器。变压器的电源侧母线上也必须装设避雷器。

### 三、内部过电压

### （一）内部过电压分类

电气设备和电力线路在运行中有时要改变运行方式，也就是要进行停送电操作。如切、合变压器；切、合电力线路；切、合电容器；切、合电动机等。此外，运行中的电气设备和电力线路也可能发生事故，例如短路跳闸、断线、接地等。无论是由于停送电操作，或者电气事故，都会引起电力系统运行状态的局部变化，即从一种状态变为另一种状态，也就是出现过渡过程。在电路的过渡过程中会引起电场能量和磁场能量的转换，这时可能出现很高的电压，形成过电压，这种过电压称为内部过电压。

产生内部过电压的原因很多，所引起的过电压大小也不同。有时有几种因素交叉重叠在一起，引起的过电压数值很高。一般认为，对地内部过电压可达相电压的 3～4 倍；相间内部过电压则为对地内部过电压的 1.3～1.4 倍。根据现场运行经验，有时内部过电压高达相间电压的 5～6 倍。

内部过电压是由电力系统内部电、磁场能量的传递或转换引起的，因此与电力系统的电感、电容参数有关。电阻消耗能量，从而能抑制过电压。由此可见，内部过电压与电力系统内部结构、各项参数、运行状态、停送电操作和是否发生接地、断线等事故有关，十分复杂。不同原因引起的内部过电压，其过电压数值大小、波形、频率、延续时间长短也并不完全相同，预防措施也有区别。

为了便于研究，现行国家技术标准把内部过电压分为工频过电压、谐振过电压和操作过电压，其中工频过电压和谐振过电压又称作暂时过电压。

所谓暂时过电压，并不是过电压延续时间短，而是时间长，要求供电系统运行部门采取措施使其尽快消除，使过电压只能暂时存在，不可长时间存在。实际上，在内、外各种过电压中，过电压波长最短的是雷电过电压，主放电只有 50～100μs，雷电冲击波波长以微秒计。内部过电压的延续时间都要比雷电过电压长，工频过电压可达几小时，谐振过电压几分钟，操作过电压以毫秒计，时间较短，但也比雷电冲击波长了上千倍。

雷电冲击波时间短，因此可以用避雷器有效地将雷电侵入波对地放电，避免对被保护设备造成过电压击穿损坏。对于内部过电压，由于延续时间长，避雷器无法在短时间内将其对地泄放殆尽，而且避雷器本身阀片电阻的热容量也不允许长时间通过大电流。在 10kV 中性点不接地系统，有时会因单相接地故障激发电压互感器铁磁谐振过电压，引起群发性避雷器爆炸。

**（二）工频过电压**

工频过电压包括：

（1）中性点非有效接地系统发生单相接地故障时，另两健全相对地电压升高√3倍。这种过电压发生在中性点不接地系统和中性点经消弧线圈接地系统。

（2）长线路空载运行时末端电压升高。长线路空载运行时，线路中流动的是对地电容和线间电容电流。电容电流流经长线路的导线电抗（感抗），引起末端电压升高，即所谓电容电流效应。

工频过电压的特点是持续时间可能较长。例如中性点非有效接地系统发生单相接地故障时可以带故障运行 2h。但工频过电压数值并不很大，对电气设备正常绝缘危险不大。但是，如果在发生其他内部过电压时，又存在工频过电压，则过电压更为严重。

**（三）谐振过电压**

电路中的电感和电容，当数值匹配，同时正好在电路中又被激发出与电感、电容谐振频率相一致的某一频率的非正常寄生电压时，即出现谐振过电压。

谐振过电压中最危险的是铁磁谐振。所谓铁磁谐振是指具有铁芯的电感线圈与电容回路构成的谐振。电力系统的变压器和互感器、电抗器、电机都是具有铁芯电感的，所有导电体之间和对地之间都有电容，特别是电缆的线间和对地电容都很大，电力电容器电容更大，从而形成铁磁电感与电容的铁磁谐振电路。

铁磁谐振过电压的特点是：电路中的电感带有铁芯，由于铁芯电感的感抗随电源电压的变化而变化，不是一个常数，因此也称为非线性谐振。在正常运行条件下，电感、电容串联回路中感抗大于容抗，由于出现某种因素电感两端电压有所升高，使铁芯饱和，感抗减小，当感抗变得小于容抗时，电路相位从感性变为容性，形成相位翻转。这时回路中的电流突然升高，电容、电感上的压降也突然升高，形成过电压。这种过电压称为铁磁谐振过电压，如图 7-1 所示。

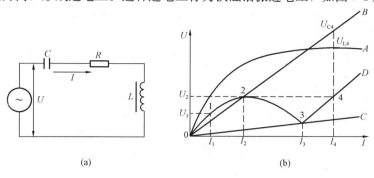

图 7-1 铁磁谐振串联电路

(a) 原理接线图；(b) 伏安特性图

图 7-1 (b) 中的曲线 $A$ 为电感 $L$ 上的伏安特性，当电压升高时，铁芯逐渐饱和，因此曲线弯曲。曲线 $B$ 和 $C$ 分别为电容 $C$ 和电阻 $R$ 上的伏安特性。曲线 $D$ 则是回路总电压 $U$ 与回路电流 $I$ 的伏安特性曲线。

当电源电压 $U=U_1$ 时，回路电流 $I=I_1$；当电源电压升高到 $U_2$ 时，回路电流 $I=I_2$；当电压继续升高时，从 $D$ 曲线上的点 2 跳跃到点 4，电流从 $I_2$ 越过 $I_3$，直接跳跃到 $I_4$，从曲线 $A$、$B$ 可知，电感上的电压 $U_{L4}$ 和电容上的电压 $U_{C4}$ 都远大于电源电压 $U_2$。这种过电压称为铁磁谐振过电压。

10kV 中性点不接地系统发生单相接地故障时，常会激发电压互感器铁芯过饱和铁磁谐振过电压，过电压频率一般为 25Hz，因此也称为"分频谐振过电压"。由于这种过电压持续时间较长，而且由于频率低，使铁芯饱和更为严重，因此常会导致电压互感器过热击穿烧坏、避雷器过热爆炸。为了防止发生分频谐振过电压，主要措施是对 10kV 供电的用户变电站要求电压互感器采用 V/V 接线［见图 8-12（a）］。10kV 系统采用中性点经消弧线圈接地或小电阻接地对防止发生分频谐振有良好效果。电压互感器二次开口三角并接消谐器能及时抑制分频谐振，迅速消除谐振，防止事故扩大。

### （四）操作过电压

操作过电压是指电力系统中由于操作或事故，使设备运行状态发生改变（例如停、送电时分、合闸操作），而引起相关设备电容、电感上的电场、磁场能量相互转换并引起振荡，而产生过电压。如果电路中的电阻较大，能起到较好的阻尼作用，则振荡时能量消耗较快，电流电压迅速衰减进入稳态，过电压较快消失。

在电力系统运行操作时，较容易发生操作过电压的常见操作项目有：切、合高压空载长线路，切、合空载变压器，切、合并联电容器，开断高压电动机等。

发生操作过电压常与断路器的分、合闸速度，断路器触头的灭弧性能有关。

断路器灭弧能力不够强，在开断时触头间发生电弧重燃容易引起操作过电压，特别是在开断空载长线路时。

断路器灭弧能力太强，在电流尚未过零时，强行将电弧截断，会产生很高的感应电动势，从而形成很高的截流过电压。在开断变压器、电抗器、高压电机时可能发生强制灭弧（截流）过电压。

断路器合闸速度慢，在合闸过程中，动、静触头间产生高频电弧放电，引起高频振荡过电压波，沿着线路传向远方击穿变压器，在国内外都有文献记载实例。

真空断路器的动、静触头呈平面对接，在合闸时产生平面接触弹跳，引起高频振荡过电压。而且由于真空断路器灭弧性能极好，在触头弹跳时也可能出现截流过电压。在切、合空载变压器和切、合电容器时这类过电压事故时有发生。

空载长线路在合闸时，电源电压对线路电感、电容构成的振荡回路充电，有时在达到稳态之前，要经历一个高频振荡过程，从而引起过电压。

在中性点不接地系统中发生单相不稳定电弧接地，接地点的电弧间隙性的熄灭和重燃，有可能在电网健全相和故障相产生过电压，称此为间隙性电弧接地过电压，也属于操作过电压。

# 第二节　直击雷防护

为防止直接雷击电力设备，一般采用避雷针或避雷线。为防止直接雷击高压架空线路，一般多用架空避雷线（俗称架空地线）。

## 一、单支避雷针的保护范围

单支避雷针的保护范围如图 7-2 所示。图 7-2 中，避雷针高为 $h$，避雷针在地面上的保护半径为 $1.5hp$；在被保护物高度为 $h_x$ 时，$h_x$ 水平面上的保护半径 $r_x$ 按以下公式计算确定

（1）当 $h_x \geqslant h/2$ 时

$$r_x = (h - h_x)p = h_a p \qquad (7-1)$$

（2）当 $h_x < h/2$ 时

$$r_x = (1.5h - 2h_x)p \qquad (7-2)$$

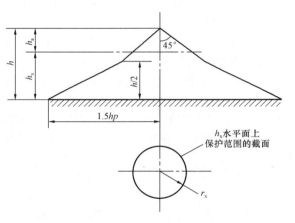

图 7-2　单支避雷针的保护范围

式中　$r_x$——避雷针在高度为 $h_x$ 水平面上的保护半径，m；

　　　$h_x$——被保护物的高度，m；

　　　$h_a$——避雷针的有效高度，m；

　　　$h$——避雷针高度，m；

　　　$p$——高度影响系数，$h \leqslant 30\text{m}$ 时，$p = 1$；$30 < h \leqslant 120\text{m}$ 时，$p = \dfrac{5.5}{\sqrt{h}}$。

## 二、两支等高避雷针的保护范围

两支避雷针，其高度都等于 $h$，两支等高避雷针的保护范围如图 7-3 所示。图 7-3 中 1、2 为两支等高避雷针，其保护范围按下列方法确定。

（1）两针外侧的保护范围应按单支避雷针的计算方法确定。

（2）两针间的保护范围应按通过两针顶点及保护范围上部边缘的最低点 $O$ 的圆弧确定，圆弧的半径为 $R_O$，$O$ 点离地高度为 $h_O$，计算方法如下

$$h_O = h - \frac{D}{7p} \qquad (7-3)$$

式中　$h_O$——两针间保护范围上部边缘最低点的高度，m；

$D$——两避雷针间的距离，m；

$p$——高度影响系数，见式（7-1）和式（7-2）；

$h$——避雷针高度，m。

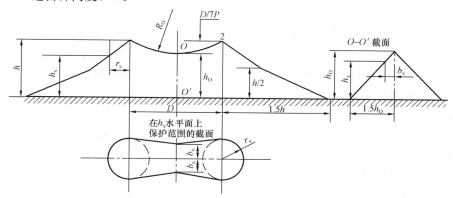

图 7-3　高度为 $h$ 的两等高避雷针的保护范围

两针间 $b_x$ 水平面上保护范围一侧的最小宽度（见图 7-3）可按下式计算

$$b_x = 1.5(h_O - h_x) \tag{7-4}$$

两针间距离 $D$ 与针高 $h$ 之间比 $D/h$ 不宜大于 5。

### 三、多支避雷针的保护范围

#### （一）3 支等高避雷针的保护范围

3 支等高避雷针的保护范围：由 3 支避雷针构成的三角形外侧的保护范围，可分别按两支等高避雷针的计算方法确定；在三角形内侧，如果在被保护物最大高度 $h_x$ 水平面上，各相邻避雷针间保护范围的一侧最小宽度 $b_x \geqslant 0$ 时，则全部面积即受到保护。

#### （二）4 支及以上等高避雷针的保护范围

4 支及以上等高避雷针所形成的四边形或多角形，可先将其分成两个或几个三角形，然后分别按三支等高避雷针的方法计算，如各边保护范围的一侧最小宽度 $b_x \geqslant 0$，则全部面积受到保护。

### 四、在变电站里避雷针、避雷线安装位置等的有关规定

根据 DL/T 620—1997《交流电气装置的过电压保护和绝缘配合》规定，在变电站里避雷针、避雷线的安装位置有如下要求：

（1）变电站门型架构、构架上安装避雷针、避雷线的限制条件：

1）35kV 及以下高压配电装置架构或房顶不宜装避雷针。

2）66kV 的配电装置允许将避雷针装在配电装置的架构或房顶上，但土壤电阻率大于 $500\Omega \cdot m$ 的地区，宜装设独立避雷针。

3）110kV 及以上的配电装置，一般将避雷针装在配电装置的架构或房顶上，但土壤电阻率大于 $1000\Omega \cdot m$ 的地区，宜装设独立避雷针。

4）避雷针与主接地网的地下连接点至变压器与主接地网的地下连接点，沿接地体的长度不得小于 15m。

5）在变压器的门型构架上，不应装设避雷针、避雷线。

6）110kV 及以上的配电装置可将线路的避雷线引接到出线门型构架上。对土壤电阻率大于 $1000\Omega \cdot m$ 的地区，应装设集中接地装置。

7）35～66kV 的配电装置，在土壤电阻率不大于 500Ω·m 的地区，允许将线路的避雷线引接到出线门型构架上，但应装集中接地装置。在土壤电阻率大于 500Ω·m 的地区，避雷线应架设到线路终端杆塔为止。从线路终端杆塔到配电装置的一档线路的保护，可采用独立避雷针，也可在线路终端杆塔上装设避雷针。

（2）严禁在装有避雷针、避雷线的构筑物上装设通信线、广播线和低压线。

（3）独立避雷针宜设独立的接地装置，其接地电阻一般不宜超过 10Ω。当有困难时，该接地装置可与主接地网连接，但避雷针与主接地网的地下连接点至 35kV 及以下设备与主接地网的地下连接点，沿接地体的长度不得小于 15m。

（4）对 $S_k$ 和 $S_d$ 的要求：

$S_k$ 是指独立避雷针或避雷线与配电装置带电部分，以及与电力设备和架构的接地部分之间的空气中距离。

$S_d$ 是指独立避雷针或避雷线的接地装置与变电站接地网之间的地中距离。

1）对于独立避雷针 $S_k$、$S_d$，应符合下列要求

$$S_k \geqslant 0.2R_{ch} + 0.1h \tag{7-5}$$

$$S_d \geqslant 0.3R_{ch} \tag{7-6}$$

式中　$R_{ch}$——独立避雷针的冲击接地电阻，Ω；

　　　$h$——避雷针校验点的高度，m。

2）对于一端绝缘另一端接地的避雷线 $S_k$、$S_d$，应符合下列要求

$$S_k \geqslant 0.2R_{ch} + 0.1(h + \Delta l)$$
$$S_d \geqslant 0.3R_{ch} \tag{7-7}$$

式中　$R_{ch}$——独立避雷线的冲击接地电阻，Ω；

　　　$h$——避雷线支柱的高度，m；

　　　$\Delta l$——避雷线上校验的雷击点与接地支柱的距离，m。

3）对于两端接地的避雷线 $S_k$、$S_d$，应满足下列要求

$$S_k \geqslant \beta'[0.2R_{ch} + 0.1(h + \Delta l)] \tag{7-8}$$

$$S_d \geqslant 0.3\beta'R_{ch} \tag{7-9}$$

式中　$\Delta l$——避雷线上校验的雷击点与最近支柱间的距离，m；

　　　$\beta'$——避雷线分流系数，可按下式计算

$$\beta' \approx \frac{l_2 + h}{l_2 + \Delta l + 2h} \tag{7-10}$$

其中，$l_2 = l - \Delta l'$，$\Delta l'$ 为避雷线上校验的雷击点与另一端支柱间的距离，$l$ 为避雷线两支柱间的距离，m。

除以上要求外，对避雷针和避雷线，$S_k$ 不宜小于 5m，$S_d$ 不宜小于 3m。

# 第三节　雷电侵入波的防护

为了防止雷电侵入波对变电站电气设备绝缘造成击穿损坏，应采取措施减少近区雷击闪络，并且要合理配置避雷器，使雷电侵入波通过避雷器对地放电，将能量泄漏掉，这样就不致对电气设备的绝缘造成威胁。因此对雷电侵入波的过电压保护主要措施有变电站进线段保护、变电站母线装设避雷器、主变压器中性点装设避雷器、与架空线路直接连接的电力电缆终端头处装设避雷器等。

### 一、变电站进线段保护

变电站进线段保护的目的是防止进入变电站的架空线路在近区遭受直接雷击，并对由远方输入的雷电侵入波通过避雷器或电缆线路、串联电抗器等将其过电压数值限制到一个对电气设备没有危险的较小数值。具体措施如下：

（1）未沿全线装设避雷线的 35～110kV 架空送电线路，应在变电站 1～2km 的进线段架设避雷线。如果该进线隔离开关或断路器在雷雨季节经常开路运行，同时线路侧又带电，则必须在进线段的末端，即靠近隔离开关或断路器处装设一组排气式避雷器或阀型避雷器。

（2）对于 3～10kV 配电装置（或电力变压器）其进线防雷保护和母线防雷保护的接线方式如图 7-4 所

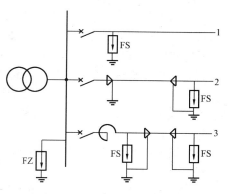

图 7-4　3～10kV 配电装置雷电侵入波的保护接线

示。从图 7-4 中可见配电装置的每组母线上装设站用阀型避雷器 FZ 一组；在每路架空进线上也装设配电线路用阀型避雷器 FS 一组（图 7-4 中线路 1），有电缆段的架空线路（图 7-4 中线路 2）避雷器应装设在电缆头附近，其接地端应和电缆金属外皮相连；如果进线电缆在与母线相连时串接有电抗器（图 7-4 中线路 3），则应在电抗器和电缆头之间增加一组阀型避雷器，如图 7-4 所示。实际上无论电缆进线或架空进线，只要与母线之间的隔离开关或断路器在夏季雷雨季节时经常处于断路状态，而线路侧又带电时，则靠近隔离开关或断路器处必须装设一组阀型避雷器，以防止雷电侵入波遇到断口时无法行进，出现反射而使绝缘击穿造成事故。

雷电进行波沿着电力线路往前行进时，如果遇到处于分闸状态的断路器（或隔离开关），就无法行进，于是被迫掉头往回走，这就是波的反射。雷电反射波与进行波两者叠加，其电压数值为原有进行波的 2 倍，对电气设备容易造成击穿。为了防止雷电侵入波反射造成事故，对于变电站来说，凡正常处于分闸状态的高压进出线，必须在断路器（或隔离开关）的断口外侧（线路侧）加装避雷器或保护间隙。如果配电线路上有正常处于分闸状态的分段开关，则在开关两侧都应装设避雷器或防雷间隙。

在图 7-4 中，母线上避雷器与主变压器的电气距离不宜超过表 7-1 的规定。

表 7-1　　　　　　　　　避雷器与 3～10kV 主变压器的最大电气距离

| 雷季经常运行的进线路数 | 1 | 2 | 3 | 4 及以上 |
|---|---|---|---|---|
| 最大电气距离（m） | 15 | 20 | 25 | 30 |

（3）35kV 及以上线路如果有电缆进线段，在电缆与架空线的连接处应装设阀型避雷器，其接地端应与电缆的金属外皮连接。对三芯电缆，其末端（靠近母线侧）的金属外皮应直接接地；对单芯电缆，应经金属氧化物电缆护层保护器或保护间隙接地。

如果进线电缆段不超过 50m，则母线侧可不装避雷器；如果进线电缆段超过 50m，且进线电缆段的断路器在雷季经常断路运行，则母线侧电缆终端处必须装设避雷器。

连接进线电缆段的 1km 架空线路，应装设避雷线。

（4）3～10kV 配电变压器应在高压侧装设避雷器。避雷器应尽量靠近变压器装设，其接地线应与变压器低压侧中性点及金属外壳等连在一起。

（5）3～10kV Yyn 接线的配电变压器，宜在低压侧也装设一组避雷器或击穿熔断器，以防止反变换波和低压侧雷电侵入波击穿高压侧绝缘（反变换波是指高压侧遭受雷击，避雷器放电，其接地装置出现对地高电位，经过变压器低压侧中性点，通过变压器反转过来在高压侧变换产生高电压冲击波）。

（6）0.4～35kV 配电变压器，其高低压侧均应装设避雷器。

### 二、变压器中性点的防雷保护

（1）中性点直接接地系统中，中性点不接地的变压器，如变压器中性点的绝缘按线电压设计，但变电站为单进线且为单台变压器运行，则中性点应装设防雷保护装置；如变压器中性点绝缘没有按线电压设计，则无论进线多少，均应装设防雷保护装置。

（2）中性点小接地电流系统中的变压器，一般不装设中性点防雷保护装置；但多雷区单进线变电站宜装设保护装置；中性点接有消弧线圈的变压器，如有单进线运行可能，也应在中性点装设保护装置。

变电站内所有避雷器应以最短的接地线与主接地网连接，同时应在其附近装设集中接地装置。

### 三、避雷器的接地方式及各种电气设备接地电阻最大允许值

避雷器的接地线与接地装置的连接点与被保护设备的接地点应尽量靠近。进线段保护用的排气式避雷器，正常接线时接地电阻应不大于 10Ω；简化接线时一般不大于 5Ω。所谓简化接线是指 35kV 小容量变电站采用 500～600m 进线段，或采用 150～200m 进线段时的保护接线方式。

变电站母线保护阀型避雷器和进线保护阀型避雷器的接地线与变电站的地线网直接相连，其接地电阻值随变电站的地线网而定。各种电力设备和线路接地电阻的最大允许值规定如下：

1. 直接接地系统的电力设备的接地电阻

直接接地系统电力设备的接地电阻按下式考虑

$$R \leqslant 2000/I \qquad (7\text{-}11)$$

当 $I > 4000A$ 时，$R \leqslant 0.5Ω$

式中　$I$——经接地网流入地中的最大短路电流，A；

　　　$R$——考虑季节变化的最大接地电阻，Ω。

2. 小接地电流系统电力设备的接地电阻

（1）当接地网与 1kV 及以下设备共用接地时，接地电阻

$$R \leqslant 120/I \qquad (7\text{-}12)$$

（2）当接地网仅用于 1kV 以上设备时，接地电阻

$$R \leqslant 250/I \qquad (7\text{-}13)$$

在上述两式中，在任何情况下，要求接地电阻一般不得大于 10Ω。

式中　$I$——经接地网流入地中的短路电流，A；

　　　$R$——考虑到季节变化最大接地电阻，Ω。

3. 1kV 以下电力设备的接地电阻

（1）使用同一接地装置的所有设备总容量达到 100kVA 及以上时，其接地电阻不宜大于 4Ω。

（2）使用同一接地装置的所有设备总容量小于 100kVA 时，接地电阻允许不超过 10Ω。

4. 独立避雷针的接地电阻

独立避雷针的接地电阻不大于 10Ω。

5. 有架空地线的线路杆塔的接地电阻

当杆塔高度在 40m 以下时，按表 7-2 规定值；当杆塔高度在 40m 及以上时，取表 7-2 中数值

的 50%。当杆塔高度在 40m 以上，而土壤电阻率大于 2000Ω·m，接地电阻又难于达到 15Ω 时，可增加至 20Ω。对于 40m 以下的杆塔，如土壤电阻率很高，接地电阻难于降到 30Ω 时，可采用 6～8 根总长不超过 500m 的放射形接地体或连续伸长接地体，这时接地电阻可不受限制。

表 7-2 有架空地线的线路杆塔接地电阻最大允许值

| 土壤电阻率（Ω·m） | 接地电阻（Ω） | 土壤电阻率（Ω·m） | 接地电阻（Ω） |
|---|---|---|---|
| 100 及以下 | 10 | 1000～2000 | 25 |
| 100～500 | 15 | 2000 以上 | 30 |
| 500～1000 | 20 | | |

6. 无架空地线的线路杆塔接地电阻

（1）小接地电流系统的钢筋混凝土杆或金属杆，接地电阻最大允许值 30Ω。

（2）低压进户线绝缘子铁脚，接地电阻最大允许值 30Ω。

7. 3～10kV 经常断路运行而又带电的柱上断路器和负荷开关的防雷保护

3～10kV 经常断路运行而又带电的柱上断路器和负荷开关应采用阀型避雷器或放电间隙保护，装在电源侧，其接地线应与柱上断路器等的金属外壳连接，且接地电阻不应超过 10Ω。

### 四、阀型避雷器

过去常用的阀型避雷器为普通阀型避雷器，现在已不生产。目前只生产金属氧化物阀型避雷器。

#### （一）普通阀型避雷器

普通阀型避雷器是指碳化硅阀式避雷器（见图 7-5）。

1. 结构及工作原理

碳化硅阀式避雷器主要由火花间隙和金刚砂阀性电阻盘串联组成。火花间隙是由多个放电间隙串联组成的火花间隙组。每个放电间隙由上、下两个冲压成型的黄铜平板电极和一个环形云母垫圈组成。金刚砂阀性电阻盘简称阀片，是由金刚砂（硅化硅）颗粒和水玻璃混合后，经模型压制成饼状，在高温下焙烧而成。阀片的电阻阻值随电流的大小而变化。电流大时电阻就小，电流小时电阻就大。电压电流的关系可用 $U = KI^a$ 表示，$a$ 称为非线性系数，其值小于 1，一般为 0.2 左右。阀片也称为非线性电阻片。

阀型避雷器的工作原理为：接于电力系统运行的阀型避雷器，由于火花间隙组具有足够的对地绝缘强度，正常运行时不会被工频电压击穿，这时阀片电阻盘也不会有电流流过。当电力系统出现危险过电压时，例如遇到雷电过电压，这时火花间隙被击穿，雷电流通过火花间隙经阀片电阻引入大地。

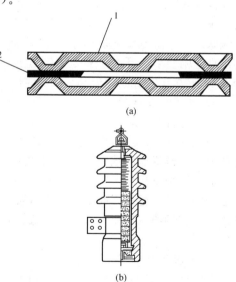

图 7-5 FS-10 型普通阀型避雷器
（a）单个平行板型火花间隙；（b）剖面图
1—黄铜电极；2—云母片

在雷电压作用在阀片电阻上时，阀片电阻的金刚砂颗粒间的小气隙被击穿，使颗粒间的接触面加大，电阻降低，雷电流容易通过，而且在阀片电阻上的压降（一般将此压降称为残压）减小。由于被保护电气设备和阀型避雷器是并联连接的，被保护设备上所承受的过电压即是避雷器上的残压。通过适当配置阀片参数，可使残压不超过被保护电气设备的绝缘水平，以保证被保护电气设备的安全。

在雷电流通过以后，工频电流也跟着通过阀型避雷器的火花间隙和阀片电阻，这个工频电流称为工频续流。由于工频续流比雷电流小得多，因此阀片电阻迅速上升，限制工频续流通过，与此同时火花间隙组将工频续流分割成几段，将电弧熄灭，使避雷器恢复对地绝缘，电力系统恢复正常运行。

2. 型号及用途

普通碳化硅阀型避雷器有 FZ 和 FS 两种型号。FZ 为站用避雷器，其结构除了平板火花间隙和阀片电阻外，在火花间隙旁并联有均压电阻。在工频电压作用下，并联电阻中流过的电流比火花间隙中的电容电流大，因此电压分布主要取决于并联电阻值，使各间隙上的电压分布均匀，间隙不容易击穿，有利于灭弧。在雷电冲击电压作用下，由于所加电压频率较高，容抗变小，使火花间隙上电压分布变得不均匀，容易击穿。这样既保证了一定的工频放电电压，又尽量降低了冲击放电电压，使避雷器的保护性能得到了改善。

FS 为配电用避雷器，火花间隙旁没有并联均压电阻，因此其性能不如 FZ 型，但结构比 FZ 型简单，体积也较小。FZ 型比 FS 型的残压要低，多用在发电厂和变电站的电气设备防雷保护；FS 型则多用在配电线路上和配电变压器、开关设备的防雷保护上。

### （二）金属氧化物避雷器

目前，金属氧化物避雷器是我国唯一允许生产和销售的在电力系统中使用的阀型避雷器。

金属氧化物避雷器俗称氧化锌避雷器。其主要工作元件为金属氧化物非线性电阻片，它具有非线性伏安特性，在过电压时呈低电阻，从而限制避雷器上的残压，对被保护设备起保护作用。而在正常工频电压下呈高电阻，流过不超过 1mA 的对地泄漏电流，实际上使带电母线对地处于绝缘状态，无需串联间隙来隔离工作电压。由于氧化锌避雷器电阻片的阻值随外部电压的过电压而出现急剧变小，因此也称其为压敏电阻。氧化锌阀片具有很理想的伏安特性，其非线性系数 $\alpha$ 为 $0.015 \sim 0.05$，比碳化硅阀片的非线性系数小得多。

1. 金属氧化物避雷器的工作原理

正常运行时，氧化锌避雷器工作在正常工频电压下，避雷器的氧化锌电阻片具有极高阻值，呈绝缘状态；当出现雷电过电压或内部过电压时，电压超过启动值后，阀片呈低阻状态，泄放电流，避雷器两端维持较低的残压，以保护电气设备不受过电压损坏。待过电压结束后，避雷器立即恢复极高电阻，继续保持绝缘状态，对地只流过不超过 1mA 的泄漏电流，保证电力系统的正常运行。因此氧化锌避雷器可以不需要设置火花间隙，也不需要进行灭弧。氧化锌避雷器动作迅速、通流量大、残压低、无续流，对大气过电压和某些内部过电压都能起到保护作用。

2. 金属氧化物避雷器的型号含义

金属氧化物避雷器的型号表示如图 7-6 所示。有的金属氧化物避雷器其型号的第一个字母增加一个"H"，代表其外绝缘为合成橡胶。图 7-7 为金属氧化物避雷器的外形和阀片电阻。

3. 金属氧化物避雷器的额定电压

无间隙金属氧化物避雷器的额定电压按式（7-14）计算。

$$U_r \geqslant KU_T \tag{7-14}$$

式中　$K$——切除单相接地故障时间系数。10s 及以内切除，$K = 1.0$；10s 及以上切除，$K =$

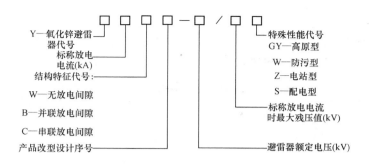

图 7-6　金属氧化物避雷器型号表示

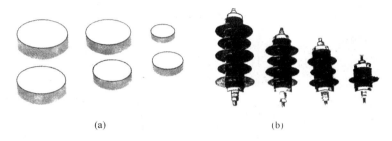

(a)　　　　　　　　　　　　　　(b)

图 7-7　金属氧化物避雷器的阀片和外形

(a) 阀片；(b) 外观

1.25～1.3（$K=1.25$ 主要用于保护并联电容器及其他绝缘较弱设备的避雷器）；

$U_T$——暂时过电压，kV，见表 7-3；

$U_r$——无间隙金属氧化物避雷器额定电压，kV。

表 7-3　　　　　　　　　　　　暂时过电压 $U_T$ 推荐值　　　　　　　　　　kV（有效值）

| 接地方式 | 非直接接地系统 | | 直接接地系统 | | |
|---|---|---|---|---|---|
| 系统标称电压 | 3～20 | 35～66 | 110～220 | 330～500 | |
| | | | | 母线侧 | 线路侧 |
| $U_T$ | $1.1U_m$ | $U_m$ | $1.4U_m/\sqrt{3}$ | $1.3U_m/\sqrt{3}$ | $1.4U_m/\sqrt{3}$ |

注　最高工作电压 $U_m$ 见表 7-4。

表 7-4　　　　　　　　　　电力系统标称电压和最高工作电压　　　　　　　　kV（有效值）

| 标称电压 $U_n$ | 3 | 6 | 10 | 20 | 35 | 66 | 110 | 220 | 330 | 500 |
|---|---|---|---|---|---|---|---|---|---|---|
| 最高工作电压 $U_m$ | 3.6 | 7.2 | 12 | 24 | 40.5 | 72.5 | 126 | 252 | 363 | 550 |

【例 7-1】　10kV 中性点非直接接地系统，单相接地故障继电保护发故障信号，不跳闸，允许运行 2h，试选择无间隙金属氧化物避雷器的额定电压。

解：　$K=1.3$，$U_T=1.1U_m$，$U_m=12$kV

避雷器额定电压

$$U_r \geqslant KU_T = 1.3 \times 1.1 \times 12 = 17.16 \text{kV}$$

**答**：避雷器的额定电压按式（7-14）计算得 17.16kV。

根据电力行业标准 DL/T 804—2002《交流电力系统金属氧化物避雷器使用导则》，建议［例7-1］中 10kV 避雷器的额定电压选用 17kV（见表7-5）。

表 7-5 　　　　　　无间隙金属氧化物避雷器额定电压 $U_r$ 的建议值　　　　　　kV

| 接地方式 | 非直接接地系统及小阻抗接地系统 | | | | | | | | | | | | 直接接地系统 | | | | | |
| --- | --- | --- | --- | --- | --- | --- | --- | --- | --- | --- | --- | --- | --- | --- | --- | --- | --- | --- |
| | 10s 及以内切除故障 | | | | | | 10s 以上切除故障 | | | | | | | | | | | |
| 系统标称电压 | 3 | 6 | 10 | 20 | 35 | 66 | 3 | 6 | 10 | 20 | 35 | 66 | 110 | 220 | 330 | | 500 | |
| | | | | | | | | | | | | | | | 母线侧 | 线路侧 | 母线侧 | 线路侧 |
| $U_r$ | 4 | 8 | 13 | 26 | 42 | 72 | 5 | 10 | 17 | 34 | 54 | 96 | 102 | 204 | 300 | 312 | 420 | 444 |

### 五、排气式避雷器

排气式避雷器旧称管型避雷器，其结构如图 7-8 所示。

排气式避雷器由产气管、内部间隙和外部间隙三部分组成，如图 7-8 所示。产气管可用纤维、有机玻璃或塑料制成。内部间隙 $S_1$ 装在产气管的内部，一个电极为棒型，另一个电极为环形。外部间隙 $S_2$ 装在排气式避雷器与带电的线路之间。正常情况下它将排气式避雷器与带电线路绝缘起来。

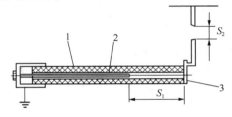

图 7-8　管型避雷器的构造
1—产气管；2—内部电极；3—外部电极
$S_1$—内部间隙；$S_2$—外部间隙

排气式避雷器的工作原理：当线路上遭受雷击时，大气过电压使管型避雷器的外部间隙和内部间隙击穿，雷电流通入大地。接着供电系统的工频续流在管子内部间隙处发生强烈的电弧，使管子内壁的材料燃烧，产生大量灭弧气体。由于管子容积很小，这些气体的压力很大，因而从管口喷出，强烈吹弧，在电流经过零值时，电弧熄灭。这时，外部间隙 $S_2$ 的空气恢复了绝缘，使排气式避雷器与系统隔离，恢复系统的正常运行。

由于排气式避雷器放电时是依靠电力系统的短路电流在管内产生气体来消弧的，如果电力系统的短路电流很大，产生的气体就很多，压力很大，这样就有可能使排气式避雷器的管子爆炸；如电力系统的短路电流很小，产生的气体就较少，这样将不能达到消弧的目的，并可能使排气式避雷器因长期通过短路电流而燃烧。因此，为了保证排气式避雷器可靠地工作，在选择排气式避雷器时，其开断续流的上限，应不小于排气式避雷器安装处短路电流最大有效值（考虑非周期分量）；开断续流的下限，应不大于排气式避雷器安装处短路电流的可能最小值（不考虑非周期分量）。

排气式避雷器动作时排出具有一定压力的电弧气体，因此不允许在户内、场院或靠近人员活动的场所使用。排气式避雷器只用在 35kV 架空线路上作为防雷保护用，偶尔也可在 6～10kV 架空线路上使用。

## 第四节　内部过电压原因分析举例

### 一、一相断线过电压

在三相供电系统中，在运行时如发生一相断线，则有可能出现电感、电容串联谐振，引起过电压。在停、送电操作时，如果三相不同期，则有可能出现两相合上，另一相没有合上，这时也相当于一相断线，有可能出现过电压。下面来看一个实例：某 10kV 变电站有一相电压互感器突然击穿短路，变电站的 10kV 进线跌落式熔断器有一相熔丝棒掉闸。当时认为发生事故的原因是电压互感器质量不良引起击穿短路。在更换新的电压互感器后，过了不长时间，新换上的电压互感器又击穿短路，进户跌落式熔断器仍然出现一相熔丝棒掉闸。后来才调查清楚，发生事故的真正原因是进户线跌落式熔丝棒一相脱落造成断线过电压，引起电压互感器过电压击穿损坏。

如图 7-9 所示，当 A 相跌落式熔断器因熔丝棒触头合闸不牢，自动脱落后，形成 A 相断线。图 7-9（a）中电容 $C_1$、$C_2$ 分别为断路点两侧的对地电容；图 7-9（b）为等值电路图。

图 7-9 中电容 $C_1$ 为电源侧与 A 相线路直接相连的所有配电线路的对地电容；$C_2$ 为从跌落式熔断器到电压互感器的一段线路的对地电容。如果这段线路为架空线，由于线路很短，对地电容 $C_2$ 很小，$C_1$ 与 $C_2$ 串联后总电容 $C$ 更小，容抗则很大，等值容抗 $X_C$ ≫$X_L$。这里 $X_L$ 为电压互感器的励磁电抗。这时回路中的电流 $I$ 很小。电压互感器上承

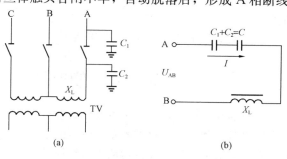

图 7-9　断相过电压
(a) 电路图；(b) 等值电路图

受的电压为电流 $I$ 与 $X_L$ 的乘积。当电流 $I$ 很小，$I \approx 0$ 时，电压互感器上的电压趋于零。如果从跌落式熔断器到电压互感器的一段线路为电缆，而且较长，则对地电容 $C_2$ 增大，这时 $C_1$、$C_2$ 串联后的等值电容较前增大，容抗减小。如果满足关系式 $X_L < X_C < 2X_L$，则串联回路的电流 $I$ 大于电压互感器的额定励磁电流，即电压互感器上承受的电压超过额定电压。如果容抗等于 2 倍感抗，则有 $X_C = 2X_L$，这时容抗上的压降等于电压互感器上励磁电压的 2 倍，电压互感器上承受的电压大小正好等于电源电压 $U_{AB}$ 的大小，即 $U_{XL} = U_{AB}$。上述分析可以用图 7-10 的相量图表示。

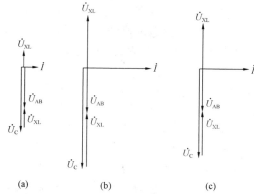

图 7-10　A 相断线时，电压互感器 $X_L$ 上承受电压 $U_{XL}$ 数值分析

## 二、分频谐振过电压

### 1. 分频谐振过电压定义

分频谐振过电压在中性点绝缘系统，例如 3～10kV 配电系统较为常见。发生分频谐振过电压时，三相电压同时升高，谐振频率为 1/2 工频，即 25 周，因此称为分频谐振过电压。

分频谐振过电压虽然过电压倍数并不很高，但是流过电压互感器的电流极大，容易引起电压互感器过热烧坏。这是因为过电压的频率为 1/2 工频，电压互感器的励磁电流频率减小一半，磁通增加一倍，铁芯严重饱和，因此电流大大超过额定电流。此外，分频谐振过电压的时间较长，这个电压对避雷器长期作用，使避雷器对地流过一个击穿电流，长期不能熄弧，引起避雷器爆炸。

因此，发生分频谐振时，可以从控制屏上看到三相三块电压表表针低频大幅摆动。这是谐振频率较低所致，同时会出现多个电压互感器冒烟、避雷器爆炸等设备损坏事故。

### 2. 分频谐振过电压的发生机制

分频谐振过电压一般发生在系统出现单相接地之后。当系统出现单相接地时，引起中性点位移。中性点位移电压作用在电压互感器的电感和各相导线对地电容组成的电感电容振荡回路上。

当单相接地故障的接地点脱开时，引起电场能量和磁场能量的分布状态发生变化，从一种能量分布状态向另一种能量分布状态过渡时，产生电磁场振荡，有可能形成基频、分频或高频谐振过电压。

实际上，分频谐振过电压属于铁磁谐振过电压的一种。有人对单相接地后引起的谐振过电压进行了详细的研究，得出结论：中性点不接地系统单相接地后，是否引起铁磁谐振，以及引起谐振的特性，与系统各相对地容抗 $X_{co}$、系统内各相电压互感器的对地励磁电抗 $X_m$ 的大小比值有关。

防止发生分频谐振过电压事故的措施在前面已有提及，不再重复。

# 第五节　变电站电气设备绝缘试验方法

从上面介绍可知，变电站电气设备在运行中有时要承受大气过电压和操作过电压的袭击，因此电气设备必须具备足够的耐受过电压的电气绝缘强度。为了考核电气设备的绝缘耐受能力，需要对新投运的电气设备在投运前进行绝缘试验，对已投运的电气设备也需定期进行绝缘试验。前者称为交接试验，后者称为预防性试验。下面介绍几种常用的试验方法。

## 一、绝缘电阻和吸收比试验

### （一）绝缘的吸收特性

任何绝缘材料都并非绝对不导电，当加上电压时，就会有微小的电流流过。当直流电压加到固体绝缘介质上时，会有一个随时间而减小，最后趋于稳定的微小电流通过，这个电流可以分为三部分（见图 7-11）。

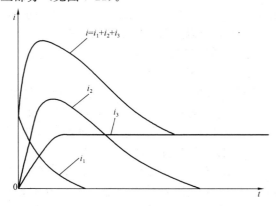

图 7-11　固体介质的电流吸收特性曲线
$i_1$—电容电流；$i_2$—吸收电流；$i_3$—泄漏电流

1. 电容电流

也称几何电流，在加直流电压最初瞬间，介质的电子或离子在外电场作用下产生位移，而引起一个衰减特别迅速的电容电流。这个电流的大小取决于绝缘材料的几何电容。

2. 吸收电流

在加直流电压时，由于介质的偶极子发生转动而引起的极化电流，以及由不同介质或介质的不均匀引起的夹层极化的极化电流，称为吸收电流。吸收电流和电容电流的区别是：电容电流是无损极化电流，衰减特别迅速，充电时间取决于时间常数 $RC$ 的乘积 $\tau$，当充电时间达到 $3\sim5\tau$ 时（一般不超过几秒钟），电容电流衰减到可以忽略的程度，而吸收电流（有损极化电流）衰减要慢得多，大约要几十秒钟到几分钟。

3. 泄漏电流（也称传导电流）

绝缘介质中含有少量束缚较弱的离子或电子，它们在外电场作用下定向移动形成电流。泄漏电流的大小与时间无关，与绝缘内部是否受潮、表面是否清洁等因素有关。

在测定绝缘时，绝缘电阻的数值与上述三种电流组成的总电流有关。由于绝缘电阻与电流成反比，因此总电流随时间衰减，绝缘电阻随时间上升，最后稳定在由泄漏电流所决定的某一数值。这一过程称为绝缘电阻的吸收特性。

### （二）绝缘电阻和吸收比

绝缘电阻的高低取决于加上直流电压后流过绝缘介质的传导电流的大小。为了获得比较正确的数值，必须使电容电流和吸收电流衰减到可以忽略的很小数值，因此在测试需要等待一定时间。绝缘电阻和传导电流之间的关系为

$$R_1 = \frac{U_z}{I_s} \tag{7-15}$$

式中　$R_1$——绝缘电阻，$M\Omega$；

$U_z$——加在绝缘材料两端的直流电压，V；

$I_s$——通过绝缘材料的泄漏电流，$\mu A$。

从图 7-11 的吸收特性曲线知道，在测试绝缘电阻时，被试设备的绝缘电阻值主要与吸收电流和泄漏电流有关，因此通过绝缘电阻随时间相对变化的幅度大小可以反映出泄漏电流所占总测试电流的比例多少。当电气设备绝缘受潮时，由于总测试电流中泄漏电流的分量大为增加，吸收电量的分量相对减少，则绝缘电阻随时间的变化变得平滑（见图 7-12），即通过绝缘电阻随时间的变化关系（吸收特性）可以反映出绝缘的受潮程度来。所谓吸收比试验就是根据上述原理制定的，在实际试验中通常是指绝缘电阻表摇测 60s 时的绝缘电阻数值对 15s 时的绝缘电阻数值之比。绝缘受潮时，$K$ 值减小。

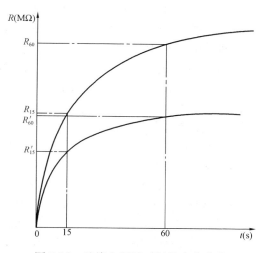

图 7-12　绝缘电阻随时间的变化曲线

$$K = \frac{R_{60}}{R_{15}} \tag{7-16}$$

### （三）绝缘电阻测试方法

测量绝缘电阻的仪器叫绝缘电阻表，俗称摇表、兆欧表或梅格表，其内部电路如图 7-13 所示。

绝缘电阻表的出线有三个端子：电压出线端子（标以"线"字）、接地线端子（标以"地"字）和屏蔽端子。绝缘电阻表内小发电机的电压有 500、1000、2500V 和 5000V 等几种。在绝缘电阻表刻度盘上直接标出绝缘电阻的数值。

测试绝缘电阻时应注意以下事项：

（1）试验前首先应将被试物的一切电源连线断开，并将被试设备短路接地，充分放电，然后拆除一切外部连线，方可进行试验。

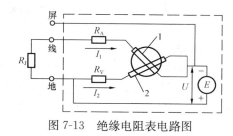

图 7-13　绝缘电阻表电路图

（2）将被试物绝缘表面擦拭干净；如被试物内有可燃性气体应放尽，以免引起爆炸。

（3）根据被试物的电压等级选择适用的绝缘电阻表。

（4）试验用的引线绝缘不良会严重影响测试结果，必须引起注意。

（5）将绝缘电阻表安放在适当的位置，有水平仪的兆欧表应调好水平。

（6）被试物引出线接于绝缘电阻表的"线"（L）柱上，被试物的接地端应与绝缘电阻表的"地"（E）柱连接，并与接地网相连。

（7）用恒定速度摇动绝缘电阻表把手，尽量保持120r/min。

（8）绝缘电阻表表针初始时指示较低，以后逐渐上升，待指示稳定后（如表针长时间不稳定可取1min），读取数值。

（9）试验结束时应先断开"线路"端至被试物的连线，然后才可停止绝缘电阻表，以免被试物电容电流倒充而烧坏绝缘电阻表。在试验电缆、电容器和大容量变压器时这一点尤其重要。

（10）试验结束后，被试物接地放电。

（11）在有感应电压的线路上（同杆架设的双回线或单回路与另一线路有平行段）测量绝缘时，必须将另一回线路同时停电，方可进行测试。雷电时，严禁测量线路绝缘。电压较高、线路较长的送电线路，即使附近没有平行的带电线路，由于静电积累，也有感应电压，如没有安全保障不可进行绝缘电阻测试。

（12）如果被试设备在户外很高的构架上（例如测试35kV以上的变流器绝缘电阻），使用的试验引线可能很长，这时要注意将试验引线固定好，以免试验时引线被风刮到邻近的带电设备上造成重大短路事故。

### （四）试验结果的判断

绝缘电阻的测试数值与温度、湿度等都有关系。温度高，绝缘电阻低。对于电动机、变压器等，当温度每升高8～15℃时，绝缘电阻降低接近1倍。当空气相对湿度增大时，绝缘表面泄漏电流增加，绝缘电阻大大下降。因此在判断试验结果时，必须充分考虑温度和湿度的影响。为了避免被试物套管等表面泄漏电流太大影响绝缘电阻测试结果，可以在套管中间绕上几匝裸铜线与绝缘电阻表上的屏蔽端子相连，这样可部分消除套管表面状况对绝缘电阻阻值的影响。

有些设备绝缘电阻的合格标准规程中不作规定，这时可根据经验数据进行判断。

电气绝缘的吸收比可以反映绝缘是否受潮，吸收比越大越好。一般变压器的吸收比不应小于1.3。但如果变压器的电压较低，且容量很小，绝缘电阻测试时，数值很快稳定，也就是吸收电流很小，这时吸收比达不到1.3，而变压器也并未受潮。因此对小容量的配电变压器有时可以不考核吸收比。

对于交流电机，需要测量绕组的吸收比，一般不应低于1.2。同步发电机定子绕组的吸收比一般要求不低于1.3，对环氧粉云母绝缘则要求不低于1.6。

## 二、泄漏电流测试与交直流耐压

### （一）交直流耐压试验原理接线

耐压试验是对被试设备施加一个高于运行电压而低于国家设计标准规定的绝缘水平所能承受的电压，以考验被试设备承受过电压的能力。耐压试验会使被试设备的隐患暴露，甚至可能造成设备击穿，因此称为破坏性试验。

在现场试验中，直流耐压主要用于电机和电缆试验。直流耐压的试验接线与泄漏试验的接线完全相同（见图7-14）。泄漏试验除用于电机和电缆外，还在避雷器试验、变压器试验和断路器试验中有应用。

交流耐压试验通常是指工频交流耐压试验，其接线原理图如图7-15所示。除了工频耐压试验外，此外还有一种交流感应耐压试验。这两种试验的区别是：工频耐压用来考验被试物的主绝缘，即电气设备导电部分的对地绝缘和电气上没有直接联系的不同导体之间的绝缘（包括固体绝缘层、空气间隙和油间隙、沿面爬距等）；而感应耐压主要用来考验变压器、电压互感器等被试物的纵向绝缘，例如绕组的匝间绝缘和层间绝缘。

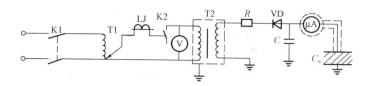

图 7-14 直流耐压（泄漏测试）试验装置原理图

K1、K2—控制开关；T1—调压变压器；T2—试验变压器；

LJ—过电流继电器；$R$—限流电阻；VD—二极管；V—电压表；

$\mu A$—微安表；$C_x$—被试物；$C$—稳压电容

### （二）泄漏试验方法

泄漏电流试验按图 7-14 接线（与直流耐压试验采用相同的接线方式）。

当被试设备本身的电容较大时，稳压电容常可省略。当对测得的泄漏电流绝对值要求不太精确时，高压侧可不进行电压测量。

测量泄漏电流之前，如同测量绝缘电阻一样，要对被试物先进行停电、验电、挂地线放电，然后拆除被试物上的电源线以及一切外部连线。按图 7-14 接好线后，先将调压器回到零位，然后再合上 220V 电源开关，接着将调压器从零位慢慢地、平稳升到规定的试验电压值。当电压达到规定的试验电压时，应待微安表的指针安全

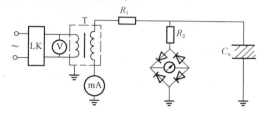

图 7-15 交流耐压试验原理图

T—升压试验变压器；$R_1$—限流电阻；

$R_2$—高压测量电阻；$C_x$—被试物；

V—电压表；LK—调压控制箱；mA—毫安表

平稳后方可读数。如果微安表的指针长时间不能稳定，也可过 1min 后读取泄漏电流值。有的被试设备要求在 25％、50％和 75％试验电压时分别读取泄漏电流值，则可按照有关规程规定执行。

在测量泄漏电流完毕后，应将调压器降回到零位，然后拉开电源开关，对被试物接地放电。

### （三）交直流耐压试验方法及注意事项

1. 交直流耐压试验方法

交直流耐压试验前对被试物都要进行停电、验电、短路接地放电，并拆除被试物的一切对外连接线，其程序和要求与绝缘电阻测试相同。

交直流耐压试验时可分别按图 7-14 或图 7-15 接线。其升压操作程序与泄漏试验基本相同。在升到规定的耐压试验电压后，要停留一段时间，称为耐压时间。对于交流耐压时间按规定大都是 1min，直流耐压时间一般为 5min 或更长，具体要求按规程规定执行。

2. 交直流耐压试验的注意事项

（1）为了防止本来已有缺陷的设备在高电压作用下受到严重损伤，不利于设备的修复，在进行交直流耐压试验之前，应首先查明各项非破坏性试验是否都已合格。如果存在疑问，应查明原因，将缺陷消除后，方可进行试验。

（2）对变压器等充油设备，在注油后或搬运后，应使油充分静止才可进行试验。对于电力变压器一般要静止 24h；但对 6～10kV 的变压器可静止 5～6h。这样做的目的是防止绝缘油中存在气泡而引起局部放电造成不必要的击穿。

（3）耐压试验时的升压速度也要适当。直流耐压试验时的升压要从零开始，平稳上升，保持充电电流不要过大，以免烧坏微安表。交流耐压起始电压不得超过试验电压的 1/3，然后将电压

平稳地升到试验电压值，升压速度以能保证正确地读出表计读数即可。在升压过程中如出现表计读数异常或声音异常等可疑现象，<u>应立即停止升压</u>。

（4）试验变压器高压绕组低电位端必须良好接地。多数升压变压器高压绕组的两个出线端不是等绝缘的，其中一个为高电位端，另一个为低电位端。低电位端的绝缘结构按照正常接地考虑，绝缘十分薄弱。如果升压试验时低电位端没有接地，则会出现高电压，最容易将高压绕组击穿。而且在试验接线中，低电位端常常接有毫安表，如果接地不良有可能使毫安表带上高压，对试验人员的安全造成威胁。

（5）直流耐压（或泄漏试验）时要注意高压整流管或高压硅堆（图 7-13 中的 $D$），不致因反向电压而击穿。当直流耐压或泄漏试验时，由于容性被试物被充电后电荷储存在两端电极上，因此电压不变。当交流电源按正弦规律变化时，电源的极性在一个周期内有两次变化，随着电源极性的变化，高压硅堆上所受的电压最大值为电源电压的峰值和被试物上储存电压的叠加，这个电压将是直流试验电压的 2 倍。因此高压硅堆（或高压整流管）两电极之间的绝缘强度必须能承受试验时的反向电压，否则就会被击穿。根据这一原因，高压硅堆（或整流管）必须降低到额定电压的 1/2 使用，即最大工作电压应为额定反向电压的一半。

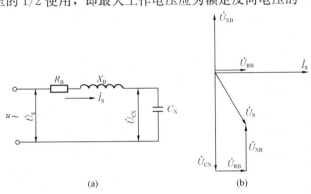

图 7-16　工频耐压试验时的容升

（a）等值电路图；（b）相量示意图

（6）进行交流耐压试验时要防止容升过压。工频交流耐压时，被试设备相当于一个等效电容负载，流过试验变压器一个电容电流。由于试验变压器本身有一个阻抗，是感性的，当电容电流流经感性阻抗时，在负载上出现一个容性电压升高，其情形如图 7-16 所示，读者对此不难作出分析。

为了防止容升过电压，可以在被试设备的高压侧直接采用高压测量装置监测试验电压。

（7）不可采用电阻调压。交直流耐压试验要采用自耦调压器调压，不可采用变阻器（例如水电阻箱）调压。因为采用高阻抗元件调压时，升压变压器的励磁电流在调压阻抗上产生一个压降。由于励磁电流波形是非正弦的，这个压降也是非正弦的，使试验变压器低压侧电源波形发生畸变，试验变压器的高压侧输出电压波形也产生畸变，影响试验质量。

此外，高阻抗调压还可能出现串联电压谐振，使被试设备突然过电压，造成绝缘不应有的击穿，这种情况在小容量高电压设备进行耐压试验时特别容易发生。

**（四）泄漏电流测试和交直流耐压试验结果的判断**

泄漏电流测试主要通过泄漏电流数字的大小来判断绝缘的优劣。关于交直流耐压试验是否合格，主要应从以下几方面来判断：

（1）试验过程中被试设备应无击穿放电声音等现象。

（2）当已升到规定的试验电压后（参见表 3-8、表 7-6、表 7-7），电流不应再出现突然上升或继续上升的现象。如果发现这种现象必须查清原因。如果没有其他原因，则应考虑被试设备绝缘是否已被击穿或具有局部放电等现象。

（3）在交流耐压时，有时由于试验变压器容量不足，被试设备一旦击穿时，电流不是上升而是下降。这是因为在绝缘尚未击穿时被试设备相当于是一个电容负荷，其容抗和变压器的漏抗互相抵消，使升压试验变压器的总阻抗减小，因此通过试验回路的电流较大。当被试设备出现击穿现象时，相当于被试设备的容抗被短路，试验变压器回路的总阻抗反而增大，因此试验电流反而减小。

（4）在试验过程中，有时因外部接线的空气间隙绝缘距离不够而出现闪络；有时因油压式套管内存在残留气体没有放尽，在试验电压的强电场作用下，套管内的空气被游离，出现劈啪的放电声。当出现这两种情况时，不应视为被试品不合格，应针对具体情况矫正接线或将油压式套管顶部放气螺钉松开放气后再行试验。

（5）交直流耐压试验中，低压电源侧有时会出现电压瞬间突然升高，这时要考虑这种现象是否由被试物被击穿所引起。因为试验变压器高、低压绕组之间具有电容耦合，当被试物击穿时，高压侧电压突变的冲击电压分量，经过高、低压绕组之间的电容传到低压绕组。为了保护低压绕组及电源回路，有时在试验变压器设计时，将低压绕组加以屏蔽接地，另外也可以在低压回路靠近调压器输出处加装旁路电容器，以降低低压回路冲击电压分量。

### （五）其他绝缘试验方法

上面介绍了绝缘电阻和吸收比测试，交、直流耐压和泄漏电流测试。这几种试验方法在现场工作中用得较多。除了这些试验项目外，还有介质损失角测定（即 $\tan\delta$ 试验）、感应耐压试验、局部放电试验等，限于篇幅，这里不作介绍，读者可参阅其他有关参考书。

| 表 7-6 | | 断路器交流耐压试验标准 | | | |
|---|---|---|---|---|---|
| 额定电压（kV） | 最高工作电压（kV） | 1min 工频耐受电压（kV）峰值 | | | |
| | | 相对地 | 相间 | 断路器断口 | 隔离断口 |
| 3 | 3.6 | 25 | 25 | 25 | 27 |
| 6 | 7.2 | 32 | 32 | 32 | 36 |
| 10 | 12 | 42 | 42 | 42 | 49 |
| 35 | 40.5 | 95 | 95 | 95 | 118 |
| 66 | 72.5 | 155 | 155 | 155 | 197 |
| 110 | 126 | 200 | 200 | 200 | 225 |
| | | 230 | 230 | 230 | 265 |
| 220 | 252 | 360 | 360 | 360 | 415 |
| | | 395 | 395 | 395 | 460 |
| 330 | 363 | 460 | 460 | 520 | 520 |
| | | 510 | 510 | 580 | 580 |
| 500 | 550 | 630 | 630 | 790 | 790 |
| | | 680 | 680 | 790 | 790 |
| | | 740 | 740 | 790 | 790 |

表 7-6 是按 GB 50150—2006《电气装置安装工程　电气设备交接试验标准》规定的断路器交接试验时交流耐压标准，试验电压为峰值，应除以 $\sqrt{2}$，方得有效值。按 GB 50150—2006 的规定，需注意以下事项。

（1）表中数据仅适用于油断路器。真空断路器在合闸状态下适用，如在分闸状态下应按生产厂提供的数据进行试验。

（2）$SF_6$ 断路器、GIS组合电器的试验电压应按出厂试验电压的80％进行。

（3）负荷开关的交接试验交流耐压也按表7-6所列断路器的试验值进行试验。并应按出厂技术条件进行断口耐压试验。

表7-7是按GB 50150—2006规定的互感器、套管、隔离开关、支柱绝缘子的交接试验交流耐压标准，数据为有效值。

电力变压器交流耐压试验值见表3-8。

**表 7-7  高压电气设备绝缘的工频耐压试验电压标准**

| 额定电压（kV） | 最高工作电压（kV） | 1min 工频耐受电压（kV）有效值 | | | | | | | | | | | |
| | | 电压互感器 | | 电流互感器 | | 穿墙套管 | | | | 支柱绝缘子、隔离开关 | | | |
| | | | | | | 纯瓷和纯瓷充油绝缘 | | 固体有机绝缘、油浸电容式、干式、$SF_6$ 式 | | 纯瓷 | | 固体有机绝缘 | |
| | | 出厂 | 交接 | 出厂 | 交接 | 出厂 | 交接 | 出厂 | 交接 | 出厂 | 交接 | 出厂 | 交接 |
| 3 | 3.6 | 25(18) | 20(14) | 25 | 20 | 25(18) | 25(18) | 25(18) | 20(14) | 25 | 25 | 25 | 22 |
| 6 | 7.2 | 30(23) | 24(18) | 30 | 24 | 30(23) | 30(23) | 30(23) | 24(18) | 32 | 32 | 32 | 26 |
| 10 | 12 | 42(28) | 33(22) | 42 | 33 | 42(28) | 42(28) | 42(28) | 33(22) | 42 | 42 | 42 | 38 |
| 15 | 17.5 | 55(40) | 44(32) | 55 | 44 | 55(40) | 55(40) | 55(40) | 44(32) | 57 | 57 | 57 | 50 |
| 20 | 24.0 | 65(50) | 52(40) | 65 | 52 | 65(50) | 65(50) | 65(50) | 52(40) | 68 | 68 | 68 | 59 |
| 35 | 40.5 | 95(80) | 76(64) | 95 | 76 | 95(80) | 95(80) | 95(80) | 76(64) | 100 | 100 | 100 | 90 |
| 66 | 69.0 | 140/185 | 112/148 | 140/185 | 112/148 | 140/185 | 140/185 | 140/185 | 112/148 | 165 | 165 | 165 | 148 |
| 110 | 126.0 | 200/230 | 160/184 | 200/230 | 160/184 | 200/230 | 200/230 | 200/230 | 160/184 | 265 | 265 | 265 | 240 |
| 220 | 252.0 | 395/460 | 316/368 | 395/460 | 316/368 | 395/460 | 395/460 | 395/460 | 316/368 | 495 | 495 | 495 | 440 |
| 330 | 363.0 | 510/630 | 408/504 | 510/630 | 408/504 | 510/630 | 510/630 | 510/630 | 408/504 | | | | |
| 500 | 550.0 | 680/740 | 544/592 | 680/740 | 544/592 | 680/740 | 680/740 | 680/740 | 544/592 | | | | |

注  1. 表中电气设备出厂试验电压参照GB 311.1。

2. 括号内的数据为全绝缘结构电压互感器的匝间绝缘水平。

3. 斜杠上下为不同绝缘水平取值，以出厂（铭牌）值为准。

# 考 试 复 习 参 考 题

**一、单项选择题**（选择最符合题意的备选项填入括号内）

（1）雷电放电的发展过程包括（ B ）、主放电和余辉放电。

A. 提前放电；B. 先导放电；C. 闪电

（2）主放电电流很大，时间很短，只有（ C ）。

A. 1s；B. 1ms；C. $50\sim100\mu s$

（3）据观测，天空中的雷云绝大多数是（ A ）。

A. 带有负电荷；B. 带有正电荷

（4）每次雷电放电大多数要重复（ A ）次。

A. 2～3；B. 4～5；C. 6～7

（5）雷云对杆塔顶部放电，杆塔出现对地高电位，击穿绝缘子对导线放电，称为（ B ）。

A. 直接雷击；B. 雷电反击；C. 感应雷击

（6）中性点不接地系统或经消弧线圈接地系统，当发生单相接地故障时，仍可带故障运行，但另两健全相对地电压从相电压升高（ D ）倍到线电压，这种现象称为工频过电压。

A. 2；B. $\sqrt{2}$；C. 3；D. $\sqrt{3}$

（7）10kV 中性点不接地系统有可能发生分频谐振过电压，因此要求用户变电站将电压互感器按（ A ）接线。

A. V/V；B. Y/Y；C. △/△

（8）10kV 户内变电站要防止（ A ）过电压，因此都要采用避雷器。

A. 雷电侵入波；B. 直接雷击

（9）目前，各种电压等级的变电站都采用（ C ）作为防雷电侵入波的保护。

A. 普通阀型避雷器；B. 碳化硅避雷器；C. 金属氧化物避雷器

（10）普通阀型避雷器的阀片电阻非线性系数 α 一般为 0.2；金属氧化物避雷器电阻片的 α 只有（ C ），因此性能比普通阀型避雷器好。

A. 0.1；B. 0.06；C. 0.015～0.05

（11）金属氧化物避雷器没有串联火花间隙，因此正常运行时有电流流过，但电流很小，小于（ B ）。

A. 1μA；B. 1mA；C. 1A

（12）（ A ）配电变压器高、低压侧均应装设避雷器。

A. 35kV/0.4kV；B. 10kV/0.4kV；C. 6kV/0.4kV

**二、判断题**（正确的画√，错误的画×）

（1）暂时过电压在各种过电压中持续时间最短。　（ × ）

（2）具有铁芯的线圈，其感抗值随铁芯饱和而降低，亦即其电抗值不是一个不变的常数，因此称其为非线性元件。　（ √ ）

（3）余辉放电虽然电流很小，发光微弱，但时间较长。　（ √ ）

（4）雷电放电时，第二次放电、第三次放电，都要经过先导放电，然后才出现主放电和余辉放电。　（ × ）

（5）电力系统 10kV 标称电压，对应的电气设备最高工作电压要求为 11.5kV。　（ × ）

（6）阀型避雷器与被保护设备串联连接。　（ × ）

（7）阀型避雷器的残压越高越好。　（ × ）

（8）普通阀型避雷器由于金刚砂电阻盘的非线性系数较大，因此必须采用串联火花间隙，以免正常运行时出现大电流。　（ √ ）

（9）金属氧化物避雷器非线性系数小，在正常运行时通过电流十分微小，因此可以不需要串联火花间隙，既防止出现电弧，又可以使其体积减小，性能更加可靠。　（ √ ）

（10）变电站每路高压架空进出线在进口开关线路侧都要装设避雷器，以防止雷电进行波侵入。　（ √ ）

（11）阀型避雷器也可以防止直接雷击。　（ × ）

（12）10kV 配电变压器高压侧应装设避雷器，避雷器的接地线应远离变压器低压侧中性点的

接地线和金属外壳的接地线。 （×）

三、计算题

（1）某独立避雷针高 $h$＝20m，求被保护设备高度 $h_x$＝8m 处的保护半径。

答：保护半径（ A ）m。

A. 14；B. 12；C. 10

（2）10kV 中性点不接地系统单相接地故障时允许运行 2h，试选择金属氧化物避雷器的额定电压 $U_r$。

答：$U_r$＝（ B ）。

A. 10kV；B. 17kV；C. 32kV

进网作业电工通用培训教材(第二版)

# 第八章 继电保护与二次回路

## 第一节 继电保护基本知识

### 一、继电保护的任务、基本要求和继电器的图形符号

#### (一) 继电保护的任务

继电保护的任务是,当电气设备或线路发生短路故障时,能自动迅速地将故障设备从电力系统切除,或及时针对各种不正常的运行状态发生警报信号通知运行值班人员处理,把事故尽可能限制在最小范围内。当正常供电的电源因故突然中断时,通过继电保护和自动装置还可以迅速投入备用电源,使重要设备能继续获得供电。

电气设备在运行中,由于外力破坏、内部绝缘击穿,以及过负荷、误操作等原因,可能造成电气设备故障或异常工作状态。电气设备故障最常见的是短路,其中包括三相短路、两相短路、大电流接地系统的单相接地短路,以及变压器、电机类设备的内部绕组匝间短路。在大电流接地系统中,以单相接地短路的机会最多。

#### (二) 对继电保护的要求

电气设备发生短路故障时,产生很大的短路电流;电网电压下降;电气设备过热烧坏。针对电气设备发生故障时的各种形态及电气量的变化,设置了各种继电保护方式:电流过负荷保护、过电流保护、电流速断保护、电流方向保护、低电压保护、过电压保护、电流闭锁电压速断保护、差动保护、距离保护、高频保护等,此外还有非电气量的气体保护等。

为了能正确无误而又迅速地切除故障,使电力系统能以最快速度恢复正常运行,要求继电保护具有足够的选择性、快速性、灵敏性和可靠性。

1. 选择性

当系统发生故障时,继电保护装置应该有选择地切除故障部分,非故障部分应能继续运行,使停电范围尽量缩小。

继电保护动作的选择性,可以通过正确地整定电气动作值和上下级保护的动作时限来达到互相配合。一般上下级保护的时限差取 0.3～0.7s,用得较多的是 0.5s。如果只依靠动作时限阶差来达到选择性,由于从电源侧到负荷侧经过多级电压变换和传输,电源侧继电保护的动作时限必然很长,这样不利于切除故障设备的快速性。因此必须通过合理整定电气量的动作值,以及利用电流方向保护、差动保护、限时电流速断保护等来取得继电保护的选择性、灵敏性和快速性。

2. 快速性

快速切除故障,可以把故障部分控制在尽可能轻微的状态,减少系统电压因短路故障而降低的时间,提高电力系统运行的稳定性。但快速性有时会与选择性发生矛盾,这时就要通过选取各种保护配合方式以达到在确保选择性基础上的令人满意的快速性。

3. 灵敏性

继电保护动作的灵敏性是指继电保护装置对其保护范围内故障的反应能力,即继电保护装置

257

对被保护设备可能发生的故障和不正常运行方式应能灵敏地感受和灵敏地反映。上、下级保护之间灵敏性必须配合，这也是保证选择性的条件之一。

4. 可靠性

继电保护动作的可靠性是指需要动作时不拒动，不需要动作时不误动，这是继电保护装置正确工作的基础。为保证继电保护装置具有足够的可靠性，应力求接线方式简单、继电器性能可靠、回路触点尽可能最少。还必须注意安装质量，并对继电保护装置按时进行维修和校验。

### （三）常用继电器的图形符号

1. 继电器的用途和分类

继电器的种类很多，按照结构原理可分为电磁型、感应型、磁电型、整流型、极化型、电子型和其他类型；按照反应物理量的类型可分为电流、电压、功率方向、阻抗、周波继电器等；按照继电器所反应电气量的上升或下降，又可分为过量继电器和低量继电器。例如反应电流超过整定值而动作的称为过电流继电器；而反应电压低于整定值而动作的继电器，称为低电压继电器。

2. 继电器的图形和符号

继电器的图形和符号如图 8-1 所示。旧的继电器图形常以一个方块，上面配以一个半圆形来表示。方块里表示继电器的线圈或其他动作元件，而半圆形里则表示继电器的触点。新颁布的国家标准对继电器的图形有了新的规定，即取消了半圆，文字符号也做出了相应的新规定。除了图8-1 中所示外，新旧文字符号，尚有功率方向继电器 KP（GJ）、自动重合闸继电器 KCA（ZCH）、保护出口继电器 KPD（BCJ）、合闸位置继电器 KCP（HWJ）、跳闸位置继电器 KTP（TWJ）、温度继电器 KTP（WJ）等，括号内为旧符号。

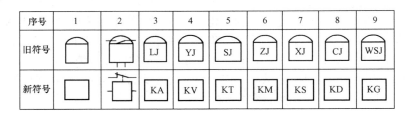

| 序号 | 1 | 2 | 3 | 4 | 5 | 6 | 7 | 8 | 9 |
|---|---|---|---|---|---|---|---|---|---|
| 旧符号 | | | LJ | YJ | SJ | ZJ | XJ | CJ | WSJ |
| 新符号 | | | KA | KV | KT | KM | KS | KD | KG |

图 8-1  继电器的新旧图形符号

1—继电器；2—继电器的触点和线圈出线；3—电流继电器；
4—电压继电器；5—时间继电器；6—中间继电器；7—信号继电器；
8—差动继电器；9—气体继电器

3. 继电器的型号

常用继电器的型号一般以汉语拼音表示，例如电磁型过电流继电器的型号为 DL，感应型过电流继电器的型号则为 GL，电磁型时间继电器的型号为 DS，信号继电器的型号为 DX，电压继电器为 DY，中间继电器为 DZ。但是也有例外，例如结构与 DL 类似的电压继电器的型号为 DJ。

4. 继电器触点的图形符号

在继电保护展开图中，需要根据继电器的触点类型画出图形，例如动合触点（常开触点）、动断触点（常闭触点）、延时闭合的动合触点等。继电器触点的图形也有新标准，和旧的画法不同，见表 8-1。

**表 8-1**                   **常用继电器触点图形符号新旧对照表**

| 序 号 | 名 称 | 新 图 | 旧 图 |
|---|---|---|---|
| 1 | 动合触点<br>（常开触点） | | |
| 2 | 动断触点<br>（常闭触点） | | |
| 3 | 切换触点<br>（先断后合） | | |
| 4 | 延时闭合的动合触点<br>（常开触点） | | |
| 5 | 延时返回的动合触点<br>（常开触点） | | |
| 6 | 延时闭合和延时<br>返回的动合触点<br>（常开触点） | | |
| 7 | 延时断开的动断触点<br>（常闭触点） | | |
| 8 | 延时返回的动断触点<br>（常闭触点） | | |
| 9 | 位置开关和限制<br>开关的动合触点 | | |
| 10 | 位置开关和限制<br>开关的动断触点 | | |
| 11 | 按钮开关<br>（动合按钮） | | |
| 12 | 按钮开关<br>（动断按钮） | | |

## 二、电磁型电流电压继电器

### （一）电磁型电流继电器

电磁型电流继电器常用在定时限过电流保护和电流速断保护的接线回路中。图 8-2 所示为 DL 型电磁式过电流继电器的结构图。

1. 动作原理

当线圈 2 中通过交流电流时，铁芯 1 中产生磁通，对可动舌片 3 产生一个电磁吸引转动力矩，欲使其顺时针转动。但弹簧 4 产生一个反作用的弹力，使其保持原来位置。当流过线圈的电

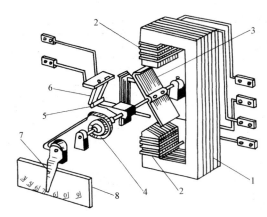

图 8-2　DL 型电磁式过电流继电器结构图
1—铁芯；2—线圈；3—可动舌片；
4—弹簧；5—可动触点桥；6—静触点；
7—调整把手；8—刻度盘

流增大时，使舌片转动的力矩也增大。当流过继电器的电流达到整定值时，电磁转动力矩足以克服弹簧 4 的反作用力矩，于是可动舌片 3 顺时针旋转。这时，与可动舌片 3 位于同一转轴上的可动触点桥 5 也跟着顺时针旋转，与静触点 6 接通，继电器动作。

当电流减少时，电磁转动力矩减小，在弹簧 4 反作用力矩的作用下，可动舌片 3 逆时针往回旋转，于是可动触点桥与静触点 6 分离，继电器从动作状态返回到不动作的原来状态。

2. 动作电流和返回电流

能使过电流继电器开始动作的最小电流称为过电流继电器的动作电流；在继电器动作之后，当电流减少时，使继电器可动触点开始返回原位的最大电流称为过电流继电器的返回电流。

3. 返回系数

过电流继电器的返回电流除以动作电流，得返回系数

$$K_f = \frac{I_f}{I_{DZ}} \tag{8-1}$$

式中　$K_f$——返回系数；

　　　$I_f$——继电器的返回电流，A；

　　　$I_{DZ}$——继电器的动作电流，A。

因为过电流继电器的返回电流总是小于动作电流，因此返回系数总是小于 1。对于电磁型电流继电器的返回系数要求在 0.85～0.9 之间，如低于 0.85，则返回电流太小，容易引起误动作；如大于 0.9，应注意可动触点桥与静触点触指闭合时接触压力是否足够。如果压力不够，接触不良，影响工作可靠性，则必须进行调整。

4. DL 型继电器的内部接线方式

DL 继电器的内部接线方式如图 8-3 所示。由图 8-3 可知，继电器内电流线圈分成两部分，利用连接片可以将线圈接成串联或并联，当串联改成并联时，动作电流增大 1 倍。DL 型继电器动合触点的闭合动作时间与继电器通过电流的大小有关。如果继电器线圈通过的电流达到 1.2 倍动作电流，其动作时间不大于 0.15s；当通过继电器的电流达到动作电流的 3 倍时，触点闭合的动作时间为 0.02～0.03s。触点的遮断容量为直流 50W、交流 250VA，遮断电流不小于 2A。

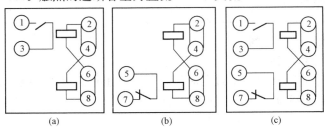

图 8-3　DL 型继电器内部接线圈
(a) 动合触点；(b) 动断触点；(c) 动合、动断触点

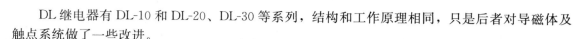

DL 继电器有 DL-10 和 DL-20、DL-30 等系列，结构和工作原理相同，只是后者对导磁体及触点系统做了一些改进。

**（二）电磁型电压继电器**

电磁型电压继电器，型号为 DJ 型，其结构与 DL 型电流继电器相似，所不同的是电流继电器铁芯上套的是电流线圈，而电压继电器铁芯上套的是电压线圈。此外，电压继电器有过电压继电器和低电压继电器之分。型号 DJ-111、DJ-121、DJ-131 为过电压继电器；而型号为 DJ-112、DJ-122、DJ-132 则为低电压继电器。

过电压继电器的动作电压、返回电压的定义与过电流继电器的动作值、返回值的定义完全相似，只是往继电器线圈上所加的为交流电压，而不是交流电流。过电压继电器的返回系数的计算方法与过电流继电器也相似

$$K_f = \frac{U_f}{U_{DZ}} \tag{8-2}$$

式中　$K_f$——过电压继电器的返回系数；

　　　$U_f$——过电压继电器的返回电压，V；

　　　$U_{DZ}$——过电压继电器的动作电压，V。

电磁型过电压继电器的返回系数合格范围也是在 0.85～0.90 之间。

低电压继电器的动作电压，是指在继电器线圈上施加额定电压后，逐渐降低电压至继电器开始动作时的最高电压；而其返回电压，则是指继电器动作后，逐渐升高电压时，继电器可动触点开始返回的最低电压。由于返回电压大于动作电压，因此返回系数大于 1，即

$$K_f = \frac{U_f}{U_{DZ}} > 1 \tag{8-3}$$

式中　$K_f$——低电压继电器的返回系数；

　　　$U_f$——低电压继电器的返回电压，V；

　　　$U_{DZ}$——低电压继电器的动作电压，V。

低电压继电器的返回系数一般为 1.1～1.2。作为强行励磁使用时，不大于 1.06。低电压继电器加上额定电压后，当电压降到整定值的 0.5 倍时，继电器的动作时间不大于 0.15s。

DJ 型电压继电器的触点容量与 DL 型电流继电器相同。

DY-20C、DY-30 型电压继电器，其用途和结构原理与 DJ 型电压继电器相同，为组合式继电器，是改进后的产品。

**三、GL 系列感应型过电流继电器**

GL 系列感应型过电流继电器既具有反时限特性的感应型元件，又有电磁速断元件。触点容量大，不需要时间继电器和中间继电器，即可构成过电流保护和速断保护。因此在中小变电站中得到广泛应用，而且特别适用于交流操作的保护装置中。图 8-4 为 GL 系列感应型过电流继电器的结构图。

GL 型继电器包括电磁元件和感应元件两部分。电磁元件构成电流速断保护，感应元件为带时限过电流保护。

这种继电器的感应元件部分动作时间与电流的大小有关：电流大，动作时间短；电流小，动作时间长，因此也称作反时限保护。

1. 电磁速断部分

电磁速断部分主要包括可动衔铁和磁分路，其余的电流线圈、铁芯、衔铁杠杆和触点等都是

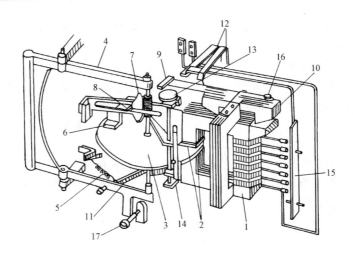

图 8-4　GL 系列感应型过电流继电器结构图

1—主铁芯；2—短路环；3—铝质圆盘；4—框架；5—拉力弹簧；
6—永久磁铁；7—蜗母轮杆；8—扇形齿轮；9—挑杆；10—可动衔铁；
11—感应铁片；12—触点；13—时间整定旋钮；14—时间指针；
15—电流整定端子；16—速断整定旋钮；17—可动方框限制螺钉

感应部分和电磁部分共有的。可动衔铁左侧装有衔铁杠杆，因此左端的质量比右端大，所以左侧下垂，右侧张开。如果线圈中流过的电流足够大，达到速断部分的启动电流，则电磁吸力将使可动衔铁沿顺时针方向吸合，使触点动作。可动衔铁右侧端部装有一个短路环，其作用一方面是促使可动衔铁向右侧做顺时针方向吸合，并且可以消除交流电磁吸力因电流周期性过零时所引起的振动现象。电磁速动部分启动电流的调整，可通过调节速断整定旋钮来改变可动衔铁右侧端部对主铁芯之间的空气间隙大小来实现。电磁速断部分的动作电流一般整定在感应元件动作电流的 2~8 倍。

2. 感应元件部分

感应元件部分除了和电磁速断部分共有电流线圈、铁芯、衔铁杠杆和触点外，还具有铝质圆盘、制动永久磁铁、可动方框、扇形齿轮、蜗母轮杆、时间调节杆，以及拉力弹簧、调节返回系数的钢片等。

感应元件的动作原理是这样的：当电流线圈中流有电流时，铁芯中就有磁通产生，这个磁通穿过金属圆盘时，分成两个磁束：其中一个磁束 $\Phi_1$ 经过铁芯磁极端部的短路环，另一个磁束 $\Phi_2$ 不经过短路环（见图 8-5）。经过短路环的磁通 $\Phi_1$，在环路环中感应产生电动势 $\dot{E}_1$，由这个电动

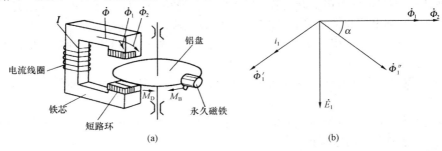

图 8-5　GL 型继电器动作原理图

（a）感应元件动作原理图；（b）相量图

势 $\dot{E}_1$ 在短路环中产生循环电流 $\dot{I}_1$，由 $\dot{I}_1$ 产生一个附加磁通 $\dot{\Phi}'_1$，因此穿过短路环磁通实际上为 $\dot{\Phi}''_1$，即

$$\dot{\Phi}''_1 = \dot{\Phi}'_1 + \dot{\Phi}_1 \tag{8-4}$$

从图 8-5（b）可知，$\dot{\Phi}''_1$ 比 $\dot{\Phi}_2$ 落后一个相位角 $\alpha$。

圆盘的转动力矩为

$$M_D = K'\Phi''_1\Phi_2\sin\alpha = KI^2 \tag{8-5}$$

圆盘的转动方向始终是从超前磁通向落后磁通的方向转动，即从没有短路环的磁极向着有短路环的部分旋转。

如果没有短路环，则式（8-5）中的 $\alpha = 0°$，因此转矩 $M_D$ 等于零，圆盘不会旋转。

在圆盘旋转时，切割制动永久磁铁的磁力线，产生阻尼力矩 $M_B$，当 $M_D > M_B$ 时，圆盘作加速运动。从式（8-5）还可以看出，转矩 $M_D$ 与电流 $I$ 平方成正比。电流越大圆盘转动越快，阻尼力矩 $M_B$ 也越大。在 $M_D$ 和 $M_B$ 两个力矩的作用下，圆盘有被往外拽出来的趋势。当 $M_D$ 和 $M_B$ 的联合作用力量大于弹簧的拉力时，可动方框被往外拽出，扇形齿轮与蜗母轮杆相啮合。同时，电磁铁吸引方框上的感应铁片，又增加了啮合的可靠性。这时，随着圆盘的转动，扇形齿轮啮合蜗母轮上升。扇形齿轮上的挑杆挑起衔铁杠杆，可动衔铁右侧的空气隙缩小，通过这个空气隙的磁通随之增加，电磁吸力与磁通平方成正比增加，将可动衔铁沿顺时针方向吸合，继电器触点随之动作。

调节时间调整螺杆，可以改变扇形齿轮的起始位置，从而改变继电器的动作时间。

GL-11（21）、GL-12（22）、GL-13（23）、GL-14（24）型继电器具有一对动合主触点，根据需要也可以改装成动断触点，这种型号的继电器适用于直流操作的保护装置中。

GL-15（25）及 GL-16（26）型继电器则具有较大容量的主触点，该触点所控制的回路由电流互感器供电，回路阻抗在电流为 3.5A 时不大于 4.5Ω，能可靠地通断 150A 以下的电流。而且这对主触点是过渡转换式动断触点，能保证在继电器动作过程中，电流互感器二次侧不会出现开路。GL-15（25）、GL-16（26）广泛应用于交流操作的保护装置中。GL 型继电器的主触点均由电磁元件控制，感应元件动作后，也是通过电磁元件的吸合使主触点动作。此外，GL-13（23）、GL-14（24）、GL-16（26）等型继电器尚有一对由感应元件控制的专用动合触点，可作为接信号回路用，或者供构成反时限电流保护。

在上述继电器型号中，括号内的数字是为了区别不同厂家的产品而采用的不同序号，其结构是和没有括号的型号完全相同的。例如 GL-15 和 GL-25 的结构、技术参数完全相同，但不是同一厂家的产品。

3.GL 型继电器的动作电流和动作时间调整

DL 型继电器本身不带时间元件，因此不存在时间调整。DL 型电流继电器的动作电流调整是通过搬动动作电流调整把手（见图 8-2 中的 7），改变弹簧（见图 8-2 中的 4）的拉紧程度来实现的，将电流调整把手往右搬动，弹簧被拉紧，动作电流增大；反之则动作电流减小。

GL 型继电器动作电流调整是依靠改变铁芯上的电流线圈匝数来实现的。GL 型电流继电器的动作安匝为 240AN，固定不变。通过电流整定板上的插孔改变电流线圈的匝数，就可以改变动作电流的大小（见图 8-4 中的 15）。

GL 系列继电器过电流部分（感应元件部分）的动作时间与通过继电器的电流大小有关，如图 8-6 所示。当通过继电器的电流正好等于整定电流时（动作电流倍数等于 1），继电器的动

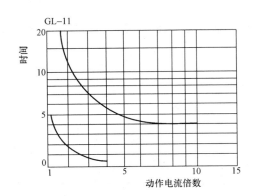

图 8-6　GL-11 型继电器的动作
时限特性曲线

作时间不确定，可以相当长。随着电流增大，动作时间缩短。当动作电流大于整定电流的 5～7 倍时，动作时间为最短，而且近似恒定（图 8-6 中曲线的水平部分）。因此 GL 型继电器感应元件的时间特性也称为有限反时限特性。曲线的上下位置可以通过时间调整把手进行调整（见图 8-4 中 13）。

### 四、电磁型时间、中间和信号继电器

#### （一）电磁型时间继电器

电磁型时间继电器用以在继电保护回路中建立所需要的动作延时。在直流操作继电保护装置中使用的电磁型时间继电器型号为 DS-110；在交流操作回路中一般采用 DS-120 型和 DSJ-10 型。DS 时间继电器的外形尺寸和电磁型电流继电器相仿，其内部结构包括一个电磁铁和一套机械型钟表机构，以及动合、动断触点。当电源电压加到电磁铁的线圈上时，电流通过线圈，产生电磁力，吸引铁芯，带动钟表机构开始动作。在钟表机构动作的同时，带动动合触点的动触点向静触点移动，经过预定的时间后动静触点闭合，时间继电器动作完成。时间继电器动作时间的长短只与动、静触点之间的距离有关，调整动、静触点间的距离即可调整时间继电器的动作时间。除了动合触点外，有的时间继电器里还设有动断触点或瞬动触点，但很少使用。

#### （二）电磁型中间继电器

在继电保护装置中，中间继电器用以增加触点数量和触点容量，也可使触点闭合或断开时带有不大的延时（0.4～0.8s），或者通过继电器的自保持，以适应保护装置动作程序的需要。

电磁型中间继电器的结构如图 8-7 所示。当线圈 2 加上工作电压后，电磁铁 1 就产生电磁力，将衔铁 3 吸合而带动触点 5，使其中的动合触点闭合，动断触点断开。当外施电压消失后，衔铁 3 受反作用弹簧 6 的拉力作用而返回原来位置，动触点也随之返回到原来状态，动合触点断开，动断触点闭合。

有的中间继电器还具有触点延时闭合或延时打开等功能。这是通过在继电器电磁铁的铁芯上套有若干片铜质短路环而获得的。铜质短路环就相当于阻尼线圈，当加上或断开继电器线圈的工作电压时，在铜质短路环中产生感应电流，此感应电流将阻止继电器电磁铁中磁通的变化，从而使继电器动作或返回都带有延时。

还有的中间继电器具有电流自保持或电压自保持功能，在工作电压或工作电流消失后，通过自保持电流或保持电压，继电器铁芯照样保持吸合，触点依旧处于动作状态。直到自保持电流或自保持电压消失后，继电器

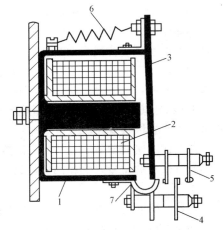

图 8-7　DZ-10 型中间继电器结构图
1—电磁铁；2—线圈；3—衔铁；
4—静触点；5—动触点；6—反作用弹簧；
7—衔铁行程限制器

铁芯才释放，触点才返回。具有自保持功能的中间继电器有多种结构。例如电压启动、电流保持的中间继电器，除了有一个工作电压线圈外，还有 1～2 个电流自保持线圈；有的中间继电器电压启动，并同时有电流自保持和电压自保持两种自保持线圈（例如 DZB-138）。

中间继电器不仅应该在额定电压下能够可靠动作，而且在直流电压低于额定电压时也能可靠动作。一般中间继电器应能保证电源电压不低于70%额定电压时可靠动作。中间继电器的返回系数较低，约为0.4，但不会影响它工作的可靠性。因为中间继电器返回时，它的线圈上的工作电压都是突然消失到零的。

### （三）电磁型信号继电器

在继电保护装置中，信号继电器广泛用来发出整套保护装置或者保护装置中某一回路的动作信号。根据信号继电器所发出的信号，值班人员就能够很方便地分析事故和统计保护装置正确动作的次数。DX-11型信号继电器就是其中之一。

DX-11型信号继电器的结构如图8-8所示。在正常情况下，继电器线圈中没有电流通过，衔铁3被弹簧6拉住，信号将由衔铁的边缘支持着保持在水平位置。当线圈中流过电流时，电磁力吸引衔铁，信号将被释放，在本身质量作用下而下落，并且停留在垂直位置。

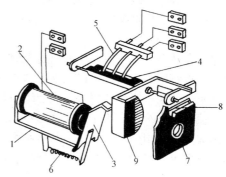

图8-8　DX-11型信号继电器结构图
1—电磁铁；2—线圈；3—衔铁；
4—动触点；5—静触点；6—弹簧；
7—看信号牌小窗；8—手动复归旋钮；
9—信号牌

这时在继电器外面的玻璃孔上可以看见带颜色标志的信号牌。在信号牌落下的同时，固定信号牌的轴随之转动，带动动触点4与触点5闭合，接通灯光或音响信号。落下的信号牌和已动作的触点用手动复归按钮8复归。

在选用信号继电器时，除了应考虑采用串联电流型还是采用并联电压型之外，并应注意以下两点：

（1）电流型信号继电器线圈中通过电流时，该工作电流在线圈上的压降应不超过电源额定电压的10%。

（2）为保证信号继电器可靠动作，在保护装置动作时，流过继电器线圈的电流必须不小于信号继电器的额定工作电流的1.5倍。当有几套保护同时动作时，各信号继电器都应满足这一要求。

对于多套保护启动同一出口中间继电器的保护装置，为了同时满足上述两个条件，有时必须在中间继电器的线圈两端并联一个适当阻值的电阻，以保证信号继电器中流过的电流达到规定的数值。

### 五、数字式继电器

随着电子信息技术的发展，数字式继电保护得到广泛应用。在采用微机综合自动化的变电站中，继电保护均为微机保护。图8-9就是数字式继电器的外形。数字式继电器可以代替三段式过电流和两段零序电流保护的二十多块电磁式继电器，而且体积小、功能全、数据精确、动作灵敏、快速，并能自动记录、储存有关数据，以便随时检查调整。

图8-9　PSLG91型数字式继电器

# 第二节　互感器及其接线方式

## 一、电流互感器及其接线方式

### （一）电流互感器工作原理及使用注意事项

1. 电流互感器工作原理

电流互感器的工作原理与变压器类似，也是按电磁感应原理工作，其结构主要由铁芯、一次绕组、二次绕组、引出线，以及绝缘结构等构成。所不同的是电流互感器的一次绕组匝数很少，只有几匝，甚至一匝。使用时一次绕组串联在被测电流回路里，一次绕组中通过的电流是被测电路的电流，其大小不取决于电流互感器及其二次负荷，只取决于被测电路的负荷状态。二次绕组的匝数比一次绕组多，十几匝至几百匝不等，根据变流比的大小而定。电流互感器的二次侧与测量仪表和继电器等的电流线圈串联使用，二次负荷的阻抗很小，接近于短路状态，相当于一个短路运行的变压器。

2. 电流互感器的用途及使用时注意事项

电流互感器的主要作用是将大电流变为适合于电气测量仪表和继电保护用的小电流。在高压系统中，电流互感器将电气仪表和继电器的电流回路与高压导电回路隔离，以保证测量仪表和继电器等设备的安全，并保证在测量仪表和继电保护上工作的人身安全。

电流互感器二次侧不允许开路运行。如果电流互感器二次侧开路，铁芯中的磁通随一次电流的增大而急剧增大，不仅引起铁芯严重饱和，而且在二次侧感应产生一个高电压，对二次回路绝缘有严重危害，甚至击穿烧坏；这时如果有人触及二次回路，也容易造成触电伤害。

电流互感器二次侧开路时，不仅由于铁芯中的磁通数值大引起二次侧感应产生高电压，而且由于铁芯饱和，磁感应强度的曲线变化陡度增加，引起二次侧感应电动势出现很高的尖顶波，其电压幅值可达 $2\sim3$kV 的危险数值。因此电流互感器在运行中不允许二次开路。

### （二）电流互感器的型号及技术数据

1. 电流互感器的型号

电流互感器的种类较多，根据一次绕组结构可分为穿墙式、支持式、瓷套式、母线式、贯穿式、接地保护式等；根据绝缘结构可分为瓷绝缘、户外式、浇注式、电缆电容式、塑料外壳绝缘式等；根据用途可分为保护用、差动保护用、加大容量用等。

电流互感器的型号由字母排列和数字组成，其字母排列次序及代号含义见表8-2。型号后面的数字则分别表示设计序号、额定电压、准确级次和额定电流。

表 8-2　电流互感器型号字母含义

| 字母排列次序 | 代号含义 |
| --- | --- |
| 1 | L—电流互感器 |
| 2 | A—穿墙式；B—支持式；C—瓷套式；D—单匝贯穿式；F—复匝贯穿式；M—母线式；Q—线圈式；R—装入式；Z—支柱式；Y—低压的；J—接地保护 |
| 3 | C—瓷绝缘；G—改进型；K—塑料外壳；L—电缆电容型绝缘；S—速饱和型；J—树脂浇注；Z—浇注绝缘；W—户外式；X—小体积柜用 |
| 4 | B—保护级；D—差动保护用；J—加大容量；Q—加强式 |

例如：LQJ—10　电流互感器，线圈式树脂浇注绝缘，额定电压 10kV。

LZX—10　电流互感器，浇注绝缘小体积柜用，额定电压 10kV。

LFZ—10　电流互感器，复匝贯穿式，浇注绝缘，额定电压 10kV。

LCWB—35　电流互感器，瓷套式，户外式保护用，额定电压 35kV。

LCWD—35　电流互感器，瓷套式，户外式，差动保护用，额定电压 35kV。

2. 电流互感器的技术数据

电流互感器的技术数据主要有额定变比、误差和准确度级次、容量和饱和电压、10%误差电流倍数，以及热稳定电流和动稳定电流。

（1）额定电流和额定变比。电流互感器一次额定电流的标准值为 10、12.5、15、20、25、30、40、50、60、75A 以及它们十进位倍数。电流互感器二次额定电流的标准值为 1、2A 和 5A，5A 为优先值。一、二次额定电流之比即为电流互感器额定变比。

国家标准 GB 1208—2006《电流互感器》规定：0.1～1 级电流互感器可以规定电流扩大值，为额定电流的 120%、150% 和 200%。

（2）误差和准确度级次。电流互感器在测量电流时，实际电流比与额定电流比不同，即出现误差。电流互感器的误差分为电流比误差和相角误差两种误差。

1）电流比误差（简称电流误差）

$$电流误差 = 100 \left( K_n I_s - I_p \right) / I_p \ （\%）\tag{8-6}$$

式中　$K_n$——额定电流比；

　　　$I_p$——实际一次电流，A；

　　　$I_s$——一次通过 $I_p$ 时，测得的二次电流，A。

2）相角误差。相角误差是指一次电流与二次电流相量的相位差。理想的电流互感器，其二次输出电流应与一次输入电流同相位，即相位差为零。若二次电流相量超前一次电流相量时，相角误差为正值，反之为负值。

3）电流互感器的准确级及误差限值。准确级是按照对电流互感器规定的不同的误差限度而设定的等级。测量用电流互感器的准确级，是以额定电流下最大允许电流误差的百分数表示的。标准准确级为 0.1、0.2、0.5、1、3、5。其误差限值见表 8-3 和表 8-4。

表 8-3　　　　　　　　　　　　0.1～1 级电流互感器误差限值

| 准确级 | 电流误差（±%） | | | | 相位差，在下列额定电流（%）时 | | | | | | | |
| | 在下列额定电流（%）时 | | | | ±（′） | | | | ±crad | | | |
| | 5 | 20 | 100 | 120 | 5 | 20 | 100 | 120 | 5 | 20 | 100 | 120 |
| 0.1 | 0.4 | 0.2 | 0.1 | 0.1 | 15 | 8 | 5 | 5 | 0.45 | 0.24 | 0.15 | 0.15 |
| 0.2 | 0.95 | 0.35 | 0.2 | 0.2 | 30 | 15 | 10 | 10 | 0.9 | 0.45 | 0.3 | 0.3 |
| 0.5 | 1.5 | 0.75 | 0.5 | 0.5 | 90 | 45 | 30 | 30 | 2.7 | 1.35 | 0.9 | 0.9 |
| 1 | 3.0 | 1.5 | 1.0 | 1.0 | 180 | 90 | 60 | 60 | 5.4 | 2.7 | 1.8 | 1.8 |

注　crad，1 弧度的 1%。

4）继电保护用电流互感器的准确级次和误差限值。对保护用电流互感器，准确级以该准确级在额定准确限值一次电流下的最大允许复合误差的百分数标称，其后标以字母"P"表示（表示保护）。

表 8-4　3～5 级电流互感器误差限值

| 准确级 | 电流误差（±%），在下列额定电流（%）时 | |
| | 50 | 120 |
| 3 | 3 | 3 |
| 5 | 5 | 5 |

注　3 级和 5 级的相位差不予规定。

所谓"复合误差"是指电流互感器在稳态下，一次电流瞬时值与二次电流瞬时值（乘以额定电流比后）之差在一个周期内的方均根值。不分比差和相差，统称为复合误差。

额定准确限值一次电流是指电流互感器出厂时所标明的能保证复合误差不超过该准确级允许误差的最大电流，一般以准确限值系数标示。额定准确限值系数一般在其准确级后标出，例如 30VA5P10。

267

所谓准确限值系数是指额定准确限值一次电流与额定一次电流之比。标准准确限值系数为5、10、15、20 和 30。

根据 GB 1208—2006 国家标准《电流互感器》规定，供继电保护用的电流互感器标准准确级为 5P 和 10P。

（3）容量和饱和电压：

1）电流互感器二次输出容量。电流互感器的容量一般均以二次侧的额定输出来表示。其定义是：在额定二次电流及接有额定负荷条件下，互感器所供给二次回路的视在功率值，在规定功率因数下以 VA 值表示。

电流互感器的二次负荷指的是二次回路的阻抗，用 $\Omega$ 和 $\cos\varphi$ 表示。

电流互感器二次额定输出的标准值为 2.5、5、10、15、20、25、30、40、50、60、80、100VA。测试时采用的功率因数 $\cos\varphi=0.8\sim1.0$。

2）电流互感器的饱和电压。当电流互感器一次侧开路时，从二次侧加压，达到铁芯饱和时的二次侧电压值，称为饱和电压。饱和电压为 20～200V 不等。饱和电压越高，电流互感器在流过负荷侧故障电流时，电流误差越小。如果饱和电压很低，则电流互感器流过故障电流时，二次输出电流受电压饱和的限制，误差很大，严重影响继电保护动作的灵敏度和准确性。通常，供继电保护用的电流互感器饱和电压要求较高，例如 80V 以上；供测量仪表用的电流互感器饱和电压可以较低，20～60V 均可。

饱和电压又称二次极限感应电动势。饱和电压高低与铁芯大小有关。铁芯大，饱和电压高；铁芯小，饱和电压低。一般电流互感器有两个铁芯，其中一个铁芯小的二次绕组供测量仪表用；另一个铁芯大的二次绕组供继电保护用。

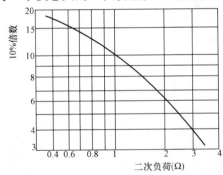

图 8-10　LQJC-10 电流互感器
10%误差曲线

（4）电流互感器的 10%误差曲线。所谓 10%误差曲线，就是在电流误差为 10%的条件下，一次电流对额定电流的倍数 $I_1/I_{1n}$ 和二次阻抗 $Z_2$ 的关系曲线，如图 8-10 所示。在实际应用中，可以根据电流互感器的 10%误差曲线，按照继电保护定值计算所采用的一次电流，计算出一次电流对额定电流的倍数，从 10%误差曲线上查出最大允许二次负荷阻抗。如果实际上的二次负荷阻抗超过曲线查得的最大允许值，则在这一计算电流时电流互感器的电流误差将超过 10%，这就会影响继电保护工作的正确性，因此是不允许的。

（5）电流互感器的热稳定电流和动稳定电流。电流互感器的热稳定电流和动稳定电流是指电流互感器的短时允许电流，一般以一次额定电流的倍数表示。

电流互感器短时热稳定电流是指电流互感器在 1s 内能承受住且无损伤的最大的一次电流有效值；电流互感器动稳定电流是指电流互感器所能承受的不致出现电动力机械损伤的最大一次电流峰值。上述热稳定和动稳定电流都是指电流互感器处于正常接线状态，即二次侧处于短路闭路状态，而不是开路状态。

**（三）电流互感器的接线方式**

1. 单台电流互感器的接线

单台电流互感器的接线如图 8-11（a）所示。电流互感器一次侧的两个出线端子通常标以 $L_1$ 和 $L_2$，一般情况下 $L_1$ 接在电源电流进线端，$L_2$ 则接在电流输出端。特殊情况下也有例外。电

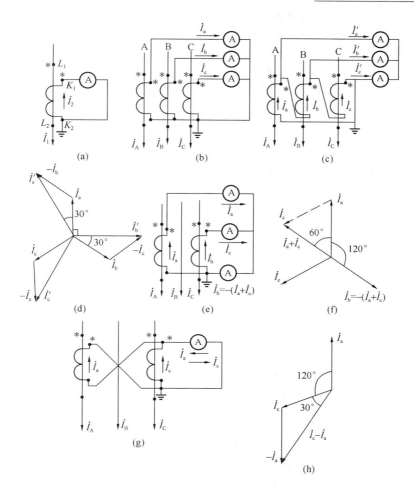

图 8-11 电流互感器的不同接线方式

(a) 单相电流互感器接线；(b) 三相电流互感器的完全星形接线；(c) 三相电流互感器三角形接线；
(d) 电流互感器三角形接线时的相量图；(e) 常用两相不完全星形接法；(f) 两相不完全星形
接法相量分析；(g) 电流互感器两相差接；(h) 两相差接相量分析图

流互感器的二次侧的两个出线端一般以 $K_1$ 和 $K_2$ 表示，$K_1$ 和 $L_1$ 属于同名端，$K_2$ 与 $L_2$ 也是同名端。其电流方向如图 8-11 (a) 中所示，如与 $I_2$ 相反，称为减极性。如果电流互感器一次侧 $L_1$ 为电流流入，则二次侧电流从 $K_1$ 流出。

2. 三相完全星形接线和三角形接线

图 8-11 (b) 为三相电流互感器的完全星形接线。

图 8-11 (c) 为三相电流互感器三角形接线，多用在变压器差动保护接线中。图 8-11 (d) 为电流互感器三角形接线时的电流相量图。从图 8-11 (d) 中的相量分析可见，输出电流 $\dot{I}'_a = \dot{I}_a - \dot{I}_b$、$\dot{I}'_b = \dot{I}_b - \dot{I}_c$、$\dot{I}'_c = \dot{I}_c - \dot{I}_a$，因此电流互感器三相三角形接线后，输出电流数值为实际值的 $\sqrt{3}$ 倍，相角变化了 $30°$。

3. 两相不完全星形接线

图 8-11 (e) 为常用的两相不完全星形接法，即用两台电流互感器串入三相电路的两相中，其二次侧接成两相不完全星形，可以测量三相电流。图 8-11 (f) 为相量分析，从相量图可以看

出，两台电流互感器的二次电流相加从数值上等于未装电流互感器的 B 相的电流值，但相位和实际的 B 相电流相反。

4. 两相差接

图 8-11（g）为电流互感器两相差接，图 8-11（h）为相量分析图。由相量分析可见，两相差接，输出电流增至 $\sqrt{3}$ 倍，相位变化 $30°$。

**（四）零序电流互感器**

零序电流互感器主要用于中性点绝缘的配电系统中，零序电流互感器套在三相电缆上，相当于是一个单匝贯穿式电流互感器，三相统包电力电缆可以视作电流互感器的一次绕组，如果三相电缆是由三根单芯电缆组合而成，则应将三相三根单芯电缆都穿入同一零序电流互感器的一次绕组窗孔内。其接线方式如图 8-12（a）所示。

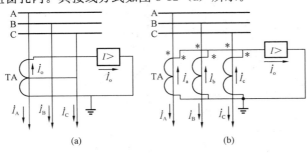

图 8-12　接地保护的电流
互感器接线方式
（a）接地保护用接线方式；
（b）零序电流过滤器的接线方式

正常运行时，$\dot{I}_A + \dot{I}_B + \dot{I}_C = 0$，因此在零序电流互感器的铁芯中不出现磁通，互感器的二次侧没有感应电势产生，也就没有电流输出。当配出线的某一相出现接地故障时，例如 A 相出现接地故障，在该相线路中流过一个对地电容电流，通过分析可知此电流为电网正常时对地电容电量的 3 倍。于是在零序电流互感器的铁芯中有磁通产生，互感器二次即有电流输出，接地继电器动作，发出接地故障信号。

除了采用零序电流互感器作为接地保护用之外，也可以将电流互感器接成零序电流滤过器，如图 8-12（b）所示。所谓零序电流滤过器，是在被保护线路的三相上分别装上型号和变比完全相同的电流互感器，将它们的二次绕组并联，然后接入继电器。正常运行时，或者发生三相短路或两相短路时，三相电流互感器的二次侧电流之和等于零，因此继电器不会动作。当发生接地故障时，电网中出现零序电流，于是就有 3 倍对地电容电流流过继电器，使继电器动作发出信号。

## 二、电压互感器及其接线方式

### （一）电压互感器工作原理及使用注意事项

电磁式电压互感器的工作原理与变压器完全相同，也是由一次和二次绕组、铁芯、引出线，以及绝缘结构等构成。所不同的是电压互感器的二次电压一般都是 $110/\sqrt{3}$ V 或 $100/\sqrt{3}$ V、$100/\sqrt{3}$ V，而且电压互感器的容量很小，因此体积很小。电压互感器和电流互感器一样，通常用作向测量仪表和继电保护提供被测系统电压之用，因此要求很高的精度，其准确等级和误差范围是很重要的技术参数。电压互感器的误差包括变压比误差和相角误差两项指标。

电压互感器和电流互感器不同，在运行时二次侧不允许短路，如果出现短路，会产生短路电流，将电压互感器烧坏。这一点，电压互感器和变压器的情形完全相同。因此，为了安全起见，电压互感器一、二次侧允许装设熔断器。当出现过载或短路故障时，熔丝迅速熔断，以保证电压互感器不致烧坏。但是用作电能计量或供某些继电保护之用的电压互感器，为防止熔丝无故脱落或熔断，影响计量的正确性和可靠性，或者为了防止继电保护误动作，造成危险的停电事故，有时要求电压互感器的一、二次不装设熔断器。

**表 8-5　电压互感器型号字母含义**

| 字母排列顺序 | 代 号 含 义 |
|---|---|
| 1 | J—电压互感器 |
| 2 | D—单相；S—三相；<br>C—单相串激式 |
| 3 | C—瓷箱式；G—干式；<br>J—油浸；Z—浇注式 |
| 4 | B—带补偿绕组；J—接地保护；<br>W—五柱三绕组 |

**（二）电压互感器的型号和技术数据**

1. 电压互感器的型号

电压互感器的型号由字母排列和数字组成。其字母排列顺序和含义见表 8-5。

例如：JDJ—10：单相双绕组油浸式电压互感器，10kV；

JSJW—10：三相三绕组五铁芯柱油浸式电压互感器，10kV；

JDZ—10：单相双绕组浇注式绝缘电压互感器，10kV；

JCC$_1$—60：串激式电压互感器，60kV。

2. 电压互感器的额定技术数据

电压互感器的额定技术数据包括变压比、误差和准确级次、容量、接线组别等。

（1）变压比。电压互感器的变压比是指一次与二次额定电压之比

$$K = V_{1n}/V_{2n}$$

电压互感器的变压比在铭牌上标明，在使用时必须和测量仪表的表盘刻度一致，以免造成倍率误差，使仪表读数严重不准确。

（2）误差和准确级次。电压互感器的准确级次和误差限值见表 8-6。电压互感器的测量误差分为电压比误差和相角误差。

**表 8-6　　　　　　　　　　　　　电压互感器的准确级次和误差限值**

| 准 确 级 | 误 差 限 值 | | 一次电压变化范围 | 频率、功率因数<br>及二次负荷变化范围 |
|---|---|---|---|---|
| | 电压比误差（±%） | 相角误差（±′） | | |
| 0.1 | 0.1 | 5 | | |
| 0.2 | 0.2 | 10 | | |
| 0.5 | 0.5 | 20 | $(0.8 \sim 1.2) U_{1n}$ | $(0.25 \sim 1) S_{2n}$<br>$\cos\varphi_2 = 0.8$（滞后）<br>$f = f_n$ |
| 1 | 1.0 | 40 | | |
| 3 | 3.0 | 不规定 | | |
| 3P | 3.0 | 120 | $(0.05 \sim 1.9) U_{1n}$ | |
| 6P | 6.0 | 240 | | |

变压比误差的计算公式为

$$\Delta U\% = \frac{KU_2 - U_1}{U_{1n}} \times 100\% \tag{8-7}$$

式中　$K$——电压互感器变压比；

　　$U_{1n}$——电压互感器一次额定电压，V；

$U_1$、$U_2$——电压互感器一、二次电压实测值，V。

电压互感器的角误差是指二次电压 $U_2$ 与一次电压 $U_1$ 的电压相量的角 $\delta$。角误差的单位是分（′），如果 $U_2$ 超前 $U_1$，规定为正角差，反之为负角差。电压互感器的角误差很小，一般不超过 $1°$（$60'$）。

电压互感器的误差与其励磁电流大小、绕组阻抗、制造质量（绕组匝数的准确性），以及二次负荷大小、负荷的功率因数等有关。

电压互感器的准确级次在数值上，等于变压比误差的最大限值。常用的准确级次有 0.1、0.2、0.5、1 级和 3 级，继电保护采用 P 级，例如 3P 和 6P。

（3）电压互感器容量。电压互感器容量是指电压互感器二次绕组允许接入的负荷视在功率，以 VA 表示。实际上电压互感器的二次电压一般偏离额定电压不大，因此电压互感器的容量主要取决于二次负荷电流。

电压互感器的二次负荷电流变化引起二次端电压的变化，因此电压互感器的准确度与电压互感器的二次负荷有关，也就是电压互感器的准确度与其容量有关，准确级次越高，限制容量越小。同一台电压互感器在不同准确级次时有不同的容量限值，通常所说的额定容量是指对应于最高准确级次的容量。电压互感器的最大容量是指允许发热条件规定的极限容量，一般正常运行情况下，二次负荷不应达到这个限值。

### （三）电压互感器的接线方式

单台单相电压互感器的接线组别和单相电力变压器一样，一般为 I/I—O 接线。三相电压互感器，或者由三台或两台单相电压互感器连接成的三相电压互感器组，其接线方式常用的有 VV、Yyn、YNyn、YNyndo（开口三角）等 4 种，如图 8-13 所示。

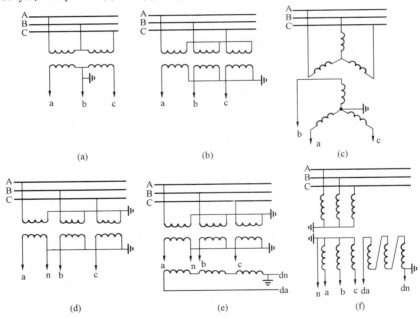

图 8-13　电压互感器三相接线方式
(a) VV 接线；(b)、(c) Yyn 接线；(d) YNyn 接线；
(e)、(f) YNyndo 接线

图 8-13（a）所示为 VV 接线。采用这种接线方式只需两台单相电压互感器，即可测量三相线电压，在 3～10kV 的中性点不接地系统中的用电单位变电站中用得较多。采用这种接线不能

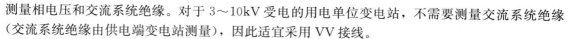

测量相电压和交流系统绝缘。对于 3～10kV 受电的用电单位变电站，不需要测量交流系统绝缘（交流系统绝缘由供电端变电站测量），因此适宜采用 VV 接线。

图 8-13 (b) 为 Yyn 接线，此接线可测量线电压和相电压，不能测量交流系统绝缘，因为一次侧为 Y 接线，中性点没有接地。

图 8-13 (c) 与图 8-13 (b) 一样，也是 Yyn 接线，所不同的是图 8-13 (b) 为由三台单相电压互感器接成的三相接线，而图 8-13 (c) 是由一台三相三柱式电压互感器构成的接线。

图 8-13 (d) 为由三台单相电压互感器构成的 YNyn 接线，因无开口三角接线，只能测量相电压和线电压，不能设置自动报警的交流绝缘监视系统。但是，由于一次为 YN 接线，中性点直接接地，因此可以通过相电压的变化，来判断系统中是否存在单相接地。

图 8-13 (e) 和图 8-13 (f) 都是 YNyndo（开口三角）接线，其中图 8-13 (e) 为由三台单相电压互感器连接成的三相电压互感器接线组，而图 8-13 (f) 则是由一台三相五柱电压互感器构成的三相电压互感器接线组。其工作原理和使用效果是完全相同的。这种接线方式的 do 为开口三角形接线，在正常运行时，开口三角的输出端 da、dn 上的电压为零。如果系统发生一相接地，则 da、dn 的出口电压为每相剩余电压绕组二次电压的 3 倍。为了便于测量，将电压互感器用作开口三角接线的剩余电压绕组额定电压接 100/3V 设置。这样，当系统出现一相接地时，开口三角 da、dn 上的剩余电压正好为 $3 \times 100/3 = 100$（V），便于交流绝缘监视电压继电器的电压整定。对于 3～10kV 受电的用户变电站，为防止出现分频谐振过电压（参见第七章第四节），一般不允许电压互感器按 YNyndo（开口三角）接线。

## 第三节　变电站常用继电保护和自动装置

### 一、3～10kV 变配电站常用继电保护

3～10kV 变配电站常见的继电保护装置有过电流保护、电流速断保护、变压器气体保护和低电压保护。变压器气体保护已在前面介绍过，下面对其他保护进行介绍。

1. 过电流保护

当电气设备发生短路事故时，将产生很大的短路电流，利用这一特点可以设置过电流保护和电流速断保护。

过电流保护的动作电流是按照避开被保护设备（包括线路）的最大工作电流来整定的。考虑到可能由于某种原因会出现瞬间电流波动，为避免频繁跳闸，过电流保护一般都具有动作时限。为了使上、下级各电气设备继电保护动作具有选择性，过电流保护在动作时间整定上采取阶梯原则，即位于电源侧的上一级保护的动作时间要比下级保护时间长。因此过电流保护动作的快速性受到一定限制。

过电流保护的动作时限有两种实现办法：一种是采用时间继电器，其动作时间一经整定后就可固定不变，即构成定时限过电流保护；另一种方式是动作时间随电流的大小而变化，电流越大动作时间越短，由这种继电器构成的过电流保护装置称为反时限过电流保护。

2. 电流速断保护

电流速断保护是按照被保护设备的短路电流来整定的，它并不依靠上、下级保护的整定时间差别来求得选择性，因此可以实现快速跳闸，切除故障。

电流速断保护为了防止越级动作，其动作电流要选得大于被保护设备（线路）末端的最大短路电流，因此在被保护设备的末端有一段保护不到的死区，这时就必须依靠过电流保护作为后备。

### 3. 限时电流速断保护

由上述可见，瞬时电流速断保护运作迅速，但不能保护线路的全长；过电流保护能保护线路的全长，但动作不能迅速。特别是当被保护线路本来就不长，如果再去掉一段死区，速断保护所能保护的范围就很小，这就失去了存在价值。如果这时过电流保护的时间又较长，则为了实现快速切除故障，可以采用带时限的电流速断保护——限时电流速断保护。

带时限电流速断保护的动作时限比下一段线路瞬时动作的速断保护大一个时间阶差，一般取不超过0.5s。其动作电流应大于下一段线路瞬时速断保护的动作电流。

限时电流速断保护的动作电流按下式整定

$$I_{DZ} = K_K I'_{DZ} \tag{8-8}$$

式中　$I_{DZ}$——限时电流速断保护动作电流；

　　　$K_K$——可靠系数，取1.1～1.15；

　　　$I'_{DZ}$——相邻线路的瞬时电流速断保护动作电流。

### 4. 低电压保护

反映电压降低而动作的继电保护称为低电压保护。在用电单位的中小型变配电站和车间变配电站中，常常使用失压跳闸装置（也称作无电压释放装置或简称"失压线圈"），也属于低电压保护。低电压保护常用于以下三种场合：

（1）因事故等原因，当电源电压突然剧烈降低或瞬间消失时，为了保证重要负荷的电动机的自启动，对不重要的电动机装设低电压保护动作于跳闸。

（2）对不准自启动的电动机，以及由于生产工艺条件和技术保安要求，不允许失去电源后再自启动的电动机，应装设低电压保护动作于跳闸。

（3）3～10kV配电线路由于事故等原因瞬间跳闸后，为了减少自动重合闸动作合闸时线路上变压器的励磁涌流，以防止励磁涌流过大引起线路继电保护第二次跳闸而使重合闸动作失败，对一般用电负荷安装低电压保护，在线路失压后动作于跳闸。

## 二、过电流和电流速断保护的接线方式和整定计算

### （一）过电流保护的接线方式和整定计算

过电流保护按时限特性分为定时限过电流保护和反时限过电流保护。所谓定时限过电流保护是指不管故障电流超过整定值多少，其动作时间总是一定的。若动作时间与故障电流值成反比变化，即故障电流超过整定值越多，动作时间越快，则称为反时限过电流保护。

过电流保护的接线方式有三相星形接线、两相不完全星形接线、两相差接线，常用的是两相不完全星形接线。

### 1. 定时限过电流保护的接线方式

定时限过电流保护两相不完全星形的接线方式如图8-14所示。当被保护线路发生两相短路或三相短路时，视具体故障情况，图8-14（a）中电流继电器KA1和KA2两块继电器中有一块动作或两块同时动作；于是继电器的触点闭合，接通时间继电器KT的电源；时间继电器启动，经过预先整定的时间后，时间继电器触点闭合，接通中间继电器KOM的电源；中间继电器动作，触点闭合，接通跳闸线圈YT的电源，断路器QF跳闸，将故障线路停电。在中间继电器触点闭合，接通YT的同时，也接通了信号继电器KS的电源，其触点闭合，给出信号。

图8-14（b）为展开图。上部为电流互感器线圈与电流继电器的展开接线图。下部为保护动作展开图，+BM和-BM为继电保护的直流操作电源，在中间继电器触点KOM信号继电器线圈KS回路中串接的QF1触点是断路器QF的辅助触点，当QF跳闸后保证YT断电。

2. 有限反时限过电流保护的接线方式

有限反时限过电流保护一般由 GL 型继电器构成，其接线方式如图 8-15 所示。

由图中可知，当被保护线路发生短路事故时，电流互感器一、二次侧流过很大电流，电流互感器 TAa、TAc 二次侧电流经 KA1、KA2 的动断触点和电流线圈成回路。继电器电流线圈流过的电流达到继电器的整定电流后，继电器动作，动合触点闭合，动断触点打开，TAa、TAc 的二次电流经过闭合的动合触点、跳闸线圈 YT1、YT2 和继电器的电流线圈而成回路，YT1、YT2 动作，断路器跳闸。

图 8-15（b）为两相差接线方式的过电流保护，动作原理与图 8-15（a）相似，只是当被保护线路发生三相短路时，流过继电器电流线圈和跳闸线圈的电流为两相电流的相量之差，等于一相电流的 $\sqrt{3}$ 倍，而当发生 a、c 相两相短

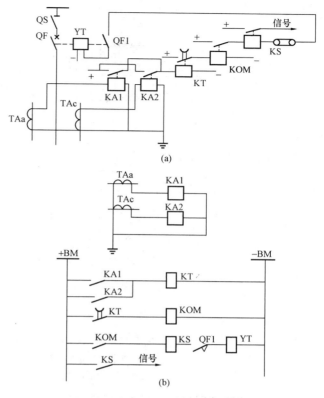

图 8-14　定时限过电流保护接线图
(a) 原理接线图；(b) 展开图

路时，流过电流继电器的电流为一相电流的两倍。其余情况与图 8-15（a）的动作情况相同。采用两相差接线可以节省一块继电器和一个跳闸线圈。

3. 过电流保护动作电流的整定计算

无论定时限过电流保护或反时限过电流保护，其动作电流均按下式整定

$$I_{DZ\cdot J} = \frac{K_{JX} \cdot K_k \cdot K_{ZQ}}{K_F \cdot n_L} I_{FH\cdot ZD} \tag{8-9}$$

式中　$I_{DZ\cdot J}$——继电器动作电流，A；

$K_{JX}$——接线系数，星形接法时为 1，角形和差接时为 $\sqrt{3}$；

$K_k$——可靠系数，一般采用 1.15～1.25；

$K_{ZQ}$——自启动系数，考虑外部故障引起母线电压下降，当外部故障消除后母线电压恢复，电动机自启动引起电流增大；自启动系数的数值应大于 1；具体数值要由负荷情况决定；

$K_F$——电流继电器返回系数，一般取 0.85；

$n_L$——电流互感器额定变比；

$I_{FH\cdot ZD}$——最大负荷电流，A。

前面已经介绍过，过电流保护动作时间的整定采取阶梯原则，即位于电源侧的上一级保护的动作时间要比下级保护时间长。这个时间上的差别，称为时限阶段差，简称时限阶差，一般用 $\Delta t$ 来表示。通常时限阶差 $\Delta t$ 取 0.3～0.7s。对于采用感应型电流继电器（GL 型）的过电流保护，$\Delta t$ 取 0.7s。

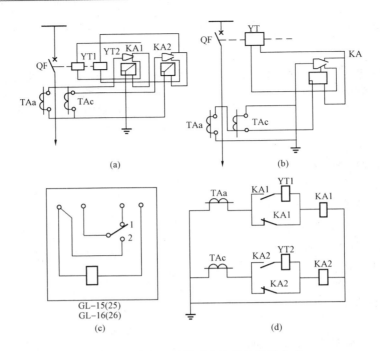

图 8-15　有限反时限过电流保护接线方式

（a）两相不完全星形接线；（b）两相差接线；

（c）GL 继电器内部接线图；（d）两相不完全星接展开图

### （二）电流速断保护的接线方式和整定计算

**1. 电流速断保护的接线方式**

电流速断保护的接线方式如图 8-16 所示。

电流速断保护是防止相间短路故障的保护，所以都按不完全星形的两相两继电器接线方式构成。由于电流继电器 1、2 的触点容量小，不能直接闭合断路器的跳闸线圈 YT 回路，必须要经过中间继电器 3。

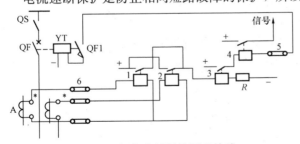

图 8-16　电流速断保护原理接线

1、2—电流继电器 DL-11 型；3—中间继电器 DZ-17/110 型；串电阻 R 为 20W、2000Ω；4—信号继电器 DX-11/1 型；5—连接片；6—电流试验端子

如果采用 GL 型继电器构成电流保护，则由于 GL 型继电器本身兼有速断元件，因此电流速断保护和过电流保护共用一套继电器，不必另装电流速断保护装置（接线方式见图8-15）。

**2. 电流速断保护启动电流的整定计算**

电流速断保护的动作电流按下式计算

$$I_{DZ \cdot J} = \frac{K_{JX} \cdot K_k}{n_L} I_{D \cdot ZD} \tag{8-10}$$

式中　$I_{DZ \cdot J}$——速断保护继电器动作电流；

$K_{JX}$——接线系数，取值法与式（8-9）相同；

$K_k$——可靠系数，电磁型继电器取 1.2～1.3，感应型继电器取 1.5；

$n_L$——电流互感器额定变比；

$I_{D \cdot ZD}$——被保护区段末端三相最大短路电流。

276

### 三、主要电气设备的保护方式和整定计算

#### （一）电力变压器的继电保护

**1. 电力变压器继电保护的配置**

3～10kV 配电变压器的继电保护主要有过电流保护、电流速断保护。变电站单台油浸变压器容量在 800kVA 及以上，或车间内装设的容量在 400kVA 及以上的油浸变压器应装设气体保护。过电流和电流速断保护的接线方式参见图 8-14～图 8-16 动作值，计算公式参见式（8-9）和式（8-10）。只是式（8-9）中的最大负荷电流 $I_{FH \cdot ZD}$ 用变压器的额定电流 $I_{B \cdot e}$ 来代替；而式（8-10）中的 $I_{D \cdot ZD}$ 则是取被保护变压器二次侧出口三相最大短路电流。

大容量变压器，例如单台容量 10 000kVA 及以上，或者单台容量在 6300kVA 及以上的并列运行变压器，根据规程规定应装电流差动保护，以代替电流速断保护。对于大容量、高电压的降压变压器，为了提高灵敏度，常采用复合电压闭锁的过电流保护代替普通的过电流保护。

**2. 变压器电流差动保护**

电力变压器是电力系统中十分重要的设备，它的故障将对供电可靠性和系统的正常运行带来严重影响。变压器内部的某些故障，虽然最初故障电流较小，但产生的电弧将引起变压器内部绝缘油分解，产生可燃性气体，严重时引起喷油、爆炸。为了避免变压器事故的扩大，要求变压器内部发生故障时应迅速切断电源，使变压器退出运行。变压器过电流保护具有一定时限，动作不够迅速。变压器速断保护虽然动作迅速，但是动作电流整定较大，对于轻微的内部故障不能反应，而且在变压器内部，靠近二次出线还存在死区，即速断保护不起作用的地方。因此规程规定对于大容量变压器应装设电流差动保护。

变压器电流差动保护的动作原理如图 8-17 所示。从图中可知，当变压器外部故障时，流入继电器的电流是变压器一、二次侧的两个电流之差。如果适当选择一、二次侧变流器，使变压器流过穿越性电流时，在一、二次变流器的二次侧出现接近相等的电流，则流入继电器的电流 $i_I - i_{II}$ 接近于零，继电器不动作。

当变压器内部发生故障时，可能有两种情况：一种情况是变压器只一侧加有电源，流入继电器的电流仅为 $i_I$，如果故障电流足够大，则电流 $i_I$ 足以使差动继电器动作；另一种情况是如果变压器两侧都有电源，则就有两个流动方向相反的电流流入变压器，由图 8-17（b）可知，这两个电流通过变流器后，流入差动继电器时方向相同，两个电流相加，足以使继电器动作。

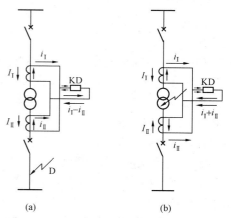

图 8-17 变压器差动保护原理图
（a）外部故障；（b）内部故障

电力变压器差动保护的动作电流按躲过二次回路断线、变压器空载投运时励磁涌流和互感器二次电流不平衡，防止由此出现误动作来整定。动作时间取 0s。

**3. 油浸变压器气体保护**

电力变压器利用变压器油作绝缘和冷却介质，当油浸变压器内部发生故障时，短路电流产生的电弧使变压器油和其他绝缘物分解，产生大量气体，利用这些气体形成动作于保护装置叫气体保护。气体保护的主要元件是气体继电器。气体继电器安装在变压器油箱与储油柜之间的连接管道中。

气体保护具有灵敏度高、动作迅速、接线简单的特点。它和电流速断、电流差动都是变压器

的快速保护，属于主要保护。而过电流保护具有时延，不能满足快速切除故障的要求，属于后备保护。

### （二）高压电动机的继电保护

高压电动机常用的保护为电流速断保护和过负荷保护。其接线方式与变压器保护相同，如图8-14～图8-16所示。但也可以采用差接线，如图8-11所示。如采用差接线，只须一块过电流继电器。过负荷保护一般只在电流互感器二次回路的一相上安装，动作于信号，不跳闸。

电动机电流速断保护的定值也按式（8-10）进行计算，式（8-10）中的$I_{D \cdot ZD}$取电动机最大启动电流，约为满载电流的3～7倍。

电动机的过负荷保护根据需要可动作于跳闸或作用于信号，其接线方式与图8-14或图8-15相同。有时同时设置两套过负荷保护：一套保护动作于跳闸；另一套保护作用于信号。这时动作于跳闸的过负荷保护的动作电流可按电动机额定电流的2倍考虑，动作时间按电动机的启动时间考虑，例如取10～16s。

作用于信号的过负荷保护整定计算可按下式进行

$$I_{DZ} = \frac{K_k}{K_F} \cdot K_{JX} \frac{I_e}{n_L}$$ （8-11）

式中　$K_k$——可靠系数，可取1.05；

　　　$I_e$——取电动机额定电流。

其余与式（8-9）相同。保护动作于信号，不跳闸，动作时间可按大于电动机启动时间整定。

2000kW及以上大容量的高压电动机，普遍采用纵联差动保护代替电流速断保护。2000kW以下的电动机，如果电流速断保护灵敏度不能满足要求时，也可采用电流纵联差动保护代替电流速断保护。

### （三）3～10kV电力电容器组的继电保护

中小容量的高压电容器组普遍采用电流速断或延时电流速断作为相间短路保护。其接线方式一般如图8-14～图8-16所示。如为电流速断保护，动作电流可取电容器组额定电流的2～2.5倍；如为延时电流速断保护，动作电流可取电容器组额定电流的1.5～2倍，为了避开电容器的合闸涌流，可取0.2s动作时限。

## 四、继电保护的灵敏度

继电保护四项基本要求之一，是具有足够的灵敏性。在继电保护整定计算时一般都要校验灵敏度（灵敏系数）。

### （一）对于反应故障时参数量增加的保护装置

$$灵敏系数 = \frac{保护区末端金属性短路时故障参数的最小计算值}{保护装置动作参数的整定值}$$ （8-12）

例如，过电流保护的灵敏系数为

$$K_{LM} = \frac{I_{D \cdot ZX}}{I_{DZ \cdot J}}$$

式中　$I_{D \cdot ZX}$——保护区末端金属性短路时的最小短路电流二次值；

　　　$I_{DZ \cdot J}$——保护装置的二次动作电流。

### （二）对于反应故障时参数量降低的保护装置

$$灵敏系数 = \frac{保护装置动作参数的整定值}{保护区末端金属性短路时故障参数的最大计算值}$$ （8-13）

例如，低电压保护的灵敏系数为

$$K_{LM} = \frac{U_{DZ \cdot J}}{U_{D \cdot ZD}}$$

式中 $U_{DZ \cdot J}$——保护装置动作电压的二次值；

$U_{D \cdot ZS}$——保护区末端短路时，在保护安装处母线上的最大残余电压二次值。

一般的电流保护装置，要求灵敏系数 $K_{LM} \geqslant 1.5 \sim 2$。

### （三）定时限过电流保护的灵敏度

对过电流保护来讲，其灵敏系数为保护范围末端短路时，通过继电器的最小短路电流 $I_{D \cdot ZX}$ 与保护装置中电流继电器的动作电流之比，即

$$K_{LM} = \frac{I_{D \cdot ZX}}{I_{DZ \cdot J}} \tag{8-14}$$

灵敏系数 $K_{LM}$ 按《继电保护和自动装置设计技术规程》上规定，最小允许值为 1.5（做下一相邻线路的后备保护时，最小允许值为 1.2）。

在计算通过继电器的最小短路电流时，应取在电力系统出现实际可能的最小运行方式下，在被保护线路末端的两相短路电流（即为在同一点三相短路电流的 $\frac{\sqrt{3}}{2}$ 倍）。

### （四）电流速断保护的灵敏度

电流速断的灵敏度是用保护区长度占被保护线路全长的百分数来表示。一般规定，在最大运行方式时，能达到线路全长约 50% 即认为具有良好的保护效果；在最小运行方式下能保护线路全长的 15%～20% 即可装设。

电流速断保护动作迅速结构简单，但是不能保护线路全长，且保护范围受系统运行方式的影响而变化，所以必须与其他保护配合使用。

### （五）带时限电流速断保护的灵敏度

为使带时限电流速断保护在最小运行方式下发生两相短路时，仍能可靠地保护线路全长，故必须以本线路末端作为灵敏度校验点，其灵敏度 $K_{LM}$ 由下式求得

$$K_{LM} = \frac{I_{D \cdot ZX}}{I_{DZ}} \tag{8-15}$$

式中 $I_{D \cdot ZX}$——本线路末端最小短路电流；

$I_{DZ}$——本线路带时限电流速断保护的动作电流。

按《继电保护及自动装置设计技术规程》规定要求，$K_{LM} \geqslant 1.25$。

### 五、变电站常用的自动装置

下面简单介绍变电站常用的自动装置有自动重合闸和备用电源自动投入两种。

### （一）自动重合闸

因为继电保护动作等原因断路器自动跳闸后，能使断路器自动合闸的装置称为自动重合闸装置。运行经验证明，电力系统中有不少短路事故是瞬时性的，特别是架空线路由于落雷引起的短路，或者因刮风或鸟类碰撞引起导线舞动造成的短路，在继电保护动作、断路器跳闸切断电源后，故障点的电弧很快熄灭，绝缘会自行恢复。这时如能将高压断路器自动重新投入，电力线路将继续保持正常供电。自动重合闸便可以实现这一功能。

此外，利用自动重合闸，还可以弥补线路保护选择性的不足。例如 6～10kV 配电线路，沿线呈树枝状向许多高压用户的降压变电站供电。其中有的用户变电站靠近线路始端，而有的变电站位于线路中间或末端。当靠近线路始端的用户变电站内部发生高压短路故障时，其故障电流很大，与线路短路无异。这时线路的瞬时速断保护立即无选择性动作跳闸，线路全线停电。而发生

事故的用户变电站本身的速断保护也必然会同时跳闸，将故障切除。经过预定时间（1～3s）后，线路始端的自动重合闸装置将已跳闸的断路器迅速合闸，使线路恢复正常供电。这样，除发生事故的变电站，线路上其他用户仍然正常用电，从而最大限度地减少了停电损失。

自动重合闸应符合以下基本要求。

（1）在下列情况下，重合闸不应动作：

1）由值班人员人为操作断路器断开。

2）值班人员操作断路器合闸，由于线路上有故障，引起断路器随即跳闸。

（2）除了上述两种情况之外，当断路器由于继电保护动作，或者因其他原因而跳闸（断路器的状态与操作把手的位置不对应）时，都应动作。

（3）对于同一次故障，自动重合闸的动作次数应符合预先的规定。如一次式重合闸就应只动作一次。

（4）自动重合闸动作之后，应能自动复归，以备下一次线路故障时再动作。

（5）当断路器处于不正常状态（例如气压或液压机构中使用的气压、液压降到允许数值以下）时，重合闸应退出运行。

**（二）备用电源自动投入装置**

备用电源自动投入装置，是指当工作电源因故障被断开后，备用电源自动投入，使工厂不至于因停电而停产。备用电源自动投入装置可以用于动作备用电源线路的断路器，也可以用于动作备用变压器的断路器。

为了使备用电源自动投入装置能安全可靠地工作，应满足以下要求：

（1）只有在正常工作电源跳闸后方能自动投入备用电源。

（2）当正常工作电源跳闸后，备用电源自投装置应只动作一次。如果备用电源合闸后又自动跳闸，不得再次自动合闸。

（3）当备用电源无电时，自投装置不应动作。

（4）当电压互感器的熔丝熔断时，自投装置不应动作。

# 第四节 二次回路基本知识

发电厂和变配电站中与生产和输配电能有关的设备称为一次设备，包括发电机、变压器、断路器、隔离开关、母线、互感器、电抗器、移相电容器、避雷器、输配电线路等。对一次电气设备进行监视、测量、操纵、控制和起保护作用的辅助设备，称为二次设备，如继电器、信号装置、测量、仪表、控制开关、控制电缆、操作电源和小母线等。由二次设备连接成的回路称为二次回路。如按照二次设备的用途来分，则可分为继电保护二次回路、自动装置二次回路、控制系统二次回路、测量仪表二次回路、信号装置二次回路和直流操作电源二次回路等。

**一、二次回路接线图**

二次回路接线图包括原理接线图、展开接线图和安装接线图。

1. 原理接线图

原理接线图（简称原理图）是将继电器及各种电器以集合整体的形式表示，用直线画出它们之间的相互联系，因而清楚、形象地表明了继电保护、信号系统和操作控制等的接线和动作原理。在原理图中各开关电器和继电器触点都是按照它们的正常状态表示的。所谓正常状态是指开关电器在断开位置和继电器线圈中没有电流时的状态。图8-14的（a）图、图8-15的（a）、图8-15（b）、图8-16都是原理接线图。

原理接线图的特点是一、二次回路画在一起，对所有设备具有一个完整的概念。阅读这种接线图的顺序是从一次接线看电流的来源；从电流互感器的二次侧看短路电流出现后，能使哪个电流继电器动作，该继电器的触点闭合（或断开）后，又使哪个继电器启动。这样依次看下去，直至看到使断路器跳闸及发出信号为止。

原理接线图绘出的是二次回路中主要元件的工作概况，对简单的二次回路可以一目了然。但在线路设备比较复杂时，绘图、读图都很麻烦，也不便于施工，所以在实际工作中用得较多的是展开接线图。

2. 展开接线图

展开接线图的特点是将交流回路与直流回路分开来表示。交流回路又分为电流回路与电压回路；直流回路分为直流操作回路与信号回路等。同一仪表或继电器的线圈和触点分别画在不同的电路内。为了避免混淆，对同一元件的线圈和触点用相同的文字表示。

展开接线图由交流回路、直流操作回路和信号回路三部分组成。每一回路的右侧通常有文字说明，以表明回路的作用。阅读展开接线图的顺序是：

（1）先读交流电路后读直流电路。

（2）直流电流的流通方向是从左到右，即从正电源经触点到线圈再回到负电源。

（3）元件的动作顺序是：从上到下，从左到右。

图 8-14 的（b）、图 8-15 的（d）都是展开图。由于这两个展开图特别简单，因此每一回路的右侧均未加说明文字。

3. 安装接线图

由于二次设备布置分散，需要用控制电缆把它们互相连接起来，因此单凭原理接线图和展开接线图来安装是有困难的。为此，在二次接线安装时，尚须绘制安装接线图。安装接线图包括屏面布置图、屏背面接线图和端子排图。

屏面布置图表示屏上设备的布置情况，要求按实际尺寸照一定的比例绘制。

屏背面接线图是在屏上配线时所必需的图纸，应标明屏上各设备在屏背面引出端子间以及与端子排间的连接情况。

端子排图是表示屏上需要装设的端子排数目、类型、排列次序以及屏上设备与屏顶设备、屏外设备连接情况的图纸。

在安装接线图中，各种仪表、电器、继电器及连接导线等，都必须按照它们的实际图形、位置和连接关系绘制。

## 二、二次回路编号与设备标志

1. 一般要求

为了便于安装施工和运行维护，在展开接线图中对回路应进行编号；在安装接线图中除编号外，尚须对设备进行标志。

对回路编号的要求：

（1）在展开接线图中，根据编号能了解该回路的用途。

（2）在安装接线图中，根据编号能进行正确的连接。

二次回路的编号，根据等电位的原则进行，就是在回路中连接在一点的全部导线都用同一个数码来表示。当回路经过开关或继电器触点隔开后，因为触点断开时，其两端已不是等电位，故应给予不同的编号。

安装接线图上对二次设备、端子排等进行标志的内容有：

（1）与屏面布置图相一致的安装单位编号及设备顺序号。

（2）与展开接线图相一致的设备文字符号。

（3）与设备表相一致的设备型号。

2. 展开接线图中的回路编号

交直流回路在展开图中采用不同方法编号。

直流回路编号方法是从正电源出发，以奇数顺序编号，直到最后一个有压降的元件为止。如最后一个有压降的元件后面不是直接接在负极，而是通过连接片、开关或继电器触点接在负极上，则下一步应从负极开始以偶数顺序编号至上述已有编号的回路为止，如图8-18所示。

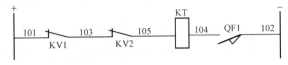

图 8-18　直流回路编号实例

交流回路电流互感器二次出线用 A401、B401、C401、N401；A411、B411、C411、N411；A421、B421、C421、N421；……编号。从 A411 出发连接的设备，其接线端子处编号依次为 A412、A413…，依次类推。电压互感器二次出线用 A601、B601、C601、N601；A611、B611、C611、N611；A621、B621、C621、N621；……编号。

交直流二次回路其他特定回路也都有各自的特定编号，例如跳闸回路通常编号为33、133、233…；信号回路通常编号为 701、702、703…

3. 安装接线图中设备标志和编号

（1）屏背面接线图的标志方法。屏背面设备标志方法，如图 8-19 所示，在图形符号内部标出接线用的设备端子号，但端子号必须与制造厂家的编号一致。在设备图形符号上方画一个小圆，将该圆分为上、下两个部分，上部标出安装单位编号，通常用罗马字母Ⅰ、Ⅱ、Ⅲ等来表示；在安装单位编号右下脚标出设备的顺序号，如 1、2、3…。小圆下部标出设备的文字符号，如 KA、KT、KS、W、A、var 等和同型设备的顺序号，如 1、2、3…。如无同型设备，则同型设备的顺序号可不标出。

（2）端子排标志方法。端子的种类有一般端子、试验端子、连接端子、特别端子和终端端子等，它们的标志如图 8-20 所示。

端子排垂直布置时，排列由上而下；水平布置时，排列由左而右。其顺序是交流电流回路、交流电压回路、控制回路、信号回路和其他回路等。每一安装单位的端子排应编有顺序号。

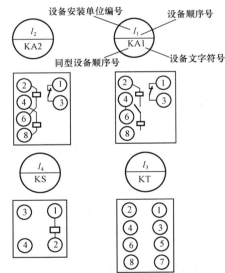

图 8-19　屏背接线图标志法

4. 相对编号法

安装接线图是表示各设备之间互相连接的图纸。表示方法系采用相对编号法。相对编号法是这样表述的，如有甲乙两个设备的接线端子需要连接起来，那么，在甲设备的接线端子上，标出乙设备接线端子的编号，同时，在乙设备该接线端子上标出甲设备接线端子的编号，即两个接线端子的编号相对应，这表明甲乙两设备的相应接线端子应该连接起来。此编号法目前在二次回路中已得到广泛的应用。

例如图 8-20（b），电流继电器 KA 的编号为 4，时间继电器 KT 的编号为 8。KA 的 3 号接线端子与 KT 的 7 号接线端子相连。在 KA 的 3 号接线端子旁标上"8—7"，即与第 8 号元件的第 7

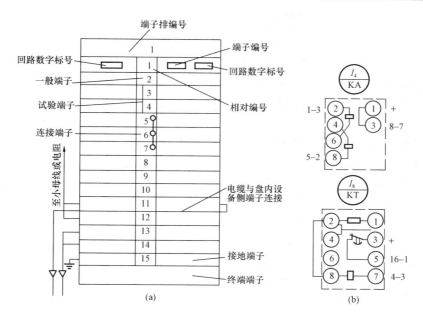

图 8-20　端子排及屏后安装接线表示方法示意图
(a) 端子排；(b) 设备屏后安装接线

个端子相连。而第 8 号元件正是 KT。与之对应，在 KT 第 7 号端子旁标上 "4—3"，这正是 KA 的第 3 个端子。查找起来十分方便。

# 考试复习参考题

**一、单项选择题**（选择最符合题意的备选项填入括号内）

(1) 在二次回路图中，电流继电器的符号是（ A ）。

A. KA；B. DL；C. GL；D. KM

(2) 继电保护原理图中有 KA1、KA2、KT、KM、KS 等继电器，这是（ B ）保护接线图。

A. 反时限过电流；B. 定时限过电流；C. 电流差动

(3) 在继电保护接线图中，(B) 的作用是增加触点的数量和容量。

A. KA；B. KM；C. KT

(4) 电力线路速断保护的定值是按（ A ）本线路末端三相最大短路电流来整定计算的。

A. 躲过；B. 小于；C. 等于

(5) 反映高压电动机要单相接地故障的保护是（ C ）。

A. 电流速断保护；B. 过电流保护；C. 零序保护

(6) 2000kW 及以上高压电动机要求采用差动保护代替（ C ）保护。

A. 过负荷；B. 过电流；C. 电流速断

(7) 变压器电源侧引线短路，（ C ）应动作。

A. 气体保护；B. 过电流保护；C. 电流速断保护

(8) 下列各种型号继电器中，（ B ）是用来建立定时限保护的动作时间的。

A. KS；B. DS-110；C. DL-11

(9) 在继电保护中，（ D ）保护动作有时延，不够快速，因此是后备保护。

A. 电流速断；B. 电流差动；C. 气体；D. 过电流

（10）10kV 电力线路，当电流速断保护（ A ）内发生短路事故时，过电流保护应该动作。

A. 死区；B. 动作区域；C. 保护区首端

（11）以下各电气设备中，（ A ）属于二次设备。

A. 继电器；B. 避雷器；C. 电流互感器

（12）以下各电气设备中，（ A ）属于一次设备。

A. 变压器；B. 继电器；C. 控制开关；D. 仪表

**二、多项选择题**（选择两个或两个以上最符合题意的备选项填入括号内）

（1）继电保护的基本要求是（C、D）。

A. 快速性，经济性；B. 安全性，可靠性；

C. 选择性，灵敏性；D. 快速性，可靠性

（2）属于快速保护的有（A、B、C）

A. 差动保护；B. 电流速断保护；C. 气体保护；D. 过电流保护

（3）变压器发生（A、B、C）事故时，差动保护都会动作。

A. 变压器内部发生相间或匝间短路；

B. 变压器一、二次连接线上发生短路；

C. 电流互感器发生短路或二次回路出现短路断线；

D. 变压器过负荷

**三、判断题**（正确的画√，错误的画×）

（1）继电保护应该动作时不拒动，不应该动作时不拒动，说明继电保护满足可靠性要求。（ √ ）

（2）气体保护是反映非电气量的保护。（ √ ）

（3）油浸式变压器 400kVA 及以上都要装设气体保护。（ × ）

（4）过电流保护属于主要保护。（ × ）

（5）差动保护属于后备保护。（ × ）

（6）为保护信号继电器可靠动作，流过信号继电器的工作电流必须不小于1.5倍额定电流。（ √ ）

（7）过电流保护是利用上、下级保护的时限阶差 $\Delta t$ 来保证选择性的，因此没有死区。（ √ ）

（8）电流速断保护动作时间都是零秒，因此不能利用 $\Delta t$ 来保证选择性，只能利用死区来获得选性。（ √ ）

（9）为了提高供电可靠性，保护变压器、电容器、纯电缆线路的继电保护可以设置自动重合闸，事故跳闸后自动重合一次。（ × ）

（10）变电站继电保护和断路器分、合闸操作所使用的电源称为操作电源。（ √ ）

（11）信号继电器动作掉牌后能自动恢复。（ × ）

（12）自动重合闸动作后，应由值班员手动恢复准备下次再动作。（ × ）

（13）过电流继电器的返回电流除以动作电流得返回系数。返回系数都小于1。（ √ ）

（14）能使过电流继电器动作的最大电流是该继电器的动作电流。（ √ ）

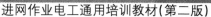

# 第九章 电 工 测 量 技 术

## 第一节　电工测量仪表的分类

电工测量仪表种类繁多，主要可分以下几类：

（1）按测量对象的不同可分为电流表、电压表、功率表、欧姆表、电能表等。

（2）按被测量电源的种类可分为直流仪表、交流仪表和交直流两用仪表。

（3）根据工作原理可分为磁电式仪表、电磁式仪表、感应式仪表、静电式仪表和电动式仪表等。

（4）根据使用方法可分为便携式、配电屏式等。

电气测量仪表的符号表示见表 9-1。

表 9-1　　　　　　　　　　　电气测量仪表的符号表示

| 分类 | 标志符号 | 名　称 | 分类 | 标志符号 | 名　称 |
|---|---|---|---|---|---|
| 电流种类 | —— | 直流 | 准确等级 | 1.5 | 以标度尺量限的百分数表示的准确度等级，例如 1.5 级 |
| | ～ | 交流（单相） | | ○1.5 | 以指示值的百分数表示的准确等级 |
| | ≃ | 交直流 | | ∨1.5 | 以标度尺长度百分数表示的准确等级 |
| | ≋ | 三相交流（平衡负荷） | | | |
| 测量对象 | Ⓐ | 电流表 | 绝缘试验 | ☆0 | 不进行绝缘强度试验 |
| | Ⓥ | 电压表 | | ☆ | 绝缘强度试验电压为 500V |
| | Ⓦ | 功率表 | | ☆2 | 绝缘强度试验电压为 2kV |
| | W̄h | 电能表 | | | |

285

| 分类 | 标志符号 | 名　称 | 分类 | 标志符号 | 名　称 |
|---|---|---|---|---|---|
| 仪表安放位置 | ⊥ | 垂直放置 | 作用原理 | | 磁电系仪表 |
| | ⊓ | 水平放置 | | | 电磁系仪表 |
| | ∠60° | 与水平面成60° | | | 电动系仪表 |
| | | | | | 感应系仪表 |

## 第二节　测量仪表的准确度等级

### （一）测量误差

测量结果与被测量实际值之间的差异称为测量误差。引起测量误差的原因有测量仪表本身的误差、测量方法不完善引起的误差、环境因素影响引起的误差，以及测量人员技术不熟练而引起的误差。

测量误差分为绝对误差、相对误差和引用误差。

1. 绝对误差

被测量的测得值 $x$ 与被测量的真实值 $x_0$ 之间的差值叫绝对误差，用 $\Delta x$ 表示

$$\Delta x = x - x_0 \tag{9-1}$$

2. 相对误差

绝对误差 $\Delta x$ 与实际值 $x_0$ 的比值叫相对误差，用 $r$ 表示

$$r = \frac{\Delta x}{x_0} \approx \frac{\Delta x}{x} \tag{9-2}$$

相对误差一般用百分数表示，可以表示仪表的测量准确程度。

3. 引用误差

利用相对误差虽能反映仪表的测量准确程度，但是同一块仪表测量不同的被测量时，其相对误差可能不会一样。例如有一块量程为 $0\sim300\text{V}$ 的电压表，在测量 150V 时，其绝对误差为 0.8V，则相对误差 $r$ 为 0.533%。当用这块表测量 20V 电压时，如果绝对误差也是 0.8V，则相对误差 $r$ 为 4%。由于测量仪表的测量误差与仪表的制造质量有关，对于同一块仪表，测量几个不同的数值时，绝对误差可能很接近，但相对误差不会一样。

为了衡量测量仪表的准确度，需要同时考虑测量仪表的最大测量范围和最大测量绝对误差，因此引入了"引用误差"。

测量仪表在最大量程时的相对误差，称为引用误差，用 $\delta$ 表示

$$\delta = \frac{\Delta x}{x_{\text{ZD}}} \tag{9-3}$$

式中　$\delta$——引用误差；

　　$\Delta x$——最大量程时的绝对误差；

　　$x_{ZD}$——最大量程。

考虑到测量仪表在各个刻度时的绝对误差可能不完全相同，但一般比较接近，为了应用上的方便，将仪表各刻度位置中的最大绝对误差和仪表的最大量程的百分数来表示仪表的准确度，即用仪表的最大引用误差来表示其准确度，即

$$\delta_{ZD} = \frac{\Delta x_{ZD}}{x_{ZD}} \tag{9-4}$$

式中　$\delta_{ZD}$——最大引用误差；

　　$\Delta x_{ZD}$——最大绝对误差；

　　$x_{ZD}$——最大刻度值。

### （二）测量仪表的准确度等级

测量仪表的准确度等级是根据基本误差来划分的。所谓基本误差实际是指由仪表制造工艺所决定的本身固有误差，其数值即取仪表的最大引用误差。如果仪表在非正常工作条件下测量，除基本误差外，还会出现附加误差，其误差数值就会超过常规数值。测量仪表的准确度等级共分 7 级，见表 9-2。

表 9-2　　　　　　　　　　　仪表的准确度等级和基本误差

| 准确度等级 | 0.1 | 0.2 | 0.5 | 1.0 | 1.5 | 2.5 | 5.0 |
| --- | --- | --- | --- | --- | --- | --- | --- |
| 基本误差（%） | ±0.1 | ±0.2 | ±0.5 | ±1.0 | ±1.5 | ±2.5 | ±5.0 |

## 第三节　测量仪表的作用原理及技术特点

### （一）磁电式仪表

磁电式仪表的结构如图 9-1 所示。磁电式仪表的结构特点是具有永久磁铁和可动电流线圈。由永久磁铁产生主磁场。可动电流线圈中有直流电流通过时，在主磁场的作用下，受到一个电磁力矩作用，可动线圈旋转，带动指针跟着偏转。线圈转动时引起轴上的弹簧游丝拉紧，使游丝产生一个反作用力矩。随着线圈转动角度的增大，游丝越拉越紧，反作用力矩也越来越大。当反作用力矩正好与电磁转动力矩相等时，线圈停止转动，这时指针偏转所指示的表盘刻度即为线圈中所通过的直流电流数值。

磁电式仪表有以下特点：

（1）磁电式仪表只能测量直流。如果交流电流通过可动线圈，由于电流方向不断变化，作用在可动线圈上的电磁力矩也不断变化，其平均转矩为零，其指针将停在零点或在零点抖动。

（2）磁电式仪表刻度均匀。磁电式仪表指针的偏转角度与通过的电流数值成正比，因此刻度均匀。

（3）磁电式仪表消耗功率小。因为磁电式仪表内的主磁场是由永久磁铁产生的，这个磁场很强，即使

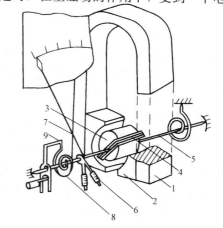

图 9-1　磁电式仪表结构示意图

1—永久磁铁；2—极掌；3—圆柱形铁芯；
4—活动线圈；5—轴；6—平衡锤；7—指针；
8—弹簧游丝；9—游丝调节杆

287

线圈中的电流很微小，也会产生一个较大的转矩。因此磁电式仪表可以测量很微小的电流（例如 $1\mu A$ 或更小），这是其他仪表无法相比的。

由于磁电式仪表有以上特点，其准确度很高。

（4）磁电式仪表表头允许通过的电流极小。磁电式仪表测量机构的电流线圈导线很细，只允许通过很小电流。仪表表头允许通过电流一般不超过几十微安到几十毫安之间。为了能测量较大电流，须采用分流器与可动线圈并联，以扩大量程。

如果将磁电式表头改制成电压表，则需串联附加电阻，使附加电阻承受几乎全部压降，只通过表头一个很微小的电流。

**（二）电磁式仪表**

电磁式仪表的结构如图 9-2 和图 9-3 所示。电磁式仪表的结构特点是不用永久磁铁作为主磁场，其测量机构主要由固定的线圈和可动铁芯组成。根据固定线圈的形状和可动铁芯的转动方式，电磁式仪表分为扁线圈吸引型和圆线圈排斥型两种。

图 9-2 为扁线圈吸引型。当线圈通电后，产生磁场，使偏心铁片磁化从而被线圈吸引，当偏心铁片往线圈狭缝内偏转时，带动转轴上的指针一起偏转，从而指示出仪表的测量读数。

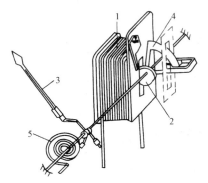

图 9-2  扁线圈吸引型
电磁式测量机构

1—线圈；2—偏心铁片；
3—表针；4—阻尼器；5—弹簧

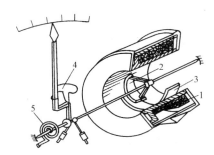

图 9-3  圆线圈排斥
型电磁式测量机构

1—线圈；2—活动铁片；
3—固定铁片；4—表针；5—弹簧

图 9-3 为圆线圈排斥型。当线圈内流过电流时，在线圈内产生磁场，使固定铁片和活动铁片同时被磁化为同一极性，这两个铁片就互相排斥，可动铁片发生转动，带动轴上的指针同时偏转，从而指示仪表读数。

电磁式仪表有以下特点：

（1）电磁式仪表可以用来测量直流，也可以测量交流。因为不论是直流还是交流，所产生的直流磁场或交流磁场对可动铁片产生的吸引力或排斥力其方向始终不变。

（2）电磁式仪表过载能力强。由于被测电流不通过可动元件和游丝，而是直接通过固定线圈，固定线圈的导线可以加粗，因此允许通过较大电流。

（3）电磁式仪表结构简单、成本低。由于电磁式仪表测量机构没有可动线圈，也不需要永久磁铁建立主磁场，因此结构十分简单。

（4）电磁式仪表标尺刻度不均匀。这是因为指针的偏转角随电流的平方而变化。在电流较小时，偏转角很小，因此，电磁式仪表标尺的起始部分刻度过密，读数困难，不易准确。

（5）用电磁式仪表表头制成电流表，如果测量电流较大，则可以加粗线圈的导线截面即可，不必并联分流器。如要实现多量程，则可通过固定线圈串并联的方法来实现。

用电磁式仪表表头制作电压表时，可将线圈匝数增加，导线变细，以增加其内阻。如要扩大量程，也可串联附加电阻。

### （三）感应式仪表

感应式仪表的结构特点是必须有两个互相存在一定相位差的交流磁通和一个金属性的可动元件。当两个不同相位的交变磁通穿过可动金属元件时，在其中产生两个感应电动势，从而产生两个涡流。涡流和磁通交叉相互作用，产生转矩，可动部分即旋转（参见图8-5）。

常见的居民使用的单相电能表就是感应式仪表的一个明显例子。这种电能表具有电压线圈和电流线圈，分别产生交流电压磁通和交流电流磁通。这两个交变磁通穿过铝质可动圆盘，分别在圆盘中感应产生两个涡流。这两个涡流与产生它们的两个交变磁通交叉相互作用产生电磁力矩，在电磁力矩的作用下圆盘旋转。这里的所谓交叉相互作用是指电压磁通与由电流磁通产生的涡流作用，而电流磁通与由电压磁通产生的涡流相互作用，才能产生电磁作用力。如果电压磁通与电流磁通同相位，则也不能产生电磁作用力。而且磁通与其本身产生的涡流相互之间也没有作用力。

感应式仪表的特点是：

（1）只能用于交流测量。因为直流磁通在金属中不能产生涡流，因而不能产生由涡流形成的电磁作用力。

（2）需要两个交流磁通，因此，适用于电能和电功率测量。因为电能和电功率的大小与电压、电流的数量有关，特别适用采用感应式仪表。

## 第四节 几种常用的测试仪表

常用的测试仪表有绝缘电阻表、直流电桥、钳形电流表和万用表。绝缘电阻表在本书第七章第五节中已作了介绍。下面介绍直流电桥、钳形电流表和万用表的结构及使用中注意事项。

### （一）直流电桥

直流电桥用来测量导电回路的直流电阻，接线简单、准确度高、测量迅速方便，因此得到广泛的应用。常用的直流电桥有单臂电桥和双臂电桥两种。

1. 单臂电桥

单臂电桥的接线原理如图9-4所示。常用的单臂电桥有惠登电桥（850型）和QJ23、QJ24型电桥。单臂电桥常用于测量中值电阻（$10 \sim 10^6 \Omega$）。

单臂电桥的操作比较简便：将被测电阻 $R_x$ 接到 X1 与 X2 两接线柱后，将检流计的指针锁扣松开，根据被测电阻的估计数值，把电桥的测量倍率放到适当的位置，然后将可变电阻调到某一适当位置。测量时先揿下电源按钮 B，然后揿下检流计按钮 G，根据检流计指针摆动方向调节可变电阻，直到检流计指零，电桥完全平衡为止。在测量结束时，将可变电阻的读数乘上倍率即为试验结果。

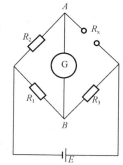

图 9-4 利用直流电桥测量电阻原理图（单臂电桥）

试验完毕时，应先松开检流计按钮 G，然后方可松开电源按钮 B。如果不这样做，而先松开电源按钮 B，则由于被试物导电回路的电感作用产生一很高的电磁感应电动势会把检流计指针撞击损坏，甚至烧坏检流计的线圈。在电桥使用完毕后应将检流计指针锁上。

单臂电桥的工作原理十分简单。当检流计 G 指针指零时，电桥平衡，图 9-22 中 $A$、$B$ 两点等电位，两点间电压等于零，于是有

$$R_2/R_1 = R_x/R_3, R_x = \frac{R_2 \cdot R_3}{R_1} \tag{9-5}$$

即根据 $R_2$、$R_1$ 和 $R_3$ 的阻值即可得出被测电阻 $R_x$ 的数值。$R_1$、$R_2$、$R_3$ 均为标准电阻，精确度极高，因此测得的被测电阻值精确度很高。

2. 双臂电桥

双臂电桥是在单臂电桥的基础上增加特殊结构，以消除测试时连接线和接线柱接触电阻对测量结果的影响。特别是在测量低电阻时，由于被测量很小，试验时的连接线和接线柱接触电阻会对测试结果产生很大影响，造成很大误差。因此测量 $10^{-6} \sim 10\Omega$ 的低值电阻时应使用双臂电桥。双臂电桥也称凯尔文电桥，常用的有 QJ28 型、QJ44 型和 QJ101 型等。QJ101 型双臂电桥的原理图如图 9-5 所示。

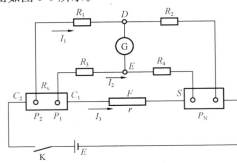

图 9-5　QJ101 型双臂电桥原理图

图 9-5 中，$R_1$、$R_2$、$R_3$、$R_4$ 和 $R_N$ 均为可调电阻，而且 $R_1$ 和 $R_2$ 的比例关系始终保持与 $R_3$ 和 $R_4$ 的比例关系相等，即在调节过程中有 $\frac{R_1}{R_2} = \frac{R_3}{R_4}$ 的关系始终成立。现在我们来分析双臂电桥的工作原理。

如果在图 9-5 中，没有 $R_3$ 和 $R_4$，而把检流计直接接到 $D$ 与 $F$ 之间，这就是一般的单臂电桥。由于 $C_1 S$ 连接线电阻（包括接触电阻）$r$ 的存在，而 $R_x$ 和 $R_N$ 又是很小的电阻，使测量结果引起很大的误差。设想把连线电阻 $r$ 分成两段，并使 $C_1 F$ 间的

阻值 $R'$ 与 $FS$ 间的阻值 $R''$ 之比等于 $R_x$ 与 $R_N$ 之比，即 $\frac{R'}{R''} = \frac{R_x}{R_N}$，则在电桥平衡时

$$\frac{R_1}{R_2} = \frac{R_x + R'}{R_N + R''} = \frac{R_x}{R_N} \tag{9-6}$$

即可以消除 $C_1 S$ 连线电阻的影响。但实际上又无法找到 $F$ 点，因此在 $C_1 S$ 之间另加一个分压电阻 $R_3$ 和 $R_4$，调节 $R_3$ 与 $R_4$ 的比值，使 $E$ 点的电位与 $F$ 点相等，这样检流计就不必接到 $F$ 点而可以接到 $E$ 点。当电桥平衡时，如果能保持 $\frac{R_1}{R_2} = \frac{R_3}{R_4}$ 的比例关系，则 $\frac{R_x}{R_N}$ 也不必等于 $\frac{R_1}{R_2}$，即下列关系式成立

$$\frac{R_1}{R_2} = \frac{R_3}{R_4} = \frac{R_x}{R_N} \tag{9-7}$$

从而

$$R_x = R_N \cdot \frac{R_1}{R_2} \tag{9-8}$$

即与连线电阻 $r$ 无关，从而消除了试验连线对测量结果的影响。

双臂电桥的测量范围是 $10^{-5} \sim 11\Omega$（也有可测量到 $22\Omega$ 的）测量误差不大于 0.5%。

双臂电桥的使用方法与单臂电桥相同。但是使用双臂电桥测量直流电阻时，必须使用四根连线接到被试电阻的两端，即 $C_1$、$P_1$ 与被试电阻的一端连接（要分开接，不要接在一起），$C_2$、$P_2$ 接到被试电阻的另一端（也要分开接，不要接在一起）。如果不采取这种接法，则连线的接触电阻仍会"混"入被测电阻，使测量结果误差增大，不能充分发挥双臂电桥的优越性。

3. 测量直流电阻的注意事项

（1）测量电感性被试物时的充电过程。在测量电感性被试物时，例如测量变压器类产品的直

流电阻，要有一个充电过程。在刚给上直流电源的瞬间被测回路电流不能突变，因此显示的"阻值"很大，随着时间的延长，充电过程逐渐结束，"阻值"逐渐下降，最后稳定在某一数值，这才是测得的最后结果。因此如果用普通双臂电桥测量高电压大容量电力变压器的直流电阻，需要很长的充电时间才能测得较为准确的结果。

（2）直流电阻数值与温度有关。温度换算系数与导体的种类有关。对于铜导体

$$R_2 = R_1 \times \frac{235 + T_2}{235 + T_1} \tag{9-9}$$

对于铝导体

$$R_2 = R_1 \times \frac{225 + T_2}{225 + T_1} \tag{9-10}$$

式中　$R_1$——温度 $T_1$ 时的电阻；

$R_2$——换算至温度 $T_2$ 时的电阻。

为了比较同一被试物在不同时期的测量结果，必须进行温度换算，这时应注意温度测量的准确性。

（3）直流电阻测得数值的精度与选择的倍率有关。在使用电桥测量直流电阻时，应适当选择电桥的倍率，以使得测得的电阻值读数位数最多。如不这样，就会严重影响测量的精度。

### （二）钳形电流表

钳形电流表可用来测量交流电流的大小。测量时手握钳把，将钳口张开，夹住被测导电回路，然后合上钳口，即可测出电流。钳形电流表的测量机构一般为整流式磁电式仪表。被测电流经钳形电流表里的电流互感器变为小电流，经整流后流入磁电式测量机构，测出读数。钳形电流表的钳口即为电流互感器的闭合铁芯，构成磁通回路。

还有一种交直流两用的钳形电流表，采用电磁式机构，利用可动铁片受电磁场作用而偏转的原理获得读数。

钳形电流表使用时，应注意以下事项：

（1）进行电流测量时，被测导体应位于钳口中央，以免产生误差。

（2）测量时应将钳口咬合良好，以减少测量误差。

（3）一般钳形电流表测量时都是由人近距离操作，而且其绝缘把手的耐电强度不会很高，因此只能用来测量低压回路的电流，禁止测量高压回路，以免造成高压短路和触电事故。

（4）即使在测量低压回路电流时，同样也要注意避免造成被测导线对地或相间短路。如果被测导体是裸导体，应使钳形电流表的钳口与导体保持一定的安全距离。

### （三）万用表

万用表也称万能表或复用表，是电气工作中经常使用的仪表。它实质上是一块带有整流器的磁式仪表。万用表可用来测量电阻、交直流电压和交直流电流，有的还可测量电感、电容等参数。

万用表的表头一般采用高灵敏度的磁电系测量机构。表头的满刻度偏转电流一般为几微安到几百微安。满偏电流越少，测量灵敏度越高，测量内阻也越大。例如 500 型万用表的表头满偏电流为 $10\mu A$ 左右，测电压时内阻为 $2000\Omega/V$。

由于万用表的表头满偏电流很小，为了测量直流电流，必须采用分流器。利用万用表测量交流电流、电压，必须经过整流器。利用万用表测量电流、电压的原理与前面介绍的磁电式仪表测试原理完全相同。

使用万用表时应注意以下事项：

（1）检查仪表零位。万用表上有机械调零旋钮。转动机械调零旋钮，可使指针对准刻度盘上的"0"位线。

将万用表的切换开关置于电阻挡，然后将两表笔相碰，指针应指在零位。如不在零位，可转动机械调零旋钮，如仍不能指示零位，则可能是电池电压不足，应更换新电池后再使用。

（2）根据被测量的种类和数值大小，选择量程切换开关的合适位置。每更换一个位置应该检查一下零位。

当测量电流、电压时，如不知电流和电压的大小，则应先将量程切换开关置于最高挡。

（3）不允许带电测量电阻，以免烧坏表头。

（4）测量电压、电流时，必须带电测量，应有人监护，并保持安全距离，不要用手触摸表笔的金属部分。

（5）测量结束后，应将量程切换开关置于空挡或交流电压最高挡。如果将量程切换开关置于电阻挡，有可能因表笔短路长期消耗电池能量。而且在下次测量电压时，如果忘了调挡，则可能烧坏表头。

# 考 试 复 习 参 考 题

**一、单项选择题**（选择最符合题意的备选项填入括号内）

（1）根据工作原理，电工测量仪表可分为磁电式仪表、电磁式仪表、感应式仪表、（ A ）和静电式仪表。

A. 电动式；B. 交流式；C. 直流式

（2）测量误差分为绝对误差、相对误差和（ B ）。

A. 正确性误差；B. 引用误差；C. 人员误差

（3）磁电式仪表只能测量（ B ）。

A. 交流；B. 直流；C. 电能

（4）电磁式仪表能测量（ A ）。

A. 交流和直流；B. 电能

（5）感应式仪表只能用于（ A ）测量。

A. 交流；B. 直流

**二、判断题**（正确的画√，错误的画×）

（1）直流电桥用来测量电流波形。　　　　　　　　　　　　　　　　　　　　（ × ）

（2）双臂电桥用于测量高值电阻，单臂电桥用于测量 11Ω 以下小电阻。　　　（ × ）

（3）钳形电流表也可以测量直流。　　　　　　　　　　　　　　　　　　　　（ × ）

（4）万用表的表头是磁电式测量机构。　　　　　　　　　　　　　　　　　　（ √ ）

（5）万用表内阻越大，测量精度越高。　　　　　　　　　　　　　　　　　　（ √ ）

（6）感应式仪表必须有两个交流磁通，彼此存在一定相位差，并有一个金属性可动元件方会动作。　　　　　　　　　　　　　　　　　　　　　　　　　　　　　　　　　　（ √ ）

（7）电磁式仪表的表盘刻度十分均匀。　　　　　　　　　　　　　　　　　　（ × ）

（8）如果将磁电式仪表做成电压表，则需在表头上并联分流电阻。　　　　　　（ × ）

（9）磁电式仪表的刻度均匀。　　　　　　　　　　　　　　　　　　　　　　（ √ ）

（10）万用表是带有整流器的磁电式仪表。　　　　　　　　　　　　　　　　（ √ ）

# 用 电 设 备

## 第一节 电气照明设备

人们常见的电能转化为光能的形式，就是电气照明。电气照明电光源的发光原理可分为热辐射式电光源和气体放电式电光源两大类。

热辐射式电光源是利用电流使灯丝加热到白炽程度而发光的电光源，如白炽灯和卤钨灯等。

气体放电式电光源是利用电流通过气体（或蒸气）而发射光的电光源，如荧光灯、霓虹灯、汞灯和钠灯等。

### 一、热辐射式电光源

#### 1. 白炽灯

白炽灯由灯泡、灯头和焊锡触点（即引出线端点）等构成。灯泡内有灯丝。白炽灯灯丝在有电流流过时产生热效应，灯丝温度升高，当温度升高使灯丝炽热到白炽状态时，就会发出白色可见光。

白炽灯工作时灯丝温度很高，因此一般采用高熔点的金属钨作为灯丝材料。为了抑制灯丝熔化蒸发，一般在灯泡制作时，先将泡壳内部抽成真空，然后再充以氩或氮、或氩氮混合气体等惰性气体，只有少数小功率灯泡抽真空后不充惰性气体。

白炽灯在工作时，灯丝的电阻随温度而变化。亦即随着温度的升高，钨丝的电阻值迅速增大。而且白炽灯的工作特性与电压有密切关系，电压升高时，白炽灯的功率、发光效率都明显升高。但随着电压的升高，灯丝温度升高，灯丝的蒸发也加剧，从而使灯丝的寿命缩短。

由上述可知，白炽灯的发光特性随着电压的变化而变化，而且随着灯丝的蒸发变细而变化，因此是不很稳定的。

#### 2. 卤钨灯

在灯泡内除了充以氩、氮等惰性气体，还充以微量卤族元素（如碘、溴等），则制成卤钨循环白炽灯，简称卤钨灯。

卤钨灯的特点是，在高温作用下，从钨丝蒸发出来的钨，在灯泡壁附近温度较低的区域内与卤素化合成卤化钨。当卤化钨向灯丝扩散时，又在灯丝的高温作用下分解成卤素和钨，在灯丝附近形成一层钨蒸气，并以沉积方式附着到灯丝上。这样可以防止钨蒸气沉积在灯泡壳上，使灯泡变黑，从而抑制了钨丝的蒸发。卤素在灯泡内循环使用不受损失。

卤钨灯抑制了钨丝的蒸发，提高了使用寿命；且可提高工作温度，增强发光效果，因此多用在公共场所作为照明灯光，以及用作汽车前灯和摄影灯等。

### 二、气体放电式电光源

#### （一）荧光灯

荧光灯俗称日光灯，是一种热阴极、低气压汞蒸气放电光源。荧光灯的工作原理是利用汞蒸气电离时激发出来的紫外线，照射到管壁的荧光粉上，发出可见光。根据所用荧光粉材料的不同，荧光灯的发光颜色也不同，如白色、红色、蓝色、绿色等。

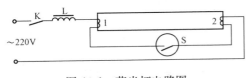

图 10-1　荧光灯电路图

荧光灯的电路连接如图 10-1 所示。

荧光灯未使用时，电源开关 K 断开，启动器 S（俗称跳泡）内的电极处于断开状态。

荧光灯启动时，电源开关 K 合上，220V 电压加到启动器 S 的电极上。启动器实际上是一个小型的辉光放电管，管内充有惰性气体，有一个固定电极和一个 U 形双金属片电极。在 220V 电源电压作用下，两电极间产生辉光放电，放电时产生的热量使 U 形双金属电极片张开，与固定电极相接通。这时启动器中辉光放电即停止，但整个电路已接通。

电路接通后，电流从电源流入电路，经过镇流器 L、灯丝 1、2 和启动器 S 成回路。电流通过灯丝时使灯丝加热，温度升高达 800～1000℃。荧光灯灯管内的阴极表面涂有金属氧化物，以便使其在高温作用下易于发射电子。荧光灯灯管内的阳极上焊有两根触须状的镍丝，其目的是吸收从阴极发射来的电子流，以减少电子对电极的轰击，延长使用寿命。

在荧光灯启动过程中，随着启动器中 U 形电极与固定电极接通，辉光放电停止，电极的温度下降，U 形电极收缩，两电极脱离接触，启动器断开，将电路中的电流切断。在电路中电流突然被切断的一瞬间，镇流器的电感 L 上感应产生一高电压，此电压大大高于电源电压 220V，使荧光灯管两极之间的间隙击穿放电，电子从阴极向阳极运动的过程中与管子中的汞和氩原子相碰撞，不断电离，形成自持放电过程。汞蒸气在放电时激发出的紫外线照射到管壁的荧光粉上，使其发出可见光。

荧光灯内充入少量氩气的目的是为了降低灯管的启动电压，并抑制灯管启动时阴极物质的溅射，以延长灯管的使用寿命。

镇流器 L 的作用除了在灯管启动瞬间感应产生高电压，使管子两极间放电，完成灯管的启动发光过程，其另一个作用是在灯管正常工作时，起着限制灯管电流的限流作用。而且由于整流器中通过正常工作电流时有一个很大的电压降，使荧光灯灯管两极间的电压大大降低，这样可以防止启动器 S 中的两电极间产生辉光放电，即防止启动器 S 中的触点重复动作，造成灯管出现闪烁。例如 40W 的荧光灯接在 220V 电源上，正常工作时，电路中的电流约为 0.45A，镇流器 L 上的电压降约为 160V，灯管两极间的电压约为 108V。从数值上看，160V 与 108V 相加要大于电源电压 220V。实际上由于镇流器上的电压降 $U_L$ 与灯管上的电压降 $U_D$ 两者之间有相位差，即两者是相量之和，而不是算术之和，因此 $\dot{U}_L$ 与 $\dot{U}_D$ 之和仍然是等于电源电压 $\dot{U}$，如图 10-2 的相量图所示。图中 $\dot{I}$ 为通过灯管的电路中电流，$\dot{U}$ 为电源电压，$\dot{U}_L$ 为镇流器上的压降，$\dot{U}_D$ 为荧光灯灯管上的压降，$\varphi$ 为荧光灯电路的功率因数角。

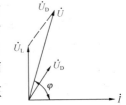

图 10-2　荧光灯上的电压电流关系相量图

### （二）霓虹灯

霓虹灯在商业广告中十分常见，它是一种借助氖、氦、氩等惰性气体和汞在强电场下产生辉光放电的特性而制作成的辉光放电灯，通过改变填充气体的种类和管壁所涂的荧光粉，使霓虹灯获得不同的颜色。

霓虹灯与荧光灯不同，其灯管的直径较细，但是灯管展开长度较长，其工作电压较高，达几千伏或十几千伏，因此必须采用高压升压变压器。霓虹灯的启动电压高低与灯管长度成正比，与灯管直径成反比。而且为了表现宣传内容，画面需要动态变化，这时需通过在高压回路或变压器电源侧低压回路设置程序开关自动定时切换来实现。因此霓虹灯的电路需要根据实际情况进行设计安装，以达到理想的效果。

### （三）汞灯、钠灯和金属卤化物灯

高压汞灯、高压钠灯和金属卤化物灯总称高强气体放电灯。这类照明灯的功率可以做得很大，从而可获得很强的照度，多用在需要强光照射的街道、广场、车站、码头等公共场所。

汞灯和钠灯由放电管、玻璃外壳和灯头等组成。放电管由耐高温的石英玻璃制成，里边装有一对主电极和一个辅助电极。放电管置于玻璃外壳内，玻璃外壳的作用是保温和避免外界对放电管的影响。玻璃外壳内除了装入放电管外，还装有引线支架和启动限流电阻，并充有二氧化碳气体。玻璃外壳的内壁一般都涂有荧光粉，它能将壳内的石英玻璃放电管辐射出来的紫外线转变为可见光，改善光色，提高光效。

1. 高压汞灯

高压汞灯又称高压水银灯，耐振耐热性能好，使用寿命长，功率大，其发光效率高，约为白炽灯的 3 倍。

高压汞灯分为镇流器式高压汞灯和自镇式高压汞灯两种。高压汞灯的石英玻璃放电管内充以水银和用于启动时产生辉光放电的氩气。灯泡工作时，石英放电管内水银蒸气的压力很高，因此这种灯称为高压汞灯，或高压水银灯。

图 10-3 为镇流器式高压汞灯的结构图。镇流器式高压汞灯的工作原理是：当电源接通后，电压分别加在两主电极之间和一个主电极与其相邻的辅助电极之间。最初两主电极之间由于距离较远不会出现放电，即不启动。由于辅助电极与其相邻的主电极距离很近，而且放电管内充有氩气，电压加上后就出现辉光放电，使放电管内温度上升，气体游离，两主电极之间产生电弧放电，放电管内水银逐渐汽化，两主电极之间形成稳定的放电。由于辅助电极上串有很大的限流电阻，约有 $40\sim69k\Omega$，在灯管启动后，辅助电极实际停止工作，因此辅助电极的作用是引燃灯管工作，因此也称引燃电极。

高压汞灯从启动到稳定工作，约需 $4\sim10min$，在低温环境中启动较困难。高压汞灯在熄灭之后，不能立即启动。这是由于灯刚熄灭，温度很高，灯内汞

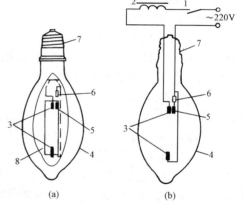

图 10-3　镇流器式高压汞灯
（a）外形图；（b）电路接线图
1—开关；2—整流器；3—主电极；
4—玻璃外壳；5—引燃极；6—电阻；
7—灯头；8—石英放电管

蒸气压力很大，原子密度很大，电子的平均自由行程小，不足以使原子电离，未形成放电。一般需冷却 $5\sim10min$ 后，才能再启动。

2. 高压钠灯

高压钠灯的放电管由半透明的氧化铝陶瓷管制成，放电管内充入用作发光物质的钠和作为缓冲气体的汞，以及作为启动用的气体，如氙气或氩气。由于钠蒸气的电离电位较低，易于启动，因此发光管中只有一对主电极，不需辅助电极。高压钠灯的启动方式与荧光灯一样，因此也必须有启动器（双金属片）和整流器。启动器有的外附，有的设置在放电管外、玻璃壳内，称为内启动式。

高压钠灯是所有近白色电光源中发光效率较高、节能效果较显著的一种电光源。而且高

295

压钠灯所发光的淡黄白色光，透雾性好，灯的寿命长，因此适用于广场、道路、车站和码头等场所。

和高压汞灯一样，高压钠灯从启动到稳定点燃约需 4～8min。当电源中断，灯熄灭后，必须等温度下降，双金属片启动器的触点闭合后，才能再次启动。从灯熄灭到可以再次启动约需 10～20min。

3. 金属卤化物灯

金属卤化物灯是在高压汞灯的基础上为改善光色、提高发光效率而发展起来的一种电光源。有以下特点：

（1）金属卤化物是指金属与卤元素（例如碘、溴氯等）的化合物，如碘化钠、碘化铊、碘化铟、碘化镝等。在高压汞灯的放电管中除充有汞和氩气外，还加了某些金属的卤化物。依靠金属卤化物的循环作用，不断向电弧提供相应的金属蒸气。这些金属原子在电弧中受电弧激发而辐射该金属的特征光谱线。这种灯的光色比普通高压汞灯大为改善，发光效率比高压汞灯高出 1～2倍。通过选用适当的金属卤化物，并考虑这些卤化物的适当比例，就可制成各种不同颜色的金属卤化物灯。

（2）用于普通照明的金属卤化物灯，在外形上与高压汞灯相类似，只是玻璃外壳内壁没有荧光粉涂层。此外，金属卤化物灯的电极必须用纯钨或钍钨制造，因为涂有氧化物的发射型电极会被卤化物添加剂毁坏。

（3）金属卤化物灯的启动分两种方式：一种方式为内部触发，有的在放电管内装有专供启动引燃用的辅助电极，也有的在外玻璃壳内装设双金属片启动器；另一种方式没有内部触发装置，需要在外部电路内设置触发装置，如同普通荧光灯一样。

（4）碘化镝金属卤化物灯，简称镝灯，因工作电压和启动电压都比较高，所以须采用 380V供电。如不得不采用 220V 电源供电，则需采用漏磁自耦变压器升压，此时可不接镇流器。镝灯的构造与高压汞灯十分相似，内部也设置辅助电极，供启动之用。

（5）内部充填碘化钠、碘化铊或碘化铟的金属卤化物灯，通常统称为钠铊铟灯。钠铊铟卤化物灯的工作线路与荧光灯相同。但是 1000W 的钠铊铟灯无玻璃外壳，工作线路内须另加专用的触发器，通过振动子触点周期性地吸合和断开使电容电感回路产生振荡，在脉冲变压器二次侧感应出 10kV 的高频电压将灯点燃。

（6）金属卤化物灯对电源电压的变化比较敏感。随着电源电压的变化会引起光色的较大变化。如果电压降低较多，则很容易熄灭。因此电压变化不宜大于±5％。

（7）对于无玻璃外壳的金属卤化物灯，由于紫外线较强，为防止对人体的伤害，灯具应加装玻璃罩。如无玻璃罩时，其悬挂高度应在 14m 以上。

（8）金属卤化物灯熄灭后再点燃所需时间较长，需 10～15min，所以不宜用于要求迅速点亮的场合。

# 第二节 电 动 机

电动机是将电能转变为机械能，拖动各种机械最常用的动力设备。电动机有交流、直流之分；交流电动机又分异步电动机、同步电动机。根据电动机所使用的电源是三相还是单相、是高压还是低压，又分为三相电动机和单相电动机、高压电动机和低压电动机。在一般工厂企业用得最多的是三相异步电动机，在家用电器中用得较多的是单相低压电动机。

### 一、三相异步电动机

#### （一）构造和工作原理

##### 1. 构造

三相异步电动机的构造如图 10-4 所示，其主要部分为定子和转子，此外，还有一些必要的部件，如机座、转轴、轴承、风扇、罩壳和端盖等。

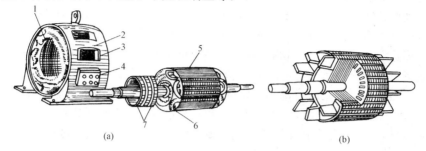

图 10-4　异步电动机结构示意图

（a）各部件示意图；（b）鼠笼式绕组示意图

1—定子绕组；2—机座；3—散热窗；4—接线板；5—转子铁芯；6—转子绕组；7—滑环

（1）定子。定子包括定子铁芯、定子绕组和机座三部分。

1）定子铁芯。定子铁芯是用 0.35～0.5mm 表面涂有绝缘漆或氧化膜的硅钢片叠制而成的。定子铁芯内圆上冲有均匀分布的槽口，用以嵌放对称的三相绕组。采用表面绝缘的硅钢片其目的是减少定子铁芯中的涡流损耗。整个定子铁芯安置在电动机的机座内。

2）定子绕组。三相异步电动机的定子绕组是三个彼此独立的绕组，按一定规律对称均匀地嵌放在定子铁芯的齿槽内。三个绕组按一定的方式连接成三相绕组。三相定子绕组通入三相电流时，产生恒幅旋转磁场，带动电动机的转子旋转。

3）机座。机座的作用是固定定子铁芯和定子绕组，并起到电动机的固定支架作用，以两个装有轴承的端盖支承着转子，转子即安放在机座的内圆空腔中。

（2）转子。电动机的转子包括转子铁芯、转子绕组和转轴三部分。

1）转子铁芯。转子铁芯也是用厚为 0.35～0.5mm 的硅钢片叠制而成的，铁芯硅钢片外圆冲有均匀分布的槽孔，槽内嵌放转子绕组。

2）转子绕组。异步电动机按照转子的不同构造有笼型和绕线型之分，即异步电动机的转子绕组有鼠笼式转子绕组和绕线式转子绕组之分。

鼠笼式转子绕组是将许多铜条（裸铜不需要包绕绝缘）嵌放在转子铁芯的槽内，所有铜条的两端用铜环焊接在一起，因形似鼠笼，故名鼠笼式绕组。对于小容量的鼠笼式转子绕组大多由熔化的铝绕铸在转子铁芯槽内制成，其方法通常是把转子槽内的导体和两端短路环连同风扇一起用铝铸成整体，如图 10-4（b）所示。鼠笼式转子一般采用斜槽结构。采用斜槽的目的是削弱谐波磁场，从而降低电动机的电磁噪声和附加转矩，对降低振动和改善启动特性有一定好处。

绕线式转子铁芯一般为直槽，转子绕组是用绝缘导线制成线圈，然后嵌入转子铁芯槽中。转子绕组和定子绕组相似地连接成三相绕组，且一般采用星形接法，三个引出线由轴的中心孔引至轴上的三个滑环，通过电刷与外部电阻器连接，以改善电动机的启动性能和调节转速。

（3）机座和端盖。机座和端盖是电动机的机械支撑物，其作用是固定定子铁芯，并通过端盖轴承支撑转子。机座和端盖也是散热通风的部件。为了加强冷却效果，在机壳表面设置许多散热筋片。为了有利通风，两侧端盖开有通风孔。

2. 三相异步电动机的工作原理

（1）异步电动机的运转原理。当异步电动机的定子绕组通入三相交流电流时，在定子绕组所包围的圆周形空间内出现一个旋转着的磁场。因为电动机的转子绕组正好位于这个圆周形空间内，被旋转磁场的磁力线加割，于是在转子绕组内产生感应电动势，并在转子绕组的闭合回路内产生电流。这个感应电流与旋转磁场的磁力线相互之间产生一个电磁作用力，在这个电磁作用力的拉动下，电动机的转子沿着与旋转磁场相同的方向旋转，这就是异步电动机的运转原理。

（2）交流电动机的旋转磁场。从上面介绍可知，异步电动机的工作原理很重要一个条件，就是定子绕组必须建立起旋转磁场。实际上所有交流电动机的工作原理都离不开旋转磁场，都是由定子的旋转磁场带动转子旋转。因此，异步电动机的三相定子绕组在圆环形定子铁芯的空间位置上成对称布置。当三相定子绕组通以 A、B、C 三相电流时，分别建立三个单相磁场。由于 A、B、C 三相电流依一定顺序出现最大值（幅值），因此所产生的三个单相磁场也按同样顺序出现最大值（幅值），这样，就形成一个在空间最大值按一定方向旋转的磁场，这就是旋转磁场形成的过程。

三相电机定子绕组产生旋转磁场的必要条件为：

1）三相定子绕组在空间上要对称布置；

2）三相定子绕组中要通入对称的三相交流电。

旋转磁场的旋转方向与通入三相定子绕组中的三相电流的相序有关，如果将电源进线中任意两个接头对调，相序改变，旋转磁场方向相反，电机就出现反转。

旋转磁场在空间的转速与交流电的频率 $f$、定子绕组的磁极对数 $p$ 有关，这个转速通常称为同步转速，用 $n_1$ 表示

$$n_1 = \frac{60f}{p} \qquad (10-1)$$

式中　$n_1$——旋转磁场同步转速，r/min；

　　　$f$——交流电频率，Hz；

　　　$p$——定子绕组磁极对数。

（3）转差率。异步电动机工作原理是转子绕组中必须有感应电流，方可产生转动的电磁力矩。因此异步电动机习惯上称为感应电动机。为了使转子绕组产生感应电动势，定子的旋转磁场磁力线必须与转子绕组相切割，因此转子的旋转速度不可能与定子旋转磁场的旋转速度（同步转速）相同。正常工作状态时异步电动机转子的旋转速度 $n$ 总是小于同步转速 $n_1$，异步电动机的名称也正是由此而来。

异步电动机定子旋转磁场的转速 $n_1$ 与转子转速 $n$ 之差 $\Delta n = n_1 - n$ 称为转速差。转速差 $\Delta n$ 与同步转速 $n_1$ 之比称为转差率，即

$$s = \frac{n_1 - n}{n_1} \qquad (10-2)$$

式中　$s$——转差率；

　　　$n_1$——同步转速，r/min；

　　　$n$——转子的实际转速，r/min。

异步电动机的转速越高，转差率越小，转子转速最高可接近于同步转速 $n_1$，但不会等于 $n_1$，即转差率 $s$ 可能接近于零，但不能等于零。电动机工作在额定状态时，其转差率一般为 2%～6%。电动机轴上的机械负荷增大时，其转差率也增大。

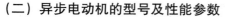

#### （二）异步电动机的型号及性能参数

1. 异步电动机的型号

异步电动机的型号一般由产品代号、规格代号和特殊环境代号等三部分组成。

（1）产品代号。产品代号表示电动机的类型、性能、用途等。过去产品代号的第一个字母是"J"，表示交流电动机，称为"J系列"电动机，现在已废止不用。因此J系列电动机属于旧型号系列的电动机。1982年我国统一设计的更新换代产品，其产品代号第一个字母都采用"Y"，表示异步电动机，称为Y系列电动机，是现在通用的新型号系列电动机。异步电动机常用产品代号见表10-1。

表 10-1 异步电动机常用产品代号

| 型号 | 对应的老型号 | 型号说明 | 型号 | 对应的老型号 | 型号说明 |
|------|------------|---------|------|------------|---------|
| Y | J、JO、JS、JK | 笼型异步电动机 | YD | JK、JDO | 变极多速异步电动机 |
| YR | JR、JRO | 绕线式转子异步电动机 | YL | JLL、JSL | 笼型转子立式异步电动机 |
| YQ | JQ、JQO | 高启动转矩异步电动机 | YQS | JQS | 井用潜水异步电动机 |
| YH | JH、JHO | 高转差率异步电动机 | YA | JA | 增安型特殊环境电动机 |
| YK | JK | 中大型高速异步电动机 | YB | JB、JBS | 隔爆型特殊环境电动机 |

（2）规格代号。规格代号包括用数字表示中心高，用L或M、S分别代表长机座或中机座、短机座，用数字代表铁芯长度代号和磁极数。

（3）特殊环境代号。用于特殊环境的异步电动机在型号的最后部分标以特殊环境代号，没有特殊环境的不标注。特殊环境代号的含义见表10-2。

表 10-2 特殊环境代号的含义

| C | 高原用 | H | 船用 |
|---|-------|---|------|
| T | 热带用 | W | 户外用 |
| TH | 湿热带用 | F | 化工防腐用 |
| TA | 干热带用 | | |

例如，Y280M-8为普通异步电动机，中心高280mm，中机座，8极。由于该电机的定子为4对磁极，因此其同步转速为 $m_1 = \dfrac{60 \times f}{4}$，如果电源频率为50Hz，则 $m_1 = \dfrac{60 \times 50}{4} = 750$（r/min），由于电动机的转子转速要低于同步转速，因此电动机的转速低于750r/min，为710～740r/min。

2. 异步电动机的技术参数

异步电动机的技术参数主要有以下各项：

（1）额定电压 $U_r$。额定电压规定电动机定子绕组使用的电源线电压。如果铭牌上有两个额定电压值，则表示定子绕组可有两种不同的连接方法，在不同接法时其允许的电源额定电压数值也不同。额定电压单位为 V 或 kV。

（2）额定电流 $I_r$。额定电流表示电动机在额定电源电压及额定功率运行时定子绕组的线电流值，单位为 A。

（3）额定功率 $P_r$。额定功率表示电动机在额定状态下运行时，转轴上输出的机械功率，单位是 W 或 kW。由于电动机存在功率损耗，因此额定功率小于电动机的电源输入电功率。

（4）额定转速 $n_r$。电动机在额定电压、额定频率和额定功率下工作时的转速，称为额定转速，单位 r/min。当电动机拖动的机械负载不同时，其转速也不同。一般空载时略高于额定转速，过载时略低于额定转速。根据具体工作需要，有的电动机还特别配备调速装置，以改变电动机的转速。

（5）额定频率 $f_N$。额定频率是指定子接入交流电源的频率，单位是 Hz。电源频率改变，电机的转速随之改变。我国电力系统的频率是 50Hz，所以电动机的额定频率也都是 50Hz。

（6）工作定额。电动机的工作定额是指运行方式。按照电动机持续运行的时间长短分为连续、短时和断续三种基本工作制，在选用电动机时必须认真加以考虑。

1）连续工作制。其代号为 S1。这种电动机在铭牌规定的额定值条件下，能够长时间连续运行，适用于恒定负载设备，如鼓风机、水泵等。

2）短时工作制。其代号为 S2。这种电动机在铭牌规定的条件下，能在限定的时间内短时运行。规定的标准持续时间定额有 10、30、60、90min 四种。适用于闸门的驱动装置等。

3）断续周期工作制。其代号为 S3。这种电动机在铭牌规定的额定条件下，只能断续周期性地运行。一个工作周期一般为 10min，其中包括带负载运行时间和停歇时间。负载持续率一般规定标准有 15％、25％、40％及 60％四种。例如负载持续率为 40％，即表示电动机在 10min 的一个周期时间内，带负载运行 4min，停歇 6min。

（7）接法。电动机铭牌上一般标明定子绕组的连接方法，例如△形或Y形。如果额定电压标明 380/220V，而接法标明 Y/△，则说明在电源电压 380V 时应按 Y 形连接，当电源电压三相为 220V 时，应按△形连接。

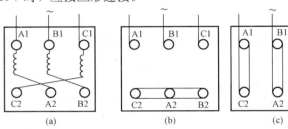

图 10-5　电动机定子绕组连接图
（a）三相绕组内部接线；（b）Y接法；（c）△接法

为了便于星角变换，有的电动机将三相定子绕组的各相首尾端引出固定在电动机的机座接线盒内，如图 10-5（a）所示。只要改变接线连接片的连接方法就可获得 Y 接线，如图10-5（b）或△接线如图 10-5（c）所示。

在旧型号 J 系列电动机的接线盒内，一般用 D1、D4 分别表示第一相定子绕组的首尾端，第二、第三相定子绕组的首尾端分别是 D2、D5 和 D3、D6；在新型号 Y 系列电动机的接线盒内，第一相定子绕组的首尾端用 U1、U2 表示，第二、第三相定子绕组的首尾端分别用 V1、V2 和 W1、W2 表示。

（8）绝缘等级和温升。绝缘等级和温升与电动机绕组所用绝缘材料有关。温升是指电动机运行温度高出环境温度的数值。环境温度一般不要超过 40℃。

**（三）异步电动机的启动方式**

异步电动机从接通电源开始，转速从零增加到对应负载下的稳定转速（接近于额定转速），这一过程称为启动过程，简称启动。根据电动机的不同结构和容量大小，以及现场设备条件，电动机有不同的启动方式，例如直接启动、降压启动。绕线型异步电动机还可以在转子回路中串入启动电阻，以减少启动电流。

1. 直接启动

电动机直接启动，就是在启动时，定子绕组直接施加额定电压。这种启动方法的优点是不需另加启动设备，操作便利，启动转矩大，启动速度快。直接启动的缺点是，启动时定子和转子中电流都很大。定子电流一般为额定电流的 5～7 倍。过大的启动电流会使电源电压显著下降，不仅会影响电动机本身的启动过程，而且还会影响其他用电设备的正常用电。为了防止电动机直接启动对电源电压引起较大波动，各地供电部门对接在低压 380/220V 公用配电网上的电动机，允许直接启动做了容量限制。一般规定：笼型电动机容量在 14kW 及以下可直接启动。有的地区供电部门则规定：重车起步的电动机直接启动的容量限制在 10kW 及以下，轻车起步的电动机直接启动的容量限制在 14kW 及以下。

2. 降压启动

如果笼型电动机的容量较大，若不允许直接启动，则可采用降压启动。降压启动时，启动电流大为减少，同时启动转矩也大大下降。因此，降压启动仅适用于电动机空载启动或轻载启动。降压启动常用的方法有自耦变压器降压启动、星形—三角形变换降压启动、延边三角形降压启动和定子绕组中串阻抗降压启动。

（1）自耦变压器降压启动。降压启动用的自耦变压器又称自耦补偿器，其电路图如图 10-6 所示。电动机启动时，先合上电源开关 K1，再将转换开关 K2 合向"启动"位置，使电源额定电压直接与自耦变压器的一次侧接通，电动机的定子绕组则与自耦变压器的二次侧连接。适当调节自耦变压器二次侧的抽头位置即可获得所需要的启动电压。待电动机转速接近额定转速时，将转换开关 K2 合向"运转"位置，这时自耦变压器脱离运行，电动机定子绕组直接与电源接通，启动过程随之结束。

自耦补偿器的二次绕组通常有多个抽头，可以根据需要选择使用。由于自耦补偿器是按短时工作设计的，因此不允许频繁启动，而且自耦补偿器价格较贵，这是它的缺点。

（2）星形—三角形变换降压启动。这种启动方法的接线图如图 10-7 所示。这种启动方式只适用于正常工作时定子绕组为三角形接法的电动机。启动时，先将开关 K2 合到 Y 接线的启动位置，然后合上电源开关 K1。这时电动机定子各相绕组上只承受相电压，其数值仅为电源额定电压（线电压）的 $1/\sqrt{3}$，这就使启动电流大为降低。待电动机的转速接近额定转速时，再将切换开关 K2 合向△接线的运转位置，使电动机的定子各相绕组直接承受电源线电压，即承受额定电压，从而进入正常运转状态。

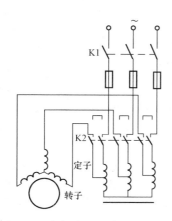

图 10-6　自耦变压器降压启动电路

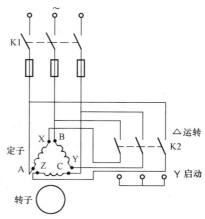

图 10-7　星形—三角形降压启动电路

星形—三角形启动所需设备简单，成本较低，但是电压不能调节，启动电压只能是额定电压的 $1/\sqrt{3}$，由于电动机的转矩与电压平方成正比，因此启动转矩仅为额定转矩的 1/3，所以只适用于空载或轻载启动的电动机。

（3）延边三角形降压启动。在启动时，定子绕组的一部分连接成三角形，另一部分形成星形连接在三角形的延边上，从而降低了定子绕组所承受的电压，降低了启动电流。启动结束后，通过转换开关，将定子绕组改接成三角形，这时每相定子绕组处在全电压下，进入正常运行状态。

延边三角形降压启动的优点是利用电动机本身绕组的改接实现降压，故极为经济，可以用在频繁启动场合。但是电动机定子绕组必须设置抽头，结构较为复杂。

（4）电动机定子绕组串联阻抗降压启动。电动机启动时，在定子绕组内串入电阻或电抗，从而降低了定子绕组所承受的电压，达到降低启动电流的目的。调节所串阻抗的大小，可以起到调节启动电流的作用。启动结束后，将所串阻抗切除，电机即进入正常运行状态。这种启动方式的优点是设备简单，缺点是启动时电流流过阻抗产生损耗。

3. 绕线型异步电动机的启动

（1）启动变阻器。绕线型异步电动机启动时，可以在转子绕组回路内串入启动变阻器，将启动变阻器的电阻调到最大位置，这时启动电流最小。然后随着电动机转子旋转加速，逐步减少启动电阻，以保证电动机有足够的加速力矩。启动结束时，短接变阻器，电动机即进入正常运行状态。在电动机启动时，转子回路内串入电阻后，一方面降低了转子的启动电流，定子的启动电流也随之减少；另一方面提高了转子电路的功率因数，从而使启动转矩有所增加。

（2）频敏变阻器。频敏变阻器实际上就是一个带铁芯的电抗器，将其串入转子回路内。在电动机刚启动时，由于转子转速低，与定子旋转磁场的转差率大，因此转子中电流的频率较高，电抗器的电抗值就大，而且在电抗器铁芯中产生较高频率的磁通，因而涡流损耗也较大，相当于一个较大的阻抗串入转子回路内，从而降低了启动电流。随着电动机转速的升高，电动机的转差率降低，转子电流的频率相应降低，频敏变阻器的电抗减少，铁芯涡流损耗也减少，相当于串入转子回路的阻抗减少。由此可见，频敏变阻器随着电动机转速的增加，阻抗自动减少，直至启动结束，进入正常运行状态。

频敏变阻器的优点是其阻抗随着电动机转速的升高而自动减少，这样在启动过程中节省了人工操作。

**（四）异步电动机的运行维护**

1. 启动前的检查

新安装的三相异步电动机启动前应进行以下检查项目：

（1）检查电动机基础是否稳固，螺栓是否拧紧，轴承是否缺油，油质是否合格。

（2）检查电动机及启动设备的接地装置是否可靠和完整，试验是否合格，接线是否正确，接触是否良好。

（3）检查电动机铭牌所示电压、频率与电源电压、频率是否相符。

（4）检查电动机的转速和接线是否符合使用要求。

（5）新安装或长期停用的电动机，启动前应测试绕组各相之间及各相对地的绝缘电阻。对于380V电动机，用500V绝缘电阻表测量，绝缘电阻值应大于0.5MΩ。对于高压电动机，3kV以下的使用1000V绝缘电阻表，定子绕组绝缘电阻不低于1MΩ；3kV及以上者使用2500V绝缘电阻表，定子绕组绝缘电阻数值应不低于 $[U_n]$ MΩ（取额定电压 $U_n$ 的千数值）。转子绕组绝缘电阻应不低于0.5MΩ。

高压电动机新安装投运前并应按有关规程进行交接试验，合格后方可投运。

（6）对绕线型电动机应检查转子集电环上的电刷及提刷装置是否正常，电刷压力是否合适。

（7）检查电动机启动设备选择是否正确，启动设备的规格、接线是否符合要求，启动装置操作是否灵活，触点的接触是否良好，有无卡阻现象。

（8）检查电动机电源线截面是否符合要求，保护装置是否完善，保护定值是否合理，熔断器安装是否牢固，熔丝额定电流选择是否合理。

对于 500V 以下的低压电动机，功率不超过 15kW 的轻载直接启动的电动机，可采用熔断器作为短路保护。熔体的额定电流应按 1.5～2.5 倍电动机的额定电流选取。对轻载启动、启动次数少、启动时间短，或者降压启动的电动机，取小值；对重载启动、启动频繁、启动时间长、或全压直接启动的电动机，取大值。

对于 500V 以下，15kW 以上且重载启动的电动机宜选用低压断路器的电流脱扣器作为短路保护。动作电流应躲过电动机的启动电流，并采用热继电器作为过载保护。

对于高压电动机，则应根据电压等级和容量大小、重要程度设置相应的继电保护。

（9）检查电动机周围应无影响正常运转的杂物，电动机的机械负荷是否妥善地做好了启动准备，如用皮带转动，则应上好皮带罩，并先对电动机做空运转检查，以观察旋转方向是否正确。

对于正常运行的电动机停运后启动前，也应对电动机的转轴是否能自由旋转、三相电源是否正常、电压是否偏低或偏高、熔断器是否完好，以及联轴器、启动装置等是否完好可用进行一一检查。

2. 电动机启动时的注意事项

电动机启动操作时应注意以下事项：

（1）电动机近旁不应有人。操作人员衣着整齐无被卷入的危险。拉合开关时，操作人员应站在开关的侧面，以防电弧烧伤。

（2）拉合开关时要迅速果断。若合闸后电动机不能旋转或转得很慢，且声音不正常时，应迅速拉闸进行检查。找出原因后，做出处理，然后再行启动。一台电动机连续多次启动时，应按制造厂规定保持适当时间间隔，以防电动机过热。连续启动一般不宜超过 3～5 次。

（3）使用手动补偿器或手动星形、三角形启动变换操作时，应严格按照规定的操作顺序操作，防止误操作造成设备事故和人员伤害。

（4）几台电动机共用一台变压器而且需要同时启动时，应由大到小逐台启动，以免多台电动机同时启动造成变压器严重过载，影响电压降低过多，造成启动困难。

（5）启动时，若电动机的旋转方向反了，应立即切断电源，将电源线中的任意两相互换位置，改变相序后再行启动。

3. 电动机运行中的监视

电动机运行中应监视其电压、电流、温度、声音、气味和有无振动等状况，发现异常，应及时采取措施，查清原因，避免事故扩大。

4. 三相异步电动机定子绕组首末端的判别

在异步电动机的维修工作中，有时需要对三相定子绕组各相的首尾端进行判别，以便保证三相星形、三角形接线的正确性。其判别方法如下：

（1）确定三个单相定子绕组的两端　三相异步电动机的定子绕组共有六个头，首先用万用表电阻挡判别这六个头分别属于 A、B、C 三相中的哪一相定子绕组，即每一相有两个端子，并分别标以 A1、A2、B1、B2、C1、C2，如图10-8所示。

（2）再判别各相的首、尾端　为此，首先假定任意一相的首、尾端。例如，假定 A 相定子绕组的 A1 为首端、A2 为尾端。然后，再依次确定 B 相和 C 相定子绕组的首、尾端。

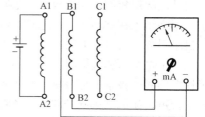

图 10-8　电池和万用表判别电机定子绕组首尾端

先来确定 B 相绕组的首尾端。这时可将事先假定的端子 B1 接万用表的负极，端子 B2 接万用表的正极，万用表切换开关置于直流 mA 挡。再用一节电池，将 A 相绕组的端子 A2 与电池负极相连，用端子 A1 去瞬间触碰电池的正极，如果这时万用表指针往正方向偏转，则说明 B 相定子绕组的端子 B1 确实与 A 相定子绕组的端子 A1 同极相，也是首端，而 B2 则是尾端。如果表针往反方向偏转（向左），则说明 B1 与 A1 不是同极性，则必然是 B2 与 A1 同极性，因此 B2 是 B 相定子绕组的首端，B1 是负端。采用同样方法，也可判断 C 相的首尾端。

除了这个方法外，还有其他方法，都是利用电磁感应原理，达到判断绕组首、尾端的目的。

## 二、单相异步电动机

对于家用电器、医疗器械及小型电动工具，由于其功率小，并考虑到供电电源的具体条件，一般都采用单相异步电动机。单相异步电动机的构造与三相异步电动机相似，也有定子绕组、转子绕组（鼠笼式绕组）、机壳、传动轴等。所不同的是单相异步电动机的定子绕组只有一相，只能产生单相脉动磁场，不能形成旋转磁场。没有旋转磁场，电动机的转子是不会旋转的。为了使单相异步电动机能旋转，除了正常工作的单相定子绕组外（称作主绕组），还必须有一个辅助绕组，也称副绕组。副绕组的作用是使单相电动机能够转起来，所以也称作启动绕组。启动绕组串接电容（或电阻）后与主绕组并联接入电源。

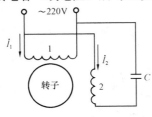

图 10-9　电容分相单相异步电动机

单相异步电动机的主、副绕组在空间上相隔 90° 布置，如图 10-9 所示，并适当配置电容器的电容量，使启动回路中的电流 $i_2$ 呈容性，超前电源电压一个相位角。当电容电感参数配置适当时，电流 $i_1$ 和 $i_2$ 之间的相位角相差可接近 90°。由于主、副绕组在空间位置上相隔 90°，它们所通过的电流在时间上相位相差也接近 90°，因此两者的合成磁场便接近于旋转磁场，故可产生电磁转矩使电动机转子旋转起来。

实际上单相电源所产生的脉动磁场，可等效分解为正序和负序两大小相等、旋转方向相反的旋转磁场，因此对转子的合成电磁转矩为零，转子不可能旋转。如果用手把转子往正序旋转方向推一下，则正转（正序转差率小于 1）；如果往负序方向推一下，则反转（负序转差率小于 1）。电动机转子启动后，就可在正序（或负序）旋转磁场电磁转矩的牵引下旋转起来。因此，为了防止副绕组中的电容器或副绕组本身过热烧坏，在电动机转起来后，通过离心开关将副绕组断开，使其没有电流通过。此种回路称为电容启动单相异步电动机。如果设计时已考虑副绕组回路可以长时间连续运行，则电机启动后，副绕组也可不断开，这种电动机称为单相电容运转异步电动机，实质上是两相异步电动机。

单相异步电动机的副绕组也可以不串电容，而是串电阻。或者不串电阻，而是将副绕组的线圈设计成导线较细、匝数较多、电阻较大，这样就构成了电阻启动异步电动机。这种电动机的主、副绕组也在空间相隔 90° 布置，但其电流相位差不可能达到 90°，因此其转矩比电容启动的电动机小得多。所以，电阻启动异步电动机只能用在启动转矩较小的用电设备上。

除了电容分相或电阻分相单相异步电动机外，还有一种罩极单相移步电动机，即在凸极式定子铁芯的磁极极掌上部分极面嵌入短路铜圈，使主磁通分裂成互有相位差的两部分，给转子一个启动转矩，使电动机旋转起来。罩极式单相异步电动机的功率一般都很小，其动作原理与感应式仪表、感应式继电器（GL 型）等完全相同。电动机的旋转方向取决于短路铜圈的位置，即转子旋转方向总是从磁极无短路铜圈的一侧向有短路铜圈一侧旋转，也就是说从相位超前磁通向相位落后磁通的方向旋转。

## 三、同步电动机

转子和定子旋转磁场同步旋转的电动机叫同步电动机。也就是说同步电动机没有转差率，电动机的转子转速等于同步转速，$n=n_1=\dfrac{60f}{p}$。

同步电动机也由定子、转子、机座等构成。与异步电动机不同的是，同步电动机在转子绕组中通入直流电流，建立极性固定的转子磁场。转子的磁极对数与定子旋转磁场的磁极对数相同。当转子上的 N 极与旋转磁场的 S 极对齐时，靠异性磁极之间的相互吸引力，转子就跟着旋转磁场转动了。转子转动的方向和速度与旋转磁场同步转速相同，这就是同步电动机的工作原理。

同步电动机本身没有启动转矩。如果一台静止的同步电动机，不采取任何措施，将定子绕组直接接入三相电源，定子旋转磁场随即形成，而转子由于惯性不可能立即开始以同步转速转动。而且由于旋转磁场的转速很快，当转子因为惯性还来不及旋转时，定子旋转磁场的 N 极和 S 极就转过了半个圆周，这时转子所受的旋转电磁力矩方向因定子磁极极性的改变而改变，即由异极性相吸变为同极性相斥。这样在定子电流变化的一个周期内，旋转磁场对于转子的作用力平均为零，使转子不能启动。

为了使同步电动机能启动，常用的有同步电动机异步启动法。这种同步电动机的转子磁极圆周表面增加嵌入一组铜条，两端用铜环短接，类似于笼型异步电动机的鼠笼型绕组。电机启动时，首先给定子绕组通以三相交流电流，在鼠笼的作用下，转子开始旋转。当转速达到同步转速的 95％以上时，向转子绕组通入直流电流，建立转子直流磁场，依靠定子旋转磁场与转子直流磁场的相互吸引力，将转子牵入同步转速，从而使同步电动机以同步转速旋转，启动完成。

需要指出的是，同步电动机在启动瞬间，转子绕组尚未通入直流电流时，转子绕组不能开路，以免由于转子绕组切割旋转磁场磁力线产生很高的感应电动势，危及绕组绝缘。转子励磁绕组也不能短路，以防转子绕组内的感应电流产生的转矩影响启动。一般在启动过程中在转子励磁绕组中串入一个约为 10 倍励磁绕组电阻值的附加电阻，待转子转速达到一定值时再将它切出。

同步电动机的转速不随负载而改变，只取决于电源频率和本身的磁极对数。在运行过程中，只要电源频率一定，转速就不会改变。因此，同步电动机多用于需要恒定转速的场合，例如大型鼓风机、水泵、球磨机、压缩机和轧钢机等。

### 四、直流电动机

直流电动机是利用电磁作用力原理将直流电能转变为机械能的。直流电动机的结构也包括定子、转子和机座。与交流电动机相比所不同的是，直流电动机的定子建立的是固定磁场而不是旋转磁场。电动机转子绕组（称为电枢）中流过的是直流电流。载有直流电流的导体在磁场中会受到电磁作用力，电枢因此而旋转。为了使电枢旋转时，每一根导体在经过电机定子磁极 N 极和 S 极两种不同极性的磁极时都有相同的旋转方向，必须改变导体中的电流方向，因此在直流电动机的轴上装有换向器。

供给直流电动机定子磁极的直流电源，与供给转子电枢的直流电源，两者可以是同一个直流电源。如果定子绕组和转子绕组互相并联，然后再与直流电源相接，则称为并励式直流电动机。如定子绕组和转子绕组互相串联，则称为串励式直流电动机。有的直流电动机定子上有两个励磁绕组，其中一个与转子绕组串联，另一个并联，这种励磁方式称为复励式直流电动机。

直流电动机有一个重要特点：即具有优良的调速性能，调速平滑、调速方便，调速范围宽广。其最低转速和最高转速之比可达 1：200。因此当需要较高的调速性能时，常常首选直流电动机。直流电动机多用于交通运输、自动控制系统、轧钢和机床工业等。

## 第三节　电　炉　设　备

工业电炉主要有电阻炉、电弧炉、感应电炉和高频炉等。一般电阻炉不会因电源停电而造成设备损坏，但对于电弧炉、感应电炉等，如果在运行中突然长时间停电，则由于冷却系统突然中止工作，以及炉中金属的凝固，可能造成设备的损坏报废，因此对供电的可靠性要求较高。

## 一、电阻炉

电阻炉用于各种材料的加热、干燥、烧结和熔化，或者用于机械零件的淬火、回火、渗碳等热处理和表面处理。

电阻炉按炉料的受热方式分为直接加热和间接加热。直接加热式电阻炉是将电源直接加在被加热的炉料上，通过电流流经炉料使之得到加热。间接加热式电阻炉用特殊电阻材料制成加热元件，或者直接采用导电的液体。加热元件或导电液体通电后产生热量，通过辐射、对流或传导作用加热炉内工件。

直接加热式电阻炉的发热体是工件本身，其优点是热损失小，加热速度快。但其使用范围有局限性，只能用于质地均匀，截面相同的金属棒料、管料、铆钉以及一些金属坯料。

间接加热式电阻炉有间歇作业式和连续作业式两种工作方式，电炉的结构也因此而不同。间歇作业式电炉内被加热的工件在加热过程中不进出电炉，而是整炉地调换工件，如箱式电阻炉等。连续作业式电阻炉有移动工件的机构，如传送带、辊道或螺旋传送器等。这种电阻炉常用于各种热处理生产线上。

电极式盐浴炉是常见的间接加热式电阻炉。它的发热体是熔融的盐类。电源通过电极向熔盐供给电流，使其产生热量。工件浸入熔盐中加热，同时也改变工件表面的成分，以得到预期的效果。

盐熔炉和一些直接加热式电阻炉，由于它们的发热体电阻值太小，必须降低电源电压，因此常配有专用的降压变压器。这种专用降压变压器的一次侧电压一般为 380V，可以是三相或单相。二次侧电压根据具体需要计算确定。当采用单相电阻炉时，要注意多台电阻炉适当配置，以达到三相负荷分配平衡。

电阻炉需要对炉内温度进行自动控制，以使炉内工件能加热到预定的温度。和其他自动控制系统一样，自动控制系统也是由测量、整定、比较、放大和执行等几个部分组成。电阻炉的温度测量通常是由热电偶温度计进行。热电偶与温度测量仪表连接的导线一般采用特制的补偿导线。这种补偿导线是由两种不同金属导线组成，这实际上也是一个小型的热电偶。采用这种补偿导线的目的，是利用其热电动势补偿导线冷端温度变化对测量结果的影响。

电阻炉的温度控制一般有位式控制、连续控制和脉冲控制三种方式。

所谓位式控制，是指通过测温仪表中的控制触点来使电阻炉的电源接触器断开或接通。这种控制方式简单易行，但是炉温波动较大。对控温要求不高的场合多用这种控制方式。

所谓连续控制方式，是指电源不断开，由温度控制仪表平滑地调节电源电流大小，保持炉内温度接近恒定不变的方式。

在炉温脉冲控制方式中，所用的执行元件是晶闸管。在电阻炉的电源回路中串入晶闸管元件。通过温度控制仪表控制晶闸管的导通与截止，以改变电阻炉电源回路的通断状况。脉冲控制方式电阻炉的通电状况是断续的，由于断续一次时间很短，断续的频率很高，因此控温的精度很高。但是采用脉冲控制方式，如果控制的是导通角，则会使电阻炉的电流出现波形畸变，向电网中注入高次谐波，影响电网的电能质量，因此不宜用于大功率电阻炉。

## 二、电弧炉

电弧炉是利用电弧放电时产生的热量来加热和熔化炉料。电弧炉有直接加热式与间接加热式两种。直接加热式电弧炉的电弧是在电极与被加热物件之间放电，并把热量直接加于被加热物件。间接加热式电弧炉的电弧是在电极间放电，热量以辐射方式传递给被加热物件。

常见的炼钢电弧炉是直接加热式电弧炉。这种电弧炉通过电极的电流很大，其电极一般用焦炭压制成型，在高温下熔烧，使其碳原子重新排列形成石墨而制成。

炼钢电弧炉由电炉变压器供给电源。电炉变压器的高压侧一般为 $6\sim35kV$，低压侧的电压很低，一般为 $98\sim260V$，大容量电弧炉电压有高达 $480V$ 的。从电炉变压器二次侧出线端到电弧炉的电极夹持器之间的一段三相线路称为短网。短网包括布置在炉顶上的铜管、软电缆和接到变压器二次侧端子去的铜排或铜管。短网中通过几千安到几万安强大的电流，为了减小电阻，从而降低损耗，短网应尽可能短。在短网周围的紧固件应避免使用铁件，以免因大量交变磁力线通过而产生损耗。大型电弧炉的短网一般采取通水冷却。

电弧炉在炼钢过程中，电流很不稳定。特别是在熔化期，当三相电极插入炉料中时，相当于三相短路，这时电流急剧上升，其数值常可达电炉变压器额定电流的 $4\sim5$ 倍，具体数值与电炉变压器及串联电抗的阻抗值有关。

### 三、电弧电阻炉

电弧电阻炉也称埋弧炉。这种电炉是同时按照电弧炉和电阻炉的工作原理进行工作的。埋弧炉的形状和结构与电弧炉相似，在工作的过程中，电极的下部埋在炉料里面，炉料一般是高电阻率的矿石。熔炼时，热量除了由电极和炉料间的电弧产生外，大部分是由电流流过炉料的电阻所产生的。

埋弧炉的作业方式有间隙式和连续式两种。间隙式埋弧炉的作业方式与炼钢电弧炉相似。绝大多数埋弧炉都是连续作业式，即连续加料，电极也随着其端部的消耗而连续进入炉中。

埋弧炉在熔炼过程中负荷电流变化很小，工作状态平稳，功率因数很高，因此在主电路中不需要串联电抗器限制短路电流。

埋弧炉主要用来熔炼铁合金，如硅铁、锰铁、铬铁、钨铁、硅锰合金等，以及熔炼电石、冰铜、结晶硅、刚玉、黄磷、生铁等产品。由此可见，埋弧炉的用途主要是熔炼矿石以制取产品，所以又叫矿热炉。

埋弧炉的耗电量很大，变压器容量一般都很大，由于炉体高大，电炉变压器常被抬高安装在楼上，以便合理安排短网。埋弧炉的电极有用石墨电极的，但多为自焙电极。所谓自焙电极，即用薄钢板卷成筒形，内填由无烟煤、焦炭、沥青等拌和的电极料，捣实后在电炉运行中自行烧结而成。在电炉熔炼时，随着电极的逐渐消耗，通过自动控制装置把电极慢慢插入电炉内的熔炼物中。

### 四、感应炉

感应炉是将被加热的金属物质放置在交变的磁场内，利用交变磁场在金属物质内产生感应电流使金属物质得到加热，因此称为感应炉。根据电磁场频率的高低，感应炉有工频感应炉、中频感应炉和高频感应炉之分。工作在工业频率 $50Hz$ 的称为工频感应炉；工作在 $10\,000Hz$ 以下而高于 $50Hz$ 的称为中频感应炉；工作在 $10\,000Hz$ 以上的通常称为高频感应炉。

工业上用的工频感应炉分有心式和无心式两种。有心式工频感应炉相当于一台特殊的变压器，它有一个封闭铁芯，铁芯上有一个一次线圈，此线圈由电源供电。被加热的金属环绕铁芯，相当于变压器的一匝次二次线圈。在具体结构上被加热的金属与铁芯之间有耐火隔热材料隔离，有如变压器的主绝缘一样。

有心式工频感应炉常被用来熔炼有色金属，例如黄铜、锌和铝等，具有效率高、功率因数好等优点。但由于使用中必须在炉内留有一定量的起熔体，因此不适于间隙性生产和多品种熔炼。

无心式工频感应炉没有特制的封闭铁芯，导线绕在作为炉体的坩埚外边，需要加热的金属置于线圈中间的坩埚内。当线圈通以工频交流电时，产生交变磁场。这种感应炉相当于一台空心压器（无铁芯变压器），需要加热的金属在炉内受交变磁场的作用产生感应电流，从而产生热量。在无心式感应炉的线圈外边，常装有由硅钢片等良导磁材料制成的导磁体。导磁体主要起磁屏蔽作用，约束感应线圈漏磁通的扩散，防止线圈周围的金属件发热。

无心式工频感应炉可以熔炼各种金属。当熔炼铁磁金属时，如果温度在 740～770℃（居里点）以下时，铁磁金属具有很强的导磁性，这时炉料不仅起着二次线圈和负载的作用，而且还是一个没有闭合的铁芯，由于涡流和磁滞损失而使它发热。当温度高于居里点时，铁磁金属的导磁性消失，这时炉料仅起二次线圈的作用，在感应电流的作用下获得加热。

# 考 试 复 习 参 考 题

**一、单相选择题**（选择最符合题意的备选项填入括号内）

(1) 荧光灯、霓虹灯等都是（ B ）电光源。

A. 热辐射式；B. 气体放电式

(2) 40W，220V 日光灯点亮时，灯管两端电压约为（ B ）。

A. 220V；B. 105V；C. 90V

(3) 380V、50Hz 三相异步电动机的转速总是（ C ）同步转速。

A. 大于；B. 等于；C. 小于

(4) 异步电动机定子绕组磁极对数越多，转速越（ B ）。

A. 快；B. 慢

(5) 如要降低笼型电动机的启动电流，可以（ B ）。

A. 直接启动；B. 降压启动；C. 启动变阻器启动

(6) 电动机直接启动电流最高可达额定电流的（ C ）倍。

A. 2～3；B. 4～5；C. 5～7

**二、判断题**（正确的画√，错误的画×）

(1) 1 对磁极，转差率为 3% 的电动机转速为 2910r/min。 （ √ ）

(2) 如果三相异步电动机的铭牌上标明三相 380V，星接。则可以利用星—三角变换实现降压启动。 （ × ）

(3) 单相异步电动机的副绕组串接电容或电阻，其作用是使电动机能启动起来。 （ √ ）

(4) 感应加热炉依靠交变磁场对金属加热。 （ √ ）

(5) 380V、5kW 三相异步电动机的额定电流约为 10A。 （ √ ）

# 第十章 安全用电知识

## 第一节 触电及其防护

电流对人体的伤害主要表现为电击和电伤两大类。

电击是电流通过人体造成内部器官的病变，例如灼热感、痉挛、麻痹、昏迷，出现心脏颤动或停跳，使呼吸困难或停止，造成人身死亡。

电伤是电流的热效应或化学效应对人体造成的外伤。如电弧灼伤、电烙印、皮肤金属化，以及弧光对眼睛的刺激造成视力伤害等。

如果人站在高处或高空作业现场发生触电，则会引起高空坠落等机械性损伤，增加了伤害程度。

### 一、电流强弱对人体的影响

人体触电时流过人体电流的大小对触电造成的伤害程度有重大影响，电流越大，对人体的伤害越严重。按照人体对电流的生理反应强弱和电流对人体的伤害程度，可将触电电流大致分为感知电流、反应电流、摆脱电流和心室纤维性颤抖电流四个等级。感知电流是能引起触电者感觉的最小电流，感知电流大约为1mA。能引起触电者不自主反应的电流称为反应电流，这个电流比感知电流略大。反应电流和感知电流都很小，一般来说对人体不会造成生理伤害，但反应电流可能使触电者出现突然反应动作而造成意外伤害，例如摔倒或高空跌落等。摆脱电流是对触电者十分重要的一个指标。触电电流小于摆脱电流，触电者能自行摆脱导电体；触电电流大于摆脱电流时，触电者可能无法摆脱导电体，随着触电时间的延长，对人体的危害必然加大。正常男性的摆脱电流约为9mA，女性为6mA。心室纤维颤抖电流是指触电后能引起心室纤维颤抖几率大于5%的极限电流。实际上心室纤维颤抖电流与触电时间长短有关，一般认为触电时间大于5s时，交流30mA为引起人体心室纤维颤抖的极限电流。因此可以认为30mA是人体所能短时忍受的最大电流，也就是安全电流。

电流对人体的危害，除了取决于电流的大小外，还与电流通过人体时间的长短、电流流过人体的途径、人体的状况等因素有关。电流通过人体时间越长，由于电流的热效应、化学效应对人体的伤害加重，使致命电流下降。电流通过人体的途径对触电者的后果也不可忽视。一般认为，如果触电时电流流经心脏或中枢神经，则容易引起心跳停止和呼吸困难，造成生命危险。此外，触电者的人体状况对触电的后果也有影响。如果触电者皮肤表面湿润，电阻减小，电流增大，则危险性也增大。

### 二、直接触电和间接触电

根据触电者是否直接与带电体接触，触电可分为直接触电和间接触电。

直接触电是指人体直接和正常带电的导体接触。间接触电是指因为电气设备漏电，使正常不带电的金属部件带电，人体与这些金属部件接触造成触电，或者电气设备漏电时，漏电电流在地中流过，使地面沿电流流通的途径存在电位差，人在上面行走时在两腿之间有电流流过引起的触电。因此间接触电可分为接触电压触电和跨步电压触电。

(1) 接触电压触电。当人站在故障设备旁边，用手接触漏电设备的金属外壳（或与漏电设备有金属连接的其他构架等），即有一个电压加在人体的手、腿之间，这个电压因人体接触而来称为"接触电压"。这种触电称为"接触电压触电"。

(2) 跨步电压触电。电气设备发生故障漏电时，电流流入地中，在电流入地点周围（以电流入地点为圆心半径 20m 的范围内）有电位差异。当人在这个区域内走动时，两腿之间由于有电位差，引起电流流入人体而造成人身触电，称为跨步电压触电。

接触电压触电的危险程度与接触电压大小有关，跨步电压触电的危险程度与跨步电压的大小有关。

### 三、直接触电防护

直接触电的主要防护措施是将带电体与人体隔离，具体措施有：

#### （一）利用绝缘防护

即将带电体用绝缘覆盖，使人体无法与带电体接触。

#### （二）用屏护或外壳将带电体隔离

采用栅栏、保护网或其他方法将带电设备屏护起来，使人无法随意接触，从而防止直接接触。有些带电设备采用外壳将其密封，从而也就防止人身直接接触带电体造成触电。

电气设备的防护装置常用的有遮栏、保护网、绝缘隔板、保护罩等。

(1) 安全遮栏。变电站的电气设备，凡是运行值班人员在正常巡视中有可能达不到安全距离要求的都应加装安全遮栏。例如安装在室内或室外的变压器，如果高压套管距地面较近，则应加装安全遮栏。

变电站部分停电工作时，凡是安全距离小于表 11-1 中 $S_1$ 规定距离以内的未停电设备，都应装设临时遮栏。

安全遮栏与带电部分的距离不得小于表 10-3 中 $S_2$ 规定的数值。DL408—1991《电业安全工作规程》规定，单人值班的变电所高压设备遮栏的高度不能低于 1.7m，且安装牢固，并加锁。

(2) 保护网。室内带电设备，如高、低压母线等，有时不能保证足够的对地距离；或者虽然对地距离符合要求，但是母线位于通道或工作场所上方，为了防止在搬运长物时可能造成触电，则要求将这些裸露的带电部分用保护网罩起来。保护网如用金属制作，则应可靠接地。

屋外配电装置的安全净距应符合表 11-1 的规定。

屋内配电装置的安全净距应符合表 11-2 的规定。

(3) 绝缘隔板。在变电站里有时需要使用绝缘隔板，例如在变电站部分停电工作时，在 35kV 及以下的带电设备有时可以用绝缘隔板来代替临时遮栏。绝缘隔板的特点是可以直接和带电部分接触，此种隔板必须具有高度的绝缘性能，并应通过定期试验。

**表 11-1**                   110kV 以下屋外配电装置的安全净距                 mm

| 符号 | 适 应 范 围 | 额定电压（kV） | | | | | |
| --- | --- | --- | --- | --- | --- | --- | --- |
| | | 3～10 | 15～20 | 35 | 63 | 110J | 110 |
| $A_1$ | 带电部分至接地部分之间 | 200 | 300 | 400 | 650 | 900 | 1000 |
| | 网状遮栏向上延伸线距地 2.5m 处与遮栏上方带电部分之间 | | | | | | |
| $A_2$ | 不同相的带电部分之间 | 200 | 300 | 400 | 650 | 1000 | 1100 |
| | 断路器和隔离开关的断口两侧引线带电部分之间 | | | | | | |

续表

| 符号 | 适应范围 | 额定电压（kV） | | | | | |
|---|---|---|---|---|---|---|---|
| | | 3～10 | 15～20 | 35 | 63 | 110J | 110 |
| $B_1$ | 设备运输时，其外廓至无遮栏带电部分之间<br>交叉的不同时停电检修的无遮栏带电部分之间<br>栅状遮栏至绝缘体和带电部分之间 | 950 | 1050 | 1150 | 1400 | 1650 | 1750 |
| $B_2$ | 网状遮栏至带电部分之间 | 300 | 400 | 500 | 750 | 1000 | 1100 |
| $C$ | 无遮栏裸导体至地面之间<br>无遮栏裸导体至建筑物、构筑物顶部之间 | 2700 | 2800 | 2900 | 3100 | 3400 | 3500 |
| $D$ | 平行的不同时停电检修的无遮栏带电部分之间<br>带电部分与建筑物、构筑物的边沿部分之间 | 2200 | 2300 | 2400 | 2600 | 2900 | 3000 |

注 1. 110J 系指中性点有效接地电网。

2. 海拔超过 1000m 时，$A$ 值应进行修正。

3. 本表所列各值不适用于制造厂的产品设计。

**表 11-2**               **屋内配电装置的安全净距**            mm

| 符号 | 适用范围 | 额定电压（kV） | | | | | | | | |
|---|---|---|---|---|---|---|---|---|---|---|
| | | 3 | 6 | 10 | 15 | 20 | 35 | 63 | 110J | 110 |
| $A_1$ | 带电部分至接地部分之间<br>网状和板状遮栏向上延伸线距地 2.3m 处与遮栏上方带电部分之间 | 75 | 100 | 125 | 150 | 180 | 300 | 550 | 850 | 950 |
| $A_2$ | 不同相的带电部分之间<br>断路器和隔离开关的断口两侧带电部分之间 | 75 | 100 | 125 | 150 | 180 | 300 | 550 | 900 | 1000 |
| $B_1$ | 栅状遮栏至带电部分之间<br>交叉的不同时停电检修的无遮栏带电部分之间 | 825 | 850 | 875 | 900 | 930 | 1050 | 1300 | 1600 | 1700 |
| $B_2$ | 网状遮栏至带电部分之间 | 175 | 200 | 225 | 250 | 280 | 400 | 650 | 950 | 1050 |
| $C$ | 无遮栏裸导体至地（楼）面之间 | 2500 | 2500 | 2500 | 2500 | 2500 | 2600 | 2850 | 3150 | 3250 |
| $D$ | 平行的不同时停电检修的无遮栏裸导体之间 | 1875 | 1900 | 1925 | 1950 | 1980 | 2100 | 2350 | 2650 | 2750 |
| $E$ | 通向屋外的出线套管至屋外通道的路面 | 4000 | 4000 | 4000 | 4000 | 4000 | 4000 | 4500 | 5000 | 5000 |

注 1. 110J 系指中性点有效接地电网。

2. 当为板状遮栏时，其 $B_2$ 值可取 $A_1$＋30mm。

3. 通向屋外配电装置的出线套管至屋外地面的距离，不应小于所列屋外部分之 $C$ 值。

4. 海拔超过 1000m 时，$A$ 值应进行修正。

5. 本表所列各值不适用于制造厂的产品设计。

（4）保护罩。安装在地面或工作人员容易接触的低压断路器、隔离开关等设备，为防止发生人员触电事故，必须加设保护罩。否则必须将这些低压设备装入开关箱或开关柜内。

### （三）保证足够的安全距离

为了防止人身触电，应使人体与带电体之间保持足够的安全距离。

中华人民共和国行业标准 DL 408—1991《电业安全工作规程》中，对工作人员与带电设备的安全距离所作规定，见表 11-3。

表 11-3 中所列工作人员正常活动范围与带电设备的安全距离，是指以检修设备为圆心，以活动范围为半径画圆，此圆周离带电设备的最小距离应不小于表 11-3 中规定的数值。

**表 11-3**        工作人员与带电设备间的安全距离       m

| 设备额定电压（kV） | 10 及以下 | 20～35 | 44 | 60 | 110 | 220 | 330 |
|---|---|---|---|---|---|---|---|
| 设备不停电时的安全距离（$S_1$） | 0.7 | 1.0 | 1.2 | 1.5 | 1.5 | 3.0 | 3.0 |
| 工作人员工作中正常活动范围与带电设备的安全距离（$S_2$） | 0.35 | 0.6 | 0.9 | 1.5 | 1.5 | 3.0 | 4.0 |
| 带电作业时人体与带电体间的安全距离（$S_3$） | 0.4 | 0.6 | 0.6 | 0.7 | 1.0 | 1.8 | 2.6 |

表 11-3 中距离 $S_1$ 是指可不设遮栏的安全距离，而 $S_2$ 则指必须有安全遮栏时的允许安全距离，$S_3$ 是指人站在地上用绝缘操作杆操作带电设备时，人体与带电体之间的最小允许距离，即地电位带电作业安全作业距离。

所有到变电站工作的一切人员，都必须严格执行表 11-3 中规定的安全距离。变电站的高压变配电装置都必须有遮栏、围栏或其他屏护设施。不论是否带电，值班人员都不得单独移开或越过屏护设施进行任何工作。若有必要移开遮栏或打开屏护设施时，必须有监护人在场，而且与带电设备之间保持所列的安全距离 $S_1$。

根据 DL 408—1991《电业安全工作规程》规定，当用绝缘杆对带电设备进行操作时，除了人体与带电体之间必须保持表 11-3 中 $S_3$ 所列的安全距离外，绝缘杆的有效长度不能小于表 11-4 中所列数值。

**表 11-4**        绝缘操作杆和绝缘绳索的最小有效绝缘长度

| 电压等级（kV） | 绝缘操作杆有效长度（m） | 绝缘工具、绳索有效长度（m） |
|---|---|---|
| 10 | 0.7 | 0.4 |
| 35 | 0.9 | 0.6 |
| 63（66） | 1.0 | 0.7 |
| 110 | 1.3 | 1.00 |
| 220 | 2.1 | 1.80 |
| 330 | 3.1 | 2.80 |

### （四）电气设备选用安全电压（特低电压）

所谓安全电压是为防止人身触电造成事故而特定的特低电压电源供电电压系列。由于人体触电造成事故的严重程度不仅与电源电压高低有关，而且也与工作环境有关，因此在不同的工作条件，选用不同的特低电压。

现行标准 GB/T 3805—2008《特低电压（ELV）限值》规定：在正常状态下，如果皮肤因故阻抗降低或者环境潮湿时，特低电压限值交流 16V，直流 35V；如果皮肤正常，且环境干燥，特低电压限值交流 33V，直流 70V。

GB/T 3805—2008 还规定：如果导电体是面积小于 1cm² 的不可握紧部件，则皮肤正常，且环境干燥场所，交流特低电压限值为 66V；在电池充电时，直流特低电压为 75V。

当电气设备需要采用安全电压来防止触电事故时，应根据使用环境、人员和使用方式等因素选用安全电压标准中所列的不同等级的安全电压额定值。并要注意：

（1）应采用独立电源，安全电压的供电电源的输入电路与输出电路必须实行电路上的隔离。

（2）工作在安全电压下的电路，必须与其他电气系统和任何无关的可导电部分实行电气上的隔离。

过去，技术标准中对安全电压的最高限值一般规定为 50V，因此常用安全电压额定值的等级有 42、36、24、12、6V 五个规格。当电气设备采用了超过 24V 的安全电压时，必须采取预防直接接触带电体的保护措施。对于潮湿而且触电危险大的场所，则应使用安全电压为 12V 的用电器具（例如在地沟里、金属容器内手持电动工具或手持照明灯具工作）；公共场所高度不符合要求（高度不足 2.5m）的照明装置，机床局部照明手持行灯、手持电动工器具等，一般采用 36V 用电器具；经常与人体直接接触的危险性大的电气用具，例如生产流水线、生产装配线上的手持电动工器具应使用 24V 或 36V 安全电压。

**（五）采用安全标志**

从安全防护的观点来看，电气安全与其他机械、热力的安全有所不同。电气设备是否带电从外观上看不出来，直到与带电设备接触之后才有感觉，但在触电之后要想脱离电源就比较困难了。为了防止事故发生，在带电设备上悬挂各类标志，或者在其附近安置安全围栏加以防护是十分必要的。

安全标志包括设备标志、作业安全标志和安全警告标志等几大类。悬挂安全标志应做到简明扼要、醒目清晰、便于识别、便于管理，凡是电力行业标准规程中已经统一规定的安全标志的制作规格，各地应一律遵照执行，不得擅自改变。凡是标准没有统一规定的，应遵照地区电网或当地电业局的统一规定执行。

1. 设备标志

设备标志包括设备名称和编号。在变电站的高压开关设备的本体或操动机构上应悬挂双重称号，既有设备名称，又要有编号。对于 35kV 及以上的高压变电站，通常由电业部门调度统一指挥操作，因此其设备编号由电业部门统一下达；10kV 及以下的变电设备可按照当地用电检察部门统一规定的模式自行编号，不得遗漏。

在架设线路的电柱或电塔上，应在适当位置标上线路名称和杆塔号码。

隔离开关和接地开关的编号采用与其相连接的高压开关一致的编号，并在号码后面附加表示隔离开关位置的字母。一般在高压断路器电源侧的隔离开关称为甲隔离开关，在其编号后面附加一个"甲"字。例如"1 号变压器 216 甲隔离开关"表示该设备是隔离开关，所控制的电气设备为 1 号变压器，与其相连的高压断路器编号为"1 号变压器 216 断路器"，该隔离开关位于高压断路器的电源侧。与此类似在高压断路器负荷侧的隔离开关称为乙隔离开关，在其编号后面附加一个"乙"字。例如"1 号变压器 216 乙隔离开关"。

接地隔离开关的编号后面附加一个"丁"字。

如有旁路母线，旁路隔离开关的编号后面一般附加"丙"字。旁路隔离开关编号的号码与所连的高压断路器相同。

为了避免值班人员走错位置，在变压器的本体、避雷器、电压互感器的本体附近（如安装在高压柜内，可在柜门上）悬挂设备编号和名称，如"1号变压器"。有的设备也可只有名称，没有编号，或者利用设备的安装方位代替编号，如"东母避雷器"、"西母避雷器"等，分别表示安装在东母线或西母线上的避雷器。

如果电力变压器安装在专用的变压器室内，则在变压器室的大门上应标以醒目的号码，例如"①"，其大小通常在1m直径左右。对于大型变压器，其散热器是可以拆卸的，应将每组散热器都编以号码，以免拆卸后弄错位置，使重新组装时增加麻烦，同时也便于进行缺陷管理。散热器的编号可以写得小些，以能识别为原则，通常标在散热器下部的管路端部。

2. 作业安全标志（作业安全警告牌）

DL 408—1991《电业安全工业规程》中规定了电气作业时所应悬挂的标示牌式样的悬挂的场所，主要内容如下。

（1）标示牌式样。标示牌式样见表11-5。

**表 11-5 标 志 牌 式 样**

| 序号 | 名　称 | 悬 挂 处 所 | 式　样 | | |
|---|---|---|---|---|---|
| | | | 尺寸（mm） | 颜　色 | 字　样 |
| 1 | 禁止合闸，有人工作！ | 一经合闸即可送电到施工设备的断路器和隔离开关操作把手上 | 200×100 和 80×50 | 白底 | 红字 |
| 2 | 禁止合闸，线路有人工作！ | 线路断路器和隔离开关把手上 | 200×100 和 80×50 | 红底 | 白字 |
| 3 | 在此工作！ | 室外和室内工作地点或施工设备上 | 250×250 | 绿底，中有直径210mm的白圆圈 | 黑字，写于白圆圈中 |
| 4 | 止步，高压危险！ | 施工地点临近带电设备的遮栏上、室外工作地点的围栏上、禁止通过的过道上、高压试验地点、室外构架上、工作地点临近带电设备的横梁上 | 250×200 | 白底红边 | 黑字，有红色箭头 |
| 5 | 从此上下！ | 工作人员上下的铁架、梯子上 | 250×250 | 绿底，中有直径210mm白圆圈 | 黑字，写于圆圈中 |
| 6 | 禁止攀登，高压危险！ | 工作人员上下的铁架临近可能上下的另外铁架上，运行中变压器的梯子上 | 250×200 | 白底红边 | 黑字 |

（2）标示牌的使用。在表11-5中已将标示牌悬挂的处所注明。"禁止合闸，有人工作！"和"禁止合闸，线路有人工作！"的标志牌分别有两种规格，较大的标示牌供挂在隔离开关操作把手上，较小的标示牌挂在电动操作把手上。

如果线路上有人工作，应在线路断路器和隔离开关操作把手上悬挂"禁止合闸，线路有人工

作!"的标示牌,标示牌的悬挂和拆除,应按调度员的命令执行。

在室内高压设备上工作,应在工作地点两旁间隔和对面间隔的遮栏上和禁止通行的过道上悬挂"止步,高压危险!"标示牌。

在室外地面高压设备上工作,应在工作地点四周用绳子做好围栏,围栏上悬挂适当数量的"止步,高压危险!"标示牌,标示牌必须朝向围栏里面。

严禁工作人员在工作中移动或拆除遮栏。

3. 普通安全警告牌

除了上面介绍的 6 种安全标示牌之外,在变电站、高压线路上及车间电气设备附近有时要悬挂其他形式的安全警告牌,如"当心触电"、"小心电缆"等。悬挂这些标示牌的目的是提醒工作人员对危险或不安全因素引起注意,预防意外事故发生。通过在电气装置附近设置各种安全牌或安全色标,可以使人们通过清晰的图像,引起对安全的注意。利用带色的图像做成标示牌以警戒人们对安全引起注意,比普通语言文字更为形象、生动,更能吸引人们的注意。世界各国对所采用的安全色标都进行了不少研究,过去各国自成体系,近年来国际上提出了一个国际安全色标标准草案。我国采用的安全色标与国际标准基本相同。对安全色、安全牌的采用遵循下列原则。

(1)安全色。安全色就是通过不同的颜色表示安全的不同信息,使人们能迅速、准确地分辨各种不同环境,预防发生事故。例如:

红色:用来表示禁止、停止和消防。红灯表示禁止通告。消防器材采用红色表示供消防之用。变电所控制柜上的信号灯,用红灯表示电路处于通电状态,提醒人们提高警惕,禁止触动。

黄色:用来表示注意危险,使人们思想上提高警惕。如"当心触电"、"注意安全"都用黄色作为底色,以提醒人们不要轻率行动。

蓝色:用来表示强制执行,"如必须戴安全帽"、"必须戴绝缘手套"等。

绿色:用来表示安全无事,如"已接地"、"在此工作"等。

黑色:用来绘画警告标志的几何图形,书写警告文字。

为了提高安全色的辨别度,在安全色标上常常采用对比色。如红色、蓝色和绿色都用白色作对比色,黑色和白色互作对比色,黄色用黑色作对比色。

为了便于识别,防止误操作,在变电站的一次系统用母线涂色来分辨相位。一般规定黄色为 A 相、绿色为 B 相、红色为 C 相。明敷的接地线涂以黑色。接地开关的操作把手涂以黑、白相间的颜色,以引起人们的注意。

(2)普通安全警告牌的图形。一般安全警告牌的图形有以下几种:

1)禁止类安全牌。上画是圆圈,中间画一斜杠。圆圈的边和斜杠用红色,背景用白色。圆圈的边宽和斜杠的宽度为圆圈外径的 8%,即 0.08$d$。斜杠与水平线成 45°角。安全牌中间的图像用黑色绘画。

2)警告类安全牌。上面是等边三角形,背景用黄色,中间画图像,边和图像都用黑色。

3)指令类安全牌。上画是圆形,背景用蓝色,中间图像及底部文字用白色。

**(六)采用安全用具**

在从事电气工作时,为了避免发生触电、灼伤、高空坠落等事故,工作人员必须使用适当的安全用具。

1. 电气安全用具的分类

电气安全用具可以分为基本安全用具和辅助安全用具。基本安全用具的绝缘强度能长时间承受工作电压的作用，可以直接操作高压电气设备；辅助安全用具的绝缘强度不能承受工作电压的作用，只能起辅助安全的作用，即加强基本安全用具的保安作用。有些安全用具，在操作高压设备时是辅助安全用具，但在其他场合可能是基本安全用具。除了基本安全用具和辅助安全用具外，在电气高空作业时还必须使用登高安全用具。

(1) 基本安全用具。绝缘操作杆、绝缘夹钳、核相高压杆、高低压验电器、绝缘挡板、防护镜等。

(2) 辅助安全用具。绝缘手套、绝缘靴、绝缘鞋、绝缘台、绝缘垫、绝缘绳等。

(3) 登高安全用具。脚扣、安全绳、安全帽及手绳等。

2. 电气安全用具的保管及试验

应配备的电气安全用具的种类和数量与工作场所设备的电压等级、工作性质和设备的复杂程度有关。在配备电气安全用具时，数量必须充足，种类必须齐全，对于常用的电气安全用具，除了配备足够的数量外，还必须有一定的备用。

电气安全用具必须保管在通风、干燥的场所，防止受潮、阳光曝晒、或受酸、碱、油的腐蚀及污秽。应将电气安全用具放在特制的安全用具柜内，将柜放在醒目、便于工作人员取用的地方。

电气安全用具必须按表11-6和表11-7进行定期试验，试验合格证放在安全用具柜内，或者粘贴在存放的安全用具的盒子里，以备检验。在使用安全用具之前，应检查用具是否良好，如发现可疑现象，应更换良好的备品使用。不允许使用不合格的、有缺陷的安全用具，也不允许用其他用具代替安全用具。在日常工作中，不允许把安全用具当一般用具使用。

安全用具的试验项目见表11-6和表11-7。

表 11-6　　　　常用电气绝缘工具试验一览表

| 序号 | 名称 | 电压等级(kV) | 周期 | 交流耐压(kV) | 时间(min) | 泄漏电流(mA) | 备注 |
|---|---|---|---|---|---|---|---|
| 1 | 绝缘棒 | 6～10 | 每年1次 | 44 | 5 | | |
| | | 35～154 | | 4倍相电压 | | | |
| | | 220 | | 3倍相电压 | | | |
| 2 | 绝缘挡板 | 6～10 | 每年1次 | 30 | 5 | | |
| | | 35(20～44) | | 80 | 5 | | |
| 3 | 绝缘罩 | 35(20～44) | 每年1次 | 80 | 5 | | |
| 4 | 绝缘夹钳 | 35及以下 | 每年1次 | 3倍线电压 | 5 | | |
| | | 110 | | 260 | | | |
| | | 220 | | 400 | | | |
| 5 | 验电笔 | 6～10 | 半年1次 | 40 | 5 | | 发光电压不高于额定电压的25% |
| | | 20～35 | | 105 | | | |

续表

| 序号 | 名称 | 电压等级 (kV) | 周期 | 交流耐压 (kV) | 时间 (min) | 泄漏电流 (mA) | 备注 |
|---|---|---|---|---|---|---|---|
| 6 | 绝缘手套 | 高压 | 半年1次 | 8 | 1 | ≤9 | |
| | | 低压 | | 2.5 | | ≤2.5 | |
| 7 | 橡胶绝缘靴 | 高压 | 半年1次 | 15 | 1 | ≤7.5 | |
| 8 | 核相器电阻管 | 6 | 半年1次 | 6 | 1 | 1.7～2.4 | |
| | | 10 | | 10 | | 1.4～1.7 | |
| 9 | 绝缘绳 | 高压 | 半年1次 | 105/0.5m | 5 | | |

表 11-7 　　　　　　　　　　登高安全工具试验一览表

| 名　　称 | 试验静拉力（N） | 试验周期 | 外表检查周期 | 试验时间（min） | 备　　注 |
|---|---|---|---|---|---|
| 安全带 大皮带 | 2205 | 半年1次 | 每月一次 | 5 | |
| 小皮带 | 1470 | | | | |
| 安全绳 | 2205 | 半年1次 | 每月一次 | 5 | |
| 升降板 | 2205 | 半年1次 | 每月一次 | 5 | |
| 脚扣 | 980 | 半年1次 | 每月一次 | 5 | |
| 竹（木）梯 | | 半年1次 | 每月一次 | 5 | 试验荷重180kg |

#### 四、间接触电防护

间接触电主要是指接触电压触电和跨步电压触电。

##### （一）接触电压和跨步电压的大小

当电气设备带电体因绝缘损坏漏电，而使原来不带电的金属外壳带电后，由于金属外壳与大地接触，因此漏电电流向地中流散，并流回到电源侧的中性点。由此可见，漏电电流在地中呈半球形流动，靠近漏电电流接地点，半球形的截面小，电阻大，压降梯度也大；远离漏电电流接地点，电流流散的截面大，电阻小，压降梯度小。这就是说，漏电电流入地点周围有不同的电位：在漏电电流入地点处的电位最高；随着离电流入地点的距离增大，电位急剧下降。一般认为，距电流入地点20m处，电流流散的截面已相当大，电流流散电阻可忽略不计，电压降也可忽略不计，该处的电位可以认为是大地电位，即零电位。

当人站在地上，手接触漏电电气设备的带电外壳时，在手和脚之间有一个接触电压。此接触电压的大小等于触电者手接触处的电位与脚站立处的电位之差。由此可见，接触电压的大小与人站立的位置有关。人体站立的位置离漏电电流入地点越远，受到的接触电压越高。在电气安全技术中，一般以人站在离漏电设备0.8m处，手触及漏电设备距地1.8m高度的外壳时，所受的电位差作为计算接触电压的依据。

与此相似，当人在接地电流流散的区域内行走时，由于地面各点电位不同（指在接地点附近20m的范围内），因此在两脚之间（一般按0.8m考虑）存在电位差（即跨步电压），在跨步电压作用下，人也会触电。显然，人越接近接地点，由于地面电位梯度大，跨步电压也大，也就越危险。此外，跨步电位的大小还与接地的电气设备的额定电压有关。例如，220V的低压电气设备接地，跨步电压肯定不会超过 220V；而 35kV 的高压设备接地（例如 35kV 线路接地），则跨步电压有可能达到几千伏。因此，发生接地事故的电气设备的额定电压愈高，在周围行走遭受跨步电压的危险也越大。

### （二）保护接地和保护接零

为了防止间接触电造成人身伤亡事故，通常采用保护接地或保护接零，并配合采用剩余电流动作保护器。采用剩余电流动作保护器时，必须采用 TN-S 接地方式，N 线在进入剩余电流动作保护器后要具备良好绝缘，否则剩余电流动作保护器会误动。

1. 工作接地和保护接地

为满足电力系统运行方式的需要而进行的接地，称为工作接地，例如变压器的中性点接地。对间接触电进行防护，而将电气设备外露的正常不带电的可导电部分进行接地，称为保护接地。

2. 保护接地和保护接零

为了对间接触电进行防护，以保护人身安全，除了可以采取保护接地外，也可以采取保护接零。所谓保护接零，就是在中性点接地的低压系统中，将电气装置的金属外壳或构架经特设的保护线 PE 或保护接地中性线 PEN 与电源中性点直接进行电气连接。

（1）保护接地。电气设备采用保护接地后，当电气设备发生金属外壳漏电时，漏电电流经接地装置流入大地。当有人误碰带电的金属外壳时，即发生触电。这时如果接地装置的接地电阻很小，而人体的电阻很大，则作用在人体上的接触电压很小，流过人体的电流也很小，有利于触电者自主摆脱，从而防止发生恶性事故。

如果电源中性点的接地电阻也很小，而且电源侧过电流保护的动作电流也很小，则当用电设备发生对外壳漏电时，形成单相接地短路，电源侧过电流保护装置动作跳闸，将发生漏电的电气设备停电，从而防止发生人身触电事故。

但是，接地电阻要达到理想的很小数值常有具体困难，因此，规程中一般规定用电设备的保护接地电阻不大于 $4\Omega$，低压电源中性点的接地电阻一般也不大于 $4\Omega$，两者相加为 $8\Omega$。低压相电压一般为 220V，则单相接地电流一般为 $220/8＝27.5$（A）。这个电流有时不足以使电源侧过电流保护动作。因此单纯采用保护接地来防止人身触电是不可靠的。所以，凡是采用保护接地的用电设备，都应该同时装设剩余电流动作保护器，以便一旦发生电气设备漏电时，剩余电流保护断路器立即跳闸切断电源。

（2）保护接零。电气设备采用保护接零后，当电气设备发生漏电时，形成单相短路。短路电流的大小决定于中性线的导线电阻和电源电压。在一般情况下，这个电流应该能使电源侧过电流保护动作跳闸，将用电设备切除电源，从而确保人身安全。

采用保护接零的一个主要的问题是，一旦零线和火线（相线）接反，造成电气设备外壳带电，对人身安全造成很大威胁。此外，如果中性线发生断线，这时，若有一个保护接零的用电设备发生外壳漏电，于是中性线带电，但电源开关又不跳闸，这时所有在同一中性线上保护接零的用电设备外壳全都带电，造成广泛而又严重的触电危险。因此，对于保护接零的用电设备也应该同时采用剩余电流动作保护器，一旦发生用电设备漏电时，立即断开电源开关，将故障设备退出使用。

（3）保护接零和保护接地选用注意事项。

1）由同一台变压器供电的系统中，不能混合采用保护接地和保护接零。即不允许将一些设备采用保护接地，而另一些设备采用保护接零。因为，如果将某些设备采用保护接零，而另一些设备采用保护接地，则当采用保护接地的设备漏电时，保护接零的设备外壳也将同时带电，如图 11-1 所示。

JGJ 16—2008《民用建筑电气设计规范》对电气设备的接地有如下规定：

在中性点直接接地的低压电力网中，电力装置可采用低压保护接零或保护接地。

在中性点非直接接地的低压电力网中，电力装置应采用低压接地保护（即保护接地），而且必须装设绝缘监视及接地故障报警或显示装置。

由同一台发电机、同一台变压器或同一段母线供电的低压电力网，不宜同时采用上述两种保护方式。

在中性点直接接地的同一低压电力网中，当全部采用低压保护接零确有困难时，也可同时采用保护接地，但不接零的电力装置或线段，均应装设能自动切除接地故障的装置（如漏电保护装置等）或经由隔离变压器供电。

用于接零保护的零线上不得装设断路器或熔断器，单相断路器应装设在相线上。

图 11-1 所示为在同一台变压器供电的低压电网中，既有接地保护，又有接零保护，这种情况是不允许出现的。图中电机 1 为接零保护，电机 2 为接地保护。当电机 2 漏电时，漏电电流流经电源接地极，在接地电阻 $R_0$ 上产生电压降，于是中性线对地出现电位升高，电机 1 的外壳也就带电。

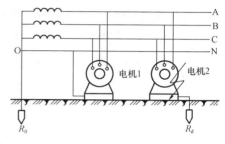

图 11-1 同一低压系统中既有接地保护，又有接零保护

2）有保护接零要求的单相移动式用电设备，应使用三孔插座开关供电。

3）保护线 PE 或保护中线 PEN 必须有足够的截面，以保证故障时短路电流的通过，并满足机械强度对最小尺寸的要求。

采用单芯导线作保护中性线（PEN 线）干线，如导体为铜材料时，截面不应小于 $10mm^2$；为铝材料时，截面不应小于 $16mm^2$；采用多芯电缆芯线作 PEN 线干线时，其截面不应小于 $4mm^2$。

当保护线（PE 线）所用材质与相线相同时，PE 线最小截面应符合表 11-8 的规定。

**表 11-8**           **PE 线最小截面**         $mm^2$

| 相线芯线截面 $S$ | PE 线最小截面 | 相线芯线截面 $S$ | PE 线最小截面 |
| --- | --- | --- | --- |
| $S\leqslant16$ | $S$ | $S>35$ | $S/2$ |
| $16<S\leqslant35$ | 16 | | |

3. 低压配电系统保护接地形式

JGJ 16—2008 规定，低压配电系统接地形式分为 TN、TT 和 IT 三类。其含义是：

第一个字母表示电力系统的对地关系：T——中性点直接接地；I——中性点不接地或经阻抗接地。

第二个字母表示电气装置外露可导电部分（设备金属外壳、金属底座等）的对地关系：T——独立于电力系统接地点而直接接地；N——与电力系统接地点进行电气连接。

（1）TN 系统的安全保护方式。该系统是指电源中性点直接接地，系统内所有电气装置的外露可导电部分与系统接地点相连接（即保护接零制）。当电气设备发生碰壳时，形成单相金属性短路，产生足够大的短路电流，使过电流保护装置迅速动作，切除故障。按照中性线和保护线的组合情况，该系统又分为 TN—C、TN—S 和 TN—C—S 三种。

1) TN—C 系统。整个系统内中性线 N 和保护线 PE 是合用的，叫做保护中性线，标为 PEN（实为电源中性点直接接地的三相四线制低压配电系统）。中性线 N 用淡蓝色做标志，保护中性线 PEN 用竖条间隔淡蓝色做标志，保护线 PE 用绿/黄双色相间做标志。在该系统内所有电气装置的外露可导电部分用保护线接在保护中性线上，如图 11-2 所示。

2) TN—S 系统。整个系统内中性线 N 和保护线 PE 是分开的。保护线从电源侧单独引出，是专用的接地线，该系统内所有电气装置的外露可导电部分均接在保护线上，如图 11-3 所示。这种接地形式可以避免由于中性线断开所造成的危害。在该系统中，只有当保护线断开且有一台设备发生相线碰壳时才会有危险。为防止保护线断线，其截面应与中性线相同。由于保护线与中性线分开，因而可以装设剩余电流动作保护断路器。这种系统由于多加了一根保护线，故工程费用较大。厂矿企业和城市宜采用该保护方式。

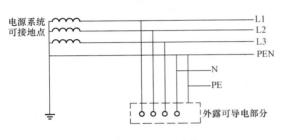

图 11-2　TN—C 系统

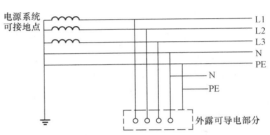

图 11-3　TN—S 系统

3) TN—C—S 系统。整个系统内中性线 N 和保护线 PE 是部分合用的，是 TN—C 和 TN—S 系统的组合体。前端用 TN—C，给一般三相平衡负载供电；末端用 TN—S，给少量单相不平衡负载或对安全要求较高的设备供电。该系统的 PEN 线必须在前端，且 PE 线与 N 线一经分开就不应再合起来，如图 11-4 所示。

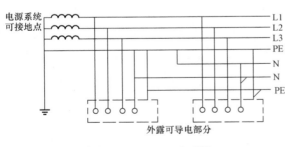

图 11-4　TN—C—S 系统

（2）TT 系统的安全保护方式。该系统是电源中性点直接接地，系统内所有电气装置的外露可导电部分用保护接地线 PEE 接到独立的接地体上，如图 11-5 所示。当设备碰壳时，形成单相接地短路，使回路上的过流保护装置动作，切除故障。由于该保护方式有一定的局限性，所以在系统内应装设剩余电流动作保护器。农村低压电网宜采用这种保护方式。

（3）IT 系统的安全保护方式。该系统是电源中性点不接地或经阻抗接地，系统内所有电气装置的外露可导电部分用保护接地线 PEE 线接到独立的接地体上，如图 11-6 所示。当电气设备漏电时，外壳带电，由于电源中性点不接地，漏电电流很小，适用于发生单相接地不需要切断供电电源的电网内。为了保证人身安全，要求各相对地有良好的绝缘，在正常运行时，从各相测得的泄漏电流交流有效值应小于 30mA。IT 保护方式适用于对安全有特殊要求或纯排灌的动力电网内。采用 IT 保护方式时，不得从变压器低压侧中性点配出中性线做 220V 单相供电。为了防止变压器承受过电压而损坏，变压器低压侧中性点和各出线回路终端的相线应装设过电压击穿熔断器。

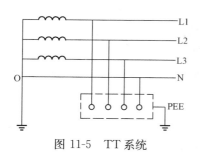

图 11-5　TT 系统

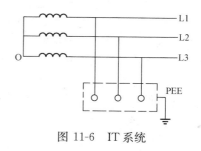

图 11-6　IT 系统

### 五、触电急救

当有人不幸发生触电事故时，必须争取速度尽快抢救。触电急救，首先要迅速脱离电源，越快越好。

脱离电源的方法首先是拉开电源开关，或者设法使触电者与带电设备脱离接触。触电人员未脱离电源前，救护者不可用手直接触及伤员身体，以免发生触电。如触电者处于高处，脱离电源后会自高处坠落，必须采用预防措施。

触电者脱离电源后，如神志清楚，应使其就地躺平休息，暂时不要走动。如触电者神志不清应设法联系医疗部门接替救治。如触电者无呼吸，也无脉搏跳动，应立即就地进行心肺复苏抢救：通畅气道、口对口人工呼吸和胸外按压（人工循环）。在医务人员未到达现场前，现场抢救人员不得放弃人工呼吸抢救。如需将伤员送医院，也不要中断抢救。在移送医院过程中，仍应坚持人工呼吸抢救，如确需移动伤员必须中断人工呼吸，中断时间也不要超 30s。

## 第二节　工　作　票　制　度

### 一、在变电站工作防止人身触电的安全措施

变电站的安全运行，主要包括防止人身事故和防止设备事故两个方面。工作票制度就是防止变电站运行、检修工作中可能发生的人身事故。

在电气工作中，造成人身触电事故的原因很多，如人员技术不熟练，使用的安全工具不合格，对施工现场的设备不熟悉，采取的安全措施不适当，工作人员的思想不集中等等。为了防止事故发生，必须严格执行规章制度，特别是《电业安全工作规程》（发电厂和变电所电气部分），严格要求电气工作人员加强培训考核，在施工现场布置好保证安全的技术措施，在开工前后和工作进行的整个过程中都必须按规程规定的要求，完成保证安全的组织措施。

以下就是根据 DL 408—1991《电业安全工作规程》（发电厂和变电所电气部分）中的内容归纳出来的。

1. 电气工作人员必须具备的条件

在电气工作中，能否防止事故，不仅与现场环境因素有关，电气工作人员本身是否具备必要的素质起着十分重要的决定因素。

《电业安全工作规程》规定，电气工作人员必须具备下列条件：

（1）经医师鉴定，无妨碍工作的病症（体格检查约两年一次）；

（2）具备必要的电气知识，按其职务和工作性质熟悉《电业安全工作规程》（电气、线路、热力和机械）的有关部分，并经考试合格；

（3）学会紧急救护法，首先学会触电解救法和人工呼吸法。

除了严格执行上述规程要求之外，在日常工作中，对电气工作人员必须量才录用。例如，在安排变电站值班运行人员时，必须选用富有经验，口齿清楚、有一定组织能力、责任心强的电工担任运行值班班长职务。经验证明，不少电气事故与电气工作人员的人选不当有关。

在现场工作中，应选配合适的人担当工作负责人（安全监护人）。如发现工作班成员中，有的成员由于身体原因或家庭原因临时出现情绪波动时，应及时引起注意，并采取可靠措施防止由于这些人在工作中的疏忽而诱发事故，必要时可劝其退出工作现场。

作为电气工作人员应认真学习《电业安全工作规程》中的有关部分，安全工作规程应每年考试一次。因故间断电气工作连续 3 个月以上者，必须重新温习安全规程，并经考试合格后，方能恢复工作。

参加带电作业的人员，经专门培训，并经考试合格、领导批准后方能参加工作。

新参加电气工作的人员、实习人员和临时参加劳动的人员（干部、临时工等），必须经过安全知识教育后，方可下现场随同参加指定的工作，但不得单独工作。

对外单位派来支援的电气工作人员，工作前应介绍现场电气设备接线情况和有关安全措施。

任何工作人员发现违反安全工作规程，并足以危及人身和设备安全者，都应立即加以制止。

2. 电气工作安全措施分类

凡是一经合闸即可带电的设备，称为运用中的设备。在运用中的高压设备上工作，可分 3 类：

（1）全部停电工作。全部停电的工作，系指室内高压设备全部停电（包括架空线路与电缆引入线在内），通至邻接高压室的门全部闭锁；以及室外高压设备全部停电（包括架空线路与电缆引入线在内）。

（2）部分停电工作。部分停电工作，系指高压设备部分停电，或室内虽已全部停电，而通至邻接高压室的门并未全部闭锁。

（3）不停电工作。不停电工作系指：

1）工作本身不需要停电和没有偶然触及导电部分的危险者；

2）许可在带电设备外壳上或导电部分上进行的工作。

3. 在电气设备上工作，必须遵守的安全事项

（1）填用工作票或口头、电话命令；

（2）完成保证工作人员安全的组织措施和技术措施；

（3）至少应有两人在一起工作。

4. 保证安全的组织措施

在电气设备上工作，保证安全的组织措施是指四方面，即执行工作票制度、执行工作许可制度、执行工作监护制度及工作间断、转移和终结制度。

5. 保证安全的技术措施

在全部停电或部分停电的电气设备上工作，保证安全的技术措施也包括四方面，即停电、验明无电、装设短路接地线、悬挂标示牌或装设遮栏。

**二、工作票制度**

在高压电气设备上工作，要执行工作票制度，其方式可有三种，即填用第一种工作票、填用第二种工作票、口头或电话命令。这三种方式各有自己的适用范围，不允许随意变通。

1. 第一种工作票适用的范围及注意事项

下列工作必须填写第一种工作票：

（1）在高压设备上需要全部停电或部分停电者；

（2）在高压室内的二次接线和照明等回路上的工作，需要将高压设备停电或做安全措施者。

第一种工作票应在工作前的一日内交给值班员。临时工作可在工作开始以前直接交给值班员。

如果签发工作票人员的办公地点离变电所很远，预先传送工作票有较大困难，工作票签发人可将填好的工作票用电话全文传达给变电所值班员。传达必须清楚，值班员应根据传达做好记录，并复诵核对。若电话联系有困难，也可在进行工作的当天预先将工作票交给值班员。

第一种工作票的有效期，以批准的检修期为限，如工作到期尚未完成，应由工作负责人办理延期手续。工作票有破损不能使用时，应重填新的工作票。

2. 第二种工作票的适用范围及使用中的注意事项

下列工作应填用第二种工作票：

1）带电作业和在带电设备外壳上的工作；

2）控制盘和低压配电盘、配电箱、电源干线上的工作；

3）二次接线回路上的工作，无需将高压设备停电者；

4）转动中的发电机、同期调相机的励磁回路或高压电动机转子电阻回路上的工作；

5）非当值值班人员用绝缘棒和电压互感器核相或用钳形电流表测量高压回路的电流。

第二种工作票应在进行工作的当天预先交给值班员。第二种工作票的有效时间以批准的工作时间为限。

3. 口头命令或电话命令适用范围

除上述提到的需要填写第一种工作票或第二种工作票的工作之外，其他工作用口头命令或电话命令。

口头或电话命令，必须清楚正确，值班员应将发令人、负责人及工作任务详细记入操作记录簿中，并向发令人复诵核对一遍。

### 三、执行工作票制度中应注意的几个问题

1. 关于工作票的填写

工作票要用钢笔或圆珠笔填写一式两份，应正确清楚，不得任意涂改。如有个别差错漏字需要涂改时，应字迹清楚，并由工作票签发人或工作许可人在涂改处盖章认可。在同一张工作票上涂改不能太多，以两、三处为限。

外单位在变电站进行刷油、掘沟及其他基建施工时，必须由变电所或变电所的上级业务主管部门签发工作票，并派变电所有经验的运行、维护电工担当专责安全监护人。

2. 关于工作票的收执

两份工作票中的一份必须经常保存在工作地点，由工作负责人收执。另一份由值班员收执，按值移交。值班员应将工作票号码、工作任务、许可工作时间及完工时间记入操作记录簿中。

在无人值班的设备上工作时（例如户外变压器台），第二份工作票由工作许可人收执。

一个工作负责人在同一时间内只能发给一张工作票，工作票上所列工作地点，以一个电气连接部分为限。

如施工设备属于同一电压、位于同一楼层、同时停送电，且不会触及带电导体时，则允许在几个电气连接部分共用一张工作票。

建筑工、油漆工等非电气人员进行工作时，工作票发给监护人。

在几个电气连接部分上，依次进行不停电的同一类型的工作，可以发给一张第二种工作票。

当几个班同时进行工作时，工作票可以发给一个总负责人，在工作班成员栏内只填明各班的

负责人，不必填写全部工作人员名单。

3. 关于工作人员的变更

需要变更工作班中的成员时，须经工作负责人同意。需要变更工作负责人时，须经工作票签发人同意。变更情况应记录在工作票上。

若增加工作任务，必须由工作负责人提出，取得工作许可人同意，并在工作票上增填工作项目。如果需要变更或增设安全措施者，必须填用新的工作票，并重新履行工作许可手续。

4. 工作票涉及人员的条件

工作票签发人应由本单位熟悉班组人员技术水平、熟悉本单位设备情况、熟悉安全规程的工程技术人员、生产单位领导、或经主管生产领导批准的人员担任。工作票签发人员名单应书面公布。

允许担任工作负责人的名单和允许担任工作许可人的名单，应由单位主管生产的领导书面批准。通常工作许可人的人选由变电所值班员中产生。

工作班成员由工作票签发人和工作负责人协商确定。

5. 工作票涉及人员的安全责任

（1）工作票签发人：

1）工作必要性；

2）工作是否安全；

3）工作票上所填措施是否正确完备；

4）所派工作负责人和工作班人员是否适当和足够，精神状态是否良好。

（2）工作负责人：

工作负责人也即是工作现场的安全监护人。其责任有：

1）正确安全地组织工作；

2）结合实际进行安全思想教育；

3）督促、监护工作人员遵守安全规程；

4）负责检查工作票所载安全措施是否正确完备和值班员所做的安全措施是否符合现场实际条件；

5）工作前对工作人员交待安全事项；

6）工作班人员变动是否合适。

（3）工作许可人：

1）负责审查工作票所列安全措施是否正确完备、是否符合现场条件；

2）工作现场布置的安全措施是否完善；

3）负责检查停电设备有无突然来电的危险；

4）对工作票中所列内容即使发生很小疑问，也必须向工作票签发人询问清楚，必要时应要求详细补充。

（4）工作班成员。认真执行电业安全工作规程和现场安全措施，互相关心施工安全，并监督安全规程和现场安全措施的实施。

6. 其他注意事项

在工作中，若到预定时间，一部分工作尚未完成，仍须继续工作而不妨碍送电者，在送电前，应按照送电后现场设备带电情况，办理新的工作票，布置好安全措施后，方可继续工作。

事故抢修工作可不用工作票，但应通知主管领导，并记入操作记录簿内。开始工作前布置好安全措施，工作中指定专人作好监护。

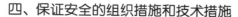

### 四、保证安全的组织措施和技术措施

#### （一）保证安全的组织措施

如前所述，保证安全的组织措施共有四项，其中第一项工作票制度上面已经介绍，下面对另外三项也作一介绍。

1. 工作许可制度

工作许可制度包括工作许可人按照工作票上规定的内容办理安全措施，并签名盖章。然后工作许可人进行以下工作：

（1）会同工作负责人到现场再次检查所做的安全措施，以手触试，证明检修设备确无电压；

（2）向工作负责人指明带电设备的位置和注意事项；

（3）和工作负责人在工作票上分别签名，并写下许可开工时间。

在完成上述许可手续后，工作班方可开始工作。

2. 工作监护制度

为了保证工作中的安全，在电气设备上工作的整个过程必须有人监护。如果在工作开始之前没有另外规定，则工作负责人就是安全监护人。他应该在工作开始之前向工作班人员交待现场安全措施、带电部位和其他注意事项。

工作班在施工过程中，监护人的主要任务就是负责监护全班工作人员的安全，因此工作负责人（监护人）应该把主要精力用在安全监护上。通常只有在全部停电时，工作负责人（监护人）才可参加工作班工作。如果部分停电，则只有在安全措施可靠、人员集中在一个工作地点、不致误碰导电部分的情况下，方能参加工作。

工作票签发人或工作负责人，可以根据现场的安全条件、施工范围、工作需要等具体情况，增设专人监护和批准被监护的人数。专职监护人不得兼做其他工作。

3. 工作间断、转移和终结制度

（1）工作间断。工作间断时，工作班人员应从工作现场撤离，所有安全措施保持不动，工作票仍由工作负责人收存。

间断后恢复工作时，无需通过工作许可人。但工作负责人应检查现场安全措施有无变动。

如工作期限超过一天，则在每日收工时，应清扫工作地点，开放已封闭的道路，并将工作票交回值班员。次日复工时，应得到值班员许可，取回工作票。工作负责人必须事先重新认真检查安全措施是否符合工作票的要求后，方可开始工作。

若无工作负责人或监护人带领，工作人员不得进入工作地点。

在未办理工作票终结手续以前，值班员不准将施工设备合闸送电。

在工作间断期间，若有紧急需要，值班员可在工作票未交回的情况下合闸送电，但应先将工作班全班人员已经离开现场的确切情况上报上级领导，并在进入工作现场的各通路口派人守候，以便告诉工作班人员"设备已经合闸送电，不得继续工作"。守候人员在工作票未交回以前，不得离开守候地点。

在合闸送电之前必须拆除临时遮栏、接地线和标示牌，恢复常设遮栏，换挂"止步，高压危险！"的标示牌。

（2）工作转移。在同一电气连接部分，用同一工作票依次在几个工作地点转移工作时，全部安全措施由值班员在开工前一次做完，不需要办理转移手续。但工作负责人在转移工作地点时应向工作人员交待新的工作条件、带电范围、安全措施和注意事项。

（3）工作终结。全部工作完毕后，工作班应清扫、整理现场。工作负责人应先周密的检查，待全体工作人员撤离工作地点后，再向值班人员讲清所修项目、发现问题、试验结果和存在问题等，并与值班人员共同检查设备状况，有无遗留物件，是否清洁等，然后在工作票上填明工作终结时间，经双方签字方告终结。

只有在同一停电系统的所有工作票都结束，拆除所有接地线、临时遮栏和标示牌，恢复常设遮栏，并得到值班调度员或值班负责人的许可命令后，方可合闸送电。

规程规定已结束的工作票，保存3个月。为了便于检查考核，最好保存1年。

### （二）保证安全的技术措施

保证安全的技术措施包括停电、验明无电、装设短路接地线、悬挂标示牌和装设遮栏。这些措施必须由变电所当班值班人员执行。对于无经常值班人员的电气设备，由断开电源人执行，并应有监护人在场监护。

1. 停电

停电须注意以下两方面：

（1）将检修设备停电，必须把各方面的电源完全断开。禁止在只经断路器断开电源的设备上工作。必须拉开隔离开关，使各方面至少有一个明显的断开点。与停电设备有关的变压器和电压互感器，必须从高、低压两侧断开，防止向停电检修设备反送电。

（2）断开断路器和隔离开关的操作电源。隔离开关操作把手必须锁住。

2. 验电

（1）验电时必须用电压等级合适而且合格的验电器，在检修设备进出线两侧各相分别验电。

（2）验电前，应先在有电设备上进行试验，以确证验电器是否良好。

（3）当验明设备无电后，对于可能送电到停电设备的各方面或停电设备可能产生感应电压的都要装设接地线。所装接地线与带电部分之间应符合安全距离的规定。

3. 装设短路接地线

（1）装设接地线必须由两人进行。先接接地端，后接导体端。拆接地线时与此顺序相反。

（2）接地线应采用多股软裸铜线，其截面应符合短路电流的要求，但不得小于 $25mm^2$。

（3）每组接地线均应编号，并存放在固定地点，存放位置亦应编号，接地线号码与存放位置号码必须一致。

（4）接拆接地线，应做好记录，交接班时应交待清楚。

4. 悬挂标示牌和装设遮栏

在一经合闸即可送电到工作地点的断路器和隔离开关的操作把手上，均应悬挂"禁止合闸，有人工作"的标示牌。

部分停电工作，安全距离小于表11-3"设备不停电时安全距离"的规定的未停电设备，应装设临时遮栏。临时遮栏与带电部分的距离也不得小于表11-3中"工作人员工作中正常活动范围与带电设备的安全距离"所规定的数值。

严禁工作人员在工作中移动或拆除遮栏。

## 第三节 操 作 票 制 度

变电站倒闸操作时必须执行操作票制度，这是防止发生误操作事故的一个重要措施。

### 一、必须填写操作票的操作

变电站高压断路器和隔离开关倒闸操作必须填写操作票。在《电业安全工作规程》的发电厂和变电站电气部分里规定只有下列工作可以不用操作票：

（1）事故处理；

（2）拉合断路器的单一操作；

（3）拉开接地隔离开关或拆除全厂（所）仅有的一组接地线。

除了上述情况外，其他在变电站高压设备上的倒闸操作都必须执行操作票制度，必须填写操作票。

## 二、怎样填写操作票

《电业安全工作规程》中规定，操作票应先编号，按照编号顺序使用。作废的操作票，应注明"作废"字样（盖上"作废"的章），已操作的注明"已执行"的字样（盖上"已执行"的章）。

每张操作票只准填写一个操作任务，不允许将两个以上的操作任务填写在同一个操作票上。

操作票的格式应统一按照《电业安全工作规程》附录一规定的格式执行。为了便于考核，在操作票上操作项目栏的右侧可以增加一栏操作时间（"h、min"）。

倒闸操作必须在接到上级调度的命令后执行，值班人员在接受调度下达的操作任务时，受令人应复诵无误，如有疑问应及时提出。

倒闸操作由操作人填写操作票。操作人和监护人共同根据模拟图板或接线图核对所填写的操作项目是否正确，并经值班负责人审核签名。

1. 正确填写操作票

（1）操作票上的操作项目要详细具体。必须填写被操作开关设备的双重名称，即设备的名称和编号。拆装接地线要写明具体地点和地线编号。

（2）操作票填写字迹要清楚。严禁并项（例如验电和挂地线不得合并在一起填写）、添项以及用勾画的方法填倒顺序。

（3）操作票填写不得任意涂改。如有错字、漏字需要修改时，必须保证清晰，在修改的地方要由修改人签章。每页修改字数不宜太多，如超过三个字以上最好重新填写。

2. 应列入操作项目的检查内容

下列检查内容应列入操作项目（单列一项填写）：

（1）拉合隔离开关前，检查断路器的实际开、合位置。

（2）操作中拉、合断路器或隔离开关后，检查实际开、合位置（如在操作地点已能明显看到隔离开关的实际开、合位置时，可不再列入操作项目）；对于在操作前已拉、合的隔离开关，在操作中需要检查实际开、合位置者，应列入操作项目。

（3）并、解列时，检查负荷分配。

（4）设备检修后，合闸送电前，检查送电范围内的接地隔离开关是否确已拉开，接地线是否确已拆除。

3. 填写操作票时，应使用规定的术语

（1）断路器、隔离开关和熔断器的切、合用"拉开"、"合上"。在填写操作票时有两种填写方法：一种方法是将"拉开"或"合上"写在项目的开关，如"拉开电容器柜的断路器"；另一种方法是写在结尾，如"电容器柜的断路器拉开"。前一种填写方法较符合中文的句法，第二种填写方法现在已不再使用。

（2）检查断路器、隔离开关的运行状态用"检查在开位"、"检查在合位"。

（3）拆、装接地线分别用"拆除接地线"和"装设接地线"，并要详细说明拆、装接地线的具体位置及接地线的编组号。

（4）检查负荷分配用"指示正确"。

（5）继电保护回路压板的切换用"启用"，"停用"。

（6）验电用"验电确无电压"表示。

4. 操作票的"操作任务"栏内应填写

通过倒闸操作引起的运行方式的变化，如"1号变压器停运"或"2号变压器投运"等，对于操作结束后的检修作业任务，在操作票内可填写，也可不填写，视具体情况而定。填写文字要简洁。

5. 一个操作任务应填写一份操作票

即使对于连续进行的停送电操作也应分开填写两份操作票。

### 三、怎样执行倒闸操作

填写好操作票后，必须由操作监护人和操作人共同在模拟板或电气接线图上核对无误后签字盖章，并经值班负责人审核签字盖章，得到上级调度允许开始操作的命令之后方可操作。倒闸操作应由两人进行，一人操作，一人监护。监护人必须对设备十分熟悉。监护人员的职责不仅是监督每个具体操作步骤执行是否正确，同时也要对整个操作过程是否正确进行监督。

值班人员在执行倒闸操作任务时，不允许借故拒绝操作，也不允许在没有监护的情况下进行操作。

有的变电值班员在进行倒闸操作时，为了缩短操作时间，几个人同时都去操作，这种情况是不允许的。

# 考 试 复 习 参 考 题

**一、单项选择题**（选择最符合题意的备选项填入括号内）

（1）（ A ）是人体所能短时容忍的最大电流。

A. 30mA；B. 60mA；C. 0.1A

（2）触电可分为直接触电和（ A ）触电。

A. 间接；B. 接触电压；C. 跨步电压

（3）10kV带电体与工作人员的最小安全距离是（ B ）m。

A. 5；B. 0.7；C. 0.3

（4）低压安全电压共有42、36、24、12和（ C ）五个规格额定值。

A. 10；B. 8；C. 6

（5）下列属于基本安全用具的是（ A ）。

A. 高低压验电器；B. 绝缘绳；C. 绝缘靴

（6）绝缘手套每（ C ）个月应进行交流耐压试验一次。

A. 3；B. 5；C. 6

（7）间接触电包括接触电压触电和（ B ）电压触电。

A. 低压漏电；B. 跨步；C. 火线漏电

（8）电气设备外露正常不带电的可导电部分进行接地，称为（ B ）接地。

A. 工作；B. 保护；C. 防静电

（9）一般10kV配电装置接地电阻不应超过（ B ）Ω。

A. 10；B. 4；C. 2

（10）电气设备外露正常不带电的可导电部分与PE线或PEN线连接称为（ C ）。

A. 保护接电；B. 防静电接地；C. 保护接零

（11）在高压设备上工作，都要执行（ A ）制度。

A. 工作票；B. 操作票

（12）在高压设备上进行倒闸操作应执行（B）制度。

A. 工作票；B. 操作票

（13）在电气设备上工作，保证安全的组织措施有：执行工作票制度，执行工作许可制度，执行工作（A）制度，执行工作间断、转移和终结制度。

A. 监护；B. 检查

（14）在电气设备上工作，保证安全的技术措施有：停电、验明无电、（A）、悬挂标示牌或装设遮栏。

A. 装设接地线；B. 开工作票；C. 执行操作票

二、判断题（正确的画√，错误的画×）

（1）电流对人体的伤害分为电击和电伤两大类。　　　　　　　　　　　　　　　（√）

（2）触电急救首先要迅速将触电者脱离电源，并防止发生高空摔跌。　　　　　　（√）

（3）触电者脱离电源后无呼吸，也无脉搏跳动，应立即就地进行人工呼吸。　　　（√）

（4）直接触电的主要防护措施是将带电体与人体隔离。　　　　　　　　　　　　（√）

（5）为了防止跨步电压触电，应远离高压接地故障点，在室外应在8m以外，在室内应在4m以外。　　　　　　　　　　　　　　　　　　　　　　　　　　　　　　　　（√）

（6）装设短路接地线时，先接导体端，后接接地端。　　　　　　　　　　　　　（×）

（7）所有倒闸操作可以由一人单独进行。　　　　　　　　　　　　　　　　　　（×）

（8）变电站进行停，送电操作时，可以由几个人同时分别进行各自拉、合闸操作。（×）

（9）变电站停电操作时先拉开隔离开关，后拉开断路器。　　　　　　　　　　　（×）

（10）在合闸送电操作时，先检查断路器在分闸位置，方可进行隔离开关的合闸操作。

　　　　　　　　　　　　　　　　　　　　　　　　　　　　　　　　　　　　（√）

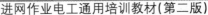

# 典 型 事 故 案 例

## 案例1 值班人员擅自进入高压柜触电死亡事故

### 一、事故经过

某年 9 月 16 日下午 4 点 50 分，某厂 10kV 变电站值班长老杨触电身亡。

当天早晨 8 点半，老杨和另一名运行电工接班不久，听到车间打来电话，要求将高压轧机回路停电，以便更换轧机高压电机启动回路中的脱扣线圈。老杨接到电话后，就拉开了轧机回路 10kV 高压柜内的少油断路器，但未拉开电源侧隔离开关。直到下午 4 时，经询问车间，轧机高压电机的启动回路脱扣线圈仍未更换，其原因是车间没有找到合适的备料。但这时变电站值班长老杨要交班了。他考虑到轧机回路短时间内恢复不了送电，于是去拉该回路电源侧隔离开关。但是隔离开关尚未拉开，操动机构连动杆上的一个销钉已脱落掉在高压柜内。这时老杨就将高压柜下侧的柜门打开，伸手进去摸出销钉，将销钉放在隔离开关的操作机构上。为了安装销钉，他又将开关柜的上侧柜门打开，伸手进去准备摸摸是在哪个部件上掉下来的销钉。这时手不小心摸到少油断路器的电源侧带电部分（由于电源侧隔离开关一直没有拉开），造成 10kV 触电，引起电力系统高压干线跳闸。这时另一位值班员正在抄写各种表计读数也准备交班，发现老杨触电，立即呼唤人们前来抢救。老杨在送医院途中死亡。

### 二、事故的危害

这是一次 10kV 人身触电事故，造成一名老工人触电身亡，给家庭带来难以弥补的损失和痛苦。同时引起高压干线跳闸，造成电力系统停电事故。

### 三、事故原因分析

（1）这是一次由于习惯性违章造成的人身触电死亡事故。当车间通知变电站要求停电时，老杨未填操作票，只做单一操作，拉开了少油断路器，而没有拉开隔离开关。通往轧机高压电机的 10kV 电气回路没有明显断路点。在这种情况下让车间修理高压电机的启动回路是十分冒险的。

《电业安全工作规程》第四章第一节第 68 条明确规定：将检修设备停电，必须把各方面的电源完全断开（任何运用中的星形接线设备的中性点，必须视为带电设备）。禁止在只经开关断开电源的设备上工作。必须拉开隔离开关，使各方面至少有一个明显的断开点。与停电设备有关的变压器和电压互感器，必须从高、低压两侧断开，防止向停电检修设备反送电。显然，老杨违反了上述规定。下午 4 点钟，在临下班前，老杨意识到这一点，就去操作隔离开关，但不巧，销钉又脱落，没有能拉开。这时老杨考虑马上要下班，急于要完成这一操作任务，在慌乱中强行打开开关柜下侧的柜门，用手去摸掉在地上的销钉。由于开关柜下侧柜内的设备都已停电，都是接地的，幸好没有触电。进而老杨又将上侧高压柜门打开，伸手进去摸销钉脱落的部位。上侧柜门内是少油断路器的高压套管和母线的连接线，导电部位离柜门只有 300mm，他伸手进去时，当即发生高压触电。由此可见，老杨的触电致死主要原因是他本人工作中的随意性、不严格执行规章制度造成的。

（2）电气设备存在缺陷也是促成这次事故的另一个原因。操作隔离开关时，柜内连动杆上的销钉脱落，使操作无法进行。而当老杨去拉开高压柜上侧柜门时，如果高压柜柜门闭锁装置好用，柜内上隔离开关处于合闸位置柜门应拉不开，老杨也就不会触电。因此隔离开关连动系统机械部分存在缺陷，高压开关柜柜门缺乏闭锁装置是促成这次事故的另一个原因。

（3）变电站两名值班员相互之间缺少必要的安全监督，未能防止事故发生，也是造成这次事故的一个原因。在老杨去操作高压轧机回路高压开关柜的隔离开关时，另一名值班员也在变电所值班，只顾自己抄写各种表计读数并准备交班，没有对老杨进行监护，特别是当老杨打开高压开关柜柜门时那位值班员也没有加以阻止，失去了监护作用。

### 四、防止事故措施

为了防止这一类人身触电事故，必须采取以下措施：

（1）高压变电所的停送电操作必须严格按《电业安全工作规程》规定的制度执行，操作前必须填写操作票，操作时要有人监护。操作中不允许脱离监护人。

（2）高压配电装置的各种闭锁装置必须好使。当高压开关柜内部有电时，柜门要封闭锁住，防止误进带电间隔而造成触电。

（3）值班人员相互之间必须关心，要互相做好安全监护。当其中一人违章操作时，另一人必须立即加以制止。

## 案例2　值班人员擅自登上带电母线触电受伤事故

### 一、事故经过

某年4月30日，某工厂变电站停电，进行春季检修试验。早晨8点钟，变电站高低压断路器都已拉开，进户电源的户内隔离开关也已拉开。两名男电工到户外登杆停跌落式开关。这时只有女电工张某一人在高压室内，她想找些活儿干，于是独自一人架梯爬上高压柜清扫母线瓷瓶。当她爬到母线上对进户隔离开关的瓷座进行清扫时，误碰带电的静触头，造成人身触电。在户外登杆拉跌落式熔断器的两名电工正在用绝缘拉杆挑跌落式棒，由于跌落式熔断器机械部分有缺陷，一直未能完成操作。这时跌落式棒内的熔丝突然熔断，同时听到变电站屋内有一声巨大的短路放电声。两人急忙下杆进屋，见张某已倒在高压开关柜的顶部，急忙将其救下。张某经医院救治，保住生命，但锯掉一条胳膊，造成终身致残。

### 二、事故的危害

这是一次人身触电致残事故。女电工张某在变电站户外跌落式熔断器没有完成停电操作的情况下，擅自一人爬上高压母线清扫，造成触电致残，同时造成变电站设备短路事故一次。

### 三、事故原因分析

（1）这也是违章作业造成的事故。变电站停电清扫检修，应该签发工作票。通过调查发现，这个厂变电站的站长不久前被厂领导抽调出来担当跑外业务，变电站的事早已不管了。实际上变电站处于无人负责的状态，就连工作票也找不到，据说交保管员锁起来了。电气作业处于无人管的混乱状态，难免不发生事故。

（2）发生这次人身触电事故的另一个原因是人员配备不当。女电工张某本来是油漆工，已年过40，改行当变电运行值班工才2年。变电站是重要岗位，运行电工是一种技术性很强的工种。张某担当此工作未经过学徒培训期和严格的考试合格，随随便便的由油漆工改为电工，就难免不发生事故。

### 四、防止事故措施

（1）变电站必须加强技术管理，不允许出现无人管理的混乱状态。变电站必须设站长和技术负责人。如果站长或技术负责人因借调等原因脱离岗位，必须指定人员代理，或者任命新的站长或技术负责人。

（2）非电工改变工种担当电工时，必须经过学徒培训期，未经严格培训考核合格者，禁止独立工作。按照《电业生产人员培训制度》规定：改变工种的新值班人员在独立担任值班工作之前，必须经过现场基本制度学习、现场见习和跟班实习三个培训步骤。每个培训步骤需制订培训计划，按计划进行培训。每个培训步骤结束时都要进行考试和考查。考试不合格者应延长培训期限，直至达到要求为止。

张某之所以会发生人身触电事故，其主要原因是对电气安全缺少必要的知识，同时也说明该厂对张某由油漆工改为变电站值班工的做法极不负责，没有重视工种改变后的培训考核工作。为了防止发生类似事故，对此必须引起注意。

（3）为了防止人身触电事故，最根本的措施还是必须坚持执行工作票制度。在停电的电气设备上工作，必须坚持验电、挂短路接地线，否则应拒绝工作。

## 案例3　继电保护定值不当，值班人员判断失误，扩大事故

变电站值班人员技术业务不熟练，操作不当也会使设备事故停电范围扩大，增加事故所受损失，从下面的事故案例可以看出值班人员学好技术业务的重要性。

### 一、事故经过

某年10月10日，某市玻璃厂发生重大停电事故，全厂被迫停产10天，造成直接和间接损失200多万元，其中仅锡水一项即损失25万元。引起事故的直接原因是总变电站10kV配出线地下电缆中间接头过热引起绝缘击穿。由于继电保护定值不当，造成越级跳闸，值班人员又缺乏经验，未能很快查清故障部位，致使事故处理耽误时间，这一教训很值得大家借鉴。

10月10日22时40分，该厂10kV总变电站受电断路器跳闸，值班人员检查所有配出柜，断路器均未跳闸，也未发现其他异常现象。于是在没有将这些配出柜断路器拉开的情况下，就强行恢复受电柜的合闸送电，连送7次都没有送住，不仅每次都出现短路冲击电流，造成受电柜继电保护动作跳闸，而且巨大的短路电流造成电源侧供电变电所断路器多次跳闸，断路器喷油，电流互感器过热烧坏。就这样，忙了一个通宵，也未能恢复供电，到了第二天凌晨4点多钟，有人发现厂区内有一处地沟往外冒烟，才弄清楚原来是从总变电站配往2号变电站的高压馈电电缆地下中间接头击穿短路。遂即将故障电缆断路器打开，于4点30分恢复全厂供电。从开始发生事故，到查清故障部位，恢复全厂供电，历经五六个小时，对该厂的生产造成很大损失。幸亏全厂职工齐心协力动用了消防车等一切可以采用的办法进行抢救，才使生产设备免遭更大破坏。

### 二、事故的危害

这个事故案例是变电站配出电缆发生事故，且因继电保护定值整定不当，造成越级跳闸，值班人员判断失误，多次往故障点冲击合闸，造成电业部门变电站高压配出干线多次受到短路电流冲击，断路器喷油，电流互感器过热烧坏。这次事故造成工厂停产10天，遭受经济损失200多万元。

### 三、事故原因分析

造成这次事故的直接原因固然是高压电缆中间接头故障，但是继电保护的定值配置不当和电气运行人员业务不熟练，对故障部位未能及时查清，从而使事故扩大，这个教训是十分深刻的。

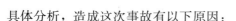

具体分析，造成这次事故有以下原因：

（1）电缆制造、安装质量不良，是发生事故的直接原因。这家玻璃厂是新建成的工厂，电气设备投运时间不长。高压电缆都是最近敷设投运的，在承受较大的负荷电流时，电缆中间接头即过热击穿。这说明配电装置不能适应工厂生产安全运行的起码要求，因此，可以认为，其安装制造质量不良。据了解，造成这种情况有多种原因，电缆为新品种，制造时缺乏经验，质量存在问题；安装部门对这种电缆中间接头的制作也缺乏经验，质量不够过关。因此在投运后不长时间，遇到较大负荷电流时即出现问题，电缆中间接头击穿短路。

（2）继电保护定值配合不当，越级跳闸，使事故扩大。该厂 10kV 变电站受电柜和配出柜的短路故障保护都采用瞬时电流速断，其目的是为了与上一级电源开关的电流瞬时速断保护相配合。如果变电站母线或 10kV 配出线发生短路故障时，各有关的电流速断保护都动作，使相应的断路器都跳闸。供电部门线路电源侧断路器在跳闸后，自动重合闸启动合闸一次，对线路再次充电。如果玻璃厂变电站值班员能迅速判明故障部位，将发生击穿的高压电缆断路器拉开，对其余未发生事故的配出线恢复送电，则一切就会比较顺利地解决。但是这个厂总变电站在设计继电保护定值时，认为 2 号变电站向玻璃窑供电，是全厂最重要的负荷，一旦停电将会使生产遭受严重损失，因此在向 2 号变电站馈电的高压电缆电源侧断路器的瞬时电流速断保护上特意加上 0.2s 的延时。当时的用意不外是：2 号变电站是向玻璃窑供电的，宁可让别的断路器跳闸，也不能让玻璃窑的断路器跳闸停电。现在弄巧成拙，事故正巧发生在 2 号变电站的馈电电缆上，总变电站的受电断路器电流瞬时速断保护零秒动作，断路器跳闸。而 2 号变电站高压馈电电缆的少油断路器速断保护有 0.2s 延时，没能跳闸。因此仅从断路器是否跳闸这一点，值班员无法知道事故发生在哪一条线路上。

实际上，像这样配置继电保护定值，是违反电流保护的阶梯原则的。按照继电保护动作选择性的要求，负荷侧电流保护的动作电流值应小于电源侧保护的动作电流值。负荷侧电流保护的动作时间也应比电源侧电流保护的动作时间小一个时限差。现在，往 2 号变电站馈电电缆的电流速断保护动作时间，比 10kV 变电站总受电柜的电流速断保护动作时间延长了 0.2s，因此，2 号变电站馈电电缆上发生事故时，其本身的继电保护不动作，而上一级的速断保护瞬时动作跳闸。这就构成了越级跳闸。

（3）变电站值班人员处理事故不当，耽误了时间。在发生上述事故时，值班人员看到总变电站受电电源断路器跳闸，这时如果能先将变电站各配出线断路器拉开，然后再将受电电源断路器合闸受电，接着依次将各配出线断路器合闸送电，则就能很容易地判断出哪一个配出回路存在短路事故。因为当向故障电缆合闸送电时，受电电源柜继电保护就会动作跳闸；而向其他良好的馈出线合闸送电时，受电电源柜是不会跳闸的。在这次事故处理过程中，值班员急于恢复受电断路器的合闸受电，事先没有先将各配出线断路器拉开。当合闸强送失败后，再次反复合闸，反复跳闸。在处理事故时缺乏冷静的头脑，缺少分析判断能力。为了扭转这种状况，在平时应加强值班人员的技术业务培训，开展事故预想和反事故演习，以便提高值班人员在处理突然发生事故时的应变能力。

### 四、防止事故措施

为了防止上述事故，应从以下几方面采取措施：

（1）提高电气设备的制造安装质量。从制造厂来说，要提高产品的质量，不合格的产品要坚决禁止出厂。对于改变工艺的新产品，特别要严格做到质量把关，并且应将新产品先在不重要的用户单位试用，通过实践证明有一定可靠性后方可推广使用。

（2）提高电气设备的安装质量。电气设备的安装不但应该符合设计要求，而且要满足运行使用的需要。安装部门如发现电气设备本身制造质量存在问题，应及时提出，拒绝安装。对电气设备的安装质量应由使用部门、设计部门、安装部门和电业部门的用电检察联合进行中间检查和竣工验收。

（3）变电站的继电保护必须满足快速性、可靠性、灵敏性和选择性的要求。过电流保护的时间整定要符合时限配合的阶梯原则，防止出现越级跳闸。

（4）变电站的值班人员必须加强业务学习，要能胜任本职工作，学会正确进行事故处理。对不称职的值班人员要加强培训教育，如经多次培训仍不能胜任本职工作者，必须调离岗位。

## 案例4　配线不当引起人员触电死亡事故

### 一、事故经过

某年8月的一天下午，某市白云摩托车修理部门前，路过一位穿着背心短裤的青年工人。他骑的自行车内带充气不足，就停下来向站在店铺门前人行道上的业主打了个招呼，借用打气筒。当时屋内无人。过了一会，业主不见青年工人出来，就进屋去看，发现这名青年工人已倒在地上，胸口正好压在正充电的汽车电瓶上，口吐白沫，人已失去知觉。业主急忙招呼隔壁邻居把这位青年工人抬到一辆汽车上，送医院急救。然而已经晚了，人没有救活。

这桩命案发生后，办案人员认为是触电致死案，并以电气接线混乱，缺乏安全可靠性、致人于死命为理由，勒令摩托车修理部停业整顿，并处以一定的罚款。

但是，摩托车修理铺业主不同意这个结论，其理由是电瓶充电电压不超过24V，是安全电压，不会电死人。他认为，这个青年工人是由于自身疾病引起死亡的。

两种判断，谁对谁错？公安部门对尸体进行尸检，发现青年工人身体内没有其他病因，心脏内有电流通过后击伤的痕迹。但是由于无法使人相信24V低压也能致人于死，遂不能结案。因此，只好先将尸体火化，留下心脏泡入药液保存，作为办案的依据。这桩案子就这样暂时搁置起来。

一年后，公安部门为清理积案，找到当地电业局的用电监察部门协助办案。由用电监察人员和公安人员组成的联合调查组，到案发现场调查。只见案发现场保持完好，屋内的陈设依然保持事故当时的原样：墙角立着一块配电屏，上面有电流表、电压表、继电器和红绿信号灯。配电屏背面的配线比较乱。地上放着几个汽车用的电瓶，旁边窗台上有一个打气筒，附近有几挂充电用的接线卡子。仔细察看，没有查出足以使人信服的触电致死原因。后来，用电监察人员忽然注意到在配电屏旁边还有一张木板小方桌，桌上放有一台单相自耦调压器。这台调压器是用来将220V交流电源降低到24V以下，经二极管整流后供电瓶充电之用。再仔细一检查，毛病正出在这里。原来，220V电源的火线错误地接在调压器一次、二次侧的公用端，造成二次侧高电位输出。即二次侧输出电压虽然在24V以下，但两个输出端子的对地电位却在220V左右。触电的青年工人在进屋取气筒子时不慎绊倒，扑在正充电的电瓶上。蓄电池两个接线柱之间的电压虽然是直流24V，但是充电线接线卡子的对地电压是220V，电流从他裸露的胸膛通过心脏、四肢对地放电。在触电后，未能及时进行人工呼吸急救，终于电击致死。

### 二、事故的危害

这是一次由于配线不合理，人员误碰电瓶充电线夹造成触电致死的严重事故。事故本身已构成一桩人命案，可见事故的危害是严重的。

### 三、事故原因分析

（1）发生这次事故的主要原因是配线不合理，24V充电线夹存在220V左右的对地电压，当人触及充电线夹时造成触电事故。

（2）作业环境零乱，打气筒放在充电电瓶上方的窗台上，促成了事故的发生。

（3）造成这次人身触电死亡事故的另一个原因是抢救不及时。未及时采取人工呼吸急救。

### 四、防止事故措施

（1）直流 24V 充电装置必须采用安全可靠的接线方式。为了避免充电线夹存在 220V 高电位，降压用的自耦调压器接线应正确，一、二次的公用端应和电源侧的中性线连接。也可以采用把隔离变压器接在电源回路内的方法，既能起到降压作用，又能使蓄电池充电直流回路和 220V 交流电源回路隔离，220V 高电位不致串入直流充电回路内。

（2）充电装置配线应整齐。对充电室应加强管理，与充电无关的物品不要和带电的充电接线夹子混放在一起。从事充电的操作人员接触充电接线夹子时，应穿绝缘靴、戴绝缘手套。与充电操作无关的人员禁止接触正在运行中的充电接线回路。

（3）发生人身触电休克事故时，如果心脏停止跳动或呼吸停止，应立即就地进行人工呼吸急救。具体方法按照《电业安全工作规程》附件《紧急救护法》规定的内容执行。

### 五、通过事故引发的思考

#### （一）自耦调压器及其正确接线

自耦调压器的结构如图 12-1 所示。一次侧有两个端子：X 和 220V，与 220V 电源连接。二次侧也有两个端子：x 和 250V，接负荷。如果电源电压是 220V，输出电压可以在 0~250V 之间调节。由于一次侧和二次侧用的是同一绕组，所不同的是二次侧有一个滑动触点，在绕组上滑动，从而改变输出电压。

当电源侧电压 220V 加在 X 和 220V 端子之间时，自耦调压器每一匝线圈上承受的电压等于电源电压除以绕组匝数 $N_1$。二次输出电压即为同一绕组上 $N_2$ 匝数的电压。二次输出电压 $U_2$ 与一次电源电压 $U_1$ 之间有如下关系

$$U_2 = U_1 \times \frac{N_1}{N_2}$$

上式也可以写成

$$U_2 = N_2 \times \frac{U_1}{N_2}$$

其中，$\frac{U_1}{N_1}$ 实际就是匝电压。

从图 12-1 可见，当二次输出端的滑动触头一直滑到绕组尽端时，由于 $N_2$ 大于 $N_1$，因此，$U_2$ 也就大于 $U_1$。这也就是电源电压为 220V 时，输出电压可以在 0~250V 之间调节的原因。

由于这种调压器只有一个绕组，这个绕组既作为原绕组，即励磁绕组；又作为副绕组，即输出绕组。绕组加上电源电压后，产生励磁，磁通穿过绕组中间的铁芯，仍与励磁绕组本身耦合，没有其他副绕组，因此，称为自耦调压器。

自耦调压器可用来改变电压大小，在交流低压系统中应用十分普遍，特别是在电气实验室里，更是不可缺少。因此，如何正确掌握自耦调压器的使用方法十分重要。

在图 12-1 中，自耦调压器的电源侧，220V 的零线应接在 "X" 端子上，火线应接到下面的 "220" 端子上。这样，二次输出的 "x" 端子与电源的零线同电位。一般电源零线都有重复接地，和大地之间不会出现很

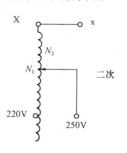

图 12-1 自耦调压器原理图

大的电位差。自耦调压器二次输出的滑动触头与大地之间的电位差取决于二次输出电压。例如二次输出电压是24V，则对地电压也就是24V。

但是，如果接线错误，如图12-2所示，电源侧零线接到自耦调压器一次侧的"220V"端子上，而火线却接到自耦调压器一次侧的"X"端子上。这时二次输出端导线1的对地电压与电源侧火线相同，即为220V；导线2的对地电压高低取决于滑动触点的位置，滑动触点越是向上，导线2的对地电压也越高。

上面所举案例中，摩托车修理部的充电装置采用自耦调压器降压后整流，其接线方式如图12-3所示，正是与图12-2所示的错误接线属于同一类型的。二次输出的两根导线，其中导线1的对地电压为220V，导线2的对地电压接近200V（即比导线1降低约20多伏）。显然这两根导线都处于危险电压，绝不是像摩托车修理部的业主所认为的那样，不超过24V。由于摩托车修理部的业主在平时充电操作中（向蓄电池上连接充电线，或者从蓄电池上摘除充电线），都是先拉开墙上的电源开关，因此，没有发生触电险情。但是错误接线的隐患一直存在，时刻有发生事故的危险。青年工人的触电致死就是这样引起的。

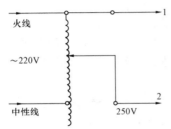

图12-2 自耦调压器的错误接线

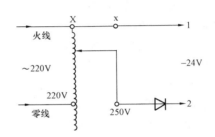

图12-3 自耦调压器降压整流的错误接线

### （二）隔离变压器

变压比为1:1的双绕组变压器俗称隔离变压器。普通双绕组变压器都是用来改变电压的。如果变压比大于1，即二次输出电压高于一次输入电压，称为升压变压器；如果变压比小于1，即二次输出电压低于一次输入电压，称为降压变压器。变压比为1:1的变压器既没有升高电压，也没有降低电压。

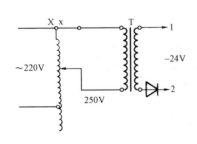

图12-4 采用隔离变压器

隔离变压器的用途主要是用来将二次输出的负荷系统与一次输入的电源系统只维持磁路的联系，而在电路上互相隔离开来。这样可以避免电源侧的高电位进入负荷侧。即可以避免一二次侧相互之间的电位影响。如果摩托车修理部采用隔离变压器，其接线方式如图12-4所示。这时如果人体某一部分只接触二次输出导线1或2中的任意一根，由于和人体之间构不成电气上的通路，因此不会触电致死。如果人体的某两部分（例如两只手）同时分别接触导线1和2，由于这两根导线之间只有24V电压，因此，也不会使人触电致死。

## 案例5 实习生值班擅自清扫带电设备造成触电事故

### 一、事故经过

某年10月4日早晨，某市电业局刚上班，用电监察办公室突然接到汇报，该市某造纸厂昨

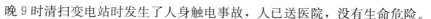

晚 9 时清扫变电站时发生了人身触电事故，人已送医院，没有生命危险。

根据惯例，工厂高压变电站的清扫工作通常是在白天停电进行。晚上停电，照明不易解决，因此一般不进行清扫。那么造纸厂为什么要在晚上停电清扫呢？而且还发生了人身触电事故。用电监察办公室当即派出监察员到现场进行了调查研究。

原来，该厂变电站 10 月 3 日白天，利用厂休机会停电检修清扫，到下午 4 时，全部工作结束，按时恢复送电，全厂夜班工人也按时上班生产。

当晚变电站值班员中有一名刚从大学毕业，新参加工作的小张。他工作积极，好学上进，但缺乏电气安全知识。当晚 9 时他独自一人进高压室，对高压开关柜等设备作了一番巡视，偶然看见电容器柜上隔离开关静触头的绝缘子上有一块灰斑，他当时想到这是清扫不彻底，就立即站到板凳上拿抹布伸手去擦，结果造成触电，被打了下来，右手和手臂严重烧伤。与此同时，母线三相短路，继电保护跳闸，全厂停电。小张被立即送到医院急诊治疗。变电站发生事故的设备拆除后，其余设备恢复供电。

### 二、事故的危害

这是一次误碰 10kV 高压带电设备的人身触电事故，造成一人触电受伤，幸未丧命。同时造成全厂停电停产，因设备损坏并不严重，很快恢复了供电。

高压触电是严重的人身触电事故，死亡率很高。即使没有性命危险，肢体被电流烧伤，往往也会造成伤残。电流烧伤的伤口也不易康复。

### 三、事故原因分析

（1）这次事故的主要原因是对新参加电气工作的人员安排不当。《电业安全工作规程》（发电厂和变电所电气部分）总则第 6 条规定："新参加电气工作的人员、实习人员和临时参加劳动的人员（干部、临时工等）必须经过安全知识教育后，方可下现场随同参加指定的工作，但不得单独工作。"小张从大学毕业后，从事电气工作不足 3 个月，还处于实习阶段。但工厂领导认为小张是大学毕业生，有文化，急于让他在工作中"挑大梁"，放松了安全教育。结果适得其反，由于小张对电气设备不熟悉，又缺乏经验，只凭热情办事，旁边又无有经验的电气人员作监护指导，终于发生触电事故。

（2）发生这次事故的另一个原因是直接违反《电业安全工作规程》第 10 条和第 13 条。第 10 条规定：值班人员必须熟悉电气设备。单独值班人员或值班负责人还应有实际工作经验。第 13 条规定：经企业领导批准允许单独巡视高压设备的值班员和非值班人员，巡视高压设备时，不得进行其他工作，不得移开或越过遮栏。

小张虽是大专毕业生，但参加工作时间太短，缺乏实际工作经验，对电气设备又不熟悉，怎么能允许单独巡视高压设备呢？在巡视高压设备时，又怎么能独自一人不采取任何安全措施爬到高压开关柜顶上去擦拭设备呢？可见，这次人身触电事故完全是由于对《电业安全工作规程》不了解、不熟悉，而出现的违章事故。

### 四、防止事故措施

为了防止上述类似事故的发生，必须采取以下措施：

（1）必须加强对新参加电气工作人员的岗前安全教育。《电业安全工作规程》规定，"新参加电气工作的人员必须经过安全知识教育后，方可下现场随同参加指定的工作，但不得单独工作。"缺乏电气安全知识，缺乏电气工作经验的人，从事电气工作，如果没有有经验的人带领，就很容易发生触电事故。因此，要对新参加电气工作的人进行安全教育，不仅要课堂讲解，而且要随同有经验的人经过一定时期的现场工作，才能逐渐积累经验，具备独立工作的条件。

（2）必须严格执行规章制度，特别是要严格执行《电业安全工作规程》。要强化规程的学习、考试，同时要在实践中不折不扣地执行规程。要随时随地纠正各种违章现象。无论何人的违章作业，他人都有权制止，而且也有义务加以制止，决不可听之任之。

### 五、新参加电气工作人员的岗前教育

新参加电气工作人员必须进行岗前教育。岗前教育一般包括业务知识（现场教育）、职业道德、安全生产知识等内容。对于电气工作人员，安全知识教育一般包括以下内容：

（1）介绍电气安全常识。

（2）新参加电气工作的人员每人必备一本《电业安全工作规程》，由电气专业的工程技术人员讲解后，进行学习、考试。

（3）向新参加电气工作的人员讲解《紧急救护法》，学习人工呼吸法的实际操作步骤，做到人人会做，考试合格。

（4）新参加电气工作的人员在《电业安全工作规程》和《紧急救护法》学习考试合格后，领取电气安全考试合格证，然后可以在有经验的电气工作人员带领下参加实际工作。在实践中继续接受电气安全知识教育。为了便于对这方面的检查考核，新参加电气工作的人员在下现场之前，应该由单位培训部门制定实习（或学徒）培训计划，规定培训学习的内容、完成期限和指导人。在完成培训计划规定的内容后，再次进行考试，以确定其能否独立工作。如果认为不能独立工作，则应延长其实习培训的期限。如果认为没有培养前途，则应调离工作岗位。

对于大中专毕业生，或技校毕业生，也必须经历上述过程，其跟随师傅实习的时间一般不超过 6～12 个月。如果未完成实习要求内容，则可以顺延。在没有转正之前不可独立担当电气工作。

## 案例6  监护不当  险送性命

### 一、事故经过

某年"五一"节，下午 3 时 30 分，某市汽车发动机厂 10kV 变电站高压进户杆上的跌落式熔断器熔断掉闸，全厂停电。电业局总值班室得到报告后，马上派用电监察人员赶到现场调查处理。

原来，这个厂利用节日放假停产的机会对变电站进行检修。到下午 3 时，检修清扫工作已近尾声，但高压柜里的一组隔离开关分合闸操作还不够灵活。老工人张某主动承担了这组隔离开关的调试任务。

张某在钻入高压柜调整隔离开关之前，他要求女徒工小李在高压室内待命，听候调遣。其他人则去干别的活。很快，老张对隔离开关的操动机构进行了调整，为了检验效果，他在高压柜里向外喊道："小李，把隔离开关合一下。"老张的意思是让小李试合他正在修理的隔离开关，但小李听到命令，也没有认真思索，就将高压进户穿墙套管户内侧的受电隔离开关合上了，高压电通过这组隔离开关进入老张所在的受电高压柜。这时，只听墙外"劈啪"两声，柱上跌落式熔断器掉闸了。幸亏老张钻进高压柜修理隔离开关之前，在里边挂了一组短路接地线，救了自己一命。

### 二、事故的危害

这是一次带短路接地线误合电源开关的误操作事故。发生误操作短路事故时，进户高压跌落式熔断器熔断掉闸，与此同时供电电源干线产生短路电流，速断保护动作，全线跳闸瞬间停电，重合成功，构成电力系统统计事故一次。老张在高压柜里工作，小李在外边合电源开关，高压电已进入柜内，由于老张挂了短路接地线，才没有造成触电伤亡，但也构成了人身触电未遂事故。

这次事故虽未造成重大损失，但是性质极为严重。

### 三、事故原因分析

（1）发生这次事故的主要原因是没有认真执行《电业安全工作规程》中关于工作监护制度的规定。老张进高压柜调试隔离开关之前，他让女徒工小李"在高压室内待命，听候调遣"。显然小李并不是安全监护人，而是听候调遣的徒工。作为安全监护人，应能监护工作人员的安全，并能及时纠正违反安全的动作。在高压设备上工作，没有安全监护人，违反了《电业安全工作规程》中关于工作监护制度的要求，是违章作业。

（2）发生这次事故的另一个原因，是变电站配电装置的闭锁装置不完善。如果这个厂的10kV变电站配电装置采取"五防"措施，在变电站停电作业时，将受电隔离开关闭锁的分闸位置，使小李不可能随意操作合闸，也就不可能发生这次事故。

（3）发生这次事故还有一个原因。就是在进行电气作业中，互相联系时，发令和受令双方对话要明确，意思不得含混不清。如果受令一方没有听懂对方的意思，必须询问清楚，不能贸然行事。在这次事故中，老张的本意是让小李试合他正在检修的隔离开关，但是小李没有听懂他的意思，而是误以为让她去合墙上的受电隔离开关。如果小李能进一步询问老张"究竟合哪一个隔离开关？"则老张一定会详细向她说明，也就不会发生这次事故。

### 四、防止事故措施

针对以上原因分析，为了防止发生这一类事故，必须认真采取以下措施：

（1）严格执行工作监护制度。按照《电业安全工作规程》规定，在电气设备上工作，必须执行工作票制度、工作许可制度、工作监护制度、工作间断、转移和终结制度。工作监护人必须始终在工作现场，对作业班人员的安全认真监护，及时纠正违反安全的动作。工作监护人一般由工作负责人担任。学徒工是不能担当安全监护人的。

（2）在电气设备上工作，要严格执行保证安全的技术措施。《电业安全工作规程》规定：在全部停电或部分停电的电气设备上工作，必须完成停电、验电、装设接地线、悬挂标示牌和装设遮栏等保证安全的技术措施。在这次事故中，由于老张认真执行了这一规定，在工作地点装设了短路接地线，避免了一起人身触电伤亡事故。如果没有这组短路接地线，则后果将不堪设想。

（3）配电装置应采取"五防"措施。对于这个变电站的受电隔离开关应采取闭锁，不允许随意分、合。当受电柜里挂有短路接地线时，受电隔离开关应闭锁，不能合闸。具体闭锁方法可以根据现场条件采取切实可行的办法。

（4）在进行电气作业中，互相联系时表达意思要确切，不得含混不清。受令一方如有疑点，必须立即询问清楚。为了防止发生听错，受令一方应向发令人复诵一遍，如果复诵有误，发令人应及时纠正。

### 五、装设接地线的具体要求

在高压设备停电检修或进行其他工作时，为了将设备上的残余电荷放掉，防止停电设备突然来电，防止邻近高压带电设备在停电作业的高压设备上产生感应电压，使人触电，需要将停电设备的导电部分用短路接地线三相接地短路，称为"对停电设备装设接地线"。由于这种短路接地线便于携带作用，因此，也称作携带型短路接地线。

短路接地线的制作规格有一定要求。必须用多股软铜裸线制作，其截面积应符合短路电流的要求，当短路电流通过时，不致因过热而熔化。为了保证有足够的机械强度，其截面积不应小于$25mm^2$。携带型短路接地线一般做成具有四股分支线：其中一股分支线用以连接到接地装置上，另外三股分支线分别连接到停电高压设备的三相导电部分上。这四股分支线的根部编织在一起。每股分支线的端部都装设有接线夹子。在往停电设备上装设短路接地线时，必须先将接地分支线连接到接地网的接地装置上，然后再把其他三股分支线的线夹子分别夹住需要装设短路接地线的停电设备的三相导电部位。在短路接地线端部的线夹子上都固定有小绝缘棒，在挂接短路接地线时，操作人员手握绝缘棒（戴绝缘手套）进行操作。在对电气设备装设短路接地线之前，必须先将设备停电，并且要进行验电，证明确实无电后，方可装设短路接地线，以免发生带电挂地线的误操作事故。

## 案例7　值班人员判断错误扩大事故

### 一、事故经过

某年3月29日晚，某市地区暴风雪，地面已积雪一尺多，但雪还在下个不停。21时55分某工厂10kV变电站突然停电，全厂一片漆黑。值班员陈×立即将所有高压柜的断路器都拉开，用高压验电器测量刚才受电的肇东杆受电开关，发现没有电；再量刚才处于备用状态的新村杆受电开关，发现有电。于是合上新村杆受电开关后，就恢复1号主变压器合闸送电，在合闸瞬间，柜内冒了一下火，新村杆受电开关也跳闸了。这时再用高压验电器测量新村杆受电开关电源侧，发现也没有电。两路电源都没有电，不能再合闸送电了，全厂一片漆黑。

这次事故是由于1号主变压器室通风窗口飘进雪花，落在变压器室内高压电缆头上，造成表面闪络短路，引起变电站受电开关和1号变压器开关跳闸。与此同时，肇东杆进户杆上的跌落式熔断器熔丝熔断，灭弧不良，熔丝管鸭嘴烧伤。值班员未检查1号变压器室，不知道是电缆头故障，以为是进户线出了问题，因此，急忙改投新村杆备用电源，在合1号变压器时，高压电缆头又一次放电短路。1号变压器和新村杆受电开关跳闸，与此同时，新村杆户外进户杆上跌落式熔断器熔断跌落。由于风雪迷漫，又是深夜，加之肇东杆和新村杆进户杆都在离厂数百米外的菜地里，都是通过高压电缆引入变电站的。在这样条件下，供电部门无法登杆检修跌落式熔断器，于是全厂只好摸黑。直到第二天12时40分才雪过天晴，登杆修复跌落式开关，全厂停电14h。

这是一个用电负荷十分重要的工厂，双电源供电，一送一备，而且变电站里所有开关回路、主变压器也都是双套的，一送一备。就在1号主变压器高压电缆发生事故的当口，2号主变压器处于热备用状态，只要合闸送电就可以带全厂负荷。由此可见，即使变电站的设计再考虑得十分周到，用双套电气设备以确保安全用电，但是发生事故时值班员判断处理不当，也同样会使事故扩大，备用设备的潜力反而得不到发挥，实属可惜。这个教训是值得大家深思的。

### 二、事故的危害

由于值班员判断失误，发生了本可以避免的全厂停电事故，使全厂停电14h，给生产带来了很大的损失。

### 三、事故原因分析

（1）这次事故的起因是1号变压器室高压电缆头落上雪花，受潮引起表面闪络短路，高压进户跌落式熔断器掉闸，变电站受电开关跳闸。

（2）值班人员在处理事故时误判断，以为电源侧线路上有故障，在备用电源合闸送电后，又对故障电缆合闸送电，造成备用电源开关跳闸，高压进户跌落式熔断器熔断。同时，两路高压电源的进户跌落式熔断器熔丝都已熔断，全厂被迫停电。由于天下大雪，无法登杆恢复跌落式熔断器，因此延长了停电时间，全厂停电14h。

### 四、防止事故措施

（1）为了防止雨雪刮进变压器室造成电气设备表面受潮短路，变压器室的百叶窗应加装防风雪窗。遇有暴雨或暴风雪天气，需将防风雪窗关严，以免刮进雨雪造成短路事故。

（2）变电站的值班员应加强技术培训，经常开展事故预想和反事故演习，以提高事故处理时的判断能力，防止判断错误，避免扩大事故。

## 案例 8　值班员判断不认真耽误恢复供电

### 一、事故经过

某年 4 月 23 日凌晨 4 时，某市自来水公司某水源地 10kV 变电站突然停电，女值班员小杨和小梁听到高压室劈啪两声，值班室的电灯立即灭了。这一定是出事故了，她们两人立即奔进高压室，把所有隔离开关和断路器都拉开。经仔细检查，原来在受电高压开关柜的底下电死了一只老鼠，开关柜下部的 A、B 两相母线立瓶可以看到明显的电弧放电痕迹。户外高压进户杆上跌落式熔断器已掉了两相，必须立即通知供电部门前来调查处理。电业局用电监察部门和供电局的保修人员于早晨 6 时同时赶到。事故原因既已十分清楚，本可马上修复送电，但是中间又出了问题。当用电监察工程师向小杨和小梁询问开关和继电保护动作情况时，她俩回答说："早晨 4 时，听见高压室劈啪一声，电停了，进去察看，开关跳闸了。"进一步询问，都有哪几组开关跳闸了？回答是受电开关柜的开关和配出小井线开关柜的开关都跳了。但是用电监察工程师认为，老鼠肇事放电痕迹在受电高压柜内，配出小井线高压柜是在故障点负荷侧，它怎么会跳闸呢？如果小井线开关跳闸，则小井线肯定有事故。既然有事故则应该查清原因，方能恢复供电。于是自来水公司即派人沿着小井线查看了沿线的 12 个变压器台，没有发现故障痕迹。要不要把这些水源电井的变压器都试验一遍？但那样就不能马上恢复送电，延长了停水时间，问题就严重了。用电监察工程师判断，这次事故显然是由老鼠引起的，但在故障点负荷侧的小井配出线开关是不会跳闸的。问题是值班员对于事故处理不够严肃认真，究竟哪一组开关跳闸，哪一组开关没有跳闸都弄不清楚，这怎么能行呢？由于小井线开关的跳闸原因不清楚，延误恢复供电。一直僵持到上午 9 时，小杨才主动承认，在早晨 4 时发生事故时，究竟哪一组开关跳闸，哪一组没有跳闸，她也没有留心观察，回忆起来小井线可能没有跳闸。由于她不再坚持最初的说法，大家确认了除老鼠事故之外，没有其他事故，于是一致同意恢复送电。

### 二、事故的危害

（1）这是一次由小动物——老鼠造成的变电站停电事故，对电网安全供电造成了有害的影响。

（2）变电站值班员由于对事故现场的第一手材料没有留心观察，只凭主观臆断判断开关跳闸情况；向事故调查人员汇报虚假情况，耽误了事故处理，延长了停电时间，增加了变电站停电所造成的损失。

### 三、事故原因分析

这次事故发生在凌晨 4 时，老鼠爬到 10kV 变电站的受电高压柜内，造成母线短路事故。值班人员在变电所事故停电后，表现出惊慌失措，在黑暗中匆忙将所有的高压开关都拉开。在分析事故时，值班员对哪些开关是继电保护跳闸分开的，哪些开关是在事故处理时由值班员手动拉开的，说不清楚。这种情况对事故分析十分不利，容易引起误判断。

### 四、防止事故措施

（1）变电站必须采取措施做好防止老鼠事故工作。例如堵塞鼠洞，及时关闭门窗，施放老鼠药等。

（2）变电站值班员在处理事故时要沉着冷静，必须对发生事故时继电保护的动作情况，各开关的跳闸情况，如实作好调查记录，不允许凭主观臆断下结论，要做好仔细的核对检查。

### 案例9  分接开关事故

**一、事故经过**

某年5月16日，某厂扩大生产，新增1台800kVA电力变压器。同时从外单位聘请了一位电工老苏来厂指导。通过几天的奋战，工程进展顺利，设备如期安装完毕。一天下午，决定投入试运行。当新安装的800kVA变压器投入运行后，发现二次电压偏低，电机启动困难。正当大家为此犯愁的时候，老苏不无把握地说："只须将变压器停下来，把分接开关往下切换一挡，二次电压就能抬高。"于是大家忙碌开来，把变压器停下后，由老苏亲自动手，切换分接开关位置。在一切都处理停当后，又恢复送电。但是合上开关时，只听轰隆一声，开关又自动跳开了，而且从变压器的防爆洞里喷出了不少油，并带出了一缕灰黑色的浓烟。显然变压器击穿了。事后对变压器进行吊芯检查，发现变压器内的分接开关接触不良，切换分接开关时没有到位，分接开关动静触头接触不良，产生电弧，使变压器发生绝缘击穿而损坏。

**二、事故的危害**

这个案例说明在变压器切换分接开关时，如动、静触头接触不良，分接开关触头没有到位，就会发生变压器击穿毁坏的事故。

**三、事故原因分析**

变压器无载分接开关切换位置后，击穿毁坏的情况，在用电单位时有发生。其事故的主要原因是，在无载分接开关切换位置后，没有进行直流电阻测量，以校验分接开关的位置是否正确，动、静触头接触是否良好。如果分接开关位置不正确，动、静触头接触不良，在触头之间会产生电弧，使变压器击穿损坏。

**四、防止事故措施**

变压器的无载分接开关是用于在停电状态下变换变压器的绕组抽头，以达到调压的目的。根据《电力变压器运行规程》第3节第3.4.1条规定："对于无载调压变压器，在变换分接头时应正反方向各转动五周，以便消除触头上的氧化膜及油污，同时要注意分接头位置的正确性。变换分接头后应测量绕组直流电阻及检查锁紧位置，并应对分接头变换情况作好记录。"如果变换分接开关的分接头后，漏掉测量绕组直流电阻这一项目，就不能验证分接开关接触是否良好，如果出现触头接触不良，在变压器投运后很容易发生触头打火引起绝缘击穿短路事故。

### 案例10  习惯性违章发生触电事故

**一、事故经过**

某年10月2日，某工厂66kV降压变电站利用国庆工厂休假的机会进行秋季清扫。下午2时，全部清扫工作结束，工作票办理终结手续，撤除全部安全措施，恢复送电。完成送电后，由于时间尚早，参加清扫工作的老师傅和领导同志并不急于撤离现场。他们在户外高压配电装置场地内察看电气设备的状况，对于清扫工作的顺利结束比较满意。

这时老工人陈师傅忽然发现主变压器一次主断路器的瓷套上有拇指大的一块油斑没有擦净，于是大家七手八脚地将这台断路器分闸，并断开其一、二次闸刀。老陈就自告奋勇攀登上去，拿抹布擦拭起来。这时，现年58岁的老宋站在66kV电压互感器旁，他也发现互感器的瓷套上有一块灰斑没有擦净，于是急忙拿起抹布纵身爬了上去。只听"啊哟"一声，一道弧光，老宋已被66kV高压电打了下来。

大家急忙把老宋抱上汽车，送往医院。幸好性命无妨。

### 二、事故的危害

这是一起严重的习惯性违章作业引起的触电事故。触电电压为 66kV。幸亏老宋接触带电部分时通过手里的抹布，不是直接接触。否则，后果就更为严重了。

### 三、事故原因分析

（1）发生这次人身触电事故的主要原因是执行工作票制度不严肃。根据《电业安全工作规程》要求，在高压电气设备上做任何工作，不论是检修，还是清扫，都应填写工作票、布置安全措施、设安全监护人、并办理许可开工手续。该厂降压变电站的清扫工作到下午 2 时已全部结束，并已恢复送电，这表明工作已经完成，而且工作票也早已办完终结手续。如果再要爬上设备擦灰尘，则必须另行办理工作票，另行布置安全措施，另设监护人，再一次办理许可开工手续。如果不按照以上程序去办，那就是违反《电业安全工作规程》。因此，老陈上主变压器一次少油断路器擦油斑也是违反安全规程的，虽侥幸没有发生事故，但老宋也因此而受伤。老宋违章作业实际上也是受了老陈违章作业的影响，老宋看见老陈随随便便上少油断路器擦油斑，他也就糊里糊涂爬到了电压互感器上，糊里糊涂被高压电流打了下来。

（2）发生这次事故的另一个原因是在不少工厂企业里，把高压电气设备的清扫工作视为小事，就像在办公室里擦玻璃窗一样简单，既不需要开工作票，也不需要布置安全措施，而人身触电事故一般也就是在这个时候发生的。

这次老宋触电就是由这种习惯性违章引起的，他已 58 岁，快要退休。干了一辈子电气工作，像这一类习惯性违章作业可能曾出现过多次，没有遇上过触电。但是这一次却未能幸免，给自己的晚年带来了痛苦。

### 四、防止事故措施

为了防止这一类习惯性违章，必须养成严格遵守规章制度的习惯。在高压电气设备上工作，必须履行工作票制度、工作许可制度、工作监护制度，必须布置安全措施。电气设备没有经过停电、验电、装设短路接地线，是不允许随便在其上开展工作的。

### 五、常用词语解释：习惯性违章

习惯性违章是指人们为了图省事而不执行规章制度而发生较多的行为。这是人们在工作中存在随意性的一种表现。由于这种违章行为有一定的普遍性，大家见惯了也就不以为然。习惯性违章虽然并不一定会发生事故，但是大多数事故正是由习惯性违章引起的。

在电气安全方面的习惯性违章现象很多。例如，在高压电气设备上工作（包括清扫）不执行工作票制度、不挂短路接地线、不设监护人；倒闸操作不开操作票等。虽然每一次违章作业不一定都发生人身触电事故或每一次违章操作并不一定都发生误操作。但是所有的人身触电大都是违章作业引起的，所有的误操作大都是没有严格执行操作票制度引发的。因此，习惯性违章必须认真克服。

## 案例 11　临时工清扫变电站引起触电身亡事故

### 一、事故经过

某年 4 月的一天，某宰鸡场 10kV 变电站发生了一起人身触电死亡事故。

当天早晨 8 点，由于供电局对一条 10kV 供电线路按计划进行停电检修，接在该线路上的某宰鸡场变电站因此停电。这个宰鸡场仅有一名从社会上招聘来的退休电工老黄，他准备利用线路停电之机，清扫变电站。于是，他向场长提出，要求派个人来帮助清扫。场长当即派来一名年仅

18 岁，3 个月前从河南农村来干临时工的小李协助清扫。

在开始清扫前，老黄将 10kV 变电站高压室墙上的进户负荷开关拉开，并拿了一根 2m 长的带塑料皮的绝缘线扔给小李，嘱咐他将这根塑料线的两头剥去绝缘皮，一头缠在 10kV 的一相母线上，另一端缠在铁构件上作为接地。

上午 9 点，同一条 10kV 配电线路上的某用户为接待来访的外国客人，研究国外引进生产线的技术问题，向供电部门提出要求临时恢复供电。供电部门答应了这一要求，暂停线路检修作业，恢复线路供电。9 点 30 分，当线路重新合闸送电时，正巧宰鸡场变电站里执行清扫任务的临时工小李正爬在母线上擦拭墙上的高压进户负荷开关电源侧静触头瓷座，当即触电身亡。

### 二、事故的危害

这是一次高压触电人身死亡事故。对事故当事人来说，不幸断送了性命；对宰鸡场来说，为了处理善后事宜，花费了不少财力物力，而且，宰鸡场的有关负责人对这次事故要负一定责任，教训是深刻的。

### 三、事故原因分析

（1）发生这次事故的主要原因是违章作业。在进行变电站清扫之前没有开工作票，没有布置可靠的安全措施。虽然在开始工作之前，电工老黄曾将一根塑料绝缘电线交给小李，嘱咐用它来当短路接地线，但这是不合格的，不符合《电业安全工作规程》第 80 条对接地线的要求："接地线应用多股软裸铜线，其截面积应符合短路电流的要求，但不得小于 25mm²。接地线在每次装设以前应经过详细检查。损坏的接地线应及时修理或更换。禁止使用不符合规定的导线作接地或短路之用。"

宰鸡场变电站在开始清扫之前，高压电源进户线虽然已经停电，进户负荷开关虽已拉开，但是没有采取任何措施以防止突然来电。正确的做法是：为了防止突然来电，应通知电业部门将变电站户外进户杆上的柱上跌落式熔断器（或开关）拉开；或者用绝缘隔板将墙上的负荷开关动静触头之间塞上隔离物。如果采用后一种方法，则应绝对禁止清扫人员越过绝缘隔板往电源侧清扫。为了安全起见，在开始清扫之前，应向清扫人员讲明可能突然来电的部位，并设专责安全监护人对清扫人员工作中的活动范围时刻进行不间断的监护。

（2）变电站缺少足够的安全用具。作为高压供电的用电单位，必须配备足够的安全用具。例如携带型短路接地线、高压验电器、绝缘拉杆、绝缘靴、绝缘手套、小张绝缘隔板、各种警告牌以及消防安全用具。品种要齐全，数量要足够。每种安全用具都必须有备品。作为一个高压供电的用电单位，如果连起码的安全器具都不具备，就难免发生人身触电事故。

（3）变电站缺少足够的电气人员。宰鸡场全场只有一名找补差的退休人员担任电工，而且这位电工也是多年没有从事电气工作的。发生事故后，该电工只出示一本陈旧的电工证，已有 20 多年没有年审了。据他本人讲，曾于 60 年代担任过几年电工，后来未从事电工工作。来宰鸡场当电工，也没有参加过电工年审考核。变电站缺少足够数量的合格的电气人员，也是发生这次人身触电死亡的一个潜在原因。

（4）在部分停电作业时，让不懂电的临时工到变电站担任清扫工作，而且开工前没有向他介绍可能突然来电的部位，也没有设置专责安全监护人，是发生这次人身触电死亡事故的一个重要原因。

### 四、防止事故措施

（1）变电站应配备数量足够的合格的电气运行人员和维修人员。这些人员应经过《电业安全工作规程》学习，并经考试合格。人员的数量应满足工作的需要，像这家宰鸡场，只有一名找补差的退休电工，显然是非常不够的。

（2）需要特别强调，用电单位不应认为在电业部门对线路进行停电作业的时候，就可以利用这个机会不按规程要求去采取必要的安全措施，就对本单位的电气设备进行检修清扫。这样做是非常危险的，因为电业部门随时都可能对线路恢复送电。

（3）变电站应备齐各种安全用具，例如高、低压验电器，短路接地线、绝缘拉杆、各种警告牌、绝缘手套和绝缘靴、绝缘隔板等。安全用具的数量应满足工作的需要，并应备有适当的备品，以免由于缺乏安全用具给工作人员带来危险。

（4）在变电站里作业必须严格执行工作票制度、工作许可制度和工作监护制度，要布置好安全措施。特别是非电气人员进入变电站工作，必须由熟悉电气设备运行情况的电气人员进行专责监护。在开工前，应向作业人员详细介绍停电设备和带电设备的分布情况，详细介绍所采取的安全措施和可能突然来电的电气设备部位，以防止误碰带电设备。

### 五、常用词语解释

#### （一）电气作业和安全措施

《电业安全工作规程》（发电厂和变电所电气部分）对在高压设备上进行的工作分为三种类型，即全部停电的工作、部分停电的工作和不停电的工作。不论进行哪种工作，为确保安全，都必须遵守下列各项规定：

（1）填用工作票或口头、电话命令。

（2）至少应有两人在一起工作。

（3）完成保证工作人员安全的组织措施和技术措施。

变电站电气设备清扫也必须遵守上述各项规定。有人认为清扫变电站母线就像在办公室里打扫卫生一样，可以任意进行，那是极端错误的。工厂企业高压变电站中的人身触电事故多半发生在变电站清扫的时候，有不少人因此而丧生。

#### （二）简易变电站和正式变电站

所谓简易变电站和正式变电站只是某些地区的一种习惯称呼。习惯上把高压侧不设高压断路器的变电站称为简易变电站；把高压侧设有高压断路器的变电站称为正式变电站。正式变电站高压侧设有高压断路器，因此一般都配备有继电保护。高压侧有电流互感器和电压互感器，可以测量高压侧的电流电压。简易变电站高压侧不设断路器，因此，高压侧没有继电保护，一般采用负荷开关配高压熔断器，以供切合变压器空载电流和故障保护之用。有的简易变电站在高压侧也设有电流互感器和电压互感器，以供高压侧电能计量之用。如果采取二次计量，则高压侧一般不设电流互感器和电压互感器。

#### （三）进户负荷开关和进户隔离开关

如上所述，10kV高压简易变电站在高压侧必须装设负荷开关。负荷开关一般装在变压器室户内墙上、进户穿墙套管的户内侧，供变压器停送电的操作之用。如果是正式变电站，高压受电电源进入高压室户内后，也必须装设隔离开关，以便在停电时有一个明显断开点。进户隔离开关有的装在户内墙上，有的装在开关柜上。装在高压开关柜上的隔离开关，有的装在开关柜顶上，有的装在下部。

无论是进户负荷开关，或者是进户隔离开关，都是容易发生人身触电事故的部位。在工厂企业的3～10kV变电站中，人身触电事故的50%几乎都是发生在这一部位。这是因为当变电站停电清扫检修时，一般都将进户负荷开关或隔离开关拉开，但是进户负荷开关或隔离开关的电源侧静触头有电，清扫人员稍不注意误碰带电静触头就会造成人身触电事故。为了防止这类触电事故的发生，在变电站全停电清扫时，应将户外进户杆上的跌落式熔断器（或隔离开关）拉开，并在进户负荷开关（或隔离开关）的电源侧挂短路地线一组。

如果因为某种原因，户外进户高压杆上的跌落式熔断器（或隔离开关）不能拉开，则应在户内进户负荷开关（或隔离开关）拉开之后，在其动静触头之间嵌以绝缘隔板进行遮挡，防止清扫人员误碰带电的静触头。同时，必须设专人监护，防止清扫人员一时疏忽越过绝缘隔板去触摸带电部分。如不采取以上措施，则很容易发生人身触电事故。

## 案例 12　车间主任违章作业引起触电身亡事故

### 一、事故经过

某年四五月间的一天，某工厂变电站停电清扫。为了能使工作顺利完成，动力车间王主任事先组织了 10 多人协助变电站清扫。但是很不凑巧，到了预定停电清扫的那一天，从清早起就下起大雨来。由于在雨天登杆操作跌落式熔断器有一定的危险性，因此，取消了原定的拉开跌落式熔断器的计划。这时变电站高压室内的所有开关和隔离开关都已拉开。从户外进户杆到变电站内的高压引线为电力电缆，其户内电缆终端头位于变电站内受电柜下部隔离开关的电源侧。

早晨八点半钟，动力车间主任王某把临时凑合来的 10 多个人召集到变电站值班室，向他们布置了清扫任务。为了带动大家赶快清扫，他首当其冲拿起抹布走进高压室，拉开受电高压开关柜的下部柜门，钻了进去。只听高压柜内发出电弧放电的劈啪声响，王主任"啊哟"一声触电死在高压柜内。

### 二、事故的危害

这是一次高压触电人身死亡事故。本来车间主任认真负责地抓工作是一件好事。但因他不太懂电气技术，不知道安全规程，一味蛮干，不幸送掉自己的性命。

### 三、事故原因分析

（1）发生这次事故的主要原因是身为动力车间主任的王某带头不执行《电业安全工作规程》，清扫高压变电站没有执行工作票制度和工作监护制度。对工作现场的带电部分没有采取措施加以防范。在清扫开始之前，也没有指定工作负责人和安全监护人，也没有弄清哪些是停电部分，哪些是带电部分，像这样混乱的作业现场是很容易发生事故的。

（2）发生这次事故的另一个原因是变电站技术管理不完善。受电高压柜下部柜内受电电缆终端头和进户隔离开关都有电，像这种情况柜门应有闭锁装置，或者应加锁，将钥匙交当班值班班负责人妥善保管。只要高压柜内有电，柜门是不允许打开的。通过这次事故案例，可以看出该厂变电站的设备管理存在很大漏洞。

### 四、防止事故措施

（1）工厂或车间的领导干部如果不大明白电气技术，对《电业安全工作规程》不熟悉，则不要随意指挥电气作业，应该委派明白电气技术、熟悉电气设备和《电业安全工作规程》的人来指挥电气作业。以防由于领导干部指挥不当造成人身触电事故。

（2）变电站的高压配电装置必须具备完善的安全闭锁装置。当高压开关柜里有带电部位，柜门应闭锁，以防误入带电间隔造成人身触电事故。

## 案例 13　一家损坏电缆　百家受牵连

### 一、事故经过

某年 2 月 22 日 15 时 40 分，某市 10kV 高压线东电灯线跳闸；16 时 50 分，10kV 高压机床线又跳闸；与此同时，10kV 高压干线中央线也跳闸。

在一个多小时的时间内，铁西地区三条重要高压干线连续跳闸停电，使上百家大大小小的工

厂受到不同程度的影响，造成停电停产。

正当供电部门组织人员调查事故原因时，陆续接到几个用电单位的汇报：沈阳某机床厂变电站有一台高压电容器击穿短路；铁西蛋禽分公司变电站有一台高压变流器击穿短路。最后，又接到汇报，某玻璃仪器厂高压进户跌落式熔断器断了两相，高压 10kV 进户电缆击穿短路。

经调查，原来铁西区某工厂为了迎接上级有关部门的安全检查，决定给南厂房增设保安接地线。于是派了两名青年临时工在南厂房西墙外马路边挖地，敷设接地体。这两名青工从上午开挖，到下午 1 点多钟已挖了半米多深，突然发现地下往外冒火花，两人不觉吓了一跳。以为挖到了煤气管路，害怕发生煤气管爆炸，急忙后退几步，静观动静。过了一会，未见发生爆炸，胆子又大起来，走近跟前，用铁锹铲土把冒火花的地方用土盖上，不再往下挖了。

就在这时沈阳玻璃仪器厂变电站值班员发现 10kV 备用电源高压进户电缆在高压柜内的电缆外皮往外冒火花，误以为是电缆外皮接地不良。该厂的技术人员还特意找来万能表测量电缆钢铠的对地电压。测得对地电压为 1.5V，于是就派人用电烙铁把电缆外皮的接地线重新焊了一番。

实际上，玻璃仪器厂的这条备用电缆是从离厂 400 多米远的 10kV 高压干线中央线上经跌落式熔断器 T 连接的。电缆沿马路边的人行道直埋敷设，途经上述某工厂的南厂房墙跟前。而挖土的两名青工不知道这一情况，不小心将电缆刨坏了，造成电缆外皮漏电打火，反又铲土盖上。

由于 10kV 电网是中性点不接地系统，单相接地冒火花如果不构成短路，线路就不跳闸。但是单相接地会使其他两相电压升高，而且间隙性电弧放电接地还会激发过电压。蛋禽分公司的电流互感器和机床厂的电容器就是因为承受不了这种过电压而先后击穿短路的，从而分别使东电灯线和机床线先后跳闸。玻璃仪器厂的备用高压电缆，在被刨坏后，先是外皮漏电打火，后来又发展成相间短路，终于使中央线跳闸。与此同时，发生事故的备用电源的跌落式熔断器熔丝棒熔掉两相。

### 二、事故的危害

这是一起外力破坏事故。由于一家刨坏电缆，使三家电气设备损坏，三条 10kV 高压线路跳闸停电，上百家工厂的生产受到影响。事故的性质是严重的。

由于外力破坏而造成的停电事故常有发生，有些事故性质很严重。

近年来，尽管有关部门三令五申，但不少企事业单位仍然无视有关法规，不重视保护电力设施，其中以损坏地下电力电缆线路最为严重。此外，吊车或树枝碰线、外人乱抛杂物造成电线短路，以及邻近电力线路施工，不保持安全距离等原因肇事的也占相当比例。

由上述可见，外力破坏造成电气事故是一种危害很严重的常见事故。

### 三、事故原因分析

（1）直埋高压电缆沿线缺少醒目的警告牌，是造成土建施工挖坏电缆的主要原因。

（2）土建施工单位在挖土方之前，对地下埋设的管线缺少调查研究，是引起挖坏电缆的另一原因。

### 四、防止事故措施

（1）在直埋高压电力电缆的沿线应设置明显的警告牌，以提醒人们在挖土方时要注意避免挖坏电缆。

（2）在挖土方施工之前，要对地下管线敷设物调查清楚，避免盲目施工挖坏电缆。

## 案例 14　雷电波反射造成事故

### 一、事故经过

某年 9 月 1 日凌晨 3 时 20 分，某市铁西地区肇工变电站农专线跳闸，重合成功。经过多次巡线也没有找到故障点。

经过 3 天查找，终于发现电车公司肇工变电站备用 10kV 受电电源农专线高压柜电源侧隔离开关有放电痕迹。

原来，电车公司肇工变电站属于双电源供电，在发生事故时正由另一路 10kV 主供电源羊吉变电站配出线供电。肇工的农专线电源处于备用状态，少油断路器和隔离开关均处于断开位置。因此，肇工农专线跳闸，对电车公司肇工变电站的正常用电没有造成影响。变电站的值班人员当时也没有注意到变电站里曾出现过异常现象，因此，发生事故时未能及时查出故障点。

人们仔细察看电车公司肇工变电站农专线受电柜隔离开关的放电痕迹，发现隔离开关的动静触头未见电弧烧伤，显然不是误操作事故。又未见室内有电死的老鼠等遗留物，可以排除老鼠事故。以隔离开关放电的痕迹来看，放电点是导电体的突出的尖端部位，绝缘子本身没有击穿，因此，可以肯定是空气间隙击穿。通过进一步查找分析，许多人都证明，9 月 1 日凌晨农专线发生跳闸时，天正下雨，并听到多次响雷。经过现场察看，电车公司肇工变电站只在 10kV 母线上有一组避雷器，两路受电电源进线线路侧都没有防雷保护，因此，可以断定是雷雨天农专线线路上的雷电波侵入电车公司肇工变电站。当进行波进入电车公司肇工变电站屋内的进户隔离开关时，由于隔离开关处于分闸位置，使雷电进行波往回反射，造成过电压而使隔离开关的导电部分尖端放电，构成短路事故，引起农专线跳闸。

## 二、事故的危害

这是一次由于高压进户线缺少防雷装置，雷电进行波出现反射而造成的雷击过电压事故，这种过电压可使电气设备遭受破坏，引起线路跳闸停电。

## 三、事故原因分析

发生雷电进行波反射过电压事故的主要原因是高压进户线缺少阀型避雷器，当线路处于断开状态时，雷电进行波侵入变电站遇到断口发生反射，雷电过电压顿时增加 1 倍，电气设备绝缘在这种情况下会被击穿，造成短路事故。电车公司肇工变电站，农专线受电电源柜进户隔离开关就是在这种情况下出现击穿放电的。

## 四、防止事故措施

为了防止雷电进行波反射事故，高压变电站应在所有的高压进户线入口端装设阀型避雷器，或者采取其他防雷措施。

## 五、技术术语解释：雷电进行波反射引起过电压及其预防

当天空中出现雷云时，大气中的静电使高压架空电力线路上感应产生与大气静电不同极性的静电荷。当落雷时，发出雷声和电闪，大气中的静电由于雷云放电而突然消失。高压架空电力线上的静电荷因失去了异性静电荷的吸引力，便迅速沿着导线的不同方向散去，这种雷电感应静电荷沿着导线迅速移动，移为雷电进行波。雷电进行波也可由雷电直击对高压架空线放电而引起。

雷电进行波沿着电力线路往前行进时，如果遇到处于分闸状态的断路器（或隔离开关），就无法继续前进，于是产生反射波。雷电进行波与反射波叠加，其电压数值为原有进行波的 2 倍，因此，容易对电气设备造成危害。例如，配电线路上如果有正常处于分闸状态的分段开关，则在开关两侧都应装设避雷器或防雷间隙，否则当线路一侧有雷电进行波时，遇到处于分闸状态的分段开关就会出现反射波，造成分段开关或附近的绝缘子击穿。

对于变电站来说，为了防止雷电进行波反射造成事故，凡正常处于分闸状态的高压进出线，必须在断路器（或隔离开关）的断口外侧加装避雷器或防雷间隙，以免雷电波沿着线路来到断路器（或隔离开关）的断口时，出现反射波叠加而造成设备击穿。

## 案例 15 错合隔离开关误操作酿成事故

### 一、事故经过

某年 8 月 7 日早晨 7 时 20 分，某市电业局 10kV 图强线拉闸限电。由该线供电的某工厂 10kV 变电站值班员急忙执行投运备用电源 10kV 砂滑线的倒闸操作。按照操作程序，在备用电源合闸投运时，照例应先合隔离开关，后合断路器。当值班员按照这一程序进行备用电源砂滑线的隔离开关合闸操作时，闸刀口突然出现强烈的电弧，电弧扩大造成相间短路，使砂滑线供电端的断路器跳闸，造成全线停电，影响接在该线路上的工厂、机关和居民的正常用电。事后检查发现该厂 10kV 备用电源砂滑线的受电断路器本应处于分闸位置，而实际上却处于合闸位置，因此在执行隔离开关合闸操作时，形成带负荷合隔离开关，因而在闸刀口出现电弧。事故后检查还发现 A 相隔离开关可动触头和位于其正上方的 C 相母线排有电弧烧伤痕迹。所以判断这次事故是由于操作砂滑线隔离开关时，出现电弧，引起 C 相母线和 A 相隔离开关电弧放电，造成事故。

### 二、事故的危害

这是一次带负荷合隔离开关的误操作事故。在隔离开关触头之间产生电弧，扩大为相间短路事故，造成高压配电干线跳闸，影响线路上所有用电单位的正常用电。带负荷拉、合隔离开关产生的电弧，有时还会灼伤操作人员，构成人身事故。

### 三、事故原因分析

（1）值班员在操作砂滑线备用受电电源隔离开关之前，没有检查砂滑线备用受电电源断路器的实际位置，是造成这次带负荷合隔离开关误操作事故的主要原因。

（2）砂滑线备用受电电源原处于备用状态，其断路器本应处于分闸位置，但是实际上却处在合闸位置，这种现象是不应该出现的。造成这种现象的原因，可以这样来解释：上次在砂滑线备用电源作为正常受电、图强线处于备用状态时，突然因砂滑线供电端拉闸限电而出现停电。值班员在倒图强线受电时，由于匆忙，只拉开了砂滑线受电电源的隔离开关，断路器没有拉开。在倒闸操作全部完毕后，也没有认真检查砂滑线断路器是否确实在分闸位置。这就给这次带负荷合隔离开关误操作事故埋下了祸根。

（3）带负荷合隔离开关是一种误操作，必须坚决防止。但是如果所带负荷较少，电压又较低，合隔离开关时速度很快，即使闸刀口有电弧产生，随着隔离开关合上，电弧也就自行消失，不一定构成弧光短路事故。如果合闸速度不够快，闸刀口的电弧容易扩大为相间电弧短路。此外，有的值班员在操作中发现闸刀口有电弧出现，慌忙往回拉开隔离开关，使电弧拉长，也容易扩大事故，构成相间短路。在实践中，还有的值班员甚至在隔离开关已合好后，当发觉是带负荷合隔离开关，就重又把隔离开关拉开，又进一步造成带负荷拉隔离开关电弧短路事故，造成错上加错。

### 四、防止事故措施

（1）在进行倒闸操作之前必须认真填写操作票。在操作票中应列入隔离开关和断路器实际位置的检查项目。例如，当送电合闸操作时，在合隔离开关之前应先检查本线路的断路器是否确实在分闸位置，只有当断路器确实在分闸位置时才能合隔离开关。检查断路器的实际位置不能只检查位置信号，对于少油断路器还应察看其分闸大弹簧的状态。如果分闸大弹簧是拉长的，则说明断路器处于合闸状态；如果分闸大弹簧没有被拉长，则说明断路器处于分闸状态。

（2）处于受电状态的电源线路因某种原因突然停电时，如需切换另一路受电电源供电，在倒闸操作时不要匆忙，应沉着冷静，先将突然停电的受电电源线路的断路器拉开，再拉开其隔离开关；然后再进行另一个回路受电电源的合闸送电操作。

（3）合闸送电操作时，合隔离开关之前要冷静地做好检查。执行隔离开关合闸操作时，要沉着果断，速度要快。即使闸刀口有电弧出现，也不要慌张，应迅速将隔离开关合严，避免把电弧拉长。只要隔离开关合严了，电弧就会自行熄灭。如果犹豫不决，想合又不想合，或者在隔离开关合上后重又拉开，则电弧被拉长，反而会造成事故。

（4）对于 10kV 室内配电装置，母线一般为水平排列。如果相位排列顺序是靠里侧（墙）为 A 相，则靠外边的为 C 相。隔离开关的动触头在分闸时正好位于 C 相母线之下，因此在隔离开关分闸操作时，如果闸刀口有电弧，必然向上与 C 相母线接触造成 AC 相间短路或 BC 相间短路。为了尽量避免构成相间电弧短路事故，可以将 C 相母线包扎较厚的绝缘层。

**五、技术术语解释：带负荷合隔离开关**

在高压变电站内，隔离开关的主要作用是在电路中建立一个明显的断开点，以保证停电设备检修工作的安全进行。由于隔离开关没有灭弧机构，它在高压电路中一般不允许带负荷分合闸。有时隔离开关也可用来分合小电流。允许操作的项目有：

（1）分合电压互感器和避雷器。

（2）分合空母线。

（3）分合压差很小的负荷电流并联支路。

（4）分合励磁电流在 2A 以下的空载变压器和充电电流在 5A 以下的空载线路。

（5）户外三极联动隔离开关可以开合 10kV 及以下，15A 以下的负荷电流。

（6）开合电压 10kV 以下，70A 以下的环路均衡电流。

除了上述情况外，隔离开关不允许带负荷操作，以免引起电弧造成相间短路。因此在操作隔离开关之前首先要检查与其相连的电气回路中的少油断路器是否处于分闸位置。如果少油断路器处于合闸位置，则不允许操作隔离开关。为了防止误操作，在操作之前应填写操作票，并在操作监护人的监护下，按操作票规定的内容与顺序进行操作。如果由于疏忽，在断路器处于合闸的情况下，进行隔离开关的合闸操作，在隔离开关合闸瞬间即会有负荷电流通过隔离开关触头，称为带负荷合隔离开关。带负荷合隔离开关会引起隔离开关触头烧损，严重时还会产生强烈电弧，引起相间短路事故。

在进行隔离开关合闸操作时，除了必须执行操作票制度，防止发生带负荷错合隔离开关，还要掌握基本的操作技巧。即在执行隔离开关合闸操作之前，应首先核对操作把手，确认无误，方可动手操作。合闸时要果断，操作速度要快，即使万一合错了也不允许急于拉开。合闸时犹豫不决，动作速度慢，或合错了又急于拉开，反而会扩大事故。

根据实践经验容易引起带负荷合隔离开关一般有以下几种原因：

（1）高压断路器停电检修结束时处在合闸位置，恢复送电时值班人员没有核对断路器是否处于分闸位置就盲目合隔离开关，构成带负荷合隔离开关。

（2）高压断路器无电压释放跳闸装置失灵，值班员误以为高压断路器已跳开，随即将隔离开关拉开。于是，在下次恢复送电时便发生带负荷合隔离开关事故。目前，10kV 变电站高压进线电源柜的断路器操动机构上一般都装有失压自动跳闸装置。这种机构有时也会失灵。当电力系统拉闸限电时，工矿企业变电站装有失压跳闸装置的断路器本应跳开，但是由于机构出现故障，断路器没有跳开。而这时变电站值班员又急于投运备用电源，慌忙将已停电的正常电源进线柜隔离开关拉开，而对这个柜的高压断路器是否处于分闸位置不做任何检查。在第二天又遇上备用电源高压进户线拉闸限电，值班人员又慌忙去投运昨天停下来的正常电源高压受电柜。在操作之前未对断路器的分合状态进行任何核对，就匆忙去合隔离开关，于是造成带负荷合隔离开关的误操作事故。

（3）工矿企业 10kV 变电站在受电柜断路器电源侧之前发生故障，柱上跌落式熔断器熔丝熔断，或者 10kV 电源干线供电端断路器跳闸。由于值班员判断疏忽，在恢复送电时出现带负荷合隔离开关。

## 案例 16　操作人员心情紧张引起误操作事故

### 一、事故经过

某年 5 月 9 日下午 3 点 30 分，某市钢铁厂 66kV 变电站发生带短路接地线合电源开关的误操作事故，将一面 10kV 高压开关柜烧毁。

5 月 6 日该厂 66/10kV6300kVA 2 号主变压器停电检修。按照工作票上标明的安全措施，在变压器的一、二次侧都挂上了地线。当天工作结束，值班人员将一次侧地线拆除，二次侧地线未拆。二次侧短路地线挂在屋内 10kV 高压室 2 号主变压器的二次主开关电源侧，短路地线的接地端露在高压柜外面，是十分容易看到的。当天夜班值班员和 5 月 7 日、8 日的白班值班员和夜班值班员对此都未加过问，也没有拆除。5 月 9 日工厂决定起用 2 号主变压器。负责该厂安全用电的用电监察员也来到现场检查指导工作。在 2 号变压器投运之前，值班员填写了操作票，第一项就是拆除变压器一、二次侧短路接地线，接下去才是合隔离开关和高压断路器，这些都填对了。在正式操作之前，值班员在模拟板上做模拟演习，当时工厂领导和电业部门的用电监察员都在一旁观看。由于值班员心情很紧张，模拟演习进行得不太理想，用电监察员对此评论了几句，值班员心情更加沉重。最后，用电监察员说了一声"可以操作了"。值班员如释重负，也未按操作票程序执行，就去合隔离开关和高压断路器。由于变压器二次侧地线未摘除，立即造成变压器二次短路。变压器过电流保护动作，但是由于硅整流储能电容容量不足，继电保护拒动。值班员在控制室里电动合高压断路器后听到高压室内短路放电声音，回头一看，高压室里已冒起黑烟，急欲电动分闸，但断路器无法断不开。巨大的短路电流长时间通过，引起电气设备发热起火。这时高压室内 2 号主变压器的二次主开关柜的铁板已烧红，短路地线已烧化。值班员打开高压室走廊尽头的门想冲进去手动分闸，被一股烟气热浪呛了回来。一个懂电气技术的人急中生智，跑到 66kV 高压场地，手动跳开 66kV 电源侧断路器，才切断了短路电流。

### 二、事故的危害

这是一次带短路地线合电源开关误操作引起的电气火灾事故。由于母线上挂有短路接地线，合上电源开关后，产生巨大的三相短路电流，引起设备严重烧损，工厂为此停电停产。幸未造成变压器烧毁，否则损失更大。

### 三、事故原因分析

（1）发生这次事故的主要原因是没有按照操作票上填写的操作顺序逐项操作，在短路地线没有摘除的情况下，即合电源开关，因此造成短路事故。

（2）继电保护由于操作电源不可靠而拒动，造成事故扩大，使高压开关柜烧坏。

（3）变电站的值班人员业务不熟练，临阵慌乱，延长了事故时间。如果能及时手动断开 66kV 变压器一次主断路器，则可以缩短事故时间，减少损失。

（4）变压器检修完毕后，在办理工作票终结手续时，未能及时将作业时所挂的短路接地线全部摘除，客观上为这次事故的发生埋下了祸根。

### 四、防止事故措施

（1）倒闸操作应严格按照操作票规定的项目按顺序执行，不允许跳项。特别是装拆短路接地线，尤其要认真检查，避免漏项造成事故。

（2）继电保护的操作电源必须可靠。如采用直流操作，则必须采用铅酸蓄电池或镉镍蓄电池作为操作电源。如采用硅整流加储能电容，则储能电容的容量必须足够，每套保护应配备独立的储能电容。如继电保护回路中有时间元件，要防止储能电容能量在时间元件上消耗太多，以免断路器跳闸时因储能电容能量不足而拒动。

值班人员对继电保护的操作电源电压是否足够要加强监视，发现问题要立即回报主管领导及时解决。

（3）变电站的电气设备在停电检修时所挂的短路接地线，在工作结束，办理工作票终结手续时，应由变电站值班人员按照规定程序将其摘除。如果以后又需要对设备进行检修，则必须另外签发工作票、另外布置安全措施。要避免在电气设备上遗留短路接地线造成带地线合电源开关事故。

## 案例17　带短路接地开关合电源开关造成事故

### 一、事故经过

某年4月的一天，某厂66kV降压变电站停电作业，主要任务是设备清扫和绝缘试验、继电保护定检。下午3时，全部工作结束，变电站负责人老陈拿起电话向地区调度汇报，并要求对变电站恢复供电。调度在电话里询问老陈：停电作业时挂的短路接地线是否都已摘除？老陈回答说：都已摘除。电话刚放下，不一会，只听户外66kV高压场地"劈啪"一声巨响，一个大火球把66kV高压进户门形构架上的短路接地开关烧化了。原来，在老陈向调度汇报后，调度立即下令电业局供电端的变电站值班员对这个厂的降压变电站合闸送电。但是，这个厂的降压变电站在门形构架上还有一组接地开关没有拉开，因此造成带接地开关的合闸事故。

### 二、事故的危害

（1）这次短路事故造成接地开关烧毁，66kV进户线烧断。

（2）这次短路事故造成电业局供电端变电站的隔离开关烧毁，66kV配出线烧断。

（3）巨大的短路电流通过66kV架空输电线路，造成多处导线断股。

幸亏电业局供电端变电站的继电保护迅速动作，高压断路器跳闸，切断了故障电流，避免了更大的破坏。

### 三、事故原因分析

（1）在事故发生后，进行了调查了解。原来老陈对短路接地开关没有引起注意。这个工厂的降压变电站共有两路66kV受电电源，其中的一路电源在入口门形构架处装设了短路接地开关。在降压变电站停电检修时，全所共有5处装设短路接地线，其中的4处是用携带型短路接地线，只有这一路电源的入口处用的是短路接地开关。由于一天的紧张工作，老陈忘记了这组短路接地开关还处于合闸状态，而只注意了那4组携带型短路接地线。事实也是如此，携带型短路接地线挂在导电设备上十分明显，容易引起人们的注意，只要稍一留心就会发现。而短路接地开关处于合闸状态时和其他隔离开关容易混淆，不易引起人们的注意，如果值班员稍有疏忽，就可能被遗忘。在恢复送电的操作票上已写有需要拆除短路接地线的具体位置和短路接地线的数量。但是老陈却没有严格按照操作票上的要求去执行，遗漏了一组接地开关没有拉开，终于造成了这次事故。

（2）变电站负责人陈师傅是新近从其他岗位调来变电站担当负责人的。他虽然工作勤恳，但对变电站的运行管理工作缺乏经验，技术业务不熟练；对短路接地开关起什么作用，怎样加强对

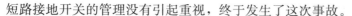

短路接地开关的管理没有引起重视，终于发生了这次事故。

（3）该厂变电站的技术管理存在严重漏洞，对短路接地开关和携带型短路接地线的管理工作没有切实可行的管理办法，因此，促成了这次事故的发生。

### 四、防止事故的措施

（1）必须加强对短路接地开关和携带型短路接地线的管理。短路接地开关和携带型短路接地线都应分别编号。在工作票和操作票、值班运行日记上应填写上检修作业时操作合闸的短路接地开关的编号和悬挂的短路接地线的编号和悬挂地点。当检修工作结束后，恢复送电前，应填写操作票，将这些接地开关拉开、接地短路线摘下，并在工作票和值班记录簿上做好记录。只有工作票、操作票和值班记录簿上所列的处于合闸状态的接地开关已拉开，悬挂的短路接地线都已摘下，并对现场进行检查核对后，方可向调度联系申请恢复送电。当然，变电站高压进线线路接地开关可防止线路上的检修人员触电，因此，这些短路接地保护的摘除必须事先向地区调度汇报，只有在得到地区调度的同意后方可将其摘除。

（2）必须加强变电站运行值班人员的技术培训和考核。发生这次带短路接地开关合断路器的误操作事故，其主要责任者固然应该是变电站负责人老陈，但是变电站其他在场的运行值班人员也应负有一定责任。像这类涉及安全的重要事情，应该大家关心，应该互相提醒，不应漠然置之。

（3）必须做好变电站运行值班人员的配备。发生这次带短路接地开关合断路器的误操作事故，变电站负责人老陈负有直接责任。根据调查得知，这个降压变电站已投入运行10多年，从未发生过这类事故。原来变电站负责人技术业务熟练，工作有责任心，而且也有组织能力。而新调来的负责人老陈，虽然工作认真，但对变电站的运行管理缺乏经验，又性格内向，不善言辞。当他和地区调度联系停、送电时，遇疑难问题又没能及时提出，于是错过了处理问题的机会。从这件事可以得出教训：变电站负责人必须配备熟悉业务、工作细心、敢于负责、有组织能力、语言表达清楚的人来担任，否则会误大事的。

### 五、技术名词解释：短路接地开关

短路接地开关，其结构和普通三相联动隔离开关类似，所不同的是短路接地开关的三相动触头其引出接线柱被金属连板短接在一起，并与地网可靠连接。因此，当短路接地开关合上时，该隔离开关静触头所连通的电气设备被接地短路，可起到代替悬挂短路接地线的作用。

当一个变电站内安装有短路接地开关后，必须注意防止出现带电误合接地短路开关造成短路事故；同时也要防止在短路接地开关处于合闸状态时合上电源开关造成短路事故。发生这些误操作的一个重要原因是值班员把短路接地开关误认为是普通隔离开关，因此，造成操作上的错误。为了醒目起见，按规定短路接地开关的操作把手和传动杆应该涂以黑白相间的颜色，以作标记。

## 案例18  非值班人员代替操作造成事故

### 一、事故经过

某年10月18日，某厂10kV变电站停电检修。早晨8点，检修班长老杨带领检修人员小张、小王来到变电站。女值班人员小梁和小李办理完工作票后开始停电操作。在停完低压400V配出线后，将仅有的一台630kVA变压器10kV侧高压断路器拉开，然后又将户内10kV进户隔离开关拉开。最后，着手挂接地短路线。小梁和小李根据工作票上的要求，准备将接地短路线挂到入口隔离开关的负荷侧。

由于入口隔离开关离地较高，小梁和小李的个子矮，因此，小梁拿了一个凳子。她将接地短路线的接地端与地网连接好后，就站到凳子上，举起接地短路线的绝缘棒，正准备往隔离开关负荷侧挂接地短路线时，突然小李在喊："小梁，慢来！"小梁听到喊声，就放下手中的接地绝缘棒。原来小李要上厕所，叫小梁陪她一起去。说着两人离开了高压室。这时站在一旁的检修人员老杨早就着急了，他打算完成检修作业后，去参加孩子的学生家长会，因此，想尽量争取时间早一点把检修工作干完。他见值班人员小梁、小李办理工作票不紧不慢，停电操作也慢慢的，已经快9点了，安全措施还没有布置好，无法进行检修。他已不耐烦，于是对检修人员小张、小王两人说：你俩把地线给挂上，我们好干活！小张、小王听到这一声吩咐，顿时来了精神。原来他俩看小梁、小李停电操作时，也有些着急，早想动手试试。于是二人急忙奔过来，举起接地绝缘棒站到凳子上，用手往隔离开关上一扬，只听噼啪一声，一个火球，接着又是一个火球，线路跳闸了。原来小张将手中的接地棒一扬的时候，正好将短路接地软铜线甩到了隔离开关的电源侧，造成相间短路，发生了事故。

### 二、事故的危害

这是一次非当班人员擅自进行操作引起的短路事故，造成高压线路跳闸，构成停电事故一次。这种短路事故，有时可能造成在场人员电弧烫伤，构成人身伤亡。

### 三、事故原因分析

（1）发生这次事故的主要原因是非值班人员擅自代替值班人员装设短路接地线，属于违章作业引起事故。

（2）值班人员在执行倒闸操作过程中，中途双双离岗，也是引起这次事故的一个原因。

### 四、防止事故措施

（1）倒闸操作应该由操作票上指定的值班人员进行，非指定人员不准许擅自操作。悬挂短路接地线是倒闸操作中的项目之一，应由值班操作人员进行，检修人员不得参与。

（2）变电站倒闸操作应连续进行，最好一气呵成；除非另有规定，或者根据工作的需要中间出现暂停外，在一般情况下操作人员不应中途随意停止操作。倒闸操作是一项紧张严肃的工作。要求工作人员精神集中。在整个倒闸操作过程中应尽量避免从事其他工作。小梁、小李在操作过程中突然上厕所，说明事先没有做好准备工作。而且小李上厕所，小梁又去陪同，使现场无人照看，也是促成事故发生的一个因素。

（3）从上述事故案例还可得出一个经验教训：装设接地短路线时，接地短路线的悬挂位置应与带电设备的导电体保持足够的安全距离，以避免挂接地短路线时碰到带电体，造成事故。

## 案例19 徒工从事复杂操作造成重大事故

《电业安全工作规程》第23条规定：特别重要和复杂的倒闸操作，由熟练的值班员操作，值班负责人或值班长监护。下面列举的案例，是由徒工担当操作员造成了一次重大短路事故。

### 一、事故经过

某年7月13日，某大型冶金企业66kV降压变电站2号主变压器停电检修，与此同时接到上级调度命令，需要切换电源。即原来由1号电源受电，现在改为由2号电源受电。

变电站站长决定，由当班的值班长刘师傅领着女电工小姜、青年徒工小周执行操作任务。刘师傅已59岁，在厂内当了一辈子电工、性格内向、工作勤恳。小姜30岁，遇事从不挑剔、任劳任怨。小周今年22岁，入厂不到两年。他长得膀大腰粗，又爱运动，是一个活泼小伙。老刘让小周操作、小姜监护，他在旁边跟着。

早晨8点，一上班，小周刚把操作票填好。负责2号变压器检修任务的外请施工人员就来到现场。为了配合检修工作，还请来了供电局电气试验专业人员，以便在检修前后进行必要的测试。这时本厂的动力科领导、专业工程师也都来到现场，而且厂里主管设备的副厂长和总工程师等也都来了。顿时变电站里形成了热闹非凡的大场面。老刘领着小周和小姜来到户外高压配电场，首先合上2号电源的甲、乙隔离开关QS3和QS4。然后上楼进入控制室，合上2号电源的高压开关QF2。于是2号电源与1号电源并列运行。接着将1号电源的高压断路器QF1断开，全部负荷改由2号电源供电。接着，老刘、小周、小姜下楼去进行拉开1号电源的甲、乙隔离开关的分闸操作。此时变电站院子里的检修人员、试验人员及本厂的领导和工程技术人员都在看着他们操作。老刘在这种热闹场面，众多双眼睛注视的情况下，带领值班员进行复杂的操作，精神上有些紧张。女电工小姜也不好意思大声说话，只是默默地跟着刘师傅走。唯有小周显得兴奋，觉得这种倒闸操作挺有意思。

当他们来到楼下后，顺着过道往前走，小周走在最前面，途经母线分段隔离开关QS7时，伸手就把它拉开了。只听"吱啦——噼啪"一声，闸刀口一片弧光，2号电源供电端跳闸，全站停电。原来，母线分段断路器流有从2号电源供电的1号变压器的负荷电流，小周带负荷拉隔离开关，闸刀口产生强烈弧光，引起相间击穿短路。

**二、事故的危害**

这是带负荷拉隔离开关误操作引起的短路事故，引起变电站全部停电，66kV系统线路跳闸，对电网的安全供电造成很大的危害。

**三、事故原因分析**

（1）没有严格执行操作票制度。在操作过程中没有按照"监护人核对操作对象唱票，操作人员核对操作对象复诵后操作"的步骤进行操作。实际上，这些操作步骤他们都是知道的，但是今天在众人面前，心情紧张，有些着忙了；在场的其他人员也没有上前加以提醒。

（2）由缺乏经验的徒工执行操作，监护人和老师傅也没有起到严格把关的作用。

（3）变电站隔离开关连锁不完善。对于这种双电源供电并具有母线分段隔离开关的变电站，母线分段隔离开关必须具有连锁装置。当母线中有负荷电流流过时，应将分段隔离开关操作把手闭锁，以避免发生带负荷拉隔离开关事故。

**四、防止事故措施**

（1）在倒闸操作时，应严格按照操作票规定的顺序逐项执行操作。在操作时必须先由监护人对照操作票逐项唱票，操作人复诵后按项操作。

（2）只有操作票上指定的操作人方可执行操作，其他人不得擅自参加操作。

（3）重要的和复杂的操作不能由徒工担任操作人。

（4）在执行倒闸操作时，监护人应充分行使职权，对违章操作应及时制止。